Der Radio-Amateur
„Broadcasting"

Ein Lehr- und Hilfsbuch für die Radio-Amateure
aller Länder

Von

Dr. Eugen Nesper

Fünfte Auflage

Mit 377 Abbildungen

Springer-Verlag Berlin Heidelberg GmbH

1924

ISBN 978-3-662-37369-9   ISBN 978-3-662-38115-1 (eBook)
DOI 10.1007/978-3-662-38115-1

Alle Rechte, insbesondere das der Übersetzung
in fremde Sprachen, vorbehalten.

Copyright by Springer-Verlag Berlin Heidelberg

Ursprünglich erschienen bei Julius Springer in Berlin 1924.

Softcover reprin of the hardcover 5th edition 1924

Vorwort zur ersten Auflage.

Die große amerikanische Radio-Amateurbewegung, Broadcasting genannt, setzte im Herbst 1921 ein. Einige Zeit darauf forderte mich Herr Verlagsbuchhändler Julius Springer auf, für seinen Verlag ein Radio-Amateurbuch zu schreiben. Meine Bedenken dagegen bestanden damals hauptsächlich in der Tatsache, daß der Radiobetrieb in Deutschland staatlich nicht genehmigt war und aus monopolistischen Gründen auch wenig Aussicht hatte, zugelassen zu werden. Inzwischen hat sich aber nicht nur in ganz Amerika, sondern auch in den meisten Ländern der alten Welt der Radio-Amateurbetrieb, stellenweise unter Hinwegsetzung über alle staatlichen Beschränkungen, Bahn gebrochen und zählt in Europa heute bereits mehrere Millionen Anhänger. Wenn er in Deutschland auch bis heute noch nicht offiziell erlaubt ist, so ist doch mit Bestimmtheit zu erwarten, daß dieses in kurzem der Fall sein wird, denn eine derartig intensive Bewegung läßt sich nicht durch künstliche Gesetzesparagraphen und dergleichen unterdrücken.

Die besonderen Umstände, die somit heute noch für den Radio-Amateurbetrieb in Deutschland maßgebend, haben natürlich Form und Inhalt des vorliegenden Buches wesentlich beeinflußt.

Der umfassende Bereich des „Broadcasting", also der ungedruckten Zeitung in weitestem Sinne, ist im I. Kap. dargelegt. Es wird gezeigt, daß der Amateur die Patente Dritter nicht zu respektieren braucht, und es wird auf die gesetzliche und staatliche Regelung, insbesondere auf die zurzeit in Deutschland noch bestehenden besonderen Verhältnisse eingegangen.

Die Tatsache, daß die naturwissenschaftliche Lehrtätigkeit auf den deutschen Schulen viel zu wünschen übrig läßt, da der Unterricht in Mathematik und Physik neben den klassischen Fächern zu gering eingeschätzt wird, machte es notwendig, im II. Kap. in großen Zügen und im Anfang vom III. Kap. nach physikalischen Gesichtspunkten wenigstens ganz kurz auf die Theorie der elektrischen Schwingungen einzugehen.

Im Anschluß hieran sind wichtigste Formeln, Tabellen, Konstanten, sowie einige andere, den Radio-Amateur direkt interessierende Werte aufgeführt. Es wurden auch Material- und Einzelteiltabellen aufgenommen, da im Interesse der technischen Volkserziehung und der Weiterentwicklung der drahtlosen Nachrichtenübermittlung unbedingt darauf hingewirkt werden muß, daß der Radio-Amateur sich seine Apparaturen selbst zusammenbaut.

Im IV. Kap. sind die Schaltungen und Anordnungen eines Mustersenders, wie er sich in der Eiffelturmstation im Betriebe befindet, beschrieben.

Der Radioempfänger in seinen Anforderungen und Musterbeispielen wird im V. Kap. eingehend behandelt. Die Anordnung ist hierbei so getroffen, daß zunächst die einfachen Kristalldetektorempfänger, darauf die Röhrenempfänger und schließlich die hochwertigen Rahmen-Röhrenempfängerverstärker dargestellt sind.

Für den Radio-Amateur, der sich weiterbilden, also selbst Schaltungen durchprobieren will, um auch neue entwerfen zu können, sind im VI. Kap. die auf prinzipielle Schaltungen reduzierten, grundsätzlichen Anordnungen zeichnerisch und beschreibend wiedergegeben. Die einzelnen Schaltungen sind hierbei durch kurze Zwischenräume getrennt, in die der Amateur bei der Durchprüfung seine eigenen Notizen eintragen soll. Auf diese Weise wird eine möglichst persönliche Anschauung der einzelnen Anordnungen und ihrer Unterschiede gewonnen. Den Schluß dieses Kapitels bilden einige Vorsichtsmaßregeln, die unter allen Umständen eingehalten werden sollten.

Für ein richtiges Arbeiten und die Freude an guten Resultaten sind der Bau und die Instandhaltung einer hochwertigen Antenne erforderlich, sei dies eine Hochantenne, eine Rahmenantenne oder ein Mittelding zwischen beiden. VII. Kap. führt die wichtigsten inbetracht kommenden Einzelteile, sowie die Konstruktion von Antennen an. Es folgt eine kurze Beschreibung tragbarer Masten.

Ein wesentlicher Bestandteil aller Broadcasting-Empfänger sind die Verstärker. VIII. Kap. enthält die grundlegenden Gesichtspunkte, sowie Schaltungen und Anordnungen für Hochfrequenz- und Niederfrequenzverstärkung. Auch einige Musterbeispiele von ausgeführten Empfängern sind angegeben. Im Anschluß hieran werden Lautsprecher behandelt, die sich mehr und mehr für den objektiven Empfang einbürgern.

Fast am wichtigsten für den Radio-Amateur sind die den Empfänger, Verstärker sowie die Abhöreinrichtungen (Telephon) darstellenden Einzelteile, die in besonders breitem Umfange, durch viele Abbildungen erläutert, im IX. Kap. beschrieben sind. Unter Zugrundelegung des Vorausgegangenen wird es, unter Benutzung der Einzelteile, nahezu jedem Radio-Amateur möglich sein, sich selbst einen Broadcasting-Empfänger zusammenzusetzen und, sofern er über genügende Geschicklichkeit verfügt, selbst sehr hochwertige Einrichtungen, die sich unter Umständen schon denjenigen für Verkehrszwecke anpassen, herzustellen.

Da aber nicht in allen Fällen eine derartige Handfertigkeit vorausgesetzt werden kann, und da vielfach der Wunsch besteht, nach Art der bekannten Experimentierkästen ganz oder teilweise zusammensetzungsfähige und eventuell ohne weiteres auseinandernehmbare Anordnungen zu besitzen, sind im X. Kap. hierfür geeignete Schaltplatten, Experimentier- und Baukästen beschrieben.

Der andere extreme Fall, nämlich die Selbstherstellung der Einzelelemente durch den Radio-Amateur wurde im XI. Kap. behandelt. Mit Rücksicht auf die ausführliche Besprechung der Einzelteile im IX. Kap. konnte dieser Abschnitt verhältnismäßig kurz gefaßt werden.

Zum Betriebe der Empfangs- und Verstärkungseinrichtungen müssen, sofern diese nicht ganz einfache Kristalldetektor-Empfangseinrichtungen sind, die keinerlei Heizquellen benötigen, Strom- und Spannungsquellen benutzt werden, die nebst ihren Ladungsmöglichkeiten im XII. Kap. zum Ausdruck gebracht sind.

Da der fortgeschrittene Radio-Amateur häufig den mit allen Kräften zu unterstützenden Wunsch besitzt, selbst Messungen vorzunehmen, sind die alsdann unbedingt erforderlichen Instrumente, wie Prüfsummer, Parallelohmanordnung, Wellenmesser und einige Strom- und Spannungsmesser im XIII. Kap. angegeben. In vielen Ländern ist dem Radio-Amateur ohne weiteres gestattet worden, die Morsezeichen abzuhören. Bekanntlich ist diese Fähigkeit, die namentlich in England breite Volksschichten besitzen, im Kriege häufig zugunsten der betreffenden Nationen zutage getreten. Im XIV. Kap. sind daher Lehrapparaturen für Morsezeichen kurz behandelt.

Mancher Radio-Amateur wird das Bestreben haben, sich weitere Literatur auf dem Gebiete des Radio-Amateurwesens zu verschaffen. Entsprechend der bisherigen Entwicklung sind im XV. Kap. Auslandsveröffentlichungen und einige deutsche Literaturstellen abgedruckt.

Man kann überzeugt sein, daß, sobald der drahtlose Empfangsamateurbetrieb in Deutschland freigegeben ist, sich eine große Anzahl junger Leute finden dürfte, denen es ein großes Vergnügen bereiten wird, drahtlose Empfänger, Verstärker usw. selbst zu bauen, insbesondere, wenn Einzelteile, die teilweise nur schwer oder gar nicht selbst herzustellen sind, im Kleinhandel ohne Schwierigkeit gekauft werden können. Inzwischen ist auch in Berlin der „Deutsche Radioclub" gegründet worden, und die große Anzahl seiner Mitglieder beweist besser als alles andere, welches Interesse auch bei uns für einen nicht durch Monopolbestrebungen oder sonstige behördliche Bestimmungen eingeengten Amateurbetrieb vorhanden ist.

Ein vernünftiger Radio-Amateurbetrieb muß tunlichst unterstützt werden. Im Weltkriege ist die technische Überlegenheit anderer Nationen an vielen Stellen kraß zutage getreten. Die Radio-Amateurbewegung scheint aber wie keine andere ähnliche Betätigung geeignet und berufen zu sein, physikalische Weltanschauung und Technik in weite Volksschichten hineinzutragen, so daß das bekannte, von A. Riedler geprägte Wort erfüllt werden kann:

„Was den Deutschen not tut, ist richtiges technisches Denken."

Zu einer wirklichen Amateurbetätigung gehört aber notwendigerweise die Erlaubnis, „basteln" zu dürfen, denn der richtige Radio-Amateur wird in vielen Fällen sich seine Apparate und Schaltungen entweder aus selbst angefertigten oder von der Industrie gelieferten Einzelteilen selbst zusammenbauen wollen. Es wird natürlich einer besonderen staatlichen Regelung bedürfen, in welcher Weise das in vielen Ländern rückhaltlos freigegebene Basteln auch in Deutschland zuzulassen ist, ohne daß der staatliche Radioverkehr darunter leidet oder der erst aufzubauende Broadcastingbetrieb hierdurch gefährdet wird.

Ich verdanke physikalische und technische Beratung den Herren Dr. Georg Seibt in Berlin-Schöneberg und Dr. Siegmund Loewe in Berlin, juristische Ratschläge Herrn Rechtsanwalt Franz Landsberg in Berlin.

Ich danke meiner Frau Käte Nesper-Wilbrandt, die sowohl dies Buch, wie im wesentlichen auch das „Handbuch der drahtlosen Telegraphie und Telephonie" und die „Radio-Schnelltelegraphie" niedergeschrieben und die Korrekturen gelesen hat.

Ich danke ferner der Verlagsbuchhandlung Julius Springer, die mich bei der Herstellung des Buches in jeder Weise unterstützt und dem Buch eine ausgezeichnete Ausstattung hat angedeihen lassen.

Möchte das Radio-Broadcasting mit dazu berufen sein, die sich seit 1914 immer noch weiter ausbreitende Völkervergiftung zu beseitigen, die Völker aller Rassen und Stämme einander wieder näher zu bringen und den Austausch wichtiger Kulturgüter zu vermitteln. Möge in diesem Sinne das Widmungsblatt ein Symbol sein.

Berlin, Frühjahr 1923.

Dr. Eugen Nesper.

Vorwort zur dritten Auflage.

Die vorliegende 3. Auflage, welche bereits wenige Wochen nach Herstellung der 2. Auflage erforderlich wurde, erlaubte wegen der Dringlichkeit der Zeit nicht, eine Umarbeitung oder Ergänzung vorzunehmen. Erfreulicherweise haben sich inzwischen die Aussichten für die staatliche Genehmigung des deutschen Radio-Amateurbetriebes wesentlich günstiger gestaltet. Es ist zu hoffen, daß in nicht allzu ferner Zeit auch der deutsche Radioamateur staatlich konzessioniert und anerkannt arbeiten kann und daß es ihm dann vergönnt sein wird, die Radiotechnik Deutschlands zu stärken und auszubauen. Es ist alsdann natürlich notwendig, daß die deutschen Radioamateure die vom Reichspostministerium erlassenen Bestimmungen innehalten.

Noch ein Wort über die zweckmäßigste Lektüre des Buches durch den Anfänger: Dieser liest am besten zunächst die Seiten 1 bis 32 und überschlägt die Seiten 33 bis 114, um auf Seite 115 sein Studium fortzusetzen. Die theoretischen Ausführungen werden vorteilhaft erst durchgenommen, wenn schon ein gewisses Anschauungsbild gewonnen ist.

Allen denen, die mir Druckfehler, Verbesserungsvorschläge, Zusätze usw. zu dem Buche mitteilten, danke ich vielmals. Nach Möglichkeit habe ich alles in dieser Auflage, bei der jedoch, wie bereits erwähnt, infolge Zeitmangels keine grundsätzliche Änderung möglich war, berücksichtigt. Für künftige Neuauflagen bin ich weiterhin für Anregungen stets dankbar.

Berlin, Januar 1924.

Dr. Eugen Nesper.

Inhaltsverzeichnis.

Seite

I. Definition und Berechtigung des Radio-Amateurbetriebes. Was ist Broadcasting? 1
  A. Das Broadcasting 1
  B. Radio-Amateurvereine 5
  C. Anwendungsgebiete des Broadcasting 6
    a) Kulturelle Aufgaben der Disziplinierung und Belehrung. Erziehung zu technischer Denk- und Arbeitsweise 6
    b) Ersatz von Büchern und Zeitungen 6
    c) Weiteste Verbreitung der Reden von Wissenschaftlern, Politikern usw. 6
    d) Verbreitung von Wirtschaftsnachrichten, Börsen- und Devisenkursen usw. 7
    e) Märchenerzählungen und Übertragungen von Predigten und Gebeten 7
    f) Musikübertragung von Opern, philharmonischen und andern Konzerten, Ballmusik usw. 7
    g) Wetterdienst, Warnung vor Stürmen und Nachtfrösten usw., Zeitsignalübertragung 8
    h) Musikübertragung für Fabriksäle, Bergwerke, Krankenhäuser, an Landleute usw. 8
    i) Übermittlung spontaner Berichte von Boxkämpfen, Fußballturnieren usw. 9
    k) Die Sprache „An Alle" 9
  D. Darf der Amateur Dritten patentierte Apparate und Schaltungen benutzen oder muß er hierbei patentrechtliche Vorschriften berücksichtigen? 9
  E. Gesetzliche und staatliche Regelung des Radioamateurbetriebes 10

II. Mechanismus der Radiotelegraphie und -telephonie 18
  A. Mechanismus der drahtlosen Nachrichtenübermittlung 18
    a) Physikalische Grundlagen der Schwingungserscheinungen 18
      α) Schwingungsvorgänge und Spektrum der elektromagnetischen Schwingungen 18
      β) Pendelschwingungen 19
        Gedämpfte Schwingungen 19
        Ungedämpfte Schwingungen 19
        Schwingungsdauer, Wellenlänge 20
        Abstimmung 20
      γ) Elektrische Schwingungen 21
      δ) Prinzip des drahtlosen Funkensenders 22
        Schwingungs-Energie 22
        Kurze Schwingungsdauer 22
        Luftleiter und Ausstrahlung 23
        Drahtlose Telegramme nach dem Morsealphabet 23
        Empfangsluftleiter und Empfänger 24
        Detektor und Telephon 24
        Abstimmung 24
  B. Prinzip der Radiotelephonie 25
    a) Wirkungsweise und allgemeine Anordnung der drahtlosen Telephonie 25
      α) Vorgänge bei der Drahttelephonie 25
      β) Einwirkung der Vokale und Konsonanten auf die Schwingungsform 26
    b) Vorgang bei der Radiotelephonie 27
      α) Noch wesentlicherer Einfluß der Vokale bei der drahtlosen Telephonie 27
      β) Unterschiede im Mechanismus zwischen Drahttelephonie und drahtloser Telephonie 27

Inhaltsverzeichnis.

Seite

γ) Einfachste Sende- und Empfangsanordnung für drahtlose Telephonie 28
δ) Schematische Darstellung des Schwingungsverlaufes vom Senden bis zum Empfang. 29

III. Auszug aus der Theorie. Wichtige Formeln. Diagramme. Tabellen 33
   A. Der ideale quasistationäre Schwingungskreis 33
      a) Kreiswiderstände. Resonanz. 34
      b) Frequenz (Kreisfrequenz), Periodendauer, Wellenlänge 36
   B. Die Kopplung 38
      a) Definition der Kopplungsarten. 38
      b) Kopplungsarten. 38
         α) Magnetische, bzw. elektromagnetische oder induktive Kopplung 38
         β) Galvanische, konduktive oder auch durch einen Widerstand bewirkte Kopplung (in der Praxis meist mit α) zusammen auftretend und oftmals, namentlich früher als „direkte Kopplung" bezeichnet. 39
         γ) Elektrische, elektrostatische, kapazitive Kopplung. 39
      c) Kopplungsfestigkeiten (Kopplungsgrade). 39
         α) Feste und lose Kopplung. Erzwungene Schwingung und Eigenschwingung. Rückwirkung. Allgemeines 39
         β) Kopplungskoeffizient und Kopplungsgrad. 40
   C. Die Dämpfung 42
      a) Begriff der Dämpfung. 42
      b) Auftretende Dämpfungsverluste 44
      c) Ermittlung der Dämpfung. 46
         α) Resonanzkurve des Stromeffektes. Resonanz, Isochronismus. Reduktion der Resonanzkurve. 47
         β) Messung der Summe der Dämpfungsdekremente eines Oszillators und eines Resonators (Resonanzmethode V. Bjerknes). 49
         γ) Dämpfungsmessung eines Oszillators (Resonanzmethode) . . 51
         δ) Dämpfungsmessung eines Resonators mittels variabler Dämpfung desselben (Einschaltung eines Widerstandes) 51
         Meßmethode bei wenig gedämpften und ungedämpften Oszillatoren 51
   D. Oszillatorische und aperiodische Entladung 54
   E. Der Ohmsche Widerstand im Stromkreis 54
   F. Kondensatoren im Hochfrequenzkreise (Parallelschaltung von Wechselstromwiderständen) 57
   G. Selbstinduktion im Hochfrequenzkreise (Parallelschaltung von Wechselstromwiderständen) 62
   H. Das offene Schwingungssystem (Antenne) 69
      a) Der geradlinige Oszillator 69
         α) Entstehung des offenen Oszillators aus dem geschlossenen . 69
         β) Verteilung von Strom und Spannung. Magnetisches und elektrisches Feld. 70
         γ) Fortpflanzungsgeschwindigkeit und Wellenlänge 72
      b) Aufwicklung des geradlinigen Oszillators zur Spule 73
      c) „Wirksame Länge (Höhe)" des Oszillators 73
      d) Reichweite, elektrische Feldstärke, Strom und Energie im Empfänger. 75
   I. Wirkungsgrad einer drahtlosen Nachrichtenübermittlung 76
   K. Nomographische Tafeln (Fluchtlinientafeln). 77
   L. Wellenlängentafeln, -Schieber und -Diagramme 84
      a) Tabelle der Wellenlängen (λ), Periodenzahlen (ν) und der Schwingungskonstante (C L) 84
      b) Abhängigkeitstabelle der Wellenlänge (λ) von der Kapazität (C) und der Selbstinduktion (L). 86

Inhaltsverzeichnis.

Seite
- c) Wellenlängenbestimmungstafel von Eccles 90
- d) Der Wellenlängenschieber von H. R. Belcher-Hickmann ... 91
- e) Wellenlängendiagramme für bestimmte Spulen und Kondensatoren 92
- M. Abkürzungen und Umrechnungstabellen 93
  - a) Abkürzungen 93
  - b) Vorsatzbezeichnungen 94
  - c) Umrechnungstabellen für Kapazitäten und Induktanzen ... 94
    - α) Kapazitäten 94
    - β) Induktanzen 94
- N. Konstante 95
  - a) Spezifische Gewichte fester Körper bei 0° C 95
  - b) Dielektrizitätskonstante 95
- O. Materialtabellen 96
  - a) Drahttabelle nach J. Corver 96
  - b) Gewichts-, Querschnitts- und Widerstands-Tabellen von Kupfer- und Widerstandsdrähten der C. J. Vogel A.-G. in Berlin-Adlershof 96
  - c) Baumwolldrähte 97
  - d) Emailledrähte 98
  - e) Antennenlitzen 99
  - f) Widerstandsdraht- und -bandtabelle 100
- P. Einzelteile und Stromquellentabellen 101
  - a) Tabelle für die Wicklung von Honigwabenspulen 101
  - b) Silitwiderstände von Gebr. Siemens in Berlin-Lichtenberg . . 102
  - c) Ruhstrat-Miniatur-Schiebewiderstände von Gebr. Ruhstrat A.-G. in Göttingen 102
  - d) Hellesen-Trockenelemente von Siemens & Halske A.-G. ... 102
  - e) Akkumulatortabellen der Firma Pfalzgraf, Berlin N 4 103
  - f) Röhren für Empfangs- und Verstärkungszwecke der Süddeutschen Telephon-Apparate-, Kabel- und Drahtwerke A.-G. in Nürnberg. 105
- Q. Das Morsealphabet 106
- R. Tabelle der wichtigsten Sendezeiten, Rufzeichen, Stationen, Wellenlängen und Schwingungsart europäischer Stationen 107

IV. Wie sieht ein Radio-Broadcasting-Sender aus? 110
V. Der Radioempfänger 115
Empfangsapparate für Broadcasting der Lieferungsfirmen 115
- A. Allgemeine an Amateurempfänger zu stellende Anforderungen 115
  - a) Einteilung der Amateurempfänger 115
  - b) Gesichtspunkte für den Bau von Amateurempfängern 116
  - c) Inwieweit muß der Amateurempfänger selektiv sein? 116
  - d) Unterschiede des Empfängers für Stadt- und Landgebrauch. Vorteile der Rahmenantenne 116
  - e) Besondere Anforderungen an die Empfängerausführung ... 117
  - f) Notwendige Prüfung des Empfängers durch den Amateur vor dem Ankauf 117
- B. Kristalldetektorempfänger 118
  - a) Allgemeine Anforderungen und Gesichtspunkte 118
  - b) Einfacher Schiebespulenempfänger mit Kristalldetektor von G. Seibt 119
  - c) Taschenempfänger von O. Kappelmayer 120
  - d) Variometerempfänger der Huth-Gesellschaft, Type E 101, für Telephonie und gedämpfte Telegraphie 121
  - e) Kristalldetektorempfänger mit geschlossenem Schwingungskreis der Radio-Instruments Ltd. 122
  - f) Der abstimmfähige Primär-Kristall-Detektor-Empfänger der Radiofrequenz G. m. b. H. 123
- C. Röhrenempfänger 124
  - a) Allgemeine Gesichtspunkte 124

Inhaltsverzeichnis.

Seite

 b) Einfacher Audionempfänger mit Rückkopplung von Telefunken Type B 124
 c) Der Audion-Primär-Sekundärempfänger der Radiofrequenz G. m. b. H. 124
 d) Hochfrequenzverstärker-Audionempfänger von Kramolin & Co. 125
 e) Zweiröhren-Musikempfängerverstärker der Medical Supply Association Ltd., London 127
 f) Audionempfänger, kombiniert mit Zweifachniederfrequenzverstärker von Telefunken, Type D 128
 g) Vierröhrenempfängerverstärker der Radio-Instruments Ltd., London 129
 D. Rahmen-Röhrenempfänger 130
  a) Rahmen-Empfängerverstärker von P. Floch, W. de Colle und E. Nesper 130
  b) Aus Einzelapparaten zusammengesetzte Rahmenempfängeranlage 137
  c) Vier-Röhren-Rahmenempfänger der Société Française Radio-Electrique 139
VI. **Empfangsschaltungen** 139
 A. Allgemeine Gesichtspunkte 139
 B. Empfang mit Kristalldetektor 142
 C. Röhrenempfang und Verstärkung 148
 D. Verstärkeranordnungen 156
 E. Besondere Schaltungsanordnungen 159
 F. Vorsichtsmaßregeln 160
VII. **Die Antenne** 162
 A. Entwurf und Bau von Antennen 162
  a) Der Bau der Außenhochantenne 162
  b) Die Rahmenantenne (Spulenantenne) 167
  c) Die Innenantenne 170
  d) Antennenersatzanordnungen 172
   α) Benutzung der Lichtleitung als Antenne 172
   β) Benutzung von Regenabflußrohren, Blitzableitern usw. . . 172
 B. Tragbare Masten für den Radioamateurbetrieb 172
VIII. **Die Verstärker und Lautsprecher** 174
 Die Verstärkung der Empfangsschwingungen 174
 A. Allgemeine Gesichtspunkte und Einteilung der Röhrenverstärker 174
 B. Anfangs- und Endverstärkung. Energiesteigerungsmöglichkeit 175
 C. Wirkungsweise der Röhre als Verstärker 176
 D. Hochfrequenzverstärkung 177
  a) Prinzipielle Anordnung 177
  b) Mehrfachhochfrequenzverstärker 179
   α) Kopplung durch Eisentransformatoren 179
   β) Kopplung durch eisenlose Kopplungsspulen (Abgestimmter Hochfrequenzverstärker) 179
   γ) Kopplung durch Widerstandsspulen (Aperiodischer Hochfrequenzverstärker) 180
   δ) Kopplung durch aperiodische Stromübertragung (Stromkopplung) 180
   ε) Mehrfachverstärker mit Widerstandsspannungssteigerung von de Forest-Arnold 181
   ζ) Kopplung durch Spannungsübertragung (Spannungskopplung) 182
 E. Niederfrequenzverstärkung 183
  a) Prinzip der Niederfrequenzverstärkung 183
  b) Mehrfach-Niederfrequenzverstärkung 185
  c) Schroteffekt 185
  d) Pfeifen bei Mehrfachsverstärkern 185
 F. Kombination von Verstärkern verschiedener Art . . . 186

Seite
G. Ausführungsformen von Röhrenverstärkern 186
 a) Röhrenkonstruktion und Charakteristik für Verstärkerzwecke . 186
 b) Niederfrequenzverstärkerausführungen der Radiofirmen. . . . 189
  α) Dreifachniederfrequenzverstärker von G. Seibt 189
  β) Zweifach-Niederfrequenzverstärker von Telefunken 190
H. Lautsprecher 190
 a) Lautsprechende Telephone und Hilfseinrichtungen 190
 b) Lautsprecher nach dem elektromagnetischen System 192
  α) Der Magnavoxapparat 192
  β) Der Pathé-Lautsprecher 193
 c) Lautsprecher nach dem Johnsen-Rahbek-Prinzip. 194
 d) Anschaltung des Lautsprechers (Megaphon) 197
IX. **Normale Empfängereinzelteile der Radioindustrie** 197
 A. Kondensatoren..................... 198
  a) Allgemeine Gesichtspunkte für den Aufbau der Kondensatoren und die auftretenden Verluste 198
   α) Erzielung möglichst geringer Verluste im Dielektrikum . . . 198
   β) Möglichst große Übergangswiderstände an den Halteteilen . 198
  b) Feste unveränderliche Kondensatoren............ 199
   α) Glimmerblockkondensator auch für Senderzwecke 199
   β) Glimmerkondensator für Empfangszwecke von G. Seibt . . 199
   γ) Kunstgriff für rationellere Glimmerausnützung bei Glimmerkondensatoren..................... 200
   δ) Glimmerersatzstoff 201
  c) Kontinuierlich veränderliche Kondensatoren......... 201
   α) Drehplattenkondensator von A. Koepsel (D. Korda) 201
   β) Typkonstruktion des Drehkondensators........... 202
   γ) Gefräster Kondensator (G. Seibt) 202
   δ) Spritzgußkondensator von G. Seibt 203
   ε) Variabler Glimmerkondensator der Radiofrequenz G. m. b. H. 204
   ζ) Wickelkondensator von Kramolin & Co. 205
  d) Teilweise kontinuierlich veränderlicher Glimmerkondensator. . 206
  e) Veränderlicher Kondensator für sehr kleine Kapazitätsbeträge (Vernierkondensatoren) 206
   α) Feinregulierkondensator sehr kleiner Maximalkapazität. . . 206
   β) Vereinigung eines normalen Drehplattenkondensators mit einem solchen mit Feineinstellung............. 208
 B. Induktanzvorrichtungen 208
  a) Selbstinduktionsspulen mit fester Induktanz (Honigwabenspulen), Schiebespulen und Selbstinduktionsvariometer 208
  b) Allgemeine Gesichtspunkte über Verwendung und Konstruktion von Selbstinduktionsspulen. Verluste in Spulen 208
   α) Abmessung der Spulen hinsichtlich Erwärmung....... 208
   β) Abmessung der Selbstinduktionsspulen zwecks Erzielung möglichst geringer Gesamtverluste............... 209
    Wirbelstromverluste. — Verluste durch Skineffekt (Hauteffekt). — Zusammenfassung der obigen 3 Verlustquellen. — Notwendige Unterteilung der Litzenleiter. — Verluste durch dielektrische Hysteresis.
  c) Typische Grundformen der Spulen für Hochfrequenz. Vorteile und Nachteile der Zylinderspulen und Flachspulen. Notwendigkeit gedrängter Bauweise bei geforderter großer Selbstinduktion 212
  d) Spulenkapazität 214
   α) Wirkung der Eigenkapazität der Spule im aperiodischen Kreise 214
   β) Wirkung der Spulenkapazität im abgestimmten Kreise . . 214
   γ) Kapazitive Kopplung der Spule infolge der Spuleneigenkapazität 214
   δ) Verhinderung bzw. Verkleinerung der Wirkung der Spulenkapazität 214

ε) Verringerung der Induktionswirkung auf die Spulen. . . . 215
e) Gesichtspunkte für die Konstruktion der Selbstinduktionsspulen möglichst kleiner Dämpfung (Tesla, Bjerknes, Dolezaleck, Telefunken, Hahnemann, Wien, Möller). 216
f) Spulenausführungen. 218
   α) Spulen mit fester Induktanz 218
      Typische amerikanische Honigwabenspule 219
      Spiralförmige Schlitzspule von W. Scheppmann 219
      Stufenweise veränderliche Spulen (Schiebespulen) 220
   γ) Allmählich veränderliche Induktanzvorrichtungen. Selbstinduktionsvariometer. 221
      Selbstinduktionsvariometer mit in- oder gegeneinander verschiebbaren Zylinderspulen 221
      Selbstinduktionsvariometer mit kugelkalottenförmigen Wicklungskörpern 223
C. Kopplungsvorrichtungen (Spulenhalter) 225
D. Isolatoren für Hochfrequenz und Hochspannung . . . 226
  a) Prinzipielle Anforderungen an Isolationsmaterialien (Sicherheitsfaktor). 226
  b) Für Hochfrequenz inbetracht kommende Isolationsmaterialien . 227
   α) Luft 227
   β) Öl (Paraffinöl). 227
   γ) Porzellan (Steckolith, Glas und Speckstein). 227
   δ) Hartgummi 228
   ε) Paraffiniertes Holz. 228
   ζ) Glimmer 229
   η) Mikanit, Pertinax, Gummon, Gummoid, Prestonit, Bakelit, Galalit, Faturan, Stabilit, Tenacit, Cellon 229
  c) Trag- und Halteisolatoren 230
  d) Durchführungsisolatoren 230
      Antennendurchführungsisolator von Marconi. 230
  e) Antennen- und Abspannisolatoren 231
   α) Der Ei-Isolator 231
   β) Sattelisolator 231
E. Detektoren für den Empfang 232
  a) Gesichtspunkte für die Herstellung und Anforderungen, die an die Detektoren zu stellen sind. 232
  b) Kristalldetektoren (Kontaktdetektoren) 233
   α) Theoretische Gesichtspunkte für alle Detektoren mit Gleichrichtung und thermoelektrischen Eigenschaften 233
      Charakteristik der Gleichrichterdetektoren (Detektoren mit Ventilwirkung) 233
      Unsymmetrische Charakteristik (Gleichrichtung, Ventilwirkung) 234
      Symmetrische Charakteristik (erzwungene Gleichrichtung und Ventilwirkung) 234
      Zusammenhang zwischen der dem Detektor zugeführten Hochfrequenzenergie und der erzeugten Gleichstromenergie 235
   β) Kristalldetektorausführungen 235
      Empfindliche Materialkombinationen 235
      Kugelgelenkkristalldetektor von G. Marconi. 236
      Unverstellbarer Detektor (Karborunddetektor) von Telefunken 236
      Einfache Stellzelle von G. Seibt 237
  c) Die Röhre (Audion) 238
   α) Theorie der Röhre für Sender-, Empfänger- und Verstärkungszwecke 238
   β) Wichtigste Röhrentypen 241
   γ) Röhrensenderschaltungen 242

Inhaltsverzeichnis. XV

Seite

  Oberschwingungen. Sinusförmige Schwingungen. Ziehen . 243
  Tasten 244
 δ) Der Röhrenempfangskreis 244
  Prinzipielle Schaltmöglichkeiten und Eigentümlichkeiten der
  Röhre als Detektor 244
  Rückkopplungsschaltungen (L. de Forest) 245
 ε) Theoretische Gesichtspunkte für die Wirkungsweise der Röhre
  als Detektor 246
  Unterschiede beim Empfang gedämpfter und ungedämpfter
  Schwingungen. Oszillographenbilder 246
  Allgemeine Gesichtspunkte. Abweichung der Röhre für
  Detektorzwecke von der Senderöhre (Audion). 247
  Die typische Röhre für Empfangszwecke ist das Audion . . 248
  Wirkungsweise der Detektorröhre. Anodenstromcharakte-
  ristik. Gitterstromcharakteristik 248
  Wirkung des die Röhre erfüllenden Gases 251
  Abhängigkeit der Gitterstromstärke 252
  Steigerung der Anodenspannung. Progressive Ionisation . 253
 ζ) Konstruktive Gesichtspunkte für Röhren 254
  Anforderungen an mit Elektronenemission arbeitende Röh-
  ren, insbesondere für Senderzwecke 254
  Elektrodenausbildung in der Röhre 255
  Evakuierung der Gasröhre 259
  Verhältnis der Metalloberfläche zur Lochweite bei der Gitter-
  elektrode (konstruktive Form des „Durchgriffes") 259
  Sockelausbildung der Röhre 260
  Volumen der Röhre 261
  Glasbeschaffenheit der Röhre 261
  Röhren für größere Sendeenergien und Ersatzmaterialien . 261
  Konstanthaltung des Heizstromes. Anschaltung des Anoden-
  kreises 262
 η) Empfangs- und Verstärkerröhren 263
  Verstärkerröhre der AEG. 264
  Empfangsaudionröhre von Telefunken 264
  Empfangsröhre der Studiengesellschaft (Auer) 264
  Empfangsröhre der Huth-Gesellschaft 265
  Empfangs- und Verstärkerröhre der Edison-Swan Electric Co. 265
  Röhre mit mehreren Gitterelektroden und Anoden der AEG.
  (J. Langmuir) 266
  Röhre mit 2 Gitterelektroden von Siemens & Halske (für
  Verstärkungszwecke) 266
F. Zubehörteile für Röhren und Röhrenschaltungen . . . 269
 a) Verstärkungstransformatoren 269
  α) Allgemeine Gesichtspunkte. Verschiedene Transformatortypen 269
  β) Konstruktive Formgebung von Verstärkertransformatoren.
   Transformator mit teilweise offenem Eisenweg 271
  γ) Transformator mit geschlossenem Eisenweg (Hochfrequenz-
   transformator) 271
  δ) Transformatorersatz. Kopplungsmittel für Hochfrequenzver-
   stärkerröhren 273
   Eisenlose Kopplungsspulen 273
   Widerstandsspulen (aperiodischer Hochfrequenzverstärker) 273
   Hochohmige Widerstände 274
   Silitwiderstand von Gebr. Siemens & Co. 274
   Griffelwiderstände 275
   Kapazitäts- und selbstinduktionsloser Widerstand von Ruh-
   strat 276
   Hochohm-Graphitwiderstand 276
 b) Sockel für Röhren 277

Inhaltsverzeichnis.

Seite
α) Allgemeines. Amerikanische Konstruktion mit Swan-Fassung 277
β) Englischer Röhrensockel 278
γ) Röhrenstecker 278
c) Heizwiderstände für Röhren 279
α) Eisenwasserstoffwiderstand 279
β) Ruhstrat-Miniaturschiebewiderstand 279
γ) Einfacher Regulierdrehwiderstand 281
δ) Einfacher Heizwiderstand mit schraubenförmigem Kontakt . 281
ε) Heizwiderstand mit Feinregulierung 281
d) Gitterausgleichswiderstand und Gitterkondensator 282
α) Amerikanische Schaltungsanordnung 282
β) Widerstandspatronen 283
γ) Regulierbarer Gitterausgleichswiderstand 283
δ) Unveränderlicher Gitterkondensator 284
ε) Kombination von Gitterkondensator und Ausgleichswiderstand 285
ζ) Kombinierter variabler Gitterkondensator mit Ausgleichswiderstand 285
G. Telephone 285
a) Empfindlichkeit des Telephons. Kennzeichnende Gesichtspunkte für Telephone der drahtlosen Nachrichtenübermittlung 285
α) Empfindlichkeit des Fernhörers 285
β) Einfluß der Audiofrequenzen auf die Empfindlichkeit . . . 285
γ) Dämpfungsdekrement und Resonanzfähigkeit des Telephons 286
δ) Berücksichtigung der Eigenschwingungszahl der Membran . 287
ε) Erhöhung der Lautstärke durch konstruktive Maßnahmen im Telephon selbst 287
ζ) Physiologische Eigentümlichkeit beim Abhören 289
b) Telephone für Radiotelegraphie und -telephonie 289
α) Telephon für Radiotelegraphie von H. W. Sullivan 290
β) Doppelkopffernhörer für Radiotelephonie der W. A. Birgfeld A.-G. 291
γ) Doppelkopftelephon von Kramolin & Co. 292
c) Gesichtspunkte für die Konstruktion von Telephonen für drahtlose Nachrichtenübertragung. Anforderungen und konstruktive Gesichtspunkte für die Haltevorrichtung 293
H. Unterbrecher 295
a) Allgemeine an Unterbrecher zu stellende Anforderungen . . . 295
b) Summer mit nahezu geschlossenem Eisenweg von G. Seibt . 296
I. Schalt- und Kontaktorgane 297
a) Schalter 297
α) Einfacher Druckschalter 297
β) Kontakteinrichtung mit Schleiffeder von G. Seibt 298
γ) Feder- und Messerschalter 299
δ) Druckknopfkontakteinrichtung 300
ε) Walzenschalter 301
ζ) Hebelschalter 301
η) Schleifkontakte (Slider) 302
b) Kontaktanschlußorgane 303
α) Federnder Stöpselkontakt 303
β) Klinkenstecker 303
γ) Kontaktklemmen 304
δ) Hartgummiklemmleiste für Leitungsanschlüsse 306
ε) Steatitklemmleiste 306
K. Apparatknöpfe, Anschlußklemmen, Steckbuchsen und Steckkontakteinzelstücke, Anschlußstücke für Kabel usw. 308
X. **Universalempfangsapparat und Radioexperimentierkästen. Wie der Amateur einen Empfänger sich selbst zusammenbaut** 310
A. Universalschaltplatte von G. Seibt 310

Inhaltsverzeichnis.

  a) Primärempfang mit Kristalldetektor 313
  b) Sekundärempfang mit Kristalldetektor 314
  c) Primärempfangsschaltung mit Audionröhre 315
  d) Sekundärempfangsschaltung mit Röhre 316
  e) Empfangsschaltung mit Rahmenantenne und Röhrenrückkopplung 317
 B. Radio-Experimentierkästen von E. Nesper 317
  a) Der Radiobaukasten 317
  b) Der Radio-Experimentierkasten 323
 C. Zusammensetzen eines Empfängers durch den Amateur, wobei fertige im Handel erhältliche Teile verwendet werden 323
XI. **Wie baut sich ein amerikanischer Amateur seinen Empfänger selbst?** 329
 A. Herstellung von einlagigen Zylinderspulen 329
 B. Die Selbstherstellung von Honigwabenspulen 332
 C. Herstellung einer Stufenspule 334
 D. Herstellung einer Stufenkontaktanordnung 335
 E. Herstellung eines Selbstinduktionsvariometers 336
 F. Herstellung eines unveränderlichen Kondensators . . . 338
 G. Herstellung eines Kristalldetektors 338
 H. Herstellung von Verstärkungstransformatoren 339
XII. **Stromquellen. Netzanschlußgerät. Ladevorrichtungen** 340
 A. Stromquellen 340
  a) Anforderungen für das Heizen und die Anode 340
  b) Heizstromquellen 340
   α) Bleiakkumulatoren 340
   β) Batterien mit Masseplattenelementen 341
   γ) Batterien mit Rapidplatten 342
  c) Anodenfeldspannungsquellen 342
   α) Akkumulatorbatterien 342
   β) Primärelementbatterien 343
 B. Netzanschlußgerät. Speiseanordnung für Heizung des Glühfadens und Speisung des Anodenfeldes 345
 C. Ladevorrichtungen für Akkumulatoren 346
  a) Bei Gleichstromanschluß 346
   α) Ladung der Heizbatterieakkumulatoren 347
    Ladevorrichtung mit Regulierwiderstand 347
    Ladevorrichtung für Kleinakkumulatoren bei Gleichstromlichtanschluß 349
   β) Ladung der Hochspannungsbatterie 350
  b) Bei Wechselstromanschluß 350
XIII. **Prüf- und Meßinstrumente** 351
 A. Meßapparate 351
  a) Der Prüfsummer 351
  b) Die Parallelohmanordnung 352
  c) Der Radioamateurwellenmesser 353
 B. Meßinstrumente. Voltmeter, Amperemeter, Galvanometer 354
XIV. **Lehrapparaturen. Morsezeichenlehrapparate** 358
XV. **Radioamateurliteratur** 359
 A. Veröffentlichungen in englischer Sprache 359
 B. Holländische Bücher 361
 C. Deutsche Veröffentlichungen 361
  a) Artikel 361
  b) Deutsche Radiozeitschriften 361
  c) Deutsche Lehr- und Nachschlagebücher 361
Sachverzeichnis 362
Nachtrag 369

Bezeichnungen der Radiotelegraphie und -telephonie.

- Galvanisches Element, Akkumulator, Batterie.
- Gleichstrommaschine.
- Wechselstrommaschine.
- Hochfrequenzmaschine, Hochfrequenzquelle.
- Regulierbarer Schiebekontakt.
- Steckkontakt.
- Klemmenanschluß.
- (Ohmscher) Widerstand.
- Eisen-Wasserstoffwiderstand.
- Luftdrossel.
- Eisendrossel.
- Tonspule.
- Schalter.
- Mehrpoliger Schalter.
- Taster.
- Unterbrecher Tikker.
- Transformator.
- Induktor (Resonanzinduktor).
- Transformator, Hochfrequenztransformator.
- Funkenstrecke für seltene Funkenentladungen.
- Löschfunkenstrecke (Stoßfunkenstrecke).
- Lichtbogengenerator.
- Entladestrecke für ideale Stoßerregung.
- Vakuumröhre (Kathodenröhre).
- Unveränderliche Selbstinduktionsspule.
- Honigwabenspule (Honeycombcoil).
- Veränderliche Selbstinduktionsspule, Schiebespule, Variometer.
- Kopplung.
- Unveränderlicher Kondensator, Blockkondensator.
- Veränderlicher Kondensator, Drehplattenkondensator.
- Pendelkondensator.

Bezeichnungen der Radiotelegraphie und -telephonie.

XIX

- Indikationsinstrument, Galvanometer, Amperemeter, Voltmeter.
- Geißler- (Helium-, Neon usw.) Röhre.
- Kohärer.
- Kristalldetektor.
- Elektrolytische Zelle.
- Thermoelement.
- Mikrophon.
- Telephon.
- Lautsprecher.
- Schreibapparat.
- Relais.
- Geerdete Antenne.
- Schwach strahlende Antenne, Schirmantenne.
- Starkstrahlende Antenne.
- Antenne mit Gegengewicht.
- Spulen-(Rahmen-)Antenne.

- Gutleitende Erde.
- Schlechtleitende Erde.
- In sich geschlossene Apparatur.
- Niederfrequenzverstärker.
- Mittelfrequenzverstärker.
- Hochfrequenzverstärker.
- Zweifach-Hochfrequenzverstärker.
- Dreifach-Hochfrequenzverstärker.
- Schwebungszusatzapparat (Überlagerer).
- Halbperiodige Schwingung.
- T = Schwingungsdauer.
- A = Wellenlänge.
- R = Resonanzpunkt.
- J = Strom, magnetische Feldintensität.
- V = Spannung, elektrische Feldintensität.

I. Definition und Berechtigung des Radio-Amateurbetriebes. Was ist Broadcasting?

A. Das Broadcasting.

Soweit die Geschichte der Menschheit auf der Erde zurückreicht, sind die Bestrebungen eines allgemeinen Nachrichtenaustausches erkennbar. Unter Geschichte ist nicht die zünftige Geschichtschreibung zu verstehen, die die Daten einer Anzahl von Herrschern und Schlachten auf die kurze Spanne von knapp zweieinhalb Jahrtausenden zusammengereiht hat, sondern es ist die große Geschichtschreibung gemeint, die zum Teil im Lesebuch der Erdschichten für den Archäologen und Prähistoriker niedergelegt ist. Betrachtet man diese uralten Dokumente erster menschlicher Tätigkeit vor etwa 140 000 Jahren, so erkennt man, nach dem von O. Hauser im stillen Tale der Vézère aufgedeckten Funde des Homo Mousteriensis Hauseri, daß jene Horden bereits breit angelegte Feuerstätten besaßen, die unmöglich nur zu Erwärmungs-, Koch- und Abwehrzwecken gedient haben können. Vielmehr dürfte die Vermutung gerechtfertigt sein, daß mindestens manche derselben zu Zwecken der Nachrichtenübermittlung an andere Horden benutzt wurden.

Eine Zeichenübertragung durch Feuerschein ist sodann durch Jahrtausende der Menschheit eigen gewesen, und die Geschichte der Altägypter, Babylonier und Assyrer, sowie der Völker des klassischen Altertums erzählt immer wieder von einem für viele Teilnehmer bestimmten Nachrichtenaustausch durch Feuerschein. Es hat lange Zeit gedauert, bis es gelang, noch andere optische Mittel, wie z. B. die Semaphore, in den Dienst der Menschheit zu stellen. Inzwischen hat die gedruckte Zeitung als Nachrichtenübertragungsmittel breitesten Eingang gefunden. Ihr Nachteil ist jedoch die Unmöglichkeit, die Nachrichten sofort quasi in statu nascendi zu verbreiten; sie kann dies stets nur mit einer gewissen zeitlichen Verschiebung bewirken. Eine derartige Zeitung ist also eigentlich nie vollkommen aktuell. Außerdem fehlt ihr, wie jedem gedruckten Wort, die Betonung, welche die große Suggestivwirkung der Sprache ausmacht.

Als idealste Nachrichtenverbreitung in breitestem Sinne kann man sich kein besseres Übertragungsmittel denken als die Radiotelegraphie und -telephonie, und daher war mit der praktischen Verwirklichung der alten Funkentelegraphie durch G. Marconi (1896), mindestens theoretisch, auch der Grundstein zum „**Broadcasting**" (to broadcaste = ausstreuen; Broadcasting = Nachrichtenverbreitung im allerweitesten Sinn) gelegt.

Die Tatsache, daß die durch Funkentelegraphie übermittelten Telegramme in Morsezeichen gegeben wurden und infolgedessen nur einem kleinen Kreise von Kundigen verständlich waren, hat lange Zeit verhindert, daß sie für einen allgemeinen Nachrichtenverkehr „An Alle" ausgebaut wurde. Erst als es V. Poulsen 1902 praktisch gelungen war, mit dem Lichtbogengenerator ungedämpfte Schwingungen zu erzeugen, und somit eine drahtlose Telephonie zu verwirklichen, konnte die Idee eines großen „Zirkularverkehrs" festeren Fuß fassen. Wiederum verstrichen jedoch eine Anzahl von Jahren, bis der Gedanke des Radiobroadcasting zuerst ausgesprochen wurde. L. de Forest, der Erfinder der Dreielektrodenröhre und der Röhrenverstärkung, der sich viel mit der Nutzanwendung des Lichtbogengenerators für Radio-

Abb. 1. In Tune with the Infinite.
(Zeichnung nach W. de Maris aus „Judge", entnommen aus „Radio News".
September 1922, S. 431.)

telephonie beschäftigt hat, schuf 1908 den ersten Versuchsapparat, der die Musik vom New Yorker Operahouse einer Anzahl von Interessenten radiotelephonisch übermittelte. Mit dieser Tat war das Broadcasting geboren. Von einer Senderstelle aus werden die von der Sprache oder Musik modifizierten Wellen ausgestrahlt, welche von beliebig vielen, z. B. tausenden Empfängern aufgenommen werden, ohne daß diese sich irgendwie gegenseitig stören oder beeinflussen.

Die Unvollkommenheit, die dem Lichtbogengenerator noch anhaftete und der Widerstand, der in jener Zeit den de Forest-Verstärkern fast in der ganzen Welt entgegengesetzt wurde, und der zum Teil auf seinen damaligen stellenweisen Unzulänglichkeiten beruhte, ließen einen wirklichen Erfolg selbst in Amerika nicht aufkommen. Immerhin war der Boden geebnet.

In welcher Weise sich de Forest den weit ausgebreiteten Nachrichtenverkehr vorstellte, geht aus dem von W. de Maris für die Zeitschrift Judge gezeichneten beistehenden Bild (Abb.1) „In Tune with the Infinite" überzeugend hervor: Von der kleinen, irgendwo im weltabgeschiedenen Hochgebirge gelegenen Hütte ist eine Antenne nach einem Baum hin ausgespannt. Aus der Hütte fällt ein Lichtschein ins Freie, wo ein junger Mann steht, den Doppelkopffernhörer, der mit dem im Innern des Häuschens befindlichen Empfänger verbunden ist, am Kopf. Mit ausgebreiteten Armen, den Blick zu den Sternen gerichtet, empfängt er im nächtlichen Dunkel, fern von den Kulturzentren der Menschen, die Nachrichten der Welt, gleichsam wie eine Äthermusik:

Schon damals erkannte de Forest die Notwendigkeit der Errichtung von Senderstationen in allen größeren Städten für alle im Umkreis befindlichen Empfänger, welche sich auf diese abstimmen können.

In welcher Weise der Broadcasting-Dienst zu organisieren sei, geht klar aus einem Brief von Dr. S. Loewe an seine Berliner Radiofirma hervor, den er schon im September 1920 aus Amerika schrieb, also ein volles Jahr, bevor in Nordamerika der große drahtlose Amateurbetrieb einsetzte. Der diesbezügliche Teil dieses Briefes lautet wörtlich wie folgt:

A propos hier. Dieses Land ist überhaupt ein einziges großes Feld für alles, was Technik heißt. Je großzügiger ein Gedanke, um so sicherer wird er hier aufgenommen. Nach genauester Überlegung bin ich zu dem Resultat gekommen, daß ich in folgender Angelegenheit Ihre Interessen am besten wahre, wenn ich sofort und mit aller Energie an die Arbeit gehe. Wie mir eingefallen ist, besteht nämlich eine ganz ungeheure technische Möglichkeit, die bisher noch niemand gesehen zu haben scheint. Diese Möglichkeit heißt: Benutzung des „wired wireless" nicht zur Führung mehrerer Telephongespräche längs derselben Leitung, sondern zur gleichzeitigen Übermittelung verschiedenartiger Nachrichten. Lassen Sie mich Ihnen das Projekt so entwickeln, wie ich es mir gelöst denke: Es besteht in jeder Stadt der Welt eine Organisation, welche vermietete (oder verkaufte) kleine Apparate instand hält, welche auf den ersten Anblick Phonographen zu sein scheinen. Denn sie haben einen Schalltrichter und geben nach Einlegen eines Schalters Musik von sich. Allerdings brauchen sie nicht aufgezogen zu werden und wechseln ihr Programm unaufhörlich. Auch ist die Wiedergabe bedeutend klarer als bei gewöhnlichen Phonographen. Nach einfachem Drücken eines Knopfes an dem Apparat verschwindet die Musik, dafür hört man politische Nachrichten aus aller Welt. Ein anderer Knopf gibt die letzten Börsenkurse, ein weiterer Vorlesung aus den besten Büchern, Märchen für Kinder, Anzeigen, Reklame, kurze belehrende, unterhaltende Mitteilungen, Deklamationen, meinetwegen gute Witze, alles was überhaupt zu hören interessant ist, gibt der Apparat auf Druck des entsprechenden Knopfes. Sie verstehen, daß durch den Druck des Knopfes die aus der Leitung entnommene spezielle „wired wirless"-Welle gewählt wird. Der Apparat ist nichts anderes als Detektor, Schwingungskreis, eventuell Verstärker und Telephon, eventuell lautsprechendes. Meinetwegen zehn verschiedene „wired wireless"-Wellen in demselben Draht, macht 10 verschiedene Arten von „Genüssen", die der Teilnehmer, wenn er einen Zehn-Druckknopf-Apparat hat, sich zuführen kann. Hat die Familie zwei Apparate oder einen sogenannten Doppelapparat, so kann Vater die politischen Nachrichten hören, während Mutter und Fräulein Tochter lieber den Roman hören. Der Apparat macht auch seine eigenen Voranzeigen besonders interessanter oder seltener Genüsse, beispielsweise, daß Caruso persönlich um halb sieben Uhr abends singen wird. Dann wird es möglich sein, Hunderttausende, die gemütlich zu Haus sitzen und den Knopf „Gesang" gedrückt haben, gleichzeitig zuhören zu lassen. Das ganze Vergnügen braucht nicht mehr als ein Ct. pro Tag zu kosten. Abnutzung und Betriebskosten sind minimal. Für diesen Dienst, der übrigens auch von hoher Kulturbedeutung sein kann, werden einige Wellen freigehalten, im übrigen kann über dieselben Leitungen ruhig gleichzeitig mit anderen Wellen telephoniert werden (oder mit Gleichstrom). Mein Lieblingsgedanke ist allerdings, daß es möglich sein muß, diesen Dienst über das Licht- und Kraftnetz zu organisieren. Dann ist man von dem gewöhnlichen Telephondienst ganz unabhängig. Ich glaube nicht, daß das unüberwindliche Schwierigkeiten sind. Ich entsinne mich, daß man an dem Berliner Lichtnetz ohne Schwierigkeit abhören kann, was Nauen gibt. Die von Nauen in das Berliner Lichtnetz auf die Entfernung von 35 km induzierte Energie ist gewiß nicht mehr als einige Kilowatt. Und wir hörten damals ohne Verstärker. Stimmt meine Überlegung, dann kann das ganze unendlich ausgedehnte Lichtnetz zu diesem Dienst und der „wired wireless" herangezogen werden. Über die weiteren technischen Einzelheiten brauche ich Ihnen ja nichts zu sagen. Klar, daß für bestimmte Abschnitte Zentralen eingerichtet sein müssen, wo die Generatoren stehen und die jeweiligen „Genüsse" in die Leitung hineingetrichtert werden, seien diese Generatoren Röhren oder Maschinen. Die Besprechung geschieht entweder durch Personen oder durch Phonographen.

20 000 000 Familien gibt es allein in den Vereinigten Staaten. Wenn Sie wüßten, wie geistig verhungert die Menschen hier leben, wenn Sie den Geist des Amerikaners jemals beobachtet hätten, wenn er sich auf eine neue technische Möglichkeit stürzt, so würden Sie verstehen, wenn ich behaupte, die vorstehende Idee kann nur hier ausgeführt werden, vorausgesetzt, daß sie ausführbar ist. In diesem Lande bestehen Chancen für einen geradezu überwältigenden Erfolg; Telephon, Telegraph, Licht, Kraft, alles ist hier in Privathand. Sie brauchen keine Behörde zu fragen. Man macht es einfach, wenn es Geld bringt, besonders, wenn es ein wenig als „Kulturfortschritt" inbetracht kommen kann. Ein riesiges Feld ist hier allein durch die Fabriken gegeben, die die Einrichtung zur Unterhaltung ihrer Arbeiter verwenden würden, wozu jetzt Vorleser, Musikkapellen und Künstler engagiert werden. Daß das Ganze eine Organisation von riesenhaften Dimensionen erfordert, versteht sich von selbst. Auch das spricht dafür, die Sache in Amerika zu lancieren . . . . .

Dieses weitausgedehnte Programm von Dr. Loewe blieb leider in Berlin unbeachtet. Der Verfasser kehrte nach Deutschland zurück und so erhielt Amerika den Vorsprung!

Wie schon bemerkt, verstrich selbst in Amerika noch ein volles Jahr, bis der Amateurbetrieb, nunmehr allerdings in einem Umfange einsetzte, welcher selbst die kühnsten Erwartungen weit übertraf. Seit dem Herbst 1921 sind in den Vereinigten Staaten von Nordamerika Millionen von Empfängern in Wohnzimmern, Kontoren, Fabriken, Banken, Hotels, Ballsälen, Restaurants, Bars, in Autos, Eisenbahnwagen, in landwirtschaftlichen und sonstigen Betrieben und auf Schiffen aufgestellt und benutzt worden, die alltäglich der Unterhaltung und Belehrung von Millionen von Menschen dienen. So ist aus dem einfachen drahtlosen Nachrichtenmittel ein Kulturträger ersten Ranges geworden, dessen weiterer Ausbau für fernere Zeiten sich heute auch nicht annähernd überblicken läßt. Sobald es gelungen sein wird, den Broadcast-Verkehr in ruhigere Bahnen zu lenken, und sofern eine Anzahl von technischen Verbesserungen, die in dem fast visionär anmutenden Brief von S. Loewe schon angedeutet sind, geschaffen sein werden, die eine Tat von morgen oder übermorgen sein können, wird es jedem Interessenten möglich sein, Radionachrichten über alle Äußerungen des praktischen Lebens, sowie der Kunst aufzunehmen, in gleicher Weise, wie jeder sich die Verkehrseinrichtungen zunutze machen kann.

B. Radio-Amateurvereine.

Infolge der außerordentlichen Verbreitung, die das Broadcasting in vielen Ländern der Alten und Neuen Welt erfahren hat, sind in allen diesen Ländern zur Pflege, Überwachung und Weiterentwicklung Amateurvereine begründet worden, deren Mitgliederzahl meist in die vielen Tausende geht. In diesen Vereinen werden auch alle wichtigen, für die Beschaffung von Stationen und Einzelteilen inbetracht kommenden Fragen beraten. Besonders bemerkenswert sind auch die vielen Versuchsgruppen, die ganz systematisch, insbesondere über die Erforschung der Atmosphäre, des Einflusses der Bodenbeschaffenheit auf die Fernübertragung und ähnliches sich beziehen. Als Beispiel ist nachstehend ein Kartenmuster abgedruckt, das der Radioklub Noordwijk nicht nur an seine Mitglieder, sondern auch an Interessenten nach Frankreich, Italien und Deutschland versendet, um bestimmte Angaben bei Versuchen einzutragen und dem Verein zu übermitteln.

Derartig weitreichende Versuche sind naturgemäß überhaupt nur im Broadcasting-Verkehr anzustellen, und das hierdurch erhaltene Material könnte durch keine andere Veranstaltung beschafft werden.

NOORDWIJKSCHE RADIO CLUB
Radiostation: *PCII*
Owner: *H. Jesse*
Address: *Rijnsburgerweg, Leiden, Holland*
Heard You Calling: *8 GS on 28/3 at 17. 45 G.M.T* on *187* meters.
Transmission: *I.C.W.*
Audibility: *very strong (8)*
Tone: *low pitch*
Modulation: —
Remarks: *transmission at slow speed, several calls, no message*
Receiver and Detector used *one tube⁻HF and one Det + regeneration*
Conditions at Receiving Station: *no atmospherics, QRM of CW stations*
Please confirm describing your Apparatus.
Yours for better Amateur Radio
    (Unterschrift)
Date: *26/3. 1923.*

C. Anwendungsgebiete des Broadcasting.

Die wichtigsten Anwendungsgebiete des Broadcasting, das jedem Interessenten gestattet, mühelos und ohne irgendwelche Anstrengungen, Zeitverluste oder Unannehmlichkeiten in seinem Zimmer und auch auf Spaziergängen, Bahnfahrten usw. das gesprochene Wort oder Musik aller Art anzuhören und zu genießen, sind zurzeit folgende:

a) Kulturelle Aufgaben der Disziplinierung und Belehrung. Erziehung zu technischer Denk- und Arbeitsweise.

Das Broadcasting enthebt den einzelnen vielfach der Mühe, sich auf ein umständliches Buchstudium einzulassen. Eine bestimmte Sendestation jedes Radiodistriktes vermittelt beispielsweise die in den Schulen, Seminaren und Kollegien üblichen Grundsätze und Disziplinen der Erziehung und Belehrung. Der Wissensbegierige nimmt den Doppelkopfhörer ans Ohr, stellt den Empfänger auf die betr. Welle ein und gelangt aufs einfachste und bequemste in den wissenschaftlichen Besitz geistiger Güter. Das Broadcasting scheint daher in hervorragendem Maße berufen, diejenigen Völker und Volksschichten zu technischem Denken heranzuziehen und ihnen außerdem Gelegenheit zu vielseitiger Bildung zu geben, die heute in Unkenntnis der Sachlage von diesen Dingen noch nichts oder nur wenig wissen oder durch isolierte Lage usw. bisher überhaupt keine nennenswerte Belehrungsmöglichkeit hatten.

b) Ersatz von Büchern und Zeitungen.

In ähnlicher Weise wie bei a) erscheint das Broadcasting besonders geeignet, die Kenntnis von wissenschaftlichen und Unterhaltungsbüchern, von Zeitungsnachrichten und sonstigen Mitteilungen aller Art zu vermitteln. Der Vorteil gegenüber dem Buch- und Zeitschriftenstudium besteht darin, daß das Programm vielgestaltiger sein kann, und daß vor allem der nach anstrengender Tagesarbeit Ermüdete sich nicht mehr zum Buch- oder Zeitschriftenstudium aufraffen kann, während das gesprochene, ihm durch den Äther zugetragene Wort fast mühelos zum Bewußtsein gebracht wird. Es ist ferner nicht zu unterschätzen, daß auf diese Weise große private oder staatliche Organisationen die Möglichkeit an Hand haben, in geschmacklicher und kultureller Beziehung auf die Bevölkerung einzuwirken, in ähnlicher Weise, wie dies den Kulturabteilungen namhafter Filmgesellschaften heute bereits gelungen ist, und was auch die Zeitungen seit Jahrzehnten, wenn auch nicht stets mit gutem Erfolge, bewirken.

c) Weiteste Verbreitung der Reden von Wissenschaftlern, Politikern usw.

Eine ganz besondere Bedeutung besitzt das Broadcasting in Amerika schon heute durch die Verbreitung der Reden hervorragender Persönlichkeiten, insbesondere auch bei Wahlen. Kostspielige und umständliche Wahlreden von Politikern können vollkommen vermieden werden, da der Agitator das an seinem Schreibtisch oder vor seinem Klubsessel angebrachte Mikrophon in aller Gemütlichkeit bespricht. Es ist ferner ein oft empfundener Mangel, der häufig noch durch ungünstige Raumverhältnisse verstärkt wird, daß nur ein geringer Bruchteil der in einem Vortragssaal Anwesenden die Ausführungen des Vortragenden klar und deutlich verstehen und in sich aufnehmen kann. Das Broadcasting bietet durch die nahezu beliebige Verstärkung der relativ geringen Lautstärke der menschlichen Sprache des einzelnen gerade in dieser Beziehung einen ganz außerordentlichen Vorteil, ähnlich wie durch das Kinema die Mimik eines Schauspielers, die sonst nur die in der Nähe der Bühne Sitzenden betrachten können, stark vergrößert und den Anwesenden zugänglich gemacht wird. Durch das Broadcasting können nun Tausende und Abertausende von Menschen ohne Mühe und Anstrengung die Stimme der betreffenden hervorragenden Persönlichkeit anhören und auf sich einwirken lassen. Die Stimme der Völkerversöhnung, die von einigen Großstationen täglich ertönt, kann, durch den Äther übertragen, auf den einzelnen einwirken.

d) Verbreitung von Wirtschaftsnachrichten, Börsen- und Devisenkursen usw.

Die Übermittlung dieser Nachrichten erfolgt heute in den meisten Ländern noch durch die Zeitungen. Für manche dieser Nachrichten genügt diese Zustellungsart; bei der größeren Mehrzahl derselben besteht hingegen das Bestreben, sie in weit rascherer und aktuellerer Weise den Interessenten zuzuführen. Dies trifft besonders auf alle Börsennachrichten zu. An manchen Börsenplätzen Nordamerikas sind bereits unmittelbar neben den Börsenmaklern Besprechungsmikrophonanordnungen aufgestellt, so daß der Interessent laufend die Notierungen erfahren kann. Auf diese Weise erhält er ein kontinuierliches Bild, das sich ähnlich verhält wie ein Filmstreifen zu einer einzelnen Zeichnung oder Photographie.

e) Märchenerzählungen und Übertragungen von Predigten und Gebeten.

Auch für die Erziehung und Unterhaltung der Kinder kann das Broadcasting in weitgehendstem Maße herangezogen werden. Schon seit über einem Jahr ist es in Amerika üblich, in jedem Distrikt in den Nachmittags- und Abendstunden von einer oder mehreren Stationen Märchenerzählungen auszusenden, die unzählige Kinderherzen erfreuen.

f) Musikübertragung von Opern, philharmonischen und anderen Konzerten, Ballmusik usw.

In ganz besonderem Maße eignet sich naturgemäß die radiotelephonische Übertragung für Musik aller Art, und zwar infolge der hierfür ganz besonders günstigen akustischen und elektrischen Verhältnisse. Die durch das Radiotelephon übermittelte Musik wirkt, mindestens wenn die Einrichtungen gut und in Ordnung sind, nicht etwa grammophonartig, sondern vermittelt vielmehr die Musik auch nach der künstlerischen Seite hin zufriedenstellend. Für den die Musik intensiv in sich Aufnehmenden wird das Broadcasting große Vorteile gegenüber dem Konzertsaal bieten, da alle störenden Nebengeräusche wie Husten, Flüstern der Nachbarn usw. fortfallen. Ferner aber ist es auf diese Weise möglich, Musik höchster Kultur und Vollendung, wie z. B. solche der Wiener Philharmoniker oder der Pariser Großen Oper, auch weit über die Landesgrenzen hinaus den Enthusiasten genießen zu lassen. Das Programm, das für Musikübertragungen aller Art entwickelt werden könnte, reicht weit über den Rahmen dieses Buches hinaus, so daß es hier genügen muß, nur die Tatsache an und für sich anzuführen.

Erst durch den Broadcasting-Betrieb wird es ermöglicht, die großen, kulturellen Güter, die die Völker in ihren Musikwerken besitzen, wirklich populär zu machen und jedem, der für Musik empfänglich ist, zu übermitteln.

g) Wetterdienst, Warnung vor Stürmen und Nachtfrösten usw., Zeitsignalübertragung.

Für zahlreiche Benachrichtungne des täglichen Lebens, die durch die Zeitungen entweder überhaupt nicht oder nicht rechtzeitig übermittelt werden können, wie insbesondere alle Warnungsmitteilungen, ist das Broadcasting die einzig vollkommene und ausreichende Übertragungsart. Bei allen Unternehmungen, die mehr oder weniger von der vorherigen Kenntnis der Witterungslage abhängen, wie beispielsweise vor Antritt von Ausflügen, Touren, Regatten, Rennen usw., ist eine Benachrichtigung von einzelnen Radiozentralen aus außerordentlich wünschenswert und wichtig, während sie bei den meisten landwirtschaftlichen und gärtnerischen Betrieben und Manipulationen geradezu ein Bedürfnis bedeutet. In Holland wird seit langem schon radiotelephonisch vor Nachtfrösten gewarnt, so daß der Gärtner seine Pflanzungen rechtzeitig schützen kann. Über die Bedeutung des Broadcasting als Sturmwarnungsmittel für alle auf See befindlichen Fahrzeuge braucht kaum ein Wort verloren zu werden; es ist durch nichts anderes zu ersetzen. Auch für die Uhrenregulierung ist das Broadcasting von hervorragendem Nutzen; die radiotelephonische oder -telegraphische Zeitübertragung ist für alle Interessenten wie Uhrmacher, Verbrauchsstellen usw. von großem Wert.

h) Musikübertragung für Fabriksäle, Bergwerke, Krankenhäuser, an Landleute usw.

An vielen Orten, an denen eine monotone, wenig geistige Tätigkeit beanspruchende Arbeit geleistet werden muß, wie z. B. in den meisten großen Fabriken für Massenerzeugungsgüter, sind in den letzten Jahren von den Fabriksleitungen allerlei geistig anregende und unterhaltende Vorträge und Konzerte für die Arbeiter veranstaltet worden, was jedoch mit großen Kosten und Umständen verknüpft war. Durch den Broadcasting-Betrieb sind diese Nachteile mit einem Schlage behoben und diese sozialen Bestrebungen regelmäßig, leicht und billig überall einzuführen.

Dasselbe gilt auch z. B. für Krankenhäuser, Erholungsstätten usw. Mit Freude und Ungeduld erwarten die Patienten in vielen Krankenhäusern Nordamerikas und Englands allnachmittäglich das aufheiternde Broadcasting-Konzert und humoristische Vorträge.

Ein ganz besonderes Feld hat sich die radiotelephonische Übertragung naturgemäß auf dem Lande und in kleinen, von der Großstadt und ihren vielseitigen Genüssen entfernt liegenden Ortschaften erworben. Reisen sind teuer und mit Schwierigkeiten und Zeitverlusten verknüpft. Aber gerade der in der Einsamkeit Wohnende hat Sehnsucht nach Musik und Bildung. Das Broadcasting ermöglicht es ihm nun, in den Abendstunden nach getaner Arbeit den Kopffernhörer umzunehmen oder den Lautsprecher einzuschalten und sich Musik oder sonstige Genüsse zu verschaffen, so daß er sich mitten in das großstädtische Leben hineinversetzt glaubt.

i) Übermittlung spontaner Berichte von Boxkämpfen, Fußballturnieren usw.

Namentlich in allen sportliebenden Ländern hat sich die Broadcasting-Übermittlung noch ein ganz besonderes Betätigungsfeld von eminenter Wichtigkeit erworben. Neben den Boxkämpfern usw. stehen heute bei allen amerikanischen Turnieren die Ansager, die die Ergebnisse in das Mikrophon hineinsprechen, und an allen Straßenecken und Verkehrszentren der Großstädte werden diese Ergebnisse durch Lautsprecher oder Megaphone dem Publikum augenblicklich bekannt gegeben.

k) Die Sprache „An Alle".

Das Radio-Broadcasting ist generell überhaupt die ideale Sprache „An Alle", ganz besonders an diejenigen, die, fern vom Getriebe der großen Städte wohnend, doch am Verkehrsleben der Völker und deren kulturellen Gütern, soweit sie sich durch Sprache und Musik ausdrücken lassen, teilnehmen wollen. Die außerordentlichen Verbesserungen, die der drahtlose Empfang durch die Verstärkereinrichtungen erfahren hat, und die ständigen weiteren Erfindungen sichern dem Radio-broadcasting nicht nur allerweiteste Verbreitung, sondern werden es auch zu einem Kulturmittel allerersten Ranges machen, so daß möglicherweise mit der Zeit die gedruckten Zeitungen nur eine besondere Form des großen allgemeinen „Broadcasting" darstellen werden.

D. Darf der Amateur Dritten patentierte Apparate und Schaltungen benutzen, oder muß er hierbei patentrechtliche Vorschriften berücksichtigen?

Das deutsche Patentgesetz, das auf den Forderungen der Großindustrie und des Großkapitals beruht und vom 7. April 1891 datiert, lautet in Paragraph 4 wörtlich wie folgt:

> Das Patent hat die Wirkung, daß der Patentinhaber ausschließlich befugt ist, gewerbsmäßig den Gegenstand der Erfindung herzustellen, in Verkehr zu bringen, feilzuhalten oder zu gebrauchen. Ist das Patent für ein Verfahren erteilt, so erstreckt sich die Wirkung auch auf die durch das Verfahren unmittelbar hergestellten Erzeugnisse.

Wie aus dem Wortlaut dieses Paragraphen einwandfrei hervorgeht, ist durch das Gesetz lediglich das gewerbsmäßige Inverkehrbringen, Feilhalten und Gebrauchen geschützt. Entsprechendes gilt für Gebrauchsmuster (§ 4 des Gesetzes vom 1. 6. 1891). Jede **private** Benutzung des Gegenstandes der Erfindung fällt also nicht unter das Patentgesetz. Nun stellt aber die Benutzung eines patentierten Apparates oder einer patentierten Schaltung durch den Radioamateur unter keinen Umständen eine gewerbsmäßige oder gewerbliche Benutzung dar, sondern erfolgt ausschließlich aus privaten Interessen der Belehrung oder Unterhaltung. **Daher ist jede derartige Benutzung dem Radioamateur aus patentrechtlichen Gründen vollkommen freigestellt, ohne daß der Patentinhaber, Lizenznehmer oder dergleichen irgendein Einspruchsrecht geltend machen könnte.** Für den Radioamateur gibt es keine patentrechtlichen Eingrenzungen.

Der Amateur hat lediglich die von Staats wegen erlassenen allgemeinen Vorschriften über die Benutzung radiotelegraphischer Anlagen zu berücksichtigen.

E. Gesetzliche und staatliche Regelung des Radio-Amateurbetriebes.

Die staatliche Regelung des Radioamateurbetriebes ist in den einzelnen Ländern grundsätzlich verschieden. In einigen Staaten ist der Amateurbetrieb, und zwar sowohl Senden als auch Empfangen, ohne irgendeine Einschränkung oder irgendwelche Anmeldungen zugelassen; in anderen Ländern hingegen ist selbst das Empfangen prinzipiell verboten und wird nur besonderen Personen oder Firmen, die als genügend vertrauenswürdig erscheinen, in Ausnahmefällen erlaubt. Im einzelnen verhält sich die Regelung etwa folgendermaßen:

Ein schrankenloser Amateurbetrieb ist zugelassen in den Vereinigten Staaten von Nordamerika und wahrscheinlich auch in Argentinien. In Amerika kann jeder sich eine Sender- oder Empfangsstation oder auch beides einrichten und kann diese nach Gutdünken benutzen. Es hat den Anschein, als ob selbst eine Energiebeschränkung für das Senden nicht besteht, ja, als ob es möglich ist, selbst mit gedämpften Sendern zu arbeiten, wobei ein erhebliches Wellenspektrum ausgestrahlt wird, wodurch mindestens die Empfänger des Umkreises erheblich gestört werden können. Wenn auch durchaus der Freizügigkeit zuzustimmen ist, so erscheint es immerhin bedenklich, dieselbe so weit auszudehnen, daß hierdurch leicht eine Störung des Ganzen bewirkt werden kann. Tatsächlich ist auch oft von amerikanischen Interessenten der dortige Zustand beklagt worden, und es ist häufig das Verlangen aufgetreten, eine gewisse Regelung und Normalisierung des Betriebes herbeizuführen.

Die maßgebenden amerikanischen Kreise haben denn auch aus ihren bisherigen Erfahrungen mit dem Broadcasting folgende Gesichtspunkte für die Zukunft festgelegt:

1. Radio-Sende-Lizenzen sollen nur an Organisationen und Institute erteilt werden, die genügend stark finanziert sind und mit einem wirklich erstklassigen Programm herauskommen;

2. Eine Experimentier-Lizenz soll nur an Personen erteilt werden, die genügend eingearbeitet sind oder durch ihre Stellung eine direkte Verbindung mit Radio haben;

3. Eine Amateur-Lizenz soll für Funken-Sende-Apparate nicht erteilt werden; nur ungedämpfte Wellenerzeuger dürfen benutzt werden;

4. Es darf nicht, wie bisher, eine Station immer mit derselben Wellenlänge senden, sondern es muß die Wellenlänge gewechselt werden je nach Art des übertragenen Programms. Z. B. muß alle Tanzmusik, gleichgültig, von welcher Station sie ausgesandt wird, etwa auf der Welle von 350 m übertragen werden, alle klassische Musik auf 370 m, erzieherische Vorträge auf 390 m, Neuigkeiten auf 410 m usw. Hierdurch wird es möglich, daß mehrere Sendestationen zugleich arbeiten können, ohne sich zu stören, und daß trotzdem der Empfänger jederzeit das hören kann, was er hören will. Stellt er sich z. B. auf die 350 m-Welle ein, so wechselt zwar im Laufe des Empfanges die Sendestation, von der er empfängt, er empfängt aber so lange Tanzmusik, als er sich nicht auf eine andere Welle umschaltet.

Wenn er sich aber z. B. auf erzieherische Vorträge umschaltet, so wechseln zwar das Thema und die sendende Station, nicht aber die Art des Stoffes, den er empfängt. Es erfolgt nicht mehr, wie bisher, ein plötzlicher Wechsel von Tanzmusik auf erzieherische Vorträge ohne Wellenänderung, die dem Empfänger fast keine Freiheit in bezug auf das läßt, was er gerade hören will.

Was das Finanzieren der Sendestation anbetrifft, so ist man in Amerika gerade dabei, alle Fabrikanten, Zulieferanten, Händler und Wiederverkäufer zu einer Gruppe zu vereinigen, die die Sendestationen errichtet und finanziert. Jedes Mitglied muß der Gruppe für die Unterhaltung der Sendestation eine pro rata-Beisteuer leisten, deren Höhe seinem pro rata-Umsatz an dem Gesamt-Radiogeschäft entspricht. Einen Beitrag zur Unterhaltung der Sendestation soll auch die Regierung leisten aus den Mitteln, die sie von den jährlichen Lizenzgebühren erhält, die die Empfänger zahlen.

Ein sehr weit ausgedehnter, unter gewisse Einschränkungen gelegter Amateurbetrieb besteht seit mehreren Jahren in Holland und seit kurzer Zeit offenbar auch in der Schweiz und in Italien. In diesen Ländern besteht anscheinend nur die Vorschrift, daß der Amateur, der eine Station betreiben will, verpflichtet ist, dieselbe beim nächsten Postamt anzumelden, welches unter Umständen Abänderungen verlangen kann, um den gesamten Radioverkehr sicherzustellen.

Eine mit gewissen Einschränkungen versehene, recht mustergültige Regelung des Amateurbetriebes besteht in England etwa seit November 1922. Die englischen Bestimmungen, die in keiner Weise einen wirklichen technischen Amateurbetrieb erdrosseln wollen, sind so vorbildlich in ihrer Kürze, Klarheit und in ihrem technischen Umfang, daß es sich verlohnt, auf dieselben etwas näher einzugehen, da eine generelle Einführung derselben in allen Ländern sich wohl durchaus rentieren würde.

Die Anmeldung zur Erteilung einer Lizenz ist außerordentlich einfach. Es wird ein Formular ausgefüllt, von dem nachstehende Abb. 2

Definition und Berechtigung des Radio-Amateurbetriebes.

eine Reproduktion der Vorder- und Rückseite darstellt. Es ist dies die der „Wireless World and Radio Review" unter dem 3. November 1922 erteilte Lizenz, für die 10 sh. bezahlt wurden.

The New Licence for Broadcast Reception

BROADCAST LICENCE.
A 41602

WIRELESS TELEGRAPHY ACT, 1904.
Licence to establish a wireless receiving station.

Messrs *The Wirelessworld & Radio Review*
(Name in full)
of *12/13 Henrietta St. Lon W* .... is hereby authorised (subject to all respects to the conditions set forth hereon) to establish a wireless station for the purpose of receiving messages at the above station

APPARATUS USED UNDER THIS LICENCE MUST BE MARKED

......................................for a period ending on the .... next.

The payment of the fee of ten shillings is hereby acknowledged.
Dated *3rd* day of *November* 192*2*.
Issued on behalf of the Postmaster-General

Signature of Licensee..

If it is desired to continue to maintain the station, a fresh Licence must be taken out within fourteen days. Heavy penalties are prescribed by the Wireless Telegraphy Act 1904, on conviction of the offence of establishing a wireless station without the Postmaster-General's Licence.
2801. G & S 194

CONDITIONS.

1. The Licensee shall not allow the Station to be used for any purpose other than that of receiving messages.

2. Any receiving set, or any of the following parts, vizt.: — Amplifiers (valve or other), telephone head receivers, loud speakers and valves, used under this licence must bear the mark shewn in the margin.

3. The Station shall not be used in such a manner as to cause interference with the working of other Stations. In particular valves must not be so connected as to be capable of causing the aerial to oscillate.

4. The combined height and length of the external aerial (where one is employed) shall not exceed 100 feet.

5. The Licensee shall not divulge or allow to be divulged to any person (other than a duly authorised officer of His Majesty's Government or a competent legal tribunal) or make any use whatsoever, of any message received be means of the Station other than time signals, musical performances and messages transmitted for general reception.

6. The Station shall be open to inspection at all reasonable times by duly authorised officers of the Post Office.

This Licence may be cancelled by the Postmaster-General at any time either by specific notice in writing sent by post to the Licensee at the address shewn hereon, or by means of a general notice in the London Gazette addressed to all holders of wireless receiving Licences for broadcast messages

N.B. — Licences may only be held by persons who are of full age, and any change of address must be promptly communicated to the issuing Postmaster.

At the top will be seen a reproduction of the front of the licence. The Conditions are on the back of the form

Abb. 2. Offizielles britisches Lizenzformular für Benutzung von Radioempfängern.

Die auf der Rückseite dieses Formulars abgedruckten Bedingungen besagen im wesentlichen folgendes:

1. Die Lizenz wird nur für den Empfang von Nachrichten erteilt.
2. Jeder Empfänger, Verstärker, Röhren, Doppelkopfhörer, Lautsprecher, die demgemäß gebraucht werden, müssen das Siegel für den British Broadcast vom Generalpostmeister tragen.
3. Die Station darf nicht derartig verwendet werden, daß hierdurch andere Stationen gestört werden. Insbesondere dürfen die Röhren nicht so geschaltet werden, daß sie Senderschwingungen ausstrahlen.
4. Die Höhe und Länge der Hochantenne, sofern eine solche verwendet wird, darf insgesamt nicht mehr als 100 Fuß[1]) betragen.
5. Die Station darf nur zur Aufnahme von Zeitsignalen, Musikunterhaltungen und des Pressezirkularverkehrs dienen.
6. Die Station muß zur Inspektion durch Beauftragte des Postministeriums bereit stehen während der hierfür inbetracht kommenden Zeiten.

Im übrigen wird eine Lizenz nur erteilt an volljährige Personen. Adressenänderung muß sofort der Post mitgeteilt werden.

Der Radioamateurbetrieb ist ferner zugelassen in Frankreich, Dänemark, Schweden, Norwegen, Italien, der Tschechoslowakei u. a.

Dagegen gilt der Radioamateurbetrieb in Deutschland als verboten[2]). Da aber angenommen werden kann, daß in Deutschland eine Reihe von Empfangsanlagen ohne staatliche Konzession im Betrieb sind, ist zu untersuchen, inwieweit eine Monopolstellung des Reichs auf dem Radiogebiet berechtigt ist.

Im Telegraphengesetz vom 6. April 1892 ist durch Gesetz vom 7. März 1908 folgender Absatz 2 zum § 3 eingeschaltet:

„Elektrische Telegraphenanlagen, welche ohne metallische Verbindungsleitungen Nachrichten vermitteln, dürfen nur mit Genehmigung des Reiches errichtet und betrieben werden."

Dabei sind nach § 1 Satz 2 des ursprünglichen Gesetzes unter Telegraphenanlagen die Fernsprechanlagen mitbegriffen.

Diese Vorschrift wurde und wird von der Behörde dahin ausgelegt, daß funkentelegraphische Anlagen jeder Art nur errichtet werden dürfen, nachdem die Genehmigung des Reiches, also der Oberpostdirektion eingeholt war. Die Richtigkeit dieser Auffassung hängt von der Beantwortung der Frage ab, welche Bedeutung die Worte „Nachrichten vermitteln" des Gesetzes haben.

Bei Erlaß des Gesetzes vom 7. März 1908 hat man entsprechend dem Stand der Technik an drahtlose Telephonanlagen überhaupt nicht, sondern nur an Telegraphenanlagen gedacht, die Nachrichten im Wege der Morseschrift vermitteln. Die Technik ist aber inzwischen erheblich vorgeschritten, so daß man heute imstande ist, elektrische Telephonanlagen ohne verbindende Drahtleitungen zu bauen, bei denen auch das ge-

---

[1]) 1 engl. Fuß = 0,3048 m.
[2]) Siehe hierzu auch die rechtlichen Ausführungen von F. Landsberg: Die kommende Regelung des deutschen Rundfunkverkehrs, in der Zeitschrift „Der Radio-Amateur", Heft 3. S. 57, Okt. 1923.

sprochene Wort selbst — ohne Zuhilfenahme des Morsecodes — drahtlos übertragen wird. Insbesondere ist es auch möglich, Musik, z. B. Symphonien oder Opern, drahtlos über das ganze Land hörbar zu machen.

Der Gesetzgeber hat diesen, einer späteren Entwicklung vorbehaltenen Fall nicht mitregeln wollen, so daß bei nicht wörtlicher, sondern dem Willen des Gesetzgebers folgender Gesetzesauslegung eine auf diesen neuen Zweig der Technik anwendbare Gesetzgebung nicht besteht. Keinesfalls steht aber selbst der Wortlaut des Gesetzes entgegen, drahtlose Telephonanlagen zu errichten, welche nicht zur Übermittlung von Nachrichten bestimmt sind. Unter Nachrichten versteht man aber nur die Mitteilung von dem Empfänger nach Ansicht des Absenders unbekannter einzelner Tatsachen, insbesondere der täglichen Ereignisse. Übermittlung von Opern, Musikstücken, Vorträgen und dergl. fällt nicht unter diesen Begriff.

Es müßte daher jedem freistehen, insbesondere zum Empfangen von anderem als Nachrichten sich einen drahtlosen Telephonapparat zu beschaffen, aufzustellen und in Betrieb zu nehmen.

Aus den oben erörterten Gründen wird allerdings gegen eine derartige, ohne ausdrückliche behördliche Erlaubnis aufgestellte Anlage eingeschritten und diese gesperrt. Unter diesen Umständen muß verlangt werden, daß nicht nur auf Grund der Rechtslage, sondern unter Berücksichtigung aller Gesichtspunkte geklärt wird: welche Vorteile oder Nachteile entstehen durch Freigabe des Radioamateurbetriebs und welche Regeln und Vorschriften sind deshalb von Gesetzes wegen zu erlassen, um einen geordneten Verkehr zu ermöglichen.

Für die Beurteilung der Frage erscheint es nicht unwesentlich, zu berücksichtigen, welches öffentliche Interesse der deutsche Verkehr an der Radiotelegraphie besitzt. Durch den unglücklich ausgegangenen Krieg und die Folgen des sogenannten Friedensvertrages ist Deutschland seiner wichtigsten Kabellinien beraubt worden. Die Reichspost hat infolgedessen, und um den gesteigerten Verkehrsbedürfnissen zu entsprechen, die Radiotelegraphie in den Dienst folgender drei Organisationen gestellt:

1. Überseeverkehr (Transradio),
2. Europaverkehr,
3. drahtloser Verkehr in Deutschland
    a) Zirkularverkehr (wirtschaftliche Nachrichten, Börsen-, Devisenkurse usw.),
    b) Blitzfunkenverkehr (dem schnellsten Telegrammverkehr erheblich überlegen).

Daneben sind noch einige andere kleinere Organisationen geschaffen worden.

Abgesehen davon, daß diese Organisationen für den deutschen Verkehr heute von großer Wichtigkeit sind, werfen sie auch zum Teil schon erhebliche Einnahmen für das Reich ab. Es wird infolgedessen kein vernünftiger Mensch verlangen, daß durch einen unbeschränkt zuzulassenden Amateurbetrieb diese Einrichtungen gestört werden sollten.

Wie kann und soll nun der Radioamateurbetrieb beschaffen sein? Um zunächst mit dem Negativen zu beginnen:

Was das Amateursenden anbetrifft, so muß die Gefahr vermieden werden, daß die obengenannten Organisationen irgendwie gestört werden können. Das Amateursenden wäre daher nur für bestimmte Wellenlängen und für kleine Energien zuzulassen. Inbetracht kämen sehr kurze Wellen bis hinauf zu längstens 150 m, da diese Wellenlängen bisher für keinen ernsthaften Zweck im Gebrauch sind. Energiemengen bis zu 10 Watt könnte man zulassen, da hierdurch keine Störungen zu erwarten sind, besonders wenn man den näheren Umkreis der Postsendestationen von Amateursendestationen freihält.

Uneingeschränkt sollte man jedoch dem Amateur das Empfangen drahtlos telephonischer Nachrichten freistellen, da er hierdurch keine Störungen verursacht, sondern sich lediglich wie ein schweigsamer Zuhörer verhält.

Es könnte nun zunächst der Einwand erhoben werden, daß durch einen schrankenlosen Amateurbetrieb das Telegraphengeheimnis durchlöchert wird, indem es jedem Beliebigen ermöglicht ist, die von den Radiosendern ausgestrahlten Telegramme aufzufangen und entsprechend zu verwerten. Dieser Punkt wird auch gewöhnlich von den starren Gegnern des Radioamateurbetriebes in den Vordergrund ihrer Betrachtungen gerückt. In Wirklichkeit ist dieser Einwand aber nicht stichhaltig. Der staatliche Radioverkehr in allen Ländern muß auf „Schnelltelegraphie" übergehen. Aus Gründen, die hier nicht erörtert werden können und die in der Hauptsache in der Verzinsung und Amortisation der großen, sehr teuren Senderstationen liegen, zum Teil aber auch aus rein elektrischen Gründen, muß mit allen Mitteln die Umstellung des gesamten Radiostaatsverkehrs in eine Radioschnelltelegraphie raschestens bewirkt werden. Daß es sich bei dieser Forderung nicht um eine Utopie, sondern um eine von der Technik bereits gelöste Angelegenheit handelt, geht u. a. daraus hervor, daß seit Monaten das Telegraphentechnische Reichsamt in Berlin mit der Telegraphendirektion Budapest einen Schnellverkehr zwischen beiden Hauptstädten eingerichtet hat, der einen großen Teil der gesamten Telegramme bewältigt. Dabei sind die zur Verfügung stehenden Mittel nur behelfsmäßig, und es ist zu erwarten, daß, wenn in großem Stile der Radiotelegraphieschnellverkehr ausgebildet wird, nicht nur eine wesentliche Verbesserung, sondern vielleicht auch sogar eine Verbilligung oder entsprechend höhere Staatseinnahme erzielt werden kann. Wenn man aber zur Radioschnelltelegraphie übergegangen ist, so hat man bereits ein Mittel in der Hand, um es 99,9 Proz. aller Amateure unmöglich zu machen, Staatstelegramme abzuhören. Denn zum Empfangen dieser Schnelltelegramme gehören komplizierte und sehr teure Empfangseinrichtungen, die sich ein Amateur schlechthin überhaupt nicht anschaffen kann.

Ein weiteres Mittel, zu verhindern, daß von Unbefugten Telegramme des offiziellen Verkehrs abgefangen und verwertet werden, besteht in der Chiffrierung. Den Schlüssel zu einer Chiffrierung zu finden, ist verhältnismäßig sehr schwierig und im Kriege wurden hierfür bekanntlich hohe Auszeichnungen erteilt. Im übrigen ist es der Industrie gelungen,

Chiffriermaschinen zu schaffen, die nur wenig teurer sind als Schreibmaschinen, und die ausgezeichnet arbeiten.

Ein anderes, wenn auch an sich nicht ausreichendes Mittel, würde naturgemäß in der Reservierung bestimmter Wellenbereiche liegen, die für den Amateurbetrieb nicht zugelassen zu werden brauchen. Bezüglich dieses Mittels wird man allerdings zugeben müssen, daß durch entsprechende Wellenverlängerungen, Zusatzapparate oder dergleichen der Amateur unter Umständen in der Lage sein könnte, dennoch die ihm verbotenen Telegramme abzufangen.

Mit den beiden erstgenannten Mitteln besitzt die Reichspost aber einen genügenden Schutz, um das unbefugte Abfangen von Telegrammen wirkungsvoll zu verhüten, so daß also kein triftiger Grund vorliegen dürfte, um den Amateurbetrieb prinzipiell unmöglich zu machen. Am zweckmäßigsten dürfte es sein, den Amateurbetrieb genau so zu regeln, wie dies seit kurzem in England der Fall ist.

Es besteht die Wahrscheinlichkeit, daß eine ganze Reihe von Radioempfängern heute ohne Kenntnis der Behörde betrieben werden, da dies ja an und für sich sehr einfach ist und entweder die Lichtleitung oder eine um einen Schrank gewickelte Rahmenantenne für den im Schrank aufgestellten Empfangsapparat benutzt wird, und zwar dienen diese Apparate, wie die bisherigen Beschlagnahmen gezeigt haben, vorwiegend zu politischen Zwecken, während der aus Freude am technischen Experimentieren arbeitende Amateur in Deutschland heute noch vor der Beschaffung eines Empfangsapparates zurückschreckt, weil es verboten zu sein scheint, und weil keine Wahrscheinlichkeit besteht, eine offizielle Konzession zu erhalten.

Dem Vernehmen nach geht nun allerdings die Reichspostverwaltung mit dem Gedanken um, in beschränktem Maße den Amateurbetrieb zuzulassen. Wie verlautet, ist zu diesem Zweck eine besondere Gesellschaft gegründet worden, die einerseits dem Reich nahesteht, andererseits einigen drahtlosen Gesellschaften, die hierdurch ein neues Monopol in die Hand bekommen. Diese Gesellschaft soll nicht nur die für den Amateurbetrieb erforderliche Sendestation technisch und künstlerisch betreiben und hierdurch auch in kultureller Beziehung erzieherisch wirken, sondern sie soll auch dem Amateur ,,die Antenne aufs Dach setzen und den Apparat aufstellen, der so beschaffen ist, daß er von ihm eigentlich nur ein- und ausgeschaltet werden kann". Einmal erscheinen die Kosten für ein derartiges Unternehmen außerordentlich hoch, und es ist wahrscheinlich, daß sich nur wenige, schwerreiche ,,Amateure" finden, die dann den Amateurbetrieb wirklich nur als gelegentliche Spielerei auffassen, andererseits aber ist zu befürchten, daß die gesamte Organisation nach kurzer Zeit wieder zusammenbricht.

Es muß bemerkt werden, daß an einem derartigen Amateurbetriebe niemand ein Interesse haben kann. Hingegen hat der Amateurbetrieb, wie er in den Vereinigten Staaten von Nordamerika, Südamerika, in Holland und einigen anderen Ländern bereits besteht, nicht nur eine hohe kulturelle Bedeutung, indem es dem Amateur möglich ist, sich jederzeit gute Kunst, insbesondere Musik, anzuhören, sondern es hat sich auch in diesen Ländern gezeigt, daß die Radiotechnik hierdurch eine außerordentliche Bereicherung erfahren hat.

Durch das gesteigerte öffentliche Interesse und die großen geschäftlichen Möglichkeiten haben sich die technischen Fachleute mit sehr erfolgreichem Eifer diesem Gebiete gewidmet und Vorsprünge erzielt, die in Deutschland nur in vielen Jahren nachzuholen sein werden. Neben den Fachleuten haben sich aber die Amateure selbst mit überraschender Erfindungsgabe an der Weiterentwicklung des Gebietes betätigt. Das allgemeine Interesse an dieser Sache im Ausland ist so groß, daß populäre Bücher über Radioamateurtelephonie dort so zahlreich sind, wie in Deutschland Romane. Jede große Tageszeitung hat spezielle Beilagen, die nur dem Radiogebiet gewidmet sind.

Von den vielen, namentlich in Nordamerika erscheinenden Radioamateurzeitschriften soll hier nur die „Radio-News" erwähnt werden, die in Folioformat allmonatlich in vielen hundert Seiten starken Exemplaren mit zahllosen Abbildungen erscheint und in Auflagen von mehreren 100000 Stück vertrieben wird.

Es erscheint also nicht angebracht, den Radioamateurbetrieb in Deutschland derart zu monopolisieren, daß er sich nicht entwickeln kann. Vielmehr dürfte es zweckmäßig sein, ihn so zu organisieren, daß einerseits die staatliche Radiotelegraphie darunter nicht Schaden leidet, andererseits der Amateur an der neuen Technik aber wirklich seine Freude haben kann. Dieses Ziel zu erreichen, erscheint keineswegs so schwierig, wie es oft dargestellt wird. Ein einfacher Weg wäre folgender:

Der Radioamateur, der einen Empfänger aufzustellen beabsichtigt, macht an seine nächste Poststation, zu deren Revier er gehört, einen schriftlichen Antrag. Diesem Antrag ist, wenn nicht ganz besonders triftige Gründe gegen den Amateur vorliegen, in kurzer Zeit Folge zu geben. Zu diesem Zweck hat sich der Amateur zu verpflichten, nur telephonische Übermittelungen, die für alle bestimmt sind, aufzunehmen. Ob er dies mit einem Kristalldetektorapparat oder mit einer Röhrenanordnung aufnimmt, muß der Postbehörde gleichgültig sein, soweit die Apparatur nicht selbst Wellen erzeugt. Hingegen hat sie die Berechtigung, die von dem Amateur aufgestellte Anlage einer Prüfung bezüglich des Wellenbereiches zu unterziehen und sie gelegentlich zu kontrollieren, genau so, wie ein Gasmesser oder Elektrizitätszähler, der sich in den Wohnungen befindet, abgelesen und kontrolliert werden kann.

Für die Berechtigung, von den im Lande befindlichen drahtlosen Sendern zu empfangen, sowie für die Inordnunghaltung der gesamten Organisation zahlt der Amateur an die Reichspost eine bestimmte Lizenz, die eventuell abgestuft sein kann, je nach der Art der Apparate, die er sich aufstellt.

Es wäre unbillig zu verlangen, daß ein Schüler, der einen einfachen Kristalldetektorempfänger betreibt, etwa denselben Betrag zahlen sollte, wie ein Millionär, der sich in seiner Wohnung eine kostspielige Röhrenapparatur mit allen Finessen von einer Firma aufbauen läßt.

Die vorgeschlagene Regelung, die zum großen Teil den oben wiedergegebenen englischen gesetzlichen Bestimmungen entspricht, und deren wesentlichste Punkte in der Hauptsache in anderen Ländern seit längerer Zeit bereits Gültigkeit haben, zeichnet sich durch große Einfachheit aus. Sie garantiert eine kurze und rasche Abwicklung des Geschäftsverkehrs, und sie sichert vor allem der Postbehörde die Überwachung und damit auch die Möglichkeit, ihren normalen Radioverkehr aufrechtzuerhalten und das Telegrammgeheimnis zu kontrollieren.

Allzu tief eingreifende Verbote gegenüber dem Radioamateurbetrieb erscheinen im übrigen wenig zweckmäßig. In einigen Ländern, in denen strenge gesetzliche Vorschriften bestanden haben, haben sich die Radioamateure häufig in folgender Weise zu helfen gewußt:

Sie haben die Rahmenantenne um irgendeinen Schrank herumgewickelt oder mittels kleiner Stützen hinter demselben befestigt, wobei die angeschlossene Empfangsapparatur, die ja ebenfalls nur geringe Außenabmessungen besitzt, leicht in den Schrank hineingestellt werden konnte. Auf diese Weise war in den meisten Fällen um so weniger von den Revisionsbeamten etwas festzustellen, als die betreffenden Beamten über die Formgebung und die Bestandteile derartiger Empfänger entweder gar nicht oder nicht genügend informiert waren. Im allgemeinen erfreuten sich infolgedessen die Amateure der ungetrübten Möglichkeit ihres Radiobetriebes. Selbstredend ist dieses ein höchst unerwünschter Zustand, da durch einen solchen nicht nur die Staatsautorität erheblich leidet, sondern auch das Telegraphengeheimnis unter Umständen wirklich geschädigt werden kann, denn der Radioamateur, der infolge allzu rigoroser staatlicher Vorschriften erst einmal angefangen hat, auf diese Weise unter Schwierigkeiten zu empfangen, wird naturgemäß noch einige Schritte weitergehen, und der Gedanke ist für ihn nicht allzu fernliegend, auch bei mittleren und großen Wellenlängen Telegramme aufzunehmen, die im staatlichen Radiotelegraphenverkehr gegeben werden.

II. Mechanismus der Radiotelegraphie und -telephonie.

A. Mechanismus der drahtlosen Nachrichtenübermittlung.

Um in das Wesen der drahtlosen Nachrichtenübermittlung einzudringen, erscheint es zweckmäßig, zunächst einige hierfür erforderliche physikalische Grundlagen der Schwingungsvorgänge zu erörtern.

a) Physikalische Grundlagen der Schwingungserscheinungen.

α) Schwingungsvorgänge und Spektrum der elektromagnetischen Schwingungen.

Bei der Umwandlung der Energie von einer Modifikation in die andere, die unsere ganze Motorentechnik beherrscht, werden häufig Schwingungsvorgänge beobachtet. Unter Schwingungen werden Bewegungsvorgänge verstanden, bei denen ein periodischer Wechsel der

Bewegungsrichtung vorhanden ist. Manche dieser Schwingungsvorgänge, wie z. B. die elektrischen Schwingungen, können von uns nicht direkt wahrgenommen werden. Andere hingegen, wie z. B. die mechanischen oder akustischen, rufen auf unsere Sinnesorgane einen direkten Eindruck hervor.

Betrachtet man das Gesamtgebiet der elektromagnetischen Schwingungen, so erhält man ein Wellenlängendiagramm, wie dies Abb. 3 darstellt. In der Mitte dieses Diagramms ist der Nullpunkt der Millimetereinteilung. Nach links hin, vom Nullpunkt aufgetragen, dehnt sich das Gebiet der elektrischen Schwingungen aus, und zwar von ca. 3 mm Wellenlänge an kennt man die Hertzschen Wellen, von etwa 300 m an die Wellen der drahtlosen Telegraphie, die jetzt bis zu etwa 25 000 m herauf benutzt werden.

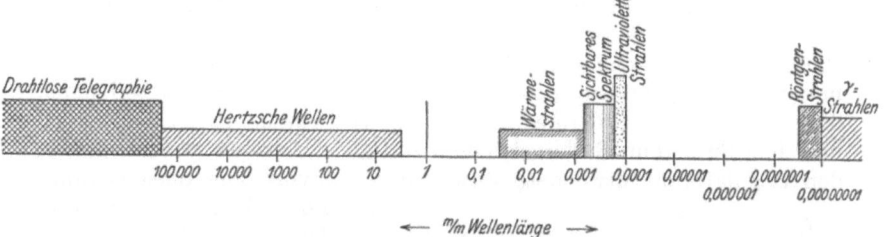

Abb. 3. Wellenlängenspektrum aller Schwingungen.

Rechts von 1 kommt zuerst das Gebiet der Wärmestrahlen größerer Wellenlänge, und zwar fängt es an von 0,06 mm bis 0,0008 mm herab; sodann kommt der Bereich des sichtbaren Lichtstrahlenspektrums, und zwar von 0,0008 bis 0,0003 mm; sodann kommen die noch kürzeren ultravioletten Strahlen, deren Wellenlänge etwa zwischen 0,0003 und 0,0001 mm beträgt. Es kommt nun eine größere Lücke, und alsdann ist es das Gebiet der Röntgenstrahlen, deren Wellenlänge zwischen 0,000000005 bis 0,000000001 mm liegt. Eine noch kleinere Wellenlänge als die Röntgenstrahlen besitzen schließlich die γ-Strahlen.

Aus dieser graphischen Darstellung ist ersichtlich, daß außer dem Zwischenraum zwischen den ultravioletten Strahlen und den Röntgenstrahlen nur noch der Bereich zwischen den kürzesten Hertzschen Wellen und den längsten Wärmestrahlen bisher unerforscht ist.

Nur von dem Bereich links vom Nullpunkt des Spektrums in Abb. 3, besonders aber von dem Bereiche, der die langwelligen elektromagnetischen Schwingungen der drahtlosen Telegraphie darstellt, ist in nachfolgender Darstellung die Rede.

β) Pendelschwingungen.

Einer der einfachsten mechanischen Schwingungsvorgänge, die wir direkt mit dem Auge wahrnehmen können, ist die Pendelbewegung, bei der ein an einem Faden aufgehängtes Gewicht um eine Nullage, die der Senkrechten auf den jeweiligen Punkt der Oberfläche entspricht, schwingt.

Gedämpfte Schwingungen. Um diesen Schwingungsvorgang einzuleiten, ist es nur notwendig, das frei herabhängende Pendel aus seiner Ruhelage, z. B. durch Anstoßen des Pendelgewichtes, abzulenken; hierzu ist eine gewisse Arbeitsleistung erforderlich, die auch gewisse Widerstände bei der schwingenden Bewegung, z. B. solche durch Luftreibung, Knickung des Fadens an der Einspannungsstelle usw. zu überwinden hat. Diese Widerstände, die sich der Bewegung des Pendels entgegensetzen, dämpfen die Pendelschwingungen derart, daß die Schwingungsausschläge des Pendels immer kleiner werden und das Pendel nach einer gewissen Zeit überhaupt nicht mehr schwingt, sondern in der Ruhelage verharrt. Diese Schwingungen nennt man „gedämpfte" oder „diskontinuierliche Schwingungen". Trägt man die Ausschläge des Pendels bei den Schwingungen als Funktion der Zeit auf, so erhält man eine Kurve, die beispielsweise in Abb. 4 wiedergegeben ist.

Ungedämpfte Schwingungen. Diese Pendelschwingungen, die von Galiläi zuerst erkannt wurden, haben ihr wichtigstes Anwendungsgebiet in den Uhren gefunden. Jeder Regulator besitzt ein derartiges Pendel, das durch einen Federmechanismus in Schwingungen versetzt wird und hierdurch ein Rädergetriebe betätigt. Indessen weicht das in den Regulatoren verwendete Pendel insofern von dem oben erwähnten Pendel ab, als bei ersterem nicht das Pendel langsam ausschwingt und seine Bewegung gedämpft wird, sondern indem bei jeder Schwingung dem Pendel ein neuer Bewegungsimpuls, d. h. eine neue Arbeitsleistung zugeführt wird.

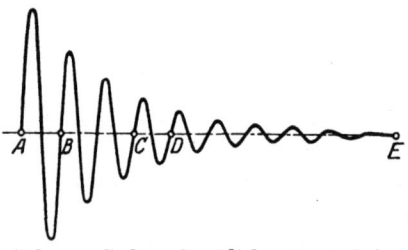

Abb. 4. Gedämpfte (diskontinuierliche) Schwingungen.

Abb. 5. Ungedämpfte (kontinuierliche) Schwingungen.

Die so erhaltenen Schwingungen sind in Abb. 5 dargestellt. Sie werden im Gegensatz zu den in Abb. 4 wiedergegebenen „ungedämpfte" oder „andauernde", bzw. „kontinuierliche" oder „nachgelieferte" Schwingungen genannt.

Schwingungsdauer. Wellenlänge. Für die Pendelschwingungen ist es aber nun nicht nur von Wichtigkeit, ob diese gedämpft oder ungedämpft sind, sondern es ist auch wesentlich, wie lange es dauert, bis eine Schwingung ausgeführt wird, d. h. innerhalb welcher Zeit das Pendel von einem gewissen Punkte seiner Bahn, also beispielsweise von der Ruhelage ausgehend, wieder an denselben Punkt, also zum zweiten Male in die Ruhelage zurückkehrt. Man nennt die Zeit, die hierzu erforderlich ist, die Schwingungszeit oder Schwingungsdauer. In den Abb. 4 und 5 wird sie z. B. durch den Abstand der Punkte A und B oder C und D veranschaulicht. An Stelle dieser Punkte könnten selbstverständlich auch andere gewählt werden, sofern nur die Bedingung erfüllt ist, daß ein voller Ausschlag oder eine volle Schwingung stattfindet. Die so erzeugte Bewegung, mit Zeitverschiebung graphisch aufgetragen, stellt eine „Wellenlinie" dar, ein Begriff, der den Wasserwellen entnommen ist und bei dem man unter Wellenlänge den Abstand zwischen zwei Wellenbergen oder zwei Wellentälern versteht. Der Abstand AB oder CD würde demnach eine Wellenlänge (λ) sein.

Abstimmung (Resonanz). Besitzen zwei Pendel die gleiche Länge zwischen Unterstützungs- und Schwingungsmittelpunkt, so ist es eine Erfahrungstatsache, daß diese Pendel auch die gleiche Schwingungsdauer (Wellenlänge) aufweisen. Man nennt diesen Fall der gleichen Schwingungsdauer die „Abstimmung" der beiden Pendel und sagt, beide Pendel sind miteinander in „Resonanz".

Dieser Grundsatz der Abstimmung oder Resonanz, der für die drahtlose Telegraphie von großer Wichtigkeit ist, kann auch noch durch ein anderes unserem Ohre bemerkbar zu machendes Beispiel dargestellt werden. Es werden hierzu Stimmgabeln in Verbindung mit Resonanzböden verwandt. Die Stimmgabel besteht bekanntlich aus einer einfachen oder doppelten Stahlzinke mit einem Fuße. Mit diesem wird die Gabel am Resonanzboden gehalten und durch Anschlagen der Zinke zum Tönen gebracht. Die Tonwirkung kommt dadurch zustande, daß die Zinken der Gabel hin- und herschwingen und so die sie umgebende Luft in Schwingungen versetzen. Der von der Stimmgabel erzeugte Ton hängt außer anderen hier zu vernachlässigenden Größen im wesentlichen von der Länge (Masse) der Zinken der Gabel ab. Wird z. B. eine Stimmgabel, die den „Ton a" beim Anschlagen erzeugt, benutzt, so weiß man, daß die Schwingungszahl der Stimmgabel 435 pro Sekunde beträgt, d. h. 435 Hin- und Herschwingungen werden von den Zinken der Stimmgabel ausgeführt und erzeugen hierdurch den Ton a.

Um nun die Abstimmung und Resonanz mittels der Stimmgabel besser zu zeigen, werden zwei auf die gleiche Schwingungszahl abgeglichene Stimmgabeln auf je einen Resonanzboden, d. h. auf einen Holzkasten, dessen Schwingungszahl gleich der der Stimmgabel gewählt ist, aufgesetzt. Besitzen beide Stimmgabeln nun die gleiche Schwingungszahl und sind beide nebeneinander aufgestellt, so wird beim Anschlagen der einen Stimmgabel die andere Stimmgabel von selbst mittönen, da die von der ersten Stimmgabel erzeugten Schallschwingungen die zweite Stimmgabel maximal erschüttern. Beide Stimmgabeln sind hierbei in Resonanz. Wird jedoch die zweite Stimmgabel, die von selbst mitgetönt hatte, verstimmt, z. B. durch Aufsetzen eines kleinen Reiters, so wird sie, wenn jetzt die erste Stimmgabel in Schwingungen versetzt wird, nicht mehr oder nur in verschwindendem Maße mittönen, da sie nicht mehr auf die erstere abgestimmt ist.

γ) Elektrische Schwingungen.

Ganz ähnlich wie diese mechanischen und akustischen Schwingungen verhalten sich die im folgenden näher zu betrachtenden elektrischen Schwingungen, nur daß diese unseren Sinnesorganen nicht direkt wahrnehmbar sind, sondern erst durch entsprechende Hilfsapparate wahrnehmbar gemacht werden müssen. Um das Wesen der elektrischen Schwingungen und insbesondere das der schnellen elektrischen Schwingungen, wie sie in der drahtlosen Telegraphie gebraucht werden, zu erklären, geht man am besten von einer, wenn auch heute etwas veralteten prinzipiellen Schaltung für gedämpfte Funkenschwingungen aus.

b) Prinzip des drahtlosen Funkensenders.

Diese Anordnung ist schematisch aus Abb. 6 ersichtlich. a bezeichnet eine Batterie von elektrischen Elementen, b ist ein Unterbrecher, beispielsweise ein Wagnerscher Hammer, wie er in gewöhnlichen Klingeln angebracht wird, c ist ein sog. Induktionsapparat, der aus einer aus starkem Drahte gebildeten Spule d, die mit der Batterie und dem Unterbrecher verbunden ist, gebildet wird und einer isoliert von dieser über die erstere Spule gesteckten dünndrähtigen Spule c besteht. An die Wicklungsenden dieser letzteren Spule ist eine Funkenstrecke, bestehend aus zwei Metallkugeln f, angeschlossen. Außerdem ist mit diesen Funkenkugeln einmal die innere Belegung und das andere Mal die äußere Belegung einer Leydener Flasche g verbunden. Die innere Belegung ist aber nicht direkt mit der Funkenstrecke verbunden, sondern durch eine Kupferdrahtspule h hindurch.

Schwingungs-Energie. Wenn jetzt der Unterbrecher b in Tätigkeit gesetzt wird, so werden durch die starkdrähtige Spule d hindurch Stromstöße der Batterie a geschickt, die in der dünndrähtigen Spule e Induktionsströme hervorrufen, welche zwar nicht die gleiche Stromstärke wie in der starkdrähtigen Spule d

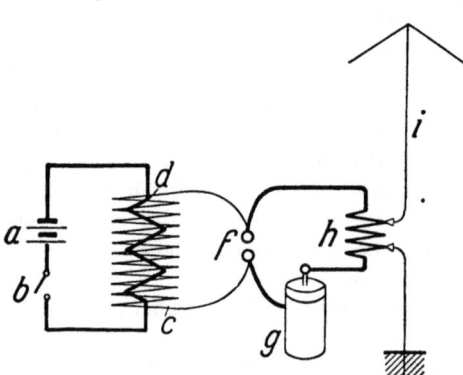

Abb. 6. Prinzipielles Schaltschema eines Funkensenders.

aufweisen, jedoch infolge der sehr vielen Windungen dünnen Kupferdrahtes der Spule e eine hohe Spannungsdifferenz besitzen. Infolgedessen wird die Leydener Flasche g innen und außen aufgeladen, und zwar so lange, bis elektrisch die Flasche gefüllt ist. Ist dies der Fall, so sucht die in die Flasche hineingeladene Elektrizitätsmenge sich zu entladen, was dadurch erfolgt, daß in der Funkenstrecke f ein Funken übergeht.

Der Vorgang in der Leydener Flasche ist vergleichbar mit der mechanischen Spannung einer Spiralfeder. Die Ladung der Leydener Flasche entspricht dem Zusammendrücken der Feder, die Entladung der Flasche der Tendenz der Feder, sich wieder zu entspannen.

Kurze Schwingungsdauer. Dadurch nun, daß in der Funkenstrecke f ein Funken übergeht, werden in dem aus der Funkenstrecke f, der Leydener Flasche g und der Drahtspule h gebildeten Kreise elektrische Schwingungen erzeugt, die ähnlich den Pendelschwingungen der Abb. 4 sind, nur mit dem Unterschiede, daß diese in einer sehr kurzen Zeit vor sich gehen, und zwar betragen sie, wenn man annimmt — was bei den praktischen drahtlosen Stationen der früheren Zeiten, die mit seltenen Funkenentladungen arbeiteten, meistens der Fall ist —, daß etwa 100 Funken in der Sekunde übergehen und 20 Schwingungen jedesmal ausgeführt werden, für die Entladung AE etwa $\frac{1}{50000}$ Sekunde, während zwischen den einzelnen Entladungskomplexen ein Zeitraum von $\frac{499}{50000}$ Sekunde liegt. Der Abstand zwischen den Entladungskomplexen ist demnach etwa 500mal so groß wie der Abstand AE und somit die Zeit des Schwingungsüberganges selbst. Die von der Funkenstrecke erzeugte Schwingung klingt außerordentlich schnell ab und ist mithin stark gedämpft.

Die Zahl der erzeugten Schwingungen ist im wesentlichen abhängig von der Größe der Leydener Flasche g (allgemein Kondensator) und der Drahtspule h (allgemein Selbstinduktion). Werden beide in elektrischer Beziehung groß gemacht, so wird die Schwingungsdauer ebenfalls groß, und da oben gezeigt ist, in welcher Wechselwirkung Schwingungsdauer und Wellenlänge stehen, erkennt man, daß auch die Wellenlänge groß wird. Das Umgekehrte tritt ein bei Verkleinerung der Kapazität und Selbstinduktion des Kreises fgh.

Luftleiter und Ausstrahlung. Drahtlose Telegramme nach dem Morsealphabet. Die nun so in dem geschlossenen Schwingungskreise fgh erzeugten elektrischen Schwingungen werden direkt durch Leitungsdrähte oder indirekt durch Induktion auf die „Antenne" i übertragen. Diese besteht im wesentlichen einerseits aus einem Drahtgebilde, das in die Höhe geführt ist und sorgfältig von Erde isoliert ist, andererseits aus einer entsprechenden, in die Erde eingegrabenen Erdungsanlage oder einem der Antenne ähnlichen, gleichfalls von Erde isolierten „Gegengewicht".

Die auf diese Weise in das Luftleitergebilde übertragenen elektromagnetischen Schwingungen, die mittels eines Morsetasters im Rhythmus der Punkte und Striche des Morsealphabetes erzeugt werden können, werden in eben diesem Rhythmus von der Antenne gleichförmig nach allen Richtungen hin „ausgestrahlt".

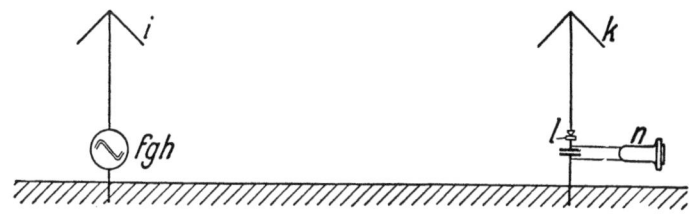

Abb. 7. Schema der drahtlosen Nachrichtenübermittlung vom Sender bis zum Empfänger.

Abb. 7 zeigt nochmals schematisch den die elektrischen Schwingungen erzeugenden Hochfrequenzkreis *f g h*, der der Einfachheit halber direkt in die Antenne *i* eingeschaltet ist.

Von dieser werden die Schwingungen, wie schon zum Ausdruck gebracht, nach allen Richtungen hin in Form von elektrischen Wellen gleichförmig oder fast gleichförmig ausgestrahlt.

Empfangsluftleiter und Empfänger. Ein leider nur verschwindend geringer Bruchteil dieser Schwingungen wird von der in entsprechender Entfernung aufgestellten „Empfangsantenne" *k* „aufgefangen".

Detektor und Telephon. In die Antenne eingeschaltet oder besser mit ihr verbunden, da die Schwingungen, wie schon bemerkt, von unseren Sinnesorganen nicht wahrgenommen werden können, ist ein „Detektor" *l*, der die von der Antenne aufgefangenen schnellen Schwingungen in, z. B. mittels eines Telephons hörbare Zeichen umwandelt. An Stelle des Telephons könnte man z. B. auch einen optischen Galvanometerempfang setzen und alsdann die Morsezeichen ablesen.

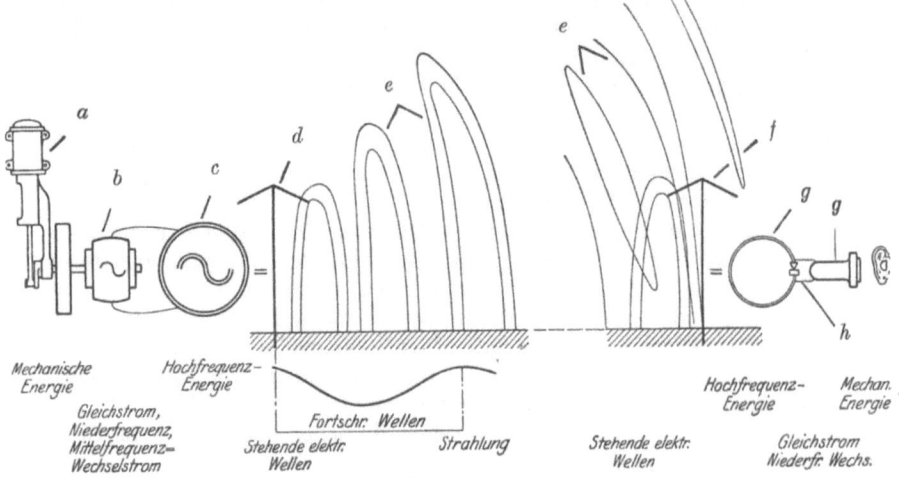

Abb. 8. Energieumformung und Übertragung in der Radiotelegraphie und -telephonie von der Kraftmaschine bis zum Telephonempfang.

Abstimmung. Die beste Wirkung im Empfänger wird ebenfalls wieder dann erzielt, wenn der Empfänger auf den Sender „abgestimmt" ist. Zu diesem Zwecke werden in die Empfangsantenne *k* Abstimmungselemente, wie Kondensatoren und Spulen, eingeschaltet, ie so lange variiert werden, bis die Wellenlänge des Senders erreicht und die größte Wirkung im Empfänger (lautestes Geräusch im Telephon) erzielt ist. Der Einfachheit halber sind diese Abstimmungselemente in Abb. 7 nicht eingezeichnet.

Energieumformung bei der drahtlosen Telegraphie. Gegenüber anderen Gebieten der Technik besitzt die drahtlose Telegraphie die Eigentümlichkeit, daß die zur Übermittlung der Zeichen benutzte Energie eine mehrfache grundsätzliche Umformung verlangt.

Das Anschauungsbild gemäß Abb. 8 (M. Dieckmann, 1913) möge hiervon einen Begriff geben.

Im allgemeinen ist es zunächst erforderlich, sofern nicht ein elektrisches Leitungsnetz vorhanden ist, aus irgendeinem Brennstoff mittels eines Motors a mechanische Energie zu erzeugen. Hierdurch wird eine Dynamomaschine b angetrieben, die Gleichstrom, niederfrequenten oder mittelfrequenten Wechselstrom liefert. Durch diesen wird der hochfrequente Schwingungen erzeugende geschlossene Schwingungskreis c gespeist, wobei also die Schwingungszahl einige hunderttausend in der Sekunde beträgt. Mit diesem Schwingungskreis ist das Luftleitergebilde d in irgendeiner Weise gekoppelt, so daß die hochfrequenten Schwingungen auf das Luftleitergebilde übertragen werden. Die Charakteristik des Luftleitergebildes besteht darin, daß die hochfrequenten Schwingungen elektrische Kraftlinien hervorrufen, die in Gestalt von elektrischen Wellen e vom Luftleitergebilde nach allen Richtungen hin ausgestrahlt werden und auch von dem auf die Senderschwingungen abgestimmten Empfangsantennengebilde f aufgefangen werden. Nunmehr beginnt eine Zurückverwandlung der Hochfrequenzenergie in langsame Schwingungen, in ähnlicher Form, wie dies beim Sender in umgekehrter Reihenfolge der Fall war.

Die von der Empfangsantenne aufgenommenen Wellen werden in einen Hochfrequenzstrom zurückverwandelt, der den geschlossenen Schwingungskreis g und hierdurch den mit diesem verbundenen Detektor h erregt. Der Detektor wandelt den Hochfrequenzstrom in einen niederfrequenten Wechselstrom oder Gleichstrom um und betätigt hierdurch einen Indikator g, der einen unsere Sinnesorgane reizenden Effekt hervorruft und der in einer mechanischen, akustischen oder optischen Erscheinung bestehen kann. Der Kreislauf ist hiermit geschlossen.

Die speziellen Anordnungen von Sendern und Empfängern zeigen ein zwar etwas abweichendes Bild, im wesentlichen sind jedoch die Erscheinungen immer dieselben.

Im großen ganzen sind das Bild und die Erscheinungen dieselben, wenn man statt der Übertragung der Morsepunkte und -striche mittels Radiotelephonie Sprache und Musik übertragen will, was also für den Amateurbetrieb das wesentlichste ist. Es soll daher nachstehend ein kurzer Überblick über das Prinzip der Radiotelephonie gegeben werden.

B. Prinzip der Radiotelephonie.

a) Wirkungsweise und allgemeine Anordnung der drahtlosen Telephonie.

α) Vorgänge bei der Drahttelephonie.

In der Drahttelephonie ist die Lautübertragung von der Sende- nach der Empfangsstelle hin, wenn man die technisch anzuwendenden Mittel betrachtet, einfach und nur mit einem geringen Energieaufwand verknüpft. Man bespricht auf der Sendestelle ein Mikrophon, das infolge der durch die Lautwirkung hervorgerufenen Luftverdickungen und

-verdünnungen einen wechselnden Widerstand zeigt. Dieses Mikrophon ist mit einem Empfangstelephon durch eine Drahtleitung verbunden, in das eine Stromquelle (häufig nur einige galvanische Elemente) eingeschaltet ist. Durch die im Mikrophon erzeugten Stromschwankungen wird durch die Drahtleitung hindurch die Telephonmembran des Hörers zu Schwingungen angeregt, die ihrerseits wieder akustische Schwingungen hervorrufen, welche den in das Mikrophon hineingesprochenen oder gesungenen Lautwirkungen sowohl hinsichtlich ihrer Wellenlänge, als auch hinsichtlich ihrer Klangfarbe (Oberschwingungen) im wesentlichen entsprechen.

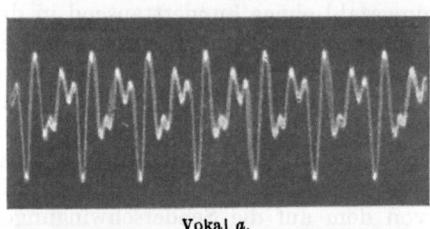

Vokal *a*.

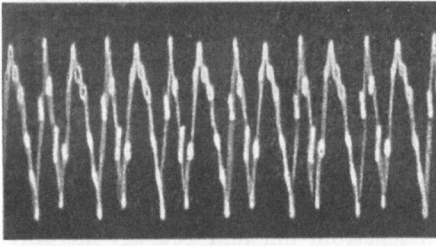

Vokal *e*.

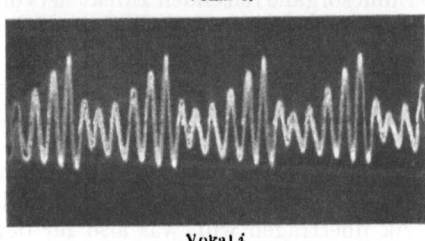

Vokal *i*.

Abb. 9. Mit einem Duddell-Oszillographen aufgenommene Einwirkung verschiedener Vokale auf die Schwingungskurven.

Da das Mikrophon bereits auf sehr geringe Luftverdikkungen und -verdünnungen anspricht, und da das Empfangstelephon eines der höchstempfindlichen Indikationsinstrumente überhaupt ist, und da ferner die Batterie für den Telephoniebetrieb praktisch stets einen Strom gleichbleibender Stärke hergibt, ist eine Drahttelephonie mit einem außerordentlich geringen Aufwande an elektrischer Energie möglich.

Eine Schwierigkeit besteht eigentlich nur darin, die stellenweise sehr erhebliche Kapazität und Selbstinduktion langer Leitungsdrähte, insbesondere aber bei Benutzung von Kabeln, zu eliminieren, da durch diese sowohl die Klangfarbe der übertragenen Sprachschwingungen eine erhebliche Änderung erfahren, als auch die Phasenverschiebung zwischen den einzelnen, die Sprache bedingenden Oberschwingungen verändert werden kann.

Es ist in diesem Zusammenhang zu bemerken, daß man den Betriebsgleichstrom unterbrechen kann bis zu einigen hundert pro Sekunde, wobei immer noch eine Sprachübertragung möglich ist, wenngleich im allgemeinen die Deutlichkeit nachlassen wird.

Man hilft sich bei der Telephonie mit Leitung durch an richtigen Stellen einzuschaltende Pupinspulen. Diese haben eine doppelte Funktion, nämlich einerseits die Amplitude der übertragenen Sprachströme infolge ihrer relativ großen Selbstinduktion annähernd gleich hoch zu halten, andererseits aber die Frequenz konstant zu halten, so daß die Tonhöhe für die Güte der Übertragung praktisch ausscheidet.

β) Einwirkung der Vokale und Konsonanten auf die Schwingungsform.

Hieraus geht schon hervor, daß für die Übertragung diejenigen Lautwirkungen am günstigsten sind, die eine möglichst große Einwirkung auf den vorhandenen Gleichstrom zulassen. In dieser Beziehung sind nun die Vokale am günstigsten.

Abb. 9 zeigt Oszillogramme für verschiedene Vokale, die von Duddell mit seinem Oszillographen aufgenommen wurden. Man erkennt hier, daß für jeden der drei durch Oszillogramme wiedergegebenen Vokale a, e und i die Schwingungskurven ganz besonders charakteristische sind.

Bei den Konsonanten sind die Schwingungskurven mehr verschwommen und die Amplituden im allgemeinen nicht so ausgeprägt, was zur Folge hat, daß bereits bei der Drahttelephonie Vokale leichter und vor allen Dingen besser und lautstärker übertragen werden als die meisten Konsonanten.

Infolgedessen kann man mit Vorteil so verfahren, daß man bei der Sprachübertragung zunächst den ganzen Satz in das Mikrophon hineinsagt und darauf erst die einzelnen Worte wiederholt. Besonders schwer verständliche, also insbesondere konsonantenreiche Worte müssen alsdann eventuell noch buchstabiert werden.

Dieses Vorgehen hat sich auch neuerdings beim Ausbau des drahtlosen Telephonnetzes in Deutschland wieder gut bewährt.

b) Vorgang bei der Radiotelephonie.

α) Noch wesentlicherer Einfluß der Vokale bei der drahtlosen Telephonie.

Bei der drahtlosen Telephonie ist infolge der Eigenart der Erzeugungs- und Übertragungsart der Schwingungen diese Erscheinung noch weit ausgeprägter. Es ist aus diesem Grunde bei Vergleichen erforderlich, die Güte der Leistung nicht nur nach den nach dem Empfänger übermittelten Vokalen oder musikalischen Lauten zu beurteilen, sondern am besten sind zusammenhängende Worte, etwa Zeitungstext, für den Vergleich heranzuziehen.

β) Unterschiede im Mechanismus zwischen Drahttelephonie und drahtloser Telephonie.

Bei der drahtlosen Telephonie ist die Mechanik der Lautübertragung derjenigen bei der Drahttelephonie ganz ähnlich. Abgesehen von dem Fehlen der verbindenden Drahtleitung, wodurch der große Vorteil erzielt wird, daß die Klangfarbe und Phase der übertragenen Schwingungen zwischen Sende- und Empfangsstation keine praktisch inbetracht kommende Veränderung erfährt, sind jedoch zwei wesentliche Unterschiede vorhanden.

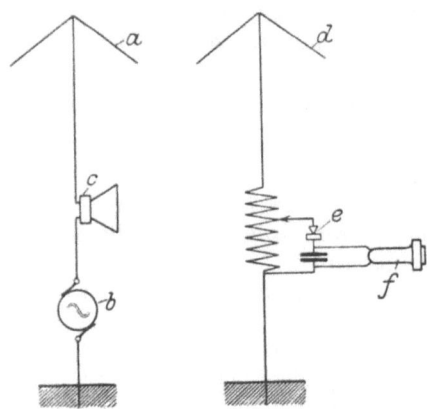

Abb. 10. Prinzip der Telephoniesender- und -empfängerschaltung.

Es fehlt einmal der dauernd vorhandene Gleichstrom, der durch die Sprachschwingungen des Mikrophons beeinflußt wird, und hierdurch die Telephonmembran in entsprechende Schwingungen versetzt. Zweitens kann infolge der in der drahtlosen Telephonie zu verwendenden hohen Periodenzahlen und der Eigenart der hochfrequenten Schwingungen nicht direkt mit dem Telephon empfangen werden, sondern es ist vielmehr ein Organ, nämlich ein Detektor erforderlich, der wieder die hochfrequenten Schwingungen in pulsierenden Gleichstrom, auf den das Telephon anspricht, umformt.

Hierbei ist noch eine nicht ganz unwesentliche Schwierigkeit zu berücksichtigen. Da außer Tönen auch die menschliche Sprache zu übermitteln ist, kommt der hierfür erforderliche Frequenzbereich inbetracht, also ein solcher von ca. 200 bis 2000 Schwingungen pro Sekunde für die Vokale und bis zu etwa 15000 Schwingungen pro Sekunde für die Konsonanten. Um also diese noch gut übertragen zu können, muß die Frequenz der Senderschwingungen groß, ihre Wellenlänge klein sein, was aber im Widerspruch steht zur Energieübertragung, die für große Wellen wieder günstiger ist, als für kleine. Man muß hier also von Fall zu Fall den günstigsten Kompromiß schließen.

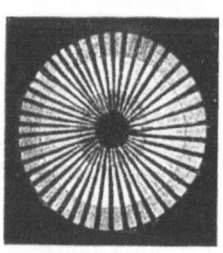

Abb. 11. Kontinuierliche Schwingungen im Schwingungsanalysator betrachtet (oben) u. die Lauteinwirkung auf das Mikrophon (unten).

Betrachten wir zunächst die Mechanik der drahtlosen Telephonie.

γ) **Einfachste Sende- und Empfangsanordnung für drahtlose Telephonie.**

Die einfachste Möglichkeit einer drahtlosen Telephonie stellt schematisch Abb. 10 dar.

In einer Antenne a, wie sie für drahtlose Telegraphie benutzt wird, und die im übrigen auch mit denselben Abstimmitteln versehen sein kann, werden ein Hochfrequenzgenerator b (R. A. Fessenden) und ein Mikrophon c eingeschaltet. Der Hochfrequenzgenerator soll schnelle elektromagnetische Schwingungen hoher Frequenz liefern, die, entsprechend dem Gleichstrom der Drahttelephonie, zunächst als kontinuierliche Strömung angenommen werden sollen.

Betrachtet man diese kontinuierlichen Schwingungen z. B. im Schwingungsanalysator (d. i. eine luftverdünnte Röhre, die im Hochfrequenzfeld, z. B. dem einer Spule des Schwingungskreises gedreht wird), so ergibt sich ein Bild gemäß Abb. 11 oben. Sobald nun eine Lautwirkung das Mikrophon beeinflußt und hierdurch im Rhythmus derselben eine Widerstandsschwankung, also Amplitudenveränderung eintritt, wird in dem Analysator ein Bild etwa gemäß Abb. 11 unten hervorgerufen, d. h. die kontinuierlichen Schwingungen werden entsprechend den auf das Mikrophon auftreffenden Lautwirkungen verändert, bei kräftiger Lautwirkung sogar völlig zum Verschwinden gebracht.

Betrachtet man die Einwirkung der Vokalbeaufschlagung auf den Hochfrequenzton im rotierenden Spiegel des Glimmlichtoszillographen, so erhält man Aufnahmen gemäß den Abb. 13 bis 23. Abb. 23 zeigt ein Anschauungsbild des Konsonanten r unter den gleichen Verhältnissen.

Die Ausstrahlung der auf diese Weise durch das in Tätigkeit befindliche Mikrophon modifizierten elektromagnetischen Wellen erfolgt genau so wie in der drahtlosen Telegraphie (siehe Abb. 8).

Ein Bruchteil der Energie erreicht die Antenne d der fernen Empfangsstation (s. Abb. 10 rechts), mit der in einfachster Schaltung ein Detektor e und eine Telephonanordnung f verbunden seien. An Stelle der Hochantenne d tritt bei den Amateurempfängern häufig aus Gründen der Einfachheit eine Rahmenantenne, die Lichtleitung etc.

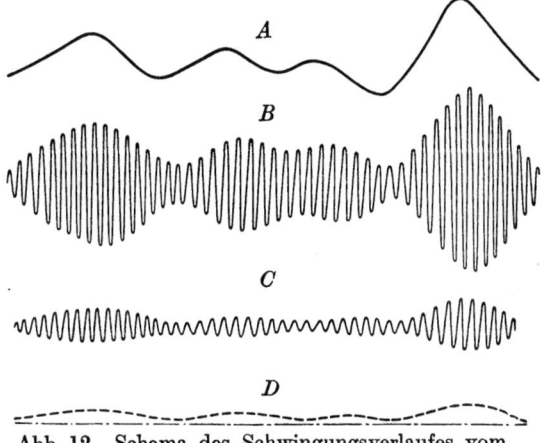

Abb. 12. Schema des Schwingungsverlaufes vom Sender bis zum Empfang.

Durch den Detektor werden die von der Antenne aufgefangenen elektromagnetischen Wellen in einen pulsierenden Gleichstrom umgewandelt und dem Telephon zugeführt, das dieselben in Form von akustischen Schwingungen dem Ohre des Empfangenden wiedergibt.

δ) Schematische Darstellung des Schwingungsverlaufes vom Senden bis zum Empfang.

Der Schwingungsvorgang vom Senden bis zum Empfang hin ist in Abb. 12 skizzenhaft wiedergegeben. Die Kurve A soll die akustischen Schwingungen im Mikrophon grob schematisch zum Ausdruck bringen. In Wirklichkeit wird diese Kurve, entsprechend den Oberschwingungen, eine größere Vielgestaltigkeit aufweisen. Gemäß dieser Kurven-

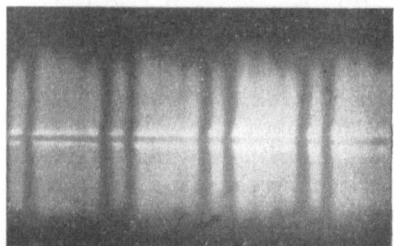
Abb. 13. a a a laut gesprochen.[1]

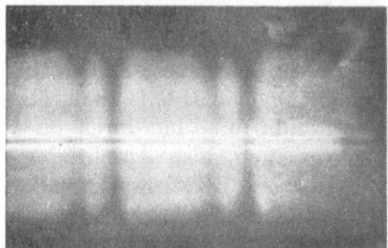
Abb. 14. a a a leise gesprochen.

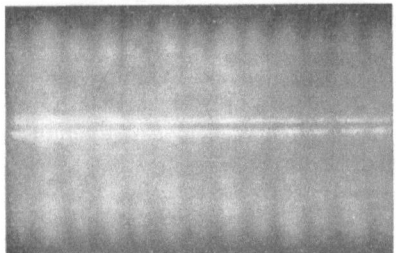
Abb. 15. e e e laut gesprochen.

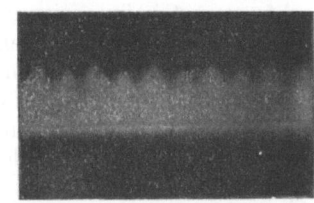
Abb. 16. e e e leise gesprochen.

Abb. 17. i i i laut gesprochen.

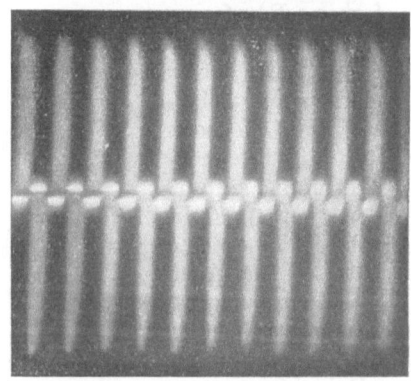
Abb. 18. i i i normal gesprochen.

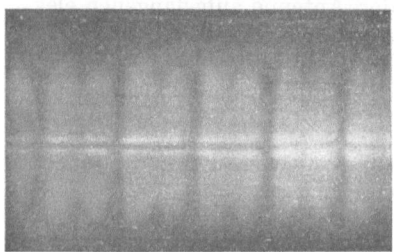
Abb. 19. o o o laut gesprochen.

Abb. 20. o o o leise gesprochen.

---

[1] Die Originale der Abbildungen 13—23 entstammen zum Teil dem Laboratorium der Lorenz-A.-G.

Prinzip der Radiotelephonie. 31

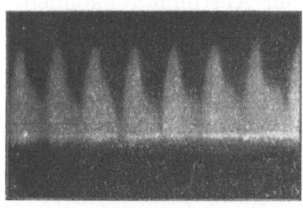
Abb. 21. u u u normal gesprochen.

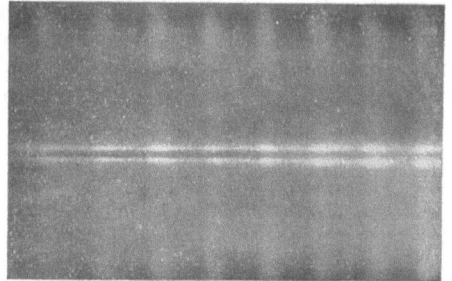
Abb. 22. u u u leise gesprochen.

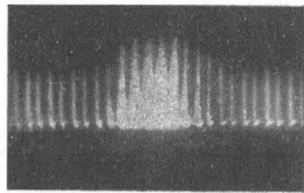
Abb. 23. r r r normal gesprochen.

gestaltung werden die in der Antenne vorhandenen kontinuierlichen und ungedämpften Schwingungen in ihrer Amplitude beeinflußt, wie dies Kurve B wiedergibt. Es findet nun eine dieser Amplitudengestaltung entsprechende Kraftlinienausbildung und Energieausstrahlung statt.

Mit sehr viel verringerter Amplitude (weit mehr als es zeichnerisch zum Ausdruck gebracht werden kann), aber in genauer Anlehnung an den Charakter der Senderkurvenform werden dem Detektor hochfrequente Schwingungen von der Empfangsantenne zugeführt, gemäß Abb. 12 C. Der Detektor, der als Kristalldetektor (Thermodetektor) angenommen werden und eine Gleichrichterwirkung besitzen möge, wobei er allen Amplitudenvariationen spontan folgen soll, formt die hochfrequenten Schwingungen in pulsierenden Gleichstrom, gemäß Kurve Abb. 12 D, um und führt diese dem Empfangstelephon zu. In den weitaus meisten Fällen ist noch eine Verstärkung zwischengeschaltet.

Kurz zusammengefaßt findet also folgender Vorgang statt: Die Amplitude der ausgestrahlten Energie wird durch das Mikrophon moduliert in Audio- oder Vokalfrequenz, und dementsprechend wird auch das Empfangstelephon gereizt. Die Schwingungen der Telephonmembran entsprechen also denjenigen des Sendermikrophons.

Ein Anschauungsbild der radiotelephonischen Übermittlung vom Sender bis zum Empfänger in amerikanischer Auffassung soll durch die Abbildungen 24 bis 26 zum Ausdruck gelangen. Die wesentlichsten Teile der Senderapparatur mit daran angeschlossener Antenne stellt Abb. 24 dar. Als Hochfrequenzgenerator dient eine Röhre, die aus der vor derselben befindlichen Batterie gespeist wird. Rechts neben derselben ist die Abstimmspule, links neben der Röhre der Abstimmdrehkondensator sichtbar. Davor ist das Mikrophon nebst einem Hilfsapparat angeordnet. Das Mikrophon ist noch unbesprochen, infolgedessen werden

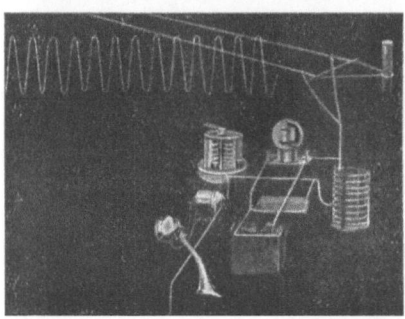

Abb. 24. Wichtigste Teile eines Radio-Telephoniesenders, der zwar kontinuierliche Wellen aussendet, wobei jedoch das Mikrophon noch unbesprochen ist. (Aus „The Wireless Age" von Telefunken zur Verfügung gestellt.)

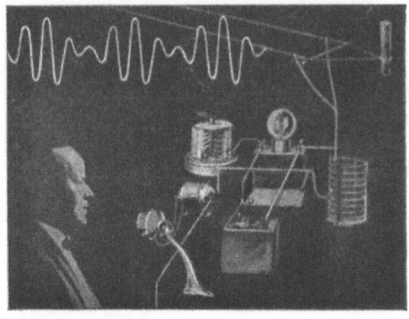

Abb. 25. Das Mikrophon des Telephoniesenders wird besprochen. (Aus „The Wireless Age".)

von den Antennen reine, möglichst sinusförmige Schwingungen ausgestrahlt, die in der Abbildung gleichfalls angedeutet sind.

Dieselbe Sendeapparatur, jedoch mit einer vor dem Mikrophon abgebildeten Person, die dasselbe bespricht, ist in der darauffolgenden Abb. 25 wiedergegeben. Die von der Antenne nunmehr ausgestrahlten Schwingungen sind im Rhythmus der Sprachschwingungen moduliert, was die Abbildung gleichfalls andeutet.

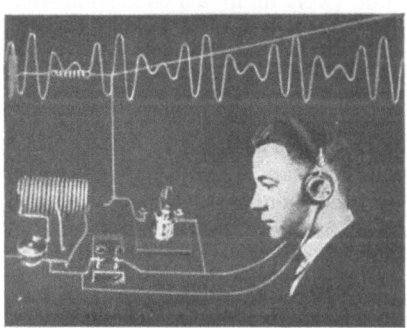

Abb. 26. Radiotelephonie-Empfangsstation. Die im Rhythmus der Sprachschwingungen modulierten Hochfrequenzschwingungen erregen den Empfänger. (Aus „The Wireless Age".)

Diese entsprechend modulierten Schwingungen werden von irgend einem Empfänger gemäß Abb. 26 aufgefangen. Bezüglich des Maßstabes der Amplitude dieser Schwingungen gilt das oben Ausgeführte. In dieser Abbildung ist eine einfache Hochantenne angenommen, die mit einem gewöhnlichen Kristall-Detektorenempfänger verbunden ist. Der Empfangende, der sich auf die Wellenlänge des Senders abgestimmt hat, hat das Doppelkopftelephon umgenommen und empfängt.

III. Auszug aus der Theorie.
Wichtige Formeln. Diagramme. Tabellen.
A. Der ideale quasistationäre Schwingungskreis.

Für die theoretische Erkenntnis radiotelegraphischer Aufgaben ist die Beherrschung mindestens nachfolgender Grundlagen erforderlich:

Die Folge des Spannungsausgleiches in Gestalt der Funkenentladung in einem durch eine Funkenstrecke erregten Kondensatorkreise (siehe Abb. 27) ist ein oszillierender Strom, dessen Richtung im ersten Zeitmoment in der in Abb. 28 gewählten Darstellung nach oben verläuft, der aber seine Richtung sofort und dauernd ändert, wobei sich die Energie allmählich verbraucht, so daß sich ein Bild der Strömung J, etwa Abb. 28 entsprechend, ergibt. Man nennt einen derartigen oszillierenden Wechselstrom, dessen Frequenz sehr hoch ist (im Mittel ca. $3{,}10^6$ bis 10^4 Perioden pro Sekunde), einen gedämpften „hochfrequenten Wechselstrom". Gedämpft, da seine Amplituden $a\,b\,c$ usw. beständig abnehmen. Da in jedem herausgegriffenen Zeitmoment die Stromstärke an allen Stellen des Schwingungskreises die gleiche ist, bezeichnet man ein derartiges System als „quasistationär". Der Gegensatz hierzu ist ein offenes System, von dem später die Rede ist, und in dem man von einem „nichtquasistationären Strom" redet. Denselben Verlauf haben selbstverständlich auch das elektrische Feld zwischen den Kondensatorbelegen c und das magnetische Feld in der Spule des Schwingungskreises.

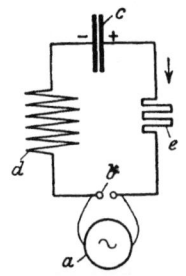

Abb. 27. Geschlossener quasistationärer Schwingungskreis.

Die Störung in dem geschlossenen Kreise bei $c\,d$ besitzt infolge des Vorhandenseins von oszillierender, elektrischer und magnetischer Feldintensität den Charakter einer „elektromagnetischen Störung oder Schwingung", und zwar nennt man diese Schwingungen „Eigenschwingungen", da sie im Schwingungskreise selbst hervorgerufen werden.

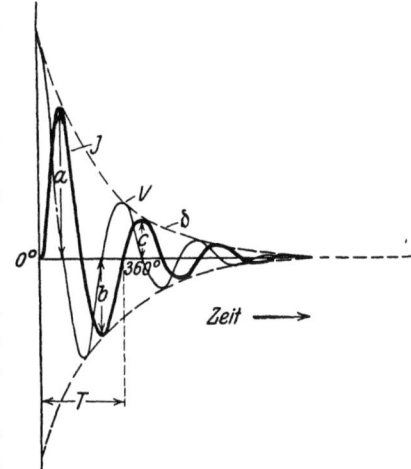

Abb. 28. Bild des gedämpften Schwingungsvorganges im quasistationären Schwingungskreis.

Infolge des periodischen Hin- und Herschwingens der Energie wird dieser Vorgang als „periodische Entladung" bezeichnet, im Gegensatz zur „aperiodischen Entladung", von der unten die Rede ist.

Sobald die Strömung in der Funkenstrecke und damit der Schwingungsverlauf t aufgehört hat, entionisiert sich allmählich die Funkenstrecke b, und die Aufladung des Kondensators findet von neuem statt, bis von neuem ein Entladungsvorgang und damit das Einsetzen der elektromagnetischen Schwingungen stattfindet.

Der Schwingungsvorgang, entsprechend der schematischen Abb. 28, geht zu rasch vor sich, daß man ihn mit dem bloßen Auge ohne weiteres wahrnehmen könnte; er erscheint vielmehr als Lichtband in der Funkenstrecke. Um dieses aufzulösen, benutzt man einen rasch rotierenden Spiegel (W. Feddersen) oder besser einen Glimmlichtoszillographen.

Für den geschlossenen Kondensatorkreis und die auftretenden elektromagnetischen Schwingungen gelten (W. Thomson, 1855 und G. Kirchhoff, 1857) unter Bezugnahme auf Abb. 28 folgende physikalische und mathematische Beziehungen:

a) Kreiswiderstände. Resonanz.

Unter der Voraussetzung, daß die Hochfrequenzquelle einen kontinuierlichen sinusförmigen Strom J konstanter Spannung V an das Schwingungssystem abgibt, was z. B. dann annähernd der Fall ist, wenn man eine Hochfrequenzmaschine anwendet, kann man den Strom unter Berücksichtigung aller Widerstände berechnen. Man hat zu bedenken, daß durch das Vorhandensein des Kondensators c eine Voreilung des Stroms gegenüber der Spannung bewirkt wird, wobei ist

$$J_{\text{Kap.}} = \frac{V}{\sqrt{w^2 + \frac{1}{(\omega C)^2}}},$$

hierin ist w der im System vorhandene Ohmsche Widerstand,

$$\omega \text{ die Kreisfrequenz} = 2\pi\nu = \frac{2\pi}{T},$$

wobei ist:

ν = Anzahl der Perioden pro Sek = Schwingungszahl = Frequenz,
T = Periodendauer.

Dadurch, daß noch die lokalisierte Selbstinduktion L im System vorhanden ist, wird ein Nachhinken des Stroms gegenüber der Spannung bewirkt, entsprechend:

$$J_{\text{Ind}} = \frac{V}{\sqrt{w^2 + (\omega L)^2}}.$$

Der Gesamtwiderstand w_{ges} eines Kreises, der Kapazität und Selbstinduktion enthält, jedoch unter Vernachlässigung der Verluste im Dielektrikum, durch Skineffekt und durch Ableitungen, ist

$$w_{ges} = \sqrt{w^2 + \left(\omega L - \frac{1}{C\omega}\right)^2},$$

hierin ist:

w = Ohmscher Widerstand,
ωL = Induktiver Widerstand.
$\frac{1}{C\omega}$ = Kapazitiver Widerstand.

Das Voreilen und das Nachhinken setzen sich zu einer Gesamterscheinung zusammen, und man erhält:

$$J_{ges} = \frac{V}{\sqrt{w^2 + \left(\omega L - \frac{1}{\omega C}\right)^2}} = \frac{V}{\sqrt{w^2 + \left(2\pi\nu L - \frac{1}{2\pi\nu C}\right)^2}}.$$

Will man die resultierende Größe aus Voreilung und Nachhinken wissen, mit anderen Worten aber die Phasenverschiebung zwischen Strom und Spannung feststellen, so bildet man tg φ des Phasenverschiebungswinkels:

$$\text{tg } \varphi = \frac{2\pi\nu \cdot L - \frac{1}{2\pi\nu C}}{w}.$$

Hieraus ist ersichtlich, daß das Maximum erzielt wird, wenn der Zähler gleich 0 ist, das heißt, wenn der selbstinduktive Widerstand $2\pi\nu L$ gleich dem kapazitiven Widerstand $\frac{1}{2\pi\nu C}$ ist, also wenn ist

$$2\pi\nu L = \frac{1}{2\pi\nu C}$$

oder anders geschrieben

$$1 = C \cdot L (2\pi\nu)^2$$

also

$$\nu = \frac{1}{2\pi\sqrt{CL}}.$$

Dieses galt bisher immer unter Berücksichtigung, daß ν die Frequenz der Hochfrequenzquelle b, bzw. der Maschine a, wenn diese direkt die Hochfrequenz liefert, ist.

In dem Fall nun, daß die Eigenfrequenz des Kreises $b\,d\,c\,e$ übereinstimmt mit der aufgedrückten Frequenz ν, ist „Resonanz" vorhanden, die für nahezu sämtliche Erscheinungen und Dimensionierungen in der drahtlosen Telegraphie die Grundlage bildet.

In diesem Fall vereinfacht sich obiger Ausdruck zu

$$J_{ges} = \frac{V}{w}.$$

Es besteht also nur noch eine Abhängigkeit vom Ohmschen Widerstand w.

b) Frequenz (Kreisfrequenz), Periodendauer. Wellenlänge.

Die Frequenz pro Sekunde = Anzahl voller Perioden pro Sekunde =

$$\nu = \frac{1}{2\pi} \cdot \frac{1}{\sqrt{CL}},$$

wo C und L in Farad, bzw. in Henry gemessen sind. Sofern man beide Größen in cm angibt, folgt:

$$\nu = \frac{3 \cdot 10^{10}}{2\pi} \cdot \frac{1}{\sqrt{CL}}.$$

Dieser Ausdruck gilt angenähert und unter der Bedingung, daß der Widerstand im Schwingungskreise nicht sehr groß ist, d. h. daß die Dämpfung kleiner als 2π ist. Die Periodenzahl in 2π Sekunden = Kreisfrequenz (J. Zenneck) =

$$\omega = 2\pi\nu = \frac{2\pi}{T} = \frac{1}{\sqrt{CL}},$$

wo C und L in Farad und Henry anzugeben sind und worin T die Dauer der Periode ist;

also ist $$\nu = \frac{1}{T},$$

demnach $$T = \frac{1}{\nu} = \frac{1}{\frac{1}{2\pi} \cdot \frac{1}{\sqrt{CL}}} = 2\pi\sqrt{CL}.$$

Zahlenbeispiel: Es sei $C = 8 \cdot 10^{-8}$ Farad,
$L = 10 \cdot 10^{-6}$ Henry,
dann ist $T = 6{,}28 \sqrt{8{,}10^{-8} \cdot 10 \cdot 10^{-6}} = 6{,}28 \sqrt{8 \cdot 10^{-13}}$
$T = 0{,}7 \cdot 10^{-6}.$

Die Dauer einer Periode ist also noch nicht eine Millionstel Sekunde.

Wenn man den Widerstand (w') nicht vernachlässigt, erhält man die genauere Formel:

$$T = \frac{2\pi}{\sqrt{\dfrac{1}{CL} - \dfrac{w'^2}{4L^2}}};$$

oder für ν umgeschrieben:

$$\nu = \frac{1}{T} = \frac{1}{2\pi} \cdot \sqrt{\frac{1}{CL} - \frac{w'^2}{4L^2}}.$$

Da nun der Widerstand w' nicht lokalisiert vorhanden ist, setzt man, um ihn definieren zu können, $w' = \dfrac{L}{C \cdot w}$, hierin bedeutet w den Ohmschen Widerstand; diesen eingesetzt erhält man

$$\nu = \frac{1}{2\pi} \cdot \sqrt{\frac{1}{CL} - \frac{1}{4C^2 w^2}}.$$

Da ferner die Geschwindigkeit der Ausbreitung der elektromagnetischen Störung[1]) (Lichtgeschwindigkeit) $= 3 \cdot 10^{10}$ cm/sec. $= v = \nu\lambda$ ist, worin λ die Wellenlänge bedeutet, d. h. der Abstand, den zwei gleichartige Punkte der elektromagnetischen Störung voneinander besitzen, so ist

$$\lambda = v \cdot T = \frac{v}{\nu}; \text{ also } \lambda = v \cdot 2\pi\sqrt{CL}.$$

Infolge dieser Abhängigkeit zwischen λ und ν kann man folgende Abhängigkeitstabelle (eine ausführliche Tabelle für den Bereich von 100 bis 10000 m λ ist auf S. 84ff. wiedergegeben, siehe auch die Nomographische Tafel III, S. 79) aufstellen:

λ m	10	100	1000	10000	100000
ν Per/sec.	$3 \cdot 10^7$	$3 \cdot 10^6$	$3 \cdot 10^5$	$3 \cdot 10^4$	$3 \cdot 10^3$

Zahlenbeispiel: Es sei die Periodenzahl ν zu berechnen, wenn die Wellenlänge $\lambda = 6000$ m beträgt.

Für $\lambda = 1000$ m ist $\nu = 3 \cdot 10^5$. Für die längere Welle $\lambda = 6000$ m ist die Periodenzahl entsprechend kleiner, also

für $\lambda = 6000$ m ist $\nu = \dfrac{3 \cdot 10^5}{6} = \dfrac{300000}{6} = 50000$ Perioden pro Sekunde

und wenn man in obiger Formel C und L in cm ausdrückt, erhält man

$$\lambda^{cm} = 2\pi\sqrt{CL^{cm}}$$

oder die Wellenlänge in m

$$\lambda^m = \frac{2\pi}{100}\sqrt{C^{cm} L^{cm}}.$$

Für die meisten technischen Zwecke genügend genau ist der vereinfachte Ausdruck:

$$\lambda^2 = \frac{C^{cm} \cdot L^{cm}}{256}.$$

Der Ausdruck $\lambda^{cm} = 2\pi\sqrt{CL^{cm}}$ ist die Gleichung einer elliptischen Kegelfläche, wenn man in einem dreidimensionalen Koordinatensystem λ, C und L als Ordinaten verwendet.

Zahlenbeispiel: Es sei wieder $C = 8 \cdot 10^{-8}$ Farad,
$L = 10 \cdot 10^{-6}$ Henry
und es ist $2\pi \cdot v = 18{,}8 \cdot 10^{-8}$,
dann ist $\lambda^m = 18{,}8 \cdot 10^{-8}\sqrt{80 \cdot 10^{14}}$,
$\lambda = 1680$ m,

---

[1]) M. Abraham hat die effektive Ausbreitungsgeschwindigkeit der elektrischen Wellen mit $1{,}96 \cdot 10^{10}$ cm/sec. festgestellt.

38 Auszug aus der Theorie. Wichtige Formeln. Diagramme. Tabellen.

oder, was im vorliegenden Falle einfacher und gebräuchlicher ist, im statischen System ausgedrückt:

$$C = 8 \cdot 10^{-8} \text{ Farad} = 72000 \text{ cm},$$
$$L = 10 \cdot 10^{-6} \text{ Henry} = 10000 \text{ cm},$$

dann ist
$$\lambda \text{cm} = 6{,}28 \sqrt{72000 \cdot 10000} = 6{,}28 \sqrt{7{,}2 \cdot 10^2},$$
$$\lambda \text{cm} = 16{,}84 \cdot 10^4 \text{ cm},$$
$$\lambda = 1884 \text{ m}.$$

B. Die Kopplung.

a) Definition der Kopplungsarten.

Die Verbindung zweier oder mehrerer Schwingungskreise, gleichgültig ob sie offen oder geschlossen sind, wird „Kopplung" genannt.

Man unterscheidet erstens verschiedene Kopplungsarten und zweitens verschiedene Kopplungsfestigkeiten (Kopplungsgrade).

b) Kopplungsarten.

Zur Kopplung kann jeder Apparat benutzt werden, der es ermöglicht, magnetische oder elektrische Kraftlinien oder beide von einem System auf ein anderes System zu übertragen.

Diese dem Wesen nach miteinander identischen Kopplungen sind in Abb. 29, der obigen Einteilung gemäß, für zwei miteinander zu koppelnde Systeme I und II, von denen in I die Energie zuerst vorhanden sein möge, dargestellt. Im besonderen kann es sein:

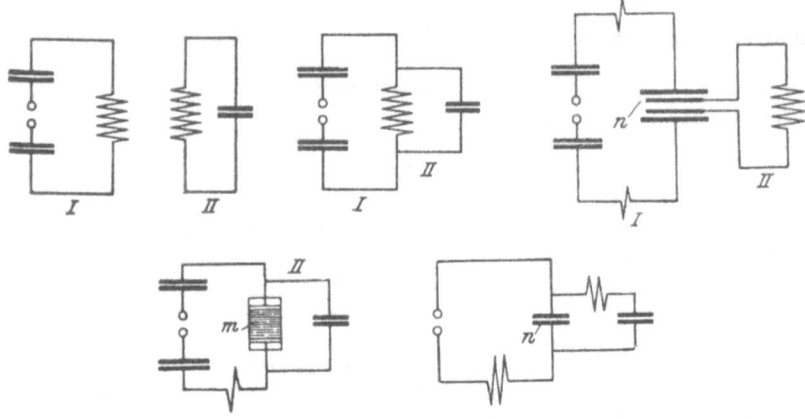

Abb. 29. Kopplungsarten.

a) **Magnetische, bzw. elektromagnetische oder induktive Kopplung.**

Die Energieübertragung von System I auf II findet nur durch das magnetische Feld der Kopplungsspulen, also nur durch Induktion statt (siehe Abb. 29 links oben).

β) **Galvanische, konduktive oder auch durch einen Widerstand bewirkte Kopplung** (in der Praxis meist mit α) zusammen auftretend und oftmals, namentlich früher als „direkte Kopplung" bezeichnet).

Auch hier findet die Energieübertragung im wesentlichen durch das magnetische Feld der Spule statt, die, wie dies z. B. Abb. 29 oben Mitte zeigt, beiden Systemen I und II gemeinsam ist. Außerdem tritt aber noch, da die Spule nicht widerstandslos ist, praktisch stets eine galvanische Kopplung hinzu, die allerdings, da die Selbstinduktion einer Spule meist erheblich größer ist als deren Widerstand, nur äußerst gering ist. Im Falle von Abb. 29 links unten ist ein Magnetfeld zur Kopplung nicht vorhanden, da zur Kopplung vielmehr nur ein Ohmscher Widerstand m dient. An den Enden dieses Widerstandes entsteht eine Spannungsdifferenz und somit, durch den Strom von I hervorgerufen, ein Strom in II.

γ) **Elektrische, elektrostatische, kapazitive Kopplung.**

In diesem Falle findet die Energieübertragung von I auf II nur durch die elektrischen Kraftlinien des, bzw. der Kondensatoren n (siehe Abb. 29 rechts) statt. Nebenbei bemerkt, kann dieses die festeste überhaupt nur mögliche Kopplung sein.

c) Kopplungsfestigkeiten (Kopplungsgrade).

a) **Feste und lose Kopplung. Erzwungene Schwingung und Eigenschwingung. Rückwirkung.**

Allgemeines.

Die Festigkeit der Kopplung hängt lediglich von der Anzahl der beiden Systemen gemeinsamen Kraftlinien ab.

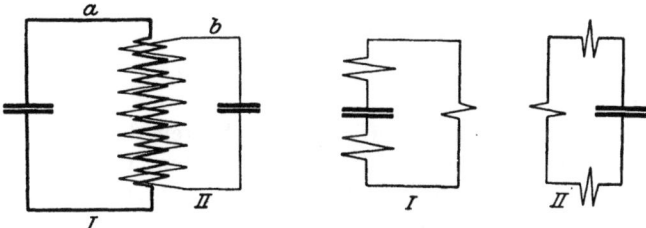

Abb. 30. Feste und lose Kopplung.

Ist die Anzahl der gemeinsamen Kraftlinien sehr klein, so ist die Kopplung auch dementsprechend sehr „lose". Abb. 30 zeigt in ihrem rechten Teil das Bild einer sehr losen induktiven Kopplung. Nur ein kleiner Teil der Selbstinduktionswindungen der beiden Systeme sind für die Kopplung überhaupt ausgenutzt. Der räumliche Abstand dieser Kopplungswindungen kann außerdem noch groß gemacht werden, wodurch eine besonders lose Kopplung erzielt wird. Ferner kann, wie in der Abbildung angedeutet, noch ein Teil der Selbstinduktionswindungen besonders, und zwar so angeordnet werden, daß diese an der Energieübertragung überhaupt nicht teilnehmen können, wodurch die Kopplung ganz besonders lose, oder wie man sagt, „extrem lose" wird. Hierbei ist überhaupt keine nennenswerte Rückwirkung von System II auf I mehr vorhanden.

Ganz im Gegensatz hierzu steht die feste Kopplung, von der Abb. 30 links ein Beispiel zeigt. Die Kopplung ist hierbei induktiv (magnetisch). Fast die gesamte Selbstinduktion der beiden Systeme ist in den Spulen vereinigt, die zudem noch direkt übereinander gewickelt sind.

Bei dieser sehr festen Kopplung ist selbstverständlich demzufolge auch die Rückwirkung des Systems II auf I sehr groß („Rückkopplung" siehe unten).

In jedem mit einem Primärsystem, das als Erregersystem wirkt, gekoppelten Sekundärsystem treten, ganz gleichgültig ob das Primärsystem I gedämpfte oder ungedämpfte Schwingungen erzeugt, zwei Arten von Schwingungen auf.

1. Erzwungene Schwingungen, für die die Schwingungen des Primärsystems maßgebend sind. Dieselben besitzen das Dämpfungsdekrement und die Wellenlänge des Primärsystems.

2. Eigenschwingungen des Systems, für die das Dämpfungsdekrement und die Wellenlänge des Sekundärsystems maßgebend sind.

β) Kopplungskoeffizient und Kopplungsgrad.

Für die jeweilig vorhandene Festigkeit der (magnetischen) Kopplung hat man als Maß den Kopplungskoeffizienten k oder (im allgemeinen) den Kopplungsgrad K eingeführt.

Es ist der Kopplungskoeffizient für Systeme mit quasistationärem Stromverlaufe (also z. B. zwei geschlossenen Schwingungssystemen):

$$k\,^0/_0 = \sqrt{\frac{L_{21}\,L_{12}}{L_1 \cdot L_2}} = \frac{L_{12}}{\sqrt{L_1 \cdot L_2}}$$

hierin ist

L_1 der Selbstinduktionskoeffizient von System I,
L_2 der Selbstinduktionskoeffizient von System II,
L_{12} der wechselseitige Selbstinduktionskoeffizient, d. h. die Induktion von System I auf II,
L_{21} der wechselseitige Selbstinduktionskoeffizient, d. h. die Induktion von System II auf I.

Der Kopplungskoeffizient für Systeme mit nicht quasistationärem Stromverlauf, wobei also die Stromverteilung eine mehr oder weniger ungleichförmige ist (z. B. sehr offene Antenne), erfährt gegenüber dem obigen Ausdruck insofern eine Abänderung, als an Stelle von L_{12} im Zähler der „wirksame" wechselseitige Selbstinduktionskoeffizient zu setzen ist.

Die Kopplung.

Die wechselseitigen Selbstinduktionskoeffizienten hängen von der Stromverteilungsart im System und von der Lage der Kopplungsstelle ab. Bei Kopplung im Interferenzpunkt ist der Kopplungskoeffizient am größten und unterscheidet sich alsdann nicht wesentlich von den obigen Ausdrücken.

Die Formel für den Kopplungskoeffizienten, die eigentlich nur eine theoretische Bedeutung hat, da L_{12} und L_{21} nicht ohne weiteres gemessen werden können, vereinfacht sich, wenn der wesentliche Teil der Selbstinduktion den beiden aufeinander abgestimmten Kreisen gemeinsam ist. Da alsdann das Produkt von Kapazität und Selbstinduktion beider Systeme gleich groß und die Selbstinduktion gemeinsam ist, erhält man

$$k = \sqrt{\frac{C_2}{C_1}} = \sqrt{\frac{L_1}{L_2}},$$

worin

C_1 die Kapazität des erregenden Systems,
C_2 die Kapazität des angestoßenen Systems ist.

Im allgemeinen wird für die Stationen der Praxis der „Kopplungsgrad K" angegeben. Derselbe errechnet sich in einfachster Weise aus den mit dem Wellenmesser gemessenen, bei fest gekoppelten Systemen stets auftretenden zwei Wellen der Kopplungsschwingungen.
Es ist dann:

$$\lambda_1 = \lambda \sqrt{1-k}$$
$$\lambda_2 = \lambda \sqrt{1+k}$$
$$\frac{\lambda_1}{\lambda_2} = \sqrt{\frac{1-k}{1+k}}.$$

Es ist alsdann (J. Zenneck):

$$k = 1 - \left(\frac{\lambda_1}{\lambda}\right)^2 = \left(\frac{\lambda_2}{\lambda}\right)^2 - 1$$

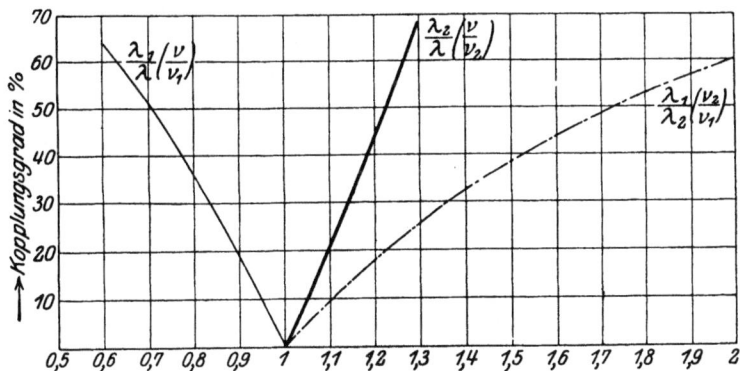

Abb. 31. Ablesung des Kopplungsgrades aus dem Verhältnis der Wellenlängen bzw. Frequenzen.

und wenn man die von Zenneck berechneten Werte graphisch aufträgt, so kann man den Kopplungsgrad für die verschiedenen Werte des Verhältnisses der Wellenlängen bzw. Frequenzen aus den Kurven von Abb. 31 ablesen.

Im übrigen gilt:

$$k \simeq \frac{\lambda_2 - \lambda_1}{\lambda}$$

oder bei Ablesung der Kapazitäten und Angabe in Prozent:

$$k = \frac{C_2 - C_1}{C_2 + C_1} \cdot 100\%$$

$$k = \frac{1}{2} \cdot \frac{C_2 - C_1}{C} \cdot 100\%.$$

Diese Formeln besagen, daß die Wellenlängen λ_1 und λ_2 (bzw. Frequenzen ν_2 und ν_1, oder Kapazitäten C_1 und C_2) um so mehr von der ursprünglichen Wellenlänge λ (bzw. Frequenz ν oder Kapazität C) abweichen, je größer der Kopplungsgrad, d. h. also, je fester die Kopplung ist.

Über die in der Praxis benutzten Kopplungsgrade lassen sich schwer allgemeine Angaben machen.

Bei Benutzung eines Funkensenders ist es eine bekannte Tatsache, daß man den Kopplungsgrad einer Station, um das Optimum zu erhalten, um so kleiner bemessen kann, je weniger gedämpft die Antenne ist. Bei einer schwach gedämpften Schirmantenne war ein Kopplungsgrad von ca. 3 Proz. üblich. Bei einer stärker gedämpften T-Antenne wurde im allgemeinen bis zu 8 Proz. gegangen.

C. Die Dämpfung.

a) Begriff der Dämpfung.

Es ist zu beachten, daß auch im idealen Schwingungskreis, wo Widerstands- und andere Verluste durch entsprechende Gestaltung vermieden sein sollen — wodurch also die elektrische Feldenergie des Kondensators

$$\mathfrak{E}_e = \frac{CV^2}{2},$$

die bei Beginn der Schwingung ein Maximum ist, restlos in magnetische Stromenergie

$$\mathfrak{E}_m = \frac{LJ^2}{2},$$

die bei Beginn der Schwingung Null ist, umgewandelt wurde — durch die Entladung des Kondensators und Umformung in elektrische Schwingungen stets ein Dämpfungsbetrag auftritt, einerseits hervorgerufen durch „Joulesche Wärme" im Schwingungskreise, anderer-

Die Dämpfung.

seits infolge des Entladungsvorganges (Funke, Lichtbogen usw.) selbst. Dieser kommt z. B. bei Funkenschwingungen dadurch zum Ausdruck, daß die Schwingungsamplitude a bei der nächsten Periode auf die Amplitude c gesunken ist (s. Abb. 28).

Das Verhältnis a/c kennzeichnet die „Dämpfung", die um so größer ist, je größer das Verhältnis a/c ist.

Sämtliche Punkte der Amplitudenspitzen der Schwingungskurve, wie dies z. B. mit dem Glimmlichtoszillographen aufgenommen werden kann, liegen auf einer Kurve, der Dämpfungskurve $\mathfrak{b}$. Diese ist für einen Schwingungskreis ohne Funkenstrecke, und sofern nur Verluste durch Joulesche Wärme auftreten, eine gleichseitige Hyperbel (siehe Abb. 32) und gehorcht der Gleichung:

$$y = e^x,$$

worin e = Basis der natürlichen Logarithmen = 2,718 ... ist; hierin hat x die Bedeutung:

$$x = \pm \frac{w}{2L} \cdot T.$$

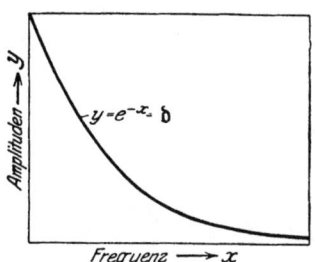

Abb. 32. Dämpfungskurve.

Für einen Schwingungskreis mit Funkenstrecke nähert sich die die Amplitudenspitzen verbindende Kurve um so mehr einer Geraden, je größer die durch die Funkenstrecke bewirkte Dämpfung ist.

Für die Ermittlung der Dämpfung in der Praxis sind andere, im nachstehenden beschriebene Methoden in Anwendung. Hier kommt es zunächst darauf an, die Dämpfung rechnerisch zu erfassen. Die Berechnung kann erfolgen, indem man für einen beliebigen Zeitpunkt t die Stromgleichung ansetzt:

$$i_t = J_0 \cdot e^{-\frac{w}{2L} \cdot t} \cdot \sin \omega t = a \cdot \sin \omega t; \quad \text{wo} \quad \omega = 2\pi\nu \text{ ist},$$

und nun das Verhältnis der Amplituden, die um eine volle Periode auseinander sind, bildet.

Dieses Verhältnis ergibt sich gemäß Abb. 28 wie folgt

$$\frac{a}{c} = \frac{i_t}{i_{t+T}} = \frac{J_0 \cdot e^{-\frac{w}{2L} \cdot t} \cdot \sin \omega t}{J_0 \cdot e^{-\frac{w}{2L} \cdot (t+T)} \cdot \sin \omega t},$$

$$\frac{a}{c} = e^{-\frac{w}{2L} \cdot T} = e^{\delta T}$$

und man bezeichnet $w/2L = \delta$ als „Dämpfungsfaktor", während man $\ln \frac{a}{c} = \delta T = \mathfrak{d}$ als „logarithmisches Dämpfungsdekrement" oder kurz als „Dekrement" bezeichnet.

Auszug aus der Theorie. Wichtige Formeln. Diagramme. Tabellen.

Man kann dadurch, daß man für die einzelnen Werte des Dekrementes die entsprechenden Größen der Kapazität, Selbstinduktion, Widerstand und Wellenlänge einsetzt, den nachstehenden Endausdruck, der für rasche Berechnungen der Praxis sehr bequem ist, in einfachster Weise finden (W. Hahnemann, 1905):

$$\mathfrak{d} = \frac{w}{2L} \cdot T = \frac{w}{2L} \cdot \frac{1}{\nu} = \frac{1}{150} \cdot \frac{C^{cm} \cdot w^{Ohm}}{\lambda_r^m} = \frac{1}{0{,}591} \cdot \frac{\lambda^m \cdot w^{Ohm}}{L^{cm}}.$$

Es ist aber zu beachten, daß in den sämtlichen bisherigen Ausdrücken w als konstant angenommen war, während tatsächlich im allgemeinen der Schwingungsverlauf nicht derartig ist, daß dieser Widerstand w vollkommen konstant bleibt.

Es möge an dieser Stelle noch eine andere, weit allgemeinere Darstellung des Dämpfungsdekrementes eingeflochten werden (H. Rein, 1912), die das Wesen der Dämpfung noch nach anderer Seite hin beleuchtet.

Bezeichnet man den in einem bestimmten Zeitmoment im Schwingungskreise vorhandenen elektromagnetischen Arbeitsvorrat wieder mit $\mathfrak{E}_m = \dfrac{L \cdot J_0^2}{2}$, und bezeichnet man ferner den während der darauf folgenden Periode in Wärme umgesetzten Energiebetrag mit $\mathfrak{E}_w = i^2 \cdot w\, T = \dfrac{J_0^2 \cdot w\, T}{2}$, so kann man den Quotienten $\mathfrak{E}_w/\mathfrak{E}_m$ bilden, und man erhält:

$$\frac{\mathfrak{E}_w}{\mathfrak{E}_m} = \frac{\dfrac{J_0^2 \cdot w\, T}{2}}{\dfrac{L J_0^2}{2}} = 2 \cdot \frac{w}{2L} \cdot T = 2\delta T = 2\mathfrak{d}.$$

Das so gebildete Verhältnis $\mathfrak{E}_w/\mathfrak{E}_m$ ist also gleich dem doppelten Werte des logarithmischen Dekrementes, und man hat auf diese Weise den Dämpfungsbegriff auch für andere als rein gedämpfte Schwingungsformen gefunden.

So gilt dieses auch bei sog. ungedämpften Schwingungen, indem hier das Dekrement den bei jeder Schwingung verbrauchten und von der Hochfrequenzquelle aus nachgelieferten Energiebetrag darstellt.

b) Auftretende Dämpfungsverluste.

Die Dämpfungsverluste im geschlossenen Schwingungskreis können entstehen:
1. In der Entladestrecke;
2. durch Joulesche Wärme im Leitungsmaterial des Schwingungskreises, in den Spulen usw.;
3. in den Kondensatoren;
4. durch Wirbelströme;
5. durch mangelhafte Isolation des Hochspannungspoles.

Über die Größenordnung der durch die einzelnen Ursachen bewirkten Dämpfungen ist auszuführen, daß im wesentlichen die Dämpfung in der Entladestrecke und im Dielektrikum der Kondensatoren inbetracht kommt. Diese Dämpfungen können recht beträchtlich sein. Die übrigen Dämpfungsursachen werden sich in den meisten Fällen niedrig halten lassen.

In der Praxis sucht man die Dämpfung der geschlossenen Schwingungskreise möglichst gering zu gestalten. Eine Ausnahme hiervon machen lediglich die Schwebungsstoßsender, wo die Dämpfung des Stoßkreises unter Umständen sogar künstlich vergrößert wird, um einen guten Stoßeffekt zu erzielen. Bei allen übrigen Sendern, Empfängern usw. werden aber, sofern nicht ganz besondere Ausnahmebedingungen vorliegen, alle Ursachen, die eine zusätzliche Dämpfung herbeiführen können, nach Möglichkeit vermieden. Bei den ungedämpften Sendern findet zudem ja stets eine Energienachlieferung im Sendekreise statt, so daß eben die ungedämpften Schwingungen entstehen.

Beim Schwingungskreis, der keine Entladestrecke enthält, fällt die Dämpfung durch den Entladungsvorgang vollkommen fort, und da Luftkondensatoren ohne weiteres anwendbar sind, ist auch die zweite Dämpfungsursache vollkommen vermeidbar. Die übrigen Dämpfungsursachen lassen sich unschwer so weit herabdrücken, daß das Dekrement eines derartigen Kreises bis

$$\mathfrak{d} = 0{,}006,$$

unter besonders günstigen Verhältnissen und Vorsichtsmaßregeln sogar nur

$$\mathfrak{d} = 0{,}003$$

beträgt.

Die Dämpfungsursachen im offenen Schwingungskreis (offene Antenne) können entstehen:
1. durch Strahlungsdämpfung der Antenne;
2. durch Joulesche Wärme in der Antenne und in den Abstimmungs- und Kopplungsmitteln;
3. in der Erdleitung;
4. durch Induktion;
5. durch Sprühen.

In folgender Tabelle sind einige Dämpfungsdekremente von Antennen bei mittleren Verhältnissen, sowie deren auf eine Wellenlänge von 1000 m und eine Kapazität von 3000 cm umgerechnete Widerstände wiedergegeben. Diese haben auch insofern Bedeutung, da die in der Antenne vorhandene Leistung jetzt durchweg[1] nach der Formel

$$\text{Leistung} = J^2 \cdot w_{ges}$$

---

[1] Die von Telefunken (Graf Arco, M. Osnos) vorgeschlagene Berechnungsart: Antennenhöhe (mittlere Kapazitätshöhe) in Metern × Ampere, also z. B. beim Nauensender 150 × 400 = 60000 Meter-Ampere, hat sich noch nicht eingebürgert.

angegeben wird, worin J die Antennenstromstärke und w_{ges} den Ohmschen Gesamtwiderstand von Antenne und eventuellen Verlängerungsmitteln (Spulen usw.) darstellt.

Die eigentliche „Nutzleistung" der Antenne ist hingegen:

$$\text{Nutzleistung} = J^2 \cdot w_{str}.$$

Der Gesamtwiderstand einer Antenne kann aus der Gesamtdämpfung der Antenne berechnet werden.

Es ist

$$w_{ges} = w_{str} + w_{joule} + w_{verl} = 150 \cdot \frac{\mathfrak{d}_{ges} \cdot \lambda_m}{C_{a\,cm}},$$

hierin ist

w_{ges} = der gesamte Antennenwiderstand,
w_{str} = der Strahlungswiderstand,
w_{joule} = der Widerstand durch Joulesche Wärme im Antennendraht und in den Abstimmungs- und Kopplungsmitteln,
w_{verl} = der Widerstand durch Sprüh- und Isolationsverluste in der Antenne und Erdleitung sowie durch Induktion der Pardunen, Sprühen usw.

Zu beachten ist, daß die Gesamtdämpfung und damit der Gesamtwiderstand keine Konstante ist. Diese Größen sind vielmehr im wesentlichen abhängig a) von der Wellenlänge λ, b) von der Art des Stromverlaufs und der Stromstärke in der Antenne.

Antennenform	$\mathfrak{d}$	$w_{str} \sim \begin{pmatrix} \lambda = 1000\text{ m} \\ C_a = 3000\text{ cm} \end{pmatrix}$
Schirmantenne	0,1	5 Ohm
T-Antenne (Schiffsantenne)	0,1—0,16	6,5 „
Harfenantenne	0,15—0,2	8,75 „
Konusantenne	0,2	10 „
Gestreckter Draht (einfache Marconiantenne)	0,2—0,35	12,5 „
Doppelkonusantenne	0,3—0,5	20 „
Flugzeugantenne	$\sim$ 0,5	$\sim$ 30 „
		($\lambda = 100$ m; $C = 250$ cm)
Erdantenne (auf die Erde gelegte Kabelantenne)	0,089—0,535	10—60 Ohm ($\lambda = 600$ m)

c) Ermittlung der Dämpfung.

Man kann den genauen Schwingungsverlauf am einwandfreiesten aus der Resonanzkurve erkennen. Gleichzeitig ist diese auch das beste Mittel, um die Dämpfung der Schwingungen im Schwingungskreise exakt festzustellen.

Zur Ermittlung der Dämpfung dient bisher in der Hauptsache die im nachstehenden ausführlich behandelte Resonanzmethode.

Daneben findet bei Laboratoriumsmessungen vielfach noch die Vergleichsmethode Anwendung.

Als weitere Methoden kommen inbetracht:
die Dynamometermethode,
die direkte Methode mittels Strom und Spannungsmessung,
die Methode mittels der Braunschen Röhre nach Zenneck,
die Dämpfungsmethode mittels des Magnetdetektors nach Rutherford,
die Kontaktanordnungen nach Tallqvist und Glatzel.

Es sei hier jedoch erwähnt, daß die Dynamometermethode wegen ihrer großen Einfachheit und der verhältnismäßig leicht exakt zu erzielenden Dämpfungswerte über kurz oder lang sich größeren Eingang in die Meßtechnik verschaffen wird, sobald die Industrie brauchbare Dynamometer herzustellen in der Lage ist.

a) **Resonanzkurve des Stromeffektes. Resonanz, Isochronismus. Reduktion der Resonanzkurve.**

Zur genauen Feststellung der Dämpfung mittels der Resonanzmethode ist es zwar an sich nicht unbedingt erforderlich, die volle Resonanzkurve aufzunehmen, man erhält aber von vornherein ein übersichtlicheres Bild durch die Aufzeichnung der Kurve. Für die Messung selbst genügen schon drei Punkte, und zwar die Wellenlänge, bzw. Kapazität im Resonanzpunkt und die beiden Werte für Wellenlänge, bzw. Kapazität, bei halbem Ausschlag links und rechts vom Resonanzpunkt gemessen.

Die Resonanzkurve wird z. B. mittels des Wellenmessers mit Hitzdrahtinstrument oder einem anderen geeigneten Indikator aufgenommen. Man trägt z. B. den Ausschlag des Hitzdrahtinstrumentes als Funktion der Wellenlänge auf, wobei der Wellenmeßkreis möglichst lose, aber doch so fest mit dem zu messenden Kreise gekoppelt wird, daß man noch einen genügenden Ausschlag des Hitzdrahtinstrumentzeigers erhält.

Man bezeichnet die auf diese Weise mittels eines Stromindikators aufgenommene Kurve als „Resonanzkurve des Stromeffektes" (J. Zenneck), für die unter der bisherigen Annahme, daß die logarithmischen Dekremente $\mathfrak{d}_1$ und $\mathfrak{d}_2$ klein sind gegen 2π, und daß ferner ist: $y = e^{-x} = \mathfrak{d}_1$, gilt:

$$J^2_{2\text{eff}} = \zeta \cdot \frac{(\omega \cdot L_{21} \cdot J_1)^2}{64\,\pi_2\,\nu_1^3 \cdot L_2^2} \cdot \frac{\mathfrak{d}_1 + \mathfrak{d}_2}{\mathfrak{d}_1 \cdot \mathfrak{d}_2} \cdot \frac{1}{\left(1 - \frac{\nu_2}{\nu_1}\right)^2 + \left(\frac{\mathfrak{d}_1 + \mathfrak{d}_2}{2\pi}\right)^2},$$

hierin ist:

$J_{2\text{eff}}$ = die effektive Stromstärke im Sekundärsystem,
$\omega\,L_{21}\,J_1$ = die vom Primärsystem im Sekundärsystem erzeugte E.M.K.,
ν_1 = Frequenz des Primärsystems (Oszillators),
ν_2 = Frequenz des Sekundärsystems (Resonators).

Es ist ferner der Stromeffekt im Resonanzpunkt
bei ungedämpften Schwingungen:

48 Auszug aus der Theorie. Wichtige Formeln. Diagramme. Tabellen.

$$J_r^2{}_{\text{eff}} = \frac{(\omega L_{21} \cdot J_1)^2}{8 \nu_1^2 \cdot L_2^2} \cdot \frac{1}{\mathfrak{d}_2^2},$$

bei gedämpften Schwingungen:

$$J_r^2{}_{\text{eff}} = \frac{(w L_{21} \cdot J_1)}{16 \nu_1^3 \cdot L_2^2} \cdot \frac{1}{\mathfrak{d}_1 \mathfrak{d}_2 (\mathfrak{d}_1 + \mathfrak{d}_2)}.$$

Eine in einem relativ schwach gedämpften Resonanzsystem aufgenommene Kurve ist beispielsweise in Abb. 33 dargestellt. Der Punkt R des Resonanzmaximums kann in einfacher Weise genau dadurch bestimmt werden, daß eine Anzahl Sehnen der Resonanzkurve gehälftet, und daß die sich so ergebenden Punkte miteinander verbunden werden. An diese Verbindungskurve wird eine Tangente T gelegt. Der Schnittpunkt derselben mit der Resonanzkurve ist der Punkt R des Resonanzmaximums, also derjenige Punkt, in dem die Abstimmung zwischen dem zu messenden System und dem Meßsystem vorhanden ist.

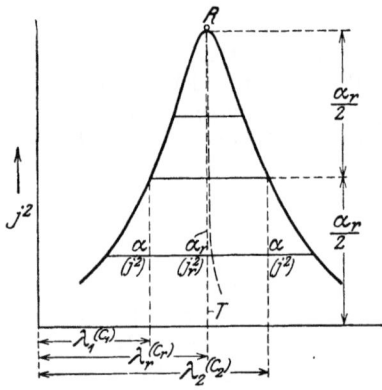

Abb. 33. Aufgenommene Resonanzkurve in einem relativ schwach gedämpften Resonanzsystem.

Es ist im übrigen zu unterscheiden zwischen „Resonanz" und „Isochronismus".

Unter ersterer versteht man die in einem Sekundärsystem, das von einem Primärsystem aus erregt wird, hervorgerufene Maximalwirkung, bestehend in der Maximalamplitude des Strom- oder Spannungs- oder Energieindikators.

Unter Isochronismus oder Isochronität wird hingegen das genaue Übereinstimmen der Schwingungszahlen (Wellenlänge, Frequenz) beider Systeme verstanden.

Bei schwach gedämpften Systemen kann man die Resonanz praktisch gleich dem Isochronismus setzen. Hierbei wird auch Spannungs- und Stromresonanz einander gleich. Bei extrem stark gedämpften Systemen kommen indessen erhebliche Abweichungen vor.

Die Resonanzkurve, entsprechend Abb. 33, stellt, wie schon zum Ausdruck gebracht, eine relativ gering gedämpfte Schwingung dar. Ohne weiteres darf man das aber aus der Kurve nicht schließen. Es ist vielmehr für die Beurteilung der Dämpfung aus der Resonanzkurve wesentlich, sowohl den Maßstab der Wellenlängen- bzw. Kapazitätswerte der Abszisse, als auch der Stromquadratwerte zu berücksichtigen. Selbstverständlich spielen außerdem auch der Kopplungsgrad zwischen Meßsystem und dem zu messenden System, sowie die Empfindlichkeit des Wellenmesserindikators eine große Rolle. Man könnte die Kurve für dieselbe Dämpfung bei loserer Kopplung des Wellenmessers oder unter

Benutzung eines anderen Maßstabes auch viel flacher zeichnen, ohne daß sich darum die Dämpfung tatsächlich geändert zu haben brauchte.

Um derartige Trugschlüsse zu vermeiden, drückt man einerseits die Dämpfung als Zahl aus, andererseits muß man, wenn es sich um den direkten Vergleich von Resonanzkurven handelt, diese auf einen bestimmten Maßstab reduzieren (J. Zenneck). Man trägt alsdann als Abszissen nicht die Wellenlängen, bzw. Frequenzen des Sekundärsystems, sondern das Verhältnis $v_1 v_2$, also zur Frequenz v_1 des unveränderlichen Systems auf, und als Ordinaten trägt man nicht den Stromeffekt (quadratischen Stromwert gleich J^2_{eff}), sondern vielmehr das Verhältnis des Stromeffektes bei der betreffenden Frequenz, im Verhältnis zum Stromeffekt bei Resonanz, also $\dfrac{J^2_{eff}}{J_r^{\,2}{}_{eff}}$ auf.

Es besteht alsdann die Beziehung, daß die Resonanzkurve im Scheitelpunkt um so spitzer, d. h. die „Resonanzschärfe" um so größer ist, je geringer die Summe der Dekremente von Primär- und Sekundärsystem und je loser die Kopplung zwischen diesen beiden Systemen ist.

β) **Messung der Summe der Dämpfungsdekremente eines Oszillators und eines Resonators (Resonanzmethode V. Bjerknes).**

Als Meßinstrument dient ein Wellenmesser mit einem Indikationsinstrument, das den Strom-, Spannungs- oder Energieeffekt anzeigt.

Auf dieses Schwingungssystem wird vom Oszillator her, der möglichst sinusförmige Schwingungen liefern soll, in möglichst loser Kopplung induziert, und in diesem Meßschwingungssystem wird, abhängig von der Wellenlänge, der Ausschlag des Indikationsinstrumentes aufgenommen. Wenn weiterhin vorausgesetzt werden kann, daß das logarithmische Dekrement klein ist gegenüber 2π, daß ferner $\dfrac{C_r - C_1}{C_1}$ klein ist gegenüber 1, so gelten nach Bjerknes für die Summe des Oszillatordekrementes $\mathfrak{d}_1$ und des Resonatordekrementes (Meßschwingungssystem) $\mathfrak{d}_2$ bei Vorhandensein einer exponentiellen Amplitudenkurve die Gleichungen:

$$\mathfrak{d}_1 + \mathfrak{d}_2 = a \cdot \frac{C_r - C_1}{C_1},$$

hierin ist a eine Konstante, die vom Ausschlagsverhältnis α/α_r abhängt und zwar ist

$$a = \pi \sqrt{\frac{\dfrac{\alpha}{\alpha_r}}{1 - \dfrac{\alpha}{\alpha_r}}};$$

C_r ist die Größe des Kondensators im Isochronitätspunkt (Resonanzpunkt), diesem entspricht α_r, C_1 ist die Kondensatorgröße nach Verstimmung des Resonators, wobei der Ausschlag α erzielt wird.

Setzt man den Wert von a ein, und schreibt man statt der Ausschläge α_r und α, sofern man als Indikationsinstrument an Stelle eines Galvanometers ein Hitzdrahtinstrument verwendet, so erhält man:

$$\mathfrak{d}_1 + \mathfrak{d}_2 = \pi \cdot \frac{C_r - C_1}{C_1} \cdot \sqrt{\frac{J^2}{J_r^2 - J^2}}.$$

Wenn man nun die Verstimmung des Resonators so bewirkt, daß rechts und links vom Resonanzpunkt R, bei dem die Kapazität C_r und der Energiebetrag J_r^2 ist, der Energiebetrag des Indikationsinstrumentes auf denselben Betrag gleich J^2 für die Kondensatorgrößen C_1 und C_2 sinkt, so kann man schreiben:

$$\mathfrak{d}_1 + \mathfrak{d}_2 = \pi \cdot \frac{C_2 - C_r}{C_2} \cdot \sqrt{\frac{J^2}{J_r^2 - J^2}},$$

oder

$$\mathfrak{d}_1 + \mathfrak{d}_2 = \pi \cdot \frac{C_2 - C_1}{C_2 + C_1} \cdot \sqrt{\frac{J^2}{J_r^2 - J^2}},$$

oder

$$\mathfrak{d}_1 + \mathfrak{d}_2 = \frac{\pi}{2} \cdot \frac{C_2 - C_1}{C_r} \cdot \sqrt{\frac{J^2}{J_r^2 - J^2}},$$

oder in den entsprechenden Wellenlängen ausgedrückt:

$$\mathfrak{d}_1 + \mathfrak{d}_2 = \pi \cdot \frac{\lambda_2 - \lambda_1}{\lambda_r} \cdot \sqrt{\frac{J^2}{J_r^2 - J^2}}.$$

Wählt man nun $\alpha = \alpha_r$ bzw. $J_2 = J_r^2$, so vereinfachen sich die obigen Ausdrücke um das Wurzelglied, also

$$\mathfrak{d}_1 + \mathfrak{d}_2 = \pi \cdot \frac{C_r - C_1}{C_1},$$

$$\mathfrak{d}_1 + \mathfrak{d}_2 = \pi \cdot \frac{C_2 - C_r}{C_2},$$

$$\mathfrak{d}_1 + \mathfrak{d}_2 = \pi \cdot \frac{C_2 - C_1}{C_2 + C_1},$$

oder

$$\mathfrak{d}_1 + \mathfrak{d}_2 = \frac{\pi}{2} \cdot \frac{C_2 - C_1}{C_r},$$

$$\mathfrak{d}_1 + \mathfrak{d}_2 = \pi \cdot \frac{\lambda_2 - \lambda_1}{\lambda_r}.$$

Die Dämpfung.

γ) **Dämpfungsmessung eines Oszillators (Resonanzmethode).**

Man mißt die Summe der Dämpfungsdekremente nach einem der obigen Ausdrücke.

1. Entweder kann man z. B. bei überschlägigen Rechnungen die Dämpfung des Resonanzkreises (z. B. Wellenmessers) als bekannt annehmen und von der Summe der Dekremente abziehen. Die Dämpfung eines normalen Resonanzkreiswellenmessers mit Hitzdrahtinstrument beträgt im Mittel $\mathfrak{d}_2 = 0{,}009$. Zieht man diesen Wert von $\mathfrak{d}_1 + \mathfrak{d}_2$ ab, so erhält man das Dekrement des Oszillators $\mathfrak{d}_1$.

2. Oder wenn $\mathfrak{d}_2$ nicht bekannt ist und ein anderer Oszillator mit ungedämpften Schwingungen oder idealer Stoßerregung zur Verfügung steht, so verschwindet naturgemäß der Einfluß der Dämpfung dieses Oszillators vollkommen, und man erhält alsdann direkt für die Dämpfung des Resonators unter Berücksichtigung von $\alpha = \dfrac{\alpha_\mathrm{r}}{2}$

$$\mathfrak{d}_2 = \pi \cdot \frac{\lambda_2 - \lambda_1}{\lambda_\mathrm{r}}.$$

Man hat also auf diese Weise $\mathfrak{d}_2$ gefunden und kann $\mathfrak{d}_2$ von der für den zu untersuchenden Oszillator gefundenen Dekrementsumme $\mathfrak{d}_1 + \mathfrak{d}_2$ abziehen.

3. Oder man kann die unter δ) beschriebene Methode unter Einschaltung eines Widerstandes und Ermittlung der Zusatzdämpfung anwenden, um zunächst $\mathfrak{d}_2$ festzustellen und diesen Wert alsdann von der Summe der Dekremente abzuziehen.

δ) **Dämpfungsmessung eines Resonators mittels variabler Dämpfung desselben (Einschaltung eines Widerstandes).**

Meßmethode bei wenig gedämpften und ungedämpften Oszillatoren. Soll die Dämpfung eines Resonators, wie z. B. eines Resonanzkreiswellenmessers auch als Funktion der Wellenlänge, wie ein solcher wegen seiner relativ kleinen Eigendämpfung häufig zu Dämpfungsmessungen benutzt wird, bestimmt werden, und stehen ungedämpfte Schwingungen nicht zur Verfügung, bzw. ist die Dämpfung des Resonators nur gering, so kann folgende Methode, entsprechend Abb. 34, angewendet werden.

Der Resonator R wird auf den Oszillator O abgestimmt, und es wird wie unter β) $\mathfrak{d}_1 + \mathfrak{d}_2$ mit Hilfe der Resonanzkurve bestimmt. Sodann wird in den Resonator ein möglichst selbstinduktions- und kapazitätsfreier Widerstand, ein sog. Hochfrequenzwiderstand f, eingeschaltet.

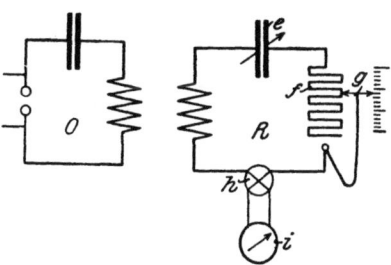

Abb. 34. Dämpfungsmessung eines Resonators mittels variabler Dämpfung desselben.

Ist dieser Widerstand nicht in Ohmwerten geeicht, so kann die durch ihn bewirkte Zusatzdämpfung $\triangle \mathfrak{d}_2$, die also eine Gesamtdämpfung $\mathfrak{d}_1 + \mathfrak{d}_2 + \triangle \mathfrak{d}_2$ herbeigeführt hat, aus nachstehendem Ausdruck berechnet werden, wobei vor Einschaltung des Widerstandes der Ausschlag am Resonanzindikationsinstrument i gleich α_r gewesen sei und nach Einschalten des Widerstandes α_{r1}, so hat man

$$\mathfrak{d}_1 + \mathfrak{d}_2 = \pi \cdot \frac{\lambda_2 - \lambda_1}{\lambda_r} \cdot \sqrt{\frac{\alpha}{\alpha_r - \alpha}},$$

$$\mathfrak{d}_1 + \mathfrak{d}_2 + \triangle \mathfrak{d}_2 = \pi \cdot \frac{\lambda_2 - \lambda_1}{\lambda_r} \cdot \sqrt{\frac{\alpha_1}{\alpha_{r1} - \alpha_1}},$$

$$\triangle \mathfrak{d}_2 = (\mathfrak{d}_1 + \mathfrak{d}_2 + \triangle \mathfrak{d}_2) - (\mathfrak{d}_1 + \mathfrak{d}_2),$$

$$\mathfrak{d}_2 = \frac{\triangle \mathfrak{d}_2}{\frac{\alpha_r}{\alpha_{r1}} \cdot \frac{\mathfrak{d}_1 + \mathfrak{d}_2}{\mathfrak{d}_1 + \mathfrak{d}_2 + \triangle \mathfrak{d}_2}} - 1.$$

Wählt man die Verhältnisse so, daß $\frac{\alpha_r}{\alpha_{r1}} = 2$ wird, dann erhält man

$$\mathfrak{d}_2 = \frac{\triangle \mathfrak{d}_2}{2 \cdot \frac{\mathfrak{d}_1 + \mathfrak{d}_2}{\mathfrak{d}_1 + \mathfrak{d}_2 + \triangle \mathfrak{d}_2}} - 1.$$

Ist jedoch der Hochfrequenzwiderstand in Ohmwerten geeicht, so kann man die durch den Widerstand herbeigeführte Zusatzdämpfung in einfacherer Weise berechnen, wozu die nachstehende Überlegung und die sich hieraus ergebende Schlußformel dienen möge.

Es sei C die resultierende Kapazität des Resonators in cm, λ die Wellenlänge des Resonators in cm, bei der er auf den Oszillator abgestimmt ist, w der Widerstand, L die Selbstinduktion in C G S und v die Lichtgeschwindigkeit, so gilt für die Dämpfung dieses Kreises $\mathfrak{d}_2$

$$\mathfrak{d}_2 = \frac{\mathrm{w^{cm}}}{2\,\mathrm{L^{cm}}} \cdot \frac{\lambda_r^{cm}}{\mathrm{v^{cm}}},$$

$$\lambda^{cm} = 2\pi\sqrt{\mathrm{L^{cm} \cdot C^{cm}}},$$

hieraus folgt:

$$\mathfrak{d}_2 = \frac{\mathrm{w^{cm}}}{\frac{\lambda^{2\,cm}}{2\pi^2\,\mathrm{C^{cm}}}} \cdot \frac{\lambda_r^{cm}}{\mathrm{v^{cm}}} = \frac{\mathrm{w^{cm} \cdot C^{cm}}}{\lambda^{cm}} \cdot \frac{2\pi^2}{\mathrm{v^{cm}}};$$

und wenn für $v^2 = 3 \cdot 10^{10}$ cm, für $\lambda^{cm} = \lambda^m$, für $w^{cm} = w^{Ohm}$ eingeführt wird, erhält man für die durch den Widerstand bewirkte Zusatzdämpfung

$$\triangle \mathfrak{d}_2 = \frac{2}{3} \cdot 10^{-2} \cdot \frac{\mathrm{C^{cm} \cdot w^{Ohm}}}{\lambda^m} = \frac{1}{150} \cdot \frac{\mathrm{C^{cm} \cdot w^{Ohm}}}{\lambda^m} = 0{,}666 \cdot \frac{\mathrm{C^{cm} \cdot w^{Ohm}}}{\lambda^{cm}}.$$

Die Dämpfung.

Die sich aldann für die Praxis ergebenden Zusammengehörigkeitswerte sind in Abb. 35 (L. Adelmann) wiedergegeben.
Da man obige Formel auch schreiben kann

$$w = 150 \triangle \mathfrak{d}_2 \cdot \frac{\lambda_r{}^m}{C^{cm}} = 1{,}5 \triangle \mathfrak{d} \cdot \frac{\lambda_r{}^{cm}}{C^{cm}},$$

sind auch diese Werte sinngemäß aus Abb. 35 zu entnehmen.
Sofern die Dämpfung des zu messenden Systems (Resonators) nur sehr klein ist, kann man vorteilhaft bei geeichtem Widerstand auch schreiben, wenn

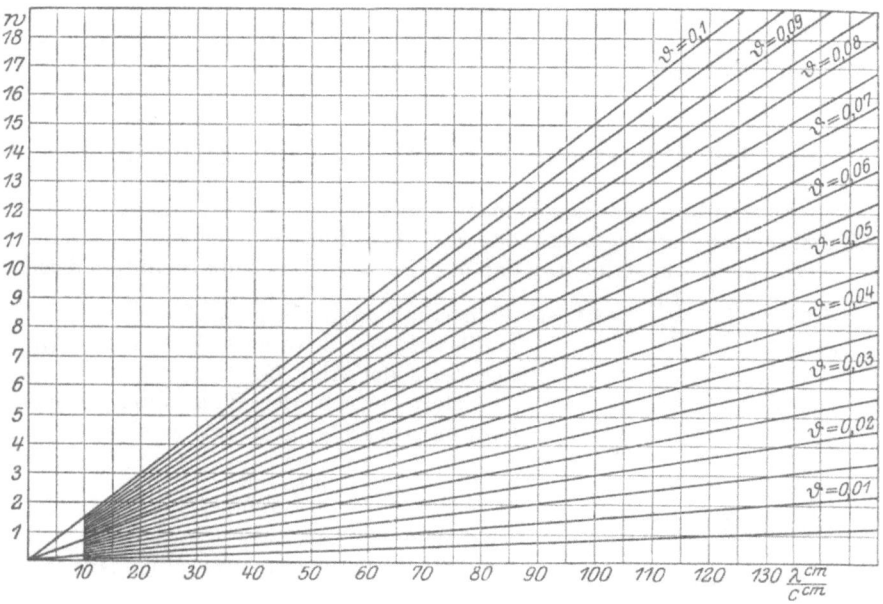

Abb. 35. Abhängigkeit von w und $\mathfrak{d}$ (= in der Figur ϑ) von $\frac{\lambda}{C}$.

$J_1{}^2$ die Energie, bzw. α_2 der Ausschlag des Indikationsinstrumentes vor Einschaltung des geeichten Hochfrequenzwiderstandes in den Resonator ist, wobei das Dekrement = $\mathfrak{d}_2$,
$J_2{}^2$ die Energie, bzw. α_2 der Ausschlag nach Einschaltung des Widerstandes und wobei das Dekrement gleich $\mathfrak{d}_2 + \triangle \mathfrak{d}_2$ ist:

$$\mathfrak{d}_2 = \triangle \mathfrak{d}_2 \cdot \frac{J_2{}^2}{J_1{}^2 - J_2{}^2} = \triangle \mathfrak{d}_2 \cdot \frac{\alpha_2}{\alpha_1 - \alpha_2}$$

gültig für gedämpfte Schwingungen des Oszillators.
Da die Kapazität und Wellenlänge des Kreises konstant bleiben, kann man statt der Dämpfungsdekremente die entsprechenden Widerstandswerte einsetzen. Man erhält alsdann:

$$w_2 = \triangle w_2 \cdot \frac{J_2{}^2}{J_1{}^2 - J_2{}^2}.$$

Macht man $J^2_1 = 2 J_2^2$, so wird $w_2 = \triangle w_2$.

Sofern der Oszillator mit ungedämpften Schwingungen erregt wird, erhält man die Schlußgleichungen:

$$\mathfrak{d}_2 = \triangle \mathfrak{d}_2 \cdot \frac{J_2}{J_1 - J_2} = \triangle \mathfrak{d}_2 \cdot \frac{\sqrt{\alpha_2}}{\sqrt{\alpha_1} - \sqrt{\alpha_2}},$$

oder auch hier statt der Dämpfungen die Widerstände eingesetzt

$$w_2 = \triangle w_2 \cdot \frac{J_2}{J_1 - J_2}.$$

Macht man $J_1 = 2 J_2$, so wird $w_2 = \triangle w_2$.

D. Oszillatorische und aperiodische Entladung.

Es sind nun zwei voneinander verschiedene Fälle zu unterscheiden. Bisher war vorausgesetzt, daß die Dämpfung im Schwingungskreise relativ klein sein sollte, also daß $\mathfrak{d} < 2\pi$ war. Das heißt im obigen Ausdrucke, daß $\frac{4L}{C} > w^2$ ist. Man erhält dann einen „periodischen und oszillatorischen Schwingungsvorgang" von der Form der Abb. 28.

Sofern jedoch der Widerstand w im Schwingungskreise groß ist, wird

$$\frac{4L}{C} < w^2$$

Abb. 36. Aperiodische Entladung.

und es resultiert alsdann eine „aperiodische Entladung", etwa entsprechend Abb. 36. Derartige aperiodische Entladungen werden in den „Schwingungskreisen" vermieden. Hingegen werden sie z. B. im „aperiodischen Detektorkreis" angewandt.

Bei $\frac{4L}{C} = w^2$ ist die Entladung gerade noch aperiodisch, bzw. oszillatorisch.

E. Der Ohmsche Widerstand im Stromkreis.

Als Leiter, nicht nur für Hochfrequenzsysteme, sondern auch für Niederfrequenz- und Gleichstromkreise, kommen möglichst gut leitende Materialien, wie Kupfer, Aluminium, eventuell auch Messing, in besonderen Fällen auch Silber oder versilberter Kupferleiter in Draht-, Rohr- oder Bandform inbetracht. Für Widerstandszwecke werden Legierungen wie Nikelin, Rheotan, Konstantan und ähnliches benutzt.

Der Ohmsche Widerstand im Stromkreis.

Der Ohmsche Widerstand eines Leiters von beliebig massivem Querschnitt q in mm² bei einer Länge von l und der spezifischen Leitfähigkeit $\varkappa$ berechnet sich aus der Formel:

$$w^{Ohm} = \frac{1}{\varkappa} \cdot \frac{l}{q}.$$

Die spezifische Leitfähigkeit für am meisten gebräuchliche Materialien geht aus nachstehender Tabelle hervor:

$\varkappa$ = spezifische Leitfähigkeit = 0,016 für Silber,
= 0,017 für Kupfer,
= 0,032 für Aluminium,
= 0 42 für Nikelin,
= 0,47 für Rheotan,
= 0,49 für Konstantan.

Man bezeichnet mit Leitfähigkeit den Ausdruck $\frac{1}{w}$.

In der Radiotechnik ist es, wie auch sonst in der technischen Physik, üblich, Ohmsche Widerstände in verschiedenen Schaltungsanordnungen zu benutzen. Sehr häufig gebraucht wird eine Serienschaltung von zwei oder mehreren Widerständen, etwa Abb. 37 entsprechend. Der resultierende Widerstand ist hierbei

$$w_{res} = w_1 + w_2.$$

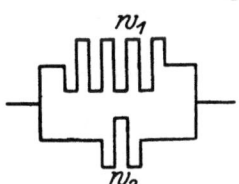
Abb. 37. Zwei Ohmsche Widerstände in Serie geschaltet.

Sofern w_1 sehr groß, w_2 sehr klein ist, kommt bei der Serienschaltung in der Hauptsache nur die Wirkung des größten Widerstandes inbetracht. Ist z. B. w_1 = 1000 Ohm, w_2 = 1 Ohm, so ist der resultierende Widerstand = 1001 Ohm.

Auch die Parallelschaltung von Ohmschen Widerständen, gemäß Abb. 38, wird zuweilen angewendet. In diesem Falle ergibt sich der resultierende Widerstand gemäß

$$\frac{1}{w_{res}} = \frac{1}{w_1} + \frac{1}{w_2}.$$

Abb. 38. Zwei Ohmsche Widerstände parallel geschaltet.

Diesen Ausdruck kann man auch schreiben

$$w_{res} = \frac{w_1 \cdot w_2}{w_1 + w_2}.$$

Wenn hierin w_1 sehr groß, w_2 sehr klein ist, so kommt in der Hauptsache der Wert des kleinen Widerstandes für den resultierenden Widerstand inbetracht. Ist beispielsweise wieder w_1 = 1000 Ohm, w_2 = 1 Ohm, so ist der resultierende Widerstand

$$w_{res} = \frac{w_1 \cdot w_2}{w_1 + w_2} = 0,99 \text{ Ohm}.$$

Ohmsche Widerstände, bzw. Widerstandskombinationen werden in der Radiotechnik vorwiegend in zwei besonderen Fällen gebraucht.

Die erste Schaltung ist die sog. „Potentiometeranordnung" (Spannungsteiler), gemäß Abb. 39. Hierbei sind die Klemmen einer Spannungsquelle a unter Vermittlung eines Schalters b an die Enden eines meist hochohmigen Widerstandes c geschaltet. Dieser letztere ist mit einem festen Kontakt d und einem variablen Stromabnehmer e versehen. Auf diese Weise ist es möglich, den gesamten, an dem Widerstand c liegenden Spannungsbereich oder auch beliebige Teilbeträge desselben mittels des variablen Kontaktes e abzugreifen und einem Verbrauchsapparat, beispielsweise einem Detektor f, zuzuführen. Die abgegriffene Spannung entspricht dem eingeschalteten Widerstandsbetrag im Verhältnis zum gesamten Widerstand. Die Feinregulierung hängt natürlich nur von der Art der Aufwicklung des Widerstandsdrahtes c, sowie von der Art der Stromabnehmung ab. Durch entsprechende Kombinationen sind auch besondere Feinregulierungen möglich. Eine erhebliche Rolle spielt der Ohmsche Widerstand für Heizzwecke des Glühfadens von Verstärkerröhren. Hier kommt es auf tunlichst weitgehende Feinregulierung an. Man hat infolgedessen stellenweise den Stromabnehmer mit 2 Kontakten versehen, die entweder gleichzeitig oder auch unabhängig voneinander benutzt werden und infolge der entstehenden Stromverzweigung eine beliebig feine Widerstandsregulierung gestatten. Der Nachteil des Potentiometers ist der relativ große Stromverbrauch, insbesondere wenn der Widerstand keinen großen Wert besitzt.

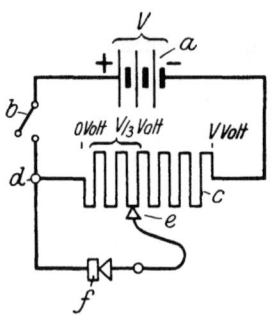

Abb. 39. Potentiometer (Spannungsteiler).

Eine andere vielfach gebräuchliche Benutzung Ohmscher Widerstände in der Radiotechnik gibt Abb. 40 in einer beispielsweisen Schaltung wieder, und zwar ist dies die typische Anordnung für Lautstärkemessungen. Parallel zum Abhörtelephon f wird ein Ohmscher Widerstand c geschaltet und dieser allmählich immer mehr verringert, bis die Lautstärke im Telephon allmählich verschwindet. Der Wert in Ohm, der kurz vor Verschwinden der Lautstärke an der geeichten Skala g abgelesen werden kann, ist ein relatives Maß für die effektive Lautstärke, also für die Güte des Empfanges, bzw. der Empfangsanordnung.

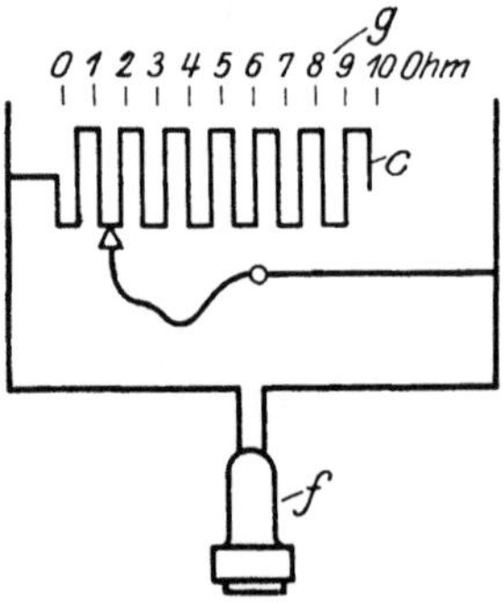

Abb. 40. Parallel-Ohmschaltung für Lautstärkemessung.

F. Kondensatoren im Hochfrequenzkreise (Parallelschaltung von Wechselstromwiderständen).

Es mögen hier einige Ausführungen über verschiedene Schaltungsmöglichkeiten von Kondensatoren, deren scheinbare Widerstände, Selbstinduktionen usw. Platz greifen.

Schaltet man zwei Kondensatoren, entsprechend Abb. 41, parallel, so ist die resultierende Kapazität C:

$$C = C_1 + C_2.$$

Sind n Kondensatoren parallel geschaltet, so ergibt sich allgemein die resultierende Kapazität:

$$C = C_1 + C_2 + C_3 + \cdots + C_n.$$

Auf diese Weise ist es also möglich, die Kapazität nahezu beliebig zu steigern. Selbstverständlich ist alsdann die Spannungsbeanspruchung an den Kondensatoren, bzw. in deren Dielektrikum eine entsprechend hohe.

Eine andere Nutzanwendung der Parallelschaltung von Kondensatoren ist folgende:

Die Wirkung einer kleinen Kapazität kann in einfachster Weise dadurch aufgehoben werden, daß man einen Kondensator größerer Kapazität zu ihr parallel schaltet. Man tut

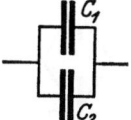

Abb. 41. Zwei Kondensatoren in Parallelschaltung.   Abb. 42. Drei Kondensatoren in Serie.

dies in der Praxis z. B. in allen den Fällen, wo durch die kleine Kapazität eine Verstimmung des Kreises bewirkt werden könnte.

Sobald es darauf ankommt, die Kapazität zu verkleinern und die Isolationsbeanspruchung der einzelnen Kondensatoren herabzudrücken, schaltet man eine mehr oder weniger große Anzahl von Kondensatoren in Serie, so daß sich die gewünschte Kapazität ergibt (siehe Abb. 42). In diesem Falle ergibt sich die Kapazität aus:

$$\frac{1}{C} = \frac{1}{C_1} + \frac{1}{C_2}.$$

Sind n Kondensatoren vorhanden, so folgt die resultierende Kapazität aus:

$$\frac{1}{C} = \frac{1}{C_1} + \frac{1}{C_2} + \frac{1}{C_3} + \cdots + \frac{1}{C_n}.$$

Sind z. B. zwei Kondensatoren gleich großer Kapazität C_1 vorhanden, so ist die resultierende Kapazität gleich:

$$C = \frac{1}{2} C_1.$$

Schließlich ist noch die Vereinigung von Serien- und Parallelschaltung von Kondensatoren zu erwähnen, da diese bei praktischen

58 Auszug aus der Theorie. Wichtige Formeln. Diagramme. Tabellen.

Installationen häufig vorkommt. Ein einfaches Beispiel hierfür zeigt Abb. 43. Es ist in diesem Falle die resultierende Kapazität:

$$\frac{1}{C} = \frac{1}{C_1 + C_2} + \frac{1}{C_3 + C_4}.$$

Der Vorteil dieser Schaltung ist der, daß die Beanspruchung jedes Kondensators nur die Hälfte derjenigen ist, die vorhanden war bei nur zwei in Serie geschalteten Kondensatoren.

Noch ein besonderer Fall der Serienschaltung zweier Kondensatoren ist erwähnenswert, nämlich eine Antenne mit Gegengewicht. Hierbei besitzt

die Antenne eine Kapazität gegen Erde = C_1,
die Antenne eine Kapazität gegen Gegengewicht = C_2,
das Gegengewicht eine Kapazität gegen Erde = C_3.

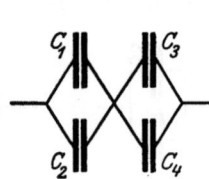
Abb. 43. Serien-Parallel-schaltung.

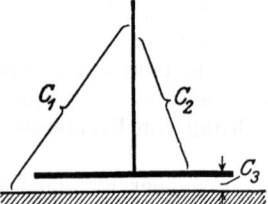
Abb. 44. Kapazität einer Antenne mit Gegengewicht.

Die resultierende Kapazität (siehe Abb. 44) ist hierbei nicht etwa

$$C = \frac{C_1 \cdot C_3}{C_1 + C_3},$$

da ja noch die Kapazität C_2 zu berücksichtigen ist, sondern sie ist vielmehr

$$C = C_2 + \frac{C_1 \cdot C_3}{C_1 + C_3}.$$

Hat der Kondensator eine einfache Form, so kann die Kapazität auch berechnet werden. Für die Kapazität eines einfachen Plattenkondensators, bestehend aus zwei Platten, die einen Abstand von d^{cm} voneinander haben, bei denen Obfl.$^{cm^2}$ die Oberfläche der einander gegenüber stehenden Platten und ε die Dielektrizitätskonstante des Dielektrikums ist, ergibt sich die Kapazität aus der Formel:

$$C = \frac{\varepsilon \cdot \text{Obfl.}^{cm^2}}{4 \pi \, d^{cm}}.$$

Für Luft und die meisten Gase ist $\varepsilon = 1$. Für andere Stoffe ist der entsprechende Wert der Dielektrizitätskonstante einzusetzen (siehe Tabelle N. b), S. 95).

Für den Fall daß das Dielektrikum aus mehreren voneinander verschiedenen Stoffen, wie z. B. aus Glasplatten und Paraffinöl besteht, erweitert sich der obige Ausdruck für C gemäß

$$C = \frac{\varepsilon_{glas} \cdot \varepsilon_{öl}}{\varepsilon_{glas} \cdot d^{cm} + \varepsilon_{öl} \cdot d^{cm}} \cdot \frac{Obfl.^{cm^2}}{4\pi}.$$

Wenn andererseits der Kondensator nicht nur zwei Platten besitzt, sondern zum Teil einen Drehplattenkondensator darstellt, der m Platten insgesamt besitzt, so wird

$$C = \frac{\varepsilon \cdot (m-1) \cdot Obfl.^{cm^2}}{4\pi d^{cm}}.$$

Zahlenbeispiel: Es sei die Kapazität eines Drehplattenkondensators zu berechnen, der 49 feste und 50 drehbare Platten bei einem Plattenabstand von 5 mm besitzt. Die Größe der halbkreisförmigen Platte soll 354 cm² betragen (Plattenradius = 15 cm). Die Dielektrizitätskonstante des Paraffinöls sei 2,2, dann ist

$$C = \frac{2,2 \cdot 98 \cdot 354}{4 \cdot \pi \cdot 0,5} = \sim 12160 \, cm.$$

Zur Umrechnung der Kapazitätsgrößen bei Angaben in verschiedenen Maßsystemen möge die folgende Tabelle dienen:

	Statisches System cm	Mikrofarad	Farad	Elektromagnetische C. G. S.-Einh.
cm	1	$1,11 \cdot 10^{-6}$	$1,11 \cdot 10^{-12}$	$1,11 \cdot 10^{-21}$
Mikrofarad . .	$9 \cdot 10^5$	1	$1 \cdot 10^{-6}$	$1 \cdot 10^{-16}$
Farad	$9 \cdot 10^{11}$	$1 \cdot 10^6$	1	$1 \cdot 10^{-6}$
Elektromagnet. C. G. S. . . .	$9 \cdot 10^{20}$	$1 \cdot 10^{15}$	$1 \cdot 10^9$	3

Siehe auch Tabelle M. c), S. 94.

Zahlenbeispiel: Es sei gegeben die Kapazität $C = 1300000$ cm und es sei festzustellen, wieviel MF dieses ist.
1 cm ist = $1,11 \cdot 10^{-6}$ MF, also

$$\frac{1,11 \cdot 1300000}{10^6} = 1,44 \, MF$$

Zahlenbeispiel: Es sei gegeben die Kapazität $C = 0,001$ MF und es sei festzustellen, wieviel cm dies ist.

dann ist 1 MF = $9 \cdot 10^5$ cm = 900000 cm,
0,001 MF = 900 cm.

Der Kondensator stellt an sich nichts anderes als einen Wechselstromwiderstand dar, der um so größer ist, je größer die Wellenlänge und je kleiner seine Kapazität ist. Der Wechselstromwiderstand folgt aus der Formel:

$$w_c^{Ohm} = \frac{1}{2\pi\nu \cdot C^{Farad}} = \frac{9 \cdot 10^{11} \, Ohm}{2\pi\nu \cdot C^{cm}} = 4,77 \cdot \frac{\lambda^{cm}}{C^{cm}}.$$

Ein ähnlicher Ausdruck für den Wechselstromwiderstand einer Selbstinduktion ist weiter unten, S. 69 wiedergegeben.

60 Auszug aus der Theorie. Wichtige Formeln. Diagramme. Tabellen.

Sowohl für den Wechselstromwiderstand einer Kapazität, als auch für den einer Selbstinduktion, in Abhängigkeit von Kapazität bzw.

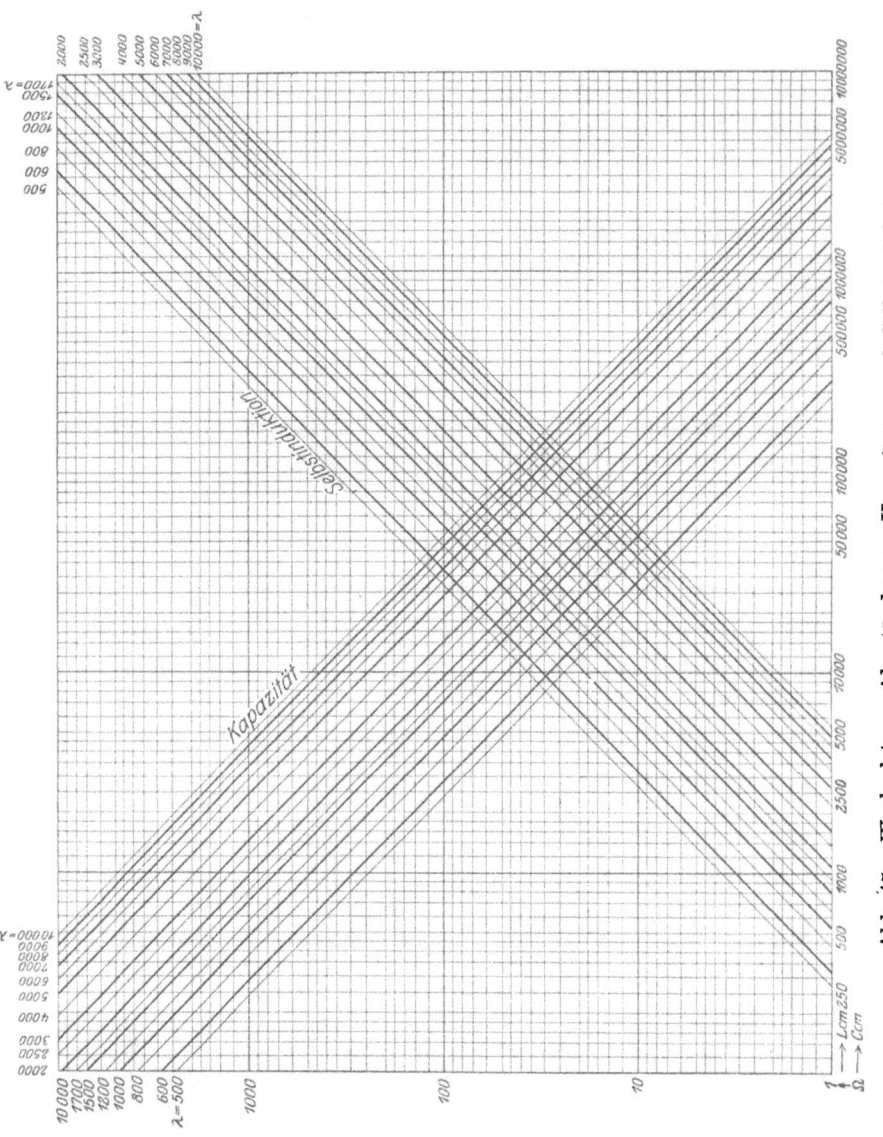

Abb. 45. Wechselstromwiderstände von Kapazitäten und Selbstinduktionen.

Selbstinduktion und Wellenlänge, sind die zueinander gehörenden Werte in Abb. 45 auf Logarithmenpapier zusammengestellt.

Aus der obigen Formel für w_0 geht hervor, daß man durch Parallelschaltung von Kondensatoren und die hierdurch bewirkte Kapazitätsvergrößerung den Wechselstromwiderstand verringern kann.

Besonderes Interesse verdient noch der Fall, in dem parallel zu einer Kapazität ein Ohmscher Widerstand geschaltet ist. Hat man die Anordnung entsprechend Abb. 46 (W. Hahnemann, E. Nesper, 1907), so wird durch die Parallelschaltung von w zu C sowohl die Dämpfung des Schwingungskreises a C als auch die Kapazität selbst verändert.

Für den sich bei dieser Anordnung ergebenden scheinbaren Widerstand findet man den Ausdruck in folgender Weise:

Wenn man mit $\mathfrak{E}$ die gesamte im System C w vorhandene Energie bezeichnet, und mit $\mathfrak{E}_1$ die im Widerstand vernichtete Energie so ergibt sich nach Eintragung der obigen Bezeichnungen

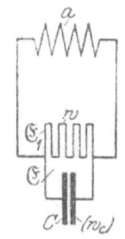

Abb. 46. Kapazität und Ohmscher Widerstand in Parallelschaltung.

$$\frac{\mathfrak{E}_1}{\mathfrak{E}} = \frac{w_2}{\sqrt{w_c^2 + w^2}}.$$

Bezeichnet man mit w_r den resultierenden Widerstand des Systems C w, mit w_c' den scheinbaren Ohmschen Widerstand dieses Systems, so hat man

$$\frac{\mathfrak{E}_1}{\mathfrak{E}} = \frac{w_c'}{w_r}.$$

Nun ist

$$w_r = \frac{w_c \cdot w}{\sqrt{w_c^2 + w^2}}.$$

Daher ergibt sich

$$w_c' = w_c \frac{w^2}{w^2 + w_c^2}.$$

Dieser Ausdruck besagt, daß durch die Parallelschaltung des Widerstandes die Kapazität des Kondensators scheinbar vergrößert wird.

Das gleiche gilt mit Bezug auf einen Widerstand, zu dem man eine Kapazität

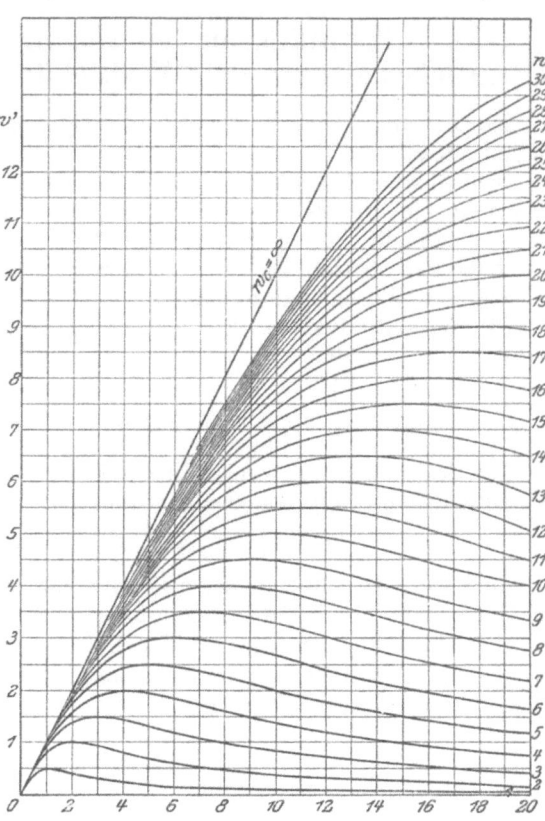

Abb. 47. Abhängigkeit von w w′ und w c.

parallel schaltet. Es folgt alsdann in analoger Weise für den Parallelwiderstand:

$$w' = w \cdot \frac{w_c^2}{w^2 + w_c^2}.$$

Dieser Ausdruck besagt nichts anderes, als daß durch die Parallelschaltung einer Kapazität zu einem Widerstand die durch ersteren bewirkte Dämpfung verringert werden kann. Dieses Gesetz hat z. B. bei der Konstantschaltung der Dämpfung bei Resonanzwellenmesserindikatoren seine praktische Anwendung gefunden.

In Abb. 47 sind für die in der Praxis am häufigsten vorkommenden Größen von w und w' und die Abhängigkeitswerte von w_c aufgetragen. Sämtliche Werte gelten in Ohm.

Für den Fall, daß es sich nicht um eine Widerstandsanordnung gemäß Abb. 46, sondern vielmehr um ein einen Widerstand enthaltendes Schwingungssystem handelt, war bereits oben der Ausdruck für den sich ergebenden tatsächlichen Widerstand, sowie die Frequenz abgeleitet worden.

G. Selbstinduktion im Hochfrequenzkreise (Parallelschaltung von Wechselstromwiderständen).

In ganz analoger Weise lassen sich die Ausdrücke für die Selbstinduktion ableiten.

Die Selbstinduktion kann man sich in zwei Teile zerlegt denken, von denen der eine das Feld im Leiter, der andere das Feld außerhalb des Leiters darstellt. Infolgedessen wird die Größe der Selbstinduktion durch die Periodenzahl beeinflußt, und zwar wird sie c. p. um so kleiner, je mehr die Wellenlänge abnimmt.

Die Gesamtinduktion von n parallel geschalteten Einzelselbstinduktionen beträgt:

$$\frac{1}{L} = \frac{1}{L_1} + \frac{1}{L_2} + \frac{1}{L_3} + \cdots + \frac{1}{L_n}.$$

Für Serienschaltung von n Einzelselbstinduktionen ergibt sich für die Gesamtselbstinduktion der Ausdruck:

$$L = L_1 + L_2 + L_3 + \cdots + L_n.$$

Auch bei der Selbstinduktion ist eine Berechnung möglich, sobald die Leiterbahn eine nicht zu komplizierte ist.

Die Selbstinduktion eines geraden Drahtes, wie er beispielsweise als Luftleiter der Stationen inbetracht kommt, wird mit großer Annäherung nach folgender Formel berechnet:

$$L = 2l \cdot \ln \frac{2l}{r}.$$

Hierin ist l die Länge des betreffenden Leiters, 2 r der Leiterdurchmesser.

Es geht aus dieser Formel hervor, daß, wenn man die Selbstinduktion klein halten will, man den Durchmesser vergrößern muß, was im allgemeinen nur dadurch zu erzielen sein wird, daß man nicht einen einzelnen massiven Draht verwendet, sondern vielmehr den Leiter reusenförmig gemäß Abb. 48 ausbildet; alsdann ist 2 r der Durchmesser der Reuse. Die Selbstinduktion kann demgemäß erheblich herabgesetzt werden.

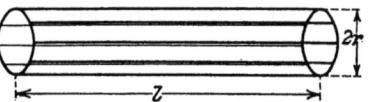

Abb. 48. Reusenförmiger Leiter.

Zahlenbeispiel: Gegeben sei l = 10 m
2 r = 30 cm.
Alsdann ist die resultierende Selbstinduktion L = 56 400 cm.

Wenn man im Gegensatz hierzu bei gleicher Leiterlänge nur einen einzelnen Draht von 2 r = 3 mm verwendet, so wird die resultierende Selbstinduktion L = 76 500 cm.

Es ergibt sich z. B. ferner (Kirchhoff) für einen einfachen Drahtkreis:

$$L = 4\pi r \left(\ln \frac{8r}{\varrho} - 1{,}75 \right).$$

Für eine Zylinderspule (B. Strasser, vereinfacht durch A. Esau) mit einer Windungslage und nur wenigen Windungen:

$$L = 4\pi r n \left[\ln \frac{r}{\varrho} + 0{,}333 - k \right],$$

worin k eine Konstante ist, die nur von $\frac{l}{2\,r}$ und n abhängt (siehe die Tabellen von A. Esau, Jahrbuch d. drahtl. Telegr. 5. 1912. S. 212, 378).

Als Annäherungsformel für eine Zylinderspule, deren Länge gegenüber dem Durchmesser groß ist, gilt:

$$L = 4\pi^2 r^2 z_1^2 \, l.$$

Diese Formel ist insofern wichtig, als sie das im allgemeinen gültige Gesetz zum Ausdruck bringt, daß der Selbstinduktionskoeffizient der Spule proportional ist dem Quadrat der Windungszahl.

In diesen Formeln bedeutet:
  ϱ Drahtradius,
  r Radius einer Windung,
  l die Gesamtspulenlänge,
  z die Gesamtzahl der Windungen,
  z_1 Anzahl der Windungen pro 1 cm.

Für viele Rechnungszwecke wird man sich bei einlagigen Zylinderspulen zweckmäßig folgender Formel und des nachstehenden Diagramms Abb. 49 bedienen.

$$L^{cm} = a \cdot z_1^2 \cdot D^2 \cdot l.$$

64 Auszug aus der Theorie. Wichtige Formeln. Diagramme. Tabellen.

a = Spulenfaktor, abhängig von l/D,
z_1 = Windungszahl der Spule pro 1 cm Spulenlänge,
l = Spulenlänge in cm,
D = Spulendurchmesser in cm.

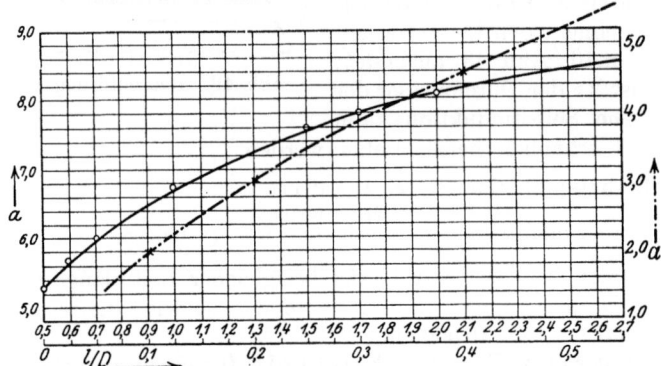

Abb. 49. Kurven zur Ermittlung des Faktors a, wenn Spulendurchmesser D und Spulenlänge l, also auch l/D gegeben sind.

Um bei Anwendung von Massivdraht und auch bei dem häufig benutzten unterteilten Litzendraht einlagige Zylinderspulen mit möglichst geringer Dämpfung herzustellen, bzw. um bei fest gegebener Selbst-

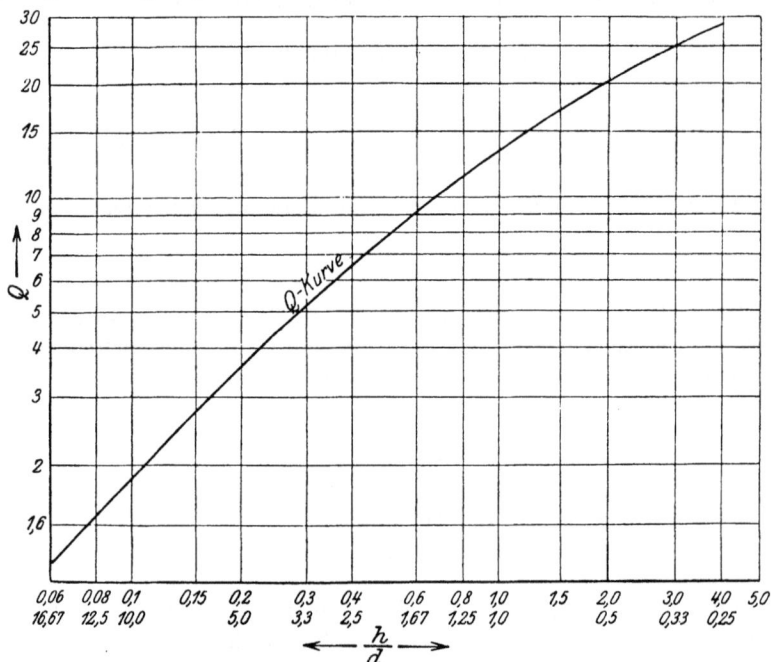

Abb. 50. Abhängigkeit von Q und $\frac{h}{d}$.

induktion die Spulendimensionen oder bei gegebenen Spulendimensionen die Selbstinduktion festzustellen, kann man (M. Vos, 1912, C. Cordsmeyer, 1917) folgendermaßen vorgehen:

Bekannt sei die Frequenz, für die die günstigste Spule hergestellt werden soll, und gegeben sei die von der Spule zu erfüllende Selbst-

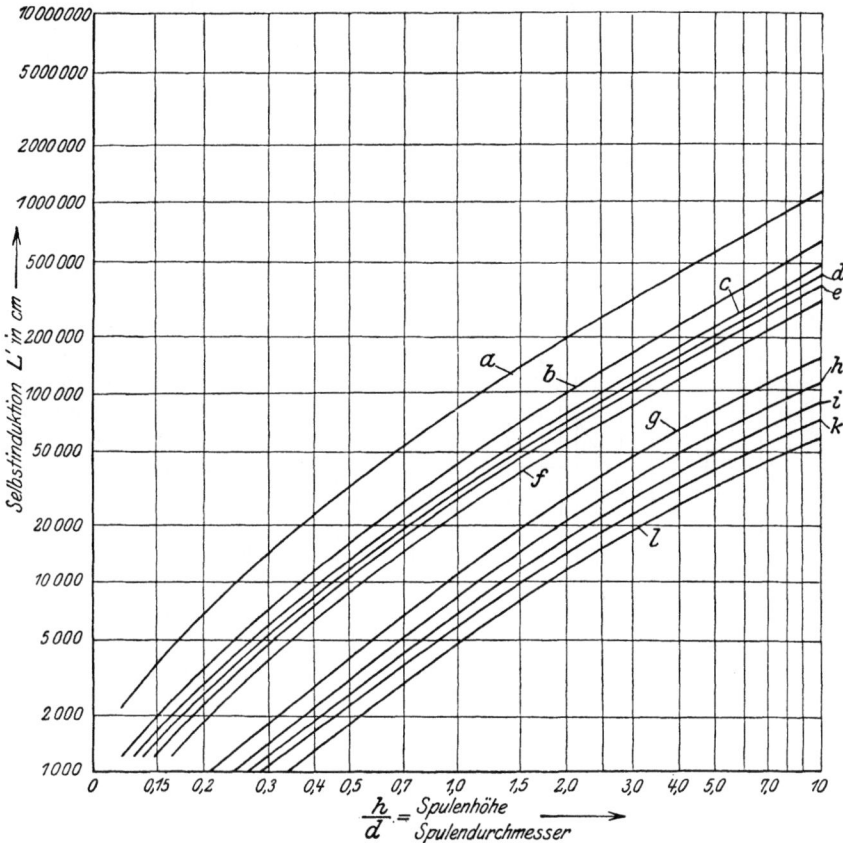

Abb. 51. Abhängigkeit von L' und $\frac{h}{d}$.

induktion. Man hat alsdann (L. Lorenz, 1879) für die Spulenselbstinduktion:

$$L = a n^2 \cdot Q.$$

Hierin ist:

$a = \dfrac{d}{2} =$ halber Spulendurchmesser in cm,

$n =$ Windungszahl,

$Q = f\left(\dfrac{2a}{h}\right) =$ Funktion $\dfrac{\text{Spulendurchmesser (d)}}{\text{Spulenhöhe (h)}}$.

Hierbei sind weder die an sich sehr geringe Abhängigkeit des Selbstinduktionskoeffizienten von der Frequenz noch die Zwischenräume zwischen den Spulenwindungen berücksichtigt, was im allgemeinen ohne weiteres zulässig sein wird.

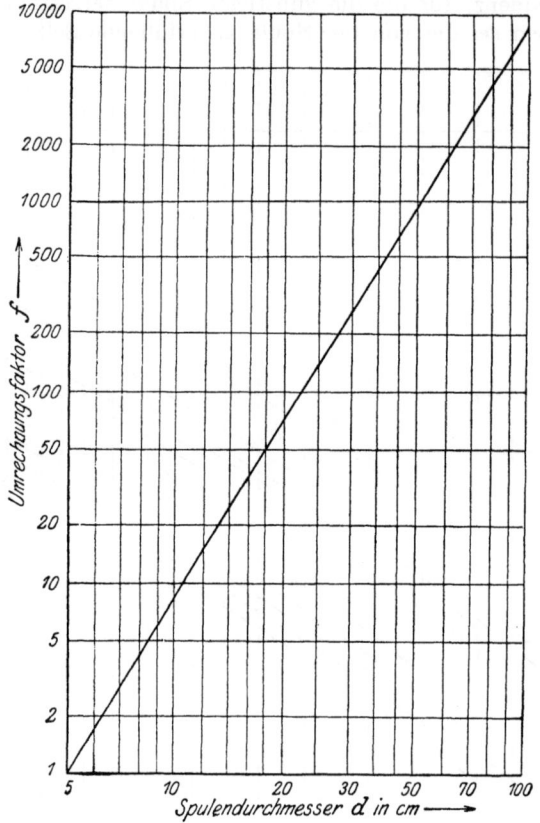

Abb. 52. Abhängigkeit von f und d.

Für die verschiedenen Werte von h/d, also in allen Fällen, wenn die Selbstinduktion einer gegebenen Spule gesucht wird, gilt die Q-Kurve gemäß Abb. 50. Man wird sie also, wie bereits bemerkt, insbesondere dann benutzen, wenn n also auch n^2, h, d also auch h/d gegeben sind und L gesucht wird.

Wenn man somit den Wert von Q aus der Kurve ermittelt hat, kann man aus dem obigen Ausdruck L direkt berechnen oder aber aus den nachstehenden Abbildungen direkt entnehmen.

Wenn andererseits der Selbstinduktionswert gegeben ist und hieraus die Spulendimensionen festgestellt werden sollen, so kann man die Kurven von Abb. 51 (für Spulendurchmesser von 5 cm), bzw. Abb. 52 benutzen.

Beträgt der Spulendurchmesser 5 cm und ist die Spulenhöhe bis zum zehnfachen Spulendurchmesser, so kann man die obige Formel für L schreiben:

$$L' = \frac{5}{2} \cdot n^2 \cdot Q.$$

Für verschiedene Litzendrahtsorten und Isolierungen sind unter diesen Berücksichtigungen in Abb. 51 die Kurven a bis l errechnet und aufgetragen, und zwar gelten die in nachstehender Tabelle ausgeführten Dimensionen:

Kurve	Lackdrahtlitze	Isolierung	Anzahl der Windungen auf 10 cm
a	56×0,07 mm ⌀	1× Seide, 1× Baumw. umsponnen	98 Windungen
b	130×0,07 mm ⌀	1× ,, 1× ,, ,,	72 ,,
c	133×0,07 mm ⌀	1× ,, 2× ,, ,,	64 ,,
b	154×0,07 mm ⌀	1× ,, 1× ,, ,,	72 ,,
c	154×0,07 mm ⌀	1× ,, 2× ,, ,,	64 ,,
d	175×0,07 mm ⌀	1× ,, 2× ,, ,,	60 ,,
e	210×0,07 mm ⌀	1× ,, 2× ,, ,,	57 ,,
f	240×0,07 mm ⌀	1× ,, 2× ,, ,,	52 ,,
g	1,5 ⌀ ×21×19×0,07 mm ⌀	2× ,, ,,	36 ,,
h	2 ⌀ ×28×19×0,07 mm ⌀	2× ,, ,,	31 ,,
i	2,5 ⌀, 35×19×0,07 mm ⌀	2× ,, ,,	28 ,,
k	3 ⌀, 41×19×0,07 mm ⌀	2× ,, ,,	26 ,,
k	4 ⌀, 56×19×0,07 mm ⌀	2× ,, ,,	26 ,,
l	5 ⌀, 68×19×0,07 mm ⌀	2× ,, ,,	23 ,,
l	5 ⌀, 147×19×0,07 mm ⌀	2× ,, ,,	23 ,,

Um also für eine gegebene Selbstinduktion die betreffende Spulenform festzustellen, wählt man zunächst die anzuwendende Drahtsorte. Alsdann geht man an der linken Ordinate von dem betreffenden Selbstinduktionswert aus und verfolgt die diesem Wert entsprechende Abszisse bis zum Schnittpunkt mit der der Drahtsorte entsprechenden Kurve (a bis l) und liest für den Schnittpunkt den Abszissenwert h/d ab.

Wenn andererseits der Spulendurchmesser x nicht gleich 5 cm, sondern beliebig ist, so ist eine Umrechnung vorzunehmen, wozu die f-Kurve, entsprechend Abb. 52, dient. Wählt man x = 5 z, worin z den Umrechnungsfaktor darstellt, ist also $\frac{x}{5} = z$, so geht die obige Formel für L' über in

$$L' = \frac{z \cdot d}{2} \cdot (zn)^2 \cdot Q = \frac{d}{2} \cdot n^2 \cdot Q \cdot z^3.$$

Wenn man also 5 cm als Einheitsmaß betrachtet, kann man den Umrechnungsfaktor z in Form einer dritten Potenzkurve darstellen, wie dies Abb. 52 wiedergibt.

Man geht also so vor, daß man einen entsprechenden Durchmesser wählt, das zugehörige f aufsucht und den gegebenen Wert von L durch das soeben ermittelte f dividiert, wodurch man den Selbstinduktionswert für einen Durchmesser von 5 cm unter denselben Verhältnissen erhält, also

$$\frac{L}{f} = L';$$

nun sucht man für dieses so ermittelte L' das dazu gehörende h/d in der beschriebenen Weise auf.

Da die Tabelle zu Abb. 51 auch die spezifische Windungszahl für

68 Auszug aus der Theorie. Wichtige Formeln. Diagramme. Tabellen.

$h = 10$ cm enthält, so kann man auch die Windungszahl der gewünschten Spule ermitteln, denn es ist bei 10 cm Spulenhöhe:

$$\frac{x \cdot \dfrac{h}{d}\,\text{cm}}{10\,\text{cm}} \cdot n.$$

Zahlenbeispiel: Es soll eine Spule von 30 cm Durchmesser mit einem Selbstinduktionskoeffizienten $L = 5\,000\,000$ cm hergestellt werden.

Man erhält dann aus Abb. 52 für k_1 den Durchmesser $d = 30$ cm, für f den Wert $= 216$, also

$$\frac{L}{f} = \frac{5\,000\,000}{216} = L' = 23\,000.$$

Für diesen Wert von L' erhält man aus Abb. 51 für die verschiedenen Litzensorten die Werte von $h/d = 0{,}42, 0{,}62$ usw. Also bei einem Spulendurchmesser d von 30 cm erhält man Spulenhöhen h von 12,6 cm usw. und Windungszahlen $n = 1235, 1340$ usw.

Auch die Selbstinduktionsspule stellt nichts anderes als einen Wechselstromwiderstand dar, der um so größer ist, je größer die Selbstinduktion und je kleiner die Wellenlänge, also je größer die Periodenzahl ist. Der Wechselstromwiderstand der Spule ergibt sich aus:

$$w_L^{\text{Ohm}} = 2\pi\nu \cdot L \cdot 10^{-9\,\text{Ohm}} = 1{,}885\,\frac{L^{\text{cm}}}{\lambda^{\text{cm}}}.$$

Die zueinander gehörigen Werte von Wechselstromwiderstand und Selbstinduktion in Abhängigkeit von der Wellenlänge sind in Abb. 45 auf Logarithmenpapier dargestellt und können aus dieser Abbildung direkt entnommen, bzw. interpoliert werden.

Zur Umrechnung der Selbstinduktionswerte diene folgende Tabelle:

	Statisches System cm	Millihenry	Henry
cm	1	$1 \cdot 10^{-6}$	$1 \cdot 10^{-9}$
Henry . . .	$1 \cdot 10^9$	$1 \cdot 10^{-3}$	1
Millihenry .	$1 \cdot 10^6$	1	$1 \cdot 10^{-3}$

Siehe auch Tabelle M. c), S. 94.

Zahlenbeispiel: Es sei gegeben die Selbstinduktion $L = 0{,}6$ MH (Millihenry) und festzustellen, wieviel cm dies ist.

Es ist $\qquad$ 1 Henry $= 10^9$ cm,
$\qquad\qquad$ 1 Millihenry $= 10^{-3}$ Henry $= 10^6$ cm,
also $\qquad$ 0,6 Millihenry $= 600\,000$ cm.

Zahlenbeispiel: Es sei gegeben
$$C = 0{,}001 \text{ MF} = 900 \text{ cm},$$
$$L = 0{,}6 \text{ MH} = 600\,000 \text{ cm},$$

dann ist $\qquad \lambda = 2\pi\sqrt{CL} = 2\pi\sqrt{900 \cdot 600\,000},$
$\qquad\qquad\qquad \lambda = 2\pi\sqrt{540\,000\,000}$
$\qquad\qquad\qquad \lambda = 1470$ m.

Auch hier ist wieder der Fall interessant, daß parallel zur Selbstinduktion ein Ohmscher Widerstand geschaltet ist. Die Selbstinduktion wird durch diese Parallelschaltung verkleinert. Man erhält für den sich alsdann ergebenden scheinbaren Widerstand der Spule den Ausdruck:

$$w_L' = w_L \frac{w^2}{w_L^2 + w}.$$

Um also in einem System einen möglichst geringen Selbstinduktionswiderstand zu erhalten, hat man die nachstehende Formel zu berücksichtigen:

$$w' = w \frac{w_L^2}{w_L^2 + w^2}.$$

H. Das offene Schwingungssystem (Antenne).

Bei dem bisher betrachteten geschlossenen Schwingungssystem war stets ein quasistationärer Stromzustand vorausgesetzt. Die Stromamplitude besaß an sämtlichen Stellen der Leiterbahn dieselbe Größe, oder mit anderen Worten, die räumliche Länge der Leiterbahn war im Verhältnis zur halben Wellenlänge gering.

Dieses soll bei dem nun zu betrachtenden offenen Oszillator, der die Funktion hat, die erzeugten elektromagnetischen Wellen auszustrahlen und somit eine Fernwirkung auszuüben, nicht mehr vorausgesetzt werden. Im Gegenteil ist bei diesem die Stromamplitude an verschiedenen Stellen der Leiterbahn verschieden groß.

Hingegen soll weiterhin angenommen werden, daß wie bisher der Strom gleichphasig ist, und daß das Dämpfungsdekrement sehr klein ist gegenüber 2π.

Eine Abänderung erfahren diese Betrachtungen nur bei den modernen Spulenantennen (Rahmenantennen), die infolge ihrer Geschlossenheit einen nahezu quasistationären Stromverlauf besitzen.

a) Der geradlinige Oszillator.

α) Entstehung des offenen Oszillators aus dem geschlossenen.

t Man kann sich das offene Schwingungssystem aus dem geschlossenen, en sprechend Abb. 53, entstanden denken. Das geschlossene Schwingungssystem (Abb. 53 oben) hatte den Sitz seiner Energie im elektrischen Feld des Kondensators a, diese wechselte mit der magnetischen Energie in Form von geschlossenen Kraftlinienkreisen um den Verbindungsdraht und insbesondere dem Feld der Spule b ab. Die elektrischen Kraftlinien von a verlaufen im wesentlichen zwischen den Kondensatorbelegen und besitzen höchstens eine ganz geringfügige Streuung. Der Summationswert beider Energieformen ist, abgesehen vom Energieverbrauch und unabhängig von der Periodenzahl, konstant.

Vergrößert man gemäß dem mittleren Bilde von Abb. 53 den Abstand der Kondensatorbelege, so nimmt die Kraftlinienstreuung, da das elektrische Feld an Gleichförmigkeit eingebüßt hat, bereits zu, ohne daß sich aber etwas Wesentliches geändert hätte. Es sind beim Arbeiten der Entladestrecke nach wie vor elektrische Schwingungen im System vorhanden, aber es fehlt noch jede Fernwirkung, da die Kraftlinien im System erhalten bleiben.

Entfernt man nun aber gemäß Abb. 53 unten die Kondensatorbelege so weit voneinander, daß fast sämtliche Kraftlinien sich nur nach außen herumschließen[1]), daß die Gleichförmigkeit der Kraftlinienausbildung fast vollkommen aufgehört hat, also die Streuung ihren Höchstwert annimmt, so ist zwar die Selbstinduktion des Systems konstant geblieben, aber die Kapazität hat wesentlich abgenommen, und wir haben damit diejenige Anordnung erreicht, die eine „Fernwirkung" besitzt, und die, wenn auch in etwas modifizierter Form, bei sämtlichen „Luftleitern" der drahtlosen Telegraphie Anwendung findet.

Läßt man nämlich die Kondensatorplatten a fort, so erhält man den sog. einfachen Hertzschen Oszillator (siehe Abb. 54).

Ein derartiger einfacher Oszillator kann direkt oder mittels irgendeiner der oben beschriebenen Kopplungseinrichtungen erregt werden. Der Einfachheit halber sei hier die direkte Erregung z. B. mittels einer Funkenstrecke angenommen.

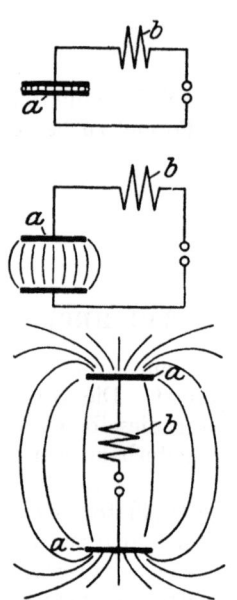

Abb. 53. Entwicklung des offenen aus dem geschlossenen Schwingungssystem.

β) **Verteilung von Strom und Spannung. Magnetisches und elektrisches Feld.**

Es besitzt alsdann der einfache Oszillator, der vollkommen frei im Raum angeordnet sein möge, so daß in der Nähe befindliche Körper keinen nennenswerten Einfluß auf ihn auszuüben vermögen, folgenden Schwingungsverlauf. Die beiden Oszillatorhälften werden genau wie der bisher betrachtete Kondensator des geschlossenen Schwingungssystems von einer Hochspannungsquelle aus aufgeladen, da sie einen Kondensator gegenüber dem sie umgebenden Raum darstellen. Sobald die Aufladung erreicht ist, geht in der Funkerstrecke c ein Funke über, und es entstehen, genau wie beim geschlossenen

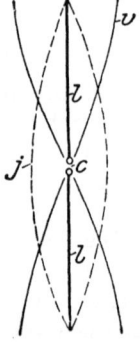

Abb. 54. Hertzscher Oszillator. Sinusförmige Verteilung von Strom und Spannung.

---

[1]) Ein ausgezeichnetes Anschauungsbild der Hertzschen Kraftliniendarstellungen erhält man, wenn man nach Art des Trickfilms den Vorgang kinematographisch wiedergibt. Eine derartige Darstellung wird zum ersten Mal in dem „Radiofilm", der von F. Gutmann und E. Nesper gedreht wird, gezeigt werden.

Kreise, elektromagnetische Schwingungen, die in Grundschwingungen und Oberschwingungen zerfallen.

Es ist aber auch möglich, nur die Grundschwingung oder auch nur die Oberschwingungen auf dem Oszillator herzustellen.

Wir betrachten hier nur die Grundschwingung. Die Oberschwingungen lassen sich nämlich in einfacher Weise wie in der Akustik ableiten und sind ihrem Wesen nach identisch mit der Grundschwingung, so daß auch hier sinusförmiger Verlauf herrscht. Wie wir schon gesehen haben, ist zwar die Stromphase praktisch an den verschiedenen Punkten des Oszillators gleich, aber die Stromamplitude besitzt an den verschiedenen Stellen des Oszillators voneinander abweichende Größen. Trägt man die Stromkurve als Funktion des Ortes auf, so erhält man die gestrichelte Kurve, die etwa einen sinusförmigen Verlauf besitzt, wie in Abb. 54 dargestellt. Dieselbe weist in der Mitte einen Höchstwert auf, da die Ladungsenergien in ihrer Wirkung sich in der Mitte des Leiters summieren müssen, und nimmt nach den Oszillatorenden hin beiderseits ab. Man bezeichnet den Höchstwert als Strombauch, die Werte an den Enden als Stromknoten.

In zeitlicher Aufeinanderfolge wechselt der Strom in seiner Richtung und nimmt in seiner Größe nach stattgehabtem Funkeneinsatz ab, wie dies Abb. 55 schematisch für eine Oszillatorseite veranschaulicht. Der größte Stromwert J_1 tritt zuerst auf, ihm folgt ein kleinerer Stromwert J_2 in umgekehrter Richtung usw. Alle diese zeitlich aufeinander folgenden Stromwerte zeigen stets dieselbe Gesetzmäßigkeit, nämlich in der Mitte des Oszillators ein Maximum, an den Enden des Oszillators Minima.

Wie beim geschlossenen Schwingungskreis sind auch beim offenen Oszillator Strom und Spannung nicht gleichphasig, sondern vielmehr um 90° in Phase gegeneinander verschoben, da gleichzeitig mit dem Stromübergang in der Funkenstrecke in positiv angenommener Richtung die Ladung des Kondensators abnimmt und in negativ angenommener Stromrichtung darauf wieder zunimmt.

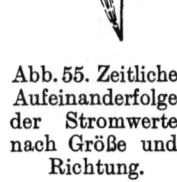

Abb. 55. Zeitliche Aufeinanderfolge der Stromwerte nach Größe und Richtung.

Infolgedessen weist eine um 90° gegen den Strom verschobene Verteilung die gleichfalls in Abb. 54 eingezeichnete Spannungskurve auf. Dieselbe besitzt im Gegensatze zur Strömung an den Enden Spannungsbäuche, in der Mitte einen Spannungsknoten.

Unter Berücksichtigung dieser zeitlichen Phasenverschiebung sind also die in Abb. 54 eingezeichneten Maximalwerte für den Strom J nur vorhanden, wenn die Spannungswerte V Null sind und umgekehrt. Dazwischen nehmen Strom und Spannung alle möglichen Zwischenwerte an, so daß, für alle Zeitmomente dargestellt, eine Kurvenschar für J (siehe hiervon einige in Abb. 55) und eine solche Schar für V sich ergibt.

Sofern man die mittlere Stromstärke J_{mittel} oder die mittlere Spannung

V_{mittel} berechnen will, ergibt sich bei sinusförmiger Verteilung für die Stromstärke:

$$J_{mittel} = \frac{2}{\pi} \cdot J_{max}$$

und für die Spannung:

$$V_{mittel} = \frac{2}{\pi} \cdot V_{max}.$$

Die Energie pendelt auch hier, genau wie beim geschlossenen Schwingungssystem, zwischen der Energie des elektrischen Feldes und der hiergegen um 90° verschobenen Energie des Magnetfeldes hin und her. Gemäß Abb. 54 sind in Abb. 56 die magnetischen und elektrischen Kraftlinien, erstere in verschiedenen, willkürlich angenommenen Ebenen perspektivisch, letztere in der durch den Oszillator gelegten Ebene für einen bestimmten Zeitmoment eingezeichnet.

γ) Fortpflanzungsgeschwindigkeit und Wellenlänge.

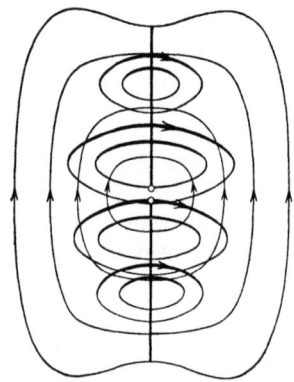

Abb. 56. Hin- und Herpendeln der Energie zwischen derjenigen des elektrischen Feldes und der hiergegen um 90° verschobenen Energie des Magnetfeldes.

Das Bild von Abb. 54 entspricht dem einer stehenden Welle. Derartig stehende Wellen sind die Folge zweier fortschreitender Wellen gleicher Wellenlänge und Amplitude, aber entgegengesetzter Fortpflanzungsrichtung. Die Wellenlänge, d. h. der doppelte Abstand zweier Schwingungsbäuche oder zweier Schwingungsknoten, ergibt sich daher als diejenige Weglänge, die die Welle während einer Periode zurücklegt. Bezeichnet man mit T die Dauer einer Periode, so sind in einer Sekunde T gleich ν volle Perioden vorhanden. Zwischen der Fortpflanzungsgeschwindigkeit v und der Wellenlänge, d. h. der Geschwindigkeit der Welle in einer Sekunde, also angenähert $= 3{,}10^{10}$ cm/sec, besteht demnach folgender bereits oben erwähnter Zusammenhang:

$$v = \nu \cdot \lambda = \frac{\lambda}{T}.$$

Da man nun bei dem offenen Oszillator die Wellen als stehende betrachten kann, hat man für die Frequenz den Ausdruck:

$$\nu = \frac{v}{\lambda}.$$

Die halbe Wellenlänge ist nun nach dem obigen Ausdruck gleich der gesamten Länge des Oszillators $= 2l$, und man erhält daher:

$$2\,l = \frac{\lambda}{2},$$

also

$$l = \frac{\lambda}{4}.$$

Dieser Ausdruck für die Grundschwingung ist für die drahtlose Telegraphie aus dem Grunde von besonderer Wichtigkeit, da er direkt die von einer Antenne erzeugte Wellenlänge ergibt.

Wie wir nämlich weiter unten sehen werden, ist es möglich, die untere Oszillatorhälfte einfach durch Erdung oder ein passendes Gegengewicht zu ersetzen, ohne daß sich an dem Schwingungsverlauf praktisch etwas ändert. Man erhält dann für einen derartigen einfachen Sender die Wellenlänge der Grundschwingung, indem man die Antennenlänge mit 4 multipliziert.

b) Aufwicklung des geradlinigen Oszillators zur Spule.

Wenn man den geradlinigen Oszillator zur offenen Spule aufwickelt, so bleibt bezüglich der Schwingungsausbildung und Strahlung qualitativ alles genau so wie beim geradlinigen Oszillator (E. Nesper, 1904); es treten also an den Enden der Spule bei der Grundschwingung Knoten des Stromes und Bäuche der Spannung auf. Aber die Strahlung ist nur sehr gering, und zwar c. p. um so geringer, je kleiner der Spulendurchmesser ist.

Über die Wellenlänge der Spule läßt sich nichts Allgemeines aussagen, da diese je nach dem Verhältnis von Spulendurchmesser zur Spulenlänge verschieden ist.

Bemerkenswert ist bei dem spulenförmigen Oszillator seine hohe Empfindlichkeit gegen die Umgebung („Kapazitätsempfindlichkeit").

c) „Wirksame Länge (Höhe)" des Oszillators.

Mit Rücksicht auf die bei der Antenne vorliegenden besonderen Stromverteilungsverhältnisse, die für die Strahlung und somit auch für die Fernwirkung maßgebend sind, erscheint es wichtig, für den Oszillator den Begriff der „wirksamen Länge (Höhe)" zu fassen.

Unter Berücksichtigung der Einschränkung, daß sowohl die Länge des geradlinig anzunehmenden Oszillators, als auch die Wellenlänge der verwandten Schwingungen sehr klein sein soll gegenüber dem Abstand zwischen Oszillator und betrachtetem Punkt, in dem die Feldstärke der magnetischen und elektrischen Kraftlinien bestimmt werden soll, gilt bei Betrachtung eines in der Mitte des Oszillators gelegenen Punktes folgendes.

Es ist alsdann bei der Grundschwingung:

$$\text{Amplitude}_{\text{magnetisch}} = 2\,\pi \cdot \frac{1}{m\,\lambda} \Sigma J_{\text{mittel}} \cdot h$$

und die Amplitude der elektrischen Feldstärke

$$\text{Amplitude}_{\text{elektrisch}} = 2\pi v \cdot \frac{1}{m\lambda} \Sigma J_{\text{mittel}} \cdot h.$$

Hierin ist:
m = der Abstand des betrachteten Punktes vom Oszillator,
h = die Länge bzw. Höhe des Oszillators,
J_{mittel} = der mittlere Stromwert des Oszillators, der, da derselbe nicht direkt gemessen werden kann, zu bestimmen ist aus

$$J_{\text{mittel}} = J_{\text{max}} \cdot a \quad \text{(also } a = \frac{J_{\text{mittel}}}{J_{\text{max}}} \text{ ist), wo}$$

J_{max} = der maximale Stromwert im Strombauch (= „Indifferenzpunkt" bei der Antenne), und
a = ein Faktor ist, der von der Oszillator-(Antennen-)form abhängig ist. Das Produkt a·h wird die „wirksame Oszillatorlänge" (bzw. „wirksame Antennenhöhe") genannt.

Unter Einführung der obigen Ausdrücke wird

$$\text{Amplitude}_{\text{magnetisch}} = 2\pi \cdot \frac{1}{m\lambda} \cdot J_{\text{max}} a \cdot h,$$

$$\text{Amplitude}_{\text{elektrisch}} = 2\pi v \cdot \frac{1}{m\lambda} \cdot J_{\text{max}} a \cdot h.$$

Das Produkt $J_{\text{max}} a \cdot h$ bestimmt also im wesentlichen die Ausstrahlung des Oszillators (Antenne) und kann zeichnerisch in Form eines Flächendiagramms dargestellt werden, indem man zu jeder Oszillatorlänge als Abszisse den dazugehörigen Stromwert als Ordinate aufträgt. Hierbei sind eventuell nach abwärts verlaufende Oszillatorteile, in denen die Stromrichtung entgegengesetzt gerichtet ist, zu berücksichtigen.

Im übrigen gilt, daß die Strahlung um so größer ist, je größer die Amplitude der magnetischen und elektrischen Feldstärke ist.

Noch übersichtlicher und in der drahtlosen Technik gebräuchlicher ist die Benutzung der „wirksamen Antennenhöhe", um den „Strahlungswiderstand" zu definieren.

Es ist der Strahlungswiderstand des einfachen Oszillators

$$w_{\text{str}} = 80\pi^2 \left(\frac{2l}{\lambda}\right)^2,$$

der des geerdeten Oszillators

$$w_{\text{str}} = 160\pi^2 \left(\frac{l}{\lambda}\right)^2$$

bei gleichförmiger Stromverteilung.

Wenn man, was meistens der Fall sein wird, diese nicht als vorhanden annehmen kann, so ist, wie schon oben bemerkt, der Faktor a einzuführen und mit diesem die Oszillatorlänge l zu multiplizieren. Man erhält also für ungleichförmige Stromverteilung

$$w_{\text{str}} = 160\pi^2 \left(\frac{al}{\lambda}\right)^2.$$

d) Reichweite, elektrische Feldstärke, Strom und Energie im Empfänger.

Vereinfacht man die tatsächlich vorliegenden Bedingungen dahingehend, daß man eine ideale Leitfähigkeit der Erdoberfläche zugrunde legt, die Energieabsorption in der Atmosphäre und die Streuung nicht berücksichtigt, sondern lediglich Wellenlänge, Senderstromstärke, wirksame Antennenhöhe und Form, Strom in der Sende- und Empfangsantenne sowie den Abstand zwischen Sender und Empfänger einsetzt, so ergibt sich für die elektrische Feldstärke im Empfänger der Ausdruck:

$$\mathfrak{E} = \frac{120 \cdot \pi \cdot J_1 \cdot h_2}{\lambda \cdot m}.$$

Hierin und in den nachstehenden Formeln bedeutet:
J_1 = die Stromstärke in der Sendeantenne,
J_2 = die Stromstärke in der Empfangsantenne,
h_1 = die wirksame Höhe der Sendeantenne,
h_2 = die wirksame Höhe der Empfangsantenne,
w_2 = den auf den Strombauch des Empfängers bezogenen Gesamtwiderstand,
w_{nz} = den Nutzwiderstand im Detektor,
λ = die Wellenlänge,
m = den Abstand zwischen Sende- und Empfangsstation.

Eine besondere Bedeutung in den vorstehenden und nachfolgenden Formeln kommt der Höhe h_1 der Sendeantenne und h_2 der Empfangsantenne zu. Besitzt die Antenne eine T-Form, so würde diese Höhe gleich der tatsächlichen Antennenhöhe sein. Für alle übrigen Antennenformen ist jedoch diese Höhe, die man „wirksame Antennenhöhe" genannt hat, kleiner als die tatsächliche Höhe und variiert zwischen dem Größenverhältnis 0,5 bis zu 0,99 der tatsächlichen Antennenhöhe herab. Man hat also in fast allen Fällen die tatsächliche Antennenhöhe mit einem der Antennenform entsprechenden Korrektionsfaktor zu multiplizieren, um die wirksame Antennenhöhe zu erhalten.

Es ergibt sich alsdann (L. W. Austin, H. Barkhausen u. a.) die Stromstärke in der Empfangsantenne, sofern der Sender mit ungedämpften Schwingungen arbeitet:

$$J_{2\,\text{unged}} = \frac{120 \cdot \pi \cdot J_1 \cdot h_1 h_2}{w_2 \cdot \lambda \cdot m}.$$

Sofern der Sender mit gedämpften Schwingungen betrieben wird, kommt noch zu obigem Ausdruck das Dämpfungsverhältnis hinzu, und es ergibt sich die Stromstärke im Empfänger mit:

$$J_{2\,\text{gedämpft}} = \frac{120 \cdot \pi \cdot J_1 \cdot h_1 h_2}{w_2 \cdot \lambda \, m \sqrt{1 + \dfrac{\mathfrak{d}_1}{\mathfrak{d}_2}}}.$$

Unter Zugrundelegung des obigen Ausdruckes für die Feldstärke kann man übrigens auch annäherungsweise den Wert für den Empfangsantennenstrom aus folgendem Ausdruck finden:

$$J_2 = \frac{\mathfrak{E} \cdot h_2}{w_2}.$$

Berücksichtigt man ferner sowohl die Absorption als auch die Streuung, so findet man die Stromstärke des Empfängers aus der folgenden Formel (Austin, U. S. Navy):

$$J_{2\,unged} = \frac{120\,\pi \cdot J_1 \cdot h_1 h_2}{w_2\,\lambda\,m} \cdot e^{-\frac{0{,}0015\,m}{\sqrt{\lambda}}} \quad \text{für ungedämpfte Schwingungen}$$

$$\text{und}\ J_{2\,ged} = \frac{120\,\pi}{w_2} \cdot \frac{J_1 h_1 h_2}{\lambda\,m\sqrt{1+\dfrac{b_1}{b_2}}} \cdot e^{-\frac{0{,}0015\,m}{\sqrt{\lambda}}} \quad \text{für gedämpfte Schwingungen.}$$

(Nach genauen Messungen von L. W. Austin in Darien (Pa.) liefert die theoretische Formel von A. Sommerfeld,

$$J_2 = \frac{120\,\pi \cdot J_1 h_1 h_2}{w_2\,\lambda\,m} \cdot e^{-\frac{0{,}0019\,m}{\sqrt[3]{\lambda}}}$$

möglicherweise durch Verstärkung der Empfangsenergie aus der oberen Atmosphäre, die also noch zusätzlich zu berücksichtigen wäre, zu geringe Werte.)

Es ergibt sich somit unter Nichtberücksichtigung des Zerstreuungsgliedes für die dem Detektor in der Empfangsstation zugeführte Energie unter Zugrundelegung der obigen Bezeichnungen für gedämpfte Schwingungen der Ausdruck:

$$A_{gedämpft} = J_2^2 \cdot w_{n2} = \left(\frac{120 \cdot \pi}{w_2}\right)^2 \cdot \left(\frac{h_1 \cdot h_2}{\lambda \cdot m}\right)^2 \cdot \frac{J_1^2 \cdot w_{n2}}{1 + \dfrac{b_1}{b_2}}$$

und für ungedämpfte Schwingungen der Ausdruck:

$$A_{ungedämpft} = J_2^2 \cdot w_{n2} = \left(\frac{120 \cdot \pi}{w_2}\right)^2 \left(\frac{h_1 h_2}{\lambda\,m}\right) \cdot J_1^2 \cdot w_{n2}.$$

Für die Reichweite wird oft für überschlägige Rechnungen die Annäherungsformel angewendet:

$$\text{Reichweite} \sim 800\,\sqrt{\text{Antennenenergie}}.$$

J. Wirkungsgrad einer drahtlosen Nachrichtenübermittlung.

Wir können diesen Abschnitt nicht schließen, ohne noch kurz den gesamten Wirkungsgrad einer drahtlosen Nachrichtenübermittlung, die ja nichts anderes als eine Energieübertragung darstellt, in einem Beispiel zahlenmäßig festzulegen.

Betrachtet man den Gesamtwirkungsgrad der drahtlosen Nachrichtenübermittlung von der zugeführten Primärenergie bis zu der im Empfänger erhaltenen Energie, so kommt man allerdings auf ein sehr ungünstiges Energieübertragungsverhältnis.

Wenn man z. B. in den Gleichstrommotor eines Gleichstrom-Wechselstromumformers 13 Amp. bei 110 Volt aus dem Netz hineinschickt und hiermit bei Verwendung tönender Funken in einer Antenne von etwa 300 cm Kapazität und 8 Ohm Widerstand einen Antennenstrom von 7 Amp. erhält, so hat man auf der Sendeseite das Verhältnis $J_g \cdot V_g = 13 \cdot 119 = 1{,}43$ kW und

$$J_1^2 \cdot w_{str} = 49 \cdot 8 = 0{,}392 \text{ kW},$$

also

$$\eta = \frac{0{,}392}{1{,}43} = 27{,}5 \text{ Proz.}$$

Bei einer Entfernung der Empfangsstation vom Sender von 100 km erhält man bei Benutzung einer Hochantenne in dem parallel zum Detektor geschalteten Milliamperemeter noch eine Stromstärke von etwa 0,005 Amp. Die Spannung beträgt etwa 0,001 Volt. Die im Empfänger erhaltene Energie ist somit nur 0,00005 Watt!

Der Gesamtwirkungsgrad ist also somit:

$$\eta_{ges} = \frac{0{,}00005}{1430} = 0{,}35 \cdot 10^{-8} \text{ !}$$

Infolge der hochempfindlichen Detektoren, die noch auf weit geringere Stromstärken als 0,005 Amp. ansprechen, insbesondere aber dadurch, daß man durch Verstärker auf der Empfangsseite die Energie fast beliebig hochschaukeln kann, und daß eine moderne Hochfrequenz-Audion-Niederfrequenzverstärkung noch auf Empfangsenergien anspricht und betriebssicher arbeitet, die selbst hochempfindliche Thermodetektoren weit unter ihrer Reizschwelle ließen, wird allerdings dieser schlechte Wirkungsgrad wieder vollkommen wettgemacht.

K. Nomographische Tafeln (Fluchtlinientafeln).

In überaus einfacher Weise und ohne irgendwelche Vorkenntnisse können eine ganze Reihe von rein mechanischen Rechnungen mittels der nomographischen Tafeln (M. Pirani, R. Rosenberger, Laboratorium Dr. G. Seibt) ausgeführt werden.

Das Schema derselben geht am besten aus Tafel I, Abb. 57, hervor. Links von dem senkrechten Strich sind die Zahlen und rechts von dem Strich ihre Quadrate aufgetragen. Man kann die Quadratwurzeln direkt ablesen; so steht z. B. rechts von der Zahl 2 die Zahl 4. Nicht direkt zahlenmäßig oder durch einen Strich vermerkte Größen können in bekannter Weise interpoliert werden.

Mittels dieser Tafeln können auch Quadratwurzeln direkt abgelesen werden. Die Wurzelgröße ergibt sich alsdann links vom Strich.

78 Auszug aus der Theorie. Wichtige Formeln. Diagramme. Tabellen.

In gleicher Weise wie Tafel I werden die Größen für Wellenlänge λ[1]), Periodenzahl ν und Kreisfrequenz ω gemäß der nomographischen Tafel III abgelesen.

Man kann auch die Abhängigkeit von 3 und mehr Variablen graphisch auftragen. Als einfachstes Beispiel ist die Multiplikations- bzw. Divisionstafel gemäß Abb. 58 gewählt, bei der eine direkte Ablesung nicht mehr möglich ist. Man muß vielmehr die gegebenen Größen, die auf den Linien a und b liegen mögen, entweder durch einen Bleistiftstrich verbinden, oder man muß, um die Tafeln nicht zu beschädigen, ein durchsichtiges, mit einem Strich versehenes Lineal verwenden, das

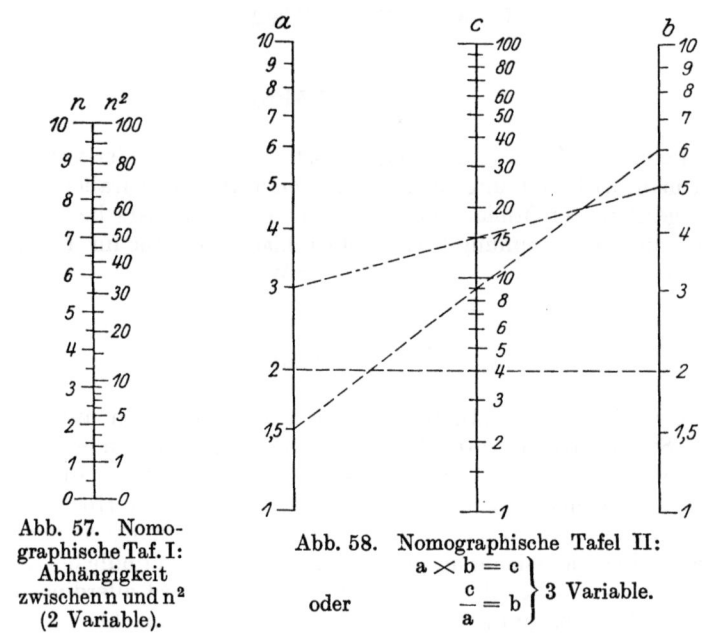

Abb. 57. Nomographische Taf. I: Abhängigkeit zwischen n und n^2 (2 Variable).

Abb. 58. Nomographische Tafel II:
$\left.\begin{array}{l} a \times b = c \\ \text{oder} \quad \dfrac{c}{a} = b \end{array}\right\}$ 3 Variable.

man an die betreffenden gegebenen Werte anlegt. Um z. B. das Produkt von 3×5 zu finden, verbindet man den Zahlenwert 3 auf der Skala a mit dem Zahlenwert 5 auf der Skala b und liest auf der Skala c den Wert 15 ab.

In gleicher Weise kann man Divisionen ausführen, indem die Skala c als Zähler, die Skala b oder a als Nenner benutzt werden. Alsdann ergibt sich nach erfolgter Division der entsprechende Wert für b oder a.

Der Multiplikationstafel mit 3 Variablen gem. Abb. 58 entsprechen die Tafeln IV (Abb. 60) für Wellenlänge, Selbstinduktionskoeffizient und Kapazität, und Tafel V (Abb. 61) für Periodenzahl, Selbstinduktionskoeffizient und Kapazität. Hierbei findet man den entsprechenden dritten Wert durch Ziehen von Bleistiftstrichen oder besser durch Anlegung eines durchsichtigen Lineals.

---

[1]) Abkürzungen siehe S. 94.

Nomographische Tafeln (Fluchtlinientafeln).

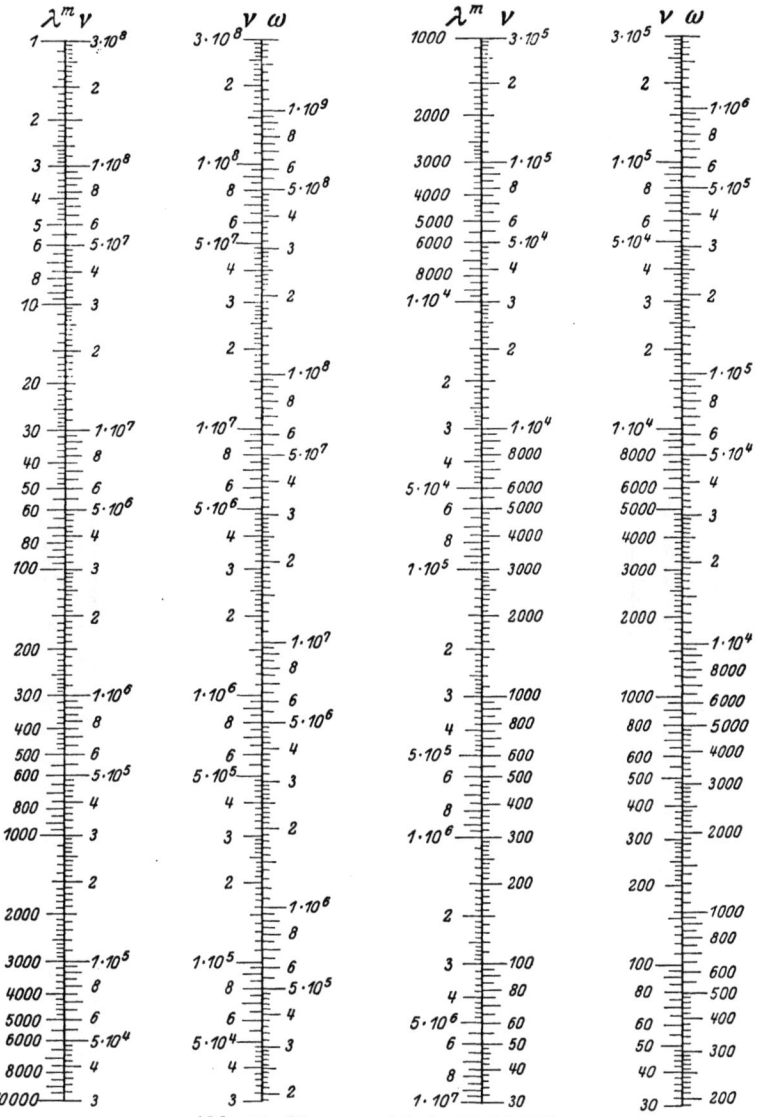

Abb. 59. Nomographische Tafel III:
Wellenlänge (λ), Periodenzahl pro Sekunde (ν), und Kreisfrequenz (ω).

$$\lambda^m = \frac{3 \cdot 10^8}{\nu}$$

$$\omega = 2\pi\nu$$

hierin ist λ = Wellenlänge in m,
ν = Anzahl voller Perioden pro Sek.

Zahlen- und Ablesungsbeispiele:
Skala I: $\lambda = 100$ m ergibt rechts $\nu = 3 \cdot 10^6$ Per. pro Sek.,
,, II: $\nu = 3 \cdot 10^6$ Per. pro Sek. ergibt rechts $\omega = 1,88 \cdot 10^7$,
,, III: $\nu = 1000$ Per. pro Sek. ergibt links $\lambda = 3 \cdot 10^5$ m,
,, IV: $\nu = 1000$ Per. pro Sek. ergibt rechts $\omega = 6300$.

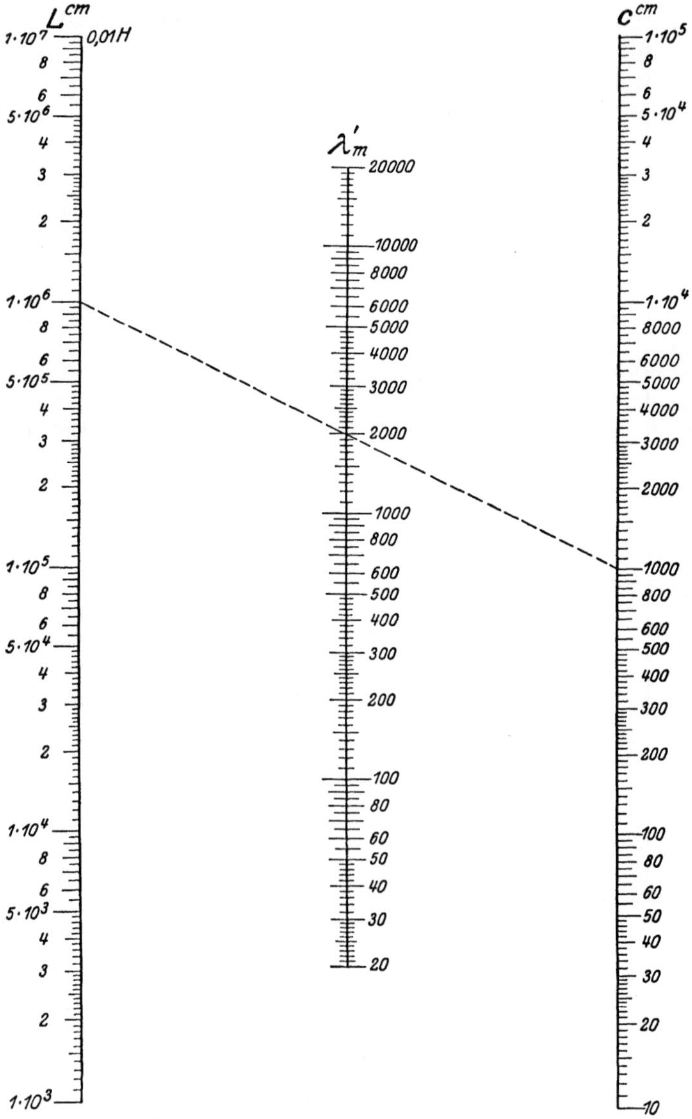

80 Auszug aus der Theorie. Wichtige Formeln. Diagramme. Tabellen.

Abb. 60. Nomographische Tafel IV.
Wellenlänge (λ), Selbstinduktionskoeffizient (L) und Kapazität (C).

Für die Umrechnung dienen:

$$\lambda^{m} = \lambda^{cm} \cdot 10^{-2},$$

$$\lambda^{m} = \frac{3 \cdot 10^{8}}{\nu},$$

$$\lambda^{cm} = \frac{3 \cdot 10^{10}}{\nu},$$

$$\lambda = v \cdot T; \quad T = \frac{1}{\nu}.$$

$$\lambda^{m} = \frac{2\pi}{100}\sqrt{C^{cm} \, L^{cm}}.$$

Zahlen- und Ablesungsbeispiele: Gegeben sei C und L, gesucht sei λ; dann verbindet man Skala I mit III, und zwar die Werte $L = 1 \cdot 10^6$ cm mit $C = 1000$ cm und erhält auf Skala II: $\lambda = 1980$ m
oder:
gegeben sei L und λ, gesucht sei C; dann verbindet man Skala I und II und liest auf Skala III das Resultat ab.

Sofern das gegebene L oder C größer als der Maßbereich der Skala ist, rechnet man mit $\frac{1}{100}$ des gegebenen Wertes und multipliziert das erhaltene Resultat mit 10.

Sofern das gegebene L oder C zu klein ist, rechnet man mit dem 100fachen Wert und dividiert das Resultat durch 10.

Gegeben $\quad\quad\quad$ L = 4,107 cm
$\quad\quad\quad\quad\quad\quad\quad$ C = 50 cm.

Gesucht sei λ.

Man rechnet mit $L = 4 \cdot 10^5$ cm und $C = 50$ cm und findet $\lambda = 280$ m, also ist die gesuchte $\lambda = 2800$ m.

Für den Gebrauch dienen:

$$C^{Centimeter} = C^{cm} = 9 \cdot 10^{11} C^{F},$$

$$C^{Farad} = C^{F} = 1{,}11 \cdot 10^{-12} C^{cm},$$

$$C^{cm} = 9 \cdot 10^{5} C^{MF},$$

$$C^{Mikrofarad} = C^{MF} = 1{,}11 \cdot 10^{-6} C^{cm},$$

$$C^{F} = 10^{-6} C^{MF}.$$

$$C^{MF} = 10^{6} C^{F},$$

$$L^{Centimeter} = L^{cm} = 10^{9} L^{H},$$

$$L^{Henry} = L^{H} = 10^{-9} L^{cm},$$

$$\lambda^{m} = \frac{2\pi}{100}\sqrt{L^{cm} \cdot C^{cm}},$$

82 Auszug aus der Theorie. Wichtige Formeln. Diagramme. Tabellen.

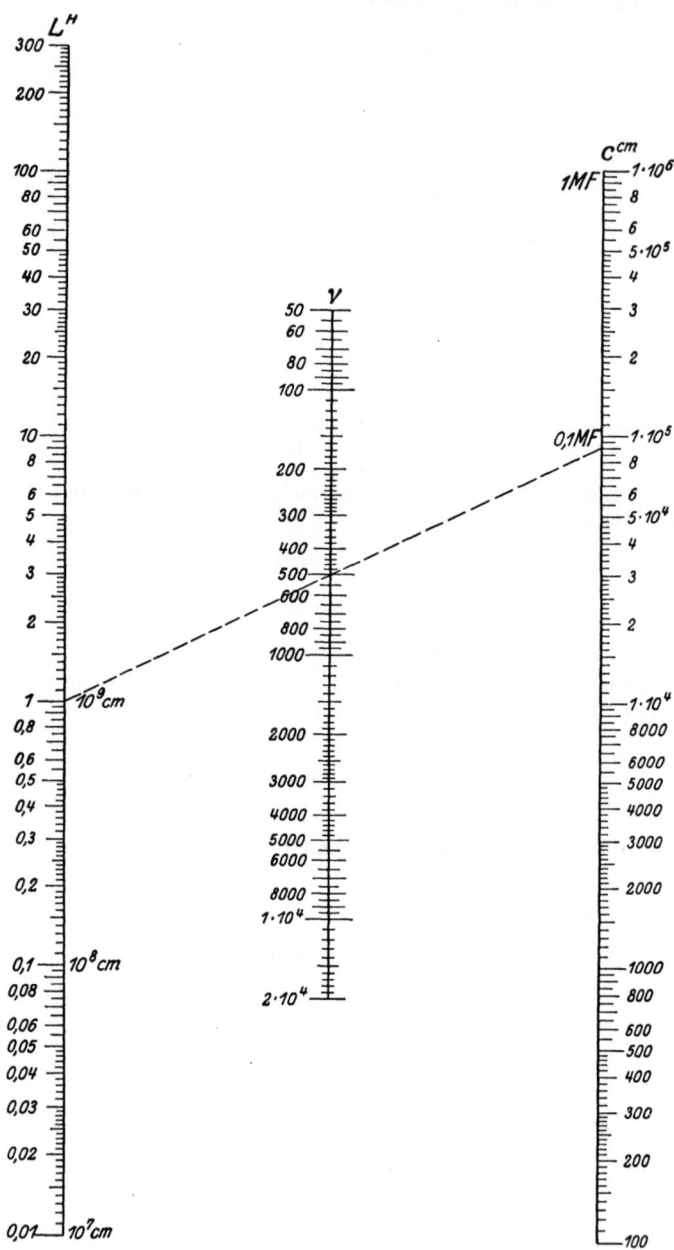

Abb. 61. Nomographische Tafel V.
Periodenzahl pro Sekunde (ν), Selbstinduktionskoeffizient (L) in Henry und Kapazität (C) in cm.

Für die Umrechnung dienen:

$$\lambda^{cm} = 2\pi\sqrt{L^{cm} \cdot C^{cm}},$$

$$\lambda^{cm} = 1{,}98 \cdot 10^5 \sqrt{L^H \cdot C^{cm}},$$

$$\lambda^{cm} = 5{,}96 \cdot 10^3 \sqrt{L^{cm} \cdot C^{MF}},$$

$$\lambda^{cm} = 5{,}96 \cdot 10^6 \sqrt{L^{cm} \cdot C^F},$$

$$\lambda^{cm} = 1{,}885 \cdot 10^{11} \sqrt{L^H \cdot C^F}.$$

Zahlen- und Ausführungsbeispiele:

1. Gegeben sei L und C, gesucht ist ν.
Man verbindet Skala I mit II und liest das Resultat auf Skala III ab, z. B. L = 1 Henry, C = $9 \cdot 10^4$ cm, dann ist ν = 5000 Per. pro Sekunde.
2. Gegeben sei L und ν, gesucht ist C.
Man verbindet Skala I und III und liest das Resultat auf Skala II ab.
3. Gegeben sei C und ν, gesucht sei L.
Man verbindet Skala II und III und liest das Resultat auf Skala I ab.

Sofern das gegebene L oder C größer ist als der Maßbereich der Skala, rechnet man mit $\frac{1}{100}$ des gegebenen Wertes und dividiert das erhaltene Resultat durch 10.

Sofern das gegebene L oder C zu klein ist, rechnet man mit dem 100fachen Wert und multipliziert das Resultat mit 10.

Gegeben   L = 10 H,
                       C = 40 cm.

Gesucht sei ν.

Man rechnet mit L = 10 H und C = 4000 cm und findet ν = 750 Per. pro Sek., also ist das gesuchte ν = 7500 Per. pro Sek.

Für den Gebrauch dienen:

$$\frac{1}{\nu} = 2\pi\sqrt{L^H \, C^F},$$

$$\frac{1}{\nu} = 2\pi \cdot 10^{-3}\sqrt{L^H \cdot C^{MF}},$$

$$\frac{1}{\nu} = 6{,}6 \cdot 10^{-6}\sqrt{L^H \cdot C^{cm}},$$

$$\frac{1}{\nu} = 1{,}98 \cdot 10^{-4}\sqrt{L^{cm} \cdot C^F},$$

$$\frac{1}{\nu} = 1{,}98 \cdot 10^{-7}\sqrt{L^{cm} \cdot C^{MF}},$$

$$\frac{1}{\nu} = 2{,}09 \cdot 10^{-10}\sqrt{L^{cm} \cdot C^{cm}},$$

$$\frac{1}{\omega} = \sqrt{L^H \cdot C^F}.$$

84 Auszug aus der Theorie. Wichtige Formeln. Diagramme. Tabellen.

L. Wellenlängentafeln, -Schieber und -Diagramme.

a) Tabelle der Wellenlängen (λ), Periodenzahlen (ν) und der Schwingungskonstante (CL.).

Letztere ist in Mikrofarad und Mikrohenry angegeben. Derjenige, dem das Maßsystem (Spalte ℭ) Mikrofarad und Mikrohenry ungewohnt ist, kann auch nach folgendem Schlüssel umrechnen:

1. Um die Werte Spalte ℭ zu erhalten in Farad und Henry, multipliziert man mit $10^{-6} \times 1 \cdot 10^{-3} = 1{,}11 \cdot 10^{-9}$.
2. Um die Werte Spalte ℭ zu erhalten in cm, multipliziert man mit $9 \cdot 10^5 \times 1 \cdot 10^3 = 9 \cdot 10^8$.
3. Zahlenbeispiel: Für $\lambda = 100$ m ist nach Spalte ℭ die Schwingungskonstante
$$CL = 0{,}0028 \text{ in MF, MH}$$
$$= 0{,}0028 \cdot 9 \cdot 10^8 \text{ cm}$$
$$= 2\,520\,000 \text{ cm,}$$

also
$$\lambda^{cm} = 2\pi\sqrt{2\,520\,000} = 2\pi \cdot 1585 \text{ cm}$$
$$= 10\,000^{cm} = 100 \text{ m.}$$

𝔄	𝔅	ℭ	𝔄	𝔅	ℭ	𝔄	𝔅	ℭ
λ^m	ν Perioden pro Sekunde	$C^{MF} \cdot L^{MH}$	λ^m	ν Perioden pro Sekunde	$C^{MF} \cdot L^{MH}$	λ^m	ν Perioden pro Sekunde	$C^{MF} \cdot L^{MH}$
100	3000000	0,00281	400	750000	0,0450	700	428600	0,138
110	2727000	0,00341	410	731700	0,0473	710	422500	0,142
120	2500000	0,00405	420	714300	0,0496	720	416700	0,146
130	2308000	0,00476	430	697700	0,0520	730	411000	0,150
140	2143000	0,00552	440	681800	0,0545	740	405400	1,154
150	2000000	0,00633	450	666700	0,0570	750	400000	0,158
160	1875000	0,00721	460	652200	0,0596	760	394700	0,163
170	1765000	0,00813	470	638300	0,0622	770	389600	0,167
180	1667000	0,00912	480	625000	0,0649	780	384600	0,171
190	1579000	0,01016	490	612200	0,0676	790	379800	0,176
200	1500000	0,0113	500	600000	0,0704	800	375000	0,180
210	1429000	0,0124	510	588200	0,0732	810	370400	0,165
220	1364000	0,0136	520	576900	0,0761	820	365900	0,189
230	1304000	0,0149	530	566000	0,0791	830	361400	0,194
240	1250000	0,0162	540	555600	0,0821	840	357100	0,199
250	1200000	0,0176	550	545500	0,0851	850	352900	0,203
260	1154000	0,0190	560	535700	0,0883	860	348800	0,208
270	1111000	0,0205	570	526300	0,0915	870	344800	0,213
280	1071000	0,0221	580	517200	0,0947	880	340900	0,218
290	1034000	0,0237	590	508500	0,0981	890	337100	0,223
300	1000000	0,0253	600	500000	0,101	900	333300	0,228
310	967700	0,0270	610	491800	0,105	910	329700	0,233
320	937500	0,0288	620	485300	0,108	920	326100	0,238
330	909100	0,0307	630	476300	0,111	930	322600	0,243
340	882400	0,0326	640	468700	0,115	940	319100	0,249
350	859100	0,0345	650	461500	0,119	950	315900	0,254
360	833300	0,0365	660	454500	0,123	960	312500	0,259
370	810800	0,0385	670	447800	0,126	970	309300	0,265
380	789500	0,0406	680	441200	0,130	980	306100	0,270
390	769200	0,0428	690	434800	0,134	990	303000	0,276

Wellenlängentafeln, -Schieber und -Diagramme.

𝔄 λ^m	𝔅 ν Perioden pro Sekunde	ℭ $C^{MF} \cdot L^{MH}$	𝔄 λ^m	𝔅 ν Perioden pro Sekunde	ℭ $C^{MF} \cdot L^{MH}$	𝔄 λ^m	𝔅 ν Perioden pro Sekunde	ℭ $C^{MF} \cdot L^{MH}$
1000	300000	0,281	1500	200000	0,633	2000	150000	1,13
1010	297000	0,287	1510	198700	0,642	2100	142900	1,24
1020	294100	0,293	1520	197400	0,650	2200	136400	1,36
1030	291300	0,299	1530	196100	0,659	2300	230400	1,49
1040	288400	0,305	1540	194800	0,668	2400	125000	1,62
1050	285700	0,310	1550	193600	0,676	2500	120000	1,76
1060	283600	0,316	1560	192300	0,685	2600	115400	1,90
1070	280400	0,322	1570	191100	0,694	2700	111100	2,05
1080	277800	0,328	1580	189900	0,703	2800	107100	2,21
1090	275200	0,335	1590	188700	0,712	2900	103400	2,37
1100	272700	0,341	1600	187500	0,721	3000	100000	2,53
1110	267300	0,347	1610	186300	0,730	3100	96770	2,70
1120	267900	0,353	1620	185200	0,739	3200	93750	2,88
1130	265500	0,359	1630	184100	0,748	3300	90910	3,07
1140	263100	0,366	1640	182900	0,757	3400	88240	3,26
1150	260900	0,372	1650	181800	0,766	3500	85910	3,45
1160	258600	0,379	1660	180700	0,776	3600	83330	3,65
1170	256400	0,385	1670	179600	0,785	3700	81080	3,85
1180	254200	0,392	1680	178600	0,794	3800	78950	4,06
1190	252100	0,399	1690	177500	0,804	3900	76920	4,28
1200	250000	0,405	1700	176500	0,813	4000	75000	4,50
1210	247900	0,412	1710	175400	0,823	4100	73170	4,73
1220	245900	0,419	1720	174400	0,833	4200	71430	4,96
1230	243900	0,426	1730	173400	0,842	4300	69770	5,20
1240	241900	0,433	1740	172400	0,852	4400	68180	5,45
1250	240000	0,440	1750	171400	0,862	4500	66670	5,70
1260	238100	0,447	1760	170500	0,872	4600	65220	5,96
1270	236200	0,454	1770	169400	0,882	4700	63830	6,22
1280	234400	0,461	1780	168500	0,892	4800	62500	6,49
1290	232600	0,468	1790	167600	0,902	4900	61220	6,76
1300	230800	0,476	1800	166700	0,912	5000	60000	7,04
1310	229000	0,483	1810	165700	0,923	5100	58820	7,32
1320	227300	0,490	1820	164800	0,933	5200	57690	7,61
1330	225600	0,498	1830	163900	0,943	5300	56600	7,91
1340	223900	0,505	1840	163000	0,953	5400	55560	8,21
1350	222200	0,513	1850	162000	0,963	5500	54550	8,51
1360	220600	0,521	1860	161300	0,974	5600	53570	8,83
1370	218900	0,529	1870	160400	0,985	5700	52630	9,15
1380	217400	0,536	1880	159600	0,995	5800	51720	9,45
1390	215800	0,544	1890	158700	1,006	5900	50850	9,81
1400	214300	0,552	1900	157900	1,016	6000	50000	10,1
1410	212800	0,559	1910	157100	1,206	6100	49180	10,5
1420	211300	0,567	1920	156300	1,037	6200	48550	10,8
1430	209800	0,576	1930	155400	1,048	6300	47620	11,1
1440	208300	0,584	1940	154600	1,059	6400	46870	11,5
1450	206900	0,592	1950	153800	1,070	6500	46150	11,9
1460	205500	0,600	1960	153100	1,080	6600	45450	12,3
1470	204100	0,608	1970	152300	1,092	6700	44780	12,6
1480	202700	0,617	1980	151500	1,103	6800	44120	13,0
1490	201300	0,625	1990	150800	1,114	6900	43480	13,4

86 Auszug aus der Theorie. Wichtige Formeln. Diagramme. Tabellen.

𝔄	𝔅	ℭ	𝔄	𝔅	ℭ	𝔄	𝔅	ℭ
λ^m	ν Perioden pro Sekunde	$C^{MF} \cdot L^{MH}$	λ^m	ν Perioden pro Sekunde	$C^{MF} \cdot L^{MH}$	λ^m	ν Perioden pro Sekunde	$C^{MF} \cdot L^{MH}$
7000	42860	13,8	8000	37500	18,0	9000	33330	22,8
7100	42250	14,2	8100	37040	18,5	9100	32970	23,3
7200	41670	14,6	8200	36590	18,9	9200	32610	23,8
7300	41100	15,0	8300	36140	19,4	9300	32260	24,3
7400	40540	15,4	8400	35710	19,9	9400	31910	24,9
7500	40000	15,8	8500	35290	20,3	9500	31590	25,4
7600	39470	16,3	8600	34880	20,8	9600	31250	25,9
7700	38960	16,7	8700	34480	21,3	9700	30930	26,5
7800	38460	17,1	8800	34090	21,8	9800	30610	27,0
7900	37980	17,6	8900	33710	22,3	9900	30310	27,6
						10000	30000	28,1

b) Abhängigkeitstabelle der Wellenlänge (λ) von der Kapazität (C) und der Selbstinduktion (L).

Um eine bestimmte Wellenlänge, bzw. einen verlängerten Wellenbereich zu erhalten, kann man aus nachstehender Tabelle entnehmen, welche Kapazitäts- und Selbstinduktionsgrößen der Schwingungskreis aufweisen muß.

$C^{MF} \downarrow$	$L^{cm} \rightarrow$ 1000	2000	3000	4000	5000	6000	7000	8000
0,0001	19	27	33	38	42	46	50	53
0,0002	27	38	46	53	60	65	71	75
0,0003	33	46	57	65	73	80	86	92
0,0004	38	53	65	75	84	92	100	107
0,0005	42	60	73	84	94	103	112	119
0,0006	46	65	80	92	103	113	122	131
0,0007	50	71	86	100	112	122	132	141
0,0008	53	75	92	107	119	131	141	151
0,0009	57	80	98	113	126	139	150	160
0,0010	60	84	103	119	133	146	158	169
0,0011	63	88	108	125	140	153	165	177
0,0012	65	92	113	131	146	160	173	185
0,0013	68	96	118	136	152	166	180	192
0,0014	70	100	122	141	158	173	187	199
0,0015	73	103	126	146	163	179	193	206
0,0016	75	107	131	150	169	185	199	213
0,0017	78	110	135	155	174	190	206	220
0,0018	80	113	139	160	179	196	212	226
0,0019	82	116	142	164	184	201	217	232
0,0020	84	119	146	169	188	206	223	238
	9000	10000	12000	14000	16000	18000	20000	25000
0,0001	57	60	65	71	75	80	84	94
0,0002	80	84	92	100	107	113	119	133
0,0003	98	103	113	122	131	139	146	163
0,0004	113	119	131	141	151	160	169	188
0,0005	126	133	146	158	169	179	188	211
0,0006	139	146	160	173	185	196	206	231
0,0007	150	158	173	187	199	212	223	249
0,0008	160	169	185	199	213	226	238	267
0,0009	170	179	196	212	226	240	253	283
0,0010	179	188	206	223	238	253	267	298

Wellenlängentafeln, -Schieber und -Diagramme.

$C^{MF}\downarrow$	$L^{cm}\rightarrow$ 9000	10000	12000	14000	16000	18000	20000	25000
0,0011	188	198	217	234	250	265	280	313
0,0012	196	206	226	244	261	277	292	326
0,0013	204	215	235	254	272	288	304	340
0,0014	212	223	244	264	282	299	315	353
0,0015	219	231	253	273	292	310	326	365
0,0016	226	238	261	282	302	320	337	377
0,0017	233	246	269	291	311	330	348	389
0,0018	240	253	277	299	320	339	358	400
0,0019	246	260	285	304	329	349	367	411
0,0020	253	267	292	315	337	358	377	421

	30000	40000	50000	60000	70000	80000	90000	100000
0,0001	103	119	133	146	154	169	179	188
0,0002	146	169	188	206	223	238	253	267
0,0003	179	206	231	253	273	292	310	326
0,0004	206	238	267	292	315	317	358	377
0,0005	231	267	298	326	353	377	400	421
0,0006	253	292	326	358	386	413	438	462
0,0007	273	315	353	386	417	446	473	499
0,0008	292	337	377	413	446	477	506	533
0,0009	310	358	400	438	473	506	536	565
0,0010	326	377	421	462	499	533	565	596
0,0011	342	395	442	484	523	559	593	625
0,0012	358	413	462	506	546	584	619	653
0,0013	372	430	481	526	569	611	645	680
0,0014	386	446	499	546	590	631	669	705
0,0015	400	462	516	565	611	653	690	730
0,0016	413	477	533	584	631	674	715	754
0,0017	426	491	550	602	650	695	737	777
0,0018	438	506	565	619	669	715	759	800
0,0019	450	520	581	637	687	735	780	822
0,0020	462	533	596	653	705	754	800	843

	120000	140000	160000	180000	200000	250000	300000	400000
0,0001	206	223	238	253	267	298	326	377
0,0002	292	315	337	358	377	421	462	533
0,0003	358	386	413	438	462	516	566	653
0,0004	413	446	477	506	533	596	653	754
0,0005	462	499	533	565	596	666	730	843
0,0006	506	546	584	619	653	730	800	923
0,0007	546	590	631	669	705	789	864	997
0,0008	584	631	674	715	754	843	923	1066
0,0009	619	669	715	759	800	894	979	1131
0,0010	653	705	754	800	843	942	1032	1192
0,0011	685	940	791	839	884	975	1083	1250
0,0012	715	772	826	846	923	1032	1131	1306
0,0013	744	804	859	912	961	1075	1177	1359
0,0014	772	834	892	946	997	1115	1221	1410
0,0015	800	864	923	979	1032	1154	1264	1460
0,0016	876	892	954	1011	1066	1192	1306	1509
0,0017	851	920	983	1042	1099	1229	1346	1554
0,0018	876	946	1011	1073	1131	1264	1385	1599
0,0019	900	972	1041	1102	1162	1299	1423	1643
0,0020	923	997	1066	1131	1192	1333	1460	1686

88 Auszug aus der Theorie. Wichtige Formeln. Diagramme. Tabellen.

C^{MF} ↓	L^{cm} → 500000	600000	700000	800000	900000	1000000	1200000	1400000
0,0001	421	462	499	533	565	596	653	705
0,0002	596	653	705	754	800	843	923	997
0,0003	730	800	864	920	979	1032	1131	1221
0,0004	843	923	977	1066	1131	1192	1306	1410
0,0005	942	1032	1115	1192	1264	1333	1460	1577
0,0006	1032	1131	1221	1306	1385	1460	1599	1727
0,0007	1115	1221	1320	1410	1446	1577	1727	1886
0,0008	1192	1306	1410	1509	1599	1686	1846	1995
0,0009	1264	1385	1496	1599	1696	1788	1959	2116
0,0010	1333	1460	1577	1686	1788	1885	2065	2230
0,0011	1396	1531	1654	1768	1875	1977	2165	2339
0,0012	1460	1599	1727	1846	1959	2065	2262	2443
0,0013	1520	1665	1798	1922	2039	2149	2354	2543
0,0014	1597	1727	1866	1995	2116	2230	2443	2639
0,0015	1632	1788	1932	2065	2190	2308	2529	2732
0,0016	1686	1846	1995	2133	2262	2384	2612	2821
0,0017	1777	1904	2056	2198	2332	2457	2692	2908
0,0018	1788	1954	2116	2262	2399	2529	2770	2992
0,0019	1837	2012	2174	2324	2465	2598	2846	3074
0,0020	1885	2065	2230	2384	2529	2665	2920	3154

	1600000	1800000	2000000	2500000	3000000	4000000	5000000
0,0001	754	800	843	942	1032	1192	1333
0,0002	1066	1131	1192	1333	1460	1686	1885
0,0003	1306	1385	1460	1632	1788	2065	2308
0,0004	1509	1599	1686	1825	2065	2384	2665
0,0005	1686	1788	1885	2108	2308	2665	2980
0,0006	1846	1959	2065	2308	2529	2920	3264
0,0007	1995	2116	2230	2493	2732	3154	3526
0,0008	2133	2262	2384	2665	2920	3372	3770
0,0009	2262	2399	2529	2827	3097	3576	4000
0,0010	2384	2529	2665	2980	3264	3770	4214
0,0011	2500	2652	2795	3125	3424	3953	4420
0,0012	2617	2770	2920	3264	3576	4129	4617
0,0013	2718	2883	3039	3398	3722	4298	4805
0,0014	2821	2992	3154	3526	2863	4460	4987
0,0015	2920	3097	3264	3650	3998	4617	5161
0,0016	3016	3199	3372	3770	4129	4768	5331
0,0017	2108	3297	3475	3885	4256	4915	5495
0,0018	3199	3392	3576	3998	4379	5057	5654
0,0019	3206	3485	3674	4108	4500	5196	5809
0,0020	3372	3576	3770	4214	4617	5331	5960

	6000000	7000000	8000000	9000000	10000000	12000000	14000000
0,0001	1460	1577	1686	1788	1885	2065	2230
0,0002	2065	2230	2364	2529	2665	2920	3154
0,0003	2529	2732	2920	3097	3264	3576	3863
0,0004	2920	3154	3372	3576	3770	4129	4460
0,0005	3264	3526	3770	3998	4214	4617	4987
0,0006	3578	3863	4129	4379	4617	5057	5462
0,0007	3863	4172	4460	4731	4987	5462	5900
0,0008	4129	4460	4768	5057	5331	5840	6306
0,0009	4379	4731	5057	5364	5654	6192	6693
0,0010	4617	4987	5331	5654	5960	6529	7052

Wellenlängentafeln, -Schieber und -Diagramme.

$C^{MF}\downarrow$	$L^{cm}\rightarrow$ 6000000	7000000	8000000	9000000	10000000	12000000	14000000
0,0011	4842	5230	5591	5910	6251	6848	7396
0,0012	5057	5462	5840	6129	6529	7152	7724
0,0013	5264	5685	6109	6449	6796	7444	8040
0,0014	5462	5900	6306	6693	7052	7724	8344
0,0015	5454	6109	6529	6902	7299	7996	8677
0,0016	5840	6306	6741	7152	7539	8261	8922
0,0017	6020	6502	6949	7373	7771	8411	9196
0,0018	6192	6693	7152	7587	7996	8761	9459
0,0019	6365	6872	7348	7796	8215	9000	9721
0,0020	6529	7052	7539	7996	8429	9230	9973

	16000000	18000000	20000000	25000000	30000000	40000000	50000000
0,0001	2384	2529	2665	2980	3264	3770	4214
0,0002	3372	3576	3770	4214	4617	3331	5960
0,0003	4129	4379	4617	5161	5659	6529	7299
0,0004	4768	5057	5331	5960	6529	7539	8429
0,0005	5331	5654	5960	6663	7299	8429	9423
0,0006	5840	6192	6529	7299	7996	9233	10320
0,0007	6306	6693	7052	7885	8637	9973	11150
0,0008	6741	7152	7539	8429	9233	10660	11920
0,0009	7152	7587	7996	8940	9794	11310	12640
0,0010	7539	7996	8429	9423	10320	11920	13330
0,0011	7909	8386	8840	10750	10830	12500	13980
0,0012	8261	8761	9233	10320	11710	13060	14600
0,0013	8594	9119	9611	10750	11770	13590	15900
0,0014	8922	9459	9973	11150	12210	14100	15770
0,0015	9233	9794	10320	11540	12640	14600	16320
0,0016	9536	10110	10660	11920	13060	15090	16860
0,0017	9828	10420	10990	12290	13460	15540	17370
0,0018	10110	10730	11310	12640	13850	15990	17880
0,0019	10410	11020	11620	12990	14230	16430	18370
0,0020	10660	11310	11920	13330	14600	16860	18850

	60000000	70000000	80000000	90000000	100000000	120000000	140000000
0,0001	4617	4987	5331	5654	5960	6529	7052
0,0002	6529	7052	7539	7996	8429	9233	9973
0,0003	7996	8637	9233	9794	10320	11310	12210
0,0004	9233	9973	10660	11310	11920	13060	14100
0,0005	10320	11150	11920	12640	13330	14600	15770
0,0006	11310	12210	13060	13850	14600	15990	17270
0,0007	12210	13200	14100	14960	15770	17270	18660
0,0008	13060	14100	15090	15990	16860	18460	19950
0,0009	13850	14960	15990	16960	17880	19590	21160
0,0010	14600	15770	16860	17880	18850	20650	22300
0,0011	15310	16540	17680	18760	19770	21650	23390
0,0012	15990	17270	18640	19590	20650	22620	24430
0,0013	16650	17980	19220	20390	21490	23540	25430
0,0014	17270	18660	19950	21160	22300	24430	26390
0,0015	17880	19320	20650	21900	23080	25290	27320
0,0016	18460	19950	21330	22620	23840	26120	28210
0,0017	19040	20560	21980	23320	24570	26920	29080
0,0018	19590	21160	22620	23990	25290	27700	29920
0,0019	20120	21740	23240	24650	25980	28460	30740
0,0020	20650	22300	23840	25270	26650	29200	31540

C^{MF} ↓	L^{cm} → 160 000 000	180 000 000	200 000 000	250 000 000	300 000 000	400 000 000	500 000 000
0,0001	7 539	7 996	8 429	9 423	10 320	11 920	13 330
0,0002	10 660	11 310	11 920	13 330	14 600	16 860	18 850
0,0003	13 060	13 850	14 600	16 320	17 880	20 650	23 080
0,0004	15 090	15 990	16 860	18 850	20 650	23 840	26 850
0,0005	16 860	17 880	18 850	21 080	23 080	26 650	29 800
0,0006	18 460	19 590	20 650	23 080	25 290	29 200	32 640
0,0007	19 950	21 160	22 300	24 930	27 320	31 540	35 260
0,0008	21 230	22 620	23 640	26 650	29 200	33 720	37 700
0,0009	22 620	23 990	25 290	28 270	30 970	35 760	39 980
0,0010	23 840	25 290	26 650	29 800	32 640	37 700	42 140
0,0011	25 000	26 520	27 950	31 250	34 240	39 530	44 200
0,0012	26 120	27 700	29 200	32 640	35 760	41 290	46 170
0,0013	27 180	28 830	30 390	33 980	37 220	42 980	48 050
0,0014	28 210	29 920	31 540	35 260	38 630	44 600	49 870
0,0015	29 200	30 970	32 640	36 500	39 980	46 170	51 610
0,0016	30 160	31 990	33 720	37 700	41 290	47 685	53 310
0,0017	31 080	32 800	34 750	38 850	42 560	49 150	54 950
0,0018	31 990	33 720	35 760	39 980	43 790	50 570	56 540
0,0019	32 860	34 850	36 740	41 080	45 000	51 960	54 090
0,0020	33 720	35 760	37 770	42 140	46 170	53 310	59 600

c) **Wellenlängenbestimmungstafel von Eccles.**

Eine mindestens für rasche und ungefähre Wellenlängenbestimmungen sehr brauchbare Aufzeichnung der Zusammengehörigkeit von Kapazität, Selbstinduktion und Wellenlänge ist von W. Eccles (1918) angegeben und mit einigen kleinen Abänderungen versehen in Abb. 62 wiedergegeben. Die Auftragung der Kapazität sowohl in Zentimetern als auch in Mikrofarad (MF) ist auf dem oberen Kurvenstück der Ellipse, die Auftragung der Selbstinduktion in Mikrohenry (MH) sowie in Zentimetern auf dem unteren Teil der Ellipse bewirkt, während auf der

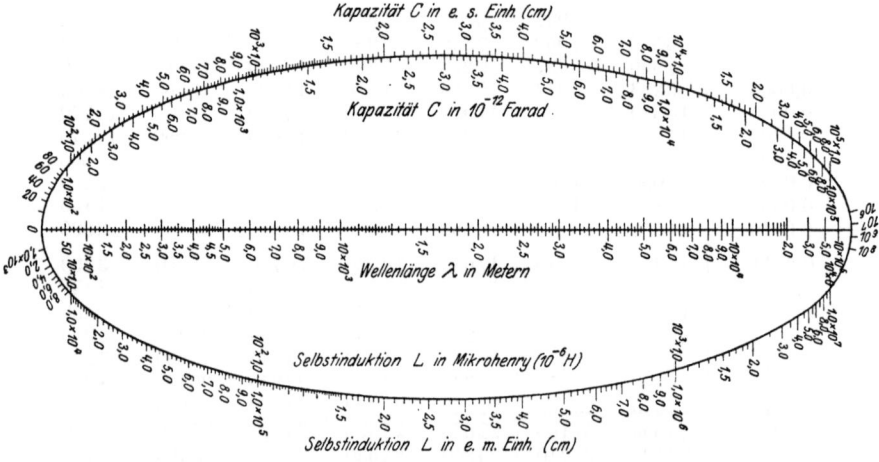

Abb. 62. Wellenlängenbestimmungstafel von Eccles.

großen Achse die Wellenlänge λ in Metern wiedergegeben ist. Es gilt also für die Auftragung in cm der Ausdruck

$$\lambda^{cm} = 2\pi\sqrt{C^{cm} \cdot L^{cm}}$$

und bei Benutzung des Maßsystems in Mikrofarad und Mikrohenry der Ausdruck

$$\lambda^{m} = 1,885\sqrt{C^{MF} \cdot L^{MH}}.$$

Die Benutzung der Tafel ist überaus einfach. Man hat mit einem Faden oder einem Lineal die beiden bekannten Punkte in eine gerade Linie zu bringen und auf diese Weise den Schnittpunkt der dritten verlangten Größe zu ermitteln, der, je nachdem, ob es sich um Wellenlänge, Kapazität oder Selbstinduktion handelt, entweder auf der großen Achse, dem oberen oder unteren Ellipsenstück liegt. Ein weiterer Vorteil der Tafel ist der, daß dieselbe ohne weiteres für den gesamten in der Radiotechnik gebräuchlichen Wellenbereich verwendet werden kann ohne Anstellung irgendwelcher Rechnungen.

d) Der Wellenlängenschieber von H. R. Belcher-Hickmann.

Ein für viele Zwecke brauchbarer Rechenschieber, mit Hilfe dessen man die Wellenlänge oder Frequenz einstellen kann, wenn Kapazität und Selbstinduktion gegeben sind, oder der umgekehrt erlaubt, die Kapazität und Selbstinduktion aus der gegebenen Wellenlänge oder Frequenz festzustellen, ist in Abb. 63 wiedergegeben. Zur Benutzung ist es nur erforderlich, den mittleren Teil, den „Läufer", auf dem die Zeiger A und B vermerkt sind, herauszuschneiden und als Schieber zwischen dem übrig

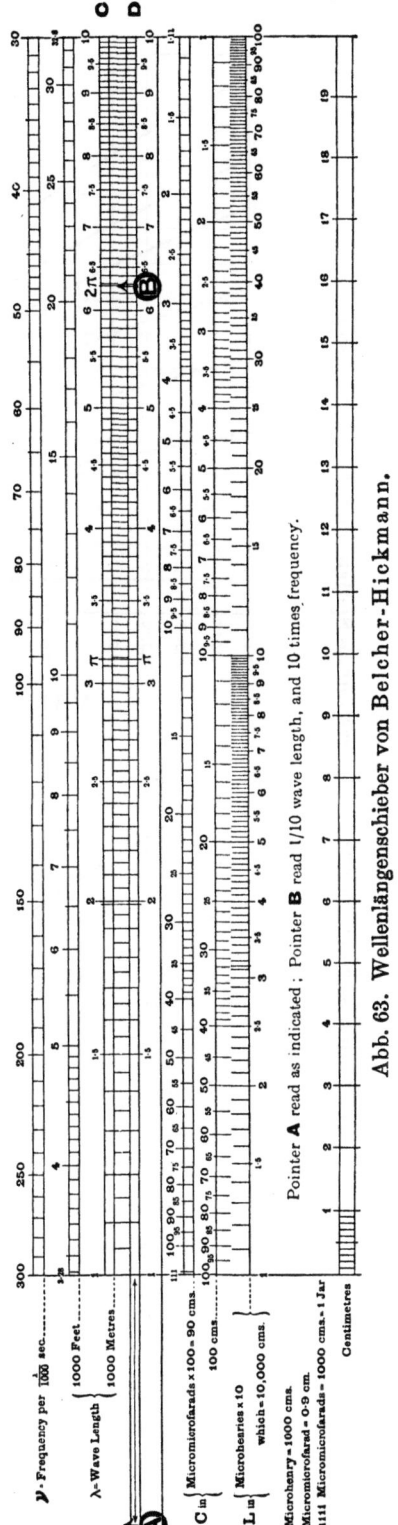

Abb. 63. Wellenlängenschieber von Belcher-Hickmann.

92 Auszug aus der Theorie. Wichtige Formeln. Diagramme. Tabellen.

e) **Wellenlängendiagramme für bestimmte Spulen und Kondensatoren.**

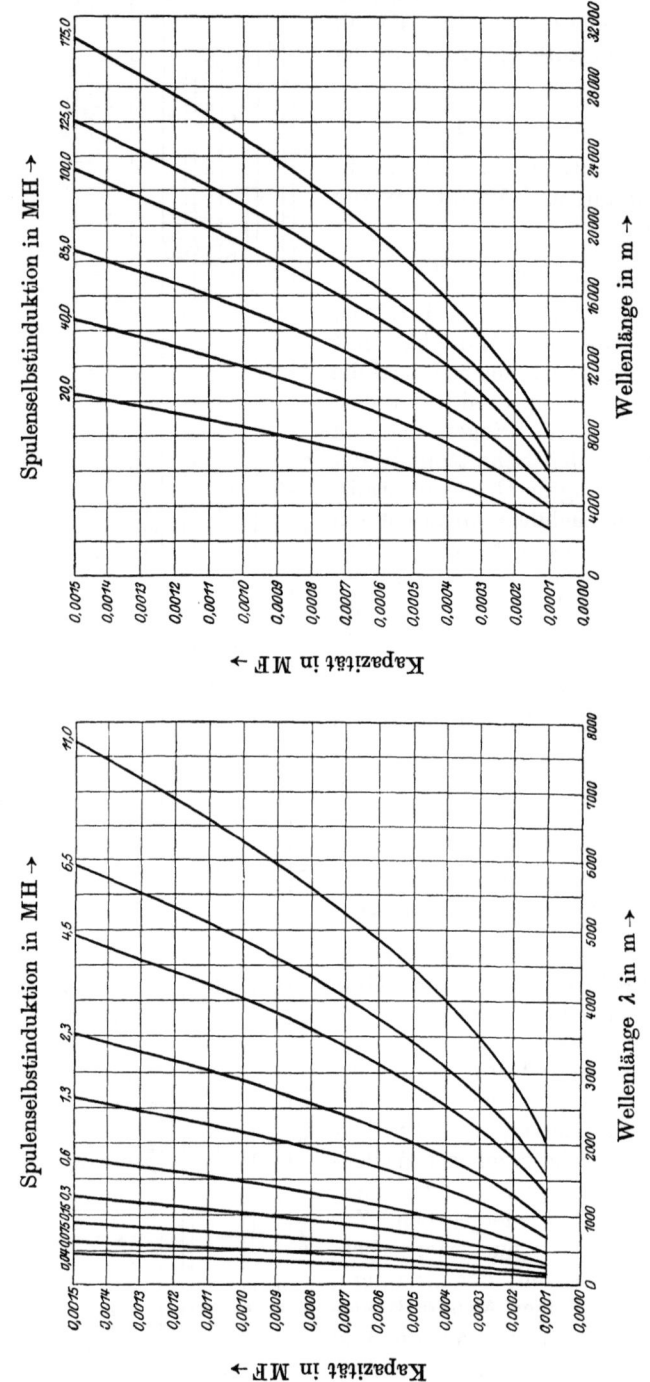

Abb. 65. Mit Spulen verschiedener Selbstinduktion und kontinuierlich variablen Kondensatoren erzielbare Wellenlängen.

Abb. 64. Mit Honigwabenspulen (fester Induktanz) und kontinuierlich variablen Kondensatoren erzielbare Wellenlängen.

bleibenden oberen und unteren Teil anzuordnen, wozu zweckmäßig alle drei Teile auf Pappe geklebt werden, und wobei der obere und der untere Teil rückwärtig durch ein besonderes Pappestück verbunden werden.

Hat man den Rechenschieber in dieser Weise aufgezogen, so verfährt man zur Benutzung folgendermaßen:

Die Wellenlänge ist gegeben aus der Formel:

$$\lambda^{cm} = 2\pi\sqrt{C^{cm} \cdot L^{cm}}.$$

Die Frequenz wird dargestellt:

$$\nu = \frac{3 \cdot 10^{10}}{\lambda}.$$

Man setzt die Kapazität (C) ein in Mikrofarad multipliziert mit 100, oder in cm multipliziert mit 100, die Selbstinduktion L in 10 000 cm oder in Mikrohenry multipliziert mit 10 und liest die Wellenlänge λ oder die Frequenz ν mittels der Zeiger A oder B, welcher von beiden sich jeweilig auf der Skala befindet, ab. Benutzt man für die Ablesung den Zeiger A, so liest man die Wellenlänge λ oder Frequenz ν direkt ab, benutzt man zur Ablesung die Marke B, so multipliziert man für die Wellenlänge den abgelesenen Wert mit 0,1, für die Frequenz mit 10.

Ist andererseits die Wellenlänge oder Frequenz gegeben und soll die Kapazität oder Selbstinduktion gefunden werden, so verfährt man wie folgt:

Ist die Wellenlänge im Bereiche von 1000 m, wählt man den Zeiger A, so daß man die Wellenlänge oder Frequenz erhält und liest die übereinstimmenden Divisionswerte auf der C- oder L-Skala ab. Wenn die passenden Werte sich nicht auf der Skala befinden, so benutzt man die Marke B und multipliziert die erhaltenen Werte für C oder L mit 100.

Wenn die Wellenlänge im Bereiche der Hunderte Meter ist, benutzt man die Marke B an Stelle von A. Sind brauchbare Werte nicht auf der Skala enthalten, benutzt man die Marke A und teilt C oder L durch 100.

Ähnliche Rechenschieber sind zeitlich später von der Marconigesellschaft (Wireless Press) und von Telefunken angegeben worden.

M. Abkürzungen und Umrechnungstabellen.

a) Abkürzungen.

NF = Niederfrequenz = Frequenzen unter 100 Wechsel pro Sek.
AF = Audiofrequenz (Tonfrequenz, Schwebungsfrequenz) = Mittelfrequenz = Frequenzen bis ca. 10000 Wechsel pro Sek. (Grenze der akustischen Hörbarkeit bei ca. 20000 Wechseln pro Sek.)
HF = Radiofrequenz = Hochfrequenz = Frequenzen über 10000 Wechsel pro Sek. (Praktisch gebraucht wird der Bereich von ca. 20000 bis 1000000 Wechsel pro Sek.)
F = Farad
MF = Mikrofarad
H = Henry
MH = Millihenry
MO = Megohm
CL = Schwingungskonstante
A-Batterie = Heizbatterie
B-Batterie = Anodenbatterie.

94 Auszug aus der Theorie. Wichtige Formeln. Diagramme. Tabellen.

b) Vorsatzbezeichnungen.

Um die Vielfachen oder Bruchteile des dekadischen Systems zu bilden, setzt man vor den Ausdruck (Volt, Ampere, Ohm usw.):

$$
\begin{aligned}
1 \text{ Dezi-} & \quad (\text{Volt, Ampere, Ohm usw.}) = 10^{-1}, \\
1 \text{ Zenti-} & \quad \text{,, ,, ,, ,,} = 10^{-2}, \\
1 \text{ Milli-} & \quad \text{,, ,, ,, ,,} = 10^{-3}, \\
1 \text{ Mikro-} & \quad \text{,, ,, ,, ,,} = 10^{-6}, \\
1 \text{ Deka-} & \quad \text{,, ,, ,, ,,} = 10, \\
1 \text{ Hekto-} & \quad \text{,, ,, ,, ,,} = 10^{2}, \\
1 \text{ Kilo-} & \quad \text{,, ,, ,, ,,} = 10^{3}, \\
1 \text{ Meg(a)-} & \quad \text{,, ,, ,, ,,} = 10^{6}.
\end{aligned}
$$

Beispiele:

$$
\begin{aligned}
1 \text{ Megohm} &= 10^{-6} \text{ Ohm,} \\
1 \text{ Mikroampere} &= 10^{-6} \text{ Ampere,} \\
1 \text{ Milliampere} &= 10^{-3} \text{ Ampere,} \\
1 \text{ Millivolt} &= 10^{-3} \text{ Volt.}
\end{aligned}
$$

c) Umrechnungstabellen für Kapazitäten und Induktanzen

(siehe auch S. 59 und S. 68).

α) Kapazitäten.

$$
\begin{aligned}
1 \text{ cm} &= 1{,}11 \cdot 10^{-6} \text{ MF} = 0{,}00000111 \text{ MF} \\
10 \text{ cm} &= 1{,}11 \cdot 10^{-5} \text{ MF} = 0{,}0000111 \text{ MF} \\
100 \text{ cm} &= 1{,}11 \cdot 10^{-4} \text{ MF} = 0{,}000111 \text{ MF} \\
1000 \text{ cm} &= 1{,}11 \cdot 10^{-3} \text{ MF} = 0{,}00111 \text{ MF} \\
10000 \text{ cm} &\approx 1{,}11 \cdot 10^{-2} \text{ MF} = 0{,}01111 \text{ MF}
\end{aligned}
$$

$$
\begin{aligned}
1 \quad \text{MF} &= 9 \cdot 10^{5} \text{ cm} = 900000 \text{ cm} \\
0{,}1 \quad \text{MF} &= 9 \cdot 10^{4} \text{ cm} = 90000 \text{ cm} \\
0{,}01 \quad \text{MF} &= 9 \cdot 10^{3} \text{ cm} = 9000 \text{ cm} \\
0{,}001 \quad \text{MF} &= 9 \cdot 10^{2} \text{ cm} = 900 \text{ cm} \\
0{,}0001 \quad \text{MF} &= 9 \cdot 10 \text{ cm} = 90 \text{ cm} \\
0{,}00001 \text{ MF} &= 9 \quad \text{cm} = 9 \text{ cm}
\end{aligned}
$$

β) Induktanzen.

$$
\begin{aligned}
1 \text{ cm} &= 1 \cdot 10^{-6} \text{ MH} = 0{,}000001 \text{ MH} \\
10 \text{ cm} &= 1 \cdot 10^{-5} \text{ MH} = 0{,}00001 \text{ MH} \\
100 \text{ cm} &= 1 \cdot 10^{-4} \text{ MH} = 0{,}0001 \text{ MH} \\
1000 \text{ cm} &= 1 \cdot 10^{-3} \text{ MH} = 0{,}001 \text{ MH} \\
10000 \text{ cm} &= 1 \cdot 10^{-2} \text{ MH} = 0{,}01 \text{ MH} \\
100000 \text{ cm} &= 1 \cdot 10^{-1} \text{ MH} = 0{,}1 \text{ MH} \\
1000000 \text{ cm} &= 1 \quad \text{MH} = 1 \text{ MH}
\end{aligned}
$$

$$
\begin{aligned}
1 \quad \text{MH} &= 1 \cdot 10^{6} \text{ cm} = 1000000 \text{ cm} \\
0{,}1 \quad \text{MH} &= 1 \cdot 10^{5} \text{ cm} = 100000 \text{ cm} \\
0{,}01 \quad \text{MH} &= 1 \cdot 10^{4} \text{ cm} = 10000 \text{ cm} \\
0{,}001 \quad \text{MH} &= 1 \cdot 10^{3} \text{ cm} = 1000 \text{ cm} \\
0{,}0001 \quad \text{MH} &= 1 \cdot 10^{2} \text{ cm} = 100 \text{ cm} \\
0{,}00001 \quad \text{MH} &= 1 \cdot 10 \text{ cm} = 10 \text{ cm} \\
0{,}000001 \text{ MH} &= 1 \quad \text{cm} = 1 \text{ cm}
\end{aligned}
$$

N. Konstante.

a) Spezifische Gewichte fester Körper bei 0° C.

Teilweise nach W. Biscan.

Platin, gemünzt	22,10	Porzellan	2,49—2,14
„ gewalzt	22,07	Alabaster	1,87
„ geschmolzen	20,86	Graphit	1,8—2,4
Gold, gemünzt	19,32	Anthrazit	1,80
Wolfram	17,60	Phosphor	1,77
Blei, geschmolzen	11,35	Magnesium	1,74
Silber	10,47	Bernstein	1,08
Wismut	9,82	Wachs	0,97
Kupfer, gehämmert	8,88		
„ gegossen	7,79	Ebenholz	1,23
„ gezogen (Draht)	8,78	Eichenholz, getrocknet	1,71
Molybdän	8,61	Buchsbaum	1,33
Messing	8,39	Ahorn, frisch	0,90
Nickel	8,28	„ trocken	0,65
Stahl	7,82		
Eisen, geschmiedet	7,79	Buchenholz, frisch	0,98
„ gegossen	7,21	„ trocken	0,59
Bleiglanz	7,76	Edeltanne, frisch	0,89
Zinn	7,29	„ trocken	0,45
Zink	7,00	Erlenholz, frisch	0,86
Antimon	6,71	„ trocken	0,50
Aluminium	2,67	Eschenholz, frisch	0,90
Tellur	6,11	„ trocken	0,64
Flintglas	3,78—3,2	Hainbuchenholz, frisch	0,14
Flaschenglas	2,60	„ trocken	0,70
Spiegelglas	2,37	Lindenholz, frisch	0,82
Bergkristall	2,68	„ trocken	0,44
Nußbaum	0,68	Mahagoni	1,06
Zypresse	0,60	Flußspat	3,15
Zeder	0,65	Marmor	2,84
Pappel	0,38	Gips, kristallisiert	2,31
Kork	0,24	Schwefel	2,03

b) Dielektrizitätskonstante.

Luft, bezogen auf das Vakuum	= 1,0006
Wasser	= 81
Petroleum	= 2,0
Terpentin	= 2,3
Rizinusöl	= 4,7
Kastoröl	= 4,7
Ölpapier	= 2,0
Gummi(Natur-)	= 2,5
Vulkanisierter Gummi (Hartgummi)	= 2,9 bis 3,0
Kautschuk	= 2,0 bis 3,5
Hartkautschuk	= 2,8
Guttapercha	= 3,0
Bernstein	= 2,8
Kolophonium	= 2,6
Schellack	= 3,0 bis 3,8
Siegellack	= 4,0
Zelluloid	= 4,0
Paraffin	= 1,7 bis 2,0 bis 2,3

Glas . . . . = 5 bis 12
Schottglas . . . . = ~ 8,5
Porzellan . . . . = 5 bis 6
Quarz. . . . . = 4,5
Glimmer . . . . = 4 bis 7 bis 8
Marmor . . . . = 8,5
Alaun . . . . = 6,4
Schwefel . . . . = ~ 4
Schwefelkohlenstoff . . . . = 2,5

O. Materialtabellen.

a) Drahttabelle nach J. Corver.

Nr.	Draht-Stärke in mm	Auf 1 kg entfallen in m bei einfacher Baumwollumspinnung	bei Emailledraht	Widerstand per 1 m in Ohm
19	1	127	130	0,022
20	0,9	156	160	0,027
21	0,8	202	207	0,035
22	0,7	253	260	0,045
23	0,6	320	330	0,062
25	0,5	495	530	0,089
27	0,4	730	845	0,138
31	0,3	1210	1327	0,247
36	0,2	2782	3340	0,554
42	0,1	10900	13200	2,215

b) Gewichts-, Querschnitts- und Widerstands-Tabellen von Kupfer- und Widerstandsdrähten der C. J. Vogel A.-G. in Berlin-Adlershof.

Drahtdurchmesser in mm	Drahtquerschnitt in mm²	Widerstand pro 1 m in Ohm				Gewicht in g pro 1 m	
		Kupfer	Manganin Nikelin	Konstantan Resistin Spezial Rheotan	Chromnickel	Kupfer Konstantan Spezial Rheotan Nikelin	Manganin Resistin Chromnickel
		0,0175	0,42	0,49	0,9	8,9	8,3
0,05	0,00196	8,95	215	250	460	0,018	0,017
0,08	0,0050	3,5	84	98	180	0,045	0,042
0,1	0,0079	2,22	53,2	62	114	0,070	0,065
0,11	0,0095	1,84	44,2	51,5	94,8	0,085	0,079
0,12	0,0113	1,55	37,2	43,3	79,5	0,101	0,094
0,13	0,0133	1,32	31,6	36,8	67,7	0,118	0,110
0,14	0,0154	1,14	27,3	31,8	58,5	0,137	0,128
0,15	0,0177	0,99	23,7	27,7	50,8	0,158	0,147
0,16	0,0201	0,87	20,9	24,4	44,7	0,178	0,166
0,17	0,0227	0,772	18,5	21,6	39,6	0,202	0,188
0,18	0,0255	0,685	16,5	19,2	35,4	0,227	0,212
0,19	0,0284	0,617	14,8	17,2	31,7	0,253	0,236
0,20	0,0314	0,557	13,4	15,6	28,7	0,280	0,261

Draht-durch-messer in mm	Draht-quer-schnitt in mm²	Widerstand pro 1 m in Ohm				Gewicht in g pro 1 m	
		Kupfer	Manganin Nikelin	Konstantan Resistin Spezial Rheotan	Chrom-nickel	Kupfer Konstantan Spezial Rheotan Nikelin	Manganin Resistin Chrom-nickel
		0,0175	0,42	0,49	0,9	8,9	8,3
0,22	0,0380	0,460	11,0	12,9	23,7	0,339	0,317
0,25	0,0491	0,357	8,55	10,0	18,3	0,437	0,407
0,30	0,0707	0,248	5,95	6,95	12,7	0,630	0,585
0,35	0,0962	0,182	4,37	5,15	9,35	0,857	0,80
0,40	0,1260	0,139	3,33	3,89	7,15	1,130	1,045
0,45	0,1590	0,110	2,64	3,08	5,66	1,417	1,32
0,50	0,1960	0,0895	2,15	2,50	4,59	1,750	1,63
0,60	0,2830	0,0618	1,48	1,73	3,18	2,520	2,35
0,70	0,3850	0,0455	1,09	1,27	2,34	3,430	3,20
0,80	0,5030	0,0348	0,835	0,975	1,79	4,480	4,18
0,90	0,6360	0,0275	0,660	0,770	1,61	5,670	5,30
1,00	0,7850	0,0223	0,535	0,625	1,15	7,070	6,60
1,20	1,1310	0,0155	0,372	0,443	0,795	10,980	10,25
1,50	1,7670	0,00992	0,238	0,277	0,51	15,750	14,65

Temperaturkoeffizienten:

Manganin	± 0,00001	Resistin	0,00002
Nikelin	0,000067	Spezial	± 0,00004
Konstantan	− 0,000005	Rheotan	+ 0,00023
Chromnickel	0,00027.		

c) **Baumwolldrähte.**

Kupferdrähte, besponnen mit rohweißer Baumwolle für elektrische Instrumente, Spulen etc. von C. J. Vogel A.-G.

Durchmesser des blanken Drahtes mm	Doppelt besponnen	
	Isolationszunahme ca. 0,20 mm Gewicht per 1000 m, kg ca.	Isolationszunahme ca. 0,15 mm Gewicht per 1000 m, kg ca.
0,10	0,160	0,140
0,12	0,200	0,180
0,15	0,270	0,240
0,18	0,350	0,315
0,20	0,410	0,370
0,22	0,480	0,440
0,25	0,580	0,540
0,28	0,725	0,670
0,30	0,800	0,750
0,35	1,070	1,—
0,40	1,350	1,280
0,45	1,660	1,590
0,50	1,920	1,950
0,55	2,320	2,350
0,60	2,720	2,750
0,70	3,760	3,650

c) Baumwolldrähte (Fortsetzung).

Durchmesser des blanken Drahtes mm	Doppelt besponnen	
	Isolationszunahme ca. 0,20 mm Gewicht per 1000 m, kg ca.	Isolationszunahme ca. 0,15 mm Gewicht per 1000 m, kg ca.
0,80	4,900	4,750
0,90	6,100	5,920
1,—	7,600	7,400
1,10	9,090	8,980
1,20	10,900	10,600
1,30	12,500	12,420
1,40	14,490	14,470
1,50	16,660	16,660
1,60	18,880	18,880
1,70	21,280	21,280
1,80	24,300	23.700
1,90	26,300	26,300
2,—	29,500	28,800
2,20	35,080	35,080
2,40	41,660	41,660
2,50	45,150	45,150

d) Emailledrähte.

Kupferdrähte, emailliert, Isolationszunahme ca. 0,02 mm von C. J. Vogel A.-G.

Durchmesser der blanken Drähte mm	Widerstand per Meter bei 15° C in Ohm	Gewicht per 1000 m kg
0,05	8,913	0,021
0,06	6,189	0,029
0,07	4,547	0,037
0,08	3,482	0,049
0,09	2,751	0,061
0,10	2,228	0,074
0,11	1,841	0,088
0,12	1,547	0,105
0,13	1,318	0,125
0,14	1,136	0,146
0,15	0,990	0,168
0,16	0,870	0,188
0,17	0,771	0,210
0,18	0,688	0,235
0,19	0,617	0,260
0,20	0,557	0,290
0,22	0,460	0,360
0,24	0,386	0,420
0,25	0,357	0,450
0,28	0,284	0,570
0,30	0,248	0,650

d) Emailledrähte (Fortsetzung).

Durchmesser der blanken Drähte mm	Widerstand per Meter bei 15° C in Ohm	Gewicht per 1000 m kg
0,32	0,217	0,740
0,35	0,182	0,890
0,38	0,154	1,040
0,40	0,140	1,160
0,42	0,126	1,280
0,45	0,110	1,480
0,50	0,089	1,830
0,55	0,074	2,200
0,60	0,062	2,620
0,70	0,045	3,550
0,75	0,040	4,050
0,80	0,035	4,650
0,90	0,028	6,—
1,—	0,022	7,200

e) Antennenlitzen

der C. J. Vogel A.-G. in Berlin-Adlershof, bestehend aus emaillierten Kupferdrähten, doppelt Seide umsponnen.

Leiterzahl u. Durchmesser in mm: Gewicht pro 100 m in kg:	10 × 0,07 0,044	20 × 0,07 0,088	30 × 0,07 0,136
Leiterzahl u. Durchmesser in mm: Gewicht pro 100 m in kg:	40 × 0,07 0,178	50 × 0,07 0,212	3 × 20 × 0,07 0,278
Leiterzahl u. Durchmesser in mm: Gewicht pro 100 m in kg:	3 × 30 × 0,07 0,426	3 × 40 × 0,07 0,50	3 × 50 × 0,07 0,647
Leiterzahl u. Durchmesser in mm: Gewicht pro 100 m in kg:	3 × 3 × 30 × 0,07 1,185	3 × 3 × 40 × 0,07 1,620	10 × 0,12 0,12

Ferner kommt inbetracht: Phosphorbronzelitze

$\quad\quad\quad$ 6 × 15 × 0,05 mm
$\quad\quad\quad$ 7 × 7 × 0,15 mm
$\quad\quad\quad$ 7 × 12 × 0,15 mm
$\quad\quad\quad$ 7 × 13 × 0,15 mm
$\quad\quad\quad$ 9 × 13 × 0,15 mm

Außerdem liefert Vogel hartgezogene Kupferlitzen.

Auszug aus der Theorie. Wichtige Formeln, Diagramme. Tabellen.

f) Wide standsdraht- und -bandtabelle.
(Siehe auch die Tabelle 96, 97.)

	Rheotan	Nikelin
Spezifischer Widerstand:	47	40
	= 0,500	0,424
Temperaturkoeffizient für 1° C:	+ 0,00023	+ 0,00016

Durch-messer mm	Quer-schnitt in mm²	Annähernd. Gewicht für 1 m g	Annähernder Widerstand für 1 m Draht		
			Rheotan Ohm	Nikelin Ohm	Extra Prima Ohm
0,10	0,008	0,070	60	51	38
0,15	0,018	0,158	26	22	17
0,20	0,031	0,28	15	13	10
0,25	0,049	0,44	9,5	8	6
0,30	0,071	0,63	6,7	5,6	4,2
0,35	0,096	0,86	4,9	4,1	3,1
0,40	0,126	1,12	3,7	3,2	2,4
0,45	0,159	1,42	2,9	2,5	1,9
0,50	0,196	1,75	2,4	2,0	1,5
0,55	0,238	2,11	1,99	1,68	1,26
0,60	0,283	2,52	1,67	1,41	1,06
0,65	0,332	3,00	1,42	1,20	0,90
0,70	0,385	3,42	1,23	1,04	0,78
0,75	0,442	3,93	1,07	0,90	0,68
0,80	0,503	4,48	0,94	0,79	0,59
0,85	0,568	5,06	0,83	0,70	0,53
0,90	0,636	5,67	0,74	0,63	0,47
0,95	0,709	6,32	0,66	0,56	0,42
1,00	0,785	7,00	0,60	0,51	0,38
1,13	1,000	9,00	0,47	0,40	0,30
1,2	1,131	10,08	0,42	0,35	0,26
1,3	1,328	11,83	0,35	0,30	0,23
1,4	1,539	13,72	0,31	0,26	0,20
1,5	1,767	15,75	0,27	0,23	0,17
1,6	2,009	17,92	0,235	0,199	0,149
1,7	2,270	20,23	0,208	0,176	0,132
1,8	2,545	22,68	0,186	0,157	0,118
1,9	2,835	25,27	0,167	0,141	0,106
2,0	3,141	28,00	0,150	0,127	0,095
2,1	3,464	30,87	0,137	0,115	0,086
2,2	3,801	33,88	0,124	0,105	0,079
2,3	4,155	37,03	0,114	0,096	0,072
2,4	4,524	40,32	0,105	0,088	0,066
2,5	4,909	43,75	0,096	0,081	0,061
2,6	5,309	47,32	0,089	0,075	0,056
2,7	5,725	51,03	0,082	0,070	0,053
2,8	6,158	54,88	0,077	0,065	0,049
2,9	6,605	58,87	0,072	0,061	0,046
3,0	7,069	63,00	0,067	0,057	0,043

Vorstehende Maximalwerte sind bei besten Abkühlungsverhältnissen gefunden worden, indem einzelne, horizontal ausgespannte Drähte und Streifen bis zu eben beginnender Dunkelrotglut belastet wurden.

Bei Stromregulatoren ist mit wesentlich ungünstigeren Abkühlungsverhältnissen zu rechnen, und je nach der Dauer der Belastung sollten die Drähte und Streifen bei solchen Apparaten nur bis **zur Hälfte oder höchstens bis zu zwei Drittel** der oben angegebenen Stromstärken beansprucht werden, es sei denn, daß auf Grund besonderer Versuche mit den betreffenden Apparaten eine stärkere Belastung zulässig erscheint.

Maximalbelastungen:

Nikelindrähte		Nikelinstreifen, 0,3 mm stark			
Durchmesser mm	Maximal-Belastung Amp.	Breite mm	Annähernd. Gewicht für 1 m g	Widerstand für 1 m Länge Ohm	Maximal-belastung Amp.
0,4	3	10	27,0	0,133	40
0,6	7	15	40,5	0,0889	60
0,8	11	20	54,0	0,0667	80
1,0	15	25	67,5	0,0533	90
1,25	20	30	81,0	0,0444	120
1,50	28	35	94,5	0,0381	150
1,75	35	40	108,0	0,0333	160
2,0	40	45	121,5	0,0296	170
3,0	60	50	135,0	0,0267	180

P. Einzelteile und Stromquellentabellen.

a) Tabelle für die Wicklung von Honigwabenspulen,
teilweise nach J. Corver.

Anzahl der Windungen auf dem Spulenkörper	Draht mit einfacher Baumwollisolation Drahtdurchmesser ⌀	Erzielte Selbstinduktion in MH	Ungefährer Ohmscher Widerstand	Außendurchmesser der Spule in cm	Mit 2 Kondensatoren von 0,001 MF erzielte λ	Drahtlänge in m
25		0,052	0,5	5,5	180—430	4
35		0,088	0,75	5,6	200—560	6
50	0,56	0,106	1,25	5,7	250—613	9
75		0,293	1,50	5,9	400—1020	14
100		0,543	1,75	6,2	500—1310	20
150		1,140	2,5	6,6	700—2010	30
200		2,190	4,25	6,9	1000—2790	42
250		3,675	5,5	7,2	1300—3610	50
300	0,5	5,170	6,0	7,6	1600—4260	63
400		8,750	9,0	8,0	2000—5575	84
500		14,350	11,0	9,2	2500—7150	115
600		19,660	12,5	7,8	3200—8350	122
750		31,700	20,5	8,2	4000—10600	160
1000	0,36	59,260	36,0	9,3	6000—14500	225
1250		97,150	51,0	10,3	8000—18500	280
1500		145,000	62,0	11,5	9000—22700	370

Auszug aus der Theorie. Wichtige Formeln. Diagramme. Tabellen.

b) Silitwiderstände von Gebr. Siemens in Berlin-Lichtenberg.

Widerstand:	Dimensionen:
100 Ohm bis 15·10⁶ Ohm	6 × 43 mm
10 ,, ,, 3000 ,,	10 × 135 ,,
0,4 ,, ,, 15 ,,	14 × 135 ,,
100 ,, ,, 1000 ,,	18 × 40 ,,
0,02 ,, ,, 1 10⁶ ,,	18 × 100 ,,
0,02 ,, ,, 1 10⁶ ,,	mit Metallkappen
10⁶	18 × 150 mm mit Metallkappen
1 ,, bis 10⁶ ,,	19 × 150 ,,
5 ,, ,, 10000 ,,	25 × 250 ,,
5 ,, ,, 5000 ,,	30/8 × 65 ,,
2000 ,, ,, 4000 ,,	30/8 × 165 ,,
500 ,, ,, 1000 ,,	30/8 × 300 ,,
5 ,, ,, 10⁶ ,,	30/8 × 500 ,,

c) Ruhstrat-Miniatur-Schieberwiderstände von Geb. Ruhstrat A.-G. in Göttingen.

Länge 60 mm

Bestell-Nr.	77001	77002	77003	77004	77005	77006	77007	77008	77009	77010	77011
Maximale Strombelastung in Ampere*)	0,25	0,3	0,45	0,6	1,0	1,2	1,5	2,0	3,0	4,0	5,0
ca. Ohm	500	220	125	65	40	28	20	9	5	3	1,8

Länge 100 mm

Bestell-Nr.	77021	77022	77023	77024	77025	77026	77027	77028	77029	77030	77031
Maximale Strombelastung in Ampere*)	0,25	0,3	0,45	0,6	1,6	1,2	1,5	2,0	3,0	4,0	5,0
ca. Ohm	900	400	230	125	80	55	35	15	10	7	4

Die Widerstände werden auch mit induktions- und kapazitätsfreier Kreuzwicklung geliefert.

*) Die Dauerstrombelastung beträgt höchstens 0,6 dieser Werte.

d) Hellesen-Trockenelemente von Siemens & Halske A.-G.
$V \simeq 1,5$ Volt pro Element.

Type	Ungefährer innerer Widerstand	Grundfläche mm	Höhe mm
T 1	0,10	100×100	197
T 2	0,15	76×76	182
T 3	0,20	63×63	155
T 4	0,20	57×57	122
T 5	0,25	38×38	112
T 6	0,35	32×32	83
T 7	0,15	90×45	165

e) Akkumulatortabellen der Firma Pfalzgraf, Berlin N 4.

Elemente mit Masseplatten für schwache Entladung, Rippenglasgefäße (System Pfalzgraf).

Type	Kapazität in Ampere-Stunden bei 10stünd. Entladung	0,5 Amp. Stromentn.	Höchste Belastung in Ampere	Außenmaß des Glasgefäßes in mm			Gewicht in kg der	
				lang	breit	hoch	Zelle	Säure
M 1/2	12	20	1,2	51	127	170	2,3	0,5
M I	20	35	2	75	125	205	3,7	0,85
M II	40	80	4	117	125	205	5,2	1,9
M III	60	130	6	159	125	205	7,5	2,7
M IV	80	175	8	201	125	205	10,0	3,5
M 1/2 / 4	12	20	1,2	94	127	170	4,2	1,06

Batterien aus Masseplattenelementen in grau lackierten, mit eisernen Traggriffen versehenen Hartholzkästen fest eingebaut. Klemmen verbleit und isoliert befestigt.

Type	Kapazität in Ampere-Stunden bei 10stünd. Entldg.	0,5 Amp. Stromentn.	Höchste Belastung in Ampere	Spannung in Volt	Außenmaß des Kastens einschließlich Deckel und Beschlägen in mm			Gewicht in kg der	
					lang	breit	hoch	Batterie	Säure
3 M 1/2	12	20	1,2	6	220	165	235	9,3	1,55
4 „				8	280	165	235	11,8	2,06
5 „				10	338	168	235	15,0	2,55
6 „				12	400	168	235	18,0	3,09
2 M I	20	35	2	4	235	158	260	8,5	1,6
3 „				6	300	158	260	13,0	2,4
4 „				8	375	160	265	17,0	3,2
5 „				10	450	160	265	21,0	4,0
6 „				12	525	160	265	26,0	4,8
2 M II	40	80	4	4	315	158	260	12,6	3,8
3 „				6	435	158	260	20,3	5,7
4 „				8	555	160	265	27,5	7,6
5 „				10	675	160	265	34,5	9,5
6 „				12	795	160	265	41,0	11,4
2 M III	60	130	6	4	395	160	265	18,0	5,4
3 „				6	555	160	270	27,0	8,1
4 „				8	560	162	270	36,0	10,8
2 M IV	80	175	8	4	485	160	268	24,0	7,0
3 „				6	685	162	270	36,0	10,5
4 „				8	888	162	270	48,0	14,0

Ähnliche Akkumulatorentypen werden u. a. von der Varta Akkumulatorenfabrik, Berlin SW 11, geliefert.

Elemente mit Rapidplatten für starke Belastung (Rippenglasgefäße).

Type	Kapazität in Ampere-Stunden	Bei Entladung		Höchste Belastung in Ampere	Außenmaß des Glasgefäßes in mm			Gewicht in kg der	
		in Stunden	mit Ampere		lang	breit	hoch	Zelle	Säure
R I	10	3	3,3	3,3	75	125	205	3,9	0,85
	12	5	2,4						
	14	10	1,4						
R II	20	3	6,6	6,5	117	125	205	5,5	1,9
	24	5	4,8						
	28	10	2,8						
R III	30	3	9,9	10,0	159	125	205	7,9	2,7
	36	5	7,2						
	42	10	4,2						
R IV	40	3	13,3	13,0	201	125	205	10,5	3,5
	48	5	9,6						
	56	10	5,6						

Batterien aus Rapidplattenelementen in grau lackierten, mit eisernen Traggriffen versehenen Hartholzkästen fest eingebaut. Klemmen verbleit und isoliert befestigt.

Type	Kapazität in Ampere-Stunden	Bei Entladung		Höchste Belastung in Ampere	Spannung in Volt	Außenmaß des Kastens einschließlich Deckel und Beschlägen in mm			Gewicht in kg der	
		in Stunden	mit Ampere			lang	breit	hoch	Batterie	Säure
2 R I	10	3	3,2	3,3	4	235	158	260	8,75	1,6
3 „	12	5	2,4		6	300	158	260	13,5	2,4
4 „	14	10	1,4		8	375	160	265	18,25	3,2
5 „					10	450	160	265	22,0	4,0
6 „					12	525	160	265	27,25	4,8
2 R II	20	3	6,6	6,5	4	315	158	260	13,1	3,8
3 „	24	5	4,8		6	435	158	260	20,8	5,7
4 „	28	10	2,8		8	555	160	265	28,25	7,6
5 „					10	675	160	265	35,5	9,5
6 „					12	795	160	265	42,25	11,4
2 R III	30	3	9,9	10,0	4	395	160	265	18,25	5,4
3 „	36	5	7,2		6	555	160	270	27 5	8,1
4 „	42	10	4,2		8	560	162	270	36,75	10,8
2 R IV	40	3	13,3	13,0	4	485	160	268	24,25	7,0
3 „	48	5	9,6		6	685	162	270	36,5	10,5
4 „	56	10	5,6		8	890	162	270	48,75	14,0

Tabelle d. wichtigsten Sendezeiten, Rufzeichen, Stationen, Wellenlängen usw. 109

Zeit Greenwich	Rufzeichen	Stationsname	Wellenlänge	Schwingungsart
1635	GFA	Air Ministry	1,680	Ungedämpft
1800	POZ	Nauen	6,500	,,
1800	FZ	Paris	6,800	,,
1830	POZ	Nauen	9,000	,,
1830	STB	Soesterburg	1,680	,,
1900	OUJ	Eilvese	9,500	,,
1900.	GFA	Air Ministry	4,100	,,
1945	CNM	,, ,,	5,000	,,
2000	GBL	Leafield	8,750	Funken
2000	SAJ	Karlsborg	2,500	,,
2000	EGC	Madrid	1,600	,,
2030	EGC	,,	2,000	Ungedämpft
2045	JDO	Rom	11,000	Funken
2200	FL	Paris	2,600	Ungedämpft
2230	UA	Nantes	9,500	Funken
2235	FL	Paris	2,600	,,
2244	FL	,,	2,600	Ungedämpft
2300	JDO	Rom	11,000	Funken
2315	PCH	Scheveningen	1,800	Ungedämpft
2330	POZ	Nauen	12,600	,,

Außerdem senden häufig während der Tages- und Nachtzeiten.

Rufzeichen	Stationen	Wellenlänge	Schwingungsart
FL	Paris	8,000	Ungedämpft
GB	Glacebay	7,850	,,
GBL	Leafield	8,750	,,
GKU	Device	2,100	,,
GLA	Ongar	2,900	,,
GLB	,,	3,800	,,
GLO	,,	4,350	,,
GSW	Stone Haven	4,600	,,
JDO	Rom	11,000	,,
LCM	Stavanger	12,000	,,
MUU	Canarvon	14,000	,,
OUJ	Eilvese	14,500	,,
POZ	Nauen	12,600	,,
UFT	Saint Assise	15,000	,,
WGG	Tuckerton	16,100	,,
WJJ	New Brunswik	13,600	,,
WOK	Long Island	16,460	,,
WQL	,, ,,	19,200	,,
WSO	Marion	11,500	,,

IV. Wie sieht ein Radio-Broadcasting-Sender aus?

Für das Senden von radiotelephonischen Nachrichten für den Broadcasting-Betrieb kommen nach dem heutigen Stande der Technik in erster Linie Röhrensender inbetracht, bei denen alle elektrischen Anforderungen für den Radiotelephonverkehr in zurzeit bester Weise erfüllt werden können. Die Tatsache, daß sich Röhrensender, insbesondere für Telephoniezwecke, mit sehr großen Energien für den Dauerbetrieb wirtschaftlich noch nicht herstellen lassen, hat hier nur wenig Bedeutung, denn die Broadcasting-Sender sollen Distrikte bestreichen, deren Radien verhältnismäßig gering sind. Im allgemeinen wird man mit Entfernungen von 500—1000 km vollkommen zufrieden sein können. Die meisten Empfänger werden sogar viel näher am Sender liegen. Im übrigen ist es durch Benutzung moderner Verstärkerschaltungen, wie z. B. hochwertiger Reflexschaltungen, ohne weiteres möglich, Broadcasting-Anlagen auf erheblich größere Entfernungen hin einwandsfrei im Empfänger zu erhalten. Man kann z. B. mit einer verhältnismäßig niedrigen Hausantenne, die sich im Zentrum Berlins befindet, mit ausreichender Lautstärke die Londoner Oper (900 km Entfernung) empfangen, trotz der gerade in Berlin zahlreich vorhandenen Energie verzehrenden Leitungsnetze aller Art.

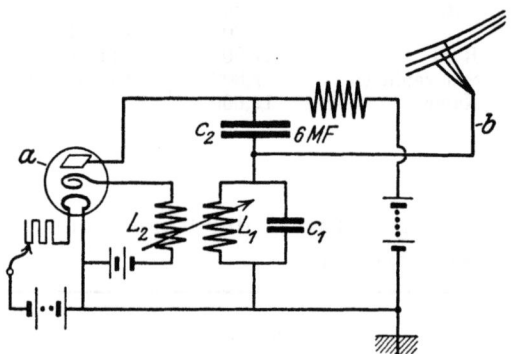

Abb. 66. Prinzip des Röhrensenders der Eiffelturmstation.

Als Beispiel einer besonders für den Broadcasting-Betrieb hergestellten Radiotelephonanlage soll die Röhrensenderanlage der Eiffelturmstation Paris besprochen werden. Mit dem Aufbau derselben wurde im Frühjahr 1921 begonnen, und bis in die neuere Zeit wurden noch dauernd Verbesserungen an dieser Anlage vorgenommen. Der Eiffelturmsender ist einerseits für Telegraphie und andererseits für Telephonie eingerichtet. Zum Verständnis des letzteren ist es zweckmäßig, auch die für das Senden der Morsezeichen vorgesehene Anlage zu betrachten. Abb. 66 zeigt das prinzipielle Senderschema. a sind die Senderröhren, vier, fünf oder sechs parallel geschaltet, von denen jede etwa 300 Watt leistet (4 Ampere Heizstrom, 12 Volt Heizspannung, 2300 Volt Anodenspannung, Fabrikat der Société indépendante de T. S. F.). Durch die Röhren wird in dem Kreise $C_1 L_1$ der Hochfrequenzstrom erzeugt.

Dieser Kreis ist rückgekoppelt mit dem aperiodischen Gitterkreis durch die Kopplungsvorrichtung $L_1 L_2$. Die Antenne ist mit b dem Schwingungssystem durch den Kondensator C_2 verbunden, der die außerordentliche Größe von 6 MF besitzt. Der Heizstromkreis wird durch eine Batterie von 10 Einheiten von je 300 Amperestunden parallel geschaltet mit einer Dynamo für 30 Volt Spannung gespeist. Die Einregulierung erfolgt durch einen Widerstand 10 (siehe Abb. 68). Zur Ablesung der Maschinen- oder Batteriespannung dient das Voltmeter 20, das mittels eines Wahlschalters 19 angeschaltet werden kann. Durch den Maximalschalter 34 wird verhindert, daß sich Strom von der Batterie über die Maschine ausgleicht. Der gesamte Heizstrom wird am Amperemeter 21 abgelesen. 26 ist ein Differentialamperemeter, das den Batteriestrom zu bestimmen gestattet. Es kommt außerordentlich darauf an, die Heizspannung konstant zu halten, da hiervon der Antennenstrom abhängt. Die Heizspannung darf infolgedessen nicht unter den normalen Wert sinken, andererseits darf sie nicht größer werden, da sonst die Lebensdauer

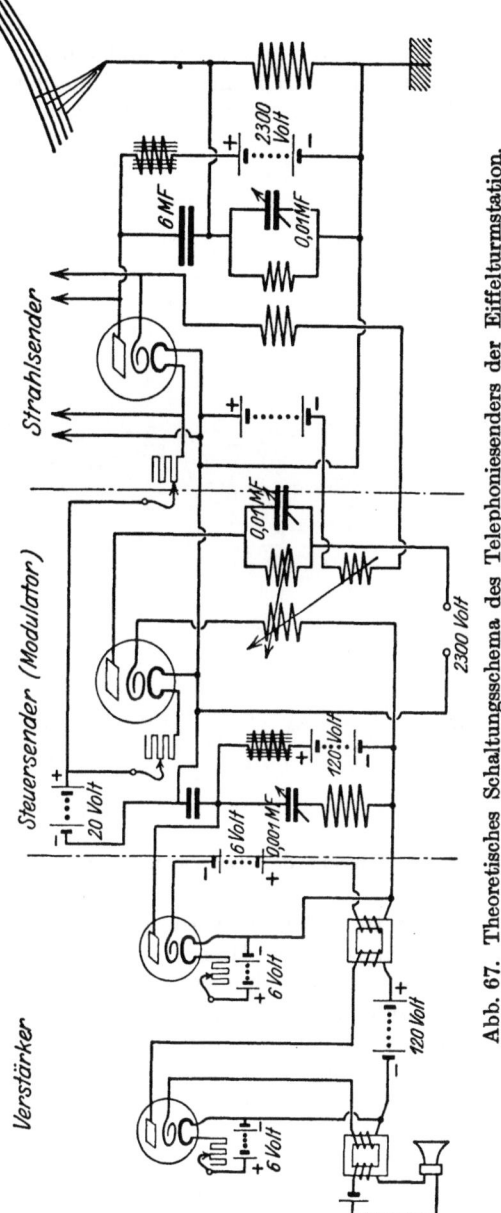

Abb. 67. Theoretisches Schaltungsschema des Telephoniesenders der Eiffelturmstation.

der Röhren merklich abnimmt. Aus diesem Grunde ist ein Stromunterbrecher vorgesehen, der das Relais 29 betätigt und in Funktion tritt, sobald die Spannung im Bereiche des Normalwertes um 1 Volt variiert. Ein kleiner Kommutator 18 dient zur Betätigung der Senderröhren. Besondere Widerstände 10 bis 17 gestatten im einzelnen, den Heizstrom jeder der Senderröhren speziell einzuregulieren.

Bezüglich des Gitterkreises gilt folgendes: Die Gitter sind sämtlich parallel geschaltet und werden auf einem negativen Potential von ungefähr 70 Volt durch eine Batterie geringer Kapazität gehalten. Dadurch, daß man so weit auf dem linken Ende der Gitteranodenstrom-

Abb. 68. Ansicht des Telephonieröhrensendertisches der Eiffelturmstation.

charakteristik arbeitet, wird jeweilig nur der Impuls des positiven Wechsels ausgenutzt. Hierdurch werden stärkere Beeinflussungen, insbesondere beim Telephonieren, erzielt. Die Selbstinduktion des Gitterkreises kann stufenweise durch einen Kommutator 40 verändert werden. Ein Milliamperemeter 22 ist durch einen Kondensator geshuntet.

Bezüglich des Anodenstromkreises ist folgendes zu bemerken: Dieser Kreis ist allen Senderröhren gemeinsam. Der Resonanzkreis $C_1 L_1$ besteht aus einem Kondensator von 0,1 MF und einer Selbstinduktion, deren Größe durch eine Kontaktanordnung 42 variiert werden kann. Der Kopplungsgrad zwischen Gitter und Anode wird mittels eines Variometers 41 verändert. Antenne und Erdung sind an den Schwingungskreis angeschlossen. Die Antennenkapazität (Eiffelturmantenne) beträgt 0,007 MF und ist mit einem veränderlichen Kondensator C_2

in Serie geschaltet. Die Wellenlänge des gesamten Systems beträgt 2600 m. Die Speisung der Anoden erfolgt durch eine Drosselspule (siehe Abb. 68). Der Anschluß der Anode an den Schwingungskreis geschieht durch den schon erwähnten Kondensator von 6 MF. Dieser Kondensator ist so groß gewählt, um gleichsam als Akkumulator zu dienen.

Mit Rücksicht auf die verhältnismäßig sehr ungünstige Eiffelturmantenne, die prädestiniert ist, atmosphärische Ladungen in starkem Maße aufzunehmen, ist ein Shunt, bestehend in einer Selbstinduktionsspule hoher Induktanz, vorgesehen, um die atmosphärischen Ladungen nach Erde abzuleiten, ohne den hochfrequenten Schwingungen hierdurch einen Kurzschluß zu bieten. Der Anodenstrom wird durch ein Milliamperemeter 23 gemessen, die Anodenspannung durch einen Voltmeter 24, während der Strom in der Antenne an einem Hitzdrahtamperemeter 25 abgelesen wird.

Für die Hochspannungsanlage sind folgende Teile kennzeichnend: 32 ist ein Ölschalter, der in dem einen Zweig der Hochspannungsquelle eingeschaltet ist. Mittels eines Kommutators 33 kann die Erregung variiert werden. Der Widerstand 36 erlaubt die Maschinenspannung einzuregulieren.

Der vorgenannte Sender bildet die Grundlage für die eigentliche Telephonieeinrichtung. An Stelle der reinen Telephonieanordnung ist hierbei eine Modulatoranordnung (Steuersender) für die Besprechung durch die Mikrophonanordnung gesetzt.

Das prinzipielle Schema des Radiotelephonsenders ist in Abb. 67 dargestellt. Abb. 68 gibt die Photographie des Sendertisches. Die eingetragenen Zahlenwerte beziehen sich teils auf das Obige, teils auf die nachstehende Beschreibung.

Der Telephoniesender besteht aus drei wesentlichen Teilen:
1. Aus der Mikrophonanordnung mit den Verstärkern.
2. Aus dem Steuersender (Modulator).
3. Aus dem Hauptsender, der die Schwingungsenergie erzeugt und auf die Antenne zur Ausstrahlung überträgt.

Zu der Mikrophonanordnung einschließlich der Verstärker ist folgendes zu bemerken: Die Sprachschwingungen, die das Mikrophon entweder direkt oder durch eine Linienführung beaufschlagen, werden zunächst verstärkt. Dies geschieht durch einen Zweifachverstärker, der kleine französische Röhren mit zylindrischer Anode und Gitter enthält. Die beiden Transformatoren sind Auftransformatoren. Das negative Gitterpotential beträgt 6 Volt. In den Anodenstromkreis der zweiten Röhre sind eine Selbstinduktion und ein Kondensator von ungefähr 0,001 MF in Serie geschaltet. Diese Impedanz ist notwendig, um am Gitter der Steuerröhre eine den Mikrophonschwingungen entsprechende Variation des Potentials zu erhalten. Auf diese Weise werden die Schwingungen des Kreises C_3 L_4 auf Radiofrequenzen moduliert, und durch die Kopplungsvorrichtung L_2 L_3 werden diese modulierten Schwingungen auf den Antennenkreis übertragen. Im übrigen ist eine direkte Kopplung zwischen der Selbstinduktion des

Gitterkreises, des Steuersenders und des Hauptsenders vorhanden. Die Art und Amplitude der Modulation hängt in hohem Maße von der Kopplung zwischen den Induktanzen ab. In Abb. 68 sind die Selbstinduktionen L_2 L_3 L_4 durch die Nummern 37, 38 und 39 gekennzeichnet. Durch Lagenänderung der Spulen ist es möglich, Kopplungsänderungen in weiten Grenzen herzustellen. Nr. 40 bezeichnet ein Amperemeter im Steuersenderkreis, Nr. 41 die Kapazität $C\,3$ von Abb. 66.

Zur Einregulierung und Bedienung ist eine gewisse Geschicklichkeit erforderlich. Der Sender arbeitet ausgezeichnet.

Die Antenne besteht aus 4 galvanisierten Stahlkabeln, die, gemäß der Skizze Abb. 69, von der Spitze des Eiffelturms herabgeführt sind.

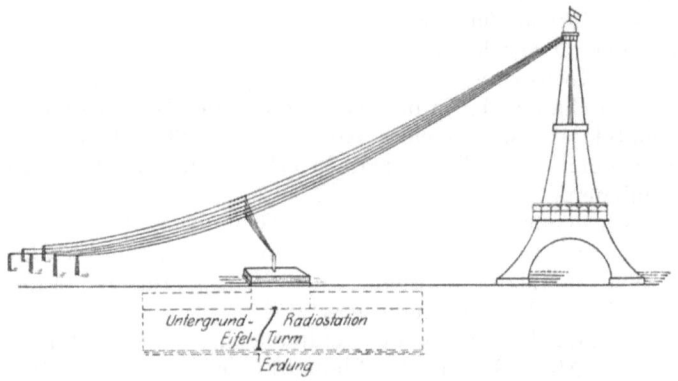

Abb. 69. Anordnung der Eiffelturmstation und der Antenne.

Die Drähte sind sämtlich an ihrem oberen Ende gegeneinander isoliert. Die Antennenkapazität beträgt 0,007 MF, ihre Grundschwingung 2000 m. Als Erdung dienen eine große Anzahl von Zinkplatten, die unter der Station eingegraben sind, und die eine Fläche von 600 m² bedecken. Der Antennenschalter für den Hauptsender wird elektrisch durch einen Knopf (Nr. 42 in Abb. 68) bedient. Er wirkt vollkommen automatisch und verhindert, daß während des Sendens empfangen wird.

Der Antennenstrom während des Telephonbetriebes beträgt ungefähr 11,5 Ampere.

Besondere Berücksichtigung hat, namentlich bei den amerikanischen Broadcasting-Sendestationen die Innenausstattung derjenigen Räumlichkeiten gefunden, in denen die Mikrophone besprochen, besungen oder bespielt werden. Um tunlichst alle Reflex- und Echowirkungen zu vermeiden, werden diese im allgemeinen absichtlich nicht sehr groß gewählten Räume mit Stoff bekleidet und mit Portieren versehen, wodurch eine Schalldämpfung an den Wänden, soweit diese überhaupt zur Wirkung kommen können, stattfindet.

V. Der Radioempfänger.
Empfangsapparate für Broadcasting der Lieferungsfirmen.
A. Allgemeine an Amateurempfänger zu stellende Anforderungen.
a) Einteilung der Amateurempfänger.

Die Zahl der von der Industrie fabrizierten und im Handel erhältlichen Empfänger ist eine außerordentlich große und die Ausführung derselben eine sehr mannigfaltige. Im wesentlichen lassen sich freilich immer wieder dieselben Richtlinien und Konstruktionsgesichtspunkte feststellen, wenn auch die äußere Formgebung voneinander abweicht.

Für Anfänger und für diejenigen Amateure, die sich mit einfachen Apparaten begnügen wollen, werden Kristalldetektorempfänger gebaut, die meist eine sehr einfache Schaltung aufweisen. Im allgemeinen ist nur eine Abstimmspule, manchmal sogar ohne besonders fein variable Abstimmittel, vorgesehen. Eine derartige Primärschaltung ohne irgendwelche Besonderheiten ist zwar sehr einfach, besitzt aber nur eine geringe Störungsfreiheit und kleine Lautstärke. Da der Kristalldetektor keine Verstärkung bewirkt, ist der Empfang, selbst bei Benutzung einer Hochantenne, nur verhältnismäßig leise, falls der Sender sich nicht in unmittelbarer Nachbarschaft befindet. Immerhin wurden und werden mit derartigen Empfängern für manche Zwecke recht gute Resultate erzielt, namentlich wenn sich der Amateur einen Extraverstärker, wohl meist in Form eines Niederfrequenzverstärkers, hierzu beschaffen kann.

Ungleich bessere Resultate erhält man mit einem Röhrenempfänger, dessen Lautstärke von vornherein ein Vielfaches, meist etwa das Hundert- bis Tausendfache derjenigen eines Kristalldetektorempfängers ausmacht, bei sonst gleichen Verhältnissen. Auch bei den im Handel üblichen Röhrenempfängern ist an sich die Mannigfaltigkeit der Schaltungen keine allzu große. Im allgemeinen wird einfacher Audionempfang bevorzugt, und häufig werden 1—2 weitere Röhren zur Verstärkung dahinter geschaltet. Nur bei einigen Empfängern, die zum Teil schon besonderen Luxusanordnungen entsprechen sollen, ist man auf selektivere und größere Lautstärken ergebende Schaltungsanordnungen übergegangen, ähnlich denjenigen, die für radiotelephonische und radiotelegraphische Verkehrszwecke benutzt werden. Alsdann ist außer Hochfrequenzverstärkung hinter den Röhrenempfänger noch ein besonderer, meist mit der Apparatur vereinigter Mehrfachverstärker geschaltet, der es ohne weiteres ermöglicht, mit einer entweder im Zimmer ausgespannten Antenne oder einer Rahmenantenne zu empfangen. Diese

Apparate sind vielfach in ähnlicher Weise wie die Luxusgrammophone ausgestattet, so daß sie direkt einen Zimmerschmuck darstellen.

Im nachstehenden sollen aus der großen Anzahl der möglichen und geschaffenen Ausführungsformen einige besonders typische herausgegriffen und kurz beschrieben werden.

b) Gesichtspunkte für den Bau von Amateurempfängern.

Der Entwurf und der Bau eines drahtlosen Amateurempfängers ist durchaus nicht so einfach, wie es auf den ersten Blick scheinen könnte. Es sind eine Unmenge von Erfahrungen notwendig, zu denen sich noch ein gewisses konstruktives Geschick hinzugesellen muß, um für dieses Spezialgebiet der Radiotechnik etwas Brauchbares zu erzielen. Die außerordentlich große Menge von Radiogerät, die insbesondere in den Vereinigten Staaten von Nordamerika für das Broadcasting gebraucht wird, hat es mit sich gebracht, daß die verhältnismäßig wenigen alten Radiofirmen in keiner Weise mehr ausreichen, um alle Bedürfnisse zu befriedigen, und daß daher eine große Anzahl neuer Firmen entstanden sind. Die von diesen gelieferten Empfänger haben nicht immer den Erwartungen entsprochen, vor allem hat häufig die fabrikationsmäßige Ausführung der Apparate zu wünschen übrig gelassen. Es muß verlangt werden, daß die Lieferungsfirma jeden zu entwerfenden oder fertiggestellten Apparat einer gründlichen Durchprüfung in ihrem Laboratorium unterzieht, und daß alle in letzter Zeit hauptsächlich von den Amerikanern ausgehenden Neuerungen und Verbesserungen weitgehendste Berücksichtigung finden. Die im nachstehenden enthaltenen Gesichtspunkte dürften zum großen Teil das wiedergeben, was bei der Durchbildung und Fabrikation eines brauchbaren „Broadcasting-Empfängers" von Wichtigkeit ist.

c) Inwieweit muß der Amateurempfänger selektiv sein?

Eine allzu große Selektivität wird von dem Radioamateurempfänger gar nicht verlangt, ist sogar meist nicht einmal wünschenswert, da alsdann eine gute Sprachwiedergabe nicht erreicht werden kann. Für radiotelephonische Zwecke soll der Empfänger im Gegenteil eine gewisse Dämpfung und eine nicht allzu hohe Abstimmschärfe besitzen.

d) Unterschiede des Empfängers für Stadt- und Landgebrauch. Vorteile der Rahmenantenne.

Der Broadcasting-Empfänger hat zwei Hauptverwendungsgebiete, nämlich in der Stadt und auf dem Lande. Die Anforderungen, die an jede dieser beiden Kategorien gestellt werden müssen, weichen grundsätzlich voneinander ab. In einem städtischen Gebäude ist häufig nicht nur die Montage einer Hochantenne schwierig, sondern es tritt vor allem der Übelstand hinzu, daß, wenn mehrere Interessenten in einem Gebäude empfangen wollen, die hierfür erforderlichen Hochantennen sich miteinander koppeln, d. h. die Empfänger stören sich alsdann. Außerdem sind durch die zahlreichen Elektromotoren, Straßenbahnen, elektrischen Vorgänge in Lichtleitungen usw. derart viele Störungen vorhanden, die durch den Erdanschluß (Gas- und Wasserleitungen usw.) mehr oder weniger auf den Empfänger übertragen werden, und die so erheblich sein können, daß sie den Broadcasting-Genuß sehr in Frage stellen können. Bisher ist es nicht gelungen, derartige Störungen praktisch vom Empfänger fernzuhalten. Daher ist für den städtischen Broadcast-Empfänger eine Rahmenantenne vorzuziehen, die keine Erdung benötigt, infolge ihrer geringen Streuung die Aufstellung beliebig vieler Rahmenantennen in einem Hause gestattet, ohne daß diese sich gegenseitig stören, und infolge ihrer Richtwirkung eine gewisse Selektion und eine immerhin schon wesentliche Abkehr von Störungsherden zuläßt. Der große Vorteil der spulenförmigen Rahmenantenne besteht nämlich in ihrer Störbefreiung gegenüber atmosphärischen und sonstigen elektrischen Störungen der Nachbarschaft. Die Rahmenantenne erfordert aber Röhrenempfängerverstärker, die ganz anders gebaut sind als die Detektorempfänger.

Bei einem auf dem Lande aufgestellten Empfänger sind alle diese einschränkenden Bedingungen nicht vorhanden, da sich hier meist in einfachster Weise die Möglichkeit zur Ausspannung einer Hochantenne ergibt. Die Erde ist nicht durch Störungen usw. verseucht; eine ausreichend gute Erdung ist leicht zu erhalten und somit eine genügend große Empfangslautstärke, so daß man mit einem Kristalldetektor, häufig sogar ohne besonderen Verstärker, empfangen kann. Infolgedessen genügt auf dem Lande meist die Anschaffung eines Kristalldetektorempfängers, sei es in Form eines einfachen Primärempfängers oder in Gestalt eines hochwertigen Primär-, Sekundär- eventuell auch Tertiärempfängers. Eventuell kann man noch eine besondere Verstärkung dadurch bewirken, daß man einen Niederfrequenzverstärker an die Empfangsapparatur dranhängt.

e) Besondere Anforderungen an die Empfängerausführung.

Besonderer Wert ist auch auf die Ausbildung der Anschlußklemmen des Empfängers für Erde und Antenne, bzw. für die Rahmenantenne zu legen. Tritt an diesen Stellen ein nennenswerter Übergangswiderstand auf, so wird bereits hier ein wesentlicher Teil der Empfängerenergie verloren. Diese Forderungen gelten natürlich nicht nur für den Kristalldetektorempfänger, sondern ganz besonders auch für den Rahmenempfänger, bei dem von vornherein nur etwa mit dem tausendsten Teil der Empfangsenergie als bei der Hochantenne gerechnet werden kann.

f) Notwendige Prüfung des Empfängers durch den Amateur vor dem Ankauf.

Sofern der Amateur sich den Empfänger nicht aus gekauften oder selbstangefertigten Apparaten zusammenstellt, sondern ihn von einer Firma oder einem Händler fertig kauft, sollte er größte Vorsicht bei der Wahl und Ausprobierung an den Tag legen. Selbst bei den Erzeugnissen alter renommierter Firmen laufen zuweilen Herstellungsfehler unter, die sich bei der Benutzung des Apparates sehr unangenehm bemerkbar machen können. Eine eingehende Ausprobierung und Kontrolle, am besten in normaler Empfangsstellung, ist daher vor dem Ankauf dringend anzuraten.

Bei der Auswahl des Empfängers sollte der Amateur jedenfalls weniger auf die äußere Ausstattung, als vielmehr auf die Güte der Ausführung der Einzelelemente sehen, wie z. B. der Schalter, Kontakte, Leitungsführung usw. Darum prüfe man diese Einzelteile, wie insbesondere die Drehkondensatoren und den Innenzusammenbau aufs genaueste, damit man später nicht unliebsame Enttäuschungen erfährt, denn manche Apparate machen wohl äußerlich einen guten Eindruck, weisen aber bei näherer Besichtigung eine minderwertige Ausführung auf. Insbesondere sind die Einzelelemente daraufhin zu untersuchen, wie sie sich bei starker Benutzung, also nach erfolgter Abnutzung verhalten, denn Schalter, Steckkontakte, Schraubverbindungen und ähnliche Teile sind im Betriebe einer ständigen starken Abnutzung unterworfen.

Entsprechend der historischen Entwicklung und zum besseren Verständnis der ausgeführten Apparatur, werden zunächst Kristalldetektorempfänger und darauf Rahmen-Röhrenempfängerverstärker besprochen werden.

B. Kristalldetektorempfänger.

a) Allgemeine Anforderungen und Gesichtspunkte.

Die Kristalldetektorempfänger werden für den Radioamateurbetrieb meist in Form von Primärempfängern benutzt. Um eine bessere Selektion zu erhalten, wird man jedoch häufig auf einen Sekundärempfänger übergehen müssen. Im Handel sind eine große Anzahl von Primärempfängern für Kristalldetektoren zu haben, die jedoch oft keineswegs den billigerweise zu stellenden Anforderungen genügen. Als Abstimmittel dient bei vielen Apparaten eine Zylinderspule mit Schleifkontakt, also eine sog. Schiebespule. Selbst wenn, was meist nicht der Fall sein wird, die Kontaktgebung zwischen dem Stromabnehmer (Schieber) und den Spulenwindungen eine gute ist, so bleibt immer noch der Nachteil vorhanden, daß mehrere Spulenwindungen kurzgeschlossen werden und daß das nichtbenutzte Spulenende mitschwingt, Energie aufzehrt und die Abstimmung wesentlich beeinflußt. Der Schiebespulenempfänger sollte daher nur ausnahmsweise und alsdann auch nur in besonders guter Ausführung für den Gebrauch herangezogen werden.

Wesentlich besser sind alle diejenigen Empfänger, bei denen gewisse Spulenwindungen nach einer Kontaktbahn hin abgezweigt sind. Hierbei ist die Kontaktgebung eine außerordentlich viel bessere, und das Mitschwingen nicht benutzter Spulenteile ist im wesentlichen vermieden.

Am zweckmäßigsten sind naturgemäß diejenigen Anordnungen, die eine einwandfreie Abstimmung ermöglichen. Diese Anordnung besteht aus einer möglichst dämpfungslos gewickelten Spule in Kombination mit einem Drehkondensator, u. U. auch mit einem Variometer. Sehr zu empfehlen ist z. B. eine geringe Eigenkapazität besitzende, für den betreffenden Wellenbereich abgeglichene Honigwabenspule mit einem Drehkondensator mit Luftdielektrikum.

Um günstige Resultate zu erzielen, muß an den Kristalldetektorempfänger unbedingt die Forderung der variablen, auf ein Optimum einstellbaren Detektorkopplung gestellt werden. Dieser Forderung

Abb. 70. Einfacher Schiebespulenempfänger mit Kristalldetektor von G. Seibt.

kommen die meisten Schiebespulenempfänger gleichfalls nicht nach, so daß sie auch aus diesem Grunde unzweckmäßig sind. Die Detektorkopplung muß in Funktion von der jeweilig benutzten Wellenlänge eingestellt werden. Wenn man die Detektorkopplung fest macht, kann man sie höchstens auf einen mittleren Wert regulieren, der für den Betrieb meist nicht ausreichend erscheint.

b) Einfacher Schiebespulenempfänger mit Kristalldetektor von G. Seibt.

Eine wegen ihrer Einfachheit beliebte Empfängerform gibt Abb. 70 in Ansicht, Abb. 71 im Schaltungsschema wieder. In die Antenne-Erdverbindung, deren Kontaktschlußklemmen $a\,b$ auf der rückwärtigen Spulenhalteplatte, in Abb. 70 nicht sichtbar, angebracht sind, ist als Abstimmittel lediglich die Schiebespule c eingeschaltet. Die Windungslänge derselben wird wahlweise mit dem rechts sichtbaren Schiebekontakt d eingestellt. Der linke Kontakt e reguliert die Ankopplung des Kristalldetektors f, der auf der Vorderplatte erkennbar ist, ein. An die Klemmen vorn unten wird das Telephon g angeschaltet. Parallel zur Schiebespule liegt ein kleiner, in den Apparat eingebauter fester Kon-

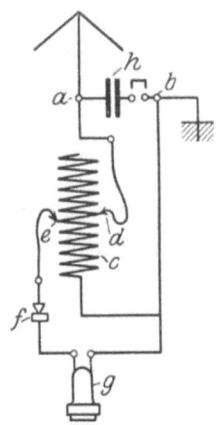

Abb. 71. Schaltschema des einfachen Kristalldetektor-Schiebespulenempfängers von G. Seibt.

densator h. Die Wellenlänge ist zwischen 150 und 2000 m in kleinen Sprüngen, entsprechend den Spulenwindungen, variabel. Die Abstimmschärfe und die Lautstärke sind naturgemäß meist nur gering, insbesondere deshalb, weil die Schiebekontakte gleichzeitig mehrere Win-

Abb. 72. Taschenempfänger von O. Kappelmayer.

dungen betätigen, wodurch in diesen Windungen Kurzschlußströme entstehen können. Dieser Apparat besitzt indessen den Vorteil, daß er in äußerst kleinen Dimensionen hergestellt werden kann, so daß man ihn eventuell in der Manteltasche bei Touren usw. mitnehmen kann.

c) Taschenempfänger von O. Kappelmayer.

O. Kappelmayer hat 1922 einen Taschenempfänger für sehr kleine Dimensionen gebaut, den Abb. 72 wiedergibt. Die Abstimmung wird durch ein räumlich sehr kleines Nierenspulenvariometer bewirkt, dessen Einstellgriff mit Skala in Abb. 72 erkennbar ist. Die Anschlüsse für Antenne, Detektor und Telephon sind im Kasten, bzw. am Kastendeckel links sichtbar.

d) Variometerempfänger der Huth-Gesellschaft, Type E 101, für Telephonie und gedämpfte Telegraphie.

Auf dem Deckel des Empfangskastens gemäß Abb. 73 sind die Anschlußklemmen für Antenne, Erde (oben), Detektor und Telephon (links und rechts seitlich), sowie der Abstimm-, Kopplungs- und Stufenschaltergriff erkennbar. Der Abstimmhandgriff (in der Mitte) bestreicht eine Skala, auf der die Wellenlängen aufgetragen sind, die für den Empfang eingestellt werden. Die Skala des Kopplungsgriffes (links unten) enthält drei Einstellungen (I, II, III), wovon I galvanische, II und III induktive Kopplung ermöglichen. Die Skala des Stufenschalters (rechts unten) weist 5 Stufen, entsprechend der Wellenskala, auf.

Es sind zwei Anschlußklemmen für die Antenne vorgesehen, und zwar für eine Antenne von 300 cm Kapazität und für eine solche von 600 cm Kapazität.

Abb. 73. Variometerempfänger Type E 101 der Huth-Gesellschaft, Berlin.

Für den Empfang wird an die Erdklemme eine Verbindung nach Erde (z. B. an die Wasserleitung, an ein Gasrohr oder dergleichen) gelegt; mit dem Stufenschalter wird der erforderliche Wellenbereich eingeschaltet und mit dem Abstimmgriff die Welle genau eingestellt, wobei auf übereinstimmende Farben der Wellenschalter- und Variometerbezeichnungen zu achten ist. Schließlich wird die günstigste Kopplung I, II oder III eingestellt.

Die Telephon- und Detektorklemmen sind so eingerichtet, daß sie sowohl für Steck- als auch für Klemmtelephone, bzw. Detektoren verwendet werden können.

Sämtliche Apparateteile sind an der Unterseite des Kastendeckels befestigt, so daß man nach Lösen der sechs Befestigungsschrauben

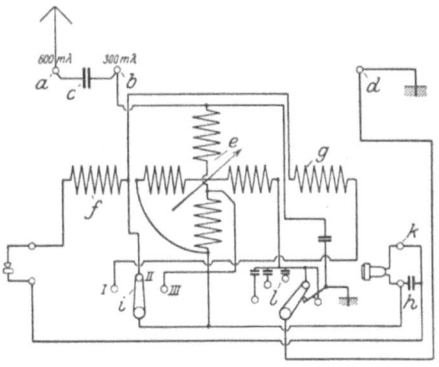

Abb. 74. Schaltschema des Variometerempfängers der Huth-Gesellschaft.

mit dem Deckel die ganze Einrichtung aus dem Kasten herausheben kann.

Die Reihenfolge der Teile von oben nach unten ist gemäß dem Schaltschema Abb. 74: Links 2 Klemmen *a* und *b* für die Antenne mit einem Verkürzungskondensator *c* für die Antenne 600 cm, rechts die Erdklemme *d* für das in der Mitte befindliche Antennenvariometer *e*. An diesem liegen links und rechts die beiden Kopplungsspulen *f g*, die bei Kopplungsstellung II und III über die Detektorklemmen sowie einen Blockkondensator *h* und einen Stufenschalter *i* den aperiodischen Detektorkreis darstellen. Parallel zum Blockkondensator *h* liegen die Telephonklemmen *k*. Bei Stellung I dient eine Hälfte der drehbaren Variometerspule als Kopplungsspule.

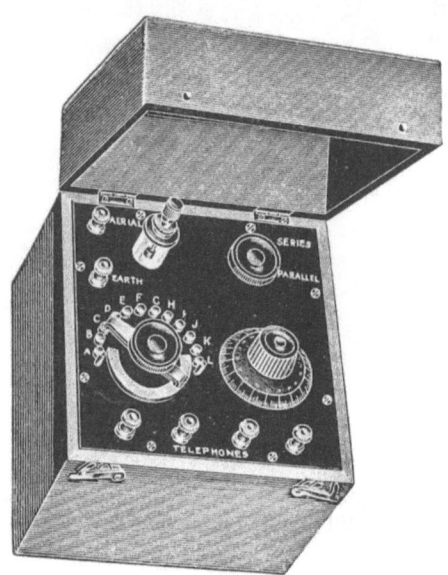

Abb. 75. Kristalldetektorempfänger mit geschlossenem Schwingungskreis der Radio-Instruments Ltd., London.

Das Antennenvariometer kann um 180° gedreht werden, wodurch die Antenne auf die gewünschte Wellenlänge abgestimmt wird. Unten rechts von dem Kopplungsschalter befindet sich der Stufenschalter *l* für die einzelnen Wellenlängen, er wird immer in den Wellenbereich geschaltet, in dem die betreffende Welle liegt, die empfangen werden soll, während die Feinabstimmung mit dem Variometer bewirkt wird.

Der Wellenbereich des Empfängers ist von 150 bis 1000 m λ.

e) Kristalldetektorempfänger mit geschlossenem Schwingungskreis der Radio-Instruments Ltd.

Einen sehr hochwertigen, bereits den Anforderungen der Verkehrsradiotelegraphie nachkommenden Empfänger gibt Abb. 75 wieder. Die Schaltung kann entweder so getroffen werden, daß die Stufenspule, die durch den Gruppenschalter links vorn in der Abbildung geschaltet wird, in Serie mit dem Drehkondensator, dessen Griff rechts vorn sichtbar ist, geschaltet wird, oder daß beide parallel liegen und alsdann einen geschlossenen Schwingungskreis darstellen. Eigentümlicherweise ist die Detektorkopplung nicht variabel einstellbar, was man bei einem derartigen hochwertigen Empfänger erwarten dürfte.

Es scheint vielmehr, als ob der Detektor fest mit der Selbstinduktionsspule gekoppelt ist. Auf die Ausführung und Einkapselung des Detektors ist bei dieser Apparatausführung offenbar besonderer Wert gelegt.

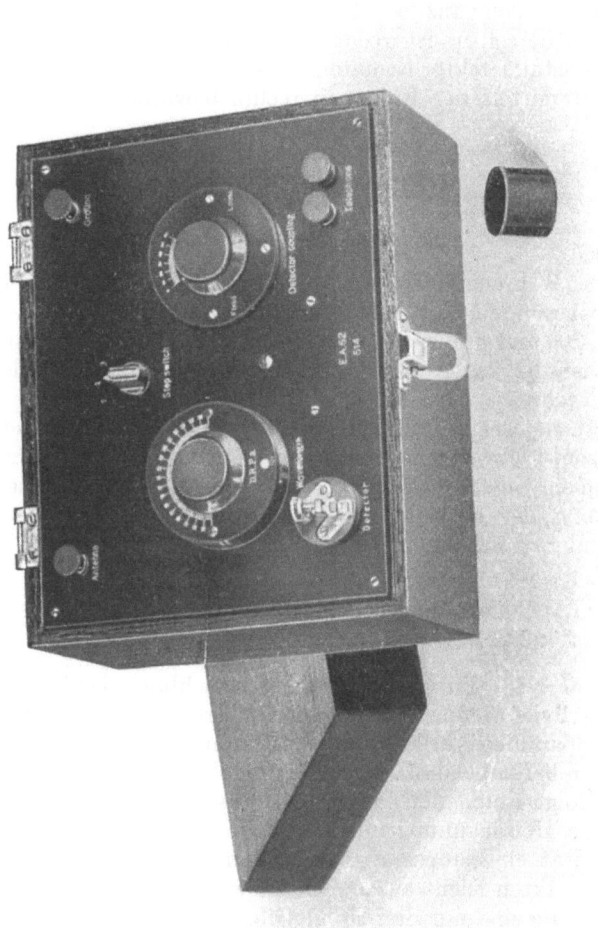

Abb. 76. Abstimmfähiger Kristalldetektorempfänger mit variabler Detektorkopplung der Radiofrequenz G. m. b. H.

f) Der abstimmfähige Primär-Kristall-Detektor-Empfänger der Radiofrequenz G. m. b. H.

Etwa alle Anforderungen, die aus der Radioverkehrstechnik her an einen gut abstimmbaren Primärempfänger gestellt werden können, sind bei dem Apparat der Radiofrequenz G. m. b. H. in Berlin-Friedenau erfüllt. Der Empfänger mit abgenommenem Schutzkastendeckel, schräg von oben gesehen, ist in Abb. 76 wiedergegeben. Oben sind die Anschlüsse für Antenne und Erde. In der Mitte darunter ist der Stufenspulenschalter für verschiedene Wellenbereiche erkennbar. Mit dem Empfänger kann der Wellenbereich von 150 bis 600 m bestrichen werden. Zur Feinabstimmung dient der Drehkondensator, der auf der Schaltplatte montiert ist. Die Detektorkopplung ist beliebig einstellbar und zwar von ganz loser Kopplung bis auf feste Beträge hinauf. Der Handgriff derselben ist rechts daneben angeordnet. Der leicht einstellbare Kristalldetektor ist unten links eingestöpselt. Der Telephonanschluß wird mittels der Klemmen rechts bewirkt.

C. Röhrenempfänger.

a) Allgemeine Gesichtspunkte.

Bei diesen Röhrenempfängern werden unverhältnismäßig bessere Resultate, insbesondere mit Bezug auf die Lautstärke, erzielt. Diese ist etwa 50—100 mal größer als bei einem Kristalldetektorempfänger, und die Bedienung des Apparates ist kaum schwieriger. Allerdings besteht ein Nachteil darin, daß eine Heizstromquelle und eine Hochspannungsbatterie für die Röhre gebraucht werden. Bei Vorhandensein von Gleichstrom-Lichtnetzanschluß kann man indessen in den meisten Fällen mit einem Netzanschlußgerät auskommen und auf diese Weise die Beschaffung der Batterien und Elemente, sowie deren ständige Aufladung und Erneuerung ersparen.

b) Einfacher Audionempfänger mit Rückkopplung von Telefunken, Type B.

Die Abb. 77 zeigt links den Antennenanschluß, rechts die Telephonkontakte, links unten die Klemmen für Erdung und rechts für die Strom- und Spannungsquelle. Die Abstimmung wird durch den in der Mitte unten befindlichen Handgriff einreguliert, die Rückkopplungseinstellung erfolgt durch den Handgriff links und die Einregulierung der günstigsten Heizspannung durch den Handgriff rechts. Die oben auf dem Apparat eingestöpselte Röhre kann durch Herausziehen aus den Stöpselkontakten leicht ausgewechselt werden.

Zur Betätigung sind nur drei Handgriffe nötig, nämlich Einschalten der Röhre, Einstellung der Wellenlänge und Einstellung der Verstärkung, welche die Röhre gleichfalls mittels des Rückkopplungsschalters bewirkt.

c) Der Audion-Primär-Sekundärempfänger der Radiofrequenz G. m. b. H.

Eine hochwertige für den Amateurbetrieb inbetracht kommende Ausführung gibt Abb. 78 wieder. Die Röhre, die sowohl für Audionempfang, als gleichzeitig zu einer gewissen Verstärkung dient, wird in der Mitte eingestöpselt. Darüber befinden sich die Anschlußklemmen für die Heizbatterie und die Anodenbatterie. Der Heizwiderstand wird mittels des links neben der Röhre befindlichen Schalters einreguliert. Der Schalter rechts daneben ist in Stellung links für kurze, rechts für lange Wellen. Die Selbstinduktionsspulen werden in die rechts erkennbare Kopplungsvorrichtung mittels einfacher Schraubklemmen eingesetzt, wobei die direkt am Apparat befestigte Spule für den Primärkreis, die rechts an dem Spulenhalter befestigte Spule in den Sekundärkreis eingeschaltet ist. Die Kopplungsvorrichtung ist so beschaffen, daß die Spulen von der festesten bis zur losesten Kopplung in jeder beliebigen Stellung eingeschaltet werden können.

Die Feinabstimmungskondensatoren sind unten direkt auf der Schaltplatte montiert.

d) Hochfrequenzverstärker-Audionempfänger von Kramolin & Co.

Ein besonders für den Amateurbetrieb ausgezeichnet übersichtlicher Zweiröhrenempfänger wird von der Firma Kramolin & Co. in München gebaut. Abb. 79 zeigt das theoretische Schaltungsschema, Abb. 80 den Empfänger in gebrauchsfertigem Zustand, während Abb. 81 den aufgeklappten Empfänger darstellt. Im rückwärtigen Teil rechts unten ist die Antennen- und Empfangskreisspule wiedergegeben.

Abb. 77. Einfacher Audionempfänger von Telefunken mit Rückkopplung, Type Telefunkon „B".

Die Kopplung zwischen beiden ist variabel. Zur Feinabstimmung dient der links neben dieser Anordnung montierte Wickelkondensator besonderer Bauart (siehe Abb. 185, S. 205). Da mit dem Empfänger ein sehr großer Wellenbereich bestrichen werden soll, ist die Achse des Kondensators hohl gebohrt und mit einer Innenachse versehen, die eine Kontaktwalze betätigt, um eine stufenweise Wellenvariation herbeizuführen. Diese Anordnung ist in der Abbildung neben dem Lager erkennbar. Vor jeder der oben aufgestöpselten Röhren ist ein besonderer Heizwiderstand geschaltet, der rückwärts oben in der Abbildung sichtbar ist. Der Silitwiderstand ist auf der Deckelplatte angebracht, desgleichen die Gitterkondensatoren. An den Apparat können zwei Telephone eingestöpselt werden, und zwar dienen hierzu Klinken, die in entspr. Federn Kontakt machen, so daß also jedes Telephon nur einen Klinkenschaltstöpsel besitzt.

Um die sehr instruktive Möglichkeit des einfachen Auseinanderklappens zu schaffen, mußten die Leitungsverbindungen an den Seitenwänden und an der Deckelplatte unterbrochen werden. Die Kontaktgebung ist hierbei durch eine besondere Federanordnung erreicht,

Abb. 78. Audion-Primär-Sekundär-Empfänger der Radiofrequenz G. m. b. H.

die gleichfalls aus der Abb. 81 erkennbar ist. Ob diese Federkontaktverbindung immer und unter allen Umständen eine zuverlässige Kontaktgebung gewährleistet, erscheint allerdings nicht ganz sicher.

c) **Zweiröhren-Musikempfängerverstärker der Medical Supply Association Ltd., London.**

Bei diesem Empfänger (Abb. 82) dient die eine Röhre zum Audionempfang, während mit der zweiten die Verstärkung bewirkt wird. Die Heizspannung wird mit den vor den Röhren befindlichen Drehknöpfen einreguliert. Die Telephone werden an die Kontakte rechts angeschaltet, die Antennenerdung an den links montierten Kontakten. Dahinter sind die Anschlüsse für die Stromquelle durch + und — kenntlich gemacht. Zur Anschaltung dient der dazwischen befindliche Schalter. Der Wellenbereich wird durch die Stufenspule, deren Kon-

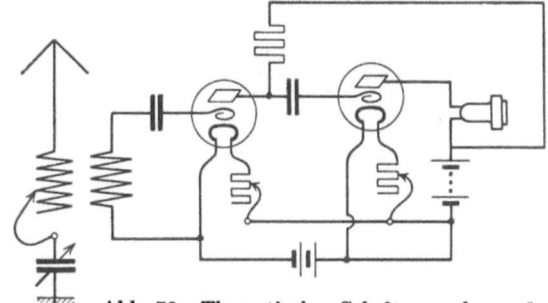

Abb. 79. Theoretisches Schaltungsschema des Hochfrequenzverstärker - Audionempfängers von Kramolin & Co. in München.

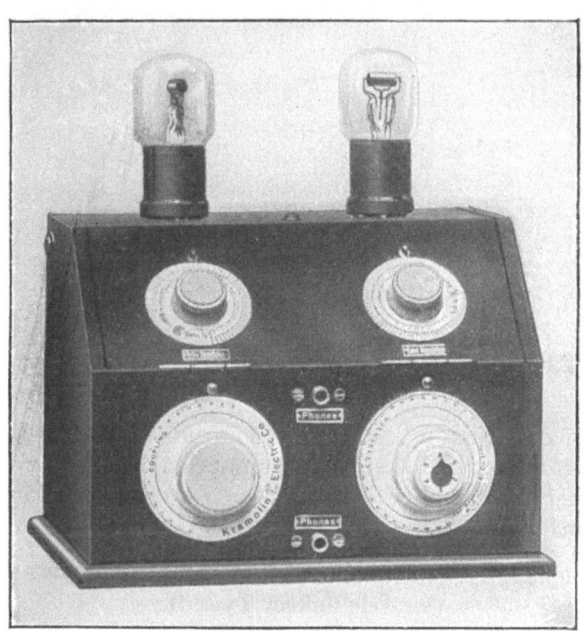

Abb. 80. Hochfrequenzverstärker-Audionempfänger von Kramolin im gebrauchsfertigen Zustand.

Die Heizbatterie ist rechts vom Anschlußpunkt der Verstärkerröhre einzuschalten.

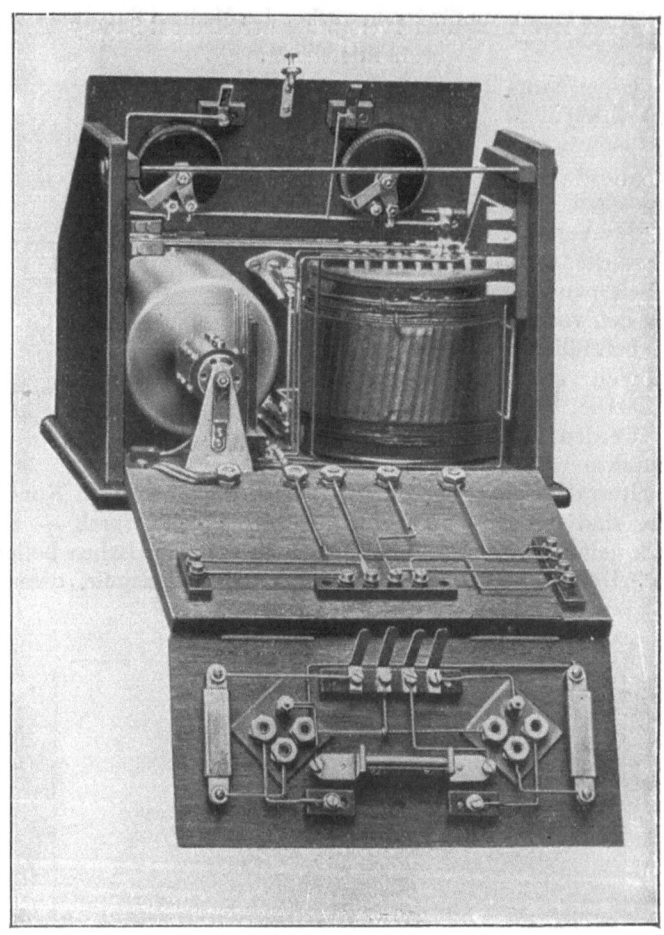

Abb. 81. Hochfrequenzverstärker-Audionempfänger von Kramolin in auseinandergeklapptem Zustand.

taktbahn in der Mitte erkennbar ist, einreguliert, während die Feinabstimmung durch den links davon montierten Schalter bewirkt wird. Hinter dem Spulenschalter befindet sich der Rückkopplungsschalter für den Verstärker.

f) Audionempfänger, kombiniert mit Zweifachniederfrequenzverstärker von Telefunken, Type D.

Einen sehr hochwertigen Empfänger von Telefunken gibt Abb. 83 wieder, bei dem Audionempfänger und Zweifachniederfrequenzverstärker miteinander kombiniert sind. Die Anordnung zeigt die Möglichkeit, entweder das Audion allein oder das Audion mit Einfachverstärkung oder Zweifachverstärkung zu benutzen. Im übrigen ist dieser Apparat so ausgeführt, daß er ohne weiteres auch für radiotelegraphische Verkehrszwecke verwendet werden kann.

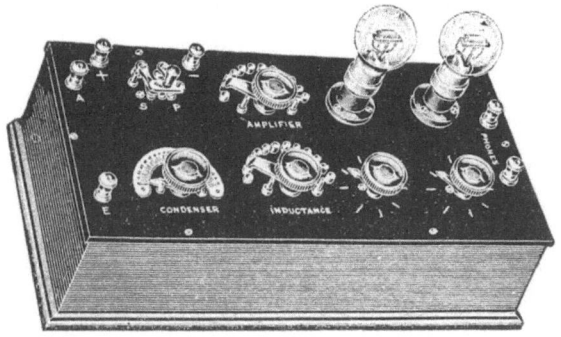

Abb. 82. Zwei-Röhren-Musikempfängerverstärker der Medical Supply Association Ltd., London.

g) **Vierröhrenempfängerverstärker der Radio Instruments Ltd., London.**

Die Ausführung dieses Empfängers, den Abb. 84 darstellt, entspricht den hochgradigsten Luxusbedürfnissen. Im mittleren Teil, dessen Türen aufgeklappt sind, ist die Schaltplatte mit den dahinter montierten Apparaten angeordnet. Die Abstimmungs- und Selektions-

Abb. 83. Audionempfänger kombiniert mit Zweifach-Niederfrequenzverstärker von Telefunken, Type Telefunkon „D".

elemente kommen allen modernen Radioverkehrszwecken nach. Eine der vier Röhren dient als Audion, die übrigen zur Verstärkung. Über dieser Apparatur befindet sich das mit Jalousiebrettern abgedeckte

Lautsprecherhorn, das im Inneren des Kastens eingebaut ist. In dem unter der Apparatur befindlichen Schubkasten werden die Zubehörteile aufbewahrt. Dieser Empfänger ist auch für Rahmenempfang bestimmt.

Abb. 84. Vier-Röhren-Empfängerverstärker, Type Lyrian 104 der Radio Instruments Ltd., London.

D. Rahmen-Röhrenempfänger.

Zum Teil sind die unter C angeführten Röhrenempfänger direkt für den Anschluß an eine Rahmenantenne geeignet. Spezielle Konstruktionen hierfür sind die folgenden:

a) **Rahmen-Empfängerverstärker von P. Floch, W. de Colle und E. Nesper.**

Anordnung und Konstruktion stammen bereits aus dem Jahre 1918/19, also aus einer Zeit, wo wohl kaum jemand sonst an die Ausführung derartiger hochwertiger Anordnungen dachte. Die Schaltung ist auch heute noch nicht überholt, wie zahlreiche Nachahmungen selbst bis in die neueste Zeit hinein beweisen.

Die Möglichkeit, mit Rahmenspulen zu empfangen, deren Durchmesser z. B. für den Empfang europäischer Großstationen in Mitteleuropa nur etwa 1,5 m², für den Empfang von amerikanischen Großstationen nur etwa 4 m² zu betragen braucht, beruht auf der Ausnutzung des magnetischen Kraftfeldes. Infolgedessen ist die Spule beim Empfang auch möglichst so zu orientieren, daß ein Maximum von Kraftlinien senkrecht durch die Spulenfläche hindurchgeht. Der Richteffekt einer derartigen Rahmenspule ist verhältnismäßig scharf, so daß hiermit auch gut fremde Stationen gesucht werden können.

Selbstverständlich ist es nicht erforderlich, den Rahmen, der im allgemeinen aus 10 bis 40 Windungen besteht, genau kreisförmig zu gestalten. Man kann ihn beispielsweise auch rechteckig, z. B. an einer Zimmerwand anordnen. Um die Spulenfläche zu vergrößern, kann man auch zwei senkrecht aufeinander stehende Wände benutzen. Die Richtwirkung wird alsdann der Lage und Größe der aufein-

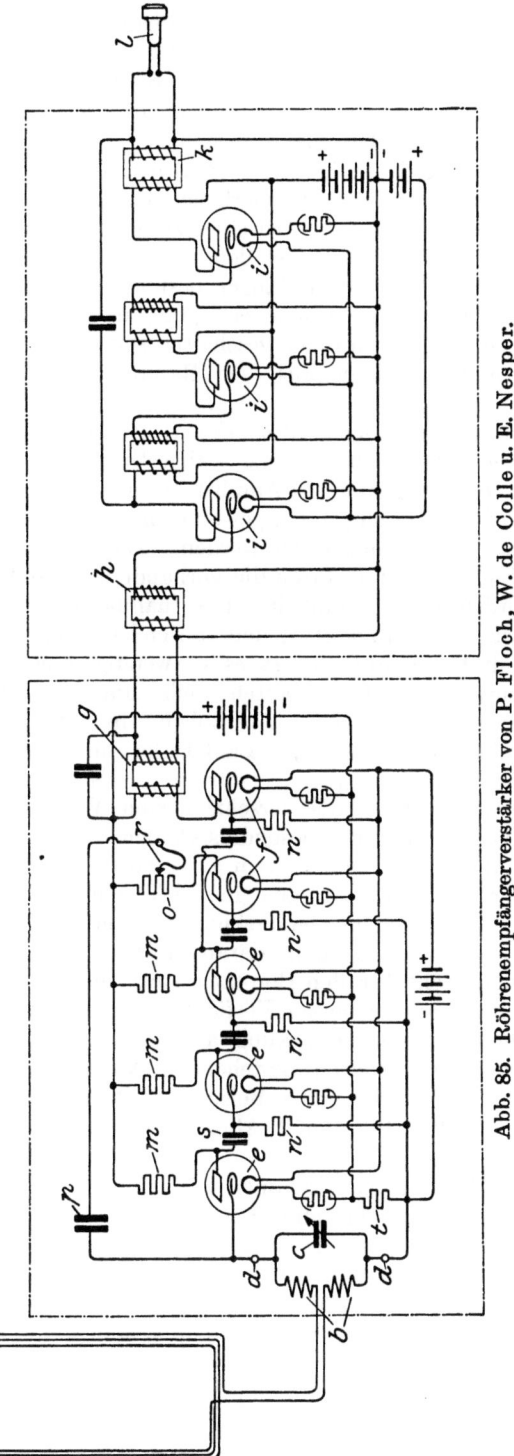

Abb. 85. Röhrenempfängerverstärker von P. Floch, W. de Colle u. E. Nesper.

ander senkrecht stehenden Spulenflächen entsprechen. Man kann im übrigen mit kleineren Spulenabmessungen auskommen, wenn man die Hochfrequenz-Niederfrequenzverstärkung noch weiter treibt, als dies bei dem nachfolgenden Beispiel angenommen ist. Dieses hat jedoch aus praktischen Gründen meist nicht viel Zweck, da die Ersparnis an Spulengröße in keinem Verhältnis zu den für die notwendige größere Lautverstärkung erforderlichen komplizierten Verstärkungseinrichtungen steht und sich bei einer zu weit gehenden Lautverstärkung auch zuviel Störungen einstellen.

Der Rahmenempfänger besteht außer der bereits erwähnten, mit Abstimmitteln versehenen Spule aus einer Röhrenapparatur, die z. B. gemäß der Abb. 85 geschaltet sein kann. a ist die Spule, die die Empfangsenergie aus dem Raume aufnimmt und einer zweckmäßig symmetrisch gestalteten Abstimmspulenanordnung b, sowie einem Abstimmkondensator c zuführt. An den Klemmen d ist die auf die fernen Senderschwingungen abgestimmte Empfangsenergie vorhanden und könnte, wenn die Amplitude genügend groß wäre, einem Detektor zugeführt werden, um in gewöhnlicher Weise mittels eines Telephons wahrnehmbar gemacht zu werden. Da indessen gegenüber gewöhnlichen Empfangsintensitäten die vorhandene Amplitude bei der relativ außerordentlichen Kleinheit der Aufnahmespule a nur verschwindend gering ist (sie beträgt etwa den tausendsten Teil derjenigen beim Empfang mit Hochantenne), ist es notwendig, eine intensive Verstärkung anzuwenden. Diese besteht teils, um den Schwellwert der Empfangsenergie genügend zu erhöhen, in einer Hochfrequenzverstärkung, teils aber, um die Lautstärke hinreichend groß zu machen, in einer Niederfrequenzverstärkung. Es sind aber, wie bereits bemerkt, ohne weiteres die verschiedensten Varianten dieses Grundgedankens möglich, um mit besonders kleinen Antennenspulen auszukommen. So kann man, wenn es sich z. T. darum handelt, für besonders bequemen Transport die Antenne in der Tasche mit sich zu führen, eine Mehrfachhochfrequenzverstärkung anwenden und dann erst die Niederfrequenzverstärkung daranschalten. Ist dieses nicht erforderlich, und steht für den Empfang einer nicht allzu weit entfernten Station eine Wandfläche zur Verfügung, so kann man auch mit einer Einfachhochfrequenzverstärkung auskommen und kann sich mit einer aus mehreren Röhren bestehenden Niederfrequenzverstärkung begnügen. Bei dem vorliegenden Beispiel von P. Floch, W. de Colle und E. Nesper (1918/19) gemäß Abb. 85 bis 88 ist etwa der erste Fall vorausgesetzt.

Die an den Klemmen d abgenommene Empfangsenergie wird drei in Serie geschalteten Hochfrequenzverstärkerröhren e zugeführt, wodurch der Schwellwert der Empfangsenergie etwa um das Fünfhundertbis Tausendfache erhöht wird. Darauf geht die Energie in die beiden als Audion und Niederfrequenzverstärkungsröhren wirkenden, parallelgeschalteten Röhrenpaare f über und kann von hier aus mittels eines Transformators entweder direkt einem Abhörtelephon zugeführt werden, oder, wie in der Abbildung gleichfalls angedeutet, nach Passieren eines

Eingangstransformators h einem aus drei Röhren bestehenden besonderen Niederfrequenzverstärker i zugeführt werden. Erst an dem letzten Ausgangstransformator k liegt das eigentliche Empfangstelephon l.

Besonders beachtenswert an dieser Schaltung ist der Fortfall aller Transformatoren zwischen den Hochfrequenzverstärkerröhren. Um die der jeweilig nächstfolgenden Hochfrequenzverstärkerröhre aufzudrückende erhöhte Spannungsamplitude herzustellen, sind an Stelle von Transformatoren hochohmige Widerstände m vorgesehen. Hierdurch ist nicht nur eine Ersparnis an teuren Apparaten bewirkt, die durch billige Widerstände ersetzt sind, sondern es ist auch der elektrische Vorteil erreicht, daß praktisch jede Verzerrung, Phasenverschiebung usw. vermieden ist. Übrigens könnte auch der Ausgangstransformator g vermieden werden, wenn ein entsprechend abgeglichenes, hochohmiges Telephon benutzt werden würde. Um sich jedoch auch die Verwendung beliebiger und speziell niederohmiger, genügend empfindlicher Telephone freizuhalten, ist es vorteilhafter, diesen Transformator g beizubehalten. An Stelle der Widerstände m könnten im übrigen etwa mit demselben Effekt Drosselspulen mit großen Selbstinduktionskoeffizienten, die etwa in der Größenordnung von 1×10^6 bis 200×10^6 cm liegen, Verwendung finden.

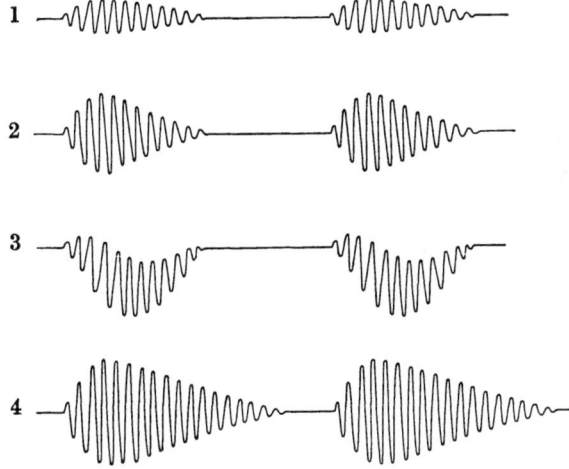

Abb. 86. Schwingungsvorgänge im Röhrenempfängerverstärker.

Die Widerstände n (Gitterableitungswiderstände) sind zwischen Gitterelektrode und Kathode angeordnet, um die statischen Gitterladungen abzuleiten, da sich sonst durch die auftretenden Entladungen knackende Geräusche im Telephon unangenehm bemerkbar machen würden.

Um bei dem Spulenempfänger, sofern ungedämpfte Schwingungen im Morserhythmus empfangen werden, einen tönenden Schwebungsempfang sicher zu erreichen, ist vor die für Audion und Niederfrequenz dienende erste Röhre f ein Kondensator p nebst regulierbarem Ohmschen Widerstand o vorgeschaltet.

Die auf dem Widerstand auftretenden verstärkten Amplituden werden infolgedessen an das Schwingungssystem abc zurückübertragen und überlagern sich über die Empfangsschwingungen, was infolge der

Hochfrequenzverstärkung den verstärkten tönenden Empfang liefert. Um die lokale Schwingungsenergie zu variieren, wird der Kontakt r, der mit dem Kondensator p, also mit dem Schwingungssystem abc in Verbindung steht, einregulierbar gestaltet, so daß auf das Optimum der Lautstärke eingestellt werden kann.

Der Schwingungsvorgang bei Empfangsstellung von Morsezeichen ist etwa folgender:

Die an den Klemmen d von dem Empfangsapparat aufgenommenen Schwingungen werden einerseits an das Gitter, andererseits an die Kathode der ersten Röhre e übertragen, stellen also einen Schwingungs-

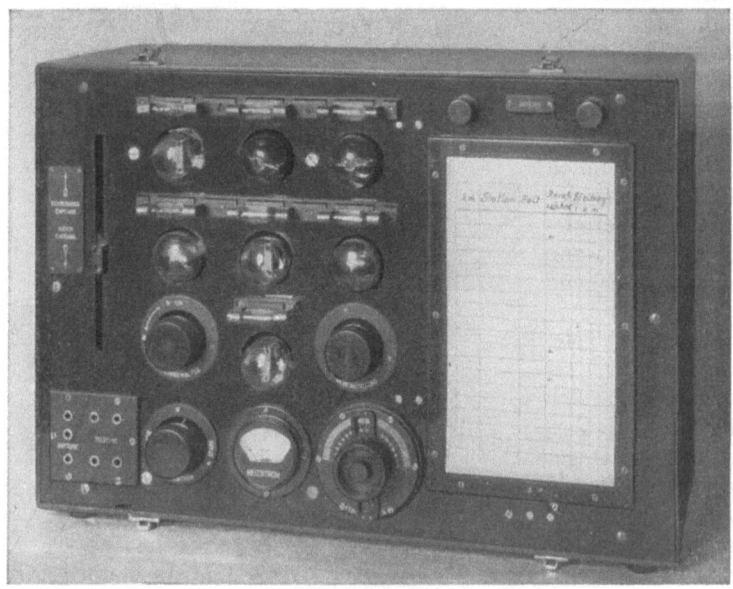

Abb. 87. Sieben-Röhren-Rahmenempfänger von P. Floch, W. de Colle und E. Nesper.

verlauf gemäß Abb. 86 1 dar und verursachen Schwankungen des Anodenstromes dieser Röhre. Infolgedessen werden an dem ersten Widerstand m phasengleiche Spannungsschwankungen mit vergrößerter Amplitude gemäß Abb. 86, Diagramm 2 hervorgerufen, die mittels des Kondensators s an das Gitter der zweiten Röhre übertragen werden, wobei der Kondensator s eine Auflading des Gitters auf das positive Potential verhindert. Für den Wert des Widerstandes m gibt es ein Optimum, das sich aus der Röhrencharakteristik ermitteln läßt. Die Energie wird nunmehr auf die zweite und alsdann auf die dritte Röhre übertragen. In beiden findet eine entsprechende Amplitudenverstärkung statt, so daß die im dritten Widerstand m auftretenden Spannungsschwankungen bereits die Form von Nr. 3 Abb. 86 besitzen.

Wenn man nun dem Gitter der dritten Röhre unter Benutzung des Widerstandes t ein genügend hohes negatives Potential aufdrückt, so kann die negative Aufladung desselben vermieden werden, und es kann auch die dritte Röhre lediglich zur Verstärkung verwendet werden.

Dadurch, daß der variable Widerstand ro in der Audion-Niederfrequenzverstärkungsröhre f vorgesehen ist, findet die bereits oben erwähnte Rückführung der Energie statt, wobei die so erzielten rückgeführten Spannungsschwankungen um so größer sind, je größer der Widerstand ro gewählt ist. Hierdurch wird sowohl beim Empfang gedämpfter Schwingungen als auch ungedämpfter Schwingungen eine weitere Vergrößerung der Schwingungsamplituden erzielt. Beim Empfang gedämpfter Schwingungen wird außerdem noch der Vorteil erreicht, daß gemäß Abb. 86 eine Verlängerung des Wellenzuges erzielt wird.

Dadurch, daß nun noch weitere Niederfrequenzverstärkungsröhren i mit der geschalteten Apparatur in Serie geschaltet sind, wird dieses Phänomen der Amplitudensteigerung bei gedämpften und ungedämpften Schwingungen und der Verlängerung der Wellenzüge bei gedämpften Schwingungen noch weiterhin gesteigert.

Eine Ausführung des Rahmenempfängers, die sich durch große Lautstärke auszeichnet, ist in Abb. 87 wiedergegeben. Hierbei sind insgesamt sieben Röhren benutzt, die in der Mitte der Apparatur erkennbar sind. Die Schaltung ist so getroffen, daß die ersten vier Röhren für Hochfrequenzverstärkung dienen, die fünfte Röhre für Audionempfang (Gleichrichtung) benutzt wird und die letzten beiden Röhren für Niederfrequenzverstärkung Anwendung finden.

Die Abstimmungselemente, Selbstinduktionsspulen und Kondensatoren sind bei dieser Ausführung im Apparatkasten eingebaut, und zwar befinden sich die Stufenspulen hinter der rechts unter Glas und Rahmen erkennbaren Skala, in welcher die wichtigsten Stationsnamen, deren Sendezeiten, Wellenlängen usw. eingetragen sind. Der Drehplattenkondensator ist in der Mitte unten ersichtlich. Die Wellenlänge kann kontinuierlich im Bereich zwischen 2200 und 24000 m variiert werden. Die stufenweise Einschaltung der Spulen — es sind insgesamt drei Stufen vorgesehen — wird durch den über dem Drehplattenkondensatorhandgriff erkennbaren Stufenschalter bewirkt. Zur Ablesung des Heizstromes dient das kleine neben dem Kondensator angeordnete Amperemeter. Links davon sind zwei Handgriffe erkennbar, von denen der untere einen Widerstand für die Regulierung der Heizstromstärke darstellt, während der darüber befindliche Handgriff Heizstrom und die Anodenspannung für die Röhren ein- und ausschaltet.

In der Ecke links unten ist eine kleine Schaltplatte zum Anstöpseln von zwei Telephonen und des Steckers für die Batterie des Anodenfeldes ersichtlich. Der darüber befindliche Handgriff dient zur Regulierung des in die Anodenleitung der vierten Röhre eingeschalteten Widerstandes (Reaktionswiderstandes), um im oberen Bereich Schwebungsempfang, im unteren Bereich Audionempfang durchzuführen. Die Antenne wird an die oberhalb des Rahmens erkennbaren Klemmen angeschlossen.

Zur Kopplung der Röhren dienen hochohmsche Widerstände mit Ausnahme der Kopplung zwischen der fünften und sechsten Röhre und der Ankopplung des Telephons. An der ersten Stelle ist ein Aufwärtstransformator, an der zweiten Stelle ein Abwärtstransformator benutzt.

Die Heizbatterie wird mittels Stöpselschnüren an die links unten erkennbaren Stöpsellöcher angestöpselt, während die Batterie für das Anodenfeld (Trockenelementbatterie) sich im Inneren des Kastens, leicht auswechselbar eingebaut, befindet.

Die an dem Kasten links unten anzustöpselnden Telephone sind in der Abbildung nicht wiedergegeben.

Den gesamten Aufbau einer kompletten Rahmenempfangsanlage gibt Abb. 88 wieder. Auf dem Tisch ist der in Abb. 87 dargestellte Rahmenempfänger aufgestellt. Die Zuleitungen zu der über dem Empfänger hängenden Rahmenspule sind rechts sichtbar. Diese ist ebenso einfach wie z. B. eine Petroleumhängelampe an der Decke angebracht und kann mittels des Handgriffes leicht in jede beliebige Lage gedreht werden. Als Indikationsinstrument dient der hinter der Rahmenspule sichtbare Lautsprecher, der durch eine Leitung mit dem Rahmenempfänger verbunden ist. Links unten sind die Zuleitungen für die Heizbatterie und die Batterie des Anodenfeldes, die unter dem Tisch erkennbar sind, angeschaltet. Zur Aufladung der Heizbatterie dient der an der Wand leicht aufgehängte Ladewiderstand, der aus einem Schalter, einem kleinen Spannungsmesser, zwei Sicherungen und sechs Glühlampen besteht, so daß der Heizstrom durch Zu- oder Abschalten von Glühlampen stufenweise reguliert werden kann. Abgesehen von der Erneuerung der Anodenfeldbatterie ist diese Anlage also so beschaffen, daß sie dauernd Tag und Nacht benutzt werden kann.

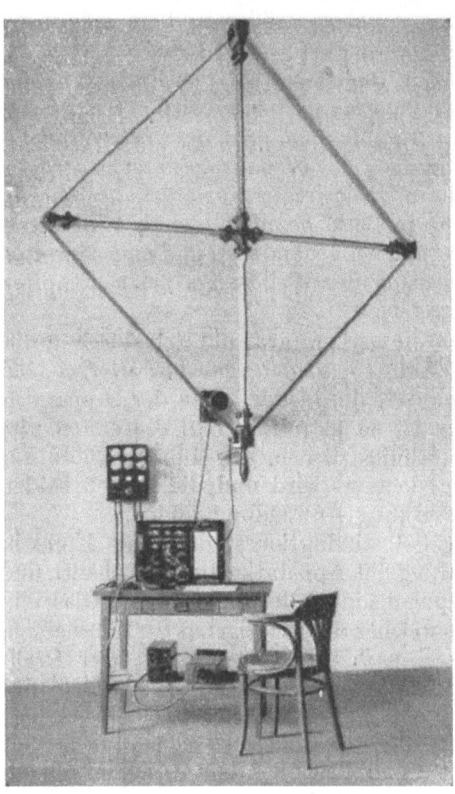

Abb. 88. Gesamtanordnung des Röhren-Empfänger-Verstärkers mit Rahmenantenne, Lautsprecher, Batterien und Ladevorrichtung.

Der Spulenempfängerverstärker ist bezüglich Abstimmschärfe und Selektivität (Störbefreiung gegen nicht gewünschte Sender) einem sehr guten Sekundärempfänger mit Hochantenne im allgemeinen mindestens gleichwertig, bezüglich Störbefreiung gegen atmosphärische Störungen sehr erheblich überlegen.

Infolge der geringen Gedämpftheit der Spulenantenne und der in dieser vorhandenen quasistationären oder annähernd quasistationären Strömung ist infolgedessen von vornherein durch Benutzung eines Sekundärkreises eine größere Selektivität gegenüber Spulenantenne-Primärempfang kaum zu erwarten. In der Tat haben ausgeführte Versuche gezeigt, daß die Störungsfreiheit eines Rahmenempfängers

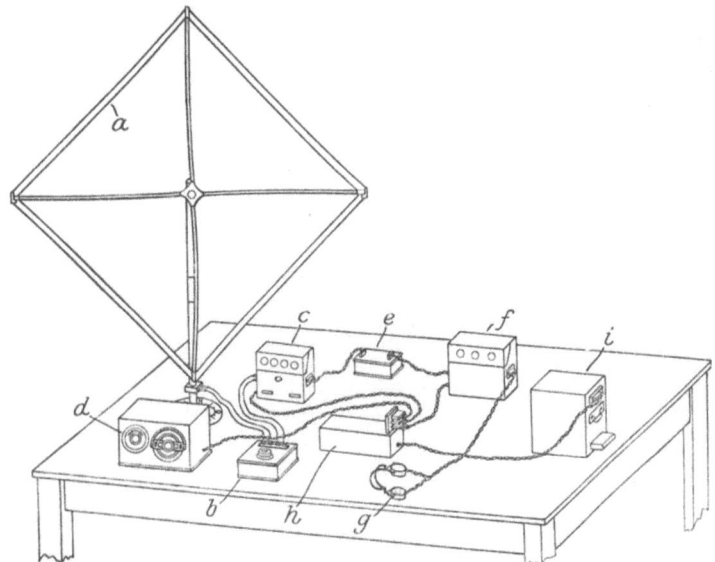

Abb. 89. Rahmen-Empfängeranlage der Lorenz A.-G. bei Trennung der einzelnen Empfangselemente.

mit Sekundärkreis praktisch gegenüber einem solchen, der nur Primärschaltung besitzt, nicht wesentlich besser ist.

b) Aus Einzelapparaten zusammengesetzte Rahmenempfängeranlage.

Manchmal wird es als zweckmäßig hingestellt, vor allem um die Rückkopplungserscheinungen auszuschließen, die zum Empfänger gehörenden Einzelapparate getrennt zu benutzen. Die sich ergebende prinzipielle Anordnung, wie sie die Lorenz A.-G. in Berlin benutzt, geht aus Abb. 89 hervor. Die an sich außerordentlich schwache Empfangsenergie wird mit der Rahmenantenne a aufgenommen und den Verlängerungs- und Abstimmspulen b, die in einen Kasten eingeschlossen sind, zugeführt. Darauf wird die schwache Empfangsenergie durch den Vierröhrenverstärker c in ihrer Amplitude so verstärkt, daß sie ausgenutzt werden kann. Um die schnellen kontinuierlichen und ungedämpften Schwingungen, die infolge ihrer hohen Frequenz an sich nicht direkt wahrnehmbar sind, hörbar zu machen, ist bei dieser Anordnung ein besonderer Schwebungszusatzapparat d vorgesehen, der auf die ankommenden Schwingungen einwirkt und bei passender Einstellung im Empfangstelephon g einen musikalisch hör-

Abb. 90. Vier-Röhren-Rahmenempfänger, Type „Radiola" der Société Française Radio-Electrique, Paris.

baren Ton hervorruft; dieser wird beim Radio-Telephonieempfang natürlich nicht benutzt. f ist ein Niederfrequenzverstärker, um die Empfangsamplitude, die durch die Hochfrequenzverstärkung nur bis zu einem gewissen Grade hochgeschaukelt werden kann, noch weiterhin zu vergrößern. Zwischen f und c ist ein besonderer Zwischentransformator e eingeschaltet. h ist die Anodenhochspannungsbatterie für die Verstärker, i die Akkumulatorenbatterie für die Heizung der Verstärkerröhren.

c) Vier-Röhren-Rahmenempfänger der Société Française Radio-Electrique.

Eine auch äußerlich sehr elegante Empfängerform, die Abb. 90 in Gebrauchsstellung wiedergibt, bringt die Société Française auf den Markt. Der vollständig in Holz einmontierte Empfangsrahmen ist direkt auf den die Abstimmittel enthaltenden Kasten aufgebaut. Die Wellenvariation erfolgt durch den vorn herausragenden Handgriff. Auf dem Kasten sind die Röhren aufgestöpselt. Bei dieser Anordnung ist der rechts sichtbare Lautsprecher mit dem Empfänger verbunden. Dieser Empfänger entspricht in seinem Aufbau, seiner Ausführung und der Einfachheit seiner Bedienung wohl den höchsten zu stellenden Ansprüchen. Es ist aber nicht sicher, ob in der Apparatur die Rückkopplungen ganz vermieden werden.

VI. Empfangsschaltungen.
A. Allgemeine Gesichtspunkte.

Aus der überaus großen Zahl aller möglichen Empfangsschaltungsanordnungen sind im nachstehenden nur die am meisten typischen Anordnungen ausgewählt, die sich besonders für die Benutzung durch den Amateur eignen, sei es für den Empfang von Morsezeichen (Telegraphie) oder für drahtlosen Telephonempfang oder auch teilweise für Meß- und Laboratoriumszwecke. Es ist hierbei so vorgegangen, daß stets nur die für den Empfang unbedingt erforderlichen Einzelapparate in den Schaltungsschemen angegeben sind, daß also alle Meßinstrumente, Zusatzapparate usw., soweit sie nicht ausdrücklich angegeben sind, fortgelassen wurden. Dies geschah einerseits, um das Übersichtsbild zu vereinfachen, andrerseits, um dem Amateur von vornherein darzulegen, mit wie verhältnismäßig einfachen Mitteln er einen brauchbaren Empfang herstellen kann.

Im nachstehenden sind im wesentlichen Hochantennen für den Empfang benutzt, und erst gegen den Schluß zu sind Schaltungsanordnungen mit Rahmenantennen wiedergegeben. Diese Anordnung ist deshalb gewählt, weil die Hochantenne unter allen Umständen den Empfang geringerer Empfangsenergien zuläßt, bzw. ohne besondere Verstärkungseinrichtungen auszukommen gestattet, welche bei der Rahmenantenne stets notwendig sind. Im Mittel kann man annehmen, daß die Empfangsenergie bei der Rahmenantenne etwa tausendmal kleiner ist c. p. als bei der Hochantenne. Der Amateur ist aber im allgemeinen darauf angewiesen, mit möglichst einfachen Mitteln zu arbeiten, was insbesondere auf Verstärker zutrifft, da bei diesen nicht nur die Anschaffungskosten zu berücksichtigen sind, sondern auch die nicht unwesentlichen Betriebskosten, Ersatz für entzweigegangene Röhren usw.

Der Nachteil der Hochantenne ist im wesentlichen in ihrem besondern, für den Amateur meist nicht ganz bequemen Aufbau bedingt. Da es sich hierbei jedoch nur um eine einmalige Aufwendung handelt, ist diese

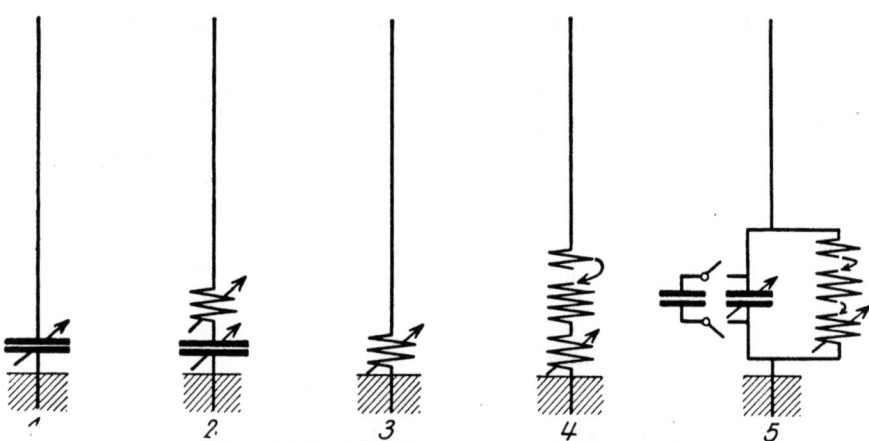

Abb. 91. Prinzipielle Einschaltungsmöglichkeiten von Kondensatoren und Selbstinduktionsspulen in die Antenne.

Schaltung 1: Einschaltung eines Kondensators zur Verkürzung der Antennengrundschwingung möglichst in die Nähe der Erdungsstelle, also in den Stromknoten. (Siehe auch Abb. 92 A.) Verkürzung nicht unter 0,7 der Antennengrundschwingung.

Schaltung 2: Serienschaltung eines Selbstinduktionsvariometers und eines Drehkondensators, wobei an Stelle des Variometers auch eine feste oder stufenweise veränderliche Selbstinduktionsspule treten kann. Schaltung für kleine bis mittlere Wellen.

Schaltung 3: Für mittlere und größere Wellen wird das Variometer allein ohne Kondensator benutzt, wobei selbstverständlich noch Kopplungsspulen und dergleichen eingeschaltet werden können.

Schaltung 4: Für noch größere Wellenlängen wird das Selbstinduktionsvariometer in Serie mit stufenweise veränderlichen Spulen in die Antennen geschaltet. Bei dieser und der vorhergehenden Schaltung kann infolge der Eigentümlichkeit des Variometers das Luftleitergebilde mehrwellig, stärker gedämpft und weniger selektiv werden. Außerdem können kleine Wellen leicht durch die Apparatur hindurchgehen.

Schaltung 5: Für große Wellen dient die nunmehr folgende Schaltung 5, wobei in die Antenne ein aus Selbstinduktion und Kapazität bestehender Schwingungskreis geschaltet ist. (Siehe auch Abb. 92 B.) Da der Kondensator um so mehr Energie verzehrt, je größer sein Kapazitätswert ist und um tunlichst die Einwelligkeit des Luftleiters zu wahren, soll die zum Kondensator parallel geschaltete Selbstinduktion groß sein gegenüber der Antennenselbstinduktion.

Müheleistung nicht allzusehr inbetracht zu ziehen. Elektrisch ist allerdings die Rahmenantenne viel störungsfreier als die Hochantenne. Die Hochantenne sollte nach Möglichkeit der Anordnung gemäß Abb. 132, S. 164 entsprechen. Indessen wird sie, den jeweiligen Veränderungen gemäß, von Fall zu Fall gewisse Abänderungen erfahren. Grundsätzliche Forderung ist jedoch einerseits, daß ihre Isolierung gegen die Antennenträger, Gebäudeteile usw. dauernd eine möglichst gute ist, da sonst sehr erhebliche Verluste an Empfangsenergie auftreten, und andererseits, daß sie dem jeweilig verlangten Wellenbereich, mit dem man zu arbeiten beabsichtigt, einigermaßen angepaßt ist. Sofern man nicht sehr große Verluste an Empfangsenergie in Kauf nehmen will, ist es ferner nicht möglich, die Grundschwingung der Antenne beliebig zu verkürzen. Unter 70 Proz. der Grundschwingung sollte man nicht gehen. Aber auch die Verlängerung durch in die Antenne geschaltete Spulen mit und ohne Kombination von Kondensatorkreisen ist nicht beliebig, und jedenfalls kann man mit einer allzu kleinen Antenne nicht die sehr großen Wellen von 15000 m und darüber empfangen. Welche prinzipiellen Einschaltungen von Spulen und Kondensatoren möglich sind, geht aus Abb. 91 hervor. Im übrigen ist es eine selbstverständliche Voraussetzung, daß die Antenne möglichst günstig für das Auffangen von Schwingungen angebracht wird, und daß man sie nicht etwa in einem schachtartigen Hof oder dergleichen aufhängt.

Eine Schaltungsanordnung, die für die Abstimmung einer Hochantenne fast stets benutzt wird, besteht darin, daß für kurze Wellen ein Drehkondensator in Serie mit der Abstimmungsselbstinduktion in die Antenne eingeschaltet wird (siehe Abb. 92 A), und daß derselbe zur Erzielung längerer Wellen parallel zu der Abstimmungsselbstinduktion geschaltet wird (siehe Abb. 92 B). Für die Serienkombination ist, wie schon bemerkt, darauf zu achten, daß der Kapazitätswert tunlichst nicht unter 0,7 der Antennenkapazität sinkt, keinesfalls aber kleiner als 0,5 dieses Wertes wird, da sonst ein zu erheblicher Verlust an Lautstärke eintritt.

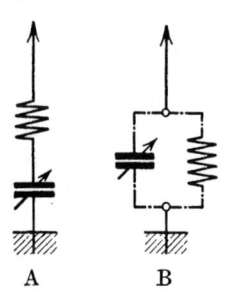

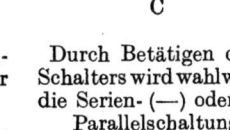

A Spule und Kondensator in Serie in der Antenne.

B Spule und Kondensator parallel in der Antenne (Schwungradschaltung).

Durch Betätigen des Schalters wird wahlweise die Serien- (—) oder die Parallelschaltung (—·—) bewirkt.

Abb. 92. *EN* 0 Schaltungsanordnung zur Wellenvariation der Antenne in weiten Grenzen.

Im allgemeinen wird man sowohl für die kurzen Wellen als auch für die langen Wellen denselben Kondensator benutzen. Man wird also einen möglichst einfachen Schalter vorsehen, der es mit einem Schaltgriff ermöglicht, die Umschaltung einschließlich der Erdung vorzunehmen. In beistehender Abb. 92 C ist ein derartiger, die Leitungsverbindungen besonders übersichtlich ergebender Doppelschalter mit den Schaltmitteln und den erforderlichen Verbindungen dargestellt. Legt man den Doppelschalter in stark gezeichnete Kontaktstellung *m*, so ist Spule und Kondensator in Serie gelegt, entsprechend Schema *A*;

legt man den Schalter in die —·—·— Stellung n, so hat man sog. Schwungradschaltung.

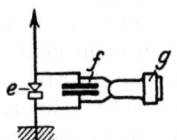

Abb. 93. EN 1 Direkte Einschaltung eines Kristalldetektors in eine Antenne ohne Abstimmittel.

Eine besondere Schwierigkeit liegt für den Amateur meist in der Schaffung einer guten Erdung. Die für drahtlose Verkehrsstationen hierfür geltenden Gesichtspunkte können natürlich für den Amateurempfänger, der ja von vornherein nur für erheblich kleinere Reichweiten, geringere Selektionen usw. bestimmt ist, nicht in Anwendung kommen. Der Amateur wird sich meist damit begnügen müssen, seinen Empfänger an die Wasser- oder Gasleitung anzuschließen. Sehr gut ist eine etwa vorhandene Blitzableitererdung. Sind solche Leitungen nicht vorhanden, so muß sich der Amateur eine Drahtleitung nach einem in der Nähe befindlichen Brunnen ziehen, wobei er besonders darauf zu achten hat, daß diese Leitung so kurz wie möglich wird.

B. Empfang mit Kristalldetektor.

Das einfachste Schaltungsschema stellt die direkte Einschaltung eines Kristalldetektors in die Antenne dar, ohne die Benutzung irgendwelcher Abstimmittel (siehe Abb. 93 EN 1). Mit dem Kristalldetektor ist die Serienkombination eines Blockkondensators f von $\sim$ 5000 cm Kapazität und eines Telephons g verbunden (wobei an Stelle des Telephons für objektive Tonwiedergabe auch ein Lautsprecher usw. treten kann). Diese Serienkombination kommt bei allen nachstehenden Kristalldetektorschaltungen wieder zur Verwendung, da sie sich in der Praxis am meisten bewährt hat. Die jeweilig benutzte Amperewindungszahl des Telephons richtet sich nach dem Detektorwiderstand der benutzten Schaltung sowie nach der Wellenlänge, mit der empfangen wird. An Stelle der Amperewindungszahl wird im allgemeinen ihr korrespondierender Widerstandswert in Ohm angegeben. Gebräuchlich sind Telephone, die pro Hörmuschel einen Widerstand von 500, 1000, 2000, 4000 oder noch mehr Ohm besitzen. Der Amateur tut gut, sich wenn möglich mehrere, mit verschiedenen Widerstandswerten versehene Telephonhörer anzuschaffen, so daß er in der Lage ist, sich die jeweilig günstigsten Verhältnisse auszuwählen. Mit der Schaltung gemäß Abb. 93 EN 1 ist naturgemäß ein selektiver Empfang nicht möglich, da die Antenne ohne Abstimmittel verwendet ist und nur den einen Ohmschen Widerstand darstellenden Detektor enthält, dessen stark dämpfende Eigenschaften nur teilweise durch den Blockkondensator f gemildert werden. Infolgedessen ist es möglich, mit dieser, nahezu einen aperiodischen Empfang darstellenden Schaltung Wellen in großem Bereich zu empfangen.

Hier und bei den folgenden Schaltungsschemen soll der Radioamateur seine Empfangsresultate, die er bei der besten Einregulierung erzielen konnte, eintragen. Die günstigsten Werte erhielt er bei:

Notizen:

C =
L =
λ =

Das Schaltungsschema der Abb. 94 *EN* 2 verwirklicht den Abstimmungsgedanken etwas besser. Zur Resonanzabgleichung auf den fernen Sender sind hierbei eine Schiebespule[1]) und ein Drehkondensator *i* als vorhanden angenommen. Um kleinste Wellen zu erzielen, wird der Schieber der Spule *h* auf den obersten Kontakt gestellt und der Drehkondensator *i* auf den geringstmöglichen Wert gedreht. Um die Wellenlänge zu vergrößern, wird zunächst der Drehkondensator *i* auf einen höheren Kapazitätswert eingestellt, da aus den oben angeführten Gründen bei allzu kleinen Stellungen zu viel Empfangsenergie verloren geht; alsdann wird der Schieber der Spule *h* abwärts bewegt, die Selbstinduktion also vergrößert. Bezüglich des Detektors *e*, des Blockkondensators *f* und des Telephons *g* gilt für diese und die nächstfolgenden Schaltungen das oben Ausgeführte.

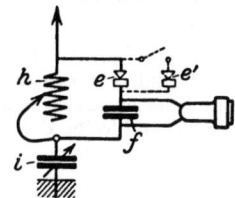

Abb. 94. *EN* 2. Primär-Kristalldetektorschaltung mit Schiebespule[1]) als Abstimmittel für kurze Wellen und fester Detektorankopplung.

Notizen:

C =
L =
λ =

Bei allen Kristalldetektorschaltungen ist es, bevor man den Empfänger auf den fernen Sender abstimmt, dessen Telegramme man zu erhalten wünscht, zunächst zweckmäßig, sich zu überzeugen, ob der Detektor in Ordnung ist, d. h. ob er tunlichst hochempfindlich eingestellt ist. Man kann dies am einfachsten dadurch bewirken, daß man in loser Kopplung von einem Summerkreis aus, der durch eine kleine Trockenelementbatterie gespeist wird, in zunächst fester und allmählich immer loser werdender Kopplung auf die Spule *h* induziert und den Detektor *e* auf maximale Empfangslautstärke einreguliert. Ein anderer, häufig gebräuchlicher und recht praktischer Weg besteht darin, daß man zu dem Gebrauchsdetektor *e* wahlweise noch einen Normaldetektor *e'* parallel schaltet, wie dies die Abbildung punktiert andeutet. Sobald man mit dem Normaldetektor den Empfänger auf den fernen Sender eingestellt hat, geht man zum eigentlichen Empfang auf dem Gebrauchsdetektor *e* über.

---

[1]) An Stelle der Schiebespule kann auch eine Stufenspule, Stöpselspule, ein Variometer, evtl. mit entsprechenden Anzapfungen, oder überhaupt irgendeine Vorrichtung benutzt werden, welche die Selbstinduktion stufenweise oder kontinuierlich zu verändern gestattet.

Mit der Schaltung, entsprechend Abb. 94 *EN* 2, kann eine gewisse Abstimmung erreicht werden, wobei jedoch von einer Störbefreiung noch keine Rede sein kann, da die Abstimmung im allgemeinen nicht scharf zu erzielen ist.

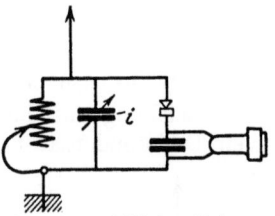

Abb. 95. *EN* 3. Primär-Kristalldetektorschaltung mit Resonanzkreis für lange Wellen und fester Detektorankopplung.

Wesentlich bessere Resultate bezüglich Abstimmung und meist auch mit Rücksicht auf die Empfangslautstärke sind mit der bereits einen geschlossenen Schwingungskreis in der Antenne darstellenden Schaltung gemäß Abb. 95 *EN* 3 erzielbar. Die Kapazitätsgröße des Kondensators i soll etwa 0,001 MF = 900 cm betragen. Mit dieser Schaltung sind bereits recht günstige Resultate zu erzielen, obwohl die Detektorkopplung noch fest ist und keineswegs auf das günstigste Maß einreguliert werden kann.

Notizen:
C =
L =
Abstimmschärfe:

Letzteres ist bis zu einem gewissen Grade mit der ebenfalls noch einen Primärempfangskreis darstellenden Schaltung gemäß Abb. 96 *EN* 4 möglich. Hier ist die Stufenspule h mit zwei voneinander getrennten

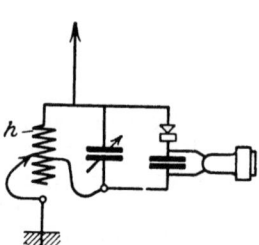

Abb. 96. *EN* 4. Primär-Kristalldetektorschaltung mit Resonanzkreis und variabler Detektorankopplung.

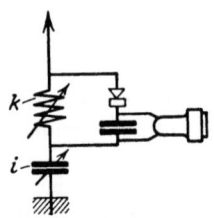

Abb. 97. *EN* 5. Primär-Kristalldetektorschaltung mit Variometer und Serienkondensator in der Antenne für sehr kleine Wellenlängen.

Schleifkontakten versehen, von denen der in der Abbildung links zur Abstimmung, der rechts teilweise auch zur Abstimmung des geschlossenen Kreises, in der Hauptsache aber zur Einregulierung der günstigsten Detektorkopplung dient.

Mit der Schaltung gemäß Abb. 96 *EN* 4 können, falls die dazu gehörige Antenne nicht allzu geringe räumliche Dimensionen besitzt, bereits mittlere Wellenlängen, also solche in der Größenordnung von 200 bis 3000 m empfangen werden.

Notizen:
  C =
  L =

Für den Empfang sehr kleiner Wellen kommt eine Schaltung, Abb. 97 *EN* 5 entsprechend, in Frage. Hierbei sind ein Selbstinduktionsvariometer k und ein Drehkondensator i als Abstimmittel in die Antenne geschaltet. Bei Einregulierung des Variometers und des

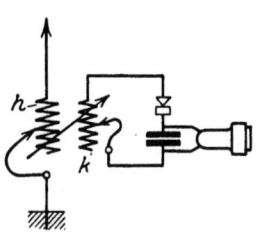

Abb. 98. *EN* 6. Primär-Kristalldetektorschaltung mit Schiebespulen.

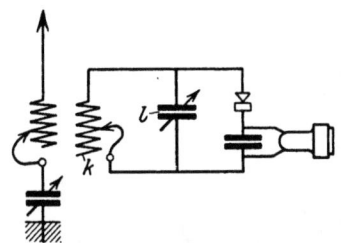

Abb. 99. *EN* 7. Primär-Sekundär-Kristalldetektorempfänger für kleine und mittlere Wellenlängen.

Drehkondensators auf kleine Beträge kommt man mit dieser Schaltung auf sehr kleine Wellen herunter, wobei jedoch im allgemeinen die Abstimmung nicht allzu scharf zu sein pflegt. Auch die Lautstärke läßt meist erheblich zu wünschen übrig.

Notizen:

Diese Nachteile sind zum Teil wieder bei der Schaltung gemäß Abb. 98 *EN* 6 vermieden, bei der die Detektorkopplung variabel, also auf einen günstigsten Wert einstellbar ist. Da außerdem die Kopplung zwischen der Antennenspule h und der Detektorkreisspule k als kontinuierlich veränderlich angesehen werden soll, ist es möglich, für jeden bestimmten Wellenbetrag sich die günstigsten Verhältnisse empirisch auszuwählen.

Notizen:

Durch die Schaltung gemäß Abb. 99 *EN* 7 kann die Abstimmung noch wesentlich verbessert werden. Zu der sekundären Stufenspule k ist ein Drehkondensator l parallel geschaltet, so daß ein gut resonanzfähiger sekundärer Kreis vorhanden ist.

Notizen:

Unter Berücksichtigung des oben Ausgeführten bezüglich der Parallel- und Serienschaltungsmöglichkeiten für Selbstinduktionsspule h und Kondensator i kann mit der Schaltung gemäß Abb. 100 EN 8 ein sehr großer Wellenbereich bestrichen werden. Außerdem ist es mit

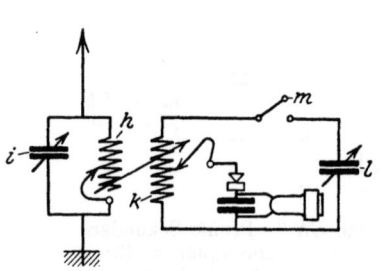

Abb. 100. EN 8. Primär-Sekundär-Kristalldetektorempfänger für alle Wellenlängen mit einregulierbarer Detektorkopplung.

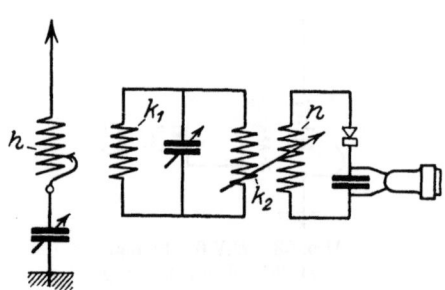

Abb. 101. EN 9. Primär-Sekundär-Kristalldetektorschaltung mit geteilter Sekundärkreisspule und variabler Detektorankopplung (Marconiempfangsschaltung).

dieser Schaltung in einfachster Weise möglich, durch Betätigung des Schalters m von Primärempfang auf Sekundärempfang überzugehen. In der gezeichneten Schalterstellung ist letzterer offen; die Spule k dient daher als Detektorkopplungsspule, wobei die Anordnung so getroffen ist, daß die Detektorkopplung auf ein Optimum einreguliert werden kann. Wenn man den Schalter m schließt, wird die Spule k zur Sekundärspule, an deren Enden der Drehkondensator l liegt. Man hat alsdann eine sehr resonanzfähige Sekundärkreisschaltung, bei der wiederum die Detektorkopplung auf den günstigsten Wert eingestellt werden kann. Um auf beste Verhältnisse zu kommen, macht man zweckmäßig die Kopplung zwischen der Primärspule h und der Sekundärspule k innerhalb weiter Grenzen einregulierbar. Dieses ist mit Stufen- oder Schiebespulen möglich. Man kann aber auch Honigwabenspulen

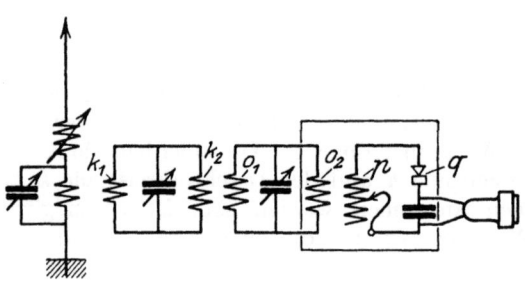

Abb. 102. EN 10. Primär-Sekundär-Tertiärempfänger mit geteilten Sekundär- und Tertiärkreisspulen, wobei der Detektorkreis in einen Metallkasten eingeschlossen ist.

benutzen, die in den Spulenhalter eingestöpselt sind, der jede beliebige Kopplung einzustellen und abzulesen gestattet.

Notizen:

Noch günstigere Abstimmungsverhältnisse werden mit der Marconianordnung gemäß Abb. 101 *EN* 9 erzielt, wobei die Sekundärkreisspule k in k_1 und k_2 unterteilt ist. Durch die räumlich getrennte Anordnung der beiden Spulen wird mit großer Sicherheit vermieden, daß die Empfangsenergie von der Spule h etwa direkt in die Detektorspule n hineingelangt. Infolgedessen ist diese Anordnung noch weit resonanzfähiger und selektiver als die vorhergehenden Schaltungen. Um ein Optimum zu erzielen, wird vorteilhaft die Kopplung zwischen k_2 und n einregulierbar gemacht.

Notizen:

Die Schaltungsanordnung gemäß Abb. 102 *EN* 10 ergibt wohl noch günstigere Selektionsverhältnisse. Bei dieser Schaltung ist außer dem Sekundärkreis k_1 k_2 noch ein Tertiärkreis 0_1 0_2 vorgesehen. Die Energiewanderung von der Antenne auf den Detektorkreis $p\,q$ ist hierbei eine besonders langsame. Um sicher zu vermeiden, daß der Detektor lediglich die durch den Sekundärkreis-Tertiärkreis ausgesiebte Energie übertragen erhält und ausnutzen kann, ist die Detektorspulenanordnung samt Detektor und Blockkondensator in einen Metallkasten eingeschlossen.

Notizen:

Als Muster kapazitiver Ankopplung des Sekundärkreises dient die Schaltung gemäß Abb. 103 *EN* 11. Zur Kopplung dienen die Kondensatoren r, die bei den angegebenen Dimensionen eine sehr lose Kopplung repräsentieren. Man kann dieselben fest, oder, um ihren Einfluß besser feststellen zu können, auch kontinuierlich variabel machen. Die Abstimmung des Sekundärkreises $l\,k$ wird nicht beeinflußt, wenn die Kondensatoren r variiert werden.

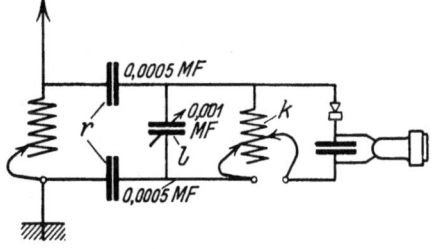

Abb. 103. *EN* 11. Primär-Sekundärempfänger mit kapazitiver Ankopplung des Sekundärkreises und variabler Detektorankopplung.

Notizen:

Einen besonderen Fall der Detektorschaltungen stellt die Anordnung für Schwebungsempfang (Interferenzempfang, Heterodynempfang, Überlagerungsempfang) dar. Als Beispiel dient die Anordnung gemäß Abb. 104 *EN* 12, bei der die Schwebungsfrequenz durch einen besonderen Röhrenkreis *s t* erzeugt wird. Selbstverständlich könnte an Stelle des Röhrengenerators auch eine andere Hochfrequenzquelle für Schwingungsenergie genügender Konstanz und schwacher Intensität verwendet werden. Indessen ist hierfür die Röhre der geeignetste Generator.

Notizen:

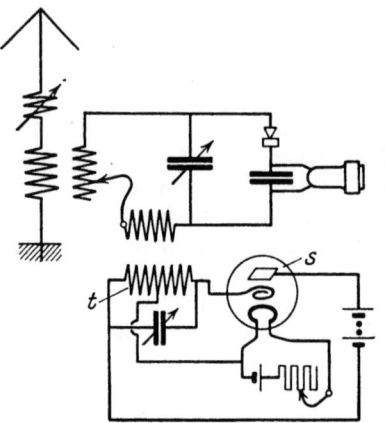

Abb. 104. *EN* 12. Schwebungsempfangsschaltung mit besonderem Röhrengeneratorkreis und Kristalldetektorempfang.

C. Röhrenempfang und Verstärkung.

Abgesehen von möglichst guter Isolation der zur Benutzung gelangenden Apparate, Leitungsführungen usw. ist bezüglich der Abstimmungselemente für Röhrenempfang gegenüber Detektorempfang kaum etwas Besonderes zu bemerken. Prinzipiell kann man daher für die Abstimmung und Kopplung auch Schiebespulen und Stufenspulen benutzen; meist reichen allerdings weder die Güte der Kontaktgebung, z. B. des Schiebespulenschleifkontaktes, noch die Güte der Isolation aus. Infolgedessen tut man gut, für Röhrenempfangverstärkung, Schwebungsempfang, Supergenerativschaltungen, Reflexschaltungen usw. nur solche Apparate zu benutzen, die ihrerseits eine ausgezeichnete Kontaktgebung gewährleisten, und bei denen andererseits die Isolation unter allen Umständen gewahrt ist. Diese Einzelapparate sind von der Technik so ausgebildet, daß auch alle am meisten inbetracht kommenden wichtigen Gesichtspunkte eingehalten sind. Besonders berücksichtigt ist z. B., daß die Eigenkapazität, sowie die Kapazität der Zuleitungen möglichst gering gehalten sind. Die Isolation muß sehr hochwertig sein. Es ist dem Radioamateur daher zu empfehlen, für alle hochwertigeren Röhrenschaltungen, insbesondere solange er noch keine genügenden Empfangserfahrungen besitzt, nur die besten von der Radioindustrie in den Handel gebrachten Apparate zu benutzen.

Für alle Arbeiten mit Röhren ist es ferner zweckmäßig, die Heizspannung fein einzuregulieren. Die in Deutschland vielfach gebräuchlichen Eisenwasserstoffwiderstände ohne Verwendung irgendeines fein regulierbaren Schiebewiderstandes für die Heizspannung besitzen nicht nur in elektrischer Beziehung für das Arbeiten mit der Röhre erhebliche

Nachteile, da man nur zufällig das Optimum der Wirkung erreichen kann, sondern sie haben auch häufig noch den weiteren Übelstand, daß die Lebensdauer der Röhren ungünstig beeinflußt wird. Im allgemeinen brennen nämlich bei dieser Anordnung die Fäden zu weißglühend, wodurch die Haltbarkeit der Röhre außerordentlich leidet. Bei den amerikanischen und englischen Anordnungen sind daher diese Eisenwasserstoffwiderstände nicht beliebt, man verwendet vielmehr generell einen vor die Röhre geschalteten, eine Feinregulierung der Heizspannung erlaubenden Widerstand. Infolgedessen ist diese Anordnung bei sämtlichen der nachstehenden Röhrenschaltungsschematas gezeichnet. Die Messung der Heizspannung der Röhre durch ein besonderes Voltmeter, wie dies bei Radioverkehrsanlagen in Deutschland üblich war und zum Teil noch ist, hat hingegen wenig Zweck. Abgesehen davon, daß diese Instrumente sehr kostspielig sind, zeigen sie infolge der geforderten Kleinheit meistens ungenau. Vielfach „kleben" sie direkt und zeigen alsdann eine viel zu geringe Spannung an, wobei die Röhre leicht durchbrennen kann. Der beste Spannungsmesser ist das erfahrene Auge, das die Überheizung sofort konstatiert, so daß für eine Reduzierung der Heizspannung Sorge getragen werden kann. Im übrigen hat aber die Spannungsmessung auch aus dem Grunde wenig Wert, weil, abhängig von der jeweilig benutzten besonderen Schaltung (Ultraaudionschaltung, Superregenerativschaltung, Reflexschaltung, Rejektorschaltung usw.) meist die Röhren innerhalb gewisser Grenzen verschieden hell brennen müssen.

Die einfachste Anordnung des de Forestschen Audionempfanges gibt Abb. 105 EN 13 wieder.

Die Schaltung dient für den Empfang gedämpfter Wellen. Bezüglich der Abstimmittel gilt das

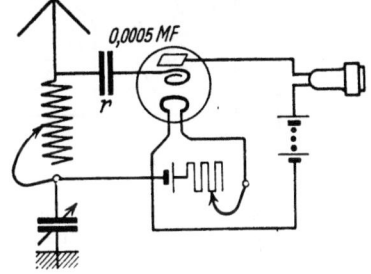

Abb. 105. EN 13. Einfachste Audionempfangsschaltung. (De Forest-Schaltung.)

oben bei den Detektorschaltungen Ausgeführte. Bei dieser und den nachfolgenden Schaltungen kann zu der Serienkombination: Telephon und Batterie (Anodenstromquelle) auch stets noch ein Kondensator parallel geschaltet werden. Es ist zweckmäßig, die Kapazität des Kondensators r zu variieren. Für den subjektiven Empfang kann an Stelle des Telephons, das im allgemeinen in Form eines Doppelkopffernhörers Anwendung finden wird, bei genügender Verstärkung auch stets ein Lautsprecher benutzt werden.

Notizen:

Günstiger arbeitet die Audionschaltung mit Primär-Sekundärkreis unter Benutzung von dreiseitigen Schiebespulen gemäß Abb. 106 EN 14.

150 Empfangsschaltungen.

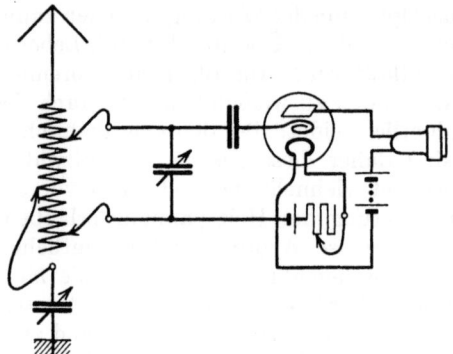

Abb. 106. *EN* 14. Primär-Sekundär-Audionschaltung mit dreiseitiger Schiebespule.

Genau wie beim Detektorempfang kann man den Röhrenkreis auch kapazitiv mit der Antenne koppeln. Dies ist in Abb. 107 *EN* 15 wiedergegeben. Die beiden Kopplungskondensatoren werden zweckmäßig variabel gewählt. Die Veränderung der Wellenlänge des Schwingungskreises $l\,k$ übt auf die Kopplung keinen allzu großen Einfluß aus, sofern die Kondensatorkopplung lose ist, die Kondensatoren also klein sind.

Notizen:

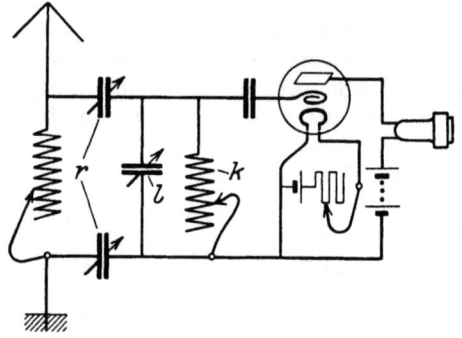

Abb. 107. *EN* 15. Primär-Sekundär-Audionschaltung mit kapazitiver Ankopplung des Sekundärkreises.

Vorteilhafter ist es, den Sekundär-Audionempfangskreis lose mit der Antenne zu koppeln, wie dies Abb. 108 *EN* 16 wiedergibt.

Notizen:

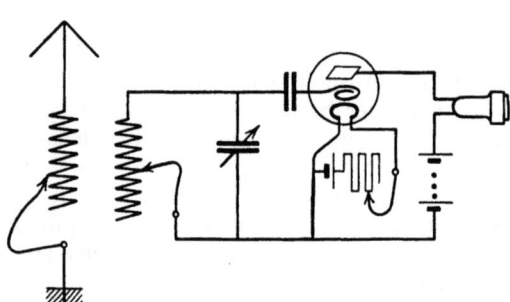

Abb. 108. *EN* 16. Lose gekoppelter Primär-Sekundär-Audionempfänger.

Sofern man sehr große Wellen empfangen will, ist es gemäß Abb. 109 *E N* 17 vorteilhaft, entsprechend große Honigwabenspulen zu verwenden, die im übrigen aber auch, wie schon bemerkt, für alle übrigen Empfangsschaltungen angewendet werden können. Diese Honigwabenspulen können auch mit Kurzschlußvorrichtungen versehen sein, um rasch eine stufenweise Wellenvariation zu bewirken. Da jedoch die Ein- und Ausschaltung derartiger Spulen, die die Industrie hochwertig ausgebildet liefert, durch einfache Stöpselung möglich ist, erscheint

es zweckmäßiger, die Wellenvariation durch Austausch entsprechender Honigwabenspulen zu bewirken.
Notizen:

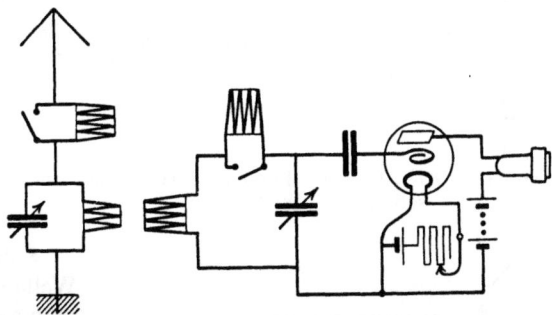

Abb. 109. *EN* 17. Audionschaltung für sehr große Wellenlängen unter Benutzung von Honigwabenspulen.

Abb. 110 *EN* 18 gibt die einfachste Rückkopplungsschaltung zum Empfang ungedämpfter Schwingungen wieder. Ein Teil der Energie des Anodenkreises wird durch die Spule u verhältnismäßig kleiner Induktanz auf die Abstimmspule k rückübertragen. Insbesondere für Untersuchungs- und Meßzwecke ist es vorteilhaft, die Kopplung zwischen u und k in weiten Grenzen variabel zu gestalten.
Notizen:

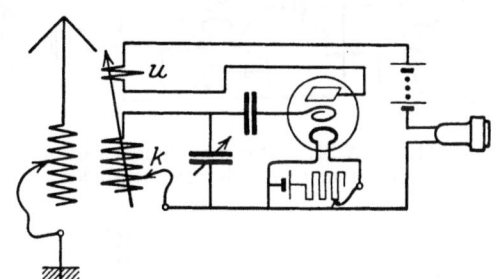

Abb. 110. *EN* 18. Rückkopplungsschaltung zum Empfang ungedämpfter Schwingungen.

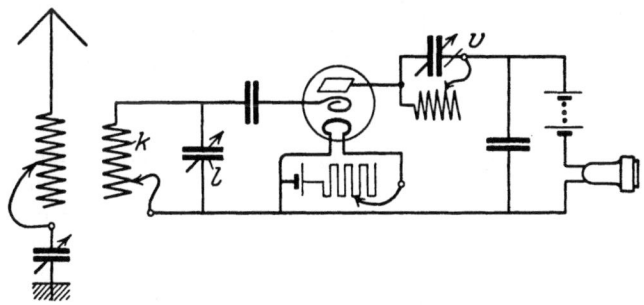

Abb. 111. *EN* 19. Rückkopplungsschaltung, bei der in den Anodenstromkreis ein abgestimmter Schwingungskreis eingeschaltet ist.

Eine Schaltung zur Abstimmung des Anodenstromkreises durch Einschaltung von Drehkondensator und Selbstinduktionsspule, die den Kreis v darstellen, zeigt Abb. 111 *EN* 19. Auch hierbei findet eine Reak-

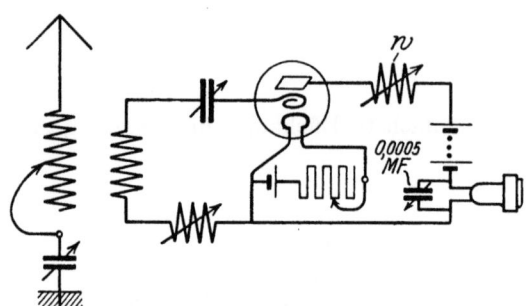

tionswirkung der Energie statt. Die Dimensionen des Kreises v entsprechen im wesentlichen denjenigen des Sekundärkreises $k\,l$.

Notizen:

Abb. 112.   *EN* 20.   Rückkopplungsschaltung für sehr kleine Wellenlängen.

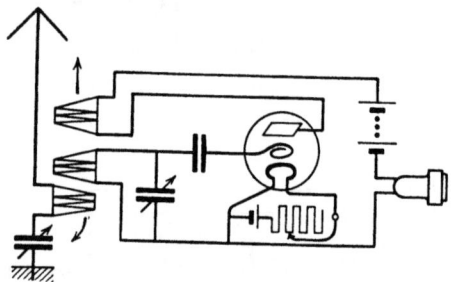

Sofern man sehr kleine Wellen erzielen will, wählt man zweckmäßig eine Rückkopplungsschaltung gemäß Abb. 112 *EN* 20. Bei dieser Schaltung ist sowohl in den Sekundärkreis als auch in den Anodenstromkreis je ein Selbstinduktionsvariometer w eingeschaltet, mit dem die Einregulierung erfolgt.

Abb. 113.   *EN* 21.   Rückkopplungsschaltung unter Benutzung von Honigwabenspulen.

Notizen:

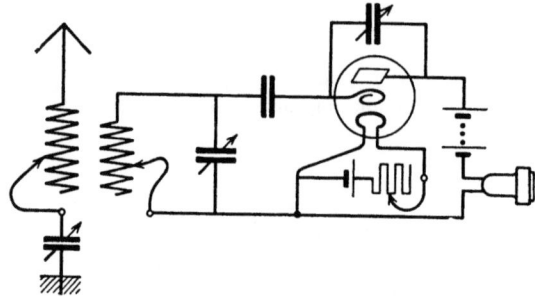

Abb. 114.   *EN* 22.   Original-Ultraaudionschaltung.

Eine Rückkopplungsschaltung unter Benutzung von Honigwabenspulen gibt Abb. 113 *EN* 21 wieder. Unter Verwendung eines Spulenhalters können die drei Honigwabenspulen in jede beliebige Lage zueinander und somit in weitem Bereich veränderlich gekoppelt werden. Diese Schaltung kommt insbesondere für mittlere und kleinere Wellen inbetracht.

Notizen:

Sofern man den Anodenkreis direkt mit dem Sekundärkreis koppelt, erhält man gemäß Abb. 114 *EN* 22 die Original-Ultraaudionschaltung (L. de Forest).

Notizen:

Eine andere Ultraaudionschaltung, bei der allerdings leicht Abstimmungsschwierigkeiten auftreten können, ist in Abb. 115 *EN* 23 dargestellt. Hierbei ist die Anode direkt mit der Antenne verbunden.

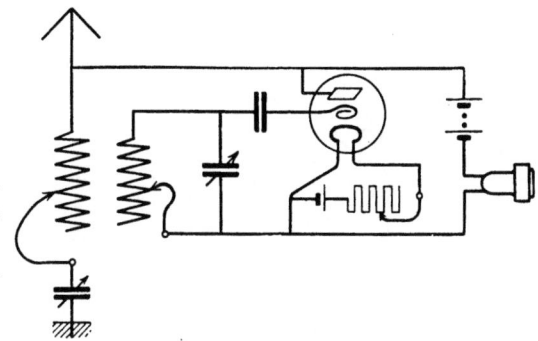

Abb. 115. *EN* 23. Ultraaudionschaltung, bei welcher die Antenne direkt mit der Anode verbunden ist.

Notizen:

Eine Ultraaudionschaltung, bei der zwischen Anode und Gitter ein variabler Kondensator geringer Kapazität geschaltet ist, ist in der Schaltung gemäß Abb. 116 *EN* 24 wiedergegeben.

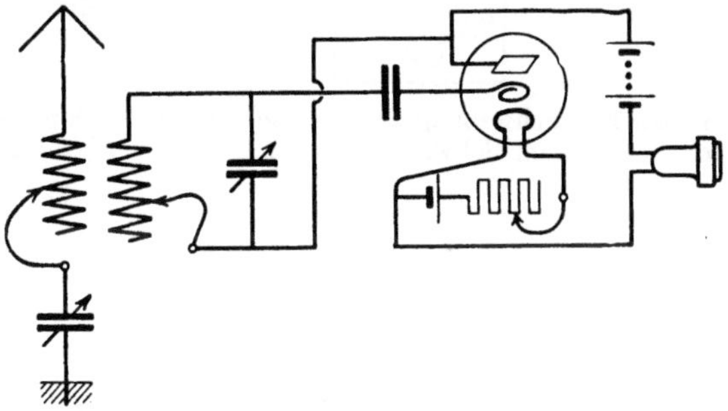

Abb. 116. *EN* 24. Ultraaudionschaltung mit Gitteranodenkondensator.

Notizen:

Sofern man mit sehr einfachen Mitteln arbeiten will, ist die Schwebungsempfangsschaltung gemäß Abb. 117 *EN* 25 zu empfehlen. Hierbei sind sowohl der Heizfaden als auch die Anode an Stufenspulenkontakte geführt.

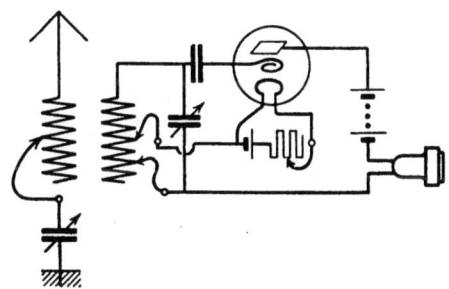

Abb. 117. *EN* 25. Schwebungsempfangsschaltung.

Notizen:

154 Empfangsschaltungen.

Einen größeren Regulierungsbereich ergibt die Schwebungsempfangsanordnung gemäß Abb. 118 *EN* 26, bei der ein besonderer Schwebungszusatz z vorgesehen ist. Die Kopplung kann mit dem sekundären Röhrenkreis beliebig fest oder lose gemacht werden, da vollkommen getrennte Apparaturen angewendet sind. Infolgedessen sind Energie, Abstimmung und Audiofrequenz in weiten Grenzen regulierbar, und die einzelnen Empfangsanordnungsteile sind unabhängig voneinander.

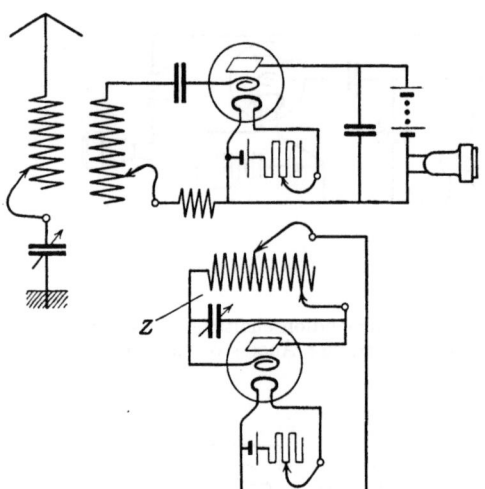

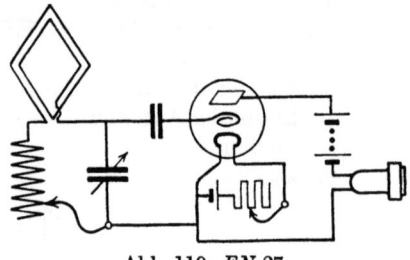

Abb. 118. *EN* 26. Schwebungsempfangsschaltung mit besonderem Schwebungszusatz.

Abb. 119. *EN* 27. Doppelseitig gerichteter Empfang mit Rahmenantenne (Primärkreis).

Notizen:

Während bisher für den Empfang stets eine Hochantenne vorausgesetzt war, werden bei den Empfangsschemen gemäß den Abb. 119 *EN* 27 und 120 *EN* 28 auch Rahmenantennen benutzt. Die Ab-

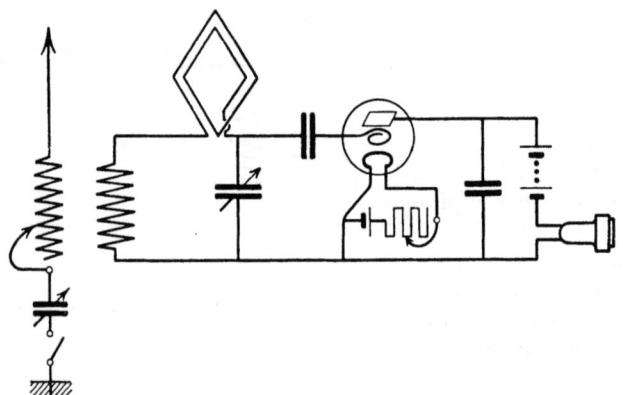

Abb. 120. *EN* 28. Einseitig gerichteter Empfang mit Hochantenne und Rahmenantenne. Abgeblendete Antenne.

stimmung erfolgt durch eine Spule nebst Kondensator. Die größte Lautstärke wird erzielt, wenn die Rahmenebene auf den Sender hin gerichtet ist. Die geringste Lautstärke ist dann vorhanden, wenn die Rahmenebene senkrecht auf dieser Verbindungslinie steht. Macht man die Rahmenspule allseitig drehbar, erhält man bei 360° Drehung 2 Maxima der Lautstärke.

Notizen:

Will man auf einseitig gerichteten Empfang übergehen, so wählt man eine teilweise abgeblendete Anordnung gemäß dem Schema Abb. 120 *EN* 28, bei der außer dem Rahmenempfangskreis noch ein Hochantennenkreis vorgesehen ist, der gleichfalls auf den eigentlichen Empfänger einwirkt. Bei dieser Anordnung erhält man von einem bestimmten Abstand zwischen Sender und Empfänger an ein ziemlich ausgesprochenes Maximum der Lautstärke.

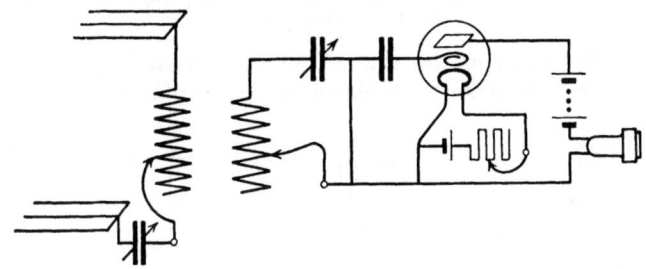

Abb. 121. *EN* 29. Empfang mit Kondensatorantenne.

Als dritte Möglichkeit, die besonders für Meß- und Versuchszwecke für den Amateurbetrieb von Interesse ist, ist die Kondensatorantenne zu erwähnen. Die schematische Anordnung zeigt Abb. 121 *EN* 29. Eine derartige Antenne besteht z. B. aus 2 Kupfernetzen, die in nicht zu großem Abstand voneinander angeordnet sind.

D. Verstärkeranordnungen.

Während bei den vorgenannten Schaltungsanordnungen zum Teil schon in der Röhre oder in der Schaltungsanordnung oder in beiden eine gewisse Verstärkung der Empfangsschwingungen begründet ist, werden in der Radiotechnik noch eine große Anzahl von besondern Verstärkern angewendet. Man unterscheidet in der Hauptsache die Hochfrequenzverstärkung (Radiofrequenzen) und die Niederfrequenzverstärkung (Audiofrequenzen). Außerdem sind noch Zwischentypen geschaffen worden. Man unterscheidet ferner, ob diese Kreise aperiodisch arbeiten, was meist der Fall sein wird, oder ob sie mit Abstimmung versehen sind.

156   Empfangsschaltungen.

Die für den Empfang inbetracht kommenden wichtigsten Schaltungsanordnungen und Gesichtspunkte sind z. B. auf S. 177ff. wiedergegeben. An diesen Stellen sind auch prinzipielle und Ausführungsschaltungen angegeben, deren Rekapitulation dem Amateur zu empfehlen ist. Die nachstehenden Verstärkerschaltungen sind solche, die sich allgemein für die Verstärkung eignen. Daneben enthalten sie auch besondere Gesichtspunkte für Lehr- und Übungszwecke.

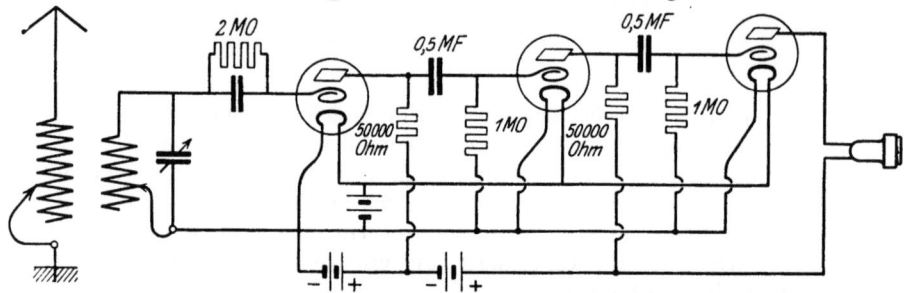

Abb. 122. *EN* 30. Audiofrequenzverstärker-Empfangsschaltung mit Widerstandskopplung.

Bei dem Schema von Abb. 122 *EN* 30 ist ein Audiofrequenzverstärker (Niederfrequenzverstärker) mit einem Röhrenempfänger wiedergegeben.

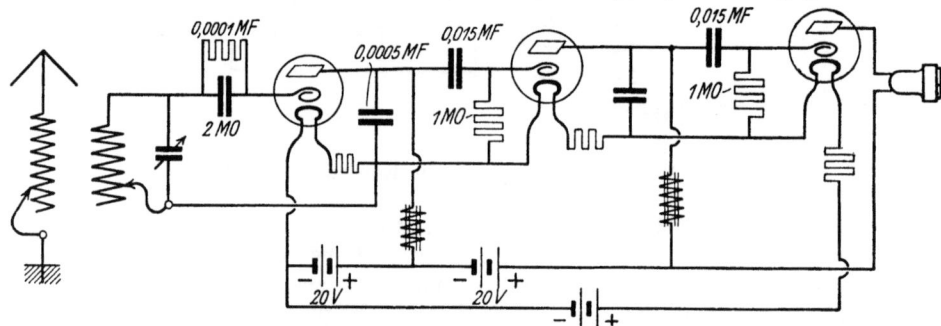

Abb. 123. *EN* 31. Zweifach-Audiofrequenzverstärker-Empfangsschaltung mit Drosselspulenkopplung [1]).

Die Kopplung zwischen den Röhren wird hierbei durch hochohmige Widerstände bewirkt. Selbstverständlich ist es bei dieser und den folgenden Verstärkungsschaltungen ohne weiteres möglich, noch weitere Verstärker, insbesondere Niederfrequenzverstärker vor den Indikationsapparat (Telephon, Lautsprecher) zu schalten, um die für den Empfang auszunutzende Energie noch weiter zu erhöhen.

Notizen:

Abb. 123 *EN* 31 gibt die Kombination eines Zweifach-Audiofrequenzverstärkers mit einem Röhrenempfänger wieder. Die Kopplung wird

---

[1]) Beim Gitterableitungswiderstand (links) ist die Bezeichnung zu vertauschen mit derjenigen des Gitterkondensators.

durch Drosselspulen bewirkt. Die eingetragenen Dimensionen sind nur beispielsweise, sie können, entsprechend der jeweiligen Benutzung,

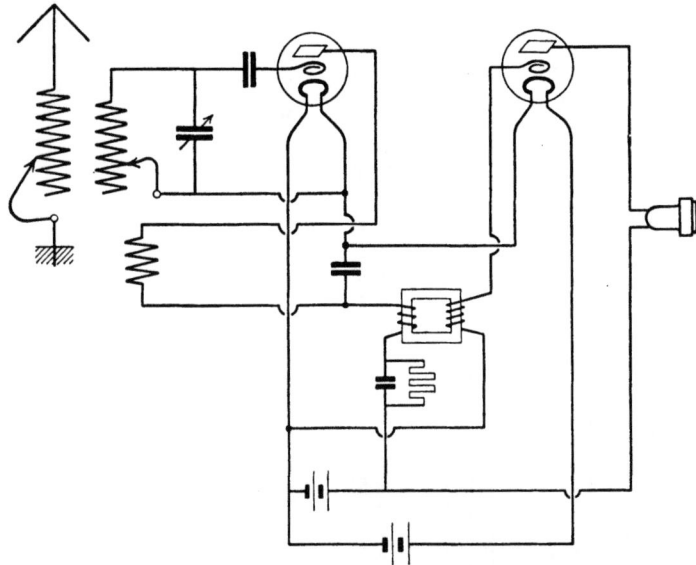

Abb. 124. *EN* 32. Schwebungsempfangsverstärker.

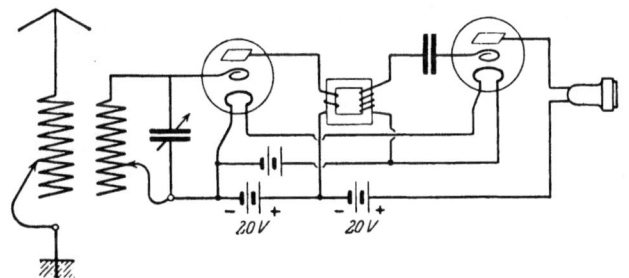

Abb. 125a. *EN* 33. Radiofrequenzverstärker-Audiofrequenzverstärker.

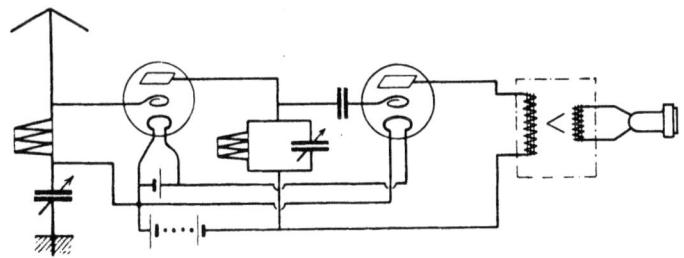

Abb. 125b. *EN* 34. Hochfrequenzverstärker — Audionempfänger — Niederfrequenzverstärker.

variiert werden.

Notizen:

158 Empfangsschaltungen.

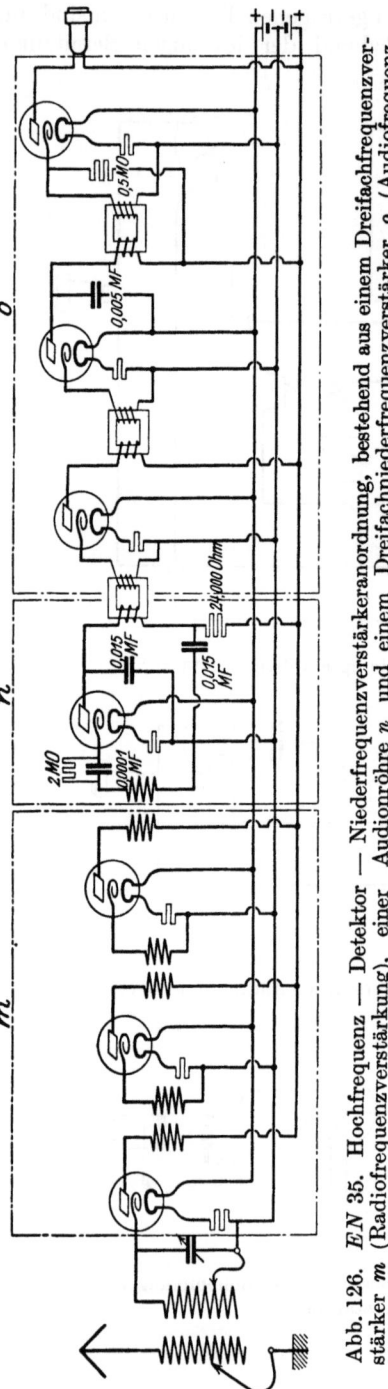

Abb. 126. EN 35. Hochfrequenz — Detektor — Niederfrequenzverstärkeranordnung, bestehend aus einem Dreifachfrequenzverstärker m (Radiofrequenzverstärkung), einer Audionröhre n und einem Dreifachniederfrequenzverstärker o (Audiofrequenzverstärkung).

Zur Verstärkung eines Schwebungsempfangs kann eine Schaltung gemäß Abb. 124 *EN* 32 benutzt werden. Die Kopplung wird hierbei durch einen eisengefüllten Transformator bewirkt.
Notizen:

Im Schema Abb. 125a *EN* 33 ist ein Hochfrequenzverstärker-Niederfrequenzverstärker mit eisengefülltem Transformator als Kopplungsglied dargestellt. Die zweite Röhre wirkt auch als Audionröhre.
Notizen:

Eine vielfach angewendete Verstärkerschaltungsanordnung für Wellen in weitem Bereich gibt das Schema Abb. 125b *EN* 34 wieder. Benutzt werden z. B. Honigwabenspulen, und zwar sowohl für die Antennenabstimmung als auch für den Anodenkreis der ersten Verstärkerröhre. Beide Spulen sollen miteinander lose rückgekoppelt sein. Hinter die zweite Röhre kann ein gewöhnlicher Niederfrequenzverstärker geschaltet werden.
Notizen:

Die Möglichkeit der Serienschaltung mehrerer spezieller Verstärker wird durch das Schema der Abb. 126 *EN* 35 veranschaulicht. Der erste Röhrenteil m dient als Hochfrequenzverstärker der aufgenommenen Schwingungsenergie. Dieser erhöht den Schwellwert und überträgt ihn auf den Audionröhrenteil n. Nun erst wird, unter Zwischenschaltung eines eisengefüllten Transformators, die verstärkte und gleichgerichtete Energie dem Dreifachniederfrequenzverstärker o zugeführt. Besonders instruktiv und für die Empfangsresultate günstig ist es, wenn die Gitterwiderstände regulierbar gemacht werden.

Selbstverständlich stellt auch dieses Schaltungsschema noch keineswegs die oberste Grenze der Röhrenzahl dar. Für besondere Zwecke hat man Anordnungen bis zu 20 Röhren und mehr ausgeführt.

E. Besondere Schaltungsanordnungen.

Eine in Amerika zurzeit recht beliebte Schaltung der sog. Reflextype unter Benutzung einer Röhre gibt Abb. 127 *EN* 36 wieder. Die Anordnung dient sowohl zur Hochfrequenzverstärkung als auch zur Niederfrequenzverstärkung mit Kristalldetektor und Gleichrichtung.

Notizen:

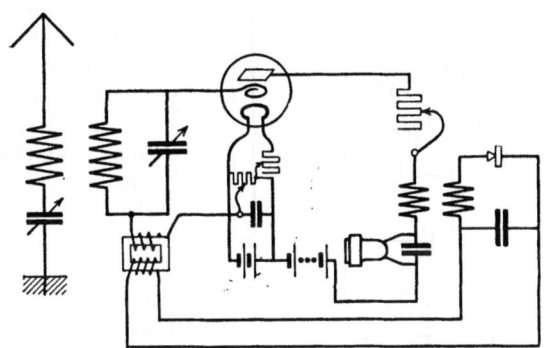

Abb. 127. *EN* 36. Einfache Reflexschaltung mit Hochfrequenz- und Niederfrequenzverstärkung.

Eine kompliziertere Röhrenreflexschaltung ist in Abb. 128 *EN* 37 wiedergegeben. Die Anordnung stellt links mit einer Röhre eine Hochfrequenzverstärkung dar, die mit Widerstandskopplung auf einem zweistufigen Niederfrequenzverstärker gekoppelt ist, dar. Dieser ist mit einem Kristalldetektor zusammen geschaltet. In der Abbildung sind ferner drei verschiedene Anstöpselungsmöglichkeiten für ein Empfangstelephon oder einen Lautsprecher dargestellt.

Notizen:

Schließlich ist noch die in amerikanischen Radioamateurkreisen sehr beliebte superregenerative Schaltung von E. H. Armstrong zu erwähnen. Abb. 129 *EN* 38 stellt wohl die einfachste Ausführung dieser Art mit nur einer Röhre dar.

Notizen:

160 Empfangsschaltungen.

F. Vorsichtsmaßregeln,
die beim Aufbau und der Benutzung von Radioempfängern beobachtet werden sollten[1]).

Da oft Kleinigkeiten einen sehr erheblichen Einfluß auf die Resultate bei Empfängern ausüben, erscheint es zweckmäßig, die Aufmerksamkeit auf einige mehr oder weniger wichtige Vorsichtsmaßregeln hinzulenken, die tunlichst beobachtet werden sollten.

1. Beim Aufbau eines Empfängers ist es vorteilhaft, alle Leitungsverbindungen zu verlöten, sofern sie nicht mit Schraubkontakten oder Anschlüssen fest verbunden sind. Nachdem der gesamte Empfänger vollständig zusammengesetzt ist, sollten die Leitungsverbindungen gleichfalls soweit als möglich miteinander verlötet werden.

2. Man soll die Ableitung von der sekundären Gitterverbindung des Transformators mit dem Gitter der Verstärkungsröhre so kurz als möglich gestalten.

3. Man soll den Verstärkungstransformator so nahe als möglich an die Verstärkungsröhre heransetzen.

4. Man soll den veränderlichen Antennenkondensator so nahe als möglich an der Antennenzuführung montieren, sei es auf dem Panel oder der Empfangstischplatte.

5. Es ist zweckmäßig, die veränderliche Kopplungsvorrichtung möglichst nahe am Antennenkondensator zu befestigen.

6. Um die besten Resultate zu erzielen, ist ein gut abgeschlossener Gitterwiderstand und Gitterkondensator zu benutzen.

7. Man soll für alle Verbindungsleitungen Kupferdraht benutzen,

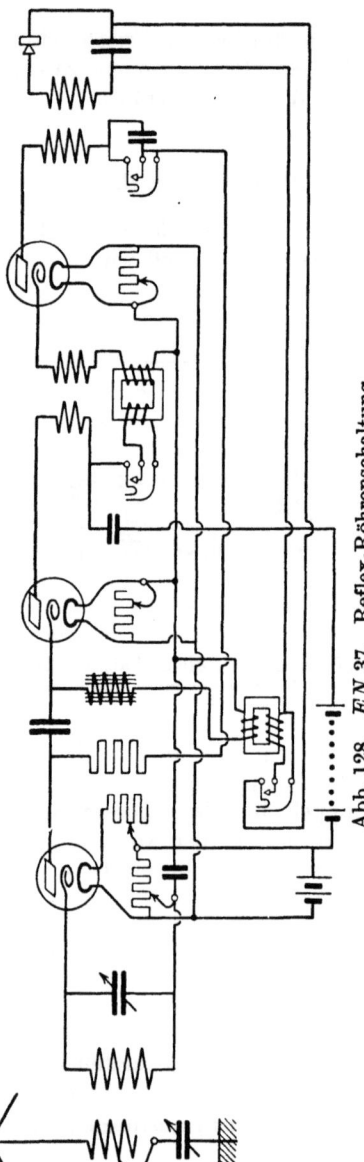

Abb. 128. *EN 37*. Reflex-Röhrenschaltung.

---

[1]) Zum Teil entnommen aus einem Katalog von „The Dayton Fan & Motor Co." Dayton, Ohio U. S. A. 1922.

entweder in Form von doppelseidenumsponnenem Draht oder emailliert oder aber auch unisoliert. Für Verbindungen zwischen den Instrumenten und Apparaten genügt die Drahtnummer 22 (0,7 mm Ø), welche aber auch durch eine steifere Ausführung ersetzt werden kann, falls gewünscht. Für die Verbindungsleitung mit der Heizbatterie sollte keine geringere Drahtstärke als Nr. 16 gewählt werden.

8. Bei der Montage der Apparatur auf einem Panel ist es wünschenswert, die Einzelinstrumente gegen die kapazitive Wirkung des Empfangenden zu schützen. Dies kann leicht bewirkt werden dadurch, daß die Rückseite des Panels mit Zinnfolie oder mit einem nichtmagnetischen Überzug belegt wird, der nur mit denjenigen festen Anschlußpunkten der Montage verbunden wird, die geerdet werden. Dieser Schutz muß an allen anderen Stellen von Verbindungspunkten Aussparungen erfahren. Wenn Hochfrequenzverstärkung angewendet werden soll, ist es zweckmäßig, die Transformatorgestelle zu erden.

9. Es soll daran erinnert werden, daß der positive Pol der Anodenbatterie stets mit der Anode der Vakuumröhre verbunden werden muß.

Wenn für die Anodenspannung eine Akkumulatorbatterie benutzt wird, sollte in dem Stromkreis eine Sicherung eingeschaltet werden, um die Apparatur zu schützen.

10. Wenn blanker Draht benutzt wird, sollten die Leitungen mit Isolierrohr umgeben werden.

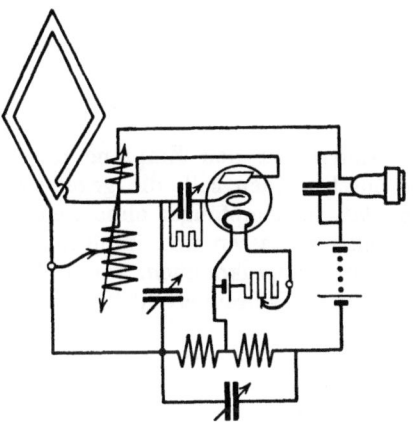

Abb. 129. EN 38. Armstrongs Supergenerativschaltung mit einer Röhre.

11. Man soll die Verbindungsleitungen nicht länger machen, als absolut notwendig ist. Je größer die Verstärkung gewählt wird, um so mehr ist auf die Anordnung und gute Isolation der Instrumente und Einzelteile zu achten. Je kürzer die Verbindungsleitungen sind, um so weniger liegt für die Röhrenkreise die Tendenz zugrunde, im Audiofrequenzbereich zu schwingen oder Pfeifgeräusche hervorzurufen. Dies ist in besonderem Maße zu beachten bei Radiofrequenzverstärkung.

12. Man soll das Variometer und die Kopplungsvorrichtung nicht unter 4 Zoll [∼ 110 mm] (zwischen den Achsen) aneinandersetzen.

13. Man soll für Lötzwecke keine Säure benutzen. Das beste Lötmittel für diesen Zweck ist Kolophonium.

14. Man soll besonders darauf achten, daß die primären und sekundären Zuleitungen nicht parallel zueinander verlaufen und zu nahe beieinander sind. Wenn es notwendig ist, die primären und sekundären Leitungen parallel zu legen, sollten diese wenigstens $1/2$ Zoll [13 mm] Abstand voneinander besitzen. Es ist weit besser, diese Leitungen

rechtwinklig zueinander zu verlegen, sofern dies möglich ist. Hierdurch werden auch Pfeifgeräusche unterdrückt.

15. Man soll nicht die Anodenbatterie über dem Heizfaden einer Röhre verbinden. Sorglosigkeit in dieser Beziehung bewirkt, daß die teuren Röhren ausbrennen.

16. Man soll Schellack zu Isolationszwecken der einzelnen Instrumente tunlichst nicht benutzen, auch nicht bei Verbindungsleitungen. Wenn es wünschenswert ist, Drähte an einer Unterlage zu befestigen, so kann man dies mit Paraffin oder mit hochwertigem Isolierlack bewirken.

VII. Die Antenne.
A. Entwurf und Bau von Antennen.
a) Der Bau der Außenhochantenne.

Sofern für den Empfang eine im Freien montierte Hochantenne benutzt werden soll, die gegenüber der Rahmenantenne den Vorzug besitzt, im Empfänger ohne weiteres eine größere Empfangslautstärke erzielen zu lassen und infolgedessen mit geringerer notwendiger Verstärkung auszukommen, wodurch erheblich an Verstärkerapparaturen mit ihrem Röhrenverschleiß und an Stromkosten gespart werden kann,

Abb. 130. Richtige Anordnung und Ableitung einer T-Antenne.

muß man die Anlage elektrisch möglichst günstig gestalten. Hierunter ist zu verstehen, daß die Antenne unter Bereitstellung der zur Verfügung stehenden Mittel möglichst hoch über den Dächern usw. geführt werden muß, so daß tunlichst viele elektrische Kraftlinien von ihr aufgenommen werden können. Besonders kommt es auf Höhe an, wenn das Dach viele Metallteile aufweist, insbesondere wenn es mit Metall abgedeckt ist. Alsdann muß die Antenne mindestens 3 m über demselben geführt sein. Unter Berücksichtigung dieser Forderung ist die Anlage gemäß Abb. 130 prinzipiell richtig, während bei denselben räumlichen Verhältnissen eine Antenneninstallation gemäß Abb. 131 falsch wäre.

Wenn auch für die Empfangsantenne mit Bezug auf die zu erzielende Kapazität dieselbe Forderung maßgebend ist wie für die Senderantenne, nämlich die Antennenkapazität tunlichst groß zu erhalten, so ist man bei dem Luftleiter für Empfangszwecke einerseits doch nicht dazu genötigt, Kapazitäten über 1000 cm herzustellen, andererseits ist dies auch meist nicht einmal wünschenswert, da zur Erzielung vielfach gebräuchlicher kleiner Wellenlängen die Eigenschwingung der Antenne verhältnismäßig weit verkürzt werden müßte, was elektrisch zu Unzuträglichkeiten führt, wenn die Antennengrundschwingung zu hoch liegt. Für Amateurzwecke wird im allgemeinen eine 1000 cm-Antennenkapazität das Optimum darstellen. Der Amateur kann sich aber häufig auch mit viel kleineren Antennen begnügen. Für die meisten Fälle ist eine Antennenlänge von 30 m bis 50 m genügend.

Um eine derartige Antenne zu erhalten, sind die besonderen örtlichen Verhältnisse maßgebend, insbesondere der Umstand, ob in einem Umkreis von etwa 100 m ein oder besser zwei höher gelegene Stütz-

Abb. 131. Ungünstige Anordnung einer L-Antenne.

punkte zu finden sind, an denen die Antenne unter Zwischenschaltung der nachstehend erwähnten Porzellannußketten angebracht werden kann. Häufig sind Schornsteine, Fahnenstangen oder ähnliche, sich von selbst darbietende Antennenträger vorhanden. Ist dies nicht der Fall, so errichtet man ein oder besser zwei Stahlrohr- oder Holzmasten in einem Abstande von etwa 50 bis 100 m voneinander, wobei jeder eine Höhe von etwa 12 m über Dach besitzt. Zwischen den Spitzen dieser Antennenträger wird die Antenne ausgespannt. Im allgemeinen wird man sich für die meist in Anwendung befindliche T- oder L-Antenne (so bezeichnet wegen der Ähnlichkeit mit den großen lateinischen Buchstaben), entschließen. Eine T-Antenne mit zwei Drähten bei etwa 100 m Antennenlänge und 2 m Breite, bei der die Endpunkte ca. 12 m über Dach liegen, wird eine Antennenkapazität $C_A =$ etwa 1000 cm ergeben.

Sind derartige Stützpunkte nicht vorhanden, so muß man, wie schon erwähnt, besondere Antennenträger errichten. Aus Zweckmäßigkeits- und ästhetischen Gründen haben sich hierfür nahtlose Mannesmannrohre mit entsprechenden Verjüngungen im Postbetriebe gut bewährt. Die Einzelteile für den einen Antennenmast nebst den wichtigsten Einzelteilen, wie sie bei der deutschen Reichspost üblich sind, sind in Abb. 132 wiedergegeben[1]). An dem Stahlrohrmast a, der durch entsprechende Verspannungen b gegen das Dach hin abgefangen ist, ist am oberen Ende ein Rollenkopf c befestigt, derart, daß das Halteseil d im Inneren des Rohres nach dem Dachboden des betreffenden Hauses durchläuft und entsprechend abgefangen werden kann. Die Montage und ein eventuelles Herablassen der Antenne sind auf diese Weise verhältnismäßig einfach. Unter Zwischenschaltung eines Seilschlosses e und eines Isolators f ist die eine Rahe g an dem Halteseil befestigt. Meist besteht der Isolator f aus einer Porzellannußkette, etwa gemäß Abb. 135. Um ein Schlingern der Antenne zu verhindern, können die Endpunkte der Rahe g durch Abspannseile h abgefangen werden, in die naturgemäß wiederum Isolatorketten einzuspleißen sind.

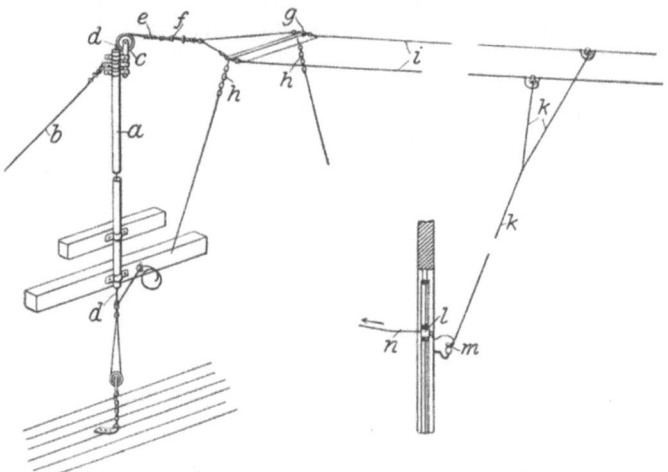

Abb. 132. Hochantenne (T-Antenne) für Amateurzwecke zwischen zwei Stahlrohrmasten ausgespannt.

Im allgemeinen wird jedoch ein derartiges Abfangen nicht notwendig sein. An der Rahe g sind die Antennendrähte oder Litzen i — im vorliegenden Fall zwei — befestigt. Von einem bei der T-Antenne etwa in der Mitte liegenden Punkt findet die Zuleitung k nach dem Empfangsraum hin statt. Um eine mechanische Beanspruchung des Durchführungsisolators l auszuschließen, ist ein Abspannisolator m vorgesehen. Die Leitung führt zum Empfänger, zweckmäßig unter Zwischenschaltung einer Blitzschutzsicherung, bestehend z. B. in einer kleinen geerdeten Pilzfunkenstrecke.

Der Bau der Antenne findet in der Weise statt, daß die für den Luftleiter benutzte Phosphorbronzelitze auf dem Erdboden ausgelegt, zugeschnitten und mit den Rahen verbunden wird. Kinke sind hierbei

---

[1]) P. Münch: „Die Einrichtung von Verkehrsfunkenanlagen". Verlag für Politik und Wirtschaft, 1921.

möglichst zu vermeiden, da hierdurch die Festigkeit der Drähte, bzw. Litzen erheblich leidet. Mit Rücksicht auf die bessere Beweglichkeit wird im allgemeinen Phosphorbronzelitze (siehe die Listen S. 99) statt Runddraht benutzt. Lötungen, wie z. B. das Anlöten der Zuleitungsdrähte k an die eigentlichen Antennendrähte i müssen vorsichtig bewirkt werden, um das Material nicht zu schwächen. Nachdem die Antenne auf dem Boden so zusammengebaut und ausgelegt ist, wird sie durch Anziehen der Rahen unter Zuschaltung der Isolatoren an dem Halteseil d befestigt, dieses wird über den Rollenkopf d gelegt und die Antenne wird hochgebracht. Um eine unnötige Belastung, insbesondere auch durch atmosphärische Beanspruchungen, möglichst gering zu halten, darf die Antenne nicht stramm angezogen werden, sondern muß bei etwa 100 m Länge mit einem Durchhang von etwa 4 m hängen.

Fast der größte Wert ist beim Bau der Antenne auf eine möglichst gute Isolierung zu legen, und zwar nicht nur an der Durchführungsstelle in den Empfangsraum, sondern auch zwischen den Antennenleitern und den Abspannungsstellen.

Zum Bau der Hochantenne einer normalen Amateurempfangsstation gehören folgende Bestandteile unter der Voraussetzung, daß Abspannpunkte, wie z. B. Fahnenstangen, Masten, Schornsteine oder dergleichen vorhanden sind.

1. Eine Rolle Kupferbronzelitze, eventuell auch einfacher Kupferdraht, falls die Länge der Antenne nicht groß ist. Dieser Draht wird für die Montage in Rollenform (siehe Abb. 133) geliefert in einer Länge, die bei einer Einfachdrahtantenne zuzüglich 10%, bei einer Doppel-T-Antenne der doppelten Drahtlänge auch zuzüglich 10% für Verschlingungen, Verschnitt usw. beträgt.

Abb. 133. Kupferbronzelitze (7/22) für die Hochantenne auf eine Transportspule aufgewickelt.

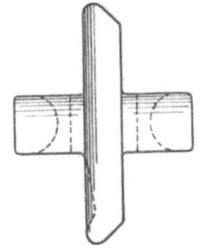

Abb. 134. Antennendrahtisolator für Empfangszwecke (Bullers Ltd., London).

2. Bei einer Mehrdrahtantenne ein oder meistens zwei Rahen, am besten aus Bambusrohr oder einem leichten, genügend zähen Holz hergestellt. Die Länge der Rahe entspricht der zu bauenden Antenne. Für eine Zweidraht-T-Antenne beträgt die Rahenlänge meist 1½ bis 2 m. Für einfachere und billige Installationen genügen auch schon Einzelisolatoren aus Porzellan, gemäß Abb. 134, die mit etwa 50000 Volt geprüft sind.

3. Porzellannußketten, die zwischen dem Antennendraht und die Abspannpunkte montiert werden. Von diesen Porzellannußketten zeigt Abb. 135 ein Ausführungsbeispiel, bereits für eine mittlere Senderanlage ausreichend. Es werden im allgemeinen mehr als zwei miteinander verspleißte Nußisolatoren benutzt, die in Endkauschen eingespleißt sind.

166   Die Antenne.

4. Eventuell aus Hanfseilen oder Drahtseilen hergestellte Abspannungen für die Rahen, um eine seitliche Schlingerbewegung zu verhindern und zu bewirken, daß die Antenne auch bei starkem Wind verhältnismäßig ruhig hängt.

5. Stützisolatoren gemäß Abb. 136, die jedoch nur zur Anwendung gelangen, sofern die Zuleitung von der Antenne nach dem Stations-

Abb. 135. Nußisolatorkette, bereits für größere Senderenergien geeignet.

raum aus irgendwelchen Gründen, z. B. wegen Wind, abgefangen werden soll. Die Zahl ist dementsprechend und nach den örtlichen Verhältnissen zu wählen.

6. Ein Durchführungsisolator von der Antennenzuführung zum Stationsraum. Bei besonders einfachen Installationen genügt eine durch

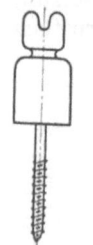
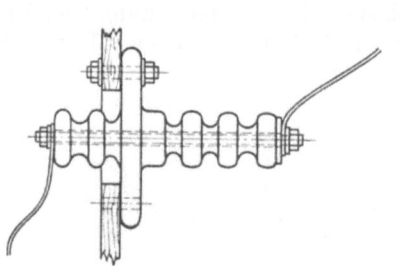
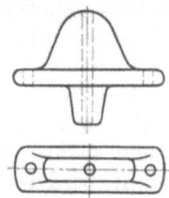

Abb. 136. Abspann- und Stützisolator.

Abb. 137. Normaler Porzellandurchführungsisolator für Amateurstationen.

Abb. 138. Einfacher Durchführungsisolator in holländischer Ausführung.

einen Hartgummiisolator, eine Glasröhre oder dergl. ausgebuchste Holzplatte, die auf einen Fensterrahmen an Stelle des Glases oder auf eine Türfüllung aufgenagelt wird. Bei besserer Ausführung verwendet man einen Porzellandurchführungsisolator, etwa Abb. 137 oder Abb. 138 (holländische Ausführung) entsprechend, der auf die Holzplatte aufgeschraubt wird, wie dies Abb. 137 schematisch zeigt.

7. Einen Wickel mit Zuführungsleitungsdraht, um vom Porzellandurchführungsisolator nach dem Empfänger hin und vom Empfänger nach Erde die Schaltung auszuführen.

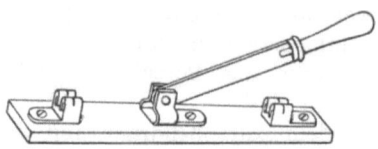

Abb. 139. Empfangs-Erdungsschalter.

8. Einen Wickel mit Bindedraht für alle notwendigen Montagearbeiten.

9. Einen einfachen Hebelschalter, um bei Nichtbenutzung des Empfängers die Antenne zu erden und bei Benutzung des Empfängers den-

selben an die Antenne anzuschalten. Hierfür genügt eine Konstruktion gemäß Abb. 139.

10. Behelfsvorrichtungen, Winden, Seilschlösser usw., um die Masten und Antennen hochzubringen und eventuell nachzuspannen.

b) Die Rahmenantenne (Spulenantenne).

Wegen der großen Vorteile, die eine Rahmenantenne auch für Amateurzwecke besitzt, insbesondere mit Bezug auf Befreiung von atmosphärischen Störungen und Vermeidung des Empfangs nicht gewünschter Sender, sollen im nachstehenden einige für die Herstellung derartiger Rahmenspulen wichtige Gesichtspunkte mitgeteilt werden. Für den Amateurbetrieb hat der Rahmenempfang noch den weiteren Vorteil, daß in einem und demselben Hause mehrere Empfangsstationen betrieben werden können, ohne sich gegenseitig irgendwie zu stören. Freilich ist bei Rahmenspulenempfang wohl stets eine gewisse Hochfrequenzverstärkung erforderlich, um den Schwellwert der Empfangsenergie genügend hoch zu setzen. Hierdurch werden verhältnismäßig teure Apparaturen benötigt, und auch die Instandhaltung und der Betrieb sind nicht billig.

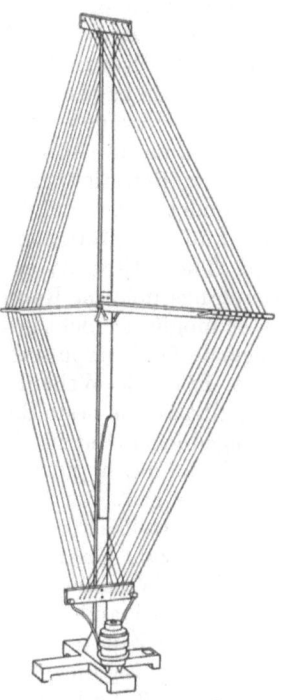

Abb. 140. Leicht beweglicher Zimmerrahmen mit Abstimmungskondensator am Fußende.

Bei der Konstruktion der Rahmenspule muß man sich entscheiden, ob man die Spule fest oder beweglich anordnen will. Bei einer festen Spule gibt man den Vorteil auf, die Einfallsrichtung beliebig variieren zu können. Wünscht man nur von einer bestimmten Richtung her zu empfangen, so kann man eine oder auch mehrere Wände des Empfangsraums direkt für die Montage der Spule benutzen. Hierdurch erhält man einen viel größeren Rahmen, als er sich sonst drehbar herstellen lassen würde, und die notwendige Verstärkung kann daher geringer sein. Bei besonders geschickter Anordnung kann man sogar eine gewisse Veränderlichkeit der Einfallsrichtung mit zwei festen Wandspulen erzielen, indem man z. B. einmal mit der einen, darauf mit der zweiten Wandspule auf einer senkrecht stehenden Wandspule empfängt und darauf beide Spulen zusammenschaltet und auf diese Weise die resultierende Richtung erhält.

Für die Herstellung eines festen Wandrahmens genügt es, 4 bis 6 aus Isoliermaterial hergestellte Stäbchen an der Wand zu befestigen, die mit so vielen Rillen versehen sind, als die Rahmenspule Windungen erhalten soll. Die Stäbchen können aus Hartgummi oder aus paraffiniertem Holz, Fiber oder dergleichen hergestellt sein und etwa in der Art von Abb. 143 S. 170 gestaltet und befestigt werden.

Die Herstellung von drehbaren Rahmenspulen erfordert mehr Kunstgriffe. Ein leicht auf dem Tisch aufstellbarer Rahmen ist in Abb. 140 wiedergegeben. Diese Anordnung kann dadurch drehbar gemacht werden, daß man mit einer Doppelschnur den Rahmen an einem an der Decke befestigten Haken aufhängt. Gut verwendbar hierfür sind auch die Gelenkstücke, die für manche Gaslampenkonstruktionen benutzt werden, da mittels derselben nicht nur eine leichte Drehbarkeit des Rahmens, sondern auch eine einfache Feststellung in der gewünschten Lage möglich ist. Eine derartige Konstruktion ist in Abb. 88 S. 136 wiedergegeben. (Siehe auch die Radiolaantenne Abb. 90 S. 138.)

Bei dem in Abb. 140 wiedergegebenen Rahmen sind, abgesehen von den Befestigungsschrauben und Winkelstückchen, nur Holzteile verwendet. Der Rahmen besteht aus neun Windungen, die an den am Fuß des Rahmens angebauten Drehkondensator angeschlossen sind. Theoretisch ist es günstig, daß die gesamte Selbstinduktion der Empfangsspule im Rahmen selbst liegt, und daß der Abstimmkondensator möglichst nicht zu groß ist. Im übrigen gelten für die Konstruktion folgende Gesichtspunkte (A. S. Blatterman):

1. Für jede Wellenlänge, mit der hauptsächlich empfangen werden soll, gibt es eine beste Rahmenform und eine günstigste Windungsanzahl. Infolgedessen sind für kurze Wellenlängen größere Rahmen von wenigen Windungen günstiger und für längere Wellen kleinere Rahmen mit einer größeren Windungszahl, während es für sehr lange Wellen wieder vorteilhafter ist, die Größe des Rahmens zu steigern und die Windungszahl herabzusetzen.

2. Der Windungsabstand ist wesentlich. Wenn die Windungen zu nahe nebeneinander liegen, wird zwar die Induktanz vergrößert, aber zu gleicher Zeit wächst der Hochfrequenzwiderstand. Die günstigste Anordnung ist diejenige, bei der der Widerstand möglichst niedrig ist, ohne daß die Induktanz unter einen gewissen Wert sinkt.

3. Durchmesser und Art des Rahmenleiters sollen so gewählt werden, daß die Spule einen möglichst niedrigen Widerstand besitzt. Zweckmäßig ist normale Lichtleitungslitze, die leicht zu montieren ist und genügende Isolation aufweist. Für nicht zu hohe Anforderungen genügt auch schon sog. Wachsdraht.

4. Im allgemeinen wird man isolierten Draht verwenden; wenn man jedoch den Windungsabstand genügend groß machen kann, mag bei ausreichender Isolationsfestigkeit der Stützen auch blanker Draht benutzt werden.

5. Der mit dem Rahmen benutzte Abstimmungskondensator soll nicht über 1000 cm groß sein.

6. Einen drehbaren Rahmen soll man nicht allzu nahe an den Zimmerwänden anbringen, da hierdurch der Widerstand des Empfangskreises vermehrt wird.

7. Nicht benutzte Windungen sind möglichst zu vermeiden. Um mit einem Rahmen sehr große Wellenbereiche bestreichen zu können, kann man die Anordnung so treffen, daß die Rahmenspulenwindungen an- und abgeschaltet werden können. Dies hat jedoch den Nachteil, daß die nicht benutzten Windungen stark energieverzehrend wirken.

Man kann die Rahmenspule auch nach Art einer Flachspule in das Rahmenkreuz hineinwickeln. Besondere elektrische Vorteile werden hierdurch im allgemeinen wohl nicht erzielt.

Da häufig mit Reaktionsschaltung (Rückkopplungsschaltung) gearbeitet wird, empfiehlt es sich, in die Empfangsrahmenspule eine zweite kleinere Spule hineinzubringen, die die Energierückübertragung bewirkt. Diese zweite Spule kann zweckmäßig dreieckförmige Gestalt haben und zur bequemeren Bedienbarkeit unten im Rahmen von Abb. 140 angeordnet sein.

Die günstigsten Windungszahlen, Wicklungsabstände usw. sind aus dem Diagramm von Abb. 141 zu entnehmen. Im oberen Teil ist die Abhängigkeit des Empfangsfaktors von der Windungszahl, im unteren Teil die Funktion zwischen Wellenlänge und Windungszahl sowie der günstigste Windungsabstand (englische Zoll) aufgetragen, und zwar

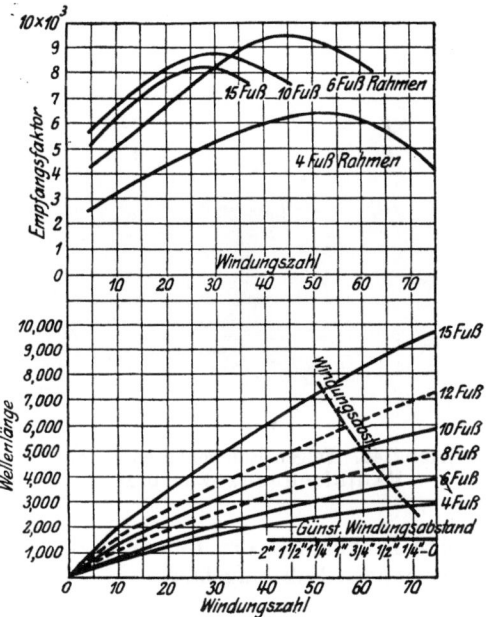

Abb. 141. Empfangslautstärken und Windungsdaten usw. bei Rahmenantennen.

für einen Wellenbereich bis zu 10000 m. Wenn man z. B. mit einem Rahmen für 2500 m günstigst empfangen will, so kann man eine Rahmengröße von 4 Fuß[1]), 50 Windungen bei einem Windungsabstand von $1/4$ Zoll verwenden. Man findet hierfür einen Empfangsfaktor von 6400. Aus dem Diagramm ist jedoch erkennbar, daß man einen günstigeren Empfangsfaktor von 9300 erhalten würde bei einem Rahmen von 6 Fuß, 40 Windungen und einem Windungsabstand von $7/16$ Zoll, um gleichfalls wieder 2500 m Welle zu empfangen.

---

[1]) 1 engl. Fuß = 0,3048 m. 1 engl. Zoll = 25,40 mm. Bei den Angaben der Rahmengrößen in engl. Fuß ist die Seitenlänge des Quadrats zugrunde gelegt.

Die Rahmenantenne der Radiofrequenz G. m. b. H., Berlin-Friedenau, gemäß Abb. 142 zeichnet sich durch folgende charakteristische Eigentümlichkeiten aus.

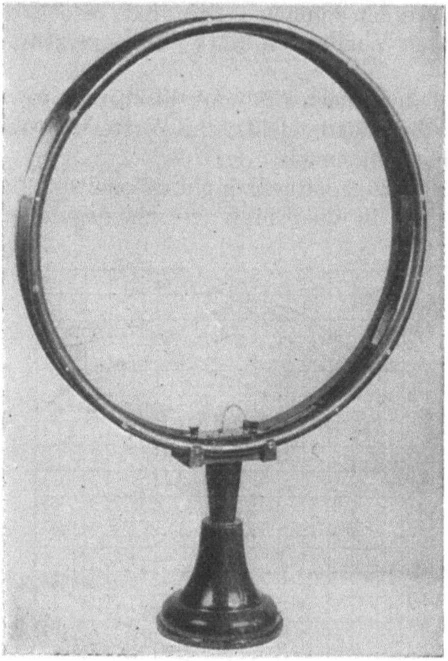

Die gewählte kreisrunde Form bewirkt ein Optimum des Verhältnisses von Drahtaufwand im Verhältnis zum Rahmenquerschnitt. Dabei liegen die Drahtwindungen vollständig verdeckt in einem felgenartigen Holzrahmen, der an verschiedenen Stellen durch Querrippen versteift ist. Die Felgen des Rahmens schützen den Draht vor Beschädigungen. Im unteren Teil des Rahmens ist eine Hartgummiplatte angebracht, die mit zwei Anschlußklemmen versehen ist und außerdem eine Reihe von Stöpselkontakten aufweist. Letztere sind an Spulenunterteilungen geführt, so daß es möglich ist, verschiedene Spulenwindungszahlen für den Empfang für große und kleine Wellen einzuschalten. Um eine besonders leichte Drehbarkeit des Rahmens zu bewirken, ist derselbe auf einen säulenartigen Fuß aufgebaut.

Abb. 142. Felgen-Rahmenantenne der Radiofrequenz G. m. b. H.

c) Die Innenantenne.

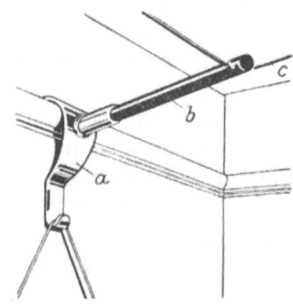

Abb. 143. Antennenhalter mit Innenantenne (englische Konstruktion).

Weit bequemer als die Montage einer Außenhochantenne ist die Anordnung einer Innenantenne. Hierunter ist zu verstehen, daß in dem betreffenden Raum, in dem empfangen werden soll, eventuell auch in einem Nebenraum, eine Anzahl von Isolatoren etwa unterhalb der Decke befestigt wird. Man kann hierzu in Paraffin gekochte Holzstäbchen oder kleine Glasrollen benutzen. An diesen Stäbchen wird nun ein Innenleiter, z. B. Kupferdraht, entlang gezogen, der nicht eine in sich geschlossene Figur zu ergeben braucht, sondern auch offen bleiben kann. Dieser Leiter wird mit dem Empfangsapparat verbunden. Eine beispielsweise Anordnung der Ecke einer in England üblichen Innenantenne gibt Abb. 143 wieder. Bei dieser Anordnung ist der Bilderhaken a direkt für die Montage des Isolierstäbchens b benutzt. Um das äußere Ende des letzteren ist der Antennenleiter c herumgezogen.

Selbstverständlich ist die mit einer derartigen Innenantenne erzielbare Lautstärke viel geringer als mit einer Hochantenne, aber meist größer als mit einem Rahmen. Es kommt wesentlich darauf an, ob das betreffende Haus viel Metallröhren, Leitungen usw. enthält; diese sind natürlich ungünstig. Schlecht ist auch Eisenbetonbau.

Übrigens ist in diesem Zusammenhang zu bemerken, daß die Amateure häufig mit gutem Erfolg Antennenleiter im Dachboden von Häusern, direkt unter den Dachziegeln (ca. 20 cm Abstand von diesen), isoliert ausgespannt haben, um auf diese Weise die Antenne den Blicken der Mitwelt zu entziehen.

d) Antennenersatzanordnungen.

Außer der Hochantenne und der Rahmenantenne sind noch verschiedene andere Möglichkeiten vorhanden, um mindestens bei Benutzung entsprechender Verstärkereinrichtungen empfangen zu können. In erster Linie ist anzuführen die z. Z. in England und Amerika vielfach gebräuchliche

α) Benutzung der Lichtleitung als Antenne.

Neuerdings ist es gelungen, unter besonderen Verhältnissen überhaupt auf jeden besonderen Luftdraht, sei es ein offener, im Freien ausgespannter Luftleiter oder eine Rahmenantenne zu verzichten. Die Dubilier Condenser Co. Ltd. Ducon Works in London geben an, daß nach Einschrauben eines „Ducon Condenser" in eine gewöhnliche Lampenfassung oder nach Einstöpseln in einen Stecker und nach Verbindung durch einen Draht mit dem Empfänger die meisten drahtlosen Nachrichten in dem betreffenden Wellenbereich ohne weiteres empfangen werden können. Diese Anordnung ist in Abb. 144 wiedergegeben. Hierin ist a eine normale elektrische Lampe, aus deren Fassung die Glühlampe herausgeschraubt und an deren Stelle der Ducon Condenser eingeschaltet ist. Von diesem geht es durch einen Zuführungsdraht b zum Empfänger c, der angeblich keine besonderen Zusatzapparate usw. zu enthalten braucht. Neben dem Empfänger c ist ein sog. „Magnavox", also ein Lautsprecher d aufgestellt, um die Empfangsgeräusche auf mechanischem Wege erheblich zu verstärken. Damit ist ein Teil des von S. Löwe auf S. 3 ausgesprochenen Gedankens verwirklicht.

Wenn auch die zahlreichen Störschwingungen in den Leitungsnetzen der großen Städte zu berücksichtigen sind, so besitzt dennoch der durch einen Kondensator an die Lichtleitung als Empfangsaufnahmeorgan abgeschlossene Empfangsapparat erhebliche Zukunftsaussichten.

172   Die Antenne.

β) Benutzung von Regenabflußrohren, Blitzableitern usw.

Manchmal kann man aber auch die in und an Gebäuden vorhandenen Metalleitungen direkt als Antenne benutzen. So sind z. B. häufig günstige Resultate erzielt worden, wenn man den Empfänger an den Blitzableiter oder an die Regenablaufrohre angeschlossen hat.

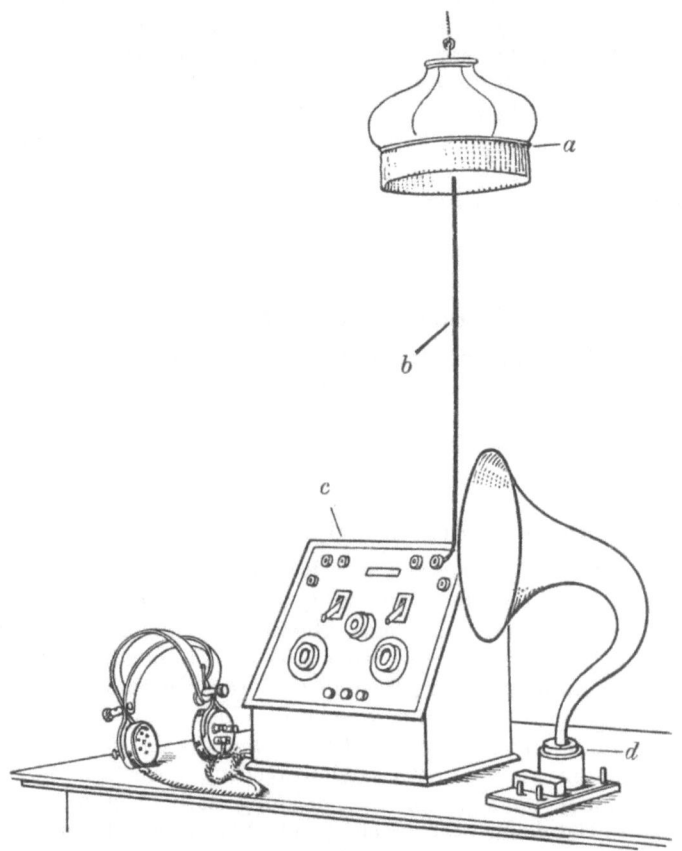

Abb. 144. Benutzung der Lichtleitung zum Empfang unter Zwischenschaltung eines Glimmerkondensators (Ducon Condensers). Auf dem Tisch neben dem Empfangsapparat ein Lautsprecher.

B. Tragbare Masten für den Radioamateurbetrieb.

Im allgemeinen wird der Amateur versuchen, soweit er für Empfangszwecke nicht einen geschlossenen Rahmen verwendet, seine Antenne an irgendeinem vorhandenen, höher gelegenen Punkt, wie z. B. einer genügend festen Fahnenstange, einem Schornstein, eventuell an einem Baum aufzuhängen. In manchen Fällen wird dies jedoch nicht möglich sein, insbesondere bei beweglichen Empfangsanlagen. Alsdann kommt die Benutzung eines transportablen Mastes inbetracht. Von diesem wird gewünscht, daß sein Gewicht und seine räumlichen Abmessungen im Transportzustand gering sind, daß er sich leicht unterbringen läßt, daß er rasch aufrichtbar und zusammenlegbar ist, daß er genügende Haltbarkeit, insbesondere auch gegen Stöße, starken Wind usw., eventuell auch Rauhreif aufweist, und daß eventuell auszuführende Reparaturen möglichst ohne besonders komplizierte Spezialwerkzeuge ausführbar sind. Es ist naturgemäß nicht leicht, alle diese Bedingungen zu erfüllen und dabei den Preis für den Mast in erträglichen Grenzen zu halten.

Während früher häufig Bambus- und sog. Magnaliummasten benutzt wurden, ist nach dem heutigen Stande der Technik die Aufgabe wohl nur mittels entsprechend gut durchkonstruierten Stahlrohrmasten zu erreichen. Diese werden im allgemeinen nach dem Teleskopprinzip hergestellt, ineinandergesteckt transportiert und für den Gebrauch an Ort und Stelle auseinandergezogen, wobei die genügende Festigkeit durch entsprechende Verspannung der Mastelemente unter sich und des gesamten Mastes gegen Erde bewirkt wird.

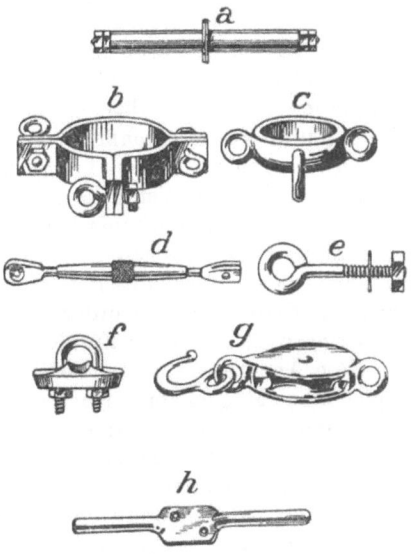

Abb. 145. Einzelteile zum tragbaren Mast der Wireless Steel Mast Accessory Co. in London.

Einige der wichtigeren, zu einem derartigen Stahlrohrteleskop gehörenden Einzelteile der Wireless Steel Mast Accessory Co. in London sind in Abb. 145 wiedergegeben, und zwar zeigt a das aus Bambusrohr hergestellte Verspreizungsstück, von denen für jede Antenne meist zwei an den Enden benutzt werden. Die Antennendrähte werden unter die aus der Abb. 145 erkennbaren Messingmuttern untergeklemmt. Die Aufhängung geschieht mittels Zwischenringen gemäß den Abb. 145b und c. Das Nachspannen der Stahldrähte wird durch Spannvorrichtungen mit doppeltem Gewinde gemäß Abb. 145d bewirkt. Für die Aufrichtung des Mastes und für Haltezwecke dienen Konstruktionsteile gemäß f und g. Als Werkzeug kommt ein Doppelschlüssel h inbetracht.

Stahlrohrmasten für Amateurzwecke in Höhen von 8,5 m, von 10, 13, 16 oder 20 m werden z. B. von der erwähnten Firma geliefert.

VIII. Die Verstärker und Lautsprecher.
Die Verstärkung der Empfangsschwingungen.
A. Allgemeine Gesichtspunkte und Einteilung der Röhrenverstärker.

Solange es keine brauchbaren Röhrenverstärker gab, war die selbst mit Hochantennen erheblicher Dimensionen erzielbare Energie bei Empfang von weiter abgelegenen Stationen so gering, daß es großer Übung und Vorsichtsmaßregeln bedurfte, um die Zeichen durch besonders geschultes Personal zuverlässig aufnehmen zu können. Zwar sind mannigfaltige Versuche gemacht und viele Apparate konstruiert worden, um auf mechanischem Wege eine Verstärkung zu erzielen. Alle diese Einrichtungen haben jedoch zu keinem dauernden Erfolg geführt, da die mechanisch wirkenden Verstärker von vornherein viel zu große Stromstärke erforderten, um überhaupt anzusprechen; außerdem waren sie zu vielen Zufälligkeiten im Betriebe ausgesetzt.

Eine Änderung trat erst ein, als durch L. de Forest (1907) prinzipiell die Möglichkeit der Verstärkung durch die Dreielektrodenröhre gezeigt wurde, und als es ferner J. Langmuir gelungen war, Hochvakuumröhren herzustellen. Seitdem (1913) hat eine Entwicklung der Röhrenverstärker im wesentlichen nach zwei Gesichtspunkten hin stattgefunden. Sofern die von der Antenne aufgenommene Energie dem Verstärker direkt zugeführt und erst darauf in den Detektor und in den Indikationsapparat geleitet wurde, spricht man von einer Hochfrequenzverstärkung (Radiofrequenzverstärkung). Diese wird angewendet, sofern der Schwellwert der Empfangsenergie so gering ist, daß der Detektor an sich nicht oder nur unzureichend ansprechen würde.

Die andere Art der Verstärkung ist die Niederfrequenzverstärkung (Audiofrequenzverstärkung), bei der die von der Antenne aufgenommene Energie zunächst in den Detektor geleitet, in Niederfrequenz umgewandelt und darauf dem Indikationsapparat (Telephon, Lautsprecher) zugeführt wird. Für die Verstärkung von Empfangsschwingungen ist es also wesentlich, ob die Intensität derselben unterhalb oder oberhalb des „Schwellwertes" liegt, bei dem ein Empfang mit Kristalldetektor und empfindlichem Telephon noch möglich sein würde.

Ist die Empfangsintensität unterhalb dieses Schwellwertes, so kommt man mit einer reinen Niederfrequenzverstärkung allein nicht aus. Selbst wenn man eine große Anzahl von Niederfrequenzverstärkern hintereinanderschalten würde, würden sich dennoch keine brauchbaren Resultate erzielen lassen, da schließlich parasitäre Ströme, Ladeströme, Eigenschwingungen usw. eine erheblich intensivere Verstärkung erfahren würden als der eigentlich zu verstärkende Strom, und da außerdem der mit Lautverstärkern versehene Empfänger selbst

Senderschwingungen aussendet. Vielmehr ist man alsdann, um den Schwellwert zu erreichen, bzw. zu erhöhen, genötigt, zunächst eine Hochfrequenzverstärkung vorzusehen, die je nach dem gewünschten Verstärkungsgrad, bzw. entsprechend der Empfangsintensität, aus einer Einfach- oder Mehrfachhochfrequenzverstärkung bestehen wird. Erst nachdem der Schwellwert genügend hoch gerückt ist, kann man unter Zwischenschaltung eines Audions oder anderen Detektors eine entsprechend weitere Verstärkung der Lautintensität durch eine Niederfrequenzverstärkungsanordnung anwenden.

Während es für letztere im wesentlichen gleichgültig ist, ob die ihr zugeführte zu verstärkende Energie einem schwingungsfähigen oder aperiodischen System entnommen wird, ist es für die Hochfrequenzverstärkung vorteilhaft, wenn die ihr zugeführte Energie aus einem Schwingungskreise herrührt. Neben der Hochfrequenz- und Niederfrequenzverstärkung sind noch eine große Anzahl von Varianten geschaffen worden, die insbesondere durch den Radioamateurbetrieb in Amerika und England entstanden sind, und die als Kombinationen oder Zwischenglieder aufzufassen sind (siehe auch S. 156 ff.). Die Wirkungsweise dieser Schaltungen und Anordnungen ist oft eine recht komplizierte, auf die im einzelnen hier nicht eingegangen werden soll.

Der Röhrenverstärker hat revolutionierend auf die gesamte drahtlose Nachrichtenübermittlung eingewirkt. Durch ihn ist es möglich geworden, einen betriebssicheren Empfang mit einem geringen Bruchteil derjenigen Energie herzustellen, die vorher unbedingt erforderlich war, und mit recht störungsfreien, ziemlich scharf gerichteten Rahmenantennen und ähnlichen Gebilden, die teilweise unter dieses Charakteristikum fallen, zu empfangen. Der Radioamateurbetrieb ist überhaupt erst durch den Röhrenverstärker möglich geworden.

B. Anfangs- und Endverstärkung. Energiesteigerungsmöglichkeit.

Im nachstehenden soll bei Verstärkern mit zwei oder mehreren Röhren verstanden werden: unter „Anfangsverstärkung" die erste Verstärkerröhre, in die der zu verstärkende Strom direkt oder mittels eines Transformators hineingeleitet wird, unter „Endverstärkung" die letzte Verstärkerröhre, die den entsprechend verstärkten Strom in den Indikationsapparat (Telephon-Lautsprecher) abgibt.

Dadurch, daß man mehrere Verstärkerröhren unter Zwischenschaltung von Transformatoren in Serie schaltet, kann man prinzipiell, gleichgültig ob es sich um Hochfrequenz- oder Niederfrequenzverstärkung handelt, die Energie außerordentlich steigern (Schaltungen siehe 2. Bd. Abb. 158, S. 187, Abb. 159, S. 188). Bei zweckentsprechender Dimensionierung und vorteilhafter Röhrenform sind ohne weiteres folgende Energiesteigerungszahlen zu erreichen:

durch die erste Röhre ca. 10 bis etwa 40fache Energiesteigerung,
durch die erste und zweite Röhre ca. 100 bis 400fache Energiesteigerung,

durch die 1., 2. und 3. Röhre ca. 1000 bis 4000fache Energiesteigerung.

Bei einer etwa 10000fachen Energiesteigerung liegt zurzeit die praktische Grenze.

Es erscheint im übrigen nicht unbedenklich, die Verstärkung, insbesondere die Niederfrequenzverstärkung, allzu weit zu treiben. Bei sehr stark mit atmosphärischen Entladungen gesättigter Luft, wie z. B. kurz vor Gewittern, kann es nämlich möglich sein, daß, wenn die Empfangsenergie des fernen Senders nicht sehr groß ist, man mit dem Rahmenempfänger-Hochfrequenzverstärker allein die Zeichen noch leidlich abfangen kann, während bei Benutzung derselben Apparatur in Serie mit einem Niederfrequenzverstärker die atmosphärischen Störungen so erheblich verstärkt werden, daß an ein Abhören der Morsezeichen nicht mehr zu denken ist.

Es ist im übrigen zu beachten, daß es sich nicht um eine Transformation der Energie bei dem Röhrenverstärker, sondern um einen tatsächlichen Energieverstärkungsvorgang handelt, indem die pro Stufe verstärkte Energie aus der betreffenden jeweiligen Anodenfeldbatterie entnommen wird.

Wählt man die Schaltung so, daß die Verstärkung erfolgt, bevor die Schwingungen dem Detektor zugeführt werden, so erhält man die beste überhaupt denkbare Verstärkungsart, nämlich die sog. „Hochfrequenzverstärkung". Eine Verzerrung der verstärkten Schwingungen findet hierbei alsdann nicht statt, wohl aber können andere Störungen, die unbeabsichtigt in den Primärkreis hineingelangen, mit verstärkt werden.

Im umgekehrten Fall, der dann vorliegt, wenn die Empfangsenergie den Detektor passiert hat, also erst in dem durch den Detektor umgeformten Zustand dem Verstärker zugeführt wird, hat man die sog. „Niederfrequenzverstärkung".

Im übrigen ist, da die Elektronenröhre ein praktisch masseloses Relais darstellt, eine nach Phase- und Kurvenform unverzerrte Verstärkung gewährleistet, soweit nicht durch Zwischentransformatoren, die Schaltungsanordnung etc. Störungen in die Apparatur hineinkommen. Der Verstärker ist also mechanisch unempfindlich. Man kann diese Art der Verstärkung als aperiodisch bezeichnen.

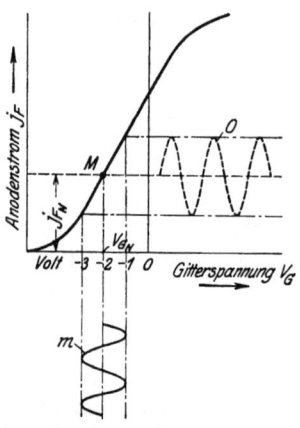

M=Arbeitspunkt, J_{FN} = Normaler Anodenstrom, V_{G_N} = Normale Gitterspannung, m = Gitterspannungsvariation, o = Anodenstromvariation, Anodenspannung = Konstant, Heizstrom = Konstant.

Abb. 146. Verstärkung kontinuierlicher Schwingungen.

C. Wirkungsweise der Röhre als Verstärker.

Die außerordentliche Verstärkungsmöglichkeit, die die Röhre darstellt, geht am besten aus ihrer Charakteristik, von der

Abb. 146 ein Beispiel zeigt, hervor. Auf der Abszisse sind die Gitterspannungen V_G, als Ordinaten ist der Anodenstrom J_F aufgetragen. Aus der Charakteristik ist ersichtlich, daß im geradlinigen Teil, in dem hauptsächlich gearbeitet wird, eine geringe Änderung der Gitterspannung bereits eine sehr erhebliche Variation des Anodenstromes hervorruft. Dieses ist in der Abbildung durch die Kurven m und o dargestellt. Je steiler die Charakteristik ist, um so größer ist die durch die Röhre bewirkte Verstärkung. Man arbeitet praktisch mit geringen negativen Gitterspannungen von etwa -1 bis -2 Volt und erreicht demnach eine ziemlich erhebliche Verstärkerwirkung.

D. Hochfrequenzverstärkung.

a) Prinzipielle Anordnung.

Eine betriebssichere und empfindliche Anordnung für die Verstärkung von Audiofrequenzen und elektrischen Wellen war erst durch die Kombination eines zuerst von de Forest angegebenen und benutzten Gasdetektors mit Gitterelektrode und einem gewöhnlichen Detektor gegeben. Von de Forest rührt auch bereits die Variante her, daß an Stelle des Detektors eine zweite Röhre mit geheizter Kathode benutzt wurde, so daß eine Ventilwirkung der zu verstärkenden Schwingungen erzielt war.

Hierbei wird die dem eigentlichen Detektor zugeführte schwingende Energie, also Hochfrequenzenergie, in ihrer Amplitude verstärkt.

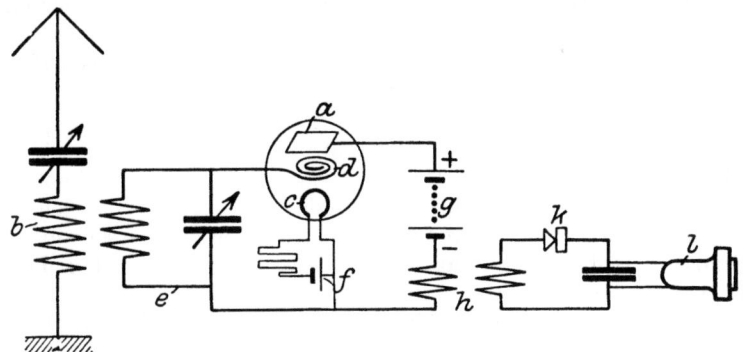

Abb. 147. Hochfrequenzverstärkung.

Dabei ist die Tatsache wesentlich, daß die als Verstärker dienende Röhre an ein besonderes elektrisches Feld gelegt ist.

Eine Anordnung (Telefunken), die eine sehr erhebliche Verstärkung der Empfangsenergie auf dieser Grundlage erreichen läßt, gibt Abb. 147 wieder (sog. „Hochfrequenzverstärkungsschaltung", siehe auch S. 156).

Die von der Antenne a aufgenommenen Schwingungen werden zunächst, z. B. mittels eines Transformators b, dem geschlossenen, auf die betreffende Wellenlänge abgestimmten Schwingungskreis e und sodann der Röhre *a d c* zugeführt, und zwar indem an den Sekundärempfangskreis einerseits die durch eine besondere Batterie *f* geheizte Kathode *c*, andererseits eine mit möglichst großer Oberfläche ausgebildete Hilfsanode (Gitter) mit oder meist ohne Zwischenschaltung einer Gleichstrombatterie angelegt ist. Um das Optimum der Verstärkung einregulieren zu können, ist es notwendig, den Heizstrom und damit den von der Kathode ausgehenden Thermionenstrom richtig zu bemessen. Zu diesem Zwecke wird am besten in den Heizstromkreis der Kathode *c* ein regulierbarer Widerstand eingeschaltet, vielfach hat man denselben durch einen automatisch die angenähert richtige Heizstromstärke einregulierenden Eisenwasserstoffwiderstand ersetzt. Außerdem ist zwischen die Heizelektrode *c* und die Anode *a*, also in das Anodenfeld, noch ein Kopplungstransformator *h*, der kein Eisen enthält, für den eigentlichen Detektor *k* geschaltet. Man kann auch, statt mit nur einem Telephon abzuhören, zwei oder mehr Telephone gleichzeitig einschalten, wobei alsdann die Energie in jedem Telephon, der jeweilig benutzten Zahl entsprechend, geringer wird. Die Verstärkung ist im übrigen bei Serienschaltung der Telephone günstiger als bei Parallelschaltung. Indessen ist der resultierende Telephonwiderstand von Fall zu Fall zu berücksichtigen.

Um eine genügende Verstärkung zu erzielen, muß man dem Gitter ein geringes negatives Potential aufdrücken, was früher durch Einschaltung einer kleinen Spannungsquelle vor das Gitter geschah, jetzt aber durch andere Mittel (Kondensator, Widerstand) bewirkt wird. Ist das Gitter *d* sehr negativ aufgeladen, so wird der Anodenstrom entsprechend stark geschwächt. Hingegen wächst letzterer bei positiver Gitteraufladung, bis er schließlich einen von der Auflagerung abhängigen Höchstwert erreicht, der empirisch festgestellt werden muß.

Die Wirkungsweise der Anordnung kann man sich etwa folgendermaßen vorstellen. Durch die Heizung des Glühfadens *c* bis zu heller Weißglut im Hochvakuum der Röhre werden in den Metallmolekülen des Fadens Elektronen gelockert, so daß sie an und für sich schon die Tendenz haben, sich vom Faden mit einer gewissen Geschwindigkeit abzulösen. Dadurch nun, daß an den Faden *c* und die Anode *a* die Batteriespannung *g* von ca. 100 Volt, bzw. bei anderen Röhrenausführungen auch niedrigere Spannungen gelegt sind, würde auch im Ruhezustand ein permanenter, intensiver Elektronenstrom von *c* nach *a* hin übergehen, wenn nicht die diese Wirkung zum Teil verhindernde Gitterelektrode *d* vorgesehen wäre. Diese hält vielmehr in der Röhre eine Art Gleichgewichtszustand aufrecht. Sobald nun bei Empfang Wellen auf das Gitter *d* einerseits und an die Kathode *c* (über die Transformatorspule von *h*) andererseits auftreffen, wird dieser Gleichgewichtszustand gestört, die retardierende Wirkung des Gitters zeitweilig aufgehoben, und es bildet sich ein entsprechend intensiver Elektronenstrom zwischen *c* und *a* aus, wobei dieser Elektronenstrom durchaus im Rhythmus der aufgenommenen Wellen schwankt. Infolge des zwischen Heizkathode und Anode liegenden Hilfsfeldes wird also die Amplitude der empfangenen Schwingungen, dem Felde entsprechend, vergrößert (siehe

z. B. Abb. 146 und 157). Diese in ihrer Amplitude vergrößerten Schwingungen wirken auf den Detektor ein und bringen bei richtiger Einstellung in diesem eine außerordentlich viel lautere Empfangswirkung oder bei Tonempfang einen erheblich lauter tönenden Empfang hervor, als dies bei alleiniger Verwendung des Detektors der Fall sein würde.

Allerdings können durch diese Anordnung auch störende Wellen in ihrer Wirkung verstärkt werden, und man muß darauf achten, daß sich in der Nähe des Empfängers keine funkenden Kollektoren oder dergleichen befinden. Viel günstiger hinsichtlich der erzielbaren Lautstärke sind die Schaltungen mit „Rückkopplung" (siehe Kap. VI, S. 156ff.).

b) Mehrfachhochfrequenzverstärker.

Von Bedeutung sind diejenigen Schaltungen, bei denen zwei oder mehr Verstärkerröhren benutzt werden, da es im allgemeinen darauf ankommen wird, die Empfangsenergie mehr als etwa zu verzehnfachen, wie dies mit einer Röhre möglich ist. (Siehe auch die Schaltungen S. 156ff.)

α) **Kopplung durch Eisentransformatoren.**

Es ist nun wesentlich, die Röhren eines Mehrfachverstärkers richtig miteinander zu koppeln. Man kann dies mit Transformatoren, wie

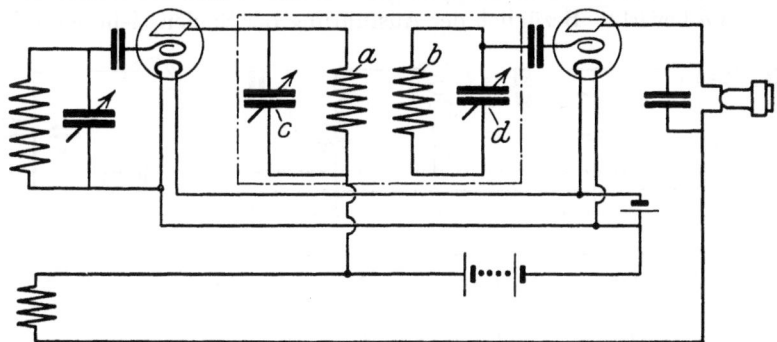

Abb. 148. Eisenlose Kopplungsspulen (abgestimmte Hochfrequenzverstärkerschaltung).

bei der Niederfrequenzverstärkung (s. unten S. 183ff.) bewirken, wobei jeweilig eine Abstimmung auf die Empfangsschwingungen herzustellen ist. Dies ergibt jedoch eine schwierige und zeitraubende Bedienung, da bei dem großen Wellenbereich der drahtlosen Telegraphie die Nachstimmung aller dieser Kreise erforderlich wäre.

β) **Kopplung durch eisenlose Kopplungsspulen (Abgestimmter Hochfrequenzverstärker).**

Eine andere Möglichkeit besteht in folgendem: Am zuverlässigsten ist die Benutzung von eisenlosen Kopplungsspulen zwischen den Röhren, etwa in der Schaltung, wie dies Abb. 148 zeigt. Hierbei wird der Transformator aus den beiden Spulen *a* und *b* gebildet, die je über einen Kondensator *c d* einen abgestimmten Kreis bilden. Der Nachteil dieser Anordnung besteht allerdings darin, daß die Schaltung eine ganze Reihe von Resonanzkreisen ergibt, die abgestimmt werden müssen, um so mehr als Röhren benutzt werden. Außerdem ist zu beachten, daß die Abstimmung immer nur für eine bestimmte Welle gilt, und daß bei einer andern Welle eine Nachstimmung vorzunehmen ist.

Für die Abstimmung werden zunächst die miteinander verbundenen Kreise fest gekoppelt und allmählich erst entkoppelt.

Bei einigen Ausführungen (J. Scott-Taggart) wird die Kopplung regelbar gemacht, um die Selektion weiterhin zu fördern und die günstigste Übertragungsmöglichkeit zu bewirken. Es scheint übrigens sich allgemein als zulässig herausgestellt zu haben, die Anodenkreise aperiodisch zu gestalten, während die Gitterkreise für sich abgestimmt bleiben.

Entsprechende Gesichtspunkte gelten, wenn die Kopplung der Röhren durch Widerstände (bei Hochfrequenzverstärkern) bewirkt wird (siehe S. 155ff. und S. 273ff.).

γ) **Kopplung durch Widerstandsspulen (Aperiodischer Hochfrequenzverstärker).**

Ein Anordnungsschema, das sich in der Praxis bewährt hat, zeigt Abb. 149. Hierbei ist die Kopplung der Röhren durch die Widerstandsspulen *h* bewirkt. Bezüglich der Ausführung der Spulen siehe Kap. IX.

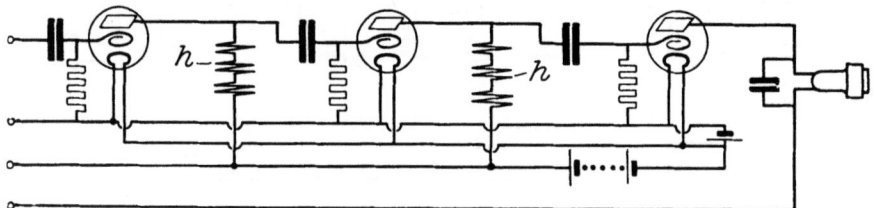

Abb. 149. Widerstandsspulenkopplung (aperiodische Hochfrequenzverstärkerschaltung)

δ) **Kopplung durch aperiodische Stromübertragung (Stromkopplung).**

Man ist infolgedessen im allgemeinen auf aperiodische Kopplungsvorrichtungen übergegangen, derart, daß die Anodenwechselspannung der voraufgehenden Röhre stets direkt auf die nächstfolgende Röhre übertragen wird. Zu diesem Zweck werden meist eisenlose Kopplungsspulen oder Kondensatoren geringer Kapazität oder Ohmsche Widerstände oder auch eisengefüllte Drosselspulen verwendet.

Eine Anordnung, bei der eisenlose Kopplungsspulen *m n* benutzt werden, ist in Abb. 150 wiedergegeben. Hierbei ist die erste Röhre direkt mit dem Empfangskreis gekoppelt.

Man nennt diese Schaltung die Stromübertragung oder Stromkopplung. Die durch mehrere Röhren — etwa 3 bis 5 Röhren sind das in der Praxis übliche — verstärkte Hochfrequenzenergie wird entweder einem Kristalldetektor, oder aber, was wegen Betriebssicherheit und Lautstärke vorzuziehen ist, einer weiteren, als Audion wirkenden Röhre zugeführt. Erst an diese letzte Röhre wird das Tele-

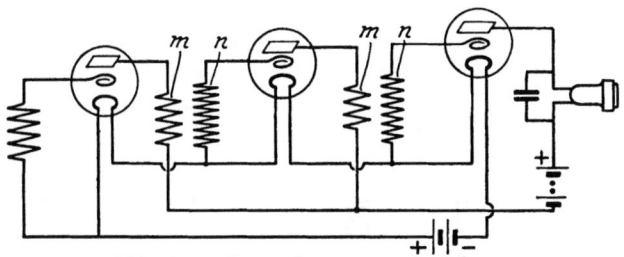

Abb. 150. Stromübertragungskopplung.

phon angeschlossen, z. B. durch Einschaltung in den Anodenkreis. Man hat auch versucht, ohne diese letzte Audionröhre auszukommen und hat direkt in die Anodenleitung der letzten Verstärkerröhre das Telephon eingeschaltet. Alsdann ist jedoch für die Wirkung notwendig, daß diese letzte Röhre eine Gleichrichterwirkung besitzt und ferner, daß die Amplituden so groß sind, daß sie entweder den Sättigungsstrom überragen, oder daß der Anodenstrom während der negativen Wechsel auf Null geht.

ε) **Mehrfachverstärker mit Widerstandsspannungssteigerung von de Forest-Arnold.**

Bei allen Röhrenverstärkern kommt es, um einen hohen Verstärkungsgrad zu erhalten, darauf an, daß die dem Gitterkreis (häufig als Eingangskreis bezeichnet) aufzudrückende Spannung möglichst hoch ist.

Da im allgemeinen die ohne weiteres gegebene Spannungsamplitude keinen hinreichenden Wert besitzt, ist man genötigt, die Erhöhung der Spannungsamplitude im Gitterkreis durch je einen Transformator zu bewirken. Diese Transformatoren müssen eine hohe Windungszahl erhalten, um die Impedanz des Gitterkreises zwecks Spannungssteigerung hoch zu bringen und zwar auf Werte von mehreren 100000 Ohm. Die Dimensionierung und Herstellung derartiger Transformatoren ist infolgedessen nicht einfach und billig. Außerdem haben sie den Nachteil im Gefolge, daß sie eigentlich stets Formverzerrungen der zu transformierenden Schwingungen herbeiführen, und daß sie für einen größeren Frequenzbereich die gewünschte Spannungserhöhung meist nicht ergeben.

Von L. de Forest-Arnold ist vorgeschlagen worden, die Spannungserhöhung nicht durch Transformatoren, sondern durch entsprechend hohe Ohmsche Widerstände zu bewirken. Dieselben können ohne weiteres günstigst bemessen werden und unschwer je eine Größe bis zu 10 Megohm, welche für den Gitterkreis in Betracht kommen kann, dimensioniert werden.

In Abb. 151 ist eine Verstärkerröhrenschaltung mit zwei in Serie arbeitenden Röhren a für die Anfangsverstärkung und hierauf drei parallel geschalteten Röhren e, durch welche zwar die Spannung etwas erniedrigt, der resultierende Strom aber erhöht wird, für die Endverstärkung wiedergegeben, wobei an Stelle der Transformatoren in die Anodenleitungen Ohmsche Widerstände f von je etwa 100000 Ohm eingeschaltet sind. Die Batterien h sollen einen solchen Widerstand besitzen, daß

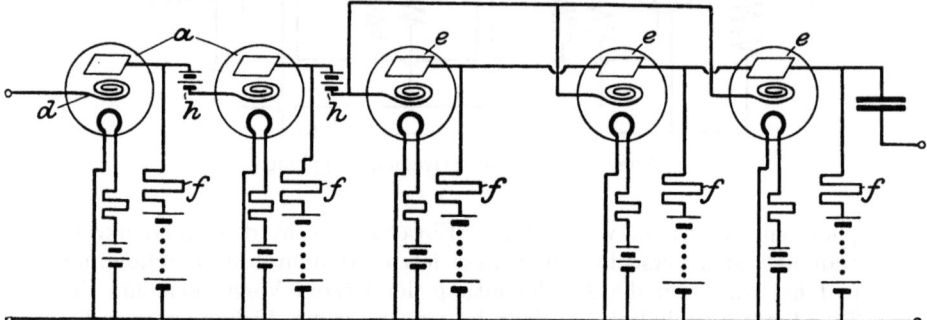

Abb. 151. Mehrfachverstärker mit Widerstandsspannungssteigerung von L. de Forest-Arnold.

die Gitterelektrode d normal auf eine Spannung von etwa 5 Volt negativ gegenüber der mit ihr in einem Glasgefäß vereinigten Kathode gebracht ist.

Man kann auch zur Vereinfachung den Hilfsstrom aus einer gemeinsamen Hilfsbatterie entnehmen.

ζ) **Kopplung durch Spannungsübertragung (Spannungskopplung).**

Es ist auch möglich, die Hochfrequenzverstärkerröhren mit Spannungsübertragung zu koppeln. Diese Schaltung (siehe Abb. 152),

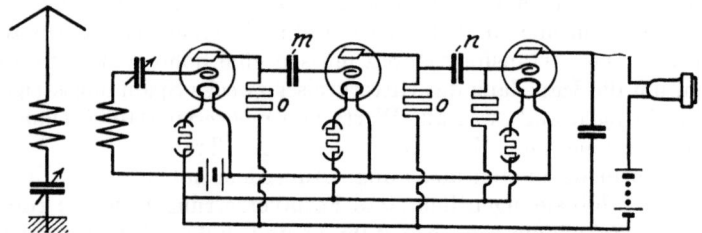

Abb. 152. Dreifach-Hochfrequenzverstärker mit Spannungstransformation.

die in Amerika gefunden wurde, wird auch heute noch vielfach angewendet. Die Kopplung zwischen den Röhren gemäß Abb. 152 wird hierbei durch Kondensatoren m n geringer Kapazität bewirkt. Außerdem ist zwischen Anode und Kathode jeder Röhre ein hochohmiger Widerstand o (ca. 200000 Ohm bis 500000 Ohm) geschaltet, wodurch die Spannungsschwankungen des Anodenkreises erheblich verstärkt werden. Auch hierbei ist die letzte Röhre als Audion geschaltet.

Es ist jedoch bei dieser Schaltung darauf zu achten, daß Eigenschwingungen, welche infolge der zwischen den Röhren vorhandenen, sich häufig rückkoppelnden Spannungsdifferenzen leicht auftreten können, sicher vermieden werden. Dies wird durch entsprechende Einregulierung des Heizstromes der Röhren bewirkt, aus welchem Grunde es zweckmäßig ist, regulierbare Heizwiderstände vorzuschalten.

Obwohl die genannte Schaltung eine recht gute Verstärkung ergibt, hat man doch versucht, infolge des leicht Inschwingunggeratens der Apparatur Schaltungen anzuwenden, die diesen Nachteil nicht besitzen. Unter diesen Anordnungen ist zu erwähnen die Schaltung gemäß Abb. 153 von G. Leithäuser. Hierbei ist das Inschwingunggeraten dadurch vermieden, daß das Gitter der ersten Röhre an die Anode unter Zwischenschaltung eines hochohmigen Widerstandes angeschlossen ist. Der auf diese Weise

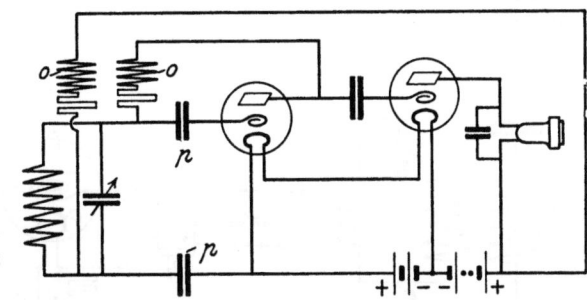

Abb. 153. Nichtschwingende Spannungsübertragungsschaltung von G. Leithäuser.

entstehende Kreis wird auf die Empfangswelle abgestimmt. In der dargestellten Schaltung ist auch der Anodenkreis der zweiten Röhre, gleichfalls unter Zwischenschaltung eines hochohmigen Widerstandes, an den abgestimmten Empfangskreis mit angeschlossen, wobei ferner noch die beiden Kondensatoren p eingeschaltet sein müssen. An Stelle der Widerstände o können auch Drosselspulen genügenden Widerstandes benutzt werden.

Für alle Verstärker, insbesondere Hochfrequenzverstärker, gilt, daß der zu erzielende Verstärkungsgrad nicht nur von der Güte und Beschaffenheit der Röhren, ihrer Anzahl, Schaltung usw., sondern von der Art und dem Zustande des Zusammenbaues der Gesamtanordnung, namentlich der Kopplungsteile, sowie von der Isolierung abhängt. (Siehe auch die Vorsichtsmaßregeln S. 160 bis 162.)

E. Niederfrequenzverstärkung.
a) Prinzip der Niederfrequenzverstärkung.

Man kann auch die vom Detektor empfangene und umgeformte Energie (also die Mittelfrequenz, Audiofrequenz) mittels der Röhre verstärken, erhält jedoch alsdann nur eine wesentlich geringere Amplitudenvergrößerung.

Eine hierfür inbetracht kommende prinzipielle Schaltung zeigt Abb. 154.

Die Empfangsenergie wird in bekannter Weise auf den Detektor k übertragen und von diesem in einen Niederfrequenzstrom, den Schwingungsimpulsen des Senders entsprechend, umgeformt. Anstatt nun ein Empfangstelephon zur Wahrnehmung dieser Impulse direkt mit dem Blockkondensator zu verbinden, ist an diesen ein kleiner, zweckmäßig eisengeschlossener Transformator h (Telephontransformator) angeschlossen, der einerseits mit dem Heizfaden c, andererseits direkt mit der Gitterelektrode d verbunden ist. Das Telephon l ist in den aus Anode a und Batterie g (bei älteren Röhren ca. 90 bis 100 Volt

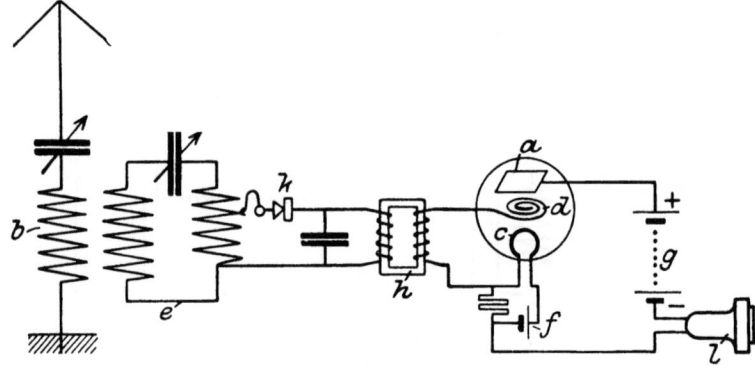

Abb. 154. Niederfrequenzverstärkung.

Spannung, bei neueren Röhren ungefähr die Hälfte oder nur einen Bruchteil derselben) bestehenden Kreis eingeschaltet. An Stelle der direkten Anschaltung des Telephons könnte selbstverständlich auch wiederum ein Transformator mit einem zweiten Verstärker verwendet werden und auf diese Weise eine abermalige Verstärkung der Detektorenenergie herbeigeführt werden.

Die Wirkung der Anordnung ist eine ähnliche, wie oben geschildert. Die glühende Kathode c sendet Elektronen aus, die durch die Gitterelektrode d nach der Anode a hin gelangen. Außerdem ist zwischen der Kathode c und der Anode a noch die Spannung des Feldes der Batterie g vorhanden, so daß bei Betätigung der Röhre ein, wenn auch schwacher andauernder Strom zwischen c und a vorhanden ist. Derselbe erfährt eine Veränderung, sobald bei Empfang von Schwingungen der Detektor einen Niederfrequenzstrom hervorruft und infolgedessen die Leitfähigkeit zwischen der Kathode e und der Gitterelektrode f verändert wird. Dieser so veränderte Strom gelangt im Empfangstelephon l zum Ausdruck.

b) Mehrfach-Niederfrequenzverstärkung.

Um die günstigste Stelle der Charakteristik etwa im Bereiche von — 1 bis — 2 Volt zu erzielen, muß bei der Niederfrequenzverstärkung dem Gitter eine negative Spannung aufgedrückt werden. Ursprünglich wurde dies dadurch bewirkt, daß vor das Gitter eine kleine Batterie v geschaltet wurde (siehe Abb. 155). Infolge der hierdurch bewirkten Komplikation und Schwierigkeit im Betriebe ging man jedoch bald auf eine Schaltung gemäß Abb. 156 über (siehe auch die Abb. 158, S. 187 u. 159, S. 188), bei der der Eingangstransformator mit dem negativen Pol der Heizbatterie verbunden ist. Zur

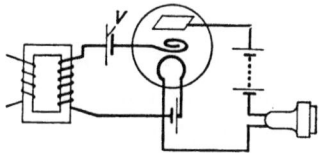

Abb. 155. Vorschaltung einer Spannungsquelle vor das Gitter.

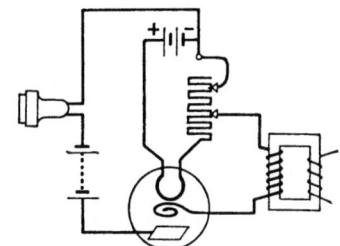

Abb. 156. Verbindung des Eingangstransformators mit dem negativen Pol der Heizbatterie.

Spannungssteigerung werden eisengefüllte Transformatoren zwischen der vorhergehenden Anode und dem Gitter der folgenden Röhre benutzt.

Das Telephon kann entweder in den Anodenkreis der letzten Röhre eingeschaltet werden, oder es kann, was vielfach üblich ist, auch hier noch ein Ausgangstransformator verwendet werden.

Bei der Schaltung gemäß Abb. 158 sind alle Heizkreise und Anodenkreise parallel geschaltet. Man kann sie jedoch auch in Serie schalten, wodurch vor allem geringe Spannungsvariationen erzielt werden.

c) Schroteffekt.

Ein wesentlicher Nachteil, der der Verwendung allzu vieler Verstärkerröhren entgegen steht, besteht auch noch in den auftretenden Rückkopplungen, wodurch Pfeiftöne und Röhrengeräusche begünstigt werden, derart, daß ein Arbeiten überhaupt in Frage gestellt wird.

Außerdem wird hierdurch noch die Kontinuität des Stromüberganges zwischen Heizfaden und Anode in Frage gestellt, so daß man gleichsam die Elektronenquanten übergehen zu hören glaubt (Schroteffekt).

d) Pfeifen bei Mehrfachverstärkern.

Ein Übelstand, der sich manchmal schon bei Zweifachverstärkern, häufiger aber bei Dreifach- und Vierfachverstärkern zeigt, sind Geräusche in Audiofrequenz, die sich bis zu Pfeiftönen steigern können. Dieses kann in verschiedenen Umständen begründet sein. Im allgemeinen werden diese Geräusche durch Hervorrufung der Eigenfrequenz der Transformatorspulen erzeugt, was auf irgendeine Rückkopplung der Apparatur schließen läßt.

Meist liegt es alsdann in einer unsachgemäßen Leitungsführung, die abgeändert werden muß. Auch die Vertauschung der Anschlüsse des Transformators kann manchmal vorteilhaft sein, besonders häufig treten diese Pfeifgeräusche bei Mehrgitterröhren auf.

Vielfach rührt das Pfeifen von zu starker Heizung her. Dies ist mit ein Grund, daß die Heizspannung fein einreguliert werden muß. Um die Pfeiftöne möglichst ganz zu unterdrücken, ist es günstig, auf die Transformatorkerne Kurzschlußwindungen aufzubringen (G. Seibt). Manchmal liegt die Ursache aber auch in der Anodenbatterie, insbesondere wenn dieselbe schon zu sehr erschöpft ist, da alsdann der innere Widerstand der Batterie ziemlich hoch wird. Man kann sich dann dadurch helfen, daß man einen Kondensator genügend großer Kapazität zur Batterie parallel schaltet.

F. Kombination von Verstärkern verschiedener Art.

Schließlich kann man auch bei Benutzung selbst nur einer Röhre als Verstärker eine Kombination von Hochfrequenz- und Niederfrequenzverstärkung herbeiführen.

Eine besonders große Empfindlichkeit, d. h. eine besonders intensive Lautverstärkung wird durch die Kombination Hochfrequenzverstärkung-Audiondetektor-Niederfrequenzverstärkung erzielt. Unter Wahl günstiger Verhältnisse kann die hierdurch bewirkte Verstärkung so groß sein, daß ohne irgendeine Antenne mit einer einfachen Spule von 1—1$^1/_2$ m Durchmesser zusammen mit der Empfangsanordnung auf mehrere 1000 km von größeren oder Großstationen aus empfangen werden kann (siehe Rahmenempfängerverstärker S. 130ff.).

G. Ausführungsformen von Röhrenverstärkern.

a) Röhrenkonstruktion und Charakteristik für Verstärkerzwecke.

Zur Verstärkung der Empfangsenergie kann prinzipiell jede Röhre benutzt werden, die mit Gasionisation oder Elektronenemission arbeitet, also z. B. die Audionröhren von L. de Forest, die Doppelgitterröhre von Q. Majorana, die Liebenröhre, die Empfangsaudionröhren von Telefunken oder andere; es gelten hierfür die für Röhren inbetracht kommenden Gesichtspunkte.

Indessen ist es zweckmäßig, bei manchen Röhrentypen und Anordnungen sogar unbedingt notwendig, die jeweilig benutzte Röhre den besonderen Verhältnissen anzupassen. Besonders gilt dies selbstverständlich mit Rücksicht auf die Spannung und Stromstärke für das Heizen und das Anodenfeld. Es gilt aber auch mit Bezug auf die jeweilig benutzten Transformatoren, die in ihrer Eisenkerndimensionierung, Primär- und Sekundärwicklung sowie ihren Übersetzungsverhältnissen den besonderen Bedingungen gemäß gestaltet werden müssen (siehe auch die Verstärkerschaltungsschemata 156ff.). Schließlich ist auch die Röhrenkonstruktion, insbesondere der Durchlaß (Durchgreifen) des Gitters, dem Verstärkungsgrad gemäß zu gestalten. Da, wenn nicht ganz besondere Verhältnisse vorliegen, ein Einfachverstärker heute wohl nur selten Verwendung finden wird, sondern vielmehr ein Zweifach- oder meist ein Dreifach- oder Mehrfachverstärker benutzt wird, sollte eigentlich für die Anfangsverstärkung eine etwas andere Röhrentype vorgesehen werden als für die Endverstärkung. Der Gitterdurchgriff wäre für die letztere größer zu gestalten, da infolge der Herauftransformierung der Energie und der hiermit verbundenen Spannungssteigerung ein höheres Gitterpotential zu wählen ist als bei der Anfangsverstärkung. Wenn Kurve m von Abb. 157 die Charakteristik der Röhre bei einem Gitterpotential von 4 Volt wiedergibt, das bei der Anfangsverstärkung vorliegt, so wählt man zweckmäßig, um die infolge der Transformation auf 8 Volt erhöhte Gitterspannung ausnutzen zu können, eine Röhre, die eine Charakteristik etwa gemäß Kurve n erzeugt, wobei zu bemerken ist, daß, um die Unterschiede klar hervorzuheben, die Kurven stark karikiert aufgezeichnet wurden. Der Variationsbereich der Gitterspannung ist also bei der Endverstärkung ein größerer.

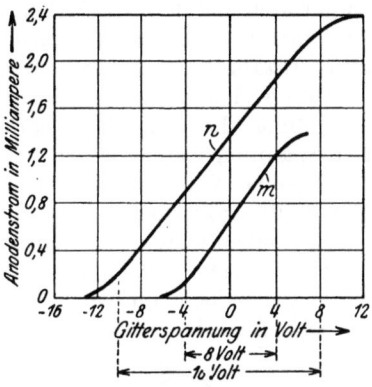

Abb. 157. Charakteristiken für Verstärkerröhren.

In der Praxis am gebräuchlichsten und auch für den Amateurbetrieb in der Hauptsache inbetracht kommend sind Zweifach- und Dreifachröhrenverstärker, die bisher meist in Niederfrequenzverstärkerschaltung Anwendung finden. Im allgemeinen kann man rechnen, daß durch den Zweifachverstärker eine 200- bis 400 fache Verstärkung der Energie stattfindet. Beim Dreifachverstärker sind diese Ziffern etwa mit 10 bis höchstens 40 je nach der Ausführung der Anordnung zu multiplizieren.

Besonderer Wert, vor allem beim Mehrfachverstärker, ist darauf zu legen, daß weder eine Verzerrung der Laut- oder Sprachübertragung,

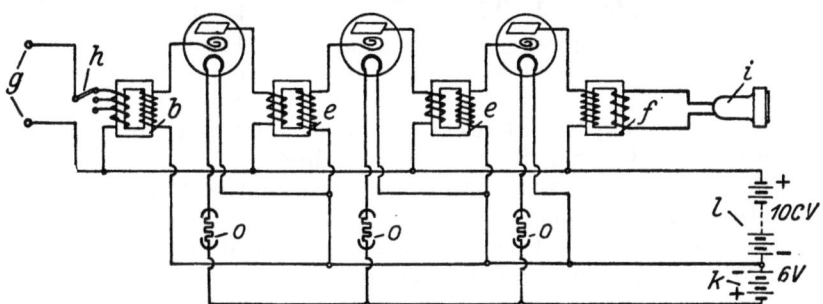

Abb. 158. Schema des Dreiröhrenniederfrequenzverstärkers.

noch eine Selbsterregung der Verstärkerapparatur, die sich in „Pfeifen" (siehe oben) äußert, eintritt. Um dieses zu erreichen, ist eine sorgfältige Dimensionierung der Einzelapparate, insbesondere der Transformatoren, soweit solche benutzt werden, der Leitungsführung und des Zusammenbaues erforderlich.

Bei dem Schema gemäß Abb. 158 ist Niederfrequenzverstärkung angenommen. Die Detektorenergie wird bei den Klemmen g dem

Verstärker zugeführt und zunächst mittels eines kleinen, eisengeschlossenen Transformators b dem Gitterkreis der ersten Röhre zugeführt, wobei eine Herauftransformierung auf Spannung bewirkt wird. Da die verschiedenen Empfangsdetektoren voneinander abweichende Spannungsamplituden für den Verstärker liefern werden, ist die Primärwicklung des Transformators b mit einem Schalter h versehen, der drei verschiedene Anzapfungen der Primärwicklung einzuschalten gestattet.

Durch den Transformator b wird diejenige Spannungsamplitude hergestellt, die etwa der Charakteristik m von Abb. 157 entspricht. Der Spannungsbereich hierbei sei 4 Volt.

Derselbe Vorgang wiederholt sich für die zweite Verstärkerröhre. Man müßte allerdings, wenn dies nicht zu große Komplikationen im Gefolge haben würde, die Röhre anders, und zwar der durch den Transformator e erzeugten höheren Spannung gemäß, dimensionieren. Dies wird man jedoch nur bei Spezialausführungen bewirken.

Schließlich ist noch eine dritte Verstärkerröhre vorgesehen, die die Endverstärkung vorzunehmen hat, und deren Charakteristik infolge der weiterhin gesteigerten Spannungsamplitude etwa gemäß Kurve n (Abb. 157) verläuft. Der Spannungsbereich beträgt, um das Maximum des Anodenstromes zu erzielen, hierbei ca. 9 Volt. Entsprechend dieser höheren Spannung, wäre es theoretisch zweckmäßig, wenn die Gitterelektrode dieser Verstärkerröhre größeren Durchgriff als die erste Röhre besitzen würde.

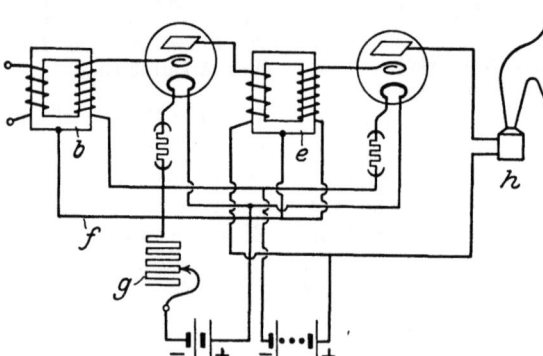

Abb. 159. Zweifachniederfrequenzverstärkeranordnung mit angeschlossenem Lautsprecher von G. Seibt.

Nun erst wird der vom Transformator f herabtransformierte Strom dem Telephon i zugeführt.

Die von der ersten Röhre hervorgerufene Verstärkung entspricht etwa 20facher Empfangsenergie. Die von der ersten und zweiten Röhre gesteigerte Energie macht etwa das 200fache der Empfangsenergie aus, und die Energiesteigerung durch alle drei Röhren ist etwa das 2000fache der den Klemmen g zugeführten Detektorenenergie.

Das Schaltungsschema von Abb. 158 zeigt, daß sowohl die Heizenergie als auch die Energie für das Anodenfeld mittels der Batterien k und l für alle drei Röhren gemeinsam zentralisiert sind. Es sind Eisen-Wasserstoffwiderstände oder Nickeldrahtwiderstände vorgesehen, um ein Durchbrennen der Glühfäden zu verhindern und die Heizstromstärke wenigstens teilweise automatisch einzuregulieren.

b) Niederfrequenzverstärkerausführungen der Radiofirmen.

α) Dreifachniederfrequenzverstärker von G. Seibt.

Die Konstruktion und Lieferung von hochwertigen Niederfrequenzverstärkern wird heute ohne Schwierigkeit von den meisten Radiofirmen bewirkt. In Abb. 159 ist das für zwei Röhren gezeichnete Schaltungsschema eines im allgemeinen als Dreifachverstärker gelieferten Apparates der Firma G. Seibt wiedergegeben. Bei letzterem ist

Abb. 160. Niederfrequenzverstärker von Seibt.

auf die Dimensionierung, Ausführung und Schaltungsanordnung der Transformatoren ganz besonderer Wert gelegt, wodurch alle für den Zusammenbau und Anschluß von Telephonen und Lautsprechern geltenden Gesichtspunkte berücksichtigt wurden. Hierbei hat es sich als zweckmäßig herausgestellt, die Eisenkerne der Transformatoren b und e (beim Dreifachverstärker kommt noch ein weiterer Zwischentransformator inbetracht) durch eine Verbindungsleitung f aneinander zu schließen und diese an die Kathodenzuführung der Heizleitung anzulegen, um ein Pfeifen des Verstärkers tunlichst auszuschließen. Als sehr zweckmäßig hat sich auch hier die Einschaltung eines besonderen Regulierwiderstandes g zur Kathodenheizung bewährt, einmal, um den günstigsten Bereich der Charakteristik für die Verstärkung festzustellen, andererseits aber, um an Heizenergie zu sparen, wodurch auch die Lebensdauer der Röhren günstig beeinflußt werden kann. Bei dem Schaltungsschema gemäß Abb. 159 ist an die Ausgangsröhre für das objektive „Broadcasting" ein Lautsprecher angeschlossen.

Die Ausführung des Niederfrequenzverstärkers mit drei Röhren von G. Seibt ist in Abb. 160 wiedergegeben.

Die elektrischen und mechanischen Teile sind auf einer Hartgummiplatte montiert, die auf einen polierten Holzkasten aufgeschraubt ist. Die Dimensionen des Apparates sind $18 \times 15{,}5 \times 8{,}5$ cm.

In der Mitte der Hartgummiplatte befinden sich die Steckbuchsen für die drei Röhren. Die Klemmen für die Heiz- und Anodenbatterie sind an dem oberen Rande, die Klemmen für den Eingang des unverstärkten, sowie die Klemmen für den Ausgang des verstärkten Stromes am unteren Rande der Platte angebracht. Die vordere Wand des Holzkästchens trägt den Drehknopf des Glühfadenrheostaten.

Der Dreiröhrenverstärker bildet ein Zusatzgerät zu jedem Empfänger mit Kristalldetektor und eignet sich besonders für Lautsprecher.

β) **Zweifach-Niederfrequenzverstärker von Telefunken.**

Die Ausführung eines Zweifachniederfrequenzverstärkers von Telefunken in Gestalt eines Zusatzapparates, der insbesondere in Kombination mit einem Kristalldetektorempfänger, aber auch mit einem Audionempfänger benutzt werden soll, ist in Abb. 161 wiedergegeben. Durch diesen Apparat soll eine etwa 400 fache Verstärkung der Empfangsenergie bewirkt werden. Der Empfänger wird hierbei an den oberen linken Klemmen angeschlossen, das Telephon und der Lautsprecher an den Klemmen oben rechts. Die beiden mittleren Griffe bedienen die Heizwiderstände jeder der beiden oben auf den Apparat gestöpselten Verstärkerröhren. Die Batterien werden unten links und rechts angeschaltet. Die Bedienung dieses Apparates ist also auf ein Minimum reduziert, da lediglich ein Drehgriff nach Einschaltung des Apparates zu betätigen ist.

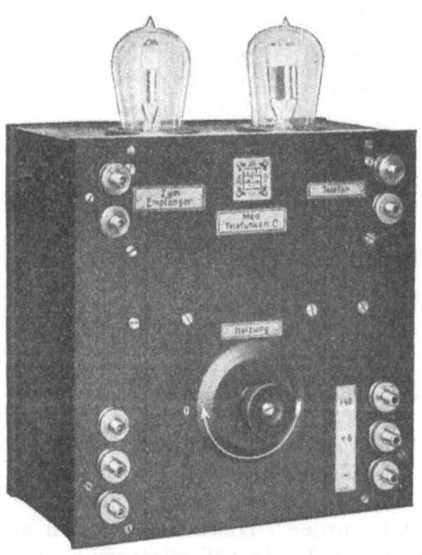

Abb. 161. Zweifachniederfrequenzverstärker von Telefunken. Type Telefunkon „C".

H. Lautsprecher.

a) Lautsprechende Telephone und Hilfseinrichtungen.

Sofern der Amateur die Morsetelegramme, bzw. die Sprache der Musik nicht nur für sich allein mit dem Kopffernhörer aufzunehmen wünscht, sondern objektiv einem größeren Kreis von Personen den Empfang hörbar machen will, ist es erforderlich, einen besonderen

Lautsprecher zu benutzen. In der einfachsten Form kann bei einer wohl stets notwendig vorzuschaltenden Röhrenanordnung zu Verstärkungszwecken das Empfangstelephon mit einem Schalltrichter versehen werden, der am besten aus Blech oder aus Preßspan tütenartig gebogen und in irgendeiner Weise fest mit der Hörmuschel, bzw. dem Körper des Telephons verbunden wird.

In vielen Fällen wird man, wenn man die Lautverstärkung nicht allzu hoch zu treiben braucht, damit auskommen, ein möglichst hochempfindliches Empfangstelephon mit einem Schalltrichter zu verbinden. Recht brauchbar für diesen Zweck sind z. B. die alten Großmagnettelephone mit sehr kräftigen Magneten und Membranen von großem

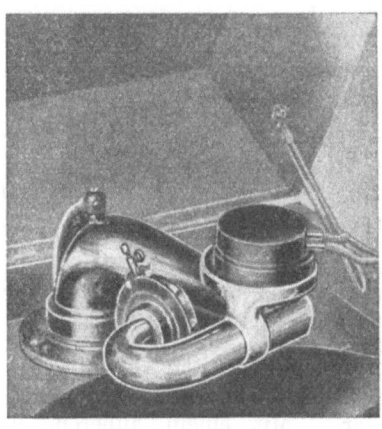

Abb. 162. Benutzung des Grammophonschalltrichters als Lautsprecher.

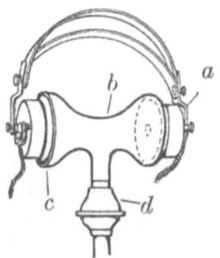

Abb. 163. Rohr-T-Stück mit einem Doppelkopftelephon verbunden.

Durchmesser. Um die besondere Anschaffung eines solchen zu vermeiden, hat man in Amerika das im Besitz nahezu jeder Person befindliche Grammophon für die Zwecke der Lautverstärkung ausgenutzt. Hierzu wurde das Zwischenleitungsrohr zum Schalltrichter mechanisch mit dem Empfangstelephon, etwa Abb. 162 entsprechend, verbunden und bei Inruhestellung der Grammophonschalldose kann alsdann der Grammophonschalltrichter direkt für die Lautverstärkung herangezogen werden.

Ein etwas anderer Weg ist bei der in Frankreich üblichen Anordnung gemäß Abb. 163 gewählt worden. Hierbei ist der normale Muschelabstand eines gewöhnlichen Doppelkopftelephons a zugrunde gelegt. Für diesen Abstand ist ein im wesentlichen im Querschnitt in der Abb. 163 wiedergegebenes Metallrohr-T-Stück b vorgesehen, das durch übergezogene Muffen c aus Weichgummi mit den Muscheln des Doppelkopftelephons verbunden wird. Die aus beiden Telephonen herrührende gemeinsame Schallenergie kann aus dem Rohrstück d entnommen und z. B. für einen Trichter oder dergleichen nutzbar gemacht werden. Eine etwas andere Anordnung, die aber etwa auf denselben Effekt hinausläuft, zeigt Abb. 164. Hierbei ist ein aus Holz oder Metall hergestelltes Radiohorn benutzt worden.

192 Die Verstärker und Lautsprecher.

Sofern man aber das Empfangsgeräusch wesentlich verstärken will, wird im allgemeinen eine derartige Anordnung, welche die Lautstärke doch nur innerhalb gewisser Grenzen zu steigern gestattet, kaum noch ausreichend sein. Man ist alsdann genötigt, einen besonderen Lautsprecher zu benutzen. Von einem Lautsprecher muß grundsätzlich verlangt werden, daß Ton und Sprache klar, artikuliert und verzerrungsfrei bei jeder Lautgeschwindigkeit wiedergegeben werden, und daß der Ton voll, ohne Nebengeräusche klingt.

Es sind Lautsprecher sowohl nach dem elektromagnetischen Prinzip als auch nach der von Johnsen-Rahbek entdeckten elektrostatischen Anziehung hergestellt worden.

Es scheint so, als ob die Lautsprecher nach dem elektromagnetischen System, die in Amerika und England weite Verbreitung gefunden haben, den Ton nicht so verzerren wie die Johnsen-Rahbek-Lautsprecher. Hingegen ist die Lautstärke bei den letzteren leicht erheblich größer zu erzielen als bei den elektromagnetischen Apparaten.

b) Lautsprecher nach dem elektromagnetischen System.

α) Der Magnavoxapparat.

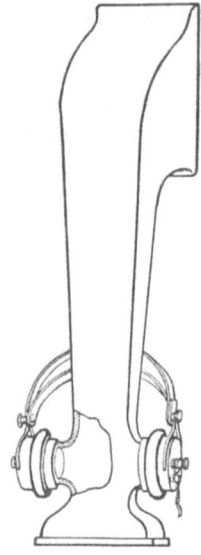

Abb. 164. Radiohorn verbunden mit einem Doppelkopftelephon.

Die Anordnung in einer Schnittzeichnung, etwa den maßstäblichen Verhältnissen entsprechend, stellt Abb. 165 dar. Mit einem äußeren, in den meisten Ausführungen zylindrisch geformten Gehäuse a ist ein Eisenkern b verbunden. Über letzteren ist koaxial zum Teil eine Magnetspule c gesteckt. In dem oberen nicht von der Magnetspule überdeckten Teil ist in der Achse des Magnetkernes ein ganz besonders leicht ausgeführter Spulenkörper d an der Membran e des Magnavoxapparates befestigt. Häufig besteht der Spulenkörper d aus ganz dünnem Aluminiumblech. Einzelne Konstrukteure und Firmen geben jedoch an, daß eine aus Zigarettenpapier bestehende Spule wesentlich günstigere Resultate ergibt, da alsdann die Massenträgheit bedeutend geringer sein kann. Auf den unteren Teil dieses Spulenkörpers und meist nur so weit, als er über den Magnetkern reicht, ist eine ein- oder mehrlagige Zylinderspule f aus sehr dünnem Emailledraht gewickelt. Die entsprechend geformten und gebogenen Zu- und Ableitungen sind durch Löcher aus dem Fuß des Schalltrichters g herausge-

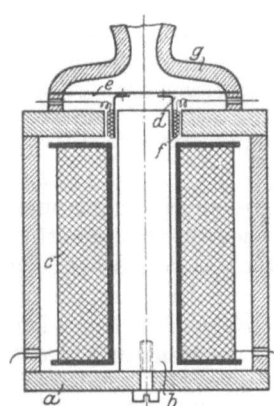

Abb. 165. Schnittzeichnung durch einen Magnavoxapparat.

führt. Der Schalltrichter ist meist horn- oder trompetenartig geformt, tunlichst unter Vermeidung einer bestimmten Resonanzlage.

Den Zusammenbau eines Magnavoxapparates mit einem Röhrenlautverstärker in der Ausführung der British Wireless Co., London, zeigt Abb. 166. Wie der Augenschein lehrt, ist der Zusammenbau ein sehr handlicher und gedrungener. Allerdings wird man nicht immer mit nur einer Röhre bei der Verstärkung auskommen.

β) Der Pathé-Lautsprecher.

Von der Sound Wave Corporation in Brooklyn wird ein Lautsprecher in den Handel gebracht, den Abb. 167 in Ansicht und Abb. 168 in einem wahrscheinlichen Schnitt wiedergeben. Der Elektromagnet ist hierbei etwas anders gestaltet als bei dem obigen Lautsprecher, und zwar gehen die von der Spule a erzeugten Kraftlinien zwischen dem mit Bohrungen versehenen kegelförmig gestalteten Eisenkörper nach dem Kern c über. In diesem Raum

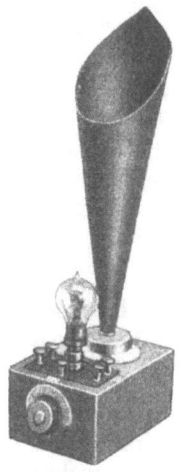

Abb. 166. Kombination eines Einröhrenverstärkers mit einem Magnavoxapparat.

ist eine entsprechend konisch gestaltete Spule d auf einem dünnen und leichten Seidengeflecht e angeordnet. Beide zusammen wiegen

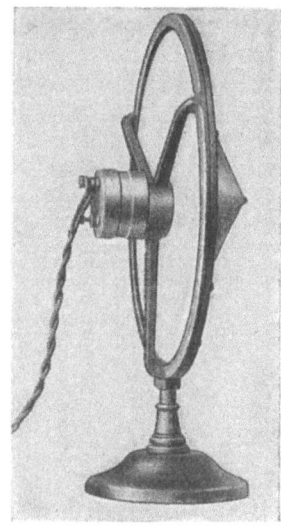

Abb. 167.
Der Pathé-Lautsprecher
von The Sound Wave
Corporation in Brooklyn
N. Y.

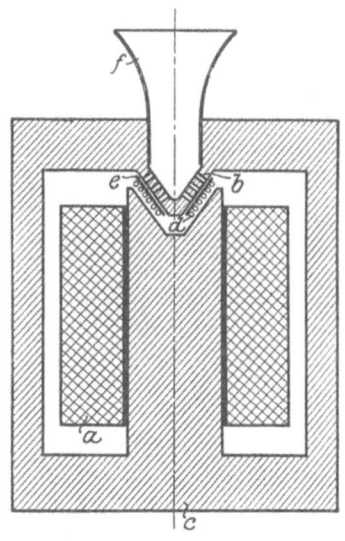

Abb. 168. Schnittskizze durch den Pathé-Lautsprecher.

nur ca. 1 g. Die Stromzu- und -ableitung zur Spule ist in Abb. 168 nicht angegeben. Durch die Spule geht der Strom für den Lautsprecher. Der Apparat arbeitet in der Weise, daß bei Erregung die Spule d samt ihrem Geflecht gegen den Eisenkegel b zu bewegt wird. Der erzeugte Ton wird durch die im Eisenkegel angebrachten Löcher nach dem kurzen Schalltrichter f hin abgeleitet.

c) Lautsprecher nach dem Johnsen-Rahbek-Prinzip.

Das Johnsen-Rahbek-Prinzip beruht bekanntlich darauf, daß ein Halbleiter, wie insbesondere Achat, lithographischer Stein oder dergleichen, der einerseits gegen eine Metallfolie leicht gedrückt wird und andererseits mit einer Metallplatte fest berührt wird, eine An-

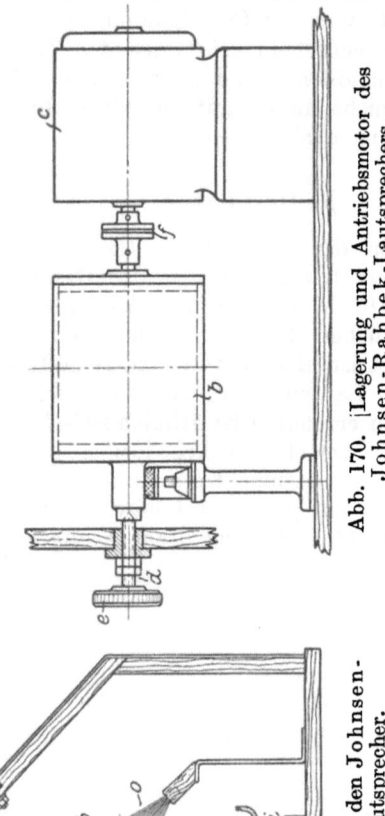

Abb. 170. Lagerung und Antriebsmotor des Johnsen-Rahbek-Lautsprechers.

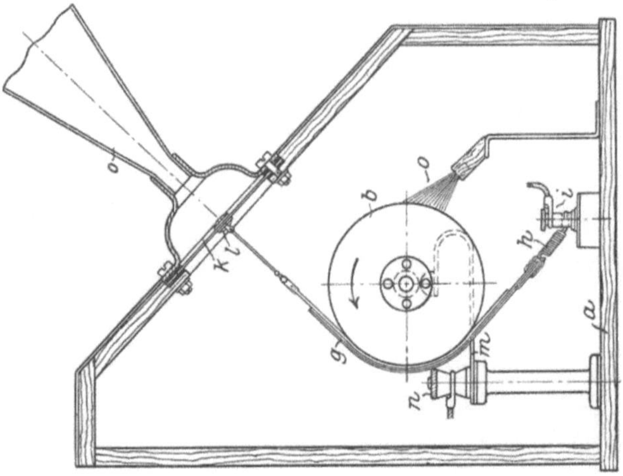

Abb. 169. Schnitt durch den Johnsen-Rahbekschen-Lautsprecher.

ziehungskraft ausübt, wenn an die Folie der Pluspol einer Spannungsquelle (ca. 220 Volt), an die Metallplatte deren Minuspol gelegt wird. Diese Einrichtung erfordert, obwohl sehr erhebliche Anziehungskräfte mit ihr ausgeübt werden, nur äußerst geringe Leistungen, etwa in der Größenordnung von $3 \cdot 10^4$ Watt. Man hat dies Prinzip mit besonderem Erfolg, insbesondere was die Lautstärke anbelangt, zum Bau von Lautsprechern benutzt.

Eine derartige Anordnung, die sich der Amateur bei genügender Geschicklichkeit, und sofern er über die entsprechenden Werkzeuge und Hilfseinrichtungen verfügt, selbst bauen kann, ist in ihren wesentlichsten Teilen in den Abb. 169 bis 171 wiedergegeben[1]).

Auf der Grundplatte a eines pultförmig gebauten Holzkastens ist die Johnsen-Rahbek-Relaisanordnung aufgebaut. Sie wird gebildet aus einer vollkommen zylindrisch gedrehten, hochglanzpolierten Walze b, die z. B. aus Achat besteht. Diese wird mittels eines kleinen Elektromotors c in Umdrehungen ver-

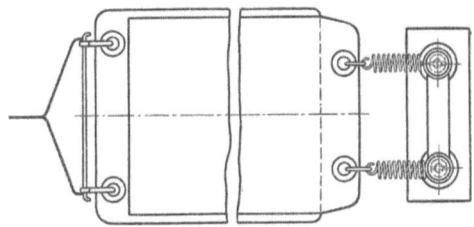

Abb. 171 Filmstreifen und Befestigung desselben beim Johnsen-Rahbek-Lautsprecher.

Abb. 172. Lautsprecher nach dem Johnsen-Rahbek-Prinzip der Huth-Gesellschaft. Links im gebrauchsfertigen Zustand, rechts geöffnet.

setzt. Besondere Rücksicht ist zu nehmen auf die sorgfältige Lagerung der Anordnung und auf die Isolation zwischen Walze und Antriebsmotor. Die erstere geht aus Abb. 170 hervor; sie ist besonders genau einstellbar ausgeführt mittels der Schraube d, die einen Hartgummiknopf e trägt. Die Isolation zwischen den Kupplungshälften f

---

[1]) Siehe z. B.: S. G. Crowder, The Johnsen-Rahbek Loud Speaking Amplifier. The Wireless World and Radio Review. Vol. XI. S. 292. 1922.

soll durch Glimmer bewirkt werden; die Verbindungsschrauben der Kupplungshälften sollen durch Hartgummibuchsen isoliert sein. Der Maßstab ist etwa 1 : 3.

Mit der Walze b macht ein Filmstreifen g innigen Kontakt. Diese

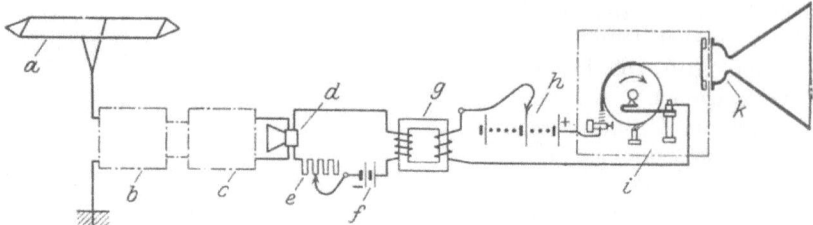

Abb. 173. Schaltungsanordnung für die Benutzung des Lautsprechers nach Johnsen-Rahbek.

ist gemäß Abb. 171 einerseits mit einem außerordentlich dünnen Metallband durch Amylazetat verbunden, das unter Zwischenschaltung von kleinen Spiralfedern h an zwei auf einem Hartgummiklötzchen angebrachten Kontaktschrauben i befestigt ist. Andererseits ist sie durch eine Seidenkordel an der Glimmermembrane k des Lautsprechers unter Zwischenschaltung einer Nadelanordnung l befestigt, wie dies die Abbildung veranschaulicht. Auf dem Halter der Membran k ist ein Schalltrichter o aufgesetzt, dessen Fuß zweckmäßig aus gezogenem Kupferblech in der abgebildeten Form hergestellt sein soll. Die Walze ist auf einer Metallachse montiert. Mit dieser macht eine aus Bronzeblech hergestellte Feder guten Kontakt, welch letztere an eine zweite Kontaktschraube n geführt ist. Durch eine Bürsteinrichtung o wird die Oberfläche der Walze dauernd sauber gehalten.

Abb. 174. Megaphon, in einer amerikanischen Stadt behelfsmäßig aufgestellt.

Das Ausführungsmodell eines derartigen Lautsprechers der Huth-Gesellschaft, Berlin, ist in Abb. 172 links im geschlossenen gebrauchsfertigen Zustand, rechts zur besseren Übersichtlichkeit der Antriebsorgane im geöffneten Zustand dargestellt. Die Abbildungen zeigen alle wesentlichen Teile der Abb. 169 bis 171. Insbesondere ist auch die Antriebsvorrichtung mittels eines kleinen 110-Volt-Motors, der unter Zwischenschaltung von Gummipuffern am Kastendeckel befestigt ist, sichtbar. An Stelle der Membran nebst Schalltrichter ist hier der Resonanzboden einer Mandoline benutzt, die eine außerordentliche Lautverstärkung nutzbar zu machen gestattet. Für das Anstöpseln des Antriebsmotors dienen die rückwärtigen zwei Kontakte des 110-Volt-Motors, für die Anschaltung des Hilfsfeldes an die Johnsen-Rahbek-Walze die drei weiteren Kontakte, und für die Verbindung des Apparates mit dem Empfänger, bzw. dem Verstärker die beiden vorderen Kontakte, an denen das Schild: Mikrophon angebracht ist.

d) Anschaltung des Lautsprechers. Megaphon.

Im allgemeinen kann man den Lautsprecher nicht direkt unverstärkt an den Empfangsapparat anschalten; es wird meist notwendig sein, eine Ein- oder Mehrröhrenverstärkung vorzuschalten. Die Gesamtanordnung, die sich dann ergibt, ist in dem Schema gemäß Abb. 173 zum Ausdruck gebracht. Mit der Antenne a ist ein Abstimmapparat b verbunden; c ist ein Verstärker, an den ein Mikrophonrelais d oder ein mit einem Mikrophon verbundener Empfänger angeschlossen ist. e ist ein regulierbarer Widerstand, f und b sind Spannungsquellen, g ein Transformator, i der oben beschriebene Lautsprecher mit dem Schalltrichter k. Die Anordnung kann so getroffen werden, daß die Batterie h gleichzeitig auch für das Anodenfeld der Verstärkerröhren dient.

Die Lautsprecher sind in Amerika nicht nur recht vervollkommnet worden, sondern man hat sie auch bis zu sehr großen Dimensionen hergestellt. Das Anschauungsbild eines solchen Apparates, eines sog. Megaphons ist in Abb. 174 wiedergegeben. Derartige Apparate wurden z. B. in den ganzen Vereinigten Staaten in allen belebteren Punkten aufgestellt, um die Botschaft des Präsidenten Harding an die Bevölkerung radiotelephonisch zu übermitteln. Derartige Lautsprecher stehen ferner in den belebten Straßen Amerikas in allen Verkehrsbrennpunkten, um alle aktuellen Nachrichten, wie insbesondere Boxmatches den Passanten zu übermitteln.

IX. Normale Empfängereinzelteile der Radioindustrie.

Alle Empfänger, gleichgültig ob für Radiotelegraphie oder -telephonie, setzen sich aus einer Anzahl von Einzelteilen zusammen, die in der Hauptsache aus Spulen, Kondensatoren, Schaltern, Detektoren, Röhren, Transformatoren, Klemmen, Verbindungsleitungen und Anzeigeapparaten (Telephonen) bestehen. Diese und die wichtigsten sonstigen Zubehörteile, wie sie die Radioindustrien der verschiedenen Länder liefern, sind im nachstehenden an Hand von typischen Beispielen durch Abbildungen und Beschreibungen erläutert.

A. Kondensatoren.

Von großer Wichtigkeit für die drahtlosen Stationen, sowohl der Sender- als auch der Empfangssysteme sind die zu gebrauchenden Kondensatoren. Die konstruktive Ausgestaltung derselben hat im Laufe der Jahre in elektrischer und auch in konstruktiver Hinsicht wesentliche Fortschritte gemacht. Wir betrachten zunächst:

a) Allgemeine Gesichtspunkte für den Aufbau der Kondensatoren und die auftretenden Verluste.

α) Erzielung möglichst geringer Verluste im Dielektrikum.

In erster Linie ist es von größter Wichtigkeit, daß nicht nur die Halteteile der Kondensatorbelege oder Platten, auf die noch zurückgekommen wird, sondern daß auch das zwischen diesen befindliche Dielektrikum möglichst geringe Hysteresisverluste besitzen. Dieses ist von besonderer Wichtigkeit bei den für Empfangszwecke dienenden Kondensatoren, wo es im allgemeinen leicht ist, die Verluste klein zu halten, indem es meist genügt, Luft zu verwenden, da das Dielektrikum nur gering beansprucht wird. Bei den Kondensatoren für Empfangszwecke kann man, wenn mit Rücksicht auf die Kondensatorabmessungen ein Luftdielektrikum nicht zweckmäßig ist, Hartgummi, bleihaltiges Glas, Glimmer etc. verwenden, welch letztere allerdings größere Hysteresisverluste ergeben als Luft.

β) Möglichst große Übergangswiderstände an den Halteteilen.

Die Halteteile der aktiven Kondensatorbelege oder Platten sollen eine möglichst gute Isolationsfähigkeit besitzen, da sonst die Ladung zwischen den feindlichen Belegen sich direkt über diese Halteteile hin allmählich ausgleichen würde. Mit Rücksicht auf moderne Röhrenschaltungen wird meist eine Isolation von mindestens 10^6 Ohm verlangt werden müssen. Außer einer guten Isolationsfähigkeit müssen diese Halteteile zweckmäßig noch so konstruiert werden, daß der Kriechweg ein tunlichst großer ist.

Als Isolationsmaterialien kommen in erster Linie inbetracht Porzellan und Glas, weiterhin aber auch Hartgummi und ähnliche, möglichst hochisolierende Stoffe. Verlangt werden muß von diesen Stoffen, ebenso wie vom Zwischendielektrikum, daß dieselben sich mit der Zeit nicht etwa zersetzen oder sonstwie eine Beeinträchtigung ihrer Isolationsfähigkeit erfahren.

Für Empfangszwecke werden sowohl Kondensatoren mit fester, nicht veränderlicher Kapazität als auch kontinuierlich variable Kondensatoren gebraucht. Die ersteren dienen in der Hauptsache für Blockierungszwecke, insbesondere um Gleichstrom von Wechselstrom- oder Hochfrequenzkreisen fernzuhalten, aber auch dort, wo z. B. Indikationsapparate wie das Telephon mit dem Detektorkreise verbunden werden, um den Gesamtwiderstand herabzusetzen, während die kontinuierlich veränderlichen Kondensatoren für Abstimmungszwecke verwendet werden. Außerdem sind noch Zwischentypen geschaffen worden, bei denen eine gleiche Variabilität in bestimmten engeren Grenzen möglich ist.

b) Feste unveränderliche Kondensatoren.

α) Glimmerblockkondensator auch für Senderzwecke.

Glimmerblockkondensatoren werden seit den ersten Anfängen dieser Technik benutzt und haben im großen und ganzen keine wesentlichen konstruktiven Abänderungen erfahren. Abb. 175 zeigt die Ausführungsform eines Glimmerblockkondensators. Es sind dünne Metallblätter, die die Wärme gut ableiten, wie z. B. dünne Kupferschablonenbleche (auch Aluminiumbleche), unter Zwischenlagen von bestem klarem Glimmer, aufgeschichtet. Das Ganze ist zwischen zwei aus Isolationsmaterial hergestellte Platten gelegt und durch Metallbügel zusammengehalten.

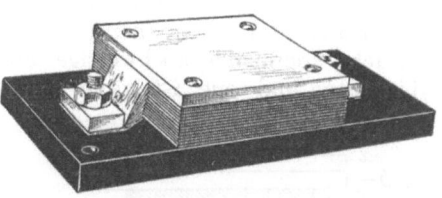

Abb. 175. Typischer Glimmerkondensator, insbesondere für Senderzwecke.

Die feindlichen Beläge jener Plattengruppen sind herausgeführt und mittels einer Klemmenleiste zusammengehalten. Für Empfangszwecke werden an Stelle der Kupferbeläge vielfach Stanniolblättchen gewählt (siehe auch den leicht selbst anzufertigenden Blockkondensator Abb. 352, S. 338).

Abb. 175 zeigt eine Ausführung für Sendezwecke.

Ein Glimmerblockkondensator für Sendezwecke für etwa 2000 Volt Wechselspannung hat bei einer Kapazität von 100 000 cm die geringen Abmessungen von nur $26 \times 54 \times 11$ mm und besteht aus 250 Glimmerblättern von je 0,2 mm Stärke.

Abb. 176. Glimmerkondensator für Empfangszwecke von G. Seibt. Vor dem Kondensator liegen einzelne Glimmerblätter mit Belegen.

Für höhere Spannung und größere Energiemengen müssen mehrere derartige Glimmerblockkondensatoren in Serie geschaltet werden.

β) Glimmerkondensator für Empfangszwecke von G. Seibt.

Auf eine etwas andere Weise ist bei dem Kondensator gemäß Abb. 176 die Kapazität erreicht. Hierbei sind auf die Glimmerplatten beiderseits Kupferbelege durch elektrolytischen Niederschlag erzeugt, wodurch nicht nur die bei Stanniolbelegen verwendeten Klebemittel, sondern vor allem die dünnen Luftschichten zwischen Metall und Glimmer vollkommen vermieden werden, so daß die Konstanz des Kondensators praktisch absolut gewährleistet ist. Um verschiedene Kapazitäten zu erhalten, wird der Glimmerbelag entsprechend abgeschabt. Die in Abb. 176 vor dem fertigen Kondensator liegenden Kondensatorplatten zeigen für verschiedene Kapazitätswerte abgeglichene Größen.

γ) Kunstgriff für rationellere Glimmerausnützung bei Glimmerkondensatoren.

Um auch mit wenigstens teilweise kleineren Glimmerplatten Kondensatoren für größere Energiebelastung bauen zu können, also das Isolationsmaterial besser auszunutzen, was wichtig ist, da der hierfür inbetracht kommende hochwertige, absolut klare Glimmer verhältnismäßig selten und teuer ist, kann man folgenden Kunstgriff anwenden:

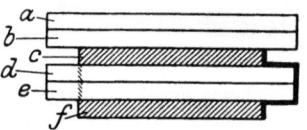
Abb. 177. Ältere Methode des Legens eines Glimmerkondensators.

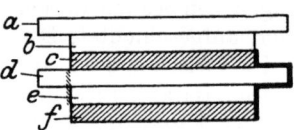
Abb. 178. Kunstgriff beim Legen von Glimmerkondensatoren.

In Abb. 177 sind in schematischem Durchschnitt einige Lagen des Glimmerkondensators unter starker Karikierung der Dicken herausgezeichnet. Es bezeichnen a, b und d, e die hierbei genau gleich großen Glimmerplatten. c und f sind die Metallfolien. Der Kriechweg ist in den Abbildungen rechts durch eine starke Linie markiert.

Es ist nun augenscheinlich, daß man annähernd dieselbe Kapazität und denselben Kriechweg, wenn auch nicht vollkommen die gleiche Durchschlagsfestigkeit erhält, indem man die Glimmerplatten b und e kleiner macht und ihnen die entsprechenden Abmessungen der Metallfolien c und f gibt (siehe Abb. 178).

Der Kriechweg ist in Abb. 178 durch die rechts in der Abbildung dargestellte starke Linie veranschaulicht. Die Durchschlagsstrecke ist ebenso wie in Abb. 177 links durch gestrichelte Linie wiedergegeben.

Bei der Anordnung nach Abb. 178 kommen für den Durchschlag nur die Glimmerblätter a und d inbetracht. Man könnte jedoch die Anordnung in einfachster Weise dadurch verbessern, also eine große Durchschlagsstrecke schaffen, indem man die Metallfolien c und f etwas schmäler gestaltet, wobei man allerdings bei gleicher Energie- und Spannungsbeanspruchung auf größere Kondensatorabmessungen kommt.

δ) Glimmerersatzstoff.

Neuerdings scheint es Telefunken gelungen zu sein, mit gutem Erfolg an Stelle des außerordentlich teuren Glimmers — ein Glimmerblatt von 50 × 90 mm Größe und 0,01 mm Stärke kostete in der besten Qualität „Ruby dar" im Juli 1914 etwa 7 Pfennige, Anfang 1923 in schlechterer Qualität ca. 1000 Mark — für feste Kondensatoren Preßspan zu verwenden. Das ist sehr wichtig, denn pro Kondensator für Sendezwecke von 100000 cm Kapazität werden ca. 250 Glimmerblätter gebraucht, und jeder Abstimmungskreis einer Hochfrequenzmaschine erfordert eine große Zahl solcher Kondensatoren, so daß das allein im Glimmer steckende Kapital sehr erheblich ist.

c) Kontinuierlich veränderliche Kondensatoren.

Diese werden für alle Abstimmungszwecke beim Empfänger gebraucht, soweit man nicht die in vielen Fällen weniger günstigen Selbstinduktionsvariometer anwenden will. Die hauptsächlichste Forderung an einen kontinuierlich veränderlichen Kondensator ist tunlichst geringe Verluste im Dielektrikum, gute und genaue Einstellbarkeit und Eichfähigkeit, also Unveränderlichkeit.

α) Drehplattenkondensator von A. Koepsel (D. Korda).

Der allmählich veränderliche Kondensator mit halbkreisförmig gestalteten Platten, gegebenenfalls unter Verwendung eines Öldielektrikums zwischen den Platten, war bereits von D. Korda (1892) vorgeschlagen worden. Indessen scheint derselbe damals weder in die Starkstromtechnik, wofür er wohl in erster Linie gedacht war, noch in die Hochspannungstechnik Eingang gefunden zu haben.

Dieses, sowie die konstruktive Ausgestaltung des Kondensators wurde vielmehr erst durch A. Koepsel (Winter 1901/02) bewirkt, und seitdem ist der Plattenkondensator, wenn auch in abgeänderten konstruktiven Ausführungsformen, ein integrierender Bestandteil aller drahtlosen Stationen geworden. Koepsel ging vom Prinzip des Thomsonschen Multizellelarevoltmeters aus.

Das Schema des Drehplattenkondensators zeigt Abb. 179. b kennzeichnet den festen Plattensatz, c den um die Drehachse a drehbaren Plattensatz. Ist dieser letztere vollkommen unter die Platten b gedreht, so ist die Kapazität des Kondensators ein Maximum. Bis zur vollkommenen Herausdrehung nimmt die Kapazität kontinuierlich bis zu einem Mindestwert hin ab, wobei jedoch die kleinste Kapazität nicht vollkommen Null ist. Der Kondensator

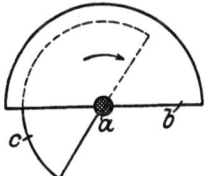

Abb. 179.
Schema des Drehplattenkondensators.

besitzt vielmehr eine Anfangskapazität von meist ca. 50 bis 80 cm. Bei der Konstruktion muß Wert darauf gelegt werden, diese tunlichst gering zu halten.

β) Prinzipkonstruktion des Drehkondensators.

Der Aufbau des Drehkondensators (siehe auch den Drehkondensator von Gamage Abb. 188) wird auf einer Grundplatte a (siehe Abb. 180) bewirkt, auf der 2 oder meist 3 Säulen b fest montiert sind. Auf diesen Säulen sind die halbkreisförmigen Platten c aufgereiht unter Zwischenlage von Distanzstücken d, deren Stärke abhängt einerseits von der Dicke der Drehplatten e und andererseits von dem gewünschten Luftabstand. Die Drehplatten e sind ebenfalls unter Zwischenlage entsprechender Distanzstücke mit der Drehachse f verbunden, die einerseits in der unteren Halteplatte a, andrerseits in einer oberen Halteplatte g gelagert ist. Gewöhnlich wird die letztere mit 2 Schraubstellen h versehen, um den Kondensator entweder in einem besonderen Gehäuse einzumontieren oder direkt an der Empfangsplatte anzubringen. Die Länge der Achse f richtet sich nach der Stärke der Empfangsplatte, durch die sie hindurchgeführt wird, sowie nach Skala oder Zeigerstärke und der Höhe des Drehknopfes.

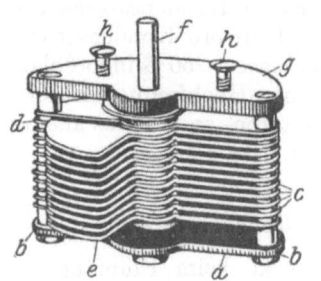

Abb. 180. Prinzipielle Konstruktionsanordnung eines Drehkondensators.

Diese Prinzipkonstruktion ist in mannigfaltigster Weise abgeändert worden. Die meisten Anordnungen besitzen den Nachteil, daß eine recht genaue und infolgedessen ziemlich kostspielige Einregulierungsarbeit für jeden Kondensator erforderlich ist, da trotz sorgfältigen Ausrichtens der Platten bei der Aufreihung kleine Ungenauigkeiten entstehen, die sich summieren und hierdurch einen zu geringen Luftabstand zwischen den festen und beweglichen Platten, evtl. sogar eine direkte Kontaktgebung herbeiführen können. Neuerdings ist man daher vielfach dazu übergegangen, zwischen den Platten ein festes Dielektrikum anzubringen, wodurch billigere Konstruktionen erzielt werden konnten.

γ) Gefräster Kondensator von G. Seibt.

Die immerhin in der Fabrikation vorhandenen Herstellungsschwierigkeiten eines derartigen Kondensators für geringen Plattenabstand hat G. Seibt (Abb. 181) dadurch vermieden, daß er die Plattensysteme aus dem Vollen herausfräst und so zwei nicht federnde starre Systeme erhält.

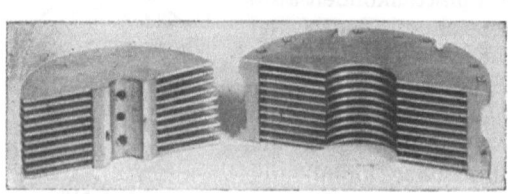

Abb. 181. Gefräster Kondensator von G. Seibt.

Infolge des hierdurch möglichen sehr kleinen Luftabstandes zwischen festen und beweglichen Platten (ca. 0,2 mm) wird die Kondensatorkapazität relativ sehr groß. Die Durchschlagsspannung des nur für Empfangszwecke und manche Meßanordnungen inbetracht kommenden Kondensators ist allerdings demzufolge auch niedrig, aber im allgemeinen vollkommen ausreichend. Das Gewicht des Kondensators bei derselben Variabilität ist noch etwas geringer als beim zusammengesetzten Kondensator.

δ) Spritzgußkondensator von G. Seibt.

Die Drehplattenkondensatoren, die aus festen und beweglichen halbkreisförmigen Plattensystemen zusammengesetzt werden, besitzen im allgemeinen zwei Nachteile. Der erste Nachteil besteht darin, daß die Platten sorgfältig ausgerichtet auf Tragsystem aufgereiht werden müssen, und daß infolgedessen, da der Plattenabstand zwischen festen und beweglichen Systemen überall gleich sein muß und nur sehr gering bemessen werden darf, sehr erhebliche Nacharbeiten erfordert. Hierdurch wird der Kondensator meist, wie schon bemerkt, teuer. Der zweite Nachteil ist der, daß man trotz der sorgfältigen Fabrikation, infolge der Eigenart des Aufbaues, doch nur auf einen gewissen Mindest-Plattenabstand heruntergehen kann, und daß infolgedessen bei den meist gebräuchlichen Kapazitätsgrößen von 1000 bzw. 2000 cm, um die Höhe in erträglichem Maße zu halten, der Durchmesser und infolgedessen die Außenabmessungen des Kondensators ziemlich große Werte erhalten.

Abb. 182.
Seibt-Spritzgußkondensator.

Bei den gefrästen Kondensatoren ist der Nachteil vermieden, verhältnismäßig große Abmessungen in Anwendung zu bringen, um die gebräuchlichen Kapazitätswerte hervorzurufen. Hingegen erforderte diese Ausführung noch einen erheblichen Kostenaufwand für das Material, das eine bestimmte Zusammensetzung besitzen muß, und für die werkstattmäßig nicht ganz einfache Fabrikation.

Es ist durch Anwendung des Spritzgußverfahrens nach G. Seibt — als Spritzgußmasse wählt man z. B. zweckmäßig: 80% Zinn, 15% Aluminium und 5% Kupfer — gelungen, einen Kondensator herzustellen, der sämtliche Vorteile des gefrästen Kondensators besitzt, also größte Präzision bei verhältnismäßig kleinsten räumlichen Abmessungen, vollständige Stabilität auch während eines Dauerbetriebes in beliebig langem Zeitraum usw., und dabei doch eine gewisse Billigkeit aufweist, so daß diese Ausführung sich für den Amateurbetrieb eignen dürfte.

Das Wesen dieser Konstruktion geht aus der Abb. 182 hervor, in der die aktiven Kondensatorteile wiedergegeben sind. Sowohl der feste Plattensatz a als auch der bewegliche Plattendrehkörper, welche an der Achse a

befestigt ist, sind aus Spritzgußmetall hergestellt. Eine Nacharbeit ist praktisch unnötig. Die Körper werden in Massenfabrikation hergestellt und fallen vollkommen gleichartig aus. Weiterhin sind bei dem Kondensator die obere und untere Stützplatte c aus dem Vollen herausgestanzt und gelocht. Da dies nach Lehren geschieht, ist gleichfalls volle Gleichartigkeit gewährleistet. Mit dem Drehkörper ist die Achse e verschraubt, die gleichfalls nach Lehren in Massenfabrikation erzeugt wird. Die Achse ist durch Lager d mit der oberen und unteren Stützplatte verbunden. Diese Lager d sind gleichfalls nach einem neuartigen Verfahren hergestellt, in dem zur Isolation dienende entsprechende Hartgummikörper mit Messingringen zusammen vulkanisiert, gedreht und gebohrt werden, nachdem in die innere Bohrung Messinglager eingesetzt sind. Da alle diese Teile auf der Drehbank hergestellt werden, ist eine genaue Zentrierung ermöglicht. Infolgedessen ist auch eine Nacharbeit des mit der Achse versehenen doppelt gelagerten Drehkörpers nicht notwendig. Die Achse ist fest mit Skala und Knopf verbunden. Die Skala spielt gegen eine, an dem äußeren Gehäuse des Kondensators angebrachte weiße Marke. Die Belege des Kondensators sind an zwei aus dem Gehäuse herausragende Kontaktschrauben geführt.

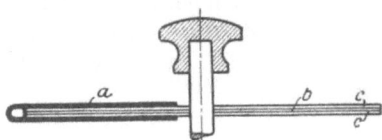

Abb. 183. Variabler Glimmerkondensator der Radiofrequenz G. m. b. H.

Bei großer Präzision, die derjenigen eines gefrästen Kondensators durchaus nicht nachsteht, ist auf diese Weise eine Massenanfertigung ermöglicht und infolgedessen eine gegenüber den bisherigen Ausführungen gleicher Güte erhebliche Verbilligung.

ε) Variabler Glimmerkondensator der Radiofrequenz G. m. b. H.

Eine für den Amateurbetrieb gleichfalls recht günstige Lösung des Drehkondensators stellt die Ausführungsform der Radiofrequenz G. m. b. H., Berlin-Friedenau, dar. Bei dieser sind massive Metallplatten vollständig vermieden. An deren Stelle sind leichte Metallfolien in der Weise verwendet, daß dünne Glimmerscheiben mit Metallfolien abwechselnd aufeinandergeschichtet sind, von denen die eine Hälfte feststeht, während die andere — wie beim Drehplattenkondensator — drehbar angeordnet ist. Das Schema von Abb. 183 kennzeichnet die Anordnung für eine bewegliche Platte. Hierin sind a die feststehenden Metallfolien, b ist die bewegliche Metallfolie, die auf je zwei kreisrunde Glimmerblättchen c aufgeklebt ist und daher mit den feststehenden Metallfolien nicht in Berührung kommt, sondern, jederseits durch Glimmer getrennt, mit ihnen die beiden Kondensatorbelege bildet. Die ganze Höhe des Kondensators — selbst bei den größten Kapazitäten bis zu 1000 cm — beträgt nur etwa 12 mm. Der Kondensator wird für Laboratoriumszwecke auf einem Fuß gemäß Abb. 184 geliefert. Der Kondensator kann von diesem Fuß ohne weiteres abgenommen und auf die

Deckplatte jedes Apparates aufmontiert werden, wobei die gesamte Höhe des Kondensators kaum größer ist als die eines gewöhnlichen Drehknopfes mit untergelegter Skala. Der Kondensator weist, wenn man ihn von der Grundplatte abmontiert, Anschlüsse auf, die direkt nach hinten durchgeführt sind und die den Anschluß des auf der Apparatplatte sitzenden Kondensators von rückwärts her gestatten.

Gegen die Verwendung von Glimmer bestehen bei den meisten Empfangsschaltungen keine Bedenken. Ein derartiger in einen Schwingungskreis eingeschalteter Glimmerkondensator bewirkt in diesem eine nur wenige Prozent größere Dämpfung als ein normaler, in diesem Kreis verwendeter Luftkondensator hervorrufen würde.

Abb. 184. Glimmer-Drehkondensator der Radiofrequenz G. m. b. H.

ζ) Wickelkondensator von Kramolin & Co.

Bei dem Wickelkondensator von Kramolin ist ein von den bisherigen Anordnungen vollkommen abweichendes Prinzip angewendet.

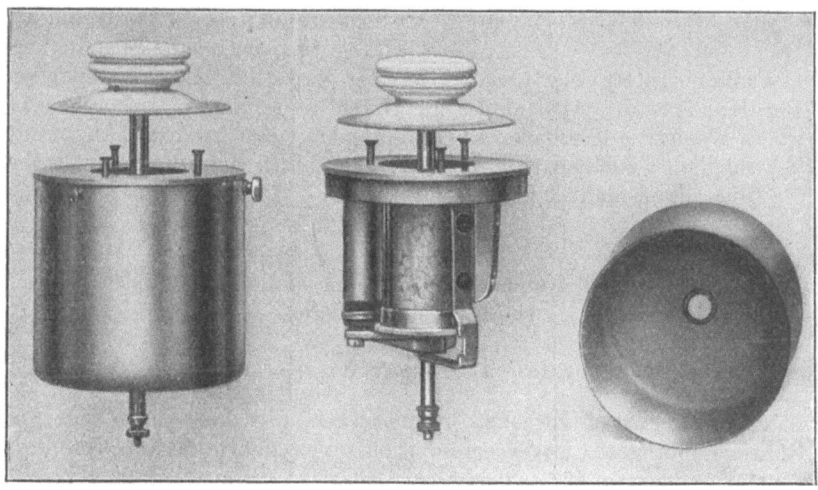

Abb. 185. Wickelkondensator von Kramolin & Co. in München. Links der geschlossene gebrauchsfertige Kondensator. In der Mitte der Kondensator ohne die rechts abgebildete Schutzkappe.

Es werden nicht feste und bewegliche Platten benutzt, sondern es sind 2 Zylinder, der eine von großem, der andere von kleinem Durchmesser verwendet, wobei von dem einen auf den andern durch das Drehen eines Knopfes eine dünne Metallfolie auf- bzw. abgewickelt wird. Als Zwischenisolation dient ein sehr dünnes Glimmerblatt, dessen Stärke mit dem bloßen Auge kaum wahrnehmbar ist. Infolgedessen ist die mit diesem Kondensator erzielbare Kapazitätsvariation außerordentlich groß. Allerdings sind die räumlichen Abmessungen eines solchen Kondensators kaum sehr klein zu erhalten, da der große Zylinder nebst den Zusatzorganen immerhin einen gewissen Platz beansprucht.

d) Teilweise kontinuierlich veränderlicher Glimmerkondensator.

Gleichsam als Zwischenglied zwischen einem kontinuierlich veränderlichen Drehplattenkondensator und einem festen oder in Stufen variablen Glimmerblockkondensator dient eine Konstruktion, die Abb. 186 wiedergibt. Bei dieser Anordnung sind die Metallbelege a, die aus möglichst elastischem und sprödem Metallblech angefertigt sein sollen, leicht gewellt gestaltet und können mit einer Schraube b beliebig zusammengedrückt werden. Der Kondensator ist infolgedessen innerhalb gewisser Grenzen und sogar kontinuierlich variabel, jedoch gelingt es nicht immer, stets einen ganz bestimmten Kapazitätsbetrag einzustellen. Der Kondensator wird daher in erster Linie dort am Platze sein, wo es weniger auf scharfe Abstimmung als vielmehr darauf ankommt, mit möglichst kleinen räumlichen Dimensionen auszukommen, wobei die Einstellung nicht kritisch ist.

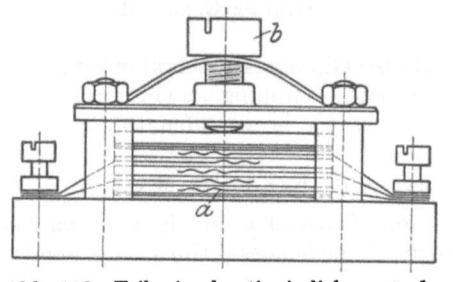

Abb. 186. Teilweise kontinuierlich veränderlicher Glimmerkondensator.

e) Veränderlicher Kondensator für sehr kleine Kapazitätsbeträge (Vernierkondensatoren).

a) Feinregulierkondensator sehr kleiner Maximalkapazität.

Für mancherlei Zwecke, beispielsweise für das Abgleichen von Röhrenempfängern, ist es erforderlich, einen kontinuierlich veränderlichen Kondensator für sehr geringe Kapazitätsbeträge und im allgemeinen auch für eine kleine Kapazitätsvariation zur Verfügung zu haben. Inbetracht kommen z. B. Größenordnungen von etwa 0 cm bis zu 50 cm. Fast stets im Zusammenhang hiermit steht die schon durch die geringe Kapazität bedingte Forderung, daß fremde kapazitive

Einflüsse, wie beispielsweise die Bedienung durch die Hand, auf den Kondensator nichts ausmachen darf.

Infolgedessen hat man entweder, soweit man das Drehplattenprinzip beibehalten hat, sowohl den Abstand der festen Platten vom Handgriff, als auch zwischen fester Platte und beweglicher Platte sehr groß gemacht, oder aber, was eine zweifelsohne elegantere Lösung darstellt, die Platten senkrecht zur Bedienungsebene angeordnet.

Eine derartige Lösung ist bei dem für kleine Kapazitäten und geringe Kapazitätsvariation inbetracht kommenden, kontinuierlich veränderlichen Kondensator erzielt, und zwar dadurch, daß nicht eine oder mehrere bewegliche Platten gegen feste Platten bewegt werden, sondern daß die beiden aktiven Kondensatorteile von Zylindermäntel bildenden Belegen a und b gemäß Abb. 187 fest auf einem Isolator aufmontiert sind, und daß mit einem geringen Luftspalt ein bewegliches, ganz oder teilweise aus Metall bestehendes, koaxiales Zylinderstück c gedreht werden kann. In der in Abb. 187 links zum Ausdruck gebrachten Lage ist die Kapazität ein Minimum und beträgt bei den gewählten Verhältnissen ca. 5 cm. Die maximale Kapazität entspricht der Lage von Abb. 187 rechts, wobei der drehbare Teil c sich mit a und b deckt und eine Kapazität von ca. 17 cm erzielt wird.

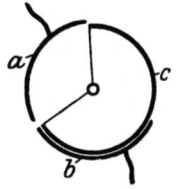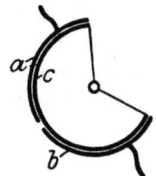

Abb. 187. Veränderlicher Kondensator für sehr kleine Kapazitätsbeträge.

Außer dieser kleinen, leicht einstellbaren Kapazität ist der Vorteil erreicht, daß die Zu- und Ableitung nur nach den festen Platten a und b zu erfolgt, und daß diese aktiven Kondensatorteile nur mit ihren schmalen Endkanten nach der Hand des Bedienenden hinweisen. Der Kapazitätseinfluß ist infolgedessen nur sehr gering, insbesondere wenn man zwischen die kurz zu haltenden Zylindermantelstücke a und b und den Bedienungshandgriff noch ein kurzes Isolationsstück zwischenfügt.

β) **Vereinigung eines normalen Drehplattenkondensators mit einem solchen mit Feineinstellung.**

Auch die Kombination eines normalen Drehplattenkondensators mit einem Ein-Zweiplattenkondensator ist speziell für Amateurzwecke von verschiedenen Firmen auf den Markt gebracht worden. In Abb. 188 ist ein derartiger Apparat des Warenhauses Gamage (London, Holborn) dargestellt. Um eine besondere Feineinstellung zu erzielen, wird jeder Kondensator mit je einem der oben rechts herausragenden Hebel bedient. Der Kondensator wird hauptsächlich für gewisse Röhrenschaltungen benutzt, bei denen eine besondere Feineinstellung notwendig ist.

B. Induktanzvorrichtungen.

a) Selbstinduktionsspulen mit fester Induktanz (Honigwabenspulen), Schiebespulen und Selbstinduktionsvariometer.

Die in den Radioempfängern gebräuchlichen Selbstinduktionsspulen weisen mannigfaltige Formen auf. In der Hauptsache werden indessen drei grundsätzlich verschiedene Typen verwendet, nämlich Spulen fester Selbstinduktion, die zurzeit meist in Form der Honigwabenspulen (honeycomb coils) konstruiert sind, und die wohl stets in Kombination mit einem kontinuierlich veränderlichen Drehkonden-

Abb. 188. Kombination eines gewöhnlichen Drehplattenkondensators mit einem Feineinstellkondensator, Type „Sonno" von Gamage (London).

sator benutzt werden, ferner Schiebespulen, die mit 1, 2 oder 3 Schleifkontakten versehen sind und, entsprechend der Wicklungsart, eine stufenweise Variation der Selbstinduktion und somit der Wellenlänge gestatten und hauptsächlich bei einfachen Kristalldetektorempfängern Anwendung finden, und schließlich die Selbstinduktionsvariometer, bei denen eine kontinuierliche Variation der Induktanz möglich ist. Bevor auf die einzelnen Anordnungen näher eingegangen wird, sollen einige allgemeinere Gesichtspunkte für den Entwurf, die Konstruktion und Fabrikation der Spulen folgen, wobei auch einige der für Senderspulen maßgebenden Gesichtspunkte Erwähnung finden.

b) Allgemeine Gesichtspunkte über Verwendung und Konstruktion von Selbstinduktionsspulen. Verluste in Spulen.

α) Abmessung der Spulen hinsichtlich Erwärmung.

In erster Linie kommt es selbstverständlich, wie auch sonst z. B. bei den Drosselspulen der Starkstromtechnik darauf an, den Leiterquerschnitt genügend stark zu wählen, so daß die Erwärmung sich entweder in mäßigen Grenzen hält (Senderspulen), oder aber vollkommen Null bleibt wie bei sämtlichen Spulen für Empfangs- und Meßzwecke. Die dementsprechende reichlichere Bemessung des Querschnittes ist erforderlich, um den Ohmschen Widerstand möglichst gering zu halten. Wie weiter unten gezeigt wird, kann allerdings der Ohmsche Widerstand gegenüber den Wechselstromwiderständen vollkommen zurücktreten, jedenfalls ist aber die Kleinhaltung desselben unter allen Umständen anzustreben.

β) **Abmessung der Selbstinduktionsspulen zwecks Erzielung möglichst geringer Gesamtverluste.**

Abgesehen von den unter α) erwähnten Erwärmungsverlusten durch Ohmschen Widerstand, treten im wesentlichen in den Spulen noch Verluste auf:
  durch Wirbelströme,
  durch Skineffekt (Hauteffekt),
  durch dielektrische Hysteresis.

Wirbelstromverluste. Bei einer Spule ist infolge der Unsymmetrie der Stromamplitude, die im Spuleninnern erheblich größer ist als an der Außenseite der Spule, insbesondere aber durch Querströme, die im Leiterquerschnitt auftreten, eine erhebliche Verlustquelle durch Wirbelströme (Foucaultströme) gegeben, sofern der Spulenleiter aus vollem Material besteht. Infolgedessen ist es zweckmäßig, den vollen Leiter in einzelne, voneinander isolierte Leiter zu unterteilen.

Um nun zu verhindern, daß stets dieselben Einzelleiter der Spule außerhalb, bzw. im Innern der Spule liegen, da alsdann eine ähnliche Verteilung der Stromamplitude zustande kommen würde wie beim massiven Leiter, werden die Einzelleiter zweckmäßig miteinander verdrallt, verklöppelt oder verflochten (N. Tesla 1894, F. Dolezaleck 1903). Auf diese Weise kommen stets neue Teile des Gesamtleiters in das Außen- oder Innenfeld der Spule, und die Stromamplitude wird infolgedessen in allen Einzelleitern klein. Dieses ergibt alsdann die kleinsten Gesamtverluste.

Verluste durch Skineffekt (Hauteffekt). Bereits beim gerade ausgestreckten Draht und bei mittleren Periodenzahlen des durch ihn hindurchgeschickten Wechselstromes macht sich die Erscheinung geltend, daß der Strom nicht den gesamten Drahtquerschnitt ausfüllt, sondern nur eine gewisse Oberflächenschicht des Drahtes für die Fortpflanzung benutzt. Diese Erscheinung wird um so stärker, je höher die Frequenz des hindurchgesandten Wechselstromes, je kleiner die Permeabilität und die Leitfähigkeit des Leitermaterials sind.

Bei den hochperiodigen Wechselströmen, wie sie in der drahtlosen Telegraphie angewendet werden, wird überhaupt nur noch eine dünne Oberflächenschicht des Leiters für die Stromfortpflanzung benutzt. Diese Erscheinung, die „Skineffekt" (Hautwirkung) genannt wird, hat ihre Ursache offenbar in folgendem:

Von größter Bedeutung, insbesondere wenn es sich um die Herstellung von Selbstinduktionsspulen hoher Induktionsbeträge handelt, ist der Einfluß des Materials, auf oder in das die Spulen gewickelt sind. Am besten würde auch hier Glas oder Porzellan sein, was jedoch wegen der leichten Zerbrechlichkeit nur bei Laboratoriumsanordnungen ausgeführt werden kann. Für die Praxis wählt man Spulenkörper aus Hartgummi, gepreßter Pappe oder auch Pertinax, wobei jedoch häufig Vorsicht geboten ist.

Zusammenfassung der obigen 3 Verlustquellen. Notwendige Unterteilung der Litzenleiter. Wenn im vorstehenden nachgewiesen wurde, daß eine Unterteilung des Leiterquerschnittes Vorteile bezüglich der entstehenden Verluste ergibt, so gilt dies doch nicht in absolut uneingeschränktem Maße. Es ist nämlich festgestellt worden (R. Lindemann 1909), daß eine geflochtene Litzenspule in gewissem Frequenzbereich größere Verluste aufweisen kann als eine Massivdrahtspule.

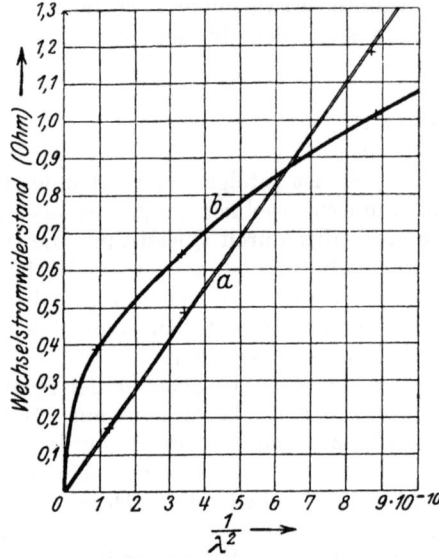

Abb. 189. Vergleich der Verluste in einer Litzendrahtspule (a) und in einer Massivdrahtspule (b) bei verschiedenen Frequenzen.

Abb. 189 stellt dies dar, und zwar bezeichnet Kurve a die Abhängigkeit des Widerstandes der Spule als Funktion des Quadrates der Periode für eine Litze aus Emailledraht, bestehend aus 180 Einzeldrähten von je 0,12 mm. Kurve b stellt dementsprechend die Abhängigkeit des Widerstandes einer Spule aus Massivdraht von den gleichen Abmessungen und vom selben Gleichstromwiderstand wie die Litzenspule dar. Diese beiden Kurven zeigen, daß der Wechselstromwiderstand des Massivdrahtes bei niedrigen Perioden (großen Wellenlängen) erheblich größer als der Widerstand der Litze ist, daß aber bei hohen Periodenzahlen (kleinen Wellenlängen) eigentümlicherweise der Widerstand der Litzenspule größer wird als der der Massivdrahtspule.

Man würde daher zweckmäßig kleine Spulen für kleine Wellenlängen aus Massivdraht, solche für große Wellenlängen aus unterteiltem Litzendraht herstellen.

Auf Grund eingehender Untersuchungen (H. G. Möller 1911) ist festgestellt worden, daß beim Litzendraht das Wechselmagnetfeld der Spule in den Einzelleitern starke Wirbelströme induziert. Bei Verwendung des Litzendrahtes ist ein räumlich konstantes Magnetfeld diesem eingeprägt, das bei hohen Periodenzahlen einen so erheblichen Wirbelstrom induziert, daß der durch die Spule geschickte Wechselstrom überkompensiert wird, und daß ein starker Rückstrom auftritt.

Beim Massivdraht hingegen ist das Auftreten eines derartigen Rückstromes unmöglich, vielmehr verändert rückwirkend der Wirbelstrom das Magnetfeld, so daß die Zunahme der Wirbelströme und des Widerstandes mit wachsendem Quadrat der Periodenzahlen immer kleiner werden.

Um diese Erscheinung zu vermeiden, ist es in erster Linie erforderlich, den Litzenleiter möglichst fein zu unterteilen, wodurch die erwähnte Erscheinung kaum oder überhaupt nicht auftritt.

In der Mittelachse des Leiters ist der Abstand zwischen dieser und den durch den Leiter hindurchgehenden Stromlinien viel geringer als weiter nach der Peripherie des Leiterquerschnittes hin. Infolgedessen ist auch die Induktion der Stromlinien auf die Achse um so größer, je näher die betrachtete Stelle nach der Achse zu liegt. Daher ist der selbstinduktive Wechselstromwiderstand in der Achse größer als weiter nach dem Umfange des Leiters zu, was weiterhin zur Folge hat, daß der durch den Leiter hindurchfließende Strom nach der Oberfläche hin gedrängt wird.

Abb. 190. Eindringungstiefe der Wellen in den Leiterquerschnitt.

Die Bedeutung des Skineffektes ist also, daß der Ohmsche Widerstand dadurch vergrößert wird, daß eine Verdrängung der Stromlinien aus dem Innern eines Leiters nach der Oberfläche hin stattfindet.

Die Größe des Skineffekts, d. h. die Tiefenschicht, in der der Strom den Leiterquerschnitt benutzt, geht aus der Formel (P. Drude 1894) hervor:

$$f = k \cdot \sqrt{\lambda}.$$

Hierin bedeutet gemäß Abb. 190:

f = die Eindringungstiefe der Welle in den Leiterquerschnitt,
λ = die jeweilig benutzte Wellenlänge,
k = eine Konstante, die von der Beschaffenheit des Leitermaterials abhängt.

Unter Verwendung von Kupfer als Leitermaterial und einer Wellenlänge von 420 m ergibt sich z. B. eine Eindringungstiefe

$$f = 0{,}074 \text{ mm}.$$

Es geht also auch aus der Betrachtung des Skineffekts hervor, daß man den vollen Leiter in einzelne, voneinander isolierte Leiter unterteilen muß, um jeden Einzelleiter so auszunutzen, daß die Eindringungstiefe bei der jeweilig verwendeten Wellenlänge möglichst bis zur Achse des Einzelleiters reicht, da sonst ein Teil des Querschnittes nicht ausgenutzt sein würde. Im allgemeinen genügt es, wenn Einzelleiter unter 0,1 mm Durchmesser verwendet werden.

Eine andere Möglichkeit, die vielfach insbesondere bei Senderspulen Anwendung findet, ist die, daß die Spulen aus dünnem Rohr oder aus hochkant gestelltem Metallband angefertigt werden. Wegen der besonderen Eigenschaften ist es zweckmäßig, hierfür Silber oder Kupfer zu benutzen.

Verluste durch dielektrische Hysteresis. Eine wesentliche Rolle spielt hierbei die Spulenform, da hiervon die Feldverteilung und somit die dielektrischen Verluste abhängig sind. Sobald infolge der gewählten Formgebung zwischen zwei entsprechenden Stellen des Leiters eine Spannungsdifferenz entsteht, wird ein Verschiebungsstrom hervorgerufen, der dielektrische Verluste zur Folge hat. Aus diesem Grunde kann, wie weiter unten gezeigt wird, eine Massivdrahtspule unter Umständen günstiger sein als eine Spule mit unterteiltem Leitungsmaterial.

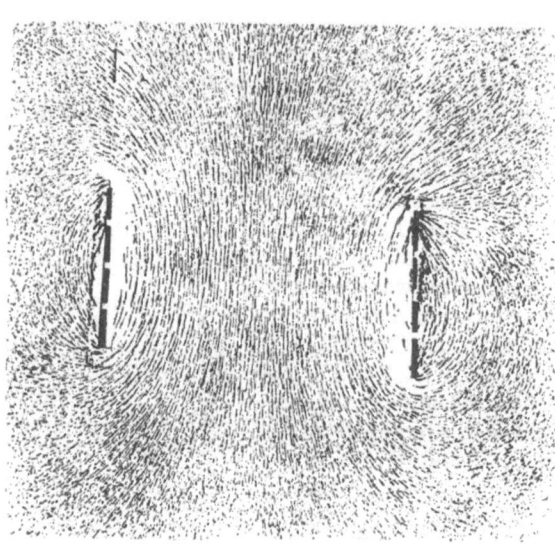

Abb. 191. Magnetisches Feld der Zylinderspule.

Besonders kommen die dielektrischen Verluste inbetracht bei mehrlagigen Spulen, da alsdann das sich ausbildende Spulenfeld erhebliche Größe haben und infolgedessen zu nennenswerten Verlusten im Dielektrikum Veranlassung geben kann. Aus diesem Grunde sind daher mehrlagige Spulen im allgemeinen nicht empfehlenswert.

c) Typische Grundformen der Spulen für Hochfrequenz. Vorteile und Nachteile der Zylinderspulen und Flachspulen. Notwendigkeit gedrängter Bauweise bei geforderter großer Selbstinduktion.

Die beiden wesentlichen Grundformen der Spulen sind die einlagige Zylinderspule und die Flachspule (honeycomb coil).

Während früher fast durchweg einlagige Zylinderspulen bei der Konstruktion der drahtlosen Sender und Empfänger benutzt wurden, hat neuerdings die Verwendung von Flachspulen (N. Tesla 1900, J. A. Fleming 1904, Telefunken 1908, Radioamateurbetrieb in Amerika seit 1921) insbesondere in solchen Fällen zugenommen, wo es sich weniger um geringe Dämpfung als vielmehr um möglichst kleine räumliche Dimensionen handelt. Allerdings ist der Widerstand derartiger Flachspulen stets größer als der einer kurzen Zylinderspule gleicher Selbstinduktion, auch selbst dann, wenn der Gleichstromwiderstand der Flachspule, die aus Band oder Litze hergestellt sein kann, kleiner ist als derjenige der Zylinderspule.

Die Ursache dieser Erscheinung liegt wahrscheinlich darin, daß bei den Flachspulen der Wicklungsleiter einem stärkeren magnetischen Felde ausgesetzt ist (R. Lindemann und W. Hüter 1913) als bei der Zylinderspule, wie dies die mit Eisenfeilspänen aufgenommenen Kraftlinienbilder gemäß Abb. 191 (Zylinderspule) und Abb. 192 (Flachspule) deutlich zeigen. Das magnetische Feld ist bei der Flachspule auf einen weit kleineren Raum zusammengedrängt als bei der kurzen Zylinderspule (rechts in den Abbildungen). Bei gleicher Stromstärke und gleicher Selbstinduktion ist demnach die mittlere räumliche Dichte der Kraftlinien um den Leiter herum bei Flachspulen größer als bei Zylinderspulen.

Bei gleicher Drahtlänge, Ganghöhe, Windungszahl und mittlerem Durchmesser besitzen einlagige Zylinderspulen eine größere Selbstinduktion als Flachspulen (Fleming 1910, Esau 1911).

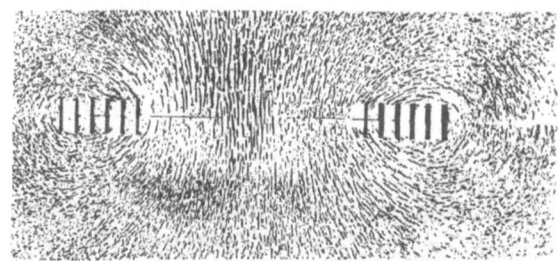

Abb. 192. Magnetisches Feld der Flachspule.

Indessen stellen sich die Verhältnisse zugunsten der Flachspulen, wenn in einem gegebenen Raum eine Spulenanordnung bestimmter größerer Selbstinduktion untergebracht werden soll und namentlich, wenn verlangt wird, daß das Streufeld der Spule tunlichst klein sein soll, um eine gedrängte Bauweise der Apparatur zu ermöglichen. Insbesondere, wenn man eine Spulenanordnung sehr großer Selbstinduktion vorsehen muß (z. B. 15000000 cm für einen Rahmenempfänger für sehr große Wellen), ist man direkt gezwungen, auf mehrere z. B. auf einer Achse aufgewickelte Flachspulen überzugehen, von denen jede bei ca. 20 cm Durchmesser einen Selbstinduktionswert bei Serienschaltung von ca. 1000000 cm zeigt. Die Flachspule (Honigwabenspule) ist alsdann die einzig mögliche Konstruktionsform, die bei durchaus erträglichen elektrischen Verlusten einen Zusammenbau in einer Apparatur ermöglicht.

Die einlagige Zylinderspule, insbesondere solange deren Verhältnis vom Durchmesser zur Höhe den Zahlenwert 1 nicht wesentlich übersteigt, und sofern als Leitermaterial sehr fein unterteilte verdrillte Litze mit isolierten Einzeldrähten verwendet wird, stellt das Optimum für eine möglichst geringe Dämpfung dar. Allerdings ist dabei zu beachten, daß nur ein geringer Prozentsatz der Einzeldrähte des Wickelleiters zerrissen sein darf.

d) Spulenkapazität.

Die in der drahtlosen Telegraphie verwendeten Spulen, gleichgültig welcher Art sie sind, sowie die selbstinduktiven Kopplungseinrichtungen usw. besitzen stets eine bestimmte Eigenkapazität, die bereits, wenn auch in geringerem Maße, bei mittelfrequenten Strömen vorhanden ist. Diese Kapazitätserscheinung ist um so ausgesprochener vorhanden, je größer die Frequenz des durch die Spule gesandten Hochfrequenzstromes und je kleiner der Abstand der Spule von den anderen Elementen des Schwingungskreises, bzw. von Erde ist.

Es ist infolgedessen nicht angängig, allein mit der Selbstinduktion der Spulenanordnung zu rechnen, sondern man ist in manchen Fällen gezwungen, die Spulenkapazität, die als zusätzliche Größe eingeht, in der Rechnung zu berücksichtigen.

α) Wirkung der Eigenkapazität der Spule im aperiodischen Kreise.

Der aus einer Spule und einem Blockkondensator gebildete aperiodische Kreis kann infolge der Eigenkapazität der Spule zum Mitschwingen bei der benutzten Wellenlänge kommen, also eine in dem verwendeten Bereiche hervortretende Eigenschwingung besitzen, was z. B. durch Aufnahme der Resonanzkurve nachgewiesen werden kann.

β) Wirkung der Spulenkapazität im abgestimmten Kreise.

Hat man eine Selbstinduktionsspule mit einem Kondensator zusammengeschaltet, wie z. B. bei Empfangsschaltung, und induziert man in diesem System Schwingungen, so kann der Fall eintreten, daß bei einer bestimmten Wellenlänge eine besonders große Amplitude erzielt wird. Dies rührt daher, daß die Spule infolge ihrer Eigenkapazität bei der betreffenden Wellenlänge in Resonanz gerät und so die Erscheinung des Mitschwingens hervorruft. Selbstverständlich muß durch entsprechende Bemessung der Spule oder des Kreises dem Zustandekommen dieser Erscheinung vorgebeugt werden.

γ) Kapazitive Kopplung der Spule infolge der Spuleneigenkapazität.

Die Eigenkapazität kann dazu führen, daß die kapazitive Spulenkopplung erheblich größer ist als die direkt vorgesehene magnetische Kopplung. Es ist infolgedessen nicht ausgeschlossen, daß sich die Wirkungen beider bis zu einem gewissen Grade aufheben. Das Zustandekommen der kapazitiven Kopplung, was insbesondere bei sehr großen Wellenlängen und demzufolge großen Spulenabmessungen zu befürchten ist, muß daher peinlichst vermieden werden.

δ) Verhinderung, bzw. Verkleinerung der Wirkung der Spulenkapazität.

Die Spulenkapazität wird um so größer, je mehr Spulenlagen aufeinander gewickelt sind. Auch aus diesem Grunde sind daher einlagige

Spulen, wenn es auf möglichst geringe Verluste und kleine Störungsquellen ankommt, wie oben gezeigt, das Optimum.

Sofern man aber genötigt ist, aus räumlichen oder Gewichtsgründen mehrlagige Spulen zu verwenden, tut man gut, um eine möglichst geringe Spulenkapazität zu erzielen, entweder die Spulen oft zu unterteilen, so daß nur kleinere Einzelspulenbeträge vorhanden sind, die dementsprechend auch nur kleine Einzelspulenkapazitäten aufweisen, oder aber die Wicklungsart entsprechend Abb. 193 (G. Seibt 1903) anzuwenden. Diese beruht also darin, daß nur Wicklungslagen mit geringen Spannungsdifferenzen einander benachbart sind.

Die Abbildung zeigt einen Teil der oberen Wicklung einer vierlagigen Zylinderspule. Bei a beginnt die Wicklung. Neben dieser liegt die Windung b, darüber die Windung c, und es wird so weiter gewickelt, daß neben b die Windung d kommt und so fort, wie dies die in die Windungsquerschnitte der Abbildung eingetragenen Buchstaben erkennen lassen.

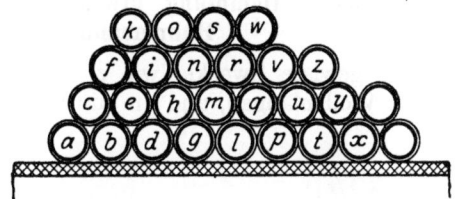

Abb. 193. Wicklungsart nach G. Seibt zur Verringerung der Spulenkapazität.

Ferner aber kann man die Wirkung der Eigenkapazität durch Zuschaltung eines entsprechend großen Kondensators zur Spule beheben, wodurch erzielt wird, daß der so entstandene Kreis eine derart große Wellenlänge besitzt, daß er in dem benutzten Wellenlängenbereich nicht mitschwingt.

ε) **Verringerung der Induktionswirkung auf die Spulen.**

Sofern nicht ausdrücklich eine direkte Induktion auf das betreffende Schwingungssystem verlangt wird, ist es bei allen Hochfrequenzkreisen der drahtlosen Telegraphie erforderlich, Induktionen auf die Spulen und Leitungen des Schwingungskreises auszuschließen. Bei Laboratoriumsanordnungen oder festen Stationen ist dieses ohne weiteres möglich, da alsdann meist genügender Raum für die Anordnung der Einzelbestandteile zur Verfügung steht.

Ein gutes Mittel besteht darin, daß man die Spulen an sich möglichst streuungslos gestaltet. Man verwendet hierzu die sog. nierenförmige oder Achterwicklung, die überhaupt nur ein geringes Außenfeld besitzt und von welcher Abb. 194 ein Bild gibt.

Um weiterhin die gegenseitige Induktion derartiger, nahe beieinander anzuordnender Spulen auf ein Minimum zu beschränken, werden die Spulenachsen senkrecht zueinander gestellt, wodurch ein Minimum der gegenseitigen Kopplung erzielt wird. Auch diese Anordnung ist aus Abb. 194 zu ersehen.

Wo alle diese Maßnahmen nicht angängig sind, und wo insbesondere unter Berücksichtigung der Benutzung von Verstärkern jede Induktion auf die Empfangsspule verhindert werden soll, ist man gezwungen, die Empfangsspule in ein geerdetes Metallgehäuse einzuschließen. Allerdings wird hierdurch der Nachteil bewirkt, daß außer einer Verringerung der Spulenselbstinduktion der Widerstand der Spule vergrößert wird, und zwar um so mehr, je näher die Spule an der Wand des Metallgehäuses sich befindet, und je geringer die Leitfähigkeit des Kastenmaterials ist. Eisen ist hierbei z. B. erheblich schlechter als versilbertes Kupfer.

e) Gesichtspunkte für die Konstruktion der Selbstinduktionsspulen möglichst kleiner Dämpfung (Tesla, Bjerknes, Dolezaleck, Telefunken, Hahnemann, Wien, Möller).

Für gewisse Zwecke, wie z. B. bei ungedämpften Schwingungen großer Wellenlängen, und um die Verlängerungsmittel bei Sendern und

Abb. 194. Anordnung, um die Induktion von Spulen aufeinander tunlichst gering zu halten (ehem. Lorenz-Werke, Wien).

Empfängern klein gestalten zu können, ist die Aufgabe vorhanden, die Spulendämpfung möglichst gering zu gestalten.

Bei einer Zylinderspule ist, entsprechend den obigen Ausführungen, die magnetische Hochfrequenzströmung im Innern der Spule größer als außen, weil im Innern die Kraftlinien mehr zusammengedrängt werden (siehe Abb. 191). Infolgedessen wächst der Hochfrequenzwiderstand und hiermit die Dämpfung.

Man kann (W. Hahnemann) nun den Hochfrequenzwiderstand z. B. dadurch herabsetzen, daß man die verlangte Selbstinduktionsspule bestimmter Größe in mehrere kleinere Selbstinduktionsspulen unterteilt und die Induktanz dieser Spulen möglichst groß macht, wodurch auch die Stromverteilung eine gleichmäßige wird.

Dieser Weg ist im allgemeinen aus konstruktiven Gründen nicht gangbar. Man verwendet vielmehr, wie schon eingangs erwähnt, andere, von Tesla, Bjerknes, Dolezaleck angegebene Kunstgriffe.

Tesla steckt seine spiralförmig gewickelten Spulen in ein Kühlmittel, z. B. flüssige Luft, um den Ohmschen Widerstand herabzusetzen. Von der Anwendung eines Kühlmittels, wenn auch nicht gerade von flüssiger Luft, wird bei vielen modernen Spulenkonstruktionen für Sendezwecke Gebrauch gemacht.

Von Bjerknes, der wohl zuerst den „Skineffekt" bei Spulen fand, rührt der Gedanke her, die Oberfläche des Spulenleitungsmaterials aus einem besonderen, gut leitenden Material herzustellen. Telefunken und nach ihnen andere haben daher lange Zeit die Oberfläche von Kupferrohrspulen versilbert.

Das wirksamste Mittel besteht aber, wo dies anwendbar ist, darin, den massiven Kupferleiter fein zu unterteilen, die Einzelleiter mit einer Isolationsoberfläche zu versehen und das Ganze zu verseilen und zu verdrallen (N. Tesla, F. Dolezaleck). Hierdurch gelangen in kurzen Abständen stets neue Leiterseile an die Oberfläche und in das Spulenfeld. Die von den einzelnen Drähten umschlossene Kraftlinienzahl bleibt hierbei im Mittel dieselbe, und es findet infolgedessen kein Zusammendrängen der Stromlinien am inneren Spulenrande statt.

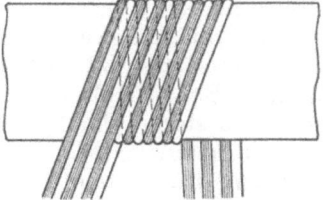

Abb. 195. Wicklungsart von Telefunken für flachgedrückte bandförmige Litzen.

Um derartige wenig dämpfende Spulen bei möglichst geringem Raumbedarf herzustellen, werden nach dem Vorschlage von M. Wien aus solchen Litzen geflochtene Bänder hochkant gestellt und zylinderförmig oder spiralig aufgewickelt.

Telefunken verwendet eine Wicklungsart gemäß Abb. 195 für derartige fein unterteilte und flachgedrückte bandförmige Litzen. Die Einzeldrähte können hierbei parallel nebeneinander gelegt und schraubenförmig auf ein Isoliermaterial aufgewickelt (Abb. 195) oder freitragend miteinander verflochten werden, z. B. 10 Einzellitzen nebeneinander gelegt und isoliert, ähnlich wie beim Gummibande. Das so gebildete Band wird zum Wickeln von Zylinder- oder Flachspulen benutzt.

Abb. 196. Strumpfartiges Gebilde als Spulenleiter.

Man kann auch den oben zum Ausdruck gebrachten Gedanken des Verflechtens noch weiter verfolgen, und man erhält alsdann ein geflochtenes, strumpfartiges Gebilde, etwa entsprechend Abb. 196, was insbesondere für große Energien Anwendung finden wird.

Es ist bereits von W. Hahnemann (1907) festgestellt worden, daß die mit einer Lackschicht überzogenen Litzendrähte, insbesondere wenn sie zur Wicklung von Spulen verwendet werden, den Nachteil zeigen, daß es nicht möglich ist, den effektiven Widerstand bis auf den Gleichstromwiderstand herab zu reduzieren. Dies ist anfänglich damit erklärt worden, daß durch die Lackschicht die Oberflächenbeschaffenheit der Litzendrähte angegriffen wird. Wenn auch zuzugeben ist, daß dies namentlich dann, wenn eine fehlerhafte Fabrikation vorliegt, mit ein Grund für den verhältnismäßig hohen effektiven Widerstand bilden kann, so sind doch die hauptsächlichen Ursachen andere. In erster Linie ist peinlichst darauf zu achten, daß möglichst wenig Litzendrähte im Innern Reißstellen aufweisen. Abgesehen davon, daß derartig zerrissene Litzendrähte für die Leitung ausfallen, also den Ohmschen Widerstand erhöhen, machen sich dieselben noch weiterhin dadurch schädlich bemerkbar, daß sich in diesen zerrissenen Drähten Wirbelströme und -felder ausbilden und entgegengerichtete Foucaultströme hervorrufen.

Weiterhin spielen aber das Isolationsmaterial und die Isolationsdicke des Drahtes, bzw. Litzenleiters eine sehr erhebliche Rolle (W. Burstyn 1909, H. Boas 1916). Es ist infolgedessen versucht worden, teils durch besonders starke Umklöppelung, Umspinnung oder Umwicklung des Leitungsmaterials, teils aber auch durch entsprechend groß bemessenen Luftraum den Abstand zwischen den einzelnen Leitern zu vergrößern. Offenbar ist es hierdurch möglich geworden, das Dämpfungsdekrement derartiger Spulen nicht unwesentlich herabzusetzen.

Ein weiterer Schritt, entsprechend dieser Erkenntnis, besteht darin (H. Boas 1916), den Leiterquerschnitt quadratisch zu gestalten, da hierdurch bei gleichem Ohmschen Widerstand und gleichem Raumbedarf wie bei rundem Querschnitt ein größerer Isolationszwischenraum zwischen den einzelnen Windungen sich erreichen läßt. Allerdings ist zu berücksichtigen, daß die Anbringung des Isolationsmaterials sich fabrikatorisch kaum so einfach und fest anliegend wie bei rundem Querschnitt bewirken läßt.

Der historischen Entwicklung der Induktanzkonstruktionen zufolge betrachten wir:

f) Spulenausführungen.

α) Spulen mit fester Induktanz.

In allen Ländern, in denen der Amateurbetrieb zugelassen ist, vor allem in den Vereinigten Staaten von Nordamerika, haben in Amateurkreisen Spulen mit fester unveränderlicher Induktanz in Form von sog. Honigwabenspulen (Honeycomb coils) weiteste Verbreitung gefunden. Eine große Anzahl von Empfangsanordnungen für verschiedenste Zwecke ist mit derartigen Spulen fester Induktanz ausgestattet worden. Um die nötige Wellenvariation zu erzielen, ist eine gewisse

Anzahl derartiger Spulen vorgesehen, die stufenweise mit bestimmten Überlappungen in der Weise benutzt werden, daß die einzelnen Bereiche durch einen Drehkondensator überbrückt werden. Um beispielsweise den Wellenbereich von 200 m bis 25000 m zu beherrschen, sind insgesamt 16 Spulen erforderlich. (Siehe Tabelle S. 101.) Es kommt hinzu, daß derartige Spulen in Form der Honigwabenanordnung vom Amateur auch verhältnismäßig leicht selbst hergestellt werden können.

Typische amerikanische Honigwabenspule. Eine solche marktgängige Type ist in Abb. 197 zum Ausdruck gebracht und zwar für eine große Wellenlänge, da auf diese Weise verhältnismäßig leicht eine erhebliche Selbstinduktion bei verhältnismäßig sehr geringer Eigenkapazität erzielbar ist. Das hierfür benötigte Drahtmaterial a — für eine Spule von ca. 150000 MH werden bei 12 cm Außendurchmesser ca. 370 m Drahtlänge gebraucht — wird gemäß dem weiter unten folgenden Verfahren (siehe S. 332, 333) aufgewickelt. Die Gesamtspule wird durch einen Fiberstreifen oder dergleichen b bandagiert und mit einem aus Isolationsmaterial hergestellten Kontaktstück c verbunden. Letzteres ist einerseits mit einem Stekker d und einer Steckbuchse e versehen, an welch letztere die Spulenenden angeschlossen werden, wobei die Spule rasch und zuverlässig in ein Schwingungssystem eingestöpselt werden kann. Der Hauptvorteil dieser Spulen ist der, daß trotz leicht erzielbarer großer Selbstinduktion die Eigenkapazität gering gehalten werden kann.

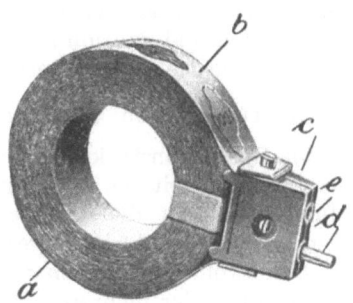

Abb. 197. Honigwabenspule (Honeycomb coil), die in Amerika außerordentlich verbreitet ist.

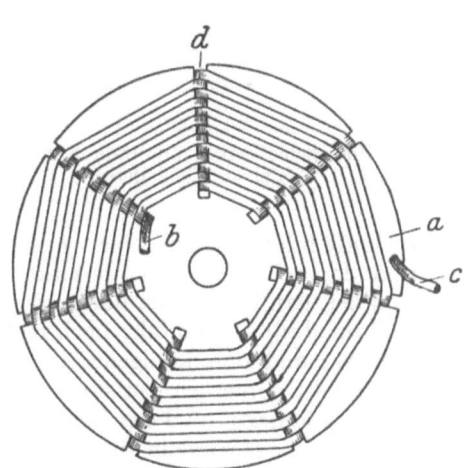

Abb. 198. Spiralförmige Schlitzspule.

Die Benutzung derartiger Spulen für Kopplungszwecke ist in Abb. 331 und 332 S. 322 wiedergegeben.

Spiralförmige Schlitzspule von W. Scheppmann. Bei dieser gleichfalls leicht herstellbaren Anordnung ist gemäß Abb. 198 ein mit Schlitzen versehenes, kreisförmiges Fiber- oder Pappestück a vorhanden, wobei in die radial verlaufenden Schlitze d die Windungen der Spiralspule einlagig nebeneinander gewickelt sind. Die Zuführung b erfolgt durch ein in der Nähe der Mitte in der Fiber- oder Papierscheibe angebrachtes Loch, die Ableitung *c* durch ein am Rand der Scheibe angebrachtes Loch. Auf diese Weise wird jedes besondere Aufkleben oder Anbinden der Spulenwindungen vermieden. Die Spule ist in sich vollkommen freitragend und bildet ein mechanisch festes Ganzes. Außerdem kann sie beliebig klein ausgeführt werden und ist infolge der einfachen Fabrikation billig herzustellen. Auch diese Spulenart hat seit Einsetzen des Amateurbetriebes unzählige kleine Varianten erfahren.

β) **Stufenweise veränderliche Spulen (Schiebespulen).**

Eine Spulenkonstruktion, die nicht erst seit Beginn des broadcasting, sondern schon seit etwa 1900 in der alten Funkentelegraphie Eingang gefunden hat, ist die Schiebespule. Sie besteht gemäß Abb. 199 aus einem aus Isoliermaterial hergestellten Zylinder, auf dem ein z. B. doppelt mit Baumwolle umsponnener Draht einlagig aufgewickelt ist. Dieser ist auf einer oder mehreren Mantellinien blank gemacht, längs denen ein oder mehrere Schiebekontakte bewegt werden, die infolgedessen mehr oder weniger Windungen einschalten und somit die Selbstinduktion variieren. Selbstverständlich ist eine kontinuierliche Variation hierbei nicht möglich, da streng genommen der Schiebekontakt, selbst wenn punktförmige Berührung vorausgesetzt werden könnte, von Windung zu Windung springt und infolgedessen eine mehr oder weniger stufenweise Variation der Selbstinduktion bewirkt. Ein wesentlicherer Nachteil ist jedoch der, daß tatsächlich infolge der endlichen Stärke des Schiebekontaktes mindestens zwei oder noch mehr Windungen gleichzeitig berührt werden, und daß infolgedessen in den kurzgeschlossenen Windungen Wirbelstromverluste entstehen. Ein weiterer Nachteil der Konstruktion besteht darin, daß das nicht benutzte Spulenende mitschwingt, und daß, insbesondere wenn dieses Spulenende in Resonanz mit dem eingeschalteten Spulenende kommt, sehr wesentliche Störungen und Lautstärkeverluste entstehen können.

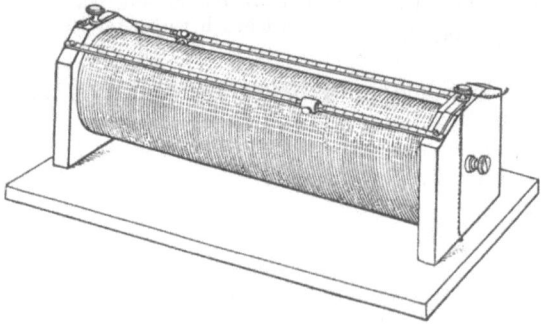

Abb. 199. Schiebespule mit zwei Kontakten (Schiebern, Schleifern).

Trotz dieser erheblichen Mängel hat die Schiebespule, wohl wegen ihrer überaus einfachen Herstellungsmöglichkeit, im Amateurbetriebe außerordentlich großen Eingang gefunden, insbesondere solange einfache Apparate mit Kristalldetektor üblich waren. Für den Röhrenbetrieb eignet sie sich wegen der geschilderten Mißstände kaum, und gegenüber den in Aufschwung gekommenen Honigwabenspulen in Kombination mit einem Drehkondensator ist sie stark zurückgedrängt worden.

Ein Vorteil der Schiebespule besteht auch noch darin, daß in einfachster Weise mehrere Schiebekontakte benutzt werden können (Abb. 199 zeigt deren zwei), von denen der eine zur Wellenabstimmung, der andere zur variablen Detektorkopplung benutzt werden kann.

γ) **Allmählich veränderliche Induktanzvorrichtungen. Selbstinduktionsvariometer.**

Für viele Zwecke ist es wünschenswert, die Selbstinduktion kontinuierlich zu verändern, insbesondere deshalb, weil zuverlässig arbeitende Präzisionsdrehkondensatoren verhältnismäßig kostspielig sind und daher nicht stets zu Gebote stehen. Es kommen aber auch Fälle vor, wie bei manchen Röhrenschaltungen, in denen die Verwendung eines Selbstinduktionsvariometers vorteilhaft ist. Für die Konstruktion und den Bau von Variometern gelten alle für Zylinderspulen und Flachspulen oben entwickelten Gesichtspunkte. Das Isolationsmaterial zwischen den Spulenwindungslagen ist wesentlich. Verluste, die hierin entstehen, vermehren die Dämpfung und verringern die Abstimmfähigkeit des Systems, in dem das Variometer benutzt wird. Innere Spulenwindungen sind möglichst zu vermeiden, da dieselben an Selbstinduktion nur wenig bringen, die durch sie bewirkten Wirbelstromverluste hingegen erheblich sind. Auch Metallstücke, wie zu Befestigungszwecken, sind im Innern der Spulenfelder zu vermeiden oder mindestens klein zu halten und zu unterteilen. Nach Möglichkeit sollen Befestigungsschrauben usw., die sich in der Nähe von Spulenfeldern befinden, aus Isolationsmaterial hergestellt werden.

Selbstinduktionsvariometer mit in- oder gegeneinander verschiebbaren Zylinderspulen. Diese Form der Selbstinduktionsvariometer ist die älteste und besitzt allerdings noch in gewissem Maße den Nachteil eines verhältnismäßig geringen Variationsbereiches, wenngleich derselbe größer ist als bei den meisten anderen der vorstehenden Anordnungen.

Die Spulenanordnung unter Verwendung zweier ineinander verschiebbarer Zylinderspulen geben die nachstehenden Abb. 200 bis 203 schematisch wieder. Die stark ausgezogenen Linien bedeuten hierin die nach vorne verlaufenden Windungen.

Betrachtet man zunächst den Fall gemäß Abb. 200, daß die beiden Spulen in Serie geschaltet sind, und daß der Wicklungssinn, bzw. die Stromrichtung in beiden eine entgegengesetzte ist, so werden sich alsdann, da die Spulen verhältnismäßig weit voneinander entfernt sind, die entstehenden Felder nicht stören, es kann sich vielmehr jedes Feld ausbilden, und die Selbstinduktion der Gesamtordnung ist gleich

$$L_{ges} = L_1 + L_2.$$

Je mehr man die Spulen einander nähert, um so mehr kommt eine Differenzwirkung der beiden Felder zustande, bis sie sich schließlich bei großer Annäherung, im Falle, daß beide einander gleich groß sind, gegenseitig aufheben (siehe Abb. 201), wodurch alsdann die entstandene

Selbstinduktion L_{ges} ein Minimum wird. Es ist also für diese Anordnung

$$L_{ges} = L_1 - L_2.$$

Wie aber ohne weiteres ersichtlich ist, kann z. B. die eine der Spulen in anderem Sinne gewickelt, bzw. die Stromrichtung in einer Spule umgeschaltet werden. Es ergibt sich alsdann ein wesentlich anderes Bild.

In Abb. 202 ist eine Anordnung dargestellt, die Abb. 200 entsprechen würde, jedoch ist der Wicklungssinn, bzw. die Stromrichtung

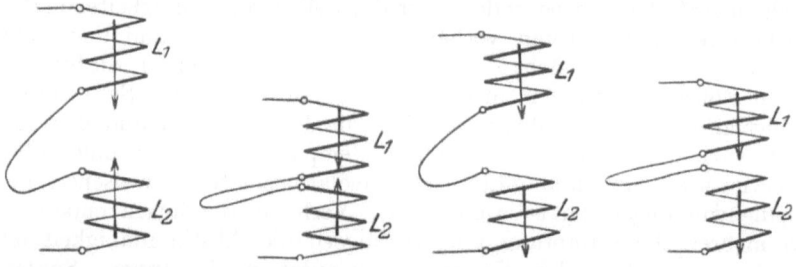

Abb. 200. Beide Spulen in Serie geschaltet, der Wicklungssinn, bzw. die Stromrichtung in beiden entgegengesetzt.

Abb. 201. Resultierende Selbstinduktion L_{ges} ein Minimum.

Abb. 202. Wicklungssinn, bzw. Stromrichtung in der unteren Spule umgekehrt.

Abb. 203. Bei Spulenannäherung nimmt die Selbstinduktion weiterhin zu.

in der unteren Spule umgekehrt. Bei dieser Anordnung ist die Feldrichtung beider Spulen gleichsinnig, und es ist in der in Abb. 202 gezeichneten Lage wieder die Gesamtselbstinduktion

$$L_{ges} = L_1 + L_2.$$

Nähert man nun die Spulen einander noch mehr, bzw. schiebt sie ineinander (siehe Abb. 203), so nimmt die Selbstinduktion noch weiterhin zu.

Es ist ohne weiteres ersichtlich, daß man durch entsprechende Umschaltung und durch Verschieben der Spulen gegeneinander einen großen Selbstinduktionsvariometerbereich mit einer derartigen Anordnung, von der Abb. 204 eine Ansicht darstellt, erzielen kann.

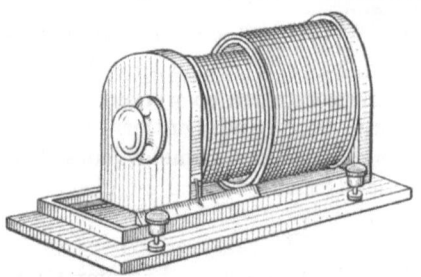

Abb. 204. Selbstinduktionsvariometer mit gegeneinander bzw. ineinander verschiebbaren Spulen. Kann bei entspr. Schaltung auch zu Kopplungszwecken dienen.

Ein derartiges, auf der Gegeneinanderverschiebung von Spulen beruhendes Variometer braucht nicht nur unter Verwendung von Zylinderspulen hergestellt zu sein, man kann vielmehr auch mit Vorteil Flachspulen benutzen. Eine besonders günstige Anordnung wird dann erzielt, wenn man z. B. zwei feste Flachspulen anordnet und eine zwischen diese geschaltete bewegliche Flachspule vorsieht. Durch entsprechende Schaltung dieser Spulen können alsdann in weitem Bereiche die gewünschten Selbstinduktionsbeträge erzielt werden.

Selbstinduktionsvariometer mit kugelkalottenförmigen Wicklungskörpern. Es ist klar, daß man das Prinzip der gegeneinander verschieb-

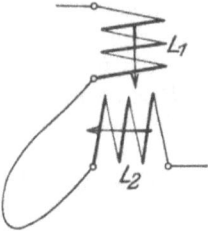 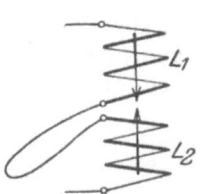 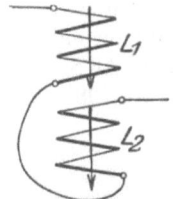

Abb. 205. Resultierende Selbstinduktion besitzt einen Mittelwert.

Abb. 206. Spulenfelder gegeneinander gerichtet, Selbstinduktion ein Minimum.

Abb. 207. Resultierende Selbstinduktion, infolge der sich unterstützenden Spulenfelder, ein Maximum.

baren Spulen auch ohne weiteres so abändern kann, daß die Spulen ineinander oder gegeneinander gedreht werden, ohne daß sich an der Variometeranordnung etwas Wesentliches ändert. Man erhält alsdann eine Anordnung, die Abb. 205 schematisch wiedergibt, wobei aus zeichnerischen Gründen die Spulen nebeneinander dargestellt sind. In der in Abb. 205 wiedergegebenen Darstellung besitzt die resultierende Selbstinduktion einen Mittelwert; in der in Abb. 206 gezeichneten Lage, wobei die Spulenfelder gegeneinander gerichtet sind, ist die Selbstinduktion ein Minimum. Bei der Anordnung nach Abb. 207 ist die resultierende Selbstinduktion, da sich die beiden Spulenfelder unterstützen, ein Maximum.

Die hervorragendste Anwendung des obigen Prinzipes der Induktanzveränderung ist das Kugel- bzw. Zylindervariometer, das auf der „Standard of selfinduction" von Ayrton und Perry beruht. Die wesentlichsten Teile eines derartigen Induktionsvariometers, bei dem die Spulen auf Kugelkalotten gewickelt sind, ist in Abb. 208 wiedergegeben. Ein aus Isolationsmaterial hergestellter, zweckmäßig zweiteiliger Körper ist innen kugelförmig ausgedreht. Daselbst ist die Wick-

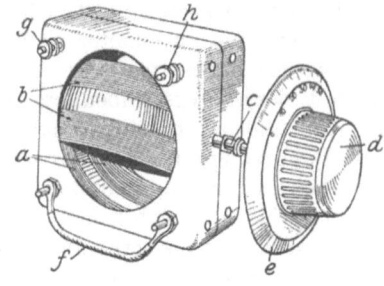

Abb. 208. Prinzipielle Anordnung eines Selbstinduktionsvariometers mit kugelkalottenförmigen Wicklungskörpern, Achse, Knopf und Skala; kann bei entspr. Schaltungsänderung von f auch zu Kopplungszwecken benutzt werden.

lung a nach einem weiter unten beschriebenen Verfahren aufgebracht. In diesem kugelförmig ausgedrehten, bzw. bewickelten Isolierkörper ist ein zweiter, etwas kleiner gedrehter Körper mit Kugelflächen drehbar angeordnet, der die Wicklungshälften b trägt. Die Achse dieses Körpers c ist durch den ersten Haltekörper hindurchgeführt und mit einem Drehknopf d und einer Skala e versehen, die gegen eine auf der Apparatplatte fest angebrachte Marke gedreht werden kann. Man hat also auch auf diese Weise eine zweiteilige feste und eine zweiteilige drehbare Spule, die miteinander verbunden werden können. Im allgemeinen wird bei einem Variometer die Schaltung, den obigen Ausführungen entsprechend, so ausgeführt werden, daß die feste und die bewegliche Spule hintereinander geschaltet werden. Dieses wird bei dem in Abb. 208 wiedergegebenen Apparat durch den die beiden unteren Klemmen verbindenden Bügel f bewirkt, während bei g die Zuschaltung, bei h die Stromableitung stattfindet. (Für Schaltung dieses Apparates für Kopplungszwecke wird der Bügel f entfernt, und alle vier Klemmen dienen als Zu- bzw. Ableitung).

Abb. 209. Selbstinduktionsvariometer, das bei entspr. Betätigung des Schalters (rechts oben) auch als Kopplungsvorrichtung dienen kann. (Scientific Supply Stores London.)

Wenn bei einem derartigen Kugelvariometer beide gleichsinnig gewickelten Spulen ineinander gedreht sind, ist die Selbstinduktion ein Maximum. Werden dagegen die Spulenfelder gegeneinander verdreht, so nimmt die Induktanz ab bis auf einen Minimalwert, der erreicht wird, wenn die Felder nahezu vollständig gegeneinander gerichtet sind. Der Vorteil eines derartigen Kugelvariometers besteht darin, daß bei verhältnismäßig leicht erreichbarer Kleinhaltung der Verluste ein Variationsbereich von etwa 1 zu 10 leicht erzielbar ist, so daß für Abstimmungszwecke derartige Variometer vielfach Anwendung gefunden haben.

Übrigens ist es, was die Anwendung für den Amateur sehr erleichtert, keineswegs unbedingt notwendig, die Wicklung a innen in den Außenkörper hineinzuwickeln. Man kann vielmehr die Wicklung unter Benutzung eines dünn abgedrehten Außenkörpers auch außen auf denselben aufbringen, so daß sich also zwischen den Wicklungen Isolationsmaterial und Luft befinden, wodurch allerdings der Variationsbereich der Anordnung etwas verkleinert wird. Man kann aber auch, und dieses stellt eine wesentliche Erleichterung für den Fabrikanten und Amateur dar, den Außenkörper zylindrisch gestalten, also beispielsweise in Form einer Pappspule benutzen. Man erhält alsdann eine Anordnung, wie sie Abb. 209 veranschaulicht. (Siehe auch das Variometer Abb. 350, S. 336.) Auch hierbei ist der Außenzylinderkörper außen und nicht etwa innen bewickelt. Der Variationsbereich ist alsdann meist etwas kleiner.

Die übrigen Teile dieser Vorrichtung haben die geschilderte Bedeutung. Diese Vorrichtung kann aber auch durch die Ausbildung der Kontakte und Anschlüsse zweckmäßig als Kopplungstransformator benutzt werden. Die Spulenverbindung wird alsdann gelöst, und die eine Spule, beispielsweise die Außenspule, wird im Primärkreis, die andere Spule im Sekundärkreis benutzt, wobei beide Spulen aufeinander induzieren.

C. Kopplungsvorrichtungen (Spulenhalter).

Die den Empfänger bildenden Systeme und Kreise müssen zur Energieübertragung vom einen auf den andern miteinander gekoppelt werden. Wie auf S. 38 gezeigt, kann die Kopplung eine induktive, kapazitive oder Widerstandskopplung sein. Für den Amateurbetrieb kommt in der Hauptsache die induktive Kopplung inbetracht. In einigen der Schaltungsschemata von Kap. VI (S. 139 ff.) sind jedoch auch kapazitive Kopplungen, die durch Kondensatoren bewirkt werden, angewendet. In diesem Falle benutzt man entweder Drehkondensatoren oder feste Glimmerkondensatoren.

Während früher in der drahtlosen Technik zu Kopplungszwecken besondere Spulenanordnungen angewendet wurden — in Abb. 204 ist eine solche mit zwei gegeneinander verschiebbaren Zylinderspulen dargestellt — ist man für den Amateurbetrieb fast ausschließlich dazu übergegangen, die in den einzelnen Systemen vorhandenen Selbstinduktionsspulen direkt zur Kopplung zu verwenden. Da in vielen Schaltungen drei Kreise benutzt werden, bei denen die Energie vom einen auf den zweiten und vom zweiten auf den dritten übertragen wird, sind auch die meisten konstruktiven Ausführungen so gestaltet, daß sie in einfacher Weise eine Auswechselung der Spule für den jeweilig günstigst dimensionierten Wellenbereich gestatten. Eine derartige Anordnung der Crown Radio Mfg. Corporation in New York zeigt Abb. 210. Bei dieser sind der mittelste Spulenhalter fest, die beiden seitlichen drehbar angeordnet, wobei der den Spulenhalter drehende Knopf mit einer Skala verbunden ist, die über einer Marke eingestellt werden kann, so daß es jedesmal möglich ist, die gewählte Kopplungsstellung abzulesen und genau wieder einzustellen.

Abb. 210. Dreispulenhalter (Koppler) der Crown Radio Mfg. Corporation New York.

Entsprechend den bei den Honigwabenspulen gewählten Kontaktanschlüssen, die in erster Linie für den Spulenhalter inbetracht kommen, sind in diesem jeweilig ein Kontaktstöpsel und Buchse angebracht.

Ein anderes Ausführungsbeispiel eines solchen Spulenhalters mit den aufgestöpselten drei Spulen ist in Abb. 331, S. 322 dargestellt.

Einfachere Spulenhalter sind in Abb. 319, S. 311 wiedergegeben.

Wie schon bemerkt, können auch die meisten Variometerkonstruktionen zu Kopplungszwecken dienen. Die Verbindungsleitung zwischen der festen und beweglichen Spule wird alsdann entfernt und die eine Spule in das eine System, die andere Spule in das andere System eingeschaltet, so daß lediglich die zwischen diesen beiden vorhandene induktive Kopplung ausgenutzt wird. In besonderem Maße ist das in Abb. 209 wiedergegebene Variometer für Kopplungszwecke geeignet, einfach dadurch, daß der rechts oben erkennbare Verbindungsstreifen entfernt wird und die beiden Klemmen für die Anschaltung des Primär- oder Sekundärsystems benutzt werden.

D. Isolatoren für Hochfrequenz und Hochspannung.

a) Prinzipielle Anforderungen an Isolationsmaterialien (Sicherheitsfaktor).

Für alle hochfrequenzführenden Isolatoren, gleichgültig ob dieselben sich an Hochfrequenzapparaturen oder außerhalb des Stationsraumes in freier Luft befinden, sind im wesentlichen maßgebend:

1. die Dielektrizitätskonstante und die im Dielektrikum auftretenden Verluste,
2. das Verhalten und die Festigkeit gegen Auftreten von Glimmströmen und Durchschlagsspannungen; Formgebung des Isolators.

Es muß verlangt werden, daß die Dielektrizitätskonstante möglichst groß, die dielektrischen Verluste tunlichst gering sind. Es gibt flüssige Isolatoren, wie z. B. Rizinusöl, das eine hohe Dielektrizitätskonstante (ca. 5) besitzt, aber so große dielektrische Verluste aufweist, daß die Anwendung desselben in Schwingungskreisen nahezu ausgeschlossen ist. (Siehe Tabelle N, b, S. 95, 96.)

Besondere Beachtung ist der Konstruktionsform des Isolators zu widmen, die, abgesehen von der erforderlichen mechanischen Festigkeit, darauf abzielen muß, die dielektrischen Verluste so klein als möglich zu halten. Insbesondere kommt es darauf an, den Sicherheitsfaktor s unter Berücksichtigung der Hochfrequenz

$$s = \frac{\text{Durchschlagsspannung}}{\text{Maximalspannung}} = \frac{\text{Überschlagsspannung}}{\text{Maximalspannung}}$$

den jeweiligen Verhältnissen entsprechend groß zu wählen, namentlich da sich weder die Überschlags- bzw. Durchschlagsspannung, noch vor allem die maximale Spannungsamplitude genau feststellen lassen.

Man wählt zweckmäßig wie auch in der Hochspannungstechnik den Sicherheitsfaktor so, daß leichter ein Überschlag als ein Durchschlag stattfinden kann, so daß der Luftweg als Sicherheitsfunkenstrecke dient.

Auch die jeweilig vorhandene Temperatur und Luftfeuchtigkeit sprechen wesentlich mit. Es ist ohne weiteres möglich, daß beispielsweise ein Isolator bei trockener Luft genügende Isolationsfähigkeit besitzt, daß aber bei feuchter Luft, in der der betreffende Apparat ebenfalls betriebsbereit sein muß, sich sofort Glimmströme ausbilden und der Isolator dauernd infolge von auftretenden Überschlägen unbrauchbar wird.

Insbesondere muß der Ausbildung jedes Glimmstromes vorgebeugt werden, da dieser namentlich bei hohen Periodenzahlen zu einer starken Erwärmung und baldigen Zerstörung des Isolatormaterials Veranlassung gibt. Infolgedessen sind bei allen stromführenden Metalleitern die Kanten um so mehr zu verrunden, je höher die Spannung an der betreffenden Stelle ist.

b) Für Hochfrequenz inbetracht kommende Isolationsmaterialien.

Für die Hochfrequenztechnik kommen namentlich folgende Isolationsmaterialien inbetracht:

a) Luft. Obwohl die spezifische Durchschlagsfestigkeit von gewöhnlicher atmosphärischer Luft an sich nicht sehr groß ist, besteht der Vorteil, daß sich, sofern es sich nicht um besonders eingekapselte Apparate handelt, die Luft von selbst wieder erneuert, wenn ein Überschlag stattgefunden haben sollte. Eine besondere Bedeutung kommt der Luft, bzw. den Gasen als Isolationsmaterial zu, wenn man dieselbe in gepreßtem Zustand verwendet. Die Durchschlagsfestigkeit wächst alsdann annähernd proportional dem Druck.

β) Öl (Paraffinöl). Als weiteres Isolationsmaterial kommt Öl in Frage, wobei grundsätzlich verlangt werden muß, daß dieses weder Verunreinigungen noch insbesondere Wasser enthält, wodurch die Isolationsfähigkeit wesentlich herabgesetzt werden würde. Im übrigen soll das Öl möglichst leichtflüssig sein und nicht zur Harzbildung neigen, da es meist nicht nur zur Isolierung, sondern auch zur Wärmeableitung benutzt wird. Das Öl besitzt ebenso wie Luft den Vorteil, daß eine Überschlags- oder Durchschlagsstelle von selbst ihre frühere Isolationsfähigkeit wieder annimmt, sofern der Zirkulation nicht besondere Widerstände entgegenstehen. Ein weiterer Vorteil des Öles — es kommt für die Apparate der Hochfrequenztechnik insbesondere Paraffinöl inbetracht — ist der, daß die Dielektrizitätskonstante wesentlich höher ist als die der Luft und sich derjenigen von Porzellan und Glas, die unter den festen Isolatoren sich in erster Linie für Hochfrequenzisolation eignen, nähert. Hierdurch wird bei kombinierten Porzellan-Ölisolationen das elektrische Feld an den Übergangsstellen gleichmäßiger gestaltet (K. Fischer).

γ) Porzellan (Steckolith), Glas und Speckstein. Unter den festen Isolationsmaterialien gelangen, namentlich auch wegen der notwendigerweise klein zu haltenden Oberflächen- und Wirbelströme, insbesondere Porzellan (Steckolith) und Glas als Isoliermaterialien zur Anwendung, mindestens wo es sich um größere Energien handelt und die Apparate, bzw. Apparatteile den nicht oder wenigstens nur teilweise und in geringem Maße bearbeitbaren (Schleifen) Porzellan- und Glaskörpern angepaßt werden können. Für manche Zwecke sehr angenehm ist auch Speckstein, der den Vorteil besitzt, daß er sich vor dem Brennen gut bearbeiten läßt.

Man kann in der praktischen Ausführung bei Benutzung von Glas, namentlich in Form von Spiegelglas, sehr weit gehen, ohne daß man Gefahr läuft, sich der Bruchgefahr allzusehr auszusetzen.

δ) *Hartgummi.* Wo eine allseitige Bearbeitung und peinlich genaue Innehaltung der Maße erforderlich ist und die Kosten für die immerhin teure Glasbohrung, -schleifung usw. gescheut werden, wählt man, wenn es nicht auf sehr große Energien, bzw. große mechanische Festigkeit ankommt, Hartgummi, wobei allerdings zu beachten ist, daß einerseits selbst gutes Hartgummi keine wesentlichen mechanischen Kräfte aufzunehmen gestattet, andererseits Hartgummiplatten und -stäbe, auf die mechanische Kräfte einwirken, leicht zum Verziehen neigen.

Auf jeden Fall ist es erforderlich, gutes Hartgummi, das sich möglichst auch polieren läßt, zu verwenden.

Das Hartgummi darf weder zu spröde sein, noch darf es im Laufe der Zeit weich werden, da sonst die daraus angefertigten Gegenstände eine so starke Formveränderung erfahren können, daß z. B. Kontaktschwierigkeiten eintreten, bzw. überhaupt kein Kontakt mehr gewährleistet ist.

Die Politur kommt bei Hartgummi insbesondere bei Hochspannung inbetracht, wo sich alsdann durch Abreiben, Nachpolieren usw. leichter ein hoher Oberflächenwiderstand wieder herstellen läßt, wenn derselbe durch Feuchtigkeit, Sonnenbestrahlung (Schwefelausschlagen) usw. gelitten haben sollte.

Wenn einerseits sehr gute Isolationsfähigkeit verlangt wird, andrerseits mechanische Kräfte zu übertragen sind und eine Formänderung möglichst vermieden werden soll, tut man gut, Kombinationen von z. B. Fiberplatten und Hartgummi zu verwenden. Das Fiber nimmt die mechanische Beanspruchung auf, das Hartgummi die elektrische, und ein Verziehen kann vermieden werden.

ε) *Paraffiniertes Holz.* Meist ebensogut wie Hartgummi, besser aber als die meisten im Handel vorkommenden Gummiarten, ist mit Paraffin möglichst im Vakuum behandeltes Holz, namentlich wenn es sich um geringe Energien wie bei Empfängern handelt. An sich kann jedes säurefreie, gut ausgetrocknete Holz verwendet werden. In erster Linie kommt wohl Eschenholz oder Weißbuchenholz inbetracht. Nachdem der betreffende, aus Holz hergestellte Gegenstand im Vakuumofen in Paraffin gekocht ist, wird derselbe nochmals, nachdem die Löcher, Ausbohrungen usw. hergestellt sind, in Paraffin eingetaucht, so daß sich um die Bohrungs- und Durchführungsstellen herum kleine, besonders gut isolierende Paraffinklötzchen ausbilden können. Für Empfangsenergien ist, wie gesagt, Hartgummi oder mit Paraffin imprägniertes Holz im allgemeinen ohne weiteres verwendbar. Übrigens genügt es meist, die Holzteile, welche indessen vollkommen wasserfrei sein müssen, in einem mit Paraffin gefüllten Topf zu kochen und nach der Bearbeitung nochmals zu tauchen. Bei größeren Energien, wie sie bei Sendern vorkommen, ist hingegen Vorsicht geboten, und es muß die dem Isolationsmaterial zugemutete spezifische Belastung im allgemeinen klein gewählt werden, um direkte Brandgefahr zu beseitigen.

Außer Hartgummi und paraffiniertem Holz kommen noch, wenn man die Isolationsanforderungen nicht allzu hoch stellt, Marmor und Fiber inbetracht.

ζ) *Glimmer.* Für die meisten Hochfrequenzzwecke ist ferner die Anwendung von homogenen Glimmerscheiben zweckmäßig, insbesondere wenn es sich darum handelt, z. B. hochfrequenzführende Leitungsenden, an denen Hochspannung liegt, voneinander zu isolieren. Es genügen alsdann im allgemeinen schon Glimmerscheiben oder -streifen von wenigen Zehntelmillimeter Stärke.

Indessen spielt die Qualität des Glimmers eine wesentliche Rolle. Gut unter allen Umständen ist vollkommen farbloser oder höchstens schwach gefärbter Glimmer in der Beschaffenheit des sog. „Ruby clar", da diese Qualität von allen metallischen Einschüssen frei ist.

Verwendbar für die meisten Zwecke sind auch noch solche Glimmerscheiben, die schwarze Einschüsse enthalten, da diese Einschüsse im allgemeinen von Kohlenstoff, Graphit oder dergleichen herrühren.

Ganz ungeeignet für Hochfrequenzzwecke ist jedoch Glimmer, der bräunliche oder rötliche Flecken zeigt, da diese offenbar von metallischen Niederschlägen herrühren, immer stark dämpfend wirken und bei größeren Energien zu einer Zerstörung der betreffenden Glimmerscheibe und damit des Apparates (Kondensator, Spule usw.) Veranlassung geben.

Selbstverständlich darf der verwendete Glimmer Risse oder Querspalten nicht aufweisen.

Für Spulenisolation kommt neuerdings Mikaseide (Jaroslaw) in Frage.

η) *Mikanit, Pertinax, Gummon, Gummoid, Prestonit, Bakelit, Galalit, Faturan, Stabilit, Tenacit, Cellon.* Weniger gut sind Mikanit, da dieses nur zusammengeklebter Glimmer mit größeren oder geringeren Wassereinschlüssen ist,

Pertinax, dem sog. Gummon oder auch Gummoid ähnlich ist, bestehend im wesentlichen aus unter hohem Druck bakelisierter Pappe ebenso wie

Prestonit, einer fiberähnlichen Masse, die offenbar aus einer Art bakelisierter Pappe, die unter hohem Druck zusammengepreßt ist, besteht, und wobei gleichfalls die mechanische Festigkeit sehr hoch, die Durchschlagsfestigkeit und Spannung aber selbstverständlich erheblich geringer als bei Hartgummi ist.

Diesen in elektrischer Beziehung mehr oder weniger ähnlich ist: Bakelit, Galalit und Faturan.

Stabilit und Tenacit sind porzellanähnliche, gebrannte Massen, die ungefähr die gleichen Eigenschaften wie Porzellan besitzen.

230   Normale Empfängereinzelteile der Radioindustrie.

Cellon hartschwarz, isoliert, bei niedrigen Wechselspannungen, etwa ebensogut wie Hartgummi, läßt sich gleichfalls so gut bearbeiten wie Hartgummi, ist aber etwas spröder als dieses.

Als vollwertige Isolationsmaterialien können die vorgenannten Materialien für Hochfrequenz meist überhaupt nicht angesehen werden, und vor deren Anwendung ist eine spezielle Untersuchung, möglichst unter Anwendung der besonderen Betriebsverhältnisse, von Fall zu Fall anzuraten.

c) Trag- und Halteisolatoren.

Für viele Zwecke der drahtlosen Telegraphie kann der aus der Hochspannungstechnik bekannte Rillenisolator gemäß Abb. 211 angewendet werden. Der annähernd zylindrisch gestaltete Porzellankörper besitzt zwei Aussparungen zum Einkitten metallischer Verbindungsstücke. Die Oberfläche ist durch Rillenausbildung vergrößert, um eine entsprechend höhere Überschlagsspannung zu erzielen.

Abb. 211. Rillenisolator.

Abb. 212. Antennendurchführungsisolator von Marconi.

Besonders berücksichtigt muß bei der Konstruktion und Auswahl von Isolatoren die Ausbildung des elektrischen Feldes werden, so daß sich möglichst an keiner Stelle ein Glimmstrom ausbilden kann. Tesla hat bereits festgestellt, daß in der Hochspannungstechnik schon eine kleine Glimmstromausbildung, insbesondere bei hoher Frequenz, zunächst die den Isolator umgebende Luft erwärmt und infolgedessen seine Isolationsfähigkeit herabsetzt, und daß allmählich hierdurch auch das Isolationsmaterial erwärmt wird und infolgedessen die elektrische Verlustarbeit wächst, bis allmählich der Isolator zerstört wird.

d) Durchführungsisolatoren.

Besondere Beachtung verdienen die Durchführungs- und Aufhänge- bzw. Abspannisolatoren. (Siehe auch S. 165, 166).

Antennendurchführungsisolator von Marconi. Einen älteren Antennendurchführungsisolator von Marconi zeigt Abb. 212. Derselbe besteht aus einem Hartgummirohr, durch das die Antennenzuführungslitze hindurchgezogen ist. Das Rohr steckt in einer Hartgummibuchse, die ihrerseits durch eine aus Isoliermaterial, z. B. Glas, hergestellte

Platte gehalten wird, welche in das Mauerwerk des Stationsgebäudes eingesetzt wird. (Siehe auch S. 166.)

e) Antennen- und Abspannisolatoren.

Die Antennenleiter müssen gegen die Aufhängepunkte hin sorgfältig isoliert werden. Man benutzt hierzu möglichst einfach gestaltete Porzellanisolatoren, die jedoch die Aufgabe erfüllen müssen, unter allen Witterungsverhältnissen, also auch bei Regen, Rauhreif, Schnee usw. noch gut zu isolieren. In der drahtlosen Verkehrstechnik sind eine ganze Anzahl von Konstruktionen ersonnen worden, die z. T. auch einigermaßen den Anforderungen entsprechen. Auch für den Radioamateurbetrieb werden viele Anordnungen auf den Markt gebracht, von denen im nachstehenden nur zwei besonders zweckmäßige Formgebungen Erwähnung finden sollen. Außer ihren elektrischen Vorteilen sind diese zwei Isolatorformen auch mechanisch sehr günstig, da ihre Zerbrechlichkeit auf ein Minimum herabgesetzt ist.

α) Der Ei-Isolator.

Die Formgebung folgt aus Abb. 213. Der aus gutem glasiertem Porzellan hergestellte eiförmige Körper ist mit vier senkrecht aufeinanderstehenden Rillen und zwei derartigen Durchbohrungen versehen, daß der Antennenleiter und das Abspannseil teils in der Rinne liegen und teilweise durch das Isolationsmaterial hindurchgeführt sind. Hierdurch ist der grundsätzlichen Forderung bezüglich der mechanischen Druckbeanspruchung des Porzellankörpers Genüge geleistet, und ferner ist hierdurch erzielt worden, daß zwischen dem Seil und dem Antennenleiter sich nicht nur genügend Isolationsmaterial befindet, sondern daß auch infolge der Formgebung der Kriechweg ein genügend großer ist.

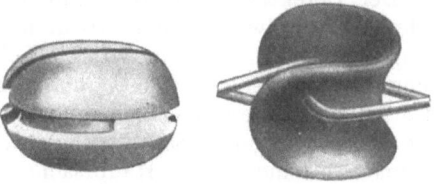

Abb. 213. Ei-Isolator. Abb. 214. Sattelisolator.

Derartige Ei-Isolatoren, häufig auch Nuß- bzw. Sattelisolatoren, werden meistens in Ketten, namentlich bei größeren Antennenanlagen verwendet, wie dies in Abb. 135, S. 166 zum Ausdruck gebracht ist.

β) Sattelisolator.

Pardunenabspannungen werden unter Verwendung besonders konstruierter Sattelisolatoren (siehe Abb. 214), die wohl in jeder Beziehung für die vorliegende Aufgabe die beste Lösung darstellen, durchgeführt.

Bei diesen Sattelisolatoren ist zwischen den durch den Isolator verbundenen Drahtseilen ein Maximum des Kriechweges und damit der Überschlagsspannung vorhanden. Zwischen den Drahtseilen ist ferner ohne Materialverschwendung genügend Isolationsmaterial vorhanden, um ein Durchschlagen an dieser Stelle zu verhindern. Feuchtigkeit, insbesondere Regen und Schnee, kann sich an dem Isolator nicht oder nur in geringstem Maße ansammeln und haften bleiben. Der Isolatorkörper ist lediglich auf Druck beansprucht. Die Ränder können nicht allzu leicht abbrechen.

E. Detektoren für den Empfang.

a) Gesichtspunkte für die Herstellung und Anforderungen, die an die Detektoren zu stellen sind.

Da die in der Empfangsstation aufgenommenen elektrischen Schwingungen unseren Sinnesorganen nicht ohne weiteres und direkt wahrnehmbar sind, müssen sie durch Hilfsapparate, nämlich durch Detektoren, z. B. akustisch oder optisch wahrnehmbar gemacht werden. Der Detektor dient also in erster Linie zum Nachweis der elektrischen Schwingungen und erst in zweiter Linie zum Messen der Schwingungsintensität. Als Detektormaterialien kommen fast alle bekannten Halbleiter, Metallsulfide usw. inbetracht, und man hat gefunden, daß nahezu alle unvollkommenen Kontakte zwischen zwei verschiedenen Materialien bei Erregung mittels schwacher Hochfrequenzspannung einen geringen Gleichstrom hervorrufen, sich also als Detektoranordnung eignen.

Hingegen können wegen zu geringer Empfindlichkeit alle diejenigen Meßanordnungen, wie Bolometer, Thermoelemente, Thermogalvanometer und Thermoindikatoren im allgemeinen, sofern die Empfangsenergie nicht gerade ungewöhnlich groß ist, nicht in Frage kommen.

Der Detektor hat z. B., wenn dieser ein Kohärer ist, den Morseschreiber oder, wenn er ein Kristalldetektor ist, das Telephon des Empfängers zu betätigen, da in ersterem Falle die Empfindlichkeit des Morseschreibers für den direkten Empfang nicht ausreichend ist, im letzteren das Telephon allerdings über hohe Empfindlichkeit verfügt, der Detektor die empfangenen Schwingungen aber erst gleichrichten muß. Die Detektoren sind in der Hauptsache jetzt der Nachweisapparat „von gestern". Die Röhre hat ihn zum großen Teil verdrängt und ist berufen, in Zukunft, abgesehen von Spezialanordnungen, das Feld zu beherrschen.

In der Praxis der drahtlosen Nachrichtenübermittelung kommt es bei der Beurteilung der Detektoren (Empfangsröhren) im wesentlichen auf folgende Gesichtspunkte an:

    a) Empfindlichkeit und Konstanz des Detektors, Unempfindlichkeit gegen luftelektrische (atmosphärische) Störungen und Überreizungen (Nahverkehr und Zwischenhören).
    b) Energieverbrauch des Detektors.
    c) Zuverlässigkeit des Arbeitens während des Betriebes.
    d) Einfachheit in der Handhabung des Detektors und der zur Kenntlichmachung der elektromagnetischen Schwingungen dienenden Apparate.

e) Möglichkeit eines Anrufes und Verwendung des Detektors für Hör- oder Schreibempfang oder für beides.
f) Betriebsbereitschaft des Detektors, d. h. der Detektor braucht eine Klopfer- oder andere Einrichtung, um wieder betriebsbereit zu sein.

Diese Gesichtspunkte gelten im wesentlichen auch für den Amateurbetrieb; besonders kommt es hierbei an auf Punkt a, c und d, während Punkt b infolge der jetzt möglichen Verstärkung weniger bedeutungsvoll geworden ist, Punkt e angestrebt wird und f hier kaum noch inbetracht kommt.

b) Kristalldetektoren (Kontaktdetektoren).

α) **Theoretische Gesichtspunkte für alle Detektoren mit Gleichrichtung und thermoelektrischen Eigenschaften.**

Diese Detektoren wurden bis vor kurzem in der drahtlosen Nachrichtenübermittlung überwiegend angewendet, da sie bei guter Empfindlichkeit selbst bei beliebig hoher Wortzahl in der Minute einen guten Tonempfang gewährleisten und es außerdem noch bei manchen der neueren Konstruktionen gelang, wenigstens eine gewisse Unempfindlichkeit gegen mechanische Stöße zu erreichen.

Worin die Wirkungsweise dieser Detektoren besteht, läßt sich mit voller Sicherheit bis heute nicht sagen. Die meisten haben unstreitig vorwiegend thermoelektrische Eigenschaften, zu denen bei fast sämtlichen Kristalldetektoren noch die Ventilwirkung hinzutritt. Bei einigen Kombinationen läßt sich ferner noch ein wesentlicher elektrolytischer Vorgang nachweisen.

Charakteristik der Gleichrichterdetektoren (Detektoren mit Ventilwirkung). Die meisten der vorstehend beschriebenen elektrolytischen Detektoren, wie insbesondere auch alle nachfolgenden Kristalldetektoren und Gasdetektoren (Röhren) zeigen eine sog. „unipolare Leitung"; es entspricht bei ihnen denselben absoluten Werten der Spannung bei positivem Vorzeichen eine andere Stromstärke als bei negativem Vorzeichen (H. Brandes 1906). Im übrigen beruhen die meisten dieser Detektoren auf einer Thermowirkung, teils auf einem Gleichrichtereffekt. Die bis heute vorliegenden Ergebnisse ermöglichen es leider nicht, eine scharfe Trennung der einzelnen Erscheinungen vorzunehmen. Es erscheint sogar als wahrscheinlich, daß die meisten Phänomene gemeinsam und in einer komplizierten Abhängigkeit voneinander auftreten. Auch dürfte eine Trennung der Erscheinungen um so schwieriger sein, da nicht nur die Elektrodenform, ihre Beschaffenheit und materielle Zusammensetzung, sondern auch das Gefüge, die besonderen kristallinischen Eigenschaften, die Reinheit des Materials und schließlich auch äußere Einflüsse wie z. B. die Temperatur und ähnliche Faktoren eine wesentliche Rolle spielen.

Nicht unerwähnt darf bleiben, daß auch die Art der den Detektor erregenden Schwingungen, insbesondere die Amplitudenform, sehr erheblich sein können.

Als wesentlichster Gesichtspunkt kann, wie bereits oben bemerkt, nach den bisher vorliegenden Untersuchungen jedoch der angesehen werden (H. Brandes 1906, W. H. Eccles 1910), daß diese Detektoren nicht einfach dem Ohmschen Gesetz folgen, d. h. bei Veränderung der EMK. im Detektorkreise ändert sich die Stromstärke nicht proportional mit ihr. Es ist also die „Charakteristik des Detektors", wenn man die Stromstärke in Abhängigkeit von der Spannung aufträgt, eine mehr oder weniger gekrümmte Kurve, die im übrigen in den verschiedenen Quadranten eine verschiedenartige sein kann (Gleichrichtung, Ventilwirkung).

Unsymmetrische Charakteristik (Gleichrichtung, Ventilwirkung). Sofern die Charakteristik im ersten und dritten Quadranten unsymmetrisch verläuft (siehe Abb. 215), ist die „unipolare Leitung" ausgesprochen vorhanden. Bei Erregung des Detektors mit hochfrequentem Wechselstrom, also beim Empfang, wird vom Detektor selbst ohne Hilfsspannung ein Strom erzeugt, der das Indikationsinstrument (z. B. Telephon) zum Ansprechen bringt. Sofern nun die Charakteristik auf eine gewisse Strecke v mit der Abszisse zusammenfällt, so daß in einem gewissen Spannungsbereich kein Strom fließt, bezeichnet man dieses als „Ventilwirkung". Die Abbildung zeigt auch, daß bei verschiedenen Spannungsbeträgen die vollkommene Ventilwirkung (Bereich v) in eine unvollkommene Ventilwirkung übergehen kann. Beispiel: Beim Rotzinkerz-Tellurdetektor (Perikondetektor) ist der Widerstand in Richtung Rotzinkerz-Tellur $1/_{10}$ von demjenigen in umgekehrter Richtung.

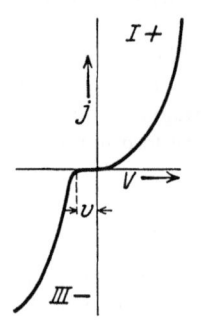

Abb. 215. Unsymmetrische Charakteristik.

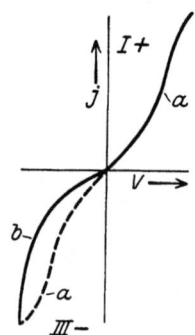

Abb. 216. Symmetrische Charakteristik (Kurve a). Erzwungene Unsymmetrie (Kurve b).

Symmetrische Charakteristik (erzwungene Gleichrichtung und Ventilwirkung). Die andere Möglichkeit ist die, daß die Charakteristik im Quadranten I und III vollkommen symmetrisch verläuft (siehe Kurve a, Abb. 216), wobei also keine unipolare Leitung mehr vorhanden ist. Der vom Detektor erzeugte Strom ist nach beiden Richtungen hin derselbe, und im Indikationsinstrument würde kein Effekt hervorgerufen werden.

Die Sachlage wird aber sofort geändert, wenn an die Elektroden des Detektors eine Hilfsspannung (Potentiometer) angelegt wird, wenn man also den Empfangsdetektorschwingungen kleiner Amplitude einen richtig bemessenen Gleichstrom überlagert. Man macht alsdann den symmetrischen Verlauf der Kurve a unsymmetrisch durch Überführung in Kurve b. Auf diese Weise ist die Gleichrichtung (Ventilwirkung) wieder hergestellt, und das mit dem Detektor verbundene Indikationsinstrument wird erregt.

Man hat nun, um den besten Effekt zu erzielen, die Spannung so einzuregulieren, daß man an der günstigsten Stelle der Charakteristik arbeitet, was der Fall ist, wenn an der betreffenden Stelle der Krümmungshalbmesser der Kurve möglichst klein, die Kurve möglichst steil ist.

Zusammenhang zwischen der dem Detektor zugeführten Hochfrequenzenergie und der erzeugten Gleichstromenergie. Die Abhängigkeit zwischen beiden ist gemäß Abb. 217 eine Gerade (W. H. Eccles 1910), wobei zu beachten ist, daß stets ein gewisser Betrag an Hochfrequenzenergie erforderlich ist, um überhaupt Gleichstrom zu erzeugen. Man bezeichnet den Punkt S, bei dem die Produktion von Gleichstrom zuerst eintritt, als „Schwellpunkt" oder „Schwellwert".

Bezüglich der Größenordnung der erzeugten Gleichstromenergie gilt, daß im Mittel Stromstärken von 10^{-4} bis 10^{-8} Ampere auftreten.

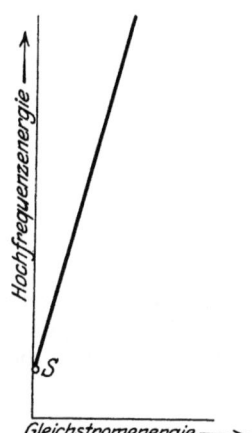

Abb. 217. Dem Detektor zugeführte Hochfrequenzenergie und die von ihm umgeformte Gleichstromenergie.

β) **Kristalldetektorausführungen.**

Empfindliche Materialkombinationen. Die Zahl der möglichen Kombinationen, um einen brauchbaren Kristalldetektor herzustellen, ist außerordentlich groß, da fast jeder schlechte Kontakt zwischen verschiedenartigen Materialien benutzt werden kann. Im besonderen haben sich folgende Kombinationen der aktiven Detektorelektroden bewährt:

Rotzinkerz (ZnO, häufig auch als Zinkit oder Perikon bezeichnet) mit Tellur oder Kupferkies. Diese Kombination (G. W. Pickard, 1907) zeichnet sich nicht nur durch außerordentlich hohe Empfindlichkeit aus, sondern vor allen Dingen auch durch die Tatsache, daß jede Berührungsstelle eine gewisse Empfindlichkeit besitzt, so daß mit dem Detektor stets empfangen werden kann. Das Optimum der Empfindlichkeit muß von Fall zu Fall durch Probieren festgestellt werden.

Eisenpyrit-Gold. Diese Kombination (Telefunken) zeichnet sich gleichfalls durch gute Empfindlichkeit aus und besitzt noch den weiteren Vorteil, daß die Empfindlichkeit und Betriebsbereitschaft des Detektors durch elektrische Überreizung nicht gemindert werden. Es ist sogar möglich, in unmittelbarer Nähe eines derartigen Detektors, der sich in Aufnahmestellung befindet, mit Funken zu arbeiten, ohne die Empfindlichkeit der Kontaktstellen zu beeinträchtigen.

Bleiglanz mit Graphit oder Tellur.

Karborundum mit Messing, Neusilber oder Kupfer.

Kupferkies mit Aluminium.

Silizium oder Eisenkies mit Gold(draht), Aluminium oder Zinkoxyd (im elektrischen Lichtbogen gewonnen).

Tellur mit Aluminium oder Silizium.

Ferner kommen noch besonders inbetracht: Molybdänglanz, Bornit, Titanoxyd (Anatas), Eisenglanz, Roteisenerz, Myronit, Kupferglanz und Buntkupfererz.

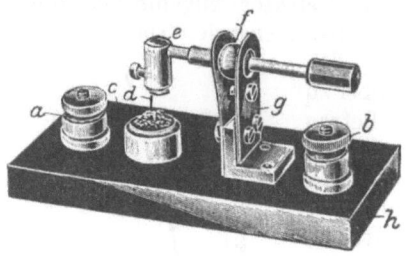

Abb. 218. In England und Amerika viel gebrauchter Kugelgelenkkristalldetektor.

Die Konstruktionsart, in der diese Materialien angewendet werden, kann eine verschiedene sein.

Kugelgelenkkristalldetektor von G. Marconi. So wird z. B. von der Marconigesellschaft in einer kleinen Metallpfanne die Detektorelektrode, z. B. mittels Woodschen Metalls[1]), eingeschmolzen, während die Gegenelektrode an einem Griffel befestigt ist, der in einem Kugelgelenk bewegt werden kann. Bei einem in der Stärke kaum regulierbaren Kontakt können bei dieser Konstruktion in einfacher Weise die empfindlichsten Kontaktstellen gesucht werden.

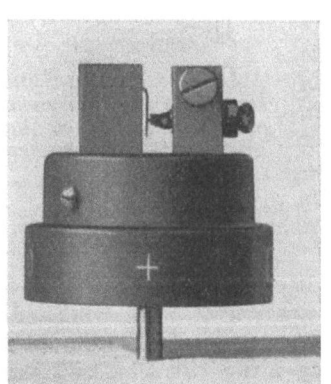

Abb. 219. Unverstellbarer Karborunddetektor von Telefunken.

Diese Kugelgelenkform für den Detektor erfreut sich namentlich in England und Amerika großer Beliebtheit und hat eine Unzahl von verschiedenen Varianten erfahren, da tatsächlich und insbesondere für den Amateurbetrieb die Einstellungs- und Bedienungsform eine recht einfache und zuverlässige ist.

Eine in England vielfach gebräuchliche Ausführungsform gibt Abb. 218 wieder. a und b sind die Zuführungsklemmen zum Detektor. a führt zu einem kleinen Metallkontaktstück c, in das die wirksame Detektorpille leicht auswechselbar eingesetzt ist. Mit dieser macht Kontakt die Spitze d einer kleinen Metallspiralfeder (siehe eine der obigen Kombinationen), die in einen Halter e eingesetzt ist. Dieser Halter wird durch einen Griff mittels eines Kugelgelenkes f bewegt und kann infolge dieses Kugelgelenkes in fast jede beliebige Lage gebracht werden. Die Kugel macht mit zwei Haltefedern g Kontakt, die mit der andern Zuführungsschraube b verbunden sind. Der gesamte Aufbau erfolgt auf einer isolierenden Platte h.

Unverstellbarer Detektor (Karborunddetektor) von Telefunken. Für manche Zwecke ist es angebracht, einen unverstellbaren Detektor zu

---

[1]) z. B. Blei:2, Zinn:1, Wismut:4, Kadmium: 1, Schmelzpunkt: 60° C.
„ 8, „ 4, „ 15, 3, „ 70° C.
„ 8, , 4, „ 15, 8, „ 79° C.

verwenden, z. B. wenn es sich darum handelt, den Empfänger von ungeübtem Personal bedienen zu lassen, man also nicht erwarten kann, daß ein verstellbarer Detektor richtig einreguliert werden würde. Andererseits ist es aber auch vorteilhaft, einen Vergleichsdetektor, der wenigstens stets eine gewisse Empfindlichkeit besitzt, zur Verfügung zu haben, um auf jeden Fall empfangen zu können. Dieses gilt allerdings mit der Einschränkung, daß der Detektor nicht durch mechanische Erschütterungen oder Überreizung derartig Schaden gelitten hat, daß er überhaupt nicht mehr anspricht.

Der in Abb. 219 dargestellte Karborunddetektor von Telefunken erfüllt die Anforderung, sofern nicht mechanische oder elektrische Überbeanspruchung stattgefunden hat, stets eine gewisse Empfindlichkeit zu besitzen, die nicht besonders vom Bedienungspersonal nachreguliert zu werden braucht. Die Nachregulierung wäre auch schwierig, da der aus der Abbildung ersichtliche Karborundkristall, der sich gegen eine federnde Metallelektrode mit geringem Druck anlegt, leicht zerbricht.

Abb. 220. Einfache Stellzelle (einregulierbarer Kristalldetektor) von G. Seibt.

Bemerkenswert bei dieser Konstruktion sind ferner noch die gut federnden, einen vorzüglichen Kontakt ergebenden Kontaktstöpsel mit Federeinrichtung nach H. Schnoor (siehe unten), die es ermöglichen, den Detektor in einfachster Weise in das Empfangssystem einzustöpseln.

Einfache Stellzelle von G. Seibt. Bei dem Kristalldetektor in Form der einfachen Stellzelle von G. Seibt werden als aktive Detektormaterialien Silizium und Gold, bzw. Bronze benutzt, wobei der Vorteil eines besonders guten Wirkungsgrades durch die hohe Thermokraft des Siliziums und einer mechanischen Erschütterungsunempfindlichkeit infolge der großen Härte und des dadurch zulässigen hohen Berührungsdruckes ermöglicht sein soll. Die Anordnung gemäß Abb. 220 zeigt den Aufbau auf einer Grundplatte a, die normalerweise von einer Schutzkappe überdeckt wird. Die Zuleitung erfolgt durch die Stöpselkontakte b. Das Silizium ist in das Innere eines Zahnrädchens c eingeschmolzen, dessen Einstellung durch ein mit einem Reguliergriff d verbundenes zweites Zahnrädchen besonders empfindlich möglich ist. Mit dem Silizium macht die an der Feder e befestigte Goldspitze Kontakt, wobei das die Feder e tragende Winkelstück f so ausgeführt ist, daß sich der Druck der Feder durch eine besondere Reguliermutter g einstellen läßt. Ferner kann die Feder zusammen mit dem Golddraht auch seitlich auf dem Siliziumstückchen verschoben werden, so daß also stets neue Kreise einstellbar sind, auf denen eine Punktberührung erfolgen kann.

c) Die Röhre (Audion).

α) **Theorie der Röhre für Sender-, Empfänger- und Verstärkungszwecke**[1]).

Bei den Röhrensendern und -empfängern werden eine oder mehrere Kathodenröhren benutzt, bei denen eine stark Elektronen bildende Kathode, eine Anode und gewöhnlich eine oder auch mehrere Gitterelektroden benutzt werden. Die den Thermionenstrom erzeugende Kathode wurde bereits 1904 von A. Wehnelt angegeben. Die Hinzufügung der Gitterelektrode, die die außerordentliche trägheitslose Relaiswirkung in der Röhre und damit ihre Verwendungsmöglichkeit als Sender, Verstärker und auch für die meisten Empfangszwecke hervorruft, rührt von L. de Forest (1906) her. Die endgültige Klärung der

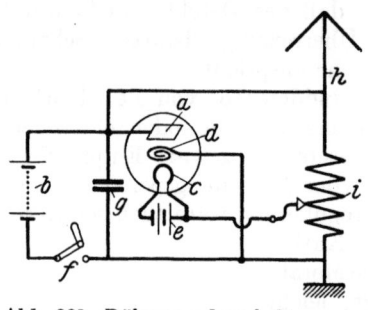

Abb. 221. Röhrensenderschaltung von Telefunken.

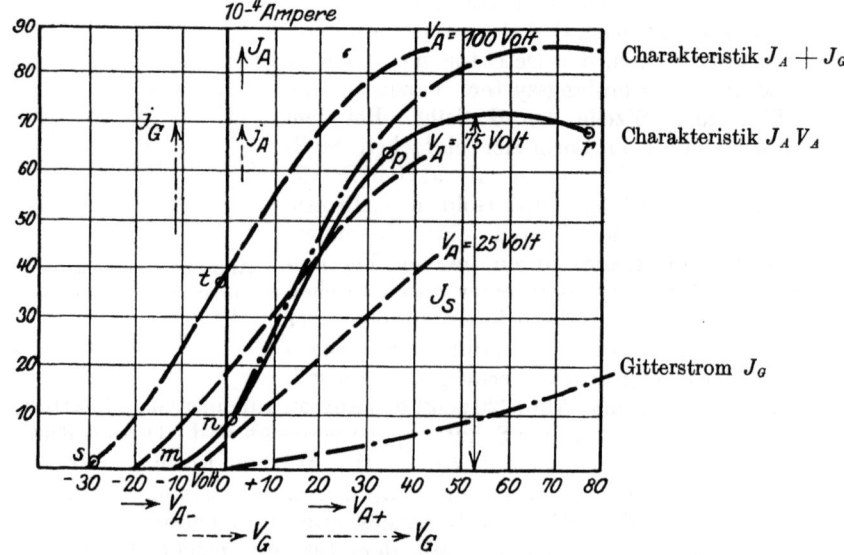

Abb. 222.
Anodenstromcharakteristik $[J_A = f(V_A)]$ — — — —
Gitterstromcharakteristik $[J_G = f(V_G)]$ — · — · —
Anodenstrom bei verschiedenen Gitterspannungen $[J_A = f(V_G)]$
Auf mnp = Entgegenwirken des Raumladungseffektes
pr = Sättigungsstrom = J_s
st = negative Gittervorspannung.

---

[1]) Siehe auch S. 174 ff.

Vorgänge bei hohem Vakuum (Pleiotron) ist 1913 durch J. Langmuir erfolgt. Aus diesen drei fundamentalen Erfindungen setzen sich alle irgendwie Röhren benutzenden Sender, Empfänger und Verstärker zusammen.

Die wesentliche Eigenschaft der Röhre für Sende- und Verstärkerzwecke soll an Hand der Abb. 221 und 222 dargelegt werden. Sobald der Heizdraht c in lebhafte Weißglut gebracht wird, findet eine Elektronenemission von seiner Oberfläche aus in das Vakuum hinein statt, wobei die einzelnen negativen Elektronen mit der verschiedensten Geschwindigkeit fortgeschleudert werden. Infolgedessen bildet sich im Vakuum eine sog. „Elektronenwolke", die ihrerseits versucht, die Abschleuderung weiterer von der Kathode ausgehender Elektronen möglichst zu verhindern. Die Elektronenwolke ist naturgemäß unmittelbar an der Kathode am dichtesten und wird gegen die Anode weniger dicht. Den Zustand der Elektronenwolke bezeichnet man als „Raumladung", die Wirkung dieser Raumladung auf die aus der Kathode austretenden Elektronen als den „Raumladungseffekt". Um nun möglichst viele Elektronen nach der Anode a hin übergehen zu lassen, um also den Anodenstrom möglichst zu verstärken, wird zwischen Anode und Kathode durch eine Batterie b ein elektrisches Feld hergestellt. Dieses Feld wirkt also dem Raumladungseffekt entgegen, und zwar $c\,p$ um so mehr, je größer die Batteriespannung ist. Würde man den Raumladungseffekt ganz beseitigen, so würden alle Elektronen aus der Kathode nach der Anode hin übergehen. In diesem Falle ist der Anodenstrom ein Maximum und wird als Sättigungsstrom bezeichnet. Für die Berechnung des Raumladeeffektes scheint die sog. „Bildkraft" wesentlich zu sein. Unter dieser versteht man, daß durch die aus dem Glühdraht emittierten Elektronen in dem Draht positive Ladungen, sog. „elektrische Bilder" erzeugt werden. Diese Bilder wirken offenbar stark anziehend auf die in unmittelbarer Nähe des Drahtes befindlichen Elektronen (W. Thomson, W. Schottky). Diese Bildkraft kann anscheinend durch starke elektrische Felder, also das Anodenfeld, erheblich vermindert werden.

Nun ist in die Röhre als drittes Element das de Forestsche Gitter d eingeführt. Dieses bewirkt an sich eine Abdrosselung des aus der Kathode austretenden Thermionenstromes. Die Durchlässigkeit dieses Gitters hängt nun vollkommen ab von der Spannung, die man ihm aufdrückt. Macht man die Gitterspannung positiv, so wird der Raumladungseffekt vermindert, also der Anodenstrom verstärkt. Macht man sie negativ, so kann man den Anodenstrom vollständig unterdrücken. Wird an das Gitter eine Wechselspannung gelegt, wie sie im Röhrensender durch Selbsterregung, im Verstärker und Empfänger fast stets vorkommt, so wird durch diese Gitterwechselspannung eine erhebliche Variation des Anodenstromes bewirkt und zwar kann man im allgemeinen etwa eine zehnfache Spannungssteigerung annehmen. Da die Wirkung ohne irgendwelche Verzögerung geschieht, beruht auf dieser Tatsache die außerordentliche Verstärkungs- und Verwendungsmöglichkeit der Röhren für Senden, Verstärkung und Empfang in der drahtlosen Telegraphie und

Telephonie. Die Durchlässigkeit des Gitters wird als „Durchgriff" bezeichnet. Je kleiner der Durchgriff ist, um so größer ist die Relaiswirkung bei gleicher Charakteristik.

Man erhält ein anschauliches Bild der Vorgänge in der Röhre, wenn man die Abhängigkeit der verschiedenen Stromstärken (Anodenstromstärke, Gitterstromstärke, Summe derselben usw.) in Abhängigkeit von den Spannungen (Anodenspannung, Gitterspannung usw.) graphisch aufträgt. Man erhält alsdann sog. Charakteristiken, von denen einige in Abb. 222 aufgetragen sind. Hierin bedeutet:

J_A = Anodenstrom,
V_A = Anodenspannung,
J_G = Gitterstrom,
V_G = Gitterspannung.

Aus diesen Kurven ist ersichtlich, daß die „Steilheit" S möglichst groß sein soll, und daß mit zunehmender Größe derselben die Relaiswirkung wächst.

Man erhält für die Röhre folgende Ausdrücke:

(Senderformel) [Stromformel] $i = a\sqrt{T} \cdot e^{-\frac{b}{T}} = J_s$ (Richardson).

Hierin ist: i = Thermionenstrom,
J_s = Sättigungsstrom,
$a = 23{,}6 \cdot 10^9$ für Tungstendrahtelektroden,
$b = 52{,}5 \cdot 10^3$,
T = absolute Temperatur,

$$i = J_A + J_G.$$

Ferner:

(Verstärkerformel) J_A = Konst. $(\sqrt{V_A}^3$ = Raumladungsstrom [Langmuir]).

Bei den bisherigen Ausdrücken war stillschweigend vorausgesetzt worden, daß die Elektronen sämtlich mit derselben Geschwindigkeit den Glühdraht verlassen. Dieses ist tatsächlich, wie schon bemerkt, nicht der Fall. Auch gilt, streng genommen, nicht die weitere Voraussetzung, daß die Austrittsgeschwindigkeit klein ist gegenüber der durch das Anodenfeld bewirkten beschleunigten Geschwindigkeit. Berücksichtigt man aber diese beiden in der Praxis unbedingt notwendigen Bedingungen, so erhält man für die „Anlaufsstromstärke" den Ausdruck:

(Audionschaltung, Empfängerformel) $J_A = J_0 \cdot e^{\frac{V_A}{\text{konst.}}}$.

Hierin ist: konst. = $8{,}6 \cdot 10^{-5} \cdot T$, wo $T = 2300^0 = 0{,}2$ Volt ist.

$V = V_G + D \cdot V_A$,
V = die auf die Kathode wirkende Spannung,
D = Durchgriff.

$D \cdot V_A$ ist also derjenige Teil der Anodenspannung, der unter Berücksichtigung des Durchgriffs noch übrig bleibt; oder auch so ausgedrückt: Wirkung der Anodenspannung auf den Heizfaden = $D \cdot V_A$.

$$\frac{\text{Teilkapazität zw. Kathode (inkl. Raumladung) u. Anode}}{\text{Teilkapazität zwischen Kathode und Gitter}} = D = \text{Durchgriff}$$
$$\text{(Barkhausen).}$$
$$J_A + J_G = \text{Konst.} \, (V_G + D \cdot V_A)^{3/2},$$
$$\frac{\text{Änderung der Anodenspannung } J_A}{\text{Änderung der Gitterspannung } V_G} = S = \text{Steilheit},$$
$$J_A = \frac{\text{Konst.} \, V_A}{W_i} + S \cdot V_G; \text{ Grundformel der Röhre,}$$
$$W_i = \text{Innerer Widerstand der Röhre,}$$
$$W_i = \frac{D}{S} = \frac{\text{Anodenspannungsbereich}}{\text{Gitterspannungsbereich}},$$
$$\text{„Güte'' der Röhre} = \frac{S}{D},$$
$$\eta_{\text{ges}} = \frac{J_a^2 \cdot W_a}{V_H \cdot J_H + V_A \cdot J_A} = \text{Gesamtwirkungsgrad,}$$
$$\eta_{\text{elektr}} = \frac{J_a \, W_a}{V_A \cdot J_A} = \text{Elektrischer Wirkungsgrad.}$$

Hierin ist:
$$J_a = \text{Antennenstrom der Amp.,}$$
$$W_a = \text{Gesamtantennenwiderstand in Ohm.}$$

β) Wichtigste Röhrentypen.

Elektronenröhren sind in den mannigfaltigsten Formen hergestellt worden. Die Grundtypen waren gegeben durch die Wehneltröhre (1904), welche Kathode und Anode besaß. Etwas später fand de Forest die Eingitterröhre, die jedoch noch Gasreste aufwies und welche infolgedessen nicht stets mit einem reinen Thermionenstrom arbeitete. Ähnliche Anordnungen sind kurz vorher von J. A. Fleming und darauf von R. v. Lieben angegeben worden. Eine außerordentliche Verbesserung, welche gleichzeitig die Ära der Röhren-Sender-Verstärker und -Empfänger geschaffen hat, war dadurch gegeben, daß J. Langmuir (1913) die an sich bekannten Röhren auf ein extrem hohes Vakuum auspumpte. Er bezeichnete die nur Kathode und Anode besitzende Röhre als Kenotron, die Eingitterröhre als Pleiotron. Diese Anordnungen sind darauf mit gewissen Varianten von allen Röhren und Röhrenapparate erzeugenden Firmen und Behörden nachgebaut worden.

Aber auch andere Varianten von Elektronenröhren sind geschaffen worden.

Bei dem Dynatron von A. W. Hull[1]) werden sekundäre Elektronen angewendet. Das Dynatron enthält eine Kathode, eine mit Löchern

---
[1]) Siehe z. B. E. Nesper, Handbuch der drahtlosen Telegraphie und Telephonie, S. 248ff. Berlin: Julius Springer 1921. (Neue Auflage in Vorbereitung.)

versehene Anode, an die eine Spannung angelegt ist, und eine Platte, an der gleichfalls eine Spannung liegt. Sobald der Glühdraht Elektronen emittiert, geht ein Teil von diesen durch die Löcher der Anode gegen die Platte und löst hier Sekundärelektronen aus, deren Zahl größer sein kann als die der Primärelektronen und deren Richtung derjenigen der Primärelektronen entgegengesetzt ist. Ist die Zahl der Sekundärelektronen größer als die der primären, so fließt ein Strom in umgekehrter Richtung, und die Röhre stellt einen negativen Widerstand dar. Dieses **Dynatron** ist noch dadurch abgeändert worden, daß man zwischen Glühdraht und Anode ein Gitter angeordnet hat, wodurch eine bessere Regulierung des negativen Widerstandes möglich war. Man hat eine derartige Röhre **Pliodynatron** genannt. Bei letzterer Röhrenanordnung hat man auch noch ein Magnetfeld vorgesehen, um die Primärelektronen spiralförmig auf die Platte auftreffen zu lassen. Eine ähnliche Anordnung hat A. W. Hull auch bei der gewöhnlichen Anoden-Kathodenröhre angewendet und das in der Röhre befindliche Gitter durch eine um die Röhre herumgewickelte eisenlose Spule ersetzt. Er bezeichnete diese Röhre als **Magnetron**.

Als andre Anordnungen sind noch zu erwähnen: das **Negatron** und das **Biotron** (eine Röhrenschaltung) von J. Scott-Taggart.

γ) Röhrensenderschaltungen[1]).

Um die Röhre als Schwingungsgenerator benutzen zu können, muß man dem Gitter eine Wechselspannung aufdrücken, um dadurch die Relaiswirkung und die Schwingungserzeugung hervorzurufen. Bei kleinen und mittleren Röhrensendern wird dies durch meist selbstinduktive Rückkopplungsschaltungen bewirkt (S. Strauß 1912, A. Meißner 1913). Diese beruhen darauf, daß die für das Gitter benötigte Wechselspannung direkt durch Spulenrückkopplung aus dem Schwingungskreis selbst entnommen wird, da beim Schließen des Anodenkreises eine gewisse Anzahl Elektronen nach dem Gitter hin emittiert wird und auf diese Weise Ladungs- und Entladungserscheinungen hervorgerufen werden.

Eine Röhrensenderschaltung, bei der dieses in einfacher Weise bewirkt wird, gibt Abb. 221 wieder. adc ist die Eingitterröhre, die von einer Heizbatterie e aus geheizt wird. b ist die Anodenfeldbatterie, f ein Taster, g ein Parallelkondensator großer Kapazität zur Anodenbatterie. Die in der Antenne h eingeschaltete, mit Regulierungen versehene Selbstinduktionsspule i hat die Funktion eines Autotransformators. Da ein derartiger Apparat verhältnismäßig kapazitätsempfindlich sein würde, müßte man ihn durch Metalltrennungswände gegen ungewollte Kapazitätsbeeinflussungen schützen, was aber, schon wegen der Leitungszuführungen zu den Batterien usw., nur teilweise möglich sein wird. Auch die Wellenkonstanz ist bei einer derartigen Apparatur nicht ganz einfach zu erreichen, aber immerhin ist der Vorteil einer einfachen

---

[1]) Es ist des besseren Verständnisses wegen notwendig, an dieser Stelle wenigstens ganz kurz auf die wichtigsten Funktionen der Röhre zu Senderzwecken einzugehen.

Leitungsführung und übersichtlichen Montage und Reparaturmöglichkeit bei einer so einfachen Senderschaltung vorhanden.

Einen prinzipiell andern Weg ist die Huthgesellschaft bei der Senderschaltung nach Kühn gegangen, die zeitlich etwa gleichzeitig und unabhängig von J. A. Armstrong angegeben wurde. Bei dieser Schaltung gemäß Abb. 223 ist ein besonders abstimmbarer Gitterkreis kl vorhanden, der auf den Anodenkreis $a\,i\,m\,c$ abgestimmt wird. Das Anodenfeld wird in diesem Falle durch von der Wechselstrommaschine n gelieferten, bei o transformierten und durch den Gleichrichter p gleichgerichteten

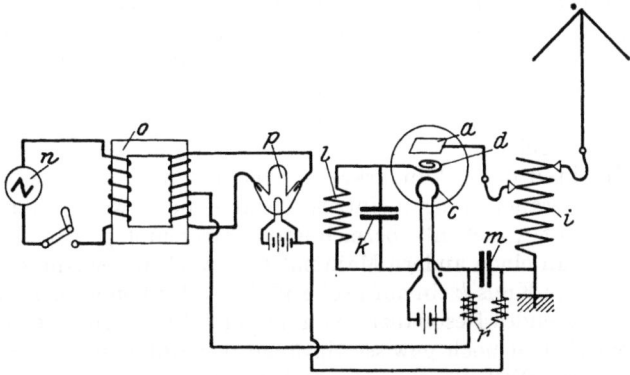

Abb. 223. Senderschaltung von Armstrong-Kühn (Huth-Gesellschaft).

Strom hergestellt. r sind Drosselspulen. Auch hier tritt die Selbsterregung dadurch ein, daß beim Schließen des Anodenkreises Elektronen auf das Gitter emittiert werden und hierdurch den Kondensator k aufladen, durch dessen Entladung im Schwingungskreis kl Schwingungen einsetzen, die durch das Gitter die Variation des Anodenstromes und damit die Ausbildung von Schwingungen im Röhrenkreise bewirken. Durch den entsprechend verstärkten Anodenstrom wird eine Neuaufladung des Kondensators k bewirkt und hierdurch eine Aufschaukelung der Energie bis zu einem gewissen Betrage herbeigeführt.

Für größere und große Senderenergien ist man indessen genötigt, auf Fremderregung überzugehen, da alsdann die selbstinduktive Rückkopplung im Betrieb schwierig einzustellen ist und mit größeren Verlusten arbeitet, insbesondere wenn eine Anzahl parallel geschalteter Röhren zur Schwingungserzeugung verwendet wird. Um bei derartigen Schaltungen mit kleinen Gitterenergien auszukommen und einen betriebssicheren Zustand zu gewährleisten, erteilt man von einem kleinen Hilfsröhrensender aus die Schwingungsenergie an die Gitter der Hauptröhren, wobei die Kreise in Abstimmung arbeiten (siehe z. B. die Schaltung des Eiffelturmsenders, Abb. 67, S. 111).

Oberschwingungen. Sinusförmige Schwingungen. Ziehen. Ein Nachteil vieler Röhrensenderschaltungen sind die Oberschwingungen. Diese haben zum Teil ihren Grund in der Antennenform und Dämpfung, zum Teil aber in der Aufbauart des Senders selbst. Begünstigt werden sie, wenn der Röhrengenerator direkt in die Antenne geschaltet ist, herabgesetzt werden sie durch Sekundär- und Tertiärkreise, die zwischen Generator und Antenne geschaltet werden. Die ersten diesbezüglichen Anordnungen sind von M. C. White angegeben worden.

Mindestens ebenso wichtig ist es aber, um möglichst rein sinusförmige Schwingungen zu erhalten, nur den geradlinigen Teil der Charakteristik (z. B. np von Abb. 222) zu benutzen, also denjenigen Teil, in dem die Gittervariationen nur verhältnismäßig gering sind. Würde man die Gittervariationen größer werden lassen, so verlieren die Schwingungen ihre Sinusform, und die Ausbildung von Oberwellen wird begünstigt. Obwohl man die Grundlagen zu einem Sender rechnerisch festlegen kann, sind zum Aufbau die Aufnahme der Charakteristik sowie die richtige Einregulierung der Gitterrückkopplung, der Anodenkopplung und Spannung notwendig, um jeweilig die günstigsten Verhältnisse zu erreichen.

Ein Nachteil der Sekundärkreissender, der aber auch bei manchen anderen Senderanordnungen eintritt, beruht in der, wenig charakteristischerweise mit „Ziehen" bezeichneten Erscheinung. Diese besteht darin, daß man einen andern Maximalstromwert in der Antenne erhält, wenn man vom Kreis k ein auf große Wellen oder von großen auf kleine Wellen variierendes Resonanzmaximum herstellt. Ferner versteht man unter dem Ziehen noch gewisse Sprünge der Antennenstromkurve bei Aussetzen der Wellenlänge. Unter Umständen ist es sogar möglich (H. Edler, G. Glage), daß der Anodenstrom, wenn die Antenne auf den Anodenkreis abgestimmt war, darauf unterbrochen und wieder geschlossen wurde, nicht aber denselben vorher gehabten Maximalwert aufweist. Wählt man die Kopplung zu fest, so kann der Fall eintreten, daß Schwingungen überhaupt nicht mehr zustande kommen. Jedenfalls ist die Zieherscheinung um so mehr hervortretend, je fester die Gitterrückkopplung gewählt ist.

Tasten. Getastet wird der Sender zwischen Vollast und Leerlauf. Bei kleinen Sendern ist es meist ganz beliebig, wo man die Taste hinlegt, bei größeren Anordnungen wird zweckmäßig der Anodenstrom getastet, bzw. es wird der Primärkreis des den Anodenstrom erzeugenden Hochspannungstransformators getastet. Bei Sendern für große Leistungen (Steuersender) tastet man das Gitter des Steuersenders.

δ) Der Röhrenempfangskreis.

Prinzipielle Schaltmöglichkeiten und Eigentümlichkeiten der Röhre als Detektor. Die Röhre kann in mannigfaltigster Weise zu Empfangszwecken benutzt werden. Es kommt hierbei nicht nur auf die Zahl und Anordnung der Elektroden in der Röhre an, sondern auch auf die Art des Vakuums und die Anschaltung der Röhre an den Empfangskreis. In wohl sämtlichen Fällen wird die Empfangsenergie in der Röhre verstärkt. Im allgemeinen findet direkt in der Röhre eine nicht unwesentliche Hochfrequenzverstärkung statt, so daß eine derartige Röhre unter allen Umständen jedem andern Detektor an resultierender Lautstärke wesentlich überlegen ist.

Die einfachste ursprüngliche Röhrenform (A. Wehnelt, J. A. Fleming) benutzte nur eine Kathode und eine Anode; das Vakuum war höchstens zufällig hoch, gearbeitet wurde infolgedessen mit Stoßionisation. Die Röhre wirkte als Gleichrichter. Trägt man die Charakteristik der Röhre auf, so wurde für das Arbeiten nur das untere Knie benutzt.

Die Einführung der Gitterelektrode (L. de Forest) ergab die verschiedensten Varianten bezüglich Vakuum, Anschaltung und Benutzung. Bei der ursprünglichen Form (Abb. 155, S. 185) wurde vor das Gitter eine Spannungsquelle geschaltet. Das Vakuum war höchstens zufällig hoch, gearbeitet wurde wieder mit Stoßionisation, höchstens zufällig mit Elektronenemission. Es gelangte die ganze Schräglinie der Charakteristik (z. B. np Abb. 222, S. 238) zur Benutzung, wobei diese Charakteristik meist sehr wenig steil verlief. Auch die Anschaltung der Röhre mittels Gitterkondensators wurde damals schon benutzt, um die besondere Gitterspannungsquelle zu ersparen.

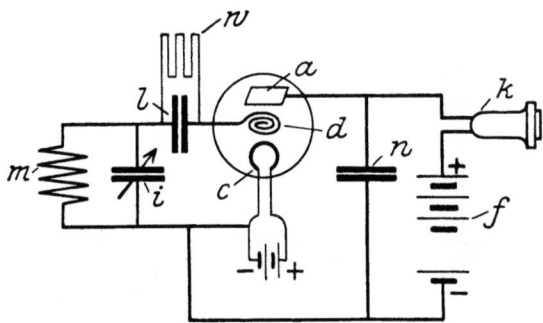

Abb. 224. Prinzipielle Schaltmöglichkeit der Röhre als Detektor.

Dadurch, daß das Vakuum in der Röhre extrem hoch gemacht wurde, (J. Langmuir), war nicht nur die Erzielung vollkommen konstanter Verhältnisse möglich, sondern es war auch die Möglichkeit gegeben, an jedem beliebigen Punkte der Charakteristik zu arbeiten, wobei diese nahezu beliebig steil gewählt werden konnte.

Bei den meisten Empfangsanordnungen wird eine Schaltung gemäß Abb. 224 zugrunde gelegt. Hierbei ist der normale Empfangskreis mi beispielsweise ein Sekundärkreis, l ist ein Gitterkondensator von etwa 200 cm, w ein hoher Ohmscher Widerstand von mehreren hunderttausend Ohm, der zur Ableitung der Gitteraufladung dient. Hierdurch wird vermieden, daß infolge von Aufladungen allmählich ein die Detektorwirkung ausschließendes Stromgleichgewicht in der Röhre herbeigeführt wird. Man kann den Widerstand auch zwischen Gitterelektrode d und Kathode c schalten (deutsche Anordnung). Der zum Telephon k und der Batterie f parallel geschaltete Kondensator n ist so dimensioniert, daß die aufgenommenen Hochfrequenzschwingungen möglichst glatt durch ihn hindurchgehen, daß hingegen die Niederfrequenzpulsationen (siehe Abb. 226, Bild 4) von ihm aufgehalten werden und somit durch das Telephon k hindurchgehen und dieses erregen müssen. Die aufgenommenen Schwingungen erfahren zwischen Gitter und Kathode eine Gleichrichtung. Infolge der hierdurch bewirkten Änderung des Gitterpotentials wird eine Variation des Anodenstroms bewirkt, was im Telephon kenntlich gemacht wird. Außerdem ist die nicht unwesentliche Hochfrequenzverstärkung vorhanden. In welcher Weise der Schwingungsverlauf abhängig von der aufgenommenen Schwingungsart stattfindet, ist an Hand der Abb. 226, S. 247, und der Abb. 228, S. 249, ersichtlich.

Aus der Schaltungsanordnung geht hervor, daß nahezu jeder Röhrensender in einfachster Weise für den Empfang, unter Verwendung derselben Röhre als Detektor nutzbar gemacht werden kann, indem an Stelle der Sendertaste ein Empfangstelephon geschaltet wird, und indem der Gitterableitungswiderstand vorgesehen wird. Im allgemeinen ist es nur erforderlich, die Anodenspannung gegenüber derjenigen für Sendezwecke zu reduzieren.

Rückkopplungsschaltung (L. de Forest). Für den Röhrendetektor häufig angewendet, infolge der weiteren, im allgemeinen automatisch hiermit verbundenen Verstärkung der Empfangsschwingungen, ist die

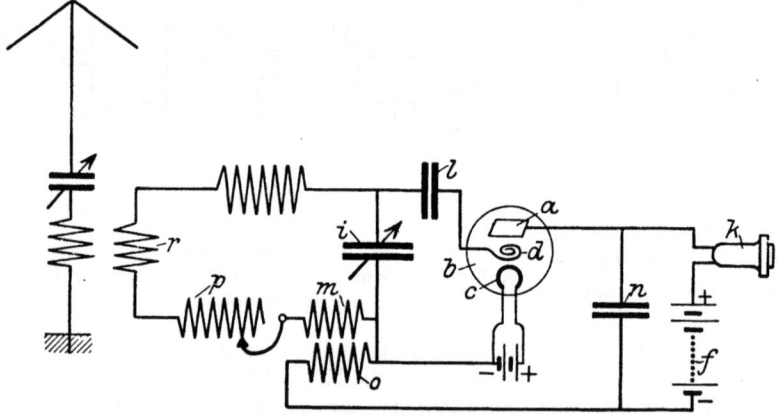

Abb. 225. Rückkopplungsschaltung.

sog. ,,Rückkopplungsschaltung" mit besonderer Rückkopplungsspule, die wohl zuerst von L. de Forest angewendet wurde. Diese Schaltung besteht gemäß den obigen Ausführungen bekanntlich darin, daß, wenn man die Schaltung für Sendezwecke benutzt, nicht der volle Energiebetrag ausgestrahlt wird, sondern daß vielmehr ein Teilbetrag zurückbehalten wird und zwischen Gitterelektrode und Kathode für die weitere Schwingungserzeugung nutzbar gemacht wird.

Ein Beispiel der Rückkopplungsschaltung zeigt Abb. 225. Der Sekundärempfangskreis $r\,p\,m\,i$ ist mit dem Röhrendetektorsystem $c\,a\,k\,f\,o$ durch das Spulensystem $m\,o$ fest gekoppelt (,,rückgekoppelt"); infolgedessen erhält man eine um so erheblichere Verstärkung beim Empfang, je größer die Spannungsdifferenz zwischen Gitter d und Glühkathode c ist, da hiervon die Größe der Amplitude beim Empfang direkt abhängt, was zum Grund hat, daß die Selbstinduktion m und p möglichst groß, die Kapazität i tunlichst klein gehalten werden müssen, eventuell sogar vollkommen fortfallen können. Hierdurch und durch die feste Kopplung (Rückkopplung) wirken die Schwingungen im System $c\,a\,k\,f\,o$ auf das System $r\,p\,m\,i$ zurück und steigern die Amplituden, was gegenseitig erfolgt, so daß eine allmähliche Aufschaukelung, also eine Verstärkung der Empfangsenergie stattfindet.

Für die Ankopplung ist der Kondensator l wesentlich, der gegebenenfalls bei zu hohem Vakuum in der Röhre, damit noch eine Entladung des Kondensators stattfinden kann, über einen hohen Widerstand w kurzgeschlossen wird (siehe Abb. 224). Ferner ist der Parallelkondensator n erheblich, um zu bewirken, daß der Niederfrequenzstrom im Telephon k richtig ausgenutzt wird.

ε) **Theoretische Gesichtspunkte für die Wirkungsweise der Röhre als Detektor.**

Unterschiede beim Empfang gedämpfter und ungedämpfter Schwingungen. Oszillographenbilder. Es sind zwei Fälle zu unterscheiden, wobei die Erscheinungen etwas differieren. Zunächst der Empfang gedämpfter Schwingungen: Diese möge Bild 1 von Abb. 226 wiedergeben. Betrachtet man nun die rechte Belegung des Kondensators 1 (Abb. 224), so erfährt diese durch die aufgenommenen Schwingungen abwechselnd positive und negative Ladungen.

Nimmt man nun zunächst an, daß das Gitter positiv geladen ist, so findet eine Elektronenemission nach dem Gitter hin statt, und der Anodenstrom geht über. Die nach dem Gitter hin emittierten Elektronen vermögen nun aber nicht

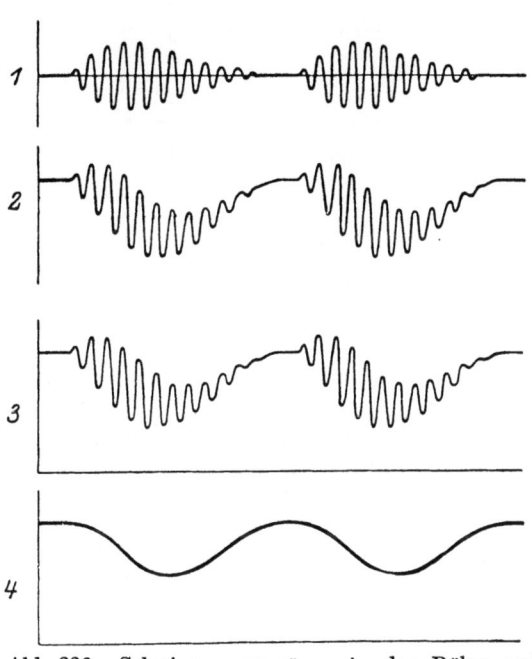

Abb. 226. Schwingungsvorgänge in der Röhre und im Telephon beim Empfang gedämpfter Schwingungen.

ohne weiteres nach der Kathode hin abzufließen, da einerseits der Gitterkondensator l dieses verhindert und da andererseits der Widerstand w, gleichgültig ob er parallel zum Gitterkondensator oder zwischen Gitterelektrode und Kathode geschaltet ist, nur einen langsamen Abfluß gestattet. Infolgedessen erfährt das Gitter eine negative Aufladung, was durch Bild 2 von Abb. 226 zum Ausdruck gelangt, und der Anodenstrom erfährt eine Schwächung, entsprechend Bild 3 von Abb. 226. Dieses tritt während der negativen Wechsel der ankommenden Schwingungen in noch verstärkterem Maße in die Erscheinung, und es findet ein weiteres Abnehmen des Anodenstromes statt. Hieran kann auch durch die folgenden positiven Wechsel nichts prinzipiell Wesentliches geändert werden. Gitterspannung und Anodenstrom sinken entsprechend, und das Gitter wird immer negativer aufgeladen, bis schließlich ein stationärer Zustand erreicht ist, wobei jedoch zu beobachten ist, daß die Gitterspannungskurven (Bild 2) und die Anodenstromkurven (Bild 3) nicht unter die Gitterspannung und den Anodenstrom im Ruhezustand herabgehen können.

Daß diese Schwingungsbilder gut mit tatsächlich aufgenommenen Oszillographenbildern übereinstimmen, zeigt die Aufnahme von Abb. 227 (E. H. Armstrong). Die Bilder entsprechen den Nummern von Abb. 226.

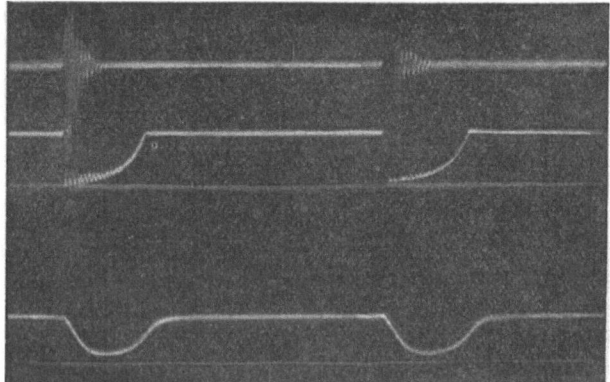

Abb. 227. Oszillographenbilder beim Röhrenempfang.

Im wesentlichen dieselben Erscheinungen werden beim Empfang von ungedämpften Schwingungen erzielt, wie die 4 Bilder von Abb. 228 zeigen. So nimmt auch hier wieder zugleich mit der Energiezunahme am Kondensator l die negativ gerichtete Spannung der Gitterelektrode gegen die Kathode hin zu (Bild 2 von Abb. 228) und zwar hier so lange, bis der Verlust des Kondensators l pro Periode gerade durch die aufgenommene Energie ersetzt wird. Hierdurch wird in dem das Telephon enthaltenden Stromkreise $a\,k\,f\,c$ bei parallel geschalteten Kondensatoren ein Strom (Anodenstrom) von der Form von Bild 3 erzeugt, während der Telephonstrom selbst den Charakter von Bild 4 besitzt. Man erhält hier also im Telephon nicht einen Ton entsprechend der (hier nicht vorhandenen) Wellenzugsgruppenfrequenz wie bei den gedämpften Schwingungen tönender Funkensender (Abb. 226), sondern es wird im Telephon nur ein Geräusch erzielt, das der Länge der einzelnen Morsezeichen entspricht (Abb. 228).

Allgemeine Gesichtspunkte. Abweichung der Röhre für Detektor-

zwecke von der Senderröhre (Audion). Im wesentlichen deckt sich die Theorie der als Detektor benutzten Röhre mit den obigen Betrachtungen. In einem wesentlichen Punkt ist jedoch eine Verschiedenheit vorhanden. Beim Kenotron und Pleiotron war grundsätzlich angenommen worden, daß das Vakuum in der Röhre ein sehr hohes sein sollte, so daß kaum mit Ionisation, vielmehr im wesentlichen nur mit Elektronenemission zu rechnen war.

Diese Forderung wird hier z. T. fallen gelassen, und es wird sogar im allgemeinen zur Unterstützung der Detektorwirkung angenom-

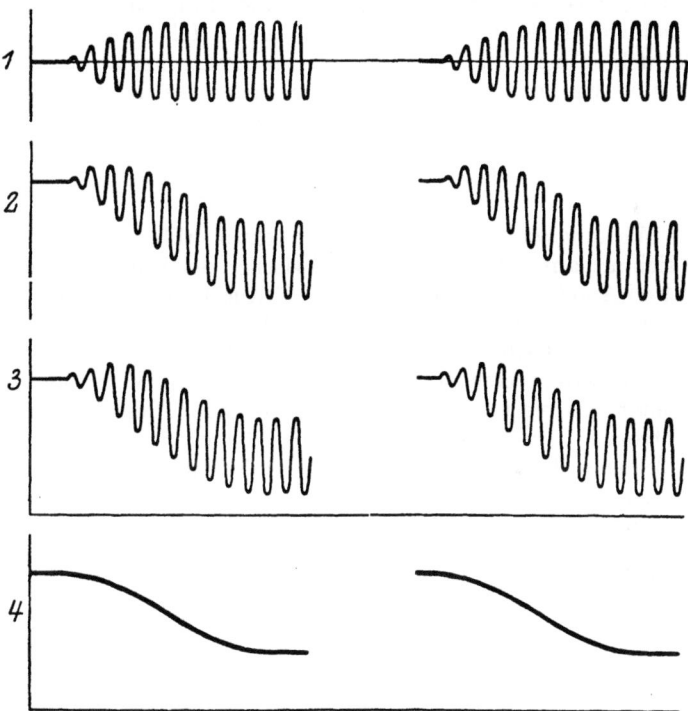

Abb. 228. Schwingungsvorgänge in der Röhre und im Telephon beim Empfang ungedämpfter Schwingungen (Audionempfang).

men, daß eine gewisse, allerdings äußerst geringe Gas- oder Luftmenge in der Röhre vorhanden sein kann.

Die typische Röhre für Empfangszwecke ist das Audion. Der schon frühzeitig von de Forest gefundene Unterschied des Audiondetektors gegenüber allen anderen Wellenindikatoren besteht darin, daß der Schwellwert der Empfangsenergie beim Audion ganz außerordentlich niedrig liegen kann, und daß dennoch durch entsprechende Verstärkung ein Empfang möglich ist. Sämtliche übrigen Detektoren bedürfen, um überhaupt einen Empfang zu ermöglichen, einen höheren Schwellwert der Empfangsenergie, der je nach der Detektorart nicht zu niedrig bemessen werden darf, um überhaupt noch ein sicheres Ansprechen zu gewährleisten.

Ein weiterer Vorteil des Audiondetektors gegenüber den meisten anderen Wellenanzeigern, vielleicht nur mit Ausnahme des Magnetdetektors und eventuell des Tikkers, besteht in der Unempfindlichkeit gegenüber sehr starken Reizungen, wie z. B. atmosphärischen Entladungen. Die selbst durch starke Entladungen im Audion herbeigeführte Reizwirkung geht spontan von selbst zurück, ohne wesentlich länger als die Reizwirkung selbst anzuhalten und die Röhre für den Empfang unbrauchbar zu machen.

Wirkungsweise der Detektorröhre. Anodenstromcharakteristik. Gitterstromcharakteristik. Unter Benutzung einer Empfangsschaltung, beispielsweise entsprechend Abb. 224, ergibt sich folgendes:

Betrachtet man die Abhängigkeit des Elektronenstromes zwischen Anode und Kathode einerseits und der Spannung der Gitterelektrode gegen Kathode (Gitterpotential) andererseits, so erhält man die sog. Anodenstromcharakteristik, die entsprechend Abb. 222, S. 238, in Abb. 229 nochmals für zwei verschiedene Anodenspannungen dargestellt ist.

Die Wirkungsweise der Röhre als Detektor erklärt man (R. Bown, 1917) sich alsdann folgendermaßen: Zwischen der heißen Kathode und der kalten Anode werden die vom Empfänger aufgenommenen Schwingungen zwischen Gitterelektrode und Kathode gleichgerichtet und erzeugen auf dem Gitter und der mit diesem verbundenen Belegung des Gitterkondensators eine negative Aufladung. Die Verminderung des Gitterpotentials verursacht eine entsprechende Abnahme des Elektronenstromes (Anodenstromes), wie dies die Kurve darstellt. Durch das Abklingen der Schwingungen ist es möglich, daß sich die Gitterladung durch das Gas hindurch verteilt, und daß die Anodenstromstärke wieder ihren normalen Wert annimmt.

Dieser Vorgang findet bei jedem Wellenzug bei Vorhandensein gedämpfter Schwingungen statt.

Zu bemerken ist im übrigen, daß das Vorhandensein eines Gitterkondensators l (Abb. 224), eventuell mit parallel geschaltetem Ohmschen Widerstand w vor der Gitterelektrode, nicht unbedingt erforderlich ist, daß vielmehr das Phänomen auch ohne den Kondensator in der geschilderten Weise entsprechend zu denken ist, obwohl dann eine direkte metallische Verbindung zwischen Gitterelektrode und Glühkathode vorhanden ist.

Die Erklärung der Wirkungsweise muß alsdann notwendigerweise etwas anders sein. Man nimmt dann an, daß das Gitterpotential infolge der aufgenommenen Schwingungen um einen zwischen den Punkten a und b (Abb. 229) liegenden Mittelwert schwankt, wodurch eine Gleichstromkomponente hervorgerufen wird, die ihrerseits jeweilig einen Impuls in dem im Anodenkreise liegenden Telephon hervorruft. Betrachtet man wieder die Anodenstromcharakteristik (Abb. 229), und zeichnet man außerdem die Abhängigkeit der Gitterstromstärke vom Gitterpotential, entsprechend Abb. 230 (Gitterstromcharakteristik), auf, so kann man feststellen: in den Kurven bedeuten Werte oberhalb der Stromstärke 0, daß negative Elektronen zum Gitter oder zur Anode hinemittieren, während die Werte unterhalb der Stromstärke 0 bedeuten, daß positive Ionen zum Gitter, bzw. zur Anode hinwandern. Für die Wirkung der Röhre als Detektor sind demgemäß Aufnahmen, entsprechend Abb. 230, also Kurven, die die Abhängigkeit der Gitterstromstärke zum Gitterpotential fixieren, das Wesentliche. Aus diesen Kurven würde hervorgehen, daß in der Röhre positive Ionen vorhanden sind, und daß einige von ihnen zum Gitter hinemittieren, da die Gitterstromstärke die Stromstärken-Nullinie unterschneidet. Die Röhre als Detektor arbeitet auf der unteren Krümmung der Kurve für die Anodenstromstärke (Abb. 229) niemals günstig. Als beste Punkte bei der betr. Röhrenausführung und Schaltung wurden diejenigen herausgefunden, die in der Abb. 229 durch kleine Kreise ge-

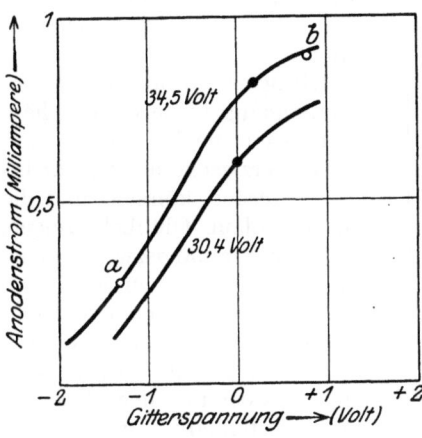

Abb. 229. Anodenstromcharakteristik.

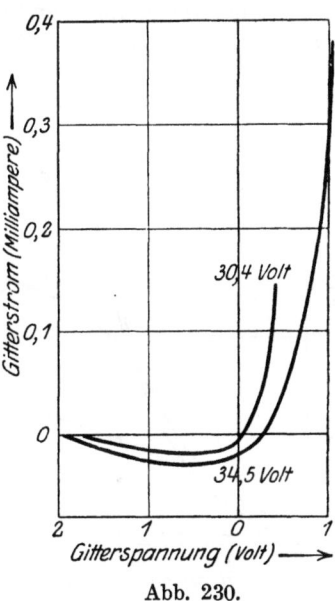

Abb. 230. Gitterstromcharakteristik.

kennzeichnet sind, d. h. also Punkte, die der stärksten Krümmung der Gitterstromstärke entsprechen.

Es ist ferner festzustellen, daß die Gestalt der Gitterstromcharakteristik abhängig von der Anodenspannung und der Kathodenstromstärke ist. Eine Zunahme der Anodenspannung bei konstanter Kathodenstromstärke hat die allgemeine Wirkung, die Kurven der Gitterstromstärke nach rechts zu verschieben; eine Zunahme der Kathodenstromstärke bei konstanter Anodenspannung aber wirkt entgegengesetzt, d. h. die Kurve wird nach oben und nach links verschoben. Um also die Krümmung der Kurve der Charakteristik für die Anodenstromstärke an der richtigen Stelle zu erhalten, müssen diese beiden veränderlich einregulierbar sein.

Wirkung des die Röhre erfüllenden Gases. Es war bereits zum Ausdruck gebracht worden, daß im Gegensatz zu den Senderöhren, die keine Beimengung von Gas oder Luft enthalten dürfen und sogar, wenigstens bei den zurzeit in der Praxis gebrauchten Ausführungsformen, zweckmäßigerweise ein möglichst hohes Vakuum besitzen, die für Detektorzwecke gebrauchte Röhre im Gegenteil eine gewisse Gas- oder Dampfmenge aufweisen kann, da bei Anwendung eines gewissen Dampf- oder Gasdruckes in der Röhre die Stromänderung im Anodenkreis besser der Spannungsänderung im Gitterkreis folgt als bei hochevakuierter Röhre mit reiner Elektronenemission. Die Detektorwirkung kann also bei einer Röhre, die eine Beimengung von Gasen oder Dämpfen enthält, ausgeprägter sein, als wenn die Röhre ein hohes Vakuum besitzt. Man gibt daher vielfach vor dem Zuschmelzen in die Röhre eine geringe Menge einer verdampfbaren Substanz, wie z. B. Phosphorsäureanhydrid, Amalgam oder dergleichen. Bei Vorhandensein von letzterem kann sich alsdann Quecksilberdampf in der Röhre ausbilden. Indessen scheint eine gewisse Dosierung des Dampf- oder Gasdruckes notwendig zu sein, um das Optimum der Wirkung zu erhalten.

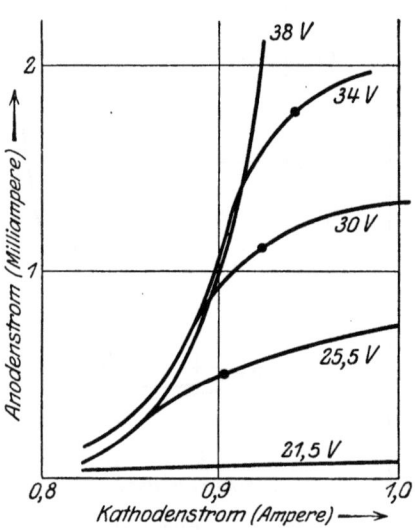

Abb. 231. Anodenstrom-Kathodenstrom-Charakteristik.

Übrigens sei in diesem Zusammenhang bemerkt, daß häufig Röhren, die für Sender- bzw. Verstärkerzwecke nicht mehr benutzt werden können, und die das sog. blaue Glühlicht zeigen, noch für Empfangszwecke angewandt werden können, wenn man die Kathode entsprechend weniger heizt und eine kleinere Anodenspannung wählt. Vielfach ist eine Erwärmung der Glaswandung vorteilhaft, um die verringerte Erzeugung positiver Ionen wieder zu heben. Stellt man die Abhängigkeit der Anodenstromstärke von der Kathodenstromstärke fest, so erhält man für verschiedene Fadenspannungen Kurven, deren Charakter etwa Abb. 231 entspricht. Wegen des niedrigen Gitterpotentials ist das Feld zwischen Gitter und Anode nur klein. Wenn man annimmt, daß in der Röhre überhaupt kein Gas vorhanden sei, so ist die Schirmwirkung des Gitters für Ionen und Elektronen nahezu vollständig. Durch die Einführung des Gases in die Röhre wird die Gitterwirkung indessen mehr oder weniger aufgehoben. Es bilden sich alsdann positive Ionen, die sich mit Elektronen zusammen in den Gitterzwischenräumen aufsammeln. Infolgedessen kann die Anode mehr Elektronen anziehen, als wenn negative Elektronen allein vorhanden wären. Die Kurven von Abb. 231 zeigen, daß das Gitter positive Ionen aufhebt.

Ein Gitter mit negativem Potential vermag nur wenig positive Ionen anzuziehen, dagegen belädt sich das positiv geladene Gitter mit vielen Elektronen, weil eben gleichsam eine Überproduktion an

Elektronen erzielt wird. Dieses geht direkt aus dem steilen Ansteigen der Kurve hervor.

Abhängigkeit der Gitterstromstärke. Infolge der im allgemeinen gewählten Schaltung ist das Gitter negativ gegen die Kathode; das elektrische Feld ist daher nicht geneigt, Elektronen seitens des Gitters aufzunehmen und nimmt auch tatsächlich nur relativ wenig Elektronen auf. Hingegen werden die positiven Ionen zu ihm hingezogen, und es ist wesentlich, daß hierdurch in der Hauptsache der entstehende Gitterstrom bedingt ist.

Sobald man das Gitterpotential nicht negativ, sondern positiv wählt, ist die Folge die, daß das Gitter sofort negative Elektronen anzieht.

Die Bildung positiver Ionen hängt von der Anodenspannung ab. Ist diese niedrig, so werden wenig positive Ionen erzeugt, und der entstehende Gitterstrom kann nur aus einem Überschuß an Elektronen gedeckt werden. Sobald man jedoch die Anodenspannung steigert, werden mehr positive Ionen erzeugt, und der Gitterstrom wächst, während infolge der großen elektrischen Feldstärke die Elektronen in der Nähe des Gitters ein stärkeres Bestreben zeigen, zwischen den Gitteröffnungen hindurchzugehen und zur Anode zu gelangen. Die Kurve der Gitterstromstärke wird infolgedessen im Diagramm nach unten und nach rechts zu verschoben.

Die entgegengesetzte Wirkung wird hervorgerufen, wenn die Kathodenstromstärke gesteigert wird und zwar deswegen, weil hierdurch der verfügbare Vorrat an Elektronen wächst.

Infolgedessen geht auch aus diesen Betrachtungen hervor, daß der günstigste Kurvenbereich für die betr. Röhre derjenige gerade oberhalb des Knies ist, der in den Abb. 229 und 231 durch kleine Kreise angedeutet ist. In diesen Punkten ist die Anode außerstande, noch weitere Elektronen hinter dem Gitter hervorzuziehen, und es hat keinen Zweck mehr, die Elektronenproduktion zu steigern.

Die günstigste Einstellung der erforderlichen Anodenspannung und Kathodenstromstärke wird empirisch ermittelt. Da dieselbe wesentlich von der Natur und dem Druck des Gases, sowie von den Abmessungen der Elektroden abhängt, sobald der Gasdruck in der Röhre abnimmt, ist eine höhere Anodenspannung erforderlich, um die Röhre wieder günstig arbeiten zu lassen. Ist die Röhre durch „Reinigung" des Gases, wodurch der Druck erniedrigt wird, oder durch Metallzerstäubung der Elektroden zu hart geworden, so wird eine zu geringe Anzahl positiver Ionen erzeugt. Durch Erwärmen der Glaswandung kann im allgemeinen das Optimum wieder hergestellt werden.

Steigerung der Anodenspannung. Progressive Ionisation. Sofern man die Anodenspannung erheblich über ihren normalen Wert hinaus steigert, erscheint in der Röhre eine leuchtende Entladung, die als hellblaue Glüherscheinung zwischen Gitter und Anode auftritt und sich manchmal auch noch um das Gitter gegen die Kathode hinaus ausdehnt. Die Entstehungsursache ist eine übergroße Ionisation des Gases durch Elektronenbombardement. Häufig ist das Auftreten dieses blauen Glühlichtes mit einem Zischen im Telephon verbunden.

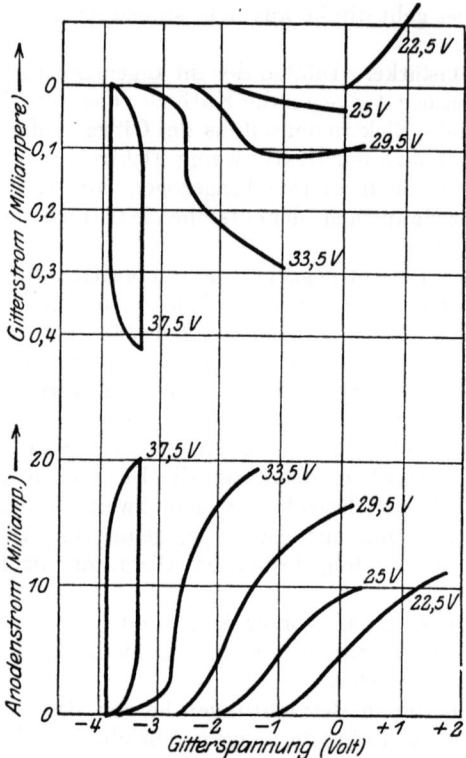

Abb. 232. Abhängigkeit des Gitterstroms bzw. des Anodenstroms von der Gitterspannung bei verschiedenen Heizspannungen.

Die Charakteristiken der Detektorröhre erleiden alsdann um so wesentlichere Abänderungen, je höher die aufgedrückte Spannung ist. Der Charakter einiger typischer Feststellungen für die Abhängigkeit der Gitterstromstärke, bzw. der Anodenstromstärke von der Gitterspannung ist in den Abb. 232 und 233 wiedergegeben. Die Kurven für 22,5 Volt waren die normalen, bei denen mit oder ohne Gitterkondensator eine gute Detektorwirkung erzielt werden konnte. Bei der Kurve für 25 Volt konnte die Röhre ohne den Gitterkondensator noch gut arbeiten. Bei Steigerung der Spannung zwischen 25 Volt und 33,5 Volt arbeitete die Röhre als Detektor schlecht, hingegen wirkte sie gut als Verstärker. Eine weitere Spannungssteigerung zeigte, daß die Röhre unbrauchbar wurde. Die hierbei auftretende außerordentliche Zunahme der Ionisation verändert die Verhältnisse um das Gitter herum in der Weise, daß sie eine höhere Anodenstromstärke zuläßt, die ihrerseits wiederum eine stärkere Ionisation hervorruft, wodurch die Anodenstromstärke wieder wächst u. s. f., also ein instabiler Zustand eintritt, den man als „progressive Ionisation" bezeichnet hat.

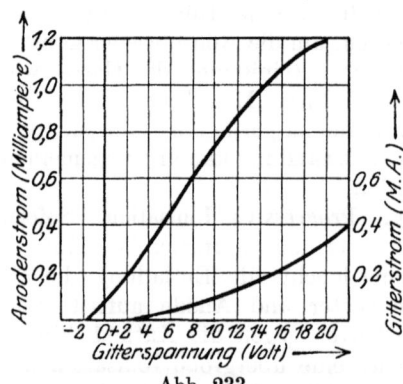

Abb. 233. Abhängigkeit des Anodenstroms bzw. des Gitterstroms von der Gitterspannung.

Die häufig bei Verwendung der Röhre als Detektor festgestellte außerordentlich große Empfindlichkeit beruht wahrscheinlich nicht auf der progressiven Ionisation (R. Bown), obgleich sowohl die Anodenstromkurve als auch die Gitterstromkurve in dem betreffenden Bereich sehr steil sind.

ζ) **Konstruktive Gesichtspunkte für Röhren.**
Anforderungen an mit Elektronenemission arbeitende Röhren, insbesondere für Senderzwecke. In neuerer Zeit haben die Röhrensender nicht nur für kleine und tragbare Stationen, sondern auch für Stationen, die mit größerer Energie arbeiten, selbst sogar für Großstationen eine früher ungeahnte Bedeutung und Ausbreitung erfahren. Obwohl die Einzelelemente dieser mit einem Thermionenstrom arbeitenden Röhren sehr einfache sind — sie bestehen aus einer Glühkathode, die den Thermionenstrom erzeugt, einer Anode und z. Z. in den meisten praktischen Fällen noch aus einer Hilfs-, Zwischen- oder Gitterelektrode, die sämtlich in ein evakuiertes Glasgefäß eingeschlossen sind, das in einem oder zwei Sockeln die Anschlußenden für die Elektroden aufweist —, ist es aus verschiedenen physikalischen Gründen recht schwierig, genau einander gleiche und gleichmäßig hoch empfindliche und hochaktive Röhren für größere und große Energien herzustellen. Die Entwicklung der Hochvakuumröhre aus der de Forestschen bzw. der Flemingschen Ventilröhre hat sich im Zusammenhang mit der Verbesserung der Auspumpmethoden logisch vollzogen. Als die ersten Gleichrichterröhren 1905 von Fleming und die ersten Audionröhren kurz darauf von de Forest ausgebildet und angewendet wurden, war allerdings bereits die Erzeugung eines sehr hohen Vakuums nicht nur bekannt, sondern in der Technik z. B. beim Bau von Röntgenröhren gang und gäbe. Man konnte damals bereits das sog. „Coolidge Vakuum" herstellen, aber es wäre gerade für die damalige Zeit als besondere Erfindung anzusehen gewesen, wenn man Röhren mit derartig hohem Vakuum mindestens für Empfängerzwecke hergestellt und benutzt hätte. Die ersten, die das Hochvakuum für derartige Röhren gefordert haben, sind Hollweck und Q. Majorana. In die Praxis scheint jedoch erst I. Langmuir das hohe Vakuum 1912/13 eingeführt zu haben, und er scheint auch der erste gewesen zu sein, dem es praktisch gelungen ist, okkludierte Gase völlig auszutreiben und praktisch unwirksam zu machen. Einige der wesentlichsten Gesichtspunkte für die Anordnung und Fabrikation sind folgende:

Elektrodenausbildung in der Röhre. Beim Kenotron sind nur zwei Elektroden, und zwar die Glühkathode und die platten- oder blechförmige Anode vorhanden.

Beim Pleiotron ist zu den beiden Elektroden noch eine Zwischen- (Gitter-, Rost- oder Steuerungs-) Elektrode hinzugekommen. Bei den meisten Ausführungsformen ist diese Zwischen- oder Gitterelektrode spiral-, sieb- oder gitterförmig ausgeführt. Die Lochweite, bzw. Wicklungsweite (Spiralform) richtet sich danach, ob mit der Röhre gesendet, verstärkt oder empfangen (Audion) werden soll.

Es sind auch mehrere Gitter- oder Zwischenelektroden angewendet worden, wodurch der Vorteil erzielt wurde, mit einem geringeren Anodenstrom und auch kleinerem Heizstrom, bzw. geringerer Spannung auszukommen. Zweckmäßigerweise wird hierbei die Lochweite (Durchgreifen) relativ sehr groß gemacht, um den Elektronenaufprall zu verringern und die Elektronen möglichst verlustlos an die Anode weiterzuleiten.

Aber die Zwischen- oder Gitterelektrode muß keineswegs sieb- oder gitterförmige Form aufweisen, es ist vielmehr möglich, wie dies schon von de Forest (1909) für das Audion angegeben wurde, sie in Form eines massiven Blechzylinderstückes vorzusehen. Der Grundriß der Elektrodenanordnung wird alsdann entsprechend Abb. 234 oder 235 sein, in denen a die Anode, c die Kathode (Glühfaden) und d die Steuerungselektrode (für die die Bezeichnung Gitter- oder Zwischenelektrode keinen Sinn mehr haben würde) ist.

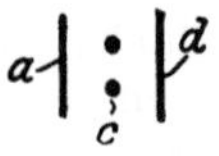

Abb. 234. Anordnungsmöglichkeit der drei Elektroden in der Röhre.

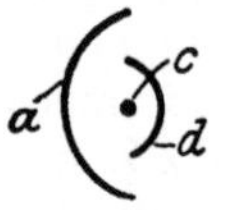

Abb. 235. Kathode zwischen Anode und Steuerungselektrode angeordnet.

Es ist wesentlich, die Elektronenemission vom Glühfaden (Kathode) aus möglichst gleichmäßig zu gestalten. Wenn man beispielsweise eine zu hohe Spannung wie 220 oder 440 Volt an den Faden legen würde, so würde infolge des eingehenden Fadenwiderstandes die Glühtemperatur an der Zuführungsstelle des Fadens eine andere sein als an der Stromableitungsstelle. Die Folge davon wäre eine ungleichmäßige Elektronenemission, die das Arbeiten der Röhre ungünstig beeinflussen könnte. Es ist hierauf nicht nur in der Wahl des Glühfadenmateriales und der Anordnung Rücksicht zu nehmen, sondern auch bei der Wahl der Heizspannung, die deshalb zweckmäßig möglichst niedrig gehalten wird.

Damit die Leistung einer Röhre groß ist, soll:

1. Der Sättigungsstrom bei möglichst kleinen Gitterspannungen erreicht werden, d. h. die Anodenstromcharakteristik muß möglichst steil verlaufen (also langer Heizfaden und geringe Stromdichte). Da hierdurch eine Reduktion der Gitterspannung erreicht wird, bei der der Sättigungsstrom erzielt wird, sind Röhren mit ∧-förmigem Heizfaden schlechter als solche mit ∩-gebogenem.

2. Der Sättigungsstrom tunlichst hoch liegen. Dieses wird erreicht durch eine hohe Heiztemperatur des Fadens, weshalb man zweckmäßig z. B. Wolfram wählt, das ca. 3000^0 C aushält.

Die Abhängigkeit des Emissionsstromes vom Heizstrom ist sehr erheblich, so beträgt z. B. bei einer 3%igen Erhöhung des Heizstromes die Vergrößerung des Emissionsstromes 40%. Die Innehaltung eines bestimmten Heizstromes während der Benutzung ist daher notwendig. Dieses ist im Betriebe z. B. eines Senders bei Benutzung verschiedener Röhren sehr erschwert, da:

1. Die verschiedenen Röhren verschiedene Glühdrahtstärke haben.

2. Die Ablesung am Amperemeter keine genügend genaue, bzw. empfindliche ist.

Die Brenndauer der Röhren hängt sehr wesentlich von den Dimensionen des Glühdrahtes (Kathode) ab. Durch Vergrößerung der Glühdrahtabmessungen (stärkerer Draht) ist es im allgemeinen möglich, die Brenndauer zu verlängern, jedoch auf Kosten der Heizenergie, die hierdurch größer bemessen werden muß.

Neuerdings scheint namentlich in Amerika eine Form der Glühkathode wieder mehr und mehr in Aufnahme zu kommen, bei der zwischen den spiralig gewundenen Heizdraht Kalziumoxyd gestrichen ist, bzw. der Heizdraht oder das Heizband um ein Stäbchen aus Kalziumoxyd herumgewickelt ist. Man hat hiernach also die ursprüngliche Elektrodenform, wie sie von Wehnelt etwa 1904 angegeben wurde, wieder in die Praxis eingeführt, wobei es gelungen zu sein scheint, den bereits damals beobachteten Übelstand, der darin besteht, daß im Verlaufe der Zeit die Kalziumoxydkathode ständig okkludierte Luft abgibt und das Vakuum somit verschlechtert, zu beheben. Übrigens dürfte das Vakuum in diesen modernsten Röhren extrem hoch sein.

Nach dem Vorgang von J. A. Fleming ist in den weitaus meisten Fällen die Anode zylindrisch gestaltet worden, so daß sie Gitter- und Glühkathode nahezu vollständig umschließt.

Die Anode braucht aber keineswegs blechförmig ausgeführt zu sein, sondern kann ebenfalls gitterförmige oder spiralförmige Gestalt besitzen. Man wird diese Form namentlich bei kleinsten Röhren und solchen, die für kleine Wellen dienen sollen, vorziehen, da man alsdann in einfacher Weise die Anoden hälften kann.

Mit Rücksicht auf das Elektronenbombardement, bzw. die Evakuierung ist Kupfer als Elektrodenmaterial, insbesondere in Form von Elektrolytkupfer im blank gewalzten Zustande, gut brauchbar. Bei der Bearbeitung muß jedoch eine Oxydation des Materials tunlichst vermieden werden.

Stellt man die Anode aus Eisen her, so muß dieses kohlenstofffrei sein, und es ist darauf zu achten, daß Rostbildung vermieden wird. Im allgemeinen ist es erforderlich, die Röhre gleich nach erfolgtem Zusammenbau mit trockner Luft zu trocknen und provisorisch zu evakuieren.

Auch Nickel kann als Elektrodenmaterial inbetracht kommen. Es muß hierbei jedoch angestrebt werden, vorhandene Unreinigkeiten, namentlich Arsen, zu beseitigen, da sich sonst nach Heizen der Röhre leicht ein Arsenspiegel an der Glaswand niederschlagen kann.

In besonderem Maße eignen sich Tantal, Wolfram (insbesondere Kristalldraht von Pintsch) und Molybdän wegen ihres hohen Schmelzpunktes und ihrer geringen Luftokklusion für die Herstellung der Elektroden.

Nicht unwesentlich ist die Art, in der die Elektrodenmaterialien mit den Zuführungsmaterialteilen in der Röhre verbunden werden. Wendet man eine Lötung an, so ist darauf zu achten, daß nur Hartlot, z. B. Silber und Messing ohne jede Verunreinigung durch leichter schmelzbare Metalle, Anwendung findet. Zweckmäßiger wird die Verbindung durch Schweißen erzielt, eventuell genügt z. B. bei Wolframelektroden eine möglichst innige Klemmverbindung.

Als Zuführungsmaterial kann neben Platin recht gut verkupferter Stahldraht benutzt werden.

Für die Wahl des Abstandes zwischen Anode und Kathode, bzw. Gitterelektrode ist der jeweilige Verwendungszweck der Röhre maßgebend. Dient die Röhre für Empfangszwecke, ist also die Anodenspannung nur verhältnismäßig gering, so kann man sich mit einem relativ kleinen Abstand begnügen. Bei Verstärkerröhren, wo die Anodenspannung häufig mehrere 100 Volt beträgt, wird man jedoch zweckmäßigerweise auf einen erheblich größeren, also etwa 2- bis 4fachen Abstand des bei Empfangsröhren üblichen übergehen; unter anderem spricht hier die von der Röhre umzuformende Energie wesentlich mit. Bei ganz großen Röhren, die für sehr große Energiebeträge bestimmt sind, ist es naturgemäß notwendig, den Abstand relativ sehr groß zu wählen, so daß die Anodenoberfläche groß wird, um das Elektronenbombardement auf eine größere Fläche zu verteilen.

Ursprünglich war es, abgesehen von gewissen Ausführungsformen, nach de Forest üblich, die Anode als dünnen Blechzylinder, beispielsweise aus Tantalblech, herzustellen. Man ist z. T. später aus Sparrücksichten dazu übergegangen (Schott & Gen.), den Anodenzylinder aus starkwandigem Kupferblech zu formen. Es zeigte sich die eigentümliche Erscheinung, daß die Anode bei sonst etwa gleichen Verhältnissen um so wärmer wird, je starkwandiger der Anodenzylinder ausgeführt ist, und je mehr Metallmasse er besitzt.

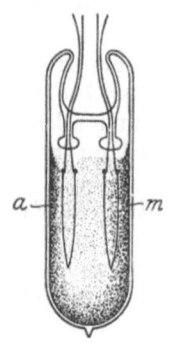

Abb. 236. Anode in Form eines Metallniederschlages auf der Glaswand.

Bei den Ausführungsformen der Studiengesellschaft wird wenigstens bei kleinen Röhren die Anode sattelähnlich aus dünnem Messing- oder Kupferblech gestaltet (siehe Abb. 244). Die Erwärmung erhält sich hierbei in befriedigenden Grenzen. Bei Senderöhren ist man bei dieser Gesellschaft von dem Blechmaterial vollkommen abgegangen, und es ist an dessen Stelle ein Geflecht aus Molybdändraht benutzt worden, wobei der Abstand zwischen der Anode und Gitterelektrode relativ sehr groß gewählt wurde, indem die Anodenfläche nahezu die Glaswand berührt. Die hierbei auftretende Erwärmung der Anode ist ein Minimum. Selbstverständlich ist schon mit Rücksicht auf die bei einer sattelförmigen Anode vorhandene größere Streuemission die zylindrische Form günstiger.

Neuerdings ist von J. Langmuir vorgeschlagen worden, überhaupt auf eine körperliche Anode zu verzichten und an deren Stelle auf der inneren Glaswandung einen metallischen Niederschlag zu benutzen. Die Ausführungsform für eine Röhre mit zwei Elektroden, jedoch ohne Gitterelektrode, von denen die eine lediglich zur Herstellung des metallischen Niederschlages a an der inneren Glaswandung verwendet wird, gibt Abb. 236 wieder. Das von einer Verdampfungselektrode m, die beispielsweise aus Wolfram bestehen soll, verdampfende Metall legt sich als hartes, stark anhaftendes Häutchen a an die Innenwandung des Glasgefäßes an und soll trotz seiner außerordentlich geringen Stärke, die es durchsichtig erscheinen läßt, geeignet sein, einen verhältnismäßig starken elektrischen Strom im Betriebe durchzulassen (angeblich bis zu 100 MA.). Die Vorteile, die diese Art der Anodenausführung besitzt, sind zweifellos folgende:

1. Die Anodenschicht okkludiert kein Gas, ist daher auch nicht befähigt, das Vakuum der Röhre zu beeinträchtigen.

2. Statische Ladungen auf der Glaswandung können sich nicht ausbilden, da das Häutchen direkt an der Wandung anliegt.
3. Alle z. T. schwierigen baulichen Maßnahmen, um die Anode stoßsicher aufzubauen, kommen in Fortfall.
4. Die Erwärmung einer derartigen Anode wird sich leicht in geringen Grenzen halten lassen.

Der wohl einzige Nachteil, der diesen Vorteilen gegenübersteht, besteht darin, daß sich leicht bei der Herstellung des Häutchens durch Verdampfen des Glühdrahtes die metallische Schicht an der gesamten Innenfläche niederschlägt, und daß infolgedessen zwischen Anode und den anderen Elektroden eine direkte metallische Verbindung hergestellt werden kann. Dies kann dadurch vermieden werden, daß man gemäß Abb. 236 die Ansätze so formt, daß sie zum Teil nach außen gebaucht und mit Knöpfchen versehen sind.

Die Materialien, die für die einzelnen Elektroden verwendet wurden, sind mannigfaltig. Insbesondere kommt es darauf an, möglichst schwer verdampfbare, keine Luft okkludierende Materialien, also in der Hauptsache Metalle mit hohem Schmelzpunkt zu verwenden. In Frage kommen vor allen Dingen, wie schon bemerkt, Platin, Tantal, Wolfram, Molybdän und ähnliche.

Evakuierung der Röhre. Das Vakuum muß möglichst hoch sein (das höchste zurzeit herstellbare Vakuum, das sog. Coolidge-Vakuum ist höchstens 10^{-5} mm Hg) und darf auch während eines längeren Betriebes nicht merklich schlechter werden, da sonst nicht nur die Lebensdauer der Röhre noch weiterhin wesentlich beschränkt wird, sondern vor allen Dingen auch die Elektronenemission der Kathode außerordentlich viel schlechter wird. Infolgedessen ist es nötig, nach Möglichkeit alle in die Röhre einzuschmelzenden Metallteile, Elektroden und Zuführungen während des Evakuierens auf Weißglut zu erhitzen, so daß sie alle ihnen anhaftende und von ihnen okkludierte Luft abgeben, und in diesem Zustand die Röhre hochgradig luftleer zu pumpen. Insbesondere ist dies wesentlich bei der eine große Fläche darstellenden Anode.

Außerdem wird, sobald die Evakuierung genügend weit gediehen ist, zwischen die Elektroden eine während der Formierung ständig wachsende Spannung angelegt, um das Elektronenbombardement herbeizuführen, wobei die Entstehung blauen Glühlichtes peinlichst vermieden wird, da sonst eine Zerstörung der Glühkathode bewirkt werden würde.

Außer der Luftabgabe, insbesondere der Anode während des Betriebszustandes macht sich ferner noch häufig in unangenehmster Weise der Umstand geltend, daß durch das Elektronenbombardement der Kathode eine wenn auch nur geringfügige Zerstäubung der Anode bewirkt wird. Dies scheint in besonders ausgesprochenem Maße bei gewissen aus Kupfer hergestellten Anoden der Fall zu sein. In diesen Fällen zeigt die Innenglaswand der Röhre einen hauchartigen, grünlichblauen Schimmer, der offenbar von feinverteiltem Kupfer herrührt. Hierdurch wird übrigens das Vakuum höher.

Verhältnis der Metalloberfläche zur Lochweite bei der Gitterelektrode (konstruktive Form des „Durchgreifens"). Für alle Röhren mit Gitterelektrode, gleichgültig ob dieselben für Sendezwecke (Verstärker) oder für Empfangszwecke (Audion) angewendet werden, spielt das Verhältnis $\frac{\text{Metalloberfläche}}{\text{Lochweite des Gitters}}$, das die konstruktive Form des elektrischen Ausdrucks $\frac{\text{Anodenspannung } V_F}{\text{Gitterspannung } V_G} = D$ darstellt, welch letzteres in der Hauptsache für die Gitterelektrode, aber auch für die Anode verwendet wird, eine prinzipielle Rolle (siehe auch S. 240, 241 [„Steilheit und Durchgriff"]).

Dieses Verhältnis $\frac{\text{Metalloberfläche}}{\text{Lochweite des Gitters}}$ ist für Senderöhren (Verstärker) ca. $1/_4$ bis $1/_6$. Bei Empfangsröhren (Audion) 1 bis $1/_2$. Die konstruktive Gestaltung hat sich dem anzupassen.

Um ein Übersichtsbild über die in der Praxis tatsächlich vorkommenden Werte zu haben, möge die nachstehende Tabelle von Röhren der Süddeutschen Telephonapparate-, Kabel- und Drahtwerke dienen:

Röhren Type	Durchgriff = D	Steilheit = S	Innerer Widerstand
VT 16	28,5 %	$2,8 \cdot 10^{-4}$	16800 Ohm
VT 47	13,5 %	$2,65 \cdot 10^{-4}$	28000 Ohm
VT 17	13,5 %	$2,65 \cdot 10^{-4}$	28000 Ohm
VT 46	27 %	$2,37 \cdot 10^{-4}$	15600 Ohm

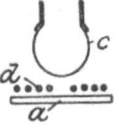 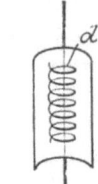 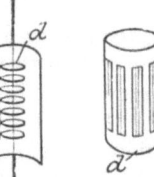

Die große Maschenweite wird demgemäß für Sendezwecke entweder in Form einer ebengewickelten, weitgängigen Spirale gemäß Abb. 237 oder in Gestalt einer Zylinderspirale gemäß Abb. 238 oder in Käfigform gemäß Abb. 239 erzielt.

Für Empfangszwecke wird das Verhältnis $\frac{\text{Metalloberfläche}}{\text{Lochweite des Gitters}}$ etwa 1. Es ist also ein engmaschiges Gitter anzuwenden und zwar zweckmäßig ein Blechzylinder, in dem viereckige Ausstanzungen vorgenommen werden, wie dies beispielsweise Abb. 239 zum Ausdruck bringt.

Abb. 237. Abb. 238. Abb. 239. Ausführungsformen der Kathode (Glühfaden), des Gitters und der Anode.

Man kann das Durchgreifen auch erklären als die Kraft, mit der die Anode durch das Gitter hindurch die von der Kathode ausgehenden Elektronen beeinflußt. Das Durchgreifen ist c. p. um so größer, je größer die Maschenweite ist.

Sockelausbildung der Röhre. Der Sockel einer Röhre sollte möglichst nur aus einem Isoliermaterial unter Vermeidung jedes metallischen Umhüllungsbleches hergestellt sein, da letzteres nicht nur bei direkter Berührung zu Betriebsstörungen der Röhre Veranlassung geben kann, sondern schon beim Nähern der Hand Lähmungserscheinungen der Röhre herbeizuführen in der Lage ist. Abgesehen von den Hochspannungszuführungen zu den Anodenelektroden, die besonders gut isoliert werden müssen, braucht im übrigen das Isolationsmaterial, aus dem der Sockel angefertigt wird, kein allzu hochwertiges zu sein.

Bei denjenigen Röhrenkonstruktionen, bei denen in einem Glasfuß die Zuführungen zur Kathode und Anode eingeschmolzen sind, ist darauf zu achten, daß bei genügendem Abstand der Zuführungsleiter voneinander die Glasmasse nicht zu gering ist, da insbesondere dann, wenn die betreffende Röhre zur Schwingungserzeugung größerer Energien benutzt werden soll, leicht der Fall eintritt, daß der Glasfuß zerstört wird.

Volumen der Röhre. Wesentlich für das Zustandekommen des jeweilig gewünschten Effektes, insbesondere aber auch für die Lebensdauer der Röhre ist es, den Kubikinhalt der Röhre richtig zu bemessen. Eine Röhre, die für Empfangszwecke dienen soll, wird ohne weiteres kleiner dimensioniert werden können als eine Senderöhre. Im wesentlichen dürfte es hierbei auf die Energie des Anodenfeldes ankommen.

Abgesehen hiervon, wird man aber überhaupt die Röhren, auch wenn sie für Empfangszwecke dienen sollen, nicht allzu klein wählen dürfen, da sonst direkt die Gefahr besteht, daß infolge Luftabgabe der von den Elektroden okkludierten Luft das Vakuum in unzulässigem Maße, insbesondere nach kurzer Benutzungsdauer, derartig verschlechtert wird, daß die Röhre schließlich unbrauchbar wird. Man wird daher den Rauminhalt von Röhren, die für sehr kleine Energien, bzw. Empfangszwecke benutzt werden sollen, nicht unter ein Mindestmaß bringen, das etwa mit 12 bis 15 cm^3 angenommen werden kann.

Senderöhren wird man selbstverständlich schon mit Rücksicht auf den größeren Anodenabstand vom Gitter und von der Kathode c. p. um so größer wählen, je größer die von der Röhre in Hochfrequenz umzuformende Energie ist.

Die Röhrenkapazität muß namentlich bei Hochfrequenzverstärkern tunlichst klein gehalten werden, um auch bei kleinen Wellenlängen gut verstärken zu können.

Glasbeschaffenheit der Röhre. Von wesentlicher Bedeutung für die Röhre ist die Beschaffenheit des Glases. Ist dieses sehr leicht schmelzbar (Bleiglas), so ist hierdurch zwar die Bearbeitung wesentlich vereinfacht, die Röhre kann jedoch alsdann das Vakuum nicht gut halten. Es ist daher erforderlich, ein schwer schmelzbares Glas anzuwenden, wie dies z. B. von Schott in Jena in Form eines Spezialglases hergestellt wird.

Für Verstärkerröhren hat sich z. B. Thüringsches Röhrenglas bewährt, das ohne weiteres bis etwa 470° erwärmt werden kann.

Röhren für größere Sendeenergien und Ersatzmaterialien. Sobald man Edelmetalle, Wolfram- oder Tungstendraht für die Kathode, Platin oder Platiniridium für die Spirale, das Netzwerk oder Sieb der Gitterelektrode, und Platin- oder Tantalblech oder Molybdängitterwerk für die Anode verwendet, bestehen für die Evakuierung, Einschmelzung und Weißgluterhitzung keine besonderen Fabrikationsschwierigkeiten. Diese treten erst auf, wenn anstelle der vorerwähnten Materialien Kupfer, Eisendraht, Eisenblech usw. verwendet werden. Im übrigen gilt auch diesbezüglich, daß die aktiven Röhrenteile mindestens für Empfangs- und Verstärkerzwecke und für kleine Sendeenergien auch aus Ersatzmaterialien nicht schwer herzustellen sind, wenn nur die obigen Gesichtspunkte berücksichtigt werden.

Bei Röhren für größere Energien tritt jedoch eine wesentliche Erschwerung z. B. dadurch auf, daß der Heizdraht durch die Erwärmung länger wird und sich infolgedessen durchbiegt. Es ist daher notwendig, bei derartigen Röhren für größere Energien den Heizdraht zu spannen, was durch eine Spiralfeder oder auch durch eine Blattfeder bewirkt wird.

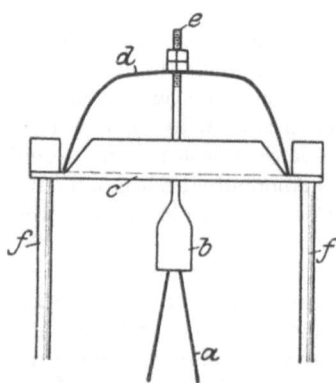

Abb. 240. Fadenspannvorrichtung für V-förmigen Heizdraht.

Hierbei ist das Federmaterial zu berücksichtigen. Macht man die Feder aus Stahl, so kann man sie bei der Herstellung der Röhre nicht weißglühend einbringen, da sie sonst zerstäuben, mindestens aber ihre Elastizität verlieren würde. Bringt man sie jedoch nicht weißglühend ein, so gibt sie nachher Luft ab und verschlechtert das Vakuum.

Die mechanische Spannung des Glühfadens, namentlich für Röhren, die mit größerer Energie geheizt werden und sofern die Fadenlängen wesentlich sind, muß durch Federkraft aufrechterhalten werden. Man kann die Federkonstruktion dadurch bewirken, daß man, wenn beispielsweise der Glühfaden eine V- oder W-förmige Gestalt hat, die Spitze des V-förmigen Drahtes durch eine Spiralfeder gegen einen in der Röhre feststehenden Punkt abfängt — eine Ausführung, die bei Benutzung von nicht durch die Hitze beeinflußbaren Federmaterialien recht zweckmäßig ist — oder indem man eine Konstruktion gemäß Abb. 240 wählt. Hierin ist a der obere Teil des V-förmigen Glühdrahtes, der mit seinem umgebogenen Teil in ein Gleitstück b eingepreßt ist. Dieses ist in einer Traverse c gleitbar geführt und wird einerseits durch die Fadenspannung, andererseits durch eine Feder d gehalten. Zur Einregulierung sind auf einem Gewindestück e kleine Muttern vorgesehen, die auf dem Gewinde des zylindrischen Teiles von b verstellbar sind. f sind Glasstützen.

Sobald der Glühfaden h heiß wird und sich längen will, wird er durch die Feder d nachgespannt.

Konstanthaltung des Heizstromes. Anschaltung des Anodenkreises. Die Konstanthaltung des Heizstromes ist bei Audion- und Verstärkerröhren durch die Eisen-Wasserstoffwiderstände gegeben; vorteilhaft wird, wie an anderen Stellen ausgeführt, noch ein besonderer fein einregulierbarer Vorschaltwiderstand benutzt.

Detektoren für den Empfang. 263

Bei Senderöhren hingegen wendet man an:
a) Die Spannungsheizung, d. h. man mißt mit einem Voltmeter die Spannung am Faden.
b) Die Emissionsstromheizung, die vorzuziehen ist, da sie genauere Werte ergibt und darin besteht, daß man Gitter und Anode verbindet, also auf dieselbe Anodenspannung bringt. Die Messung erfolgt mittels eines Milliamperemeters.

Bei der Schaltung der Röhre ist prinzipiell zu beachten, daß man bei Gleichstromheizung den Anodenkreis an das positive Fadenende

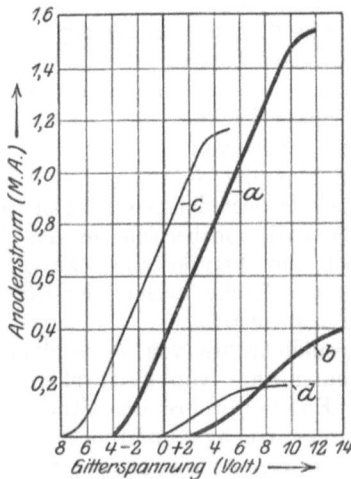

Abb. 241. Anodenstrom- und Gitterstromcharakteristiken für verschiedene Röhren. (Telefunken, Studiengesellschaft.)

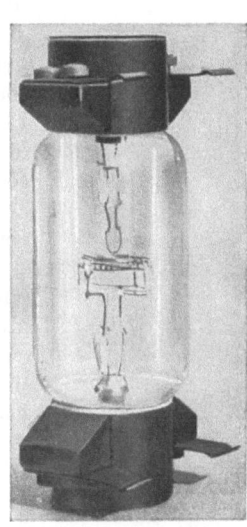

Abb. 242. Ältere Empfangs-Verstärkerröhre der AEG.

anschalten muß, da nämlich, wenn man den Anodenkreis an das negative Glühfadenende legt, sich Heizstrom und Emissionsstrom addieren, was um so unangenehmer ist, als am negativen Ende der Faden ohnehin heißer ist, als am positiven, was zu einer Zerstörung der Röhre führen kann.

η) Ausführungsformen von Empfangs- und Verstärkerröhren.

Es ist bei allen Ausführungen besonders darauf zu achten, daß der Isolationswiderstand zwischen Gitter und Kathode mindestens 10^7 Ohm betragen muß, da sonst, außer anderen Nachteilen, auch z. B. die Verstärkung sehr vermindert wird.

Während bei den älteren, aber auch heute noch allgemein gebräuchlichen Röhren die Heizspannung ca. 3,5 Volt beträgt (siehe z. B. die Tabelle auf S. 105), ist es vor kurzem in Amerika gelungen, Röhren für 1,5 Volt herzustellen, was insbesondere für den Amateurbetrieb eine große Verbesserung darstellt.

Verstärkerröhre der AEG. Die Ausführung der Verstärkerröhren ist derjenigen der älteren Senderöhren überaus ähnlich, nur muß gemäß den obenerwähnten Anforderungen der Durchlaß der Gitterelektrode entsprechend groß bemessen sein.

Eine früher viel gebrauchte Röhrenanordnung der AEG gibt Abb. 242 wieder. (Siehe auch die Abb. 264, S. 278, welche in ihrem oberen Teil eine Röhre gleicher Bauart darstellt.) Der Heizfaden, als halbkreisförmiger dünner Draht in der Abbildung erkennbar, ist bis auf einen äußerst geringen Abstand der spiralförmig gewickelten tellerartigen Gitterelektrode genähert. Unter dieser ist die Anode in Form eines kreisförmigen Bleches gleichfalls mit äußerst geringem Abstande angeordnet.

Der Heizstrom der Röhre beträgt 0,52 Ampere bei 6 Volt. Die Anodenspannung ist 90 Volt.

Der große Variationsbereich für das Gitterpotential ist für Verstärkerzwecke günstig, hingegen ist der flache Verlauf der Charakteristik wenig vorteilhaft.

Empfangsaudionröhre von Telefunken. Die Empfangsaudionröhre von Telefunken, ebenso wie die Empfangsröhre der Studiengesellschaft sind reine Hochvakuumröhren, die nach dem Vorgange von J. Langmuir mit einem Vakuum von etwa 0,00001 mm Hg gebaut sind.

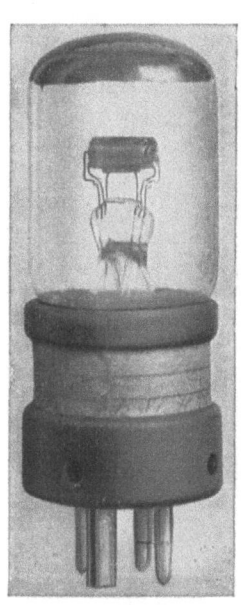

Abb. 243. Empfangsaudionröhre von Telefunken.

Axial zu der geradlinig ausgespannten drahtförmigen Kathode (siehe Abb. 243) ist die zylindrische Zwischenelektrode aus spiralförmig aufgewickeltem Draht oder entsprechend ausgestanztem Blech angeordnet und in geringem Abstand von dieser die zylindrische aus dünnem Blech hergestellte Anode.

Der Heizstrom beträgt 0,52 Ampere bei 6 Volt.
Die Anodenspannung ist 90 bis 100 Volt.
Der Anodenstrom ist ca. 1 MA.

Die Anodenstromcharakteristik ist in Abb. 241 durch die Kurve a, die Gitterstromcharakteristik durch die Kurve b gekennzeichnet.

Die Röhre eignet sich hiernach auch für Verstärkerzwecke.

Empfangsröhre der Studiengesellschaft. Bei dieser ist, abgesehen von der Benutzung von Ersatzmaterialien, wie z. B. Messingblech an Stelle von Tantalblech für die Anode, noch die besondere Formgebung der letzteren, die von den bisherigen Elektrodenformen abweichend ist, bemerkenswert. Die Anode ist nämlich gemäß Abb. 244 muldenförmig gestaltet und umgibt teilweise die gleichfalls mul-

Detektoren für den Empfang. 265

denförmig gestaltete Gitterelektrode, die aus feinem Draht auf einen Rahmen aufgewickelt ist. In der Mitte ist wieder der Glühfaden ausgespannt. Die Anodenstromcharakteristik ist in Abb. 241 durch die Kurve c, die Gitterstromcharakteristik durch die Kurve d wiedergegeben. Der Variationsbereich des Gitterpotentials bei geringem Anodenstrom ist kleiner als bei der Empfangsaudionröhre von Telefunken. Immerhin würde die Röhre, die speziell

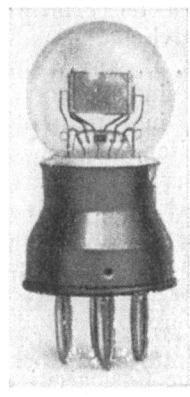

Abb. 244. Empfangsröhre der Studiengesellschaft.

Abb. 245. Empfangs- und Verstärkerröhre Type LE 219 der Huth-Gesellschaft in Ansicht und von der Seite gesehen.

für Empfangszwecke gebaut ist, sich auch für die Verstärkung eignen.

Empfangsröhre der Huth-Gesellschaft. Bei der Empfangsröhre Type L E 219 der Huth-Gesellschaft sind, wie bei den meisten Elektrodenanordnungen in Röhren dieser Firma, sowohl die Gitterelektrode als auch die Anode kastenförmig um den Heizfaden herum ausgebildet. Die Röhre ist hierbei ein kugelförmiges Glasgefäß gemäß Abb. 245 von etwa 4 cm Durchmesser. Die gesamte Höhe der Röhre beträgt nur 8,5 cm. Der Sockel ist mit vier Federsteckern versehen, wobei der zur Anodenzuführung gehörende Stecker unsymmetrisch zu den drei andern angebracht ist, um Verwechselungen beim Einstöpseln auszuschließen. Die Anodenzuführung ist außerdem rot umrandet.

Empfangs- und Verstärkerröhre der Edison Swan Electric Co. Eine für den auswärtigen Amateur besonders inbetracht kommende Röhrenform für alle Empfangs- und Verstärkerzwecke ist die Type AR der bekannten Glühlampenfabrik Edison Swan Electric Co. Bei dieser (siehe Abb. 246) beträgt der Heizstrom 0,75 Ampere, die Heizspannung 3,5 bis 6 Volt und die Anodenspannung 30 bis 80 Volt. Die

Verstärkungsmöglichkeit mit einer solchen Röhre soll sehr günstig sein, wobei die Röhre absolut geräuschfrei arbeitet. Eine ähnliche Konstruktion ist durch Abb. 265, S. 279 veranschaulicht.

Röhre mit mehreren Gitterelektroden und Anoden der AEG. (J. Langmuir). Eine mit mehreren Gitterelektroden und gegebenenfalls mehreren Anoden versehene Röhre, die insbesondere für Verstärkerzwecke dienen soll, ist von J. Langmuir (1913) angegeben worden.

Abb. 246.
Edisvan-Empfangsröhre Type AR der Edison Swan Electric Co., Ltd., London.

Das sich im Prinzip ergebende Anordnungsbild in perspektivischer Darstellung gibt Abb. 247 wieder. c ist der z. B. aus Wolfram hergestellte Heizfaden. d_1 und d_2 sind die auf das aus Hartglas hergestellte Glasgestell in unmittelbarer Nähe des Heizfadens aufgewickelten, aus feinem Metalldraht bestehenden ersten Gitterelektroden, d_3 und d_4 sind die in etwas größerem Abstand, sonst in gleicher Weise ausgeführten, jedoch auf Metallrähmchen aufgewickelten zweiten Gitterelektroden. a_1 und a_2 sind die aus Wolframscheiben hergestellten Anoden.

Die Röhre soll möglichst vollkommen evakuiert sein, um mit reiner Elektronenemission unter peinlicher Vermeidung jeglicher Gasionisation zu arbeiten.

Die Anordnung in der Röhre wurde aus dem Grunde getroffen, um die Wirkung der Raumladung auf die Elektronenladung zu verringern und die Entladestromstärke für eine gegebene Spannung zu vergrößern, wodurch insbesondere die Verstärkerwirkung der Röhre vergrößert werden soll.

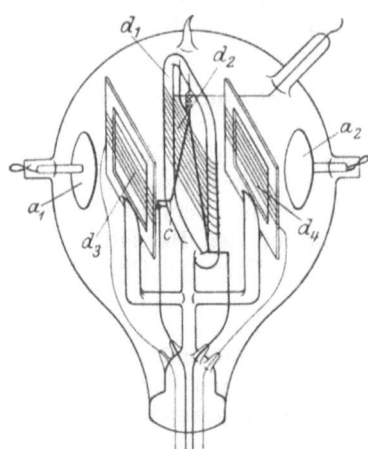

Abb. 247. Röhre mit 2 Gitterelektroden und 2 Anoden von J. Langmuir.

Röhre mit 2 Gitterelektroden von Siemens & Halske (hauptsächlich für Verstärkungszwecke). Um insbesondere für Verstärkungszwecke mit erheblich geringerer Energie für das Anodenfeld und für die Fadenheizung auszukommen, hat Siemens & Halske eine Elektrodenanordnung gemäß Abb. 248 ausgebildet, wobei gegenüber der gewöhnlichen Röhrenanordnung mit drei Elektroden folgende prinzipielle Unterschiede vorhanden sind:

1. Ist nicht nur eine Gitterelektrode, sondern deren zwei vorhanden, von denen die eine, d_1, die dem Faden c nähersteht, als Haupt- oder Regelungsgitterelek-

trode, die zweite, d_2, weiter abstehende als Hilfsgitterelektrode bezeichnet werden möge.

2. Ist die Lochweite sowohl der Hauptgitterelektrode als auch der Hilfsgitterelektrode wesentlich größer als bei den bekannten Dreielektrodenröhren, und die Speichen der letzteren sind radial gestellt, so daß der von der Kathode ausgehende Thermionenstrom an den Kanten der Speichen einen nur geringen Widerstand findet.

Ein Bild der Röhre mit Sockel, wobei fünf Anschlußstöpsel notwendig sind, gibt Abb. 249 wieder. Um denselben Verstärkungsgrad wie mit einer Dreielektrodenröhre, also einer solchen mit einfacher Gitterelektrode, zu erzielen, ist bei dieser Röhre nur aufzuwenden für das Heizen bei 3 Volt 0,4 Ampere und für das Anodenfeld 35 bis 40 Volt und ca. 2,5 MA. Da eine gewöhnliche Verstärkerröhre für dieselbe

Abb. 249. Zweigitterelektrodenröhre von Siemens & Halske.

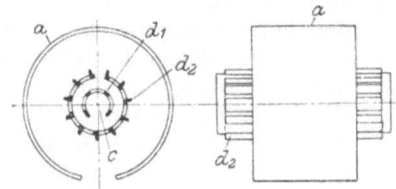

Abb. 248. Anordnung von zwei Gitterelektroden von Siemens & Halske.

Anordnung 3 Volt und 0,52 Amp. und für das Anodenfeld 100 Volt und 1,5 MA. gebraucht, so ist daraus klar, daß man für denselben Verstärkungsgrad bei der Röhre mit zwei Gitterelektroden ca. 50% weniger Energie braucht.

Diese günstigeren Verhältnisse, die bei der Wirkungsweise dieser Röhre auftreten, kann man sich vielleicht wie folgt vorstellen:

Bei der Konstruktion einer Röhre sind grundsätzlich zwei Bedingungen für das richtige Funktionieren derselben zu erfüllen, und zwar

1. ist zur Erzielung einer geringen Raumladungsspannung notwendig, den Radius des Anodenzylinders (Abstand des Zylindermantels vom koaxialen Faden) klein zu halten, wie sich dies aus der Formel von Langmuir

$$V = \text{konst.} \cdot \sqrt[3]{r \cdot i^2}$$

ergibt,

2. ist der Abstand Anode vom Faden relativ viel größer zu machen als der Abstand vom Gitter zum Faden.

Aus konstruktiven Gründen ist jedoch eine gleichzeitige Erfüllung dieser beiden Bedingungen nicht möglich. Die Röhre in ihrer Form ohne Hilfsgitterelektrode würde zwar der zweiten Bedingung gut entsprechen, jedoch wäre die anzulegende Spannung infolge des großen Abstandes Kathode — Anode sehr groß. Die eingeführte Hilfsgitterelektrode hat den Zweck, die Elektronen bloß aus dem Gitter zu ziehen, sie aber nicht aufzunehmen, sondern nur an die Anode weiterzuleiten, was durch die den Elektronen bereits innewohnende Geschwindigkeit, sowie die vorhandene Potentialstufe zwischen Hilfsgitterelektrode und Anode gewährleistet erscheint. Das Hilfsgitter wirkt also gleichsam zur „Führung" der Elektronen zwischen Kathode und Anode und verhindert eine mehr oder weniger große Dispersion.

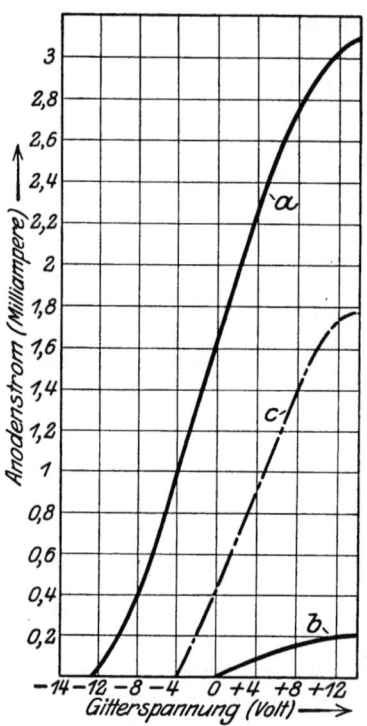

Abb. 250. Charakteristiken von Zweigitterelektrodenröhren (a b).

Tatsächlich ist jener Teilstrom Hilfsgitterelektrode - Batterie - Anode sehr klein im Verhältnis zu dem für die Verstärkungszwecke benutzten Teilstrom Anode-Batterie-Kathode, welche Bedingung durch richtige Wahl der Potentialstufe Hilfsgitterelektrode-Anode, die ausgesprochene Optima besitzen, erzielt werden kann. Die Aufkantung der Hilfsgitterstäbe begünstigt die Weiterleitung der Elektronen an die Anode, ohne daß infolge der sehr kleinen Auftreffflächen ein wesentlicher Verlust entsteht.

Die Charakteristiken, die mit derartigen Röhren aufgenommen werden, unterscheiden sich nicht wesentlich von denen der Dreielektrodenröhren. In Abb. 250 ist die Abhängigkeit des Anodenstromes vom Gitterpotential für einen Durchschnittswert bei 40 Volt Anodenfeldspannung, 37 Volt Hilfsgitterspannung, 3 Volt Fadenheizspannung bei 0,4 Amp. Fadenheizstrom in Form von Kurve a aufgezeichnet, während Kurve b die bei demselben Verhältnis sich ergebende Hilfsgitterstromstärke wiedergibt. Kurve c stellt eine normale Durchschnittskurve der Abhängigkeit des Anodenstromes vom Gitterpotential bei einer gewöhnlichen Dreielektrodenröhre zum Vergleich für Kurve a dar.

F. Zubehörteile für Röhren und Röhrenschaltungen.

a) Verstärkungstransformatoren.

α) Allgemeine Gesichtspunkte. Verschiedene Transformatortypen.

Sowohl bei der Hochfrequenzverstärkung als auch bei der Niederfrequenzverstärkung werden häufig, ebenso wie für die Ankopplung der Telephone als auch der Kreise untereinander, räumlich klein bemessene Transformatoren von geringem Gewicht verwendet, die einen teilweise offenen oder ganz geschlossenen Eisenkern besitzen.

Ausführungs- und Wicklungsverhältnisse der einzelnen Konstruktionen weichen etwas voneinander ab.

Abgesehen von den allgemeinen für die Bemessung von Transformatoren üblichen Gesichtspunkten, kommen hierbei noch eine Reihe weiterer Punkte inbetracht, die für das gute Funktionieren dieser Transformatoren maßgebend sind. Besonders bemerkenswert sind die bei den erforderlichen hohen Windungszahlen und dem notwendigen Übersetzungsverhältnis zur Anwendung gelangenden, außerordentlich geringen Drahtstärken — es kommen solche von ca. 0,05 mm Außendurchmesser inbetracht — und wobei außerdem noch eine ausgezeichnete Isolation vorausgesetzt ist.

Man unterscheidet Eingangs-, Durchgangs- und Ausgangstransformatoren, je nach der Stelle, an der der Transformator im Verstärkerkreise benutzt wird und wie er gebaut ist. Bei mehr als Dreiröhrenverstärkern werden naturgemäß mehrere Durchgangstransformatoren benötigt. Man bezeichnet die Transformatoren vielfach auch als Auf- und Abtransformatoren, je nachdem ob die Spannung herauf- oder herabtransformiert werden soll.

Entsprechend diesen Bezeichnungen, muß auch das Wicklungsverhältnis gewählt werden, denn es kommt auf die Funktionen der betreffenden Schaltstelle an, die der Transformator zu erfüllen hat.

Generell besteht die Forderung, daß, um den günstigsten Wirkungsgrad und die größte Lautstärke zu erzielen, der Wechselstromwiderstand der Primärwicklung gleich dem Widerstand der Zuführquelle ist, und daß der Sekundärwiderstand dem Wechselstromwiderstand der Verbraucherstelle gleich sein muß.

Für die Konstruktion und Dimensionierung der Verstärkungstransformatoren ist es günstig, daß der Gitterstrom bei der Verstärkung nahezu Null ist, und daß infolgedessen die Transformatoren ohne weiteres auf hohe Spannungen gewickelt werden können, wobei man lediglich in der Eigenkapazität der Spulen eine obere Grenze findet. Infolgedessen wird man eine gewisse Windungszahl als Optimum feststellen können.

Für den Eingangstransformator, unter Berücksichtigung der ihm zugeführten Audiofrequenz, heißt dies, daß der Widerstand der Primärwicklung = dem Detektorwiderstand, also etwa = 3000 bis 6000 Ohm zu wählen ist. Um eine gewisse Variabilität zu erzielen, hat man gemäß Abb. 251 die Primärwicklung m mit stufenweise schaltbaren Kontakten versehen, um durch den Versuch den günstigsten Wert zu ermitteln. Der Transformator hat die Aufgabe, eine möglichst große Spannungserhöhung zu erzielen. Andererseits wird verlangt, daß die Sekundärwicklung n sich in ihrem Wechselstromwiderstand dem Widerstand zwischen Gitter und Kathode der Röhre ungefähr anpaßt. Dieser beträgt etwa 10^7 Ohm. Da hiernach ein viel zu hohes Übersetzungsverhältnis verlangt werden würde, das selbst bei Drahtstärken von 0,05 mm nicht herstellbar ist, so muß man zu einem Kompromiß schreiten, auch um die Eigenkapazität der Spulen nicht allzu groß werden zu lassen, und begnügt sich mit einem Übersetzungsverhältnis von etwa 1 : 10 bis 1 : 6. Besonderer Wert ist darauf zu legen, daß die Transformatorspulen möglichst kapazitätsfrei gewickelt werden. Im übrigen

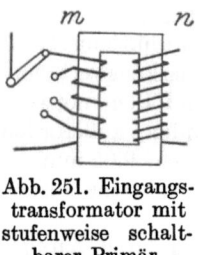

Abb. 251. Eingangstransformator mit stufenweise schaltbarer Primärwicklung.

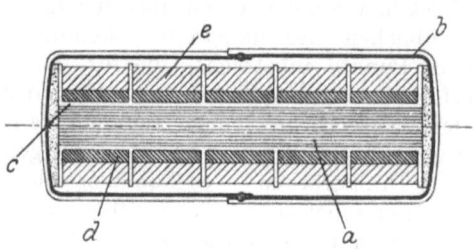

Abb. 252. Eisen-Kupfergekapselter Transformator von Siemens & Halske.

muß die Isolation des Gitters, also auch der Sekundärspule, mindestens 10^7 Ohm betragen.

Etwas günstiger liegen die Verhältnisse für den Durchgangstransformator, dessen Primärwicklung von dem Anodenstrom der ersten Röhre bei einem Widerstande von 10^5 Ohm gespeist wird, während die Sekundärwicklung auf das Gitter der zweiten Röhre arbeitet, also wiederum 10^7 Ohm in Frage kommen. Es ergibt sich hieraus ein Übersetzungsverhältnis von etwa 1 : 8 bis 1 : 4.

Für den Ausgangstransformator liegen die Verhältnisse so, daß der Wechselstromwiderstand der Primärwicklung, der im Anodenfeld z. B. der zweiten Röhre liegt, ca. 10^4 Ohm beträgt, während das Telephon einen Widerstand von etwa 4000 Ohm besitzt, woraus sich ein Übersetzungsverhältnis ergibt von 1 : 5.

Normalerweise werden z. B. von G. Seibt Niederfrequenztransformatoren geliefert mit folgenden Windungszahlen und Wicklungsverhältnissen:

7000/12000 Verhältnis: 1 : 1,7
7000/15000 „ 1 : 2,1
5000/20000 „ 1 : 4
5000/30000 „ 1 : 6.

β) **Konstruktive Formgebung von Verstärkertransformatoren. Transformator mit teilweise offenem Eisenweg.**

Bei einer älteren Form (Siemens & Halske A.-G., Telefunken), gemäß Abb. 252, die jedoch auch heute noch stellenweise angewendet wird, ist der Eisenweg zwar nicht völlig geschlossen, besitzt aber zwei nicht sehr erhebliche Luftspalte. Hierbei ist ein Kern a aus dünnen Eisendrähten (schwedischem Holzkohleneisen [Blumendraht]) hergestellt, der in einer Eisenkapsel b gemäß der Abbildung angeordnet ist. Diese Eisenkapsel soll nicht nur ein gewisses Schließen der Kraftlinien bewirken, sondern auch verhindern, daß Wirbelstromfelder und überhaupt Kraftlinien nach außen treten und Induktionen erzeugen. Zwischen dem Eisendrahtkern und der Kapsel ist je eine Filzscheibe angeordnet, und durch geringeres oder festeres Ineinanderstecken der Eisenkupferkapsel können die durch die Filzscheiben bedingten Luftspalte verändert werden.

Auf den Drahtkern a sind unter Zwischenschaltung einer Isolationsschicht c, wie dies bei Transformatoren auch sonst üblich ist, Stufenspulen aufgewickelt, die je aus einer Primärspule d und einer direkt hierüber gewickelten Sekundärspule e bestehen. Der Drahtdurchmesser zur Bewicklung beider Spulen hat je 0,05 mm und ist mit Seide umsponnen. Die Primärwicklungszahl wird zweckmäßig mit 15000, die Sekundärwicklungszahl mit etwa 60000 gewählt, so daß sich ein Übersetzungsverhältnis von ungefähr $= 1:4$ ergibt. Ein solcher Transformator wird als „Aufwärtstransformator" („Auftransformator") bezeichnet und dient zur Kopplung und Spannungssteigerung zwischen den Verstärkerröhren. Für den Anschluß des Telephons wird eine Spannungsreduktion gewünscht. Man verwendet alsdann einen „Abwärtstransformator" („Abtransformator"), wobei die Primärwindungszahl hoch, die Sekundärwindungszahl niedrig ist. Hier gilt im großen ganzen das Verhältnis $= 4:1$.

γ) **Transformator mit geschlossenem Eisenweg.**

Diese Type ist wegen ihrer weit günstigeren elektrischen Verhältnisse auch für Hochfrequenzzwecke (lange Wellen) viel gebräuchlicher und kommt für den Amateurbetrieb inbetracht. Das Schema geht aus Abb. 253 hervor.

Die Bleche werden in gewöhnlicher Weise, wie dies bei Transformatoren üblich ist, zusammengeblättert. Die Streuung soll möglichst gering sein. Zweckmäßig wird infolgedessen die wiederum aus Draht gleichen Durchmessers bestehende Primär- und Sekundärwicklung übereinander gewickelt, so daß sich ein Bild, etwa Abb. 253 entsprechend, ergibt. Das Übersetzungsverhältnis schwankt, entsprechend den be-

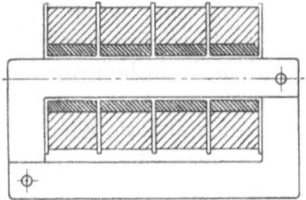

Abb. 253. Vollkommen eisengeschlossener Transformator.

sonderen Bedingungen, die an Hochfrequenzverstärkungstransformatoren gestellt werden, zwischen 1 : 4 und etwa 1 : 12. In letztem Falle transformiert man von 5000 Windungen auf 60000 Windungen. Es wird jedoch auch bis zu 1 : 40 gewickelt.

Eine Anordnung mit zwei getrennten Eisenwegen, um deren mittlere Schenkel die Primär- und Sekundärspule herumgewickelt ist, zeigt Abb. 254a. Die außen um den Transformator herumgelegte Bandierung ist offenbar zu dem Zwecke vorgesehen, um infolge der hierdurch bewirkten Dämpfung ein Selbsttönen möglichst zu vermeiden, zu welchem Grunde auch vielfach der Eisenkörper mit der einen Klemme des Regulierwiderstandes der Heizstromquelle verbunden wird.

Auch bei der Anordnung für Audiofrequenzverstärkung nach Abb. 255 b ist auf den mittleren gemeinsamen Schenkeln die Spulenanordnung aufgebracht. Bei dieser Transformatorkonstruktion der Radio Instruments Ltd. soll eine besonders hohe Isolation zwischen den Windungen gewährleistet sein (Prüfspannung 1000 Volt). Die

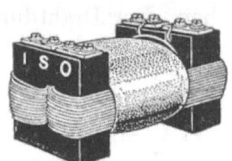

Abb. 254a. Englischer Zwischentransformator mit zwei geschlossenen getrennten Eisenwegen (Thomlinson Ltd., London).

Abb. 254b. Typischer amerikanischer Zwischentransformator der Radio Instruments Ltd.

Dimensionen sind möglichst reduziert, um tunlichst Verluste auszuschließen, was auch durch die besonders angestrebte Schließung des Eisenweges erreicht werden soll.

Im allgemeinen wird indessen mehr die Transformatorausführung gemäß der Abb. 253 bevorzugt. Hierbei ist nur ein geschlossener Eisenweg mit einer Primär-Sekundärspulenkombination vorhanden. Infolge besonders gewählter Überlappungen der Eisenbleche sind z. B. bei dem Zwischentransformator von G. Seibt praktisch keine Stoßfugen vorhanden, wodurch der Eisenwiderstand besonders herabgesetzt ist. Auch auf die Kleinhaltung der Spulenkapazität ist hierbei großer Wert gelegt, ebenso darauf, daß durch Aufbringung einer besonderen Dämpfungswicklung auf den unteren freien Schenkel ein evtl. Selbsttönen des Verstärkers nahezu unmöglich gemacht wird.

Alle diese Transformatoren sind mit bequem lösbaren Anschlußkontakten für die Zu- und Ableitung des Stromes versehen, ebenso mit Ansätzen, die eine leichte Montage an der Schaltplatte unter Berücksichtigung möglichst geringen Raumbedarfes gewährleisten.

δ) **Transformatorersatz. Kopplungsmittel für Hochfrequenzverstärkerröhren.**

Die eisengeschlossenen Transformatoren sind zur Kopplung der Röhren eines Mehrfachverstärkers nicht sehr günstig und im allgemeinen nur für lange Wellen anwendbar. Meist ist es zweckmäßiger, die Spannungssteigerung durch andere Mittel zu bewirken. (Siehe auch Kap. VIII, insbes. S. 199ff.). In der Hauptsache kommen hierfür inbetracht: Eisenlose Spulen, Ohmsche Widerstände und Drosselspulen, deren Wechselstromwiderstände gleich sein müssen dem inneren Widerstand der Röhren, auf die sie die Energie übertragen. Verwendet man einen Ohmschen Widerstand, so liegt derselbe meist in der Größenordnung von 10^6 Ohm; benutzt man eine Drosselspule, so wählt man diese im allgemeinen zwischen 10^6 und 10^8 cm. Bezüglich der Ausführung dieser Mittel ist folgendes zu bemerken:

Eisenlose Kopplungsspulen. Für die Kopplung der Röhre von Hochfrequenzverstärkern werden zweckmäßig eisenlose Kopplungsspulen benutzt, die einen großen Impedanzwiderstand und einen kleinen Durchmesser besitzen. (Siehe das Schaltschema Abb. 148, S. 179.)

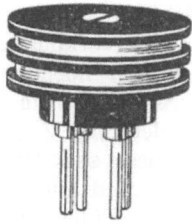

Abb. 255. Leicht auswechselbarer eisenloser Kopplungstransformator.

Sehr beliebt namentlich in England sind leicht auswechselbare, (stöpselbare) auf verschiedene Übersetzungen abgeglichene Kopplungstransformatoren, wie ein solcher z. B. in Abb. 255 dargestellt ist. Hierbei wird meist der Primär- und der Sekundärdraht gleichzeitig nebeneinander gewickelt. Man hält sich einen ganzen Satz solcher Transformatoren, so daß man sich durch den Versuch das Optimum aussuchen kann.

Widerstandsspulen (aperiodischer Hochfrequenzverstärker). Zugrunde gelegt wird z. B. das Schema von Abb. 149, S. 180. Die Widerstandsspulen (Abb. 256) sind z. B. gemäß Abb. 256 hergestellt. In dem aus Isoliermaterial bestehenden Körper m sind Eindrehungen n gemacht, in die die Spulen h, z. B. aus 0,1 mm emailliertem Kupferdraht, gewickelt sind. Die gesamte Drahtlänge beträgt etwa 800 bis 1200 m. Es ergibt sich ein Widerstand von rund 1500 Ohm.

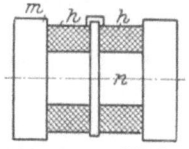

Abb. 256. Widerstandskopplungsspule.

Aus dem Schaltungsschema gemäß Abb. 123, *EN 31*, S. 156 und Abb. 149, S. 180 folgt, daß der Gleichstrom der Anodenbatterie sich ohne weiteres durch diese Spule ausgleichen kann, daß hingegen infolge der Selbstinduktion der Spulen h den von den Gittern auf die Anode sich übertragenden Schwingungen ein großer Widerstand entgegengesetzt wird. Durch die Widerstandsspulen h wird die Spannung also nicht hinauftransformiert, sondern im Gegenteil geht zunächst etwas von der Verstärkung der vorhergehenden Röhre verloren.

Vielfach ist es auch als zweckmäßig befunden worden, an Stelle der Widerstandskopplungsspule eine eisengefüllte Kopplungsspule, etwa in der Ausführung von Abb. 257 zu benutzen. Man hat es hierbei mit einer reinen Drosselspule zu tun, bei der die Spulen hintereinander geschaltet sind. Jede Spule hat ungefähr 30 Windungen. Zwischen den Spulen a und dem aus feinunterteilten Eisenblechen hergestellten Kern b ist eine Isolationsschicht c aus Kartonpapier angebracht.

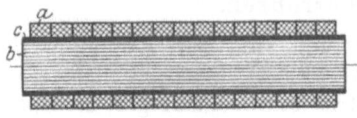

Abb. 257.
Eisengefüllte Kopplungsspule.

Hochohmige Widerstände[1]). Es gibt verschiedene technische Ausführungsformen von hochohmigen Widerständen in der Größenordnung von ca. 70000 bis 250000 Ohm. Obwohl es sich für den vorliegenden Zweck nur um verschwindend geringe Energiebeträge handelt, hat man doch aus konstruktiven und Zweckmäßigkeitsgründen häufig für außerordentlich viel größere Stromstärken ausreichende Silit-, Schiefer- oder Graphitwiderstände benutzt. Die im Handel vorkommenden, bzw. einer leichten Selbstanfertigung unterliegenden hochohmigen Widerstände sind im wesentlichen folgende:

Silitwiderstand von Gebr. Siemens & Co. Gut bewährt haben sich für derartige Zwecke Silitstifte und Silitröhren von Gebr. Siemens, da diese sich leicht in verschiedenen Widerstandswerten herstellen lassen und auch bei großer Belastungsfähigkeit und verhältnismäßig hohem Widerstand nur wenig Raum beanspruchen.

Silit ist die abgekürzte Bezeichnung von auf besonderem Wege durch Erhitzung, Pulverung, Mischung usw. gewonnenem Siliziumkarbid, das sich durch hohe Feuerfestigkeit, große Widerstandsfähigkeit gegen die äußere atmosphärische Luft und hohen, leicht modifizierbaren Widerstand auszeichnet.

Die Strom- und Widerstandsregulierung kann erfolgen, indem man entweder eine verschiebbare Kontaktfeder auf zwischen Silitringen angebrachten metallischen Kontaktscheiben schleifen läßt oder besser durch verschieden groß bemessene Silitstäbe oder Silitröhren.

Der elektrische Widerstandstemperaturkoeffizient ist negativ.

Die elektrische Belastungsfähigkeit geht aus folgender Tabelle hervor:

Durchmesser des Heizrohres	Belastung in Watt cm² Oberfläche bei Dauerbelastung und einer Temperatur von				
	400°	600°	800°	1000°	1200°
5	3,6	7,6	12,6	20,3	33
10	2,3	5,3	9,5	16,4	28
15	1,4	4,2	8,0	13,8	24
20	1,4	3,7	7,3	12,3	20
25	1,3	3,6	6,7	11,0	16,1

[1]) Siehe auch S. 102 und S. 283ff., Gitterausgleichswiderstände.

Abb. 258 stellt einen derartigen Silitwiderstand dar. Der Silitzylinder ist an seinen Enden leicht versilbert, und es ist hier die zweckmäßig gleichfalls versilberte Anschlußwicklung angebracht. Die Anschlußstellen werden außerdem mit Borsäure glasiert. Auf diese

Abb. 258. An den Enden leicht versilberter und mit Anschlüssen versehener Silitwiderstand.

Weise wird ein guter Kontakt zwischen der Wicklung und dem Silitstab hergestellt.

Für viele Zwecke ist die Ausführungsform mit aufgesetzten Kappen gemäß Abb. 259 zweckmäßiger. Die Kappen können so gestaltet sein, daß der Stab in Führungsschellen leicht eingesetzt und herausgenommen werden kann.

Zweckmäßig werden diese Silitwiderstände mit Messerschneidkontakten versehen, die in entsprechende Messergegenkontakte, die auf einen Porzellansockel guter Qualität montiert sind, eingesetzt werden können. Die hohe Isolierfähigkeit der Porzellansockel ist notwendig, damit der Porzellanwiderstand gegenüber dem hohen Silitwiderstand inbetracht kommt. Die allgemeine Ausführungsform entspricht etwa derjenigen beim Eisenwasserstoffwiderstand gemäß Abb. 266, S. 280.

Abb. 259. Silitstab mit an den Enden aufgesetzten Kappen.

Griffelwiderstände. Wenn es sich darum handelt, noch höhere Widerstände zu verwenden, wofür z. B. der zwischen Gitterelektrode und Glühfaden vorzusehende Ableitungswiderstand inbetracht kommt, so kann man auch die erheblich höherohmigen Griffelwiderstände benutzen. Allerdings besitzen diese den Nachteil der Feuchtigkeitsempfindlichkeit und zeigen, wenn man nicht auf sehr ungeschickte Dimension übergehen will, nur außerordentlich hohe Widerstände (Größenanordnung 2 bis ca. 5 Megohm nach Trocknung in der Sonne).

Auch Graphitstäbchenwiderstände werden häufig angewendet, insbesondere deshalb, weil sie sich leicht vom Amateur herstellen und und auch eichen lassen.

Kapazitäts- und selbstinduktionsloser Widerstand von Ruhstrat. Um den Widerstand genügend induktionslos und kapazitätsfrei zu gestalten, wendet man vorteilhafter eine Zickzackwicklung (Ruhstrat 1914) an, gemäß Abb. 260.

Bei *a* gabelt sich der Draht in zwei dünne, parallel geschaltete und im entgegengesetzten Sinne zueinander gewickelte Drähte *b* und

18*

c, die genau gleich lang sind und symmetrisch zueinander verlaufen. Hierdurch wird bewirkt, daß der in der einen Drahtwindung hervorgerufene Induktionsstrom durch den in der anderen Windung erzeugten Induktionsstrom ziemlich vollkommen kompensiert wird.

An den Kreuzungsstellen der Drähte sind keine Spannungsdifferenzen vorhanden. Zwischen den nebeneinander liegenden Windungen ist die Spannungsdifferenz nur außerordentlich gering, so daß der Widerstand auch praktisch kapazitätsfrei ist.

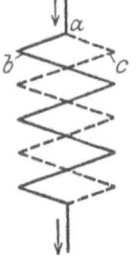

Abb. 260. Kapazitäts- und selbstinduktionsloser Widerstand von Ruhstrat.

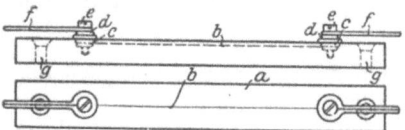

Abb. 261. Hochohm-Graphitwiderstand.

Hochohm-Graphitwiderstand. Einen Hochohmwiderstand von J. Corver, den man nicht nur selbst herstellen, sondern auch in weitem Bereich auf jeden gewünschten Widerstandswert abgleichen kann, zeigt Abb. 261. In einem Hartgummistück a ist mit einer Dreikantfeile eine Rinne b eingefeilt, die in ihren beiden Endpunkten in kleine Pfannen c mündet. Die Rinne und der Boden der Pfannen werden mit Graphit bestrichen. In die Pfannen ist Stanniol hineingelegt, das durch je eine Unterlagscheibe d und eine Schraube e gegen den Boden der Pfanne gepreßt wird. Die Schrauben halten außerdem noch mit Anschlüssen versehene Unterlagsscheiben. Die Löcher g dienen zur Befestigung des Hartgummistückes. Um den Widerstand gegen Feuchtigkeit usw. zu schützen, wird er schellackiert. Bevor man dies ausführt, muß er jedoch auf den gewünschten Widerstand abgeglichen werden. Dieses erfolgt am einfachsten mittels eines Ohmmeters, das Widerstände in der Größenordnung von 100 000 Ohm bis 300 000 Ohm noch richtig zu messen gestattet. Sobald der Graphitwiderstand den richtigen Wert besitzt, schellackiert man ihn von den Enden anfangend nach der Mitte zu. Indem man den Widerstand dauernd mißt, muß man eventuell die Graphitauflage etwas verstärken, da der Widerstandswert durch die Schellackierung kleiner wird. Auf diese Weise sind leicht ziemlich genau abgleichbare und leidlich konstante hochohmige Widerstände in der Größenordnung von etwa 100 000 Ohm und mehr zu erzielen.

b) Sockel für Röhren.

α) Allgemeines. Amerikanische Konstruktion mit Swan-Fassung.

Der Ausbildung der Röhrensockel ist bisher fast nur in Amerika Interesse entgegengebracht worden, obgleich deren Formgebung und Anordnung nicht nur für das Funktionieren der Röhren und damit auch für die Verstärker- bzw. Empfangsapparatur von ausschlaggebender Wichtigkeit ist. Im allgemeinen muß verlangt werden, daß der Isolationswiderstand mindestens zwischen Gitter- und Kathodenkontakt 10^6 bis 10^7 Ohm beträgt.

Die Nachteile mancher älterer Sockel sind verschiedene. Zunächst wird durch die häufig getrennte, relativ hohe Anordnung sehr viel Platz gebraucht, da, um einen guten Kontakt zu gewährleisten, außer dem Sockel noch die lang ausgeführten Stecker unterzubringen sind.

Trotz dieser Ausführung wird aber keineswegs und unter allen Umständen sicher ein guter Kontakt hergestellt. Es stellt sich vielmehr häufig, namentlich bei Anordnungen, die Erschütterungen ausgesetzt sind, heraus, daß der Kontakt sich nach kurzer Zeit lockert, und daß alsdann die betreffende Apparatur aussetzen kann, mindestens aber, daß der Schwingungszustand ungünstig beeinflußt wird.

Von amerikanischen Konstrukteuren ist daher mit Vorteil eine Anordnung gemäß Abb. 262 ausgeführt worden, die das Prinzip der Swan-Glühlampenfassung aufweist. Der eigentliche Sockel a kann hierbei sehr niedrig ausgeführt werden. Durch Hineindrehen in den Bajonettverschluß b ist dessen Anordnung vollkommen fixiert. Weiterhin werden aber, und dieses ist der Hauptvorteil, Stöpsel vollkommen vermieden und an deren Stelle nur ganz kurze und

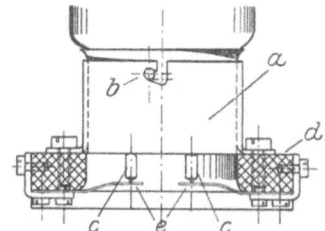
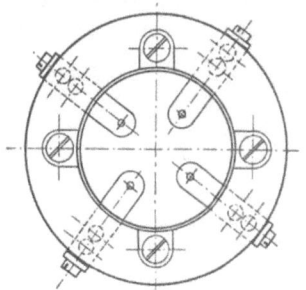

Abb. 262. Sockel mit Swan-Fassung für Röhren.

dünne Kontaktstiftchen c verwendet, die in der eingeschalteten Lage der Röhre mit in einem isolierenden Ring d befestigten insgesamt vier Kontaktfedern e innigen Kontakt machen. Bei einer Dynatronröhre würden fünf Kontaktstücke und Kontaktfedern vorzusehen sein.

Die Anordnung hat außer dem erheblichen Vorteil der Reduktion der hohen Abmessung noch den, daß stets und unter allen Umständen ein absolut guter Kontakt sicher gewährleistet ist.

β) Englischer Röhrensockel.

Um auch bei verhältnismäßig billig auszuführenden Amateurapparaten eine ausreichende Isolation des Röhrensockels zu erzielen,

278 Normale Empfängereinzelteile der Radioindustrie.

Abb. 263. Englischer Röhrensteckkontaktsockel

wird in Amerika und England vielfach eine Konstruktion gemäß Abb. 263 ausgeführt. Bei dieser ist aus einem hochisolierenden Stoff der Sockel aus dem vollen gedreht oder zylindrisch gepreßt und mit vier Metallkontaktstücken versehen, in die von der einen Seite aus die Röhre eingestöpselt wird und die nach der anderen Seite in Schraubgewinde auslaufen. Letztere dienen sowohl dazu, den Sockel mit der Apparatplatte zu verbinden, als auch direkt zum Anschluß der Leitungen. Ein Nachteil dieser Konstruktion besteht darin, daß durch die gleichzeitige Benutzung der Schraubenkörper zu Befestigungs- und Kontaktzwecken die Platte, auf die der Sockel befestigt wird, die volle Isolationsspannung aushalten muß, sofern man die Löcher nicht durch Hartgummi ausbuchst. Im allgemeinen spielt dies jedoch keine wesentliche Rolle.

γ) Röhrenstecker.

Von mindestens derselben Wichtigkeit wie die Sockel sind die Stecker, da von der guten und zuverlässigen Kontaktgebung das gesamte Funktionieren der Röhrenapparatur abhängt. Von dem Stecker muß gleichfalls verlangt werden, daß er einen hohen Isolationswiderstand zwischen den Kontakten, etwa in der Größenordnung von 10^7 Ohm besitzt. Im übrigen müssen die Steckkontakte naturgemäß so gestaltet sein, daß sie leicht in die Buchsen hineingehen, und daß eine ausgezeichnete Kontaktgebung zwischen Stecker und Buchse gewährleistet ist.

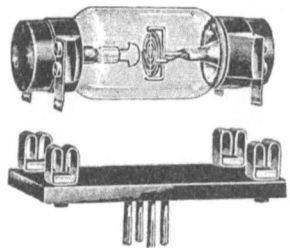

Abb. 264. Zwischensteckplatte mit älterer Röhre darüber.

Die Ausführung einer Röhrensteckerplatte, mit einer älteren Röhre darüber abgebildet, zeigt Abb. 264. Die Kontaktgebung ist hierbei zwischen Röhre und Stecker durch Messerschneiden bewirkt.

Ein anderer Röhrenhalter mit Stecker der Marconi Scientific Instrument Co. Ltd. zeigt Abb. 265. Hierbei braucht die speziell für Amateurzwecke konstruierte Röhre nicht besockelt zu sein, sondern wird lediglich mittels kurzer Anschlußstücken in die federnden Kontakte a und b für den Heizfaden, c für das Gitter und d für die Anoden eingesetzt. Derartige Röhrenhalter sind bei englischen Amateurempfängern vielfach im Gebrauch.

Eine besondere Type bilden die Zwischenstecker, die zur Verwendung gelangen, wenn eine andere Röhrensorte, die dem jeweilig vorgesehenen Steckernormal nicht entspricht, benutzt werden soll. Leider ist es infolge der Kriegszustände verabsäumt worden, von vornherein eine internationale Normalie für Röhrensockel nebst Anschlußkontakten zu schaffen. Infolgedessen besitzen Zwischenstecker, deren Isolationsfähigkeit naturgemäß gleichfalls eine entsprechend hohe sein muß, für denjenigen, der mit Röhren verschiedener Bauart arbeiten will, eine besondere Bedeutung.

c) Heizwiderstände für Röhren.

α) Eisenwasserstoffwiderstand.

Im allgemeinen wird bei den Empfangs- und Verstärkerröhren fast aller deutschen Firmen der Heizstrom durch einen zu der betreffenden Röhre passend bemessenen Eisenwasserstoffwiderstand, ev. auch durch einen Nickeldrahtwiderstand begrenzt. Zu jeder Röhre wird der betreffend ausprobierte Eisenwasserstoffwiderstand mitgeliefert. Diese Anordnung ist infolge ihres automatischen Arbeitens sehr einfach, sie hat jedoch den Nachteil, daß eine Ersparnis an Heizstrom und eine günstigste Einregulierung für den jeweilig gewünschten Empfangs- und Verstärkungsgrad auf diese Weise nicht möglich ist.

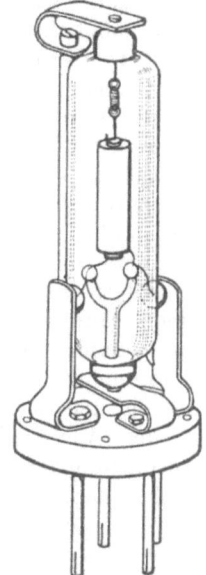

Abb. 265. Röhrenhalter und Stecker der Marconi Scientific Instrument Co. Ltd.

Bei der Ausführungsform der Huth-Gesellschaft sind gemäß Abb. 266 auf einen Porzellansockel mit besonders hohem Isolationswiderstand gut federnde Messerkontakte angebracht, in die die Messerkontakte der Eisenwasserstoffwiderstandsröhre durch Auseinanderbiegen der Federn eingesetzt werden. Die Länge der Eisenwasserstoffwiderstandspatrone beträgt etwa 1,5 cm. Es soll hierdurch die automatische Begrenzung des Heizstromes erreicht werden. Voraussetzung dabei ist natürlich, daß der Heizwiderstand zu jeder Röhre passend ausgesucht wird. Ihr Nachteil besteht aber darin, daß eine Regulierungsmöglichkeit, wie sie durch einen kleinen drehbaren Heizregulator ohne weiteres erzielbar ist, nicht erfolgen kann.

β) Ruhstrat-Miniaturschieberwiderstand.

Viel zweckmäßiger ist es daher, den Widerstand regulierbar zu machen. Und zwar besteht nicht nur die Forderung, die Regulierungsmöglichkeit außerordentlich fein zu gestalten —

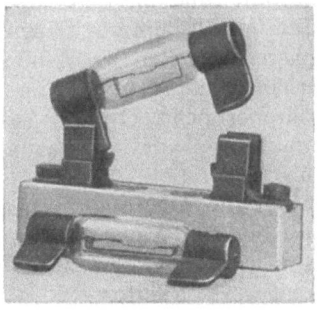

Abb. 266. Eisen-Wasserstoffwiderstand mit Porzellansockel der Huth-Gesellschaft.

gewünscht wird eigentlich eine vollkommen kontinuierliche Variation, möglichst aber eine solche, die die Spannung in Sprüngen von etwa 1 Mikrovolt oder darunter zu variieren gestattet —, sondern die Konstruktion muß auch derartig sein, daß während beliebig langer Betriebsperioden der einmal eingestellte Widerstand tunlichst absolut konstant bleibt. Da hierbei ferner das Bestreben vorhanden sein muß, insbesondere für den Amateurbetrieb die Widerstandskonstruktion billig herzustellen, ist es überaus schwer und bisher praktisch wohl noch nicht einwandfrei gelungen, alle diese Wünsche mit einer und derselben Konstruktion zu bewirken.

Sofern genügend Raum in der Apparatur vorhanden ist, um einen räumlich ziemlich großen Widerstand anzuordnen, was also meist dann der Fall sein wird, wenn man im laboratoriumsmäßigen Zusammenbau den Röhrenapparat zusammengestellt hat, kann man die für den Betrieb besonders vorteilhaften Schiebewiderstände etwa in der Ausführung von Ruhstrat benutzen. Abb. 267 zeigt eine Ausführungsform, die sich in der Praxis vielfach bewährt hat. Der Widerstandsdraht wird hierbei zweckmäßig auf eine Porzellanröhre

Abb. 267.
Ruhstrat-Schiebewiderstand.

Abb. 268.
Drehwiderstand nach G. Seibt.

aufgewickelt. Der Widerstandsdraht ist hitzebeständig und recht konstant und besteht aus einer besondern Metallegierung, die mit einer mikroskopisch feinen Oxydschicht bedeckt ist, welche eine sichere Isolation der Windungen gegeneinander sichert, wodurch eine verhältnismäßig feine Einregulierung und ein gutes Ausnutzen der Rohroberfläche erreicht ist. Diese Widerstände werden auch mit induktions- und kapazitätsfreier Kreuzwicklung geliefert (siehe Abb. 260).

Für die Auswahl tut man gut, die in der Tabelle von Ruhstrat angegebenen Werte (siehe S. 102) mit etwa 0,6 zu multiplizieren, wenn man einen auch bei Dauerbelastung völlig konstanten Widerstandswert erhalten will, was bei allen hochwertigen Röhrenempfangs- und Verstärkerschaltungen von größter Wichtigkeit ist.

γ) **Einfacher Regulierdrehwiderstand.**

In der Praxis mehr gebräuchlich sind Drehwiderstände (Gesamtwiderstand ca. 10 Ohm), etwa Abb. 268 entsprechend. Bei diesem ist auf einer Porzellangrundplatte der Widerstandsdraht ringförmig auf einen Isolierkörper aufgewickelt, der mit der Porzellanplatte verbunden ist. Durch die Mitte der Platte ist eine in einem Messinglager gehaltene Achse geführt, die einen radialen Kontaktarm trägt, der auf dem Widerstandsdraht schleift. Durch Drehung des Bedienungsknopfes kann die jeweilig eingeschaltete Widerstandsdrahtlänge entsprechend variiert werden. Man kann auch noch zur besseren Ablesungs- und Einstellmöglichkeit Zeiger und Skala, bzw. eine Markierung anbringen.

δ) **Einfacher Heizwiderstand mit schraubenförmigem Kontakt.**

Eine wesentlich andere Ausführungsform eines Heizwiderstandes der Marconi Scientific Instrument Co. Ltd. gibt Abb. 269 wieder. Hierbei ist der Heizdraht a in ähnlicher Weise auf einen Vierkantkörper aufgewunden, wie dies bei den ersten Schiebewiderständen der Fall war. Die Kontaktgebung und damit die Einschaltung des jeweiligen Widerstandswertes erfolgt durch eine Kupferspirale b, die auf einer Achse montiert ist, die durch einen Hartgummiknopf c bedient wird. Die Kontaktgebung soll hierbei so weich sein, daß irgendwelche Unterbrechungen oder dergleichen nicht stattfinden, so daß mittels dieses Widerstandes alle Knack- und Pfeifgeräusche im Röhrenkreis, soweit sie auf den Heizwiderstand zurückzuführen sind, zuverlässig vermieden werden können. Durch eine Feder d ist der Kontakt zwischen den Heizdrahtwindungen und der Spirale gewährleistet. Die Dimension des Widerstandsdrahtes ist angeblich derartig, daß ohne weiteres mit einem Widerstand drei Röhren betrieben werden können.

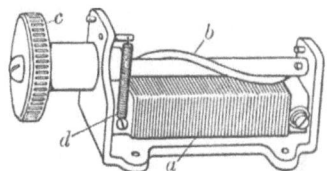

Abb. 269. Heizwiderstand mit schraubenförmigem Kontakt der Marconi Scientific Instrument Co. Ltd.

ε) **Heizwiderstand mit Feinregulierung.**

Da auf die besonders feine Einregulierung des Heizstromes, bzw. der Heizspannung für den Glühfaden der Röhre besonderer Wert zu legen ist, ist eine ganze Reihe von Konstruktionen ersonnen worden, um dieses mit möglichst einfachen Mitteln zu bewirken. Eine recht geschickte Anordnung ist von Klosner Improved Apparatus Co. in New York gemäß Abb. 270 angegeben worden. Hierbei sind für den in normaler Weise ringförmig aufgewickelten Widerstand a nicht nur ein, sondern vielmehr zwei Kontaktabnehmer (Schleifer) vorgesehen, von denen der eine b außen auf der Widerstandsringfläche, der andere c oben auf der Ringfläche schleift. Beide Kontaktabnehmer sind fest miteinander verbunden und werden gleichzeitig durch Bewegen des Knopfes d gedreht. Infolge des auf diese Weise resultierenden Widerstands wird bei passender Anordnung und Befestigung der Stromabnehmer eine feinere Widerstandsvariation eintreten können, als wenn, wie sonst üblich, ein einzelner Stromabnehmer von Windung zu Windung Kontakt macht.

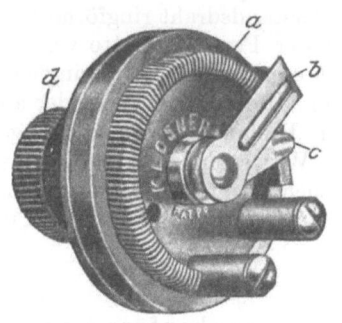

Abb. 270. Heizwiderstand mit besonderer Feineinregulierung von Klosner Improved Apparatus Co.

Derartige Widerstände sind auch in der Weise gebaut worden, daß auf zwei in- oder nebeneinander angeordneten Heizwiderstandsspiralen zwei getrennte Stromabnehmer gedreht werden können, wobei so vorgegangen ist, daß jede der Widerstandsspiralen mit je zwei Zuführungskontakten versehen ist. Man hat alsdann ohne weiteres die Möglichkeit, die verschiedensten Schaltungskombinationen und damit die mannigfachsten Widerstandsregulierungen bewirken zu können.

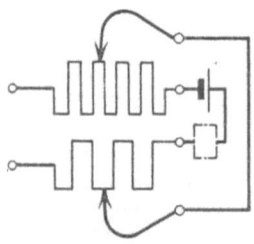 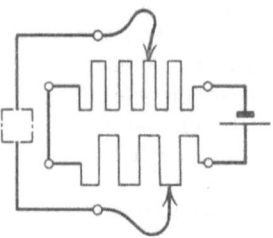 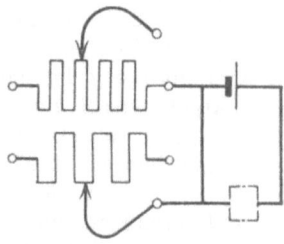

Abb. 271. Abb. 272. Abb. 273.
Fall 1: Vorschaltwiderstand. Fall 2: Spannungsteiler. Fall 3: Vorschaltwiderstand.

Einige derselben und zwar vier der am meisten gebräuchlichen Fälle sind in den Schemen der Abb. 271 bis 274 wiedergegeben.

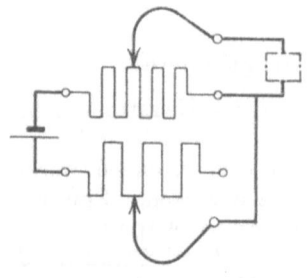

Abb. 274. Fall 4: Spannungsteiler (Feinregulierung).

d) Gitterausgleichswiderstand und Gitterkondensator.

α) Amerikanische Schaltungsanordnung.

Bei den meisten Röhrenschaltungen spielt der Gitterausgleichswiderstand (Grid leak), der dazu dient, die negative Gitterladung abzuleiten, eine erhebliche Rolle. Die Größe des Widerstandes hängt ab unter anderem von der jeweilig benutzten Röhrentype, von der Röhrenspannung, vom Heizstrom und vom Vakuum. Es gelangen Widerstandsgrößen von im allgemeinen 1 Megohm zur Anwendung, die bei den deutschen Röhrenschaltungen zwischen Gitterelektrode und Glühfaden, bei den amerikanischen Anordnungen in Parallelschaltung zum Gitterausgleichskondensator vor das Gitter geschaltet werden (siehe Abb. 275). Eventuell wird hier auch manchmal nur ein schlecht isolierter Kondensator benutzt. Da gelegentlich mit einer Auswechselung des Widerstandes gerechnet wird, z. B. zu dem Zweck, um andere Größen auszuprobieren, insbesondere bei Benutzung neuer Röhrentypen, ist man ziemlich allgemein dazu übergegangen, den Widerstand leicht auswechselbar zu gestalten. Wohl die beste Anordnung besteht darin, den häufig aus Silit hergestellten Widerstandsstab an seinen beiden Enden metallisch zu fassen und diese Fassungen mit Kontaktmessern zu versehen, die in entsprechende, auf hochisolierenden Porzellansockel montierte Messerkontakte eingesetzt werden können.

β) Widerstandspatronen.

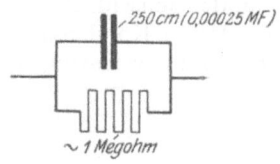

Abb. 275. In Amerika gebräuchliche Parallelschaltung von Ausgleichswiderstand und Gitterkondensator.

Recht praktisch und für die meisten Zwecke ausreichend sind Widerstandspatronen gemäß Abb. 276, wie sie z. B. die Dubilier Condensor Co. in London herstellt. Da man sich leicht eine gewisse Anzahl derartiger Patronen verschie-

Abb. 276. Widerstandspatrone der Dubilier Condensor Co. (London).

dener Größen halten kann, ist es auf diese Weise möglich, die jeweilig passendste Widerstandsgröße auszuprobieren.

γ) Regulierbarer Gitterausgleichswiderstand.

Bei manchen Schaltungen, insbesondere bei allen schwingungsfähigen Röhrenkreisen wird häufig der Wunsch vorhanden sein, den Gitterausgleichswiderstand, mindestens in gewissen Beträgen während des Betriebes, also unter Spannung, variieren zu können. Eine mechanische und feuchtigkeitsunempfindliche, nicht induktive, fast kapazitätslose Konstruktion von Durham & Co. in Philadelphia, bei der sogar eine kontinuierliche Widerstandsvariation möglich ist, stellt Abb. 277 dar. Durch Bewegen des rechts herausragenden Knopfes wird ein kleiner Metallkolben in einer Isolierröhre, die eine Paste enthält, vor- oder rückwärts bewegt, und hierdurch die Widerstandsveränderung bewirkt. Dieser Gitterausgleichswiderstand wird in zwei Größen hergestellt, die eine von 1000 bis 100 000 Ohm, die andere von 100 000 bis 1 000 000 Ohm.

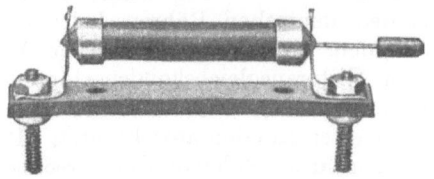

Abb. 277. Nichtinduktiver einstellbarer Gitterausgleichswiderstand sehr kleiner Kapazität von Durham & Co. (Philadelphia).
α) 1000—100 000 Ω
β) 100 000—1 000 000 Ω

δ) **Unveränderlicher Gitterkondensator.**

Für die meisten Röhrenschaltungen genügt es, den Gitterkondensator unveränderlich auszuführen. Es ist aber zweckmäßig, wenn man eine Anzahl von auf verschiedene Kapazitätswerte abgeglichene Kondensatoren in Reserve hat. Dies kann um so leichter bewirkt werden, als die Konstruktion dieser Kondensatoren so einfach und billig ist, daß jeder etwas geschickte Amateur sie sich selbst herstellen kann. (Siehe Kap. XI, Abb. 352, S. 338.)

Im allgemeinen werden Kapazitätswerte in der Größenordnung von 250 cm, 500 cm usw. gebraucht. Hierfür genügt eine Ausführungsform, Abb. 278 entsprechend, die etwa die Dimensionen in $^3/_4$ der nat. Größe wiedergibt. a ist ein Hartgummikörper, um den umschlagförmig die aus dünner Kupfer- oder Aluminiumfolie hergestellten Kondensatorbelege b und c unter Zwischenschaltung von dünnen Glimmerblättchen d

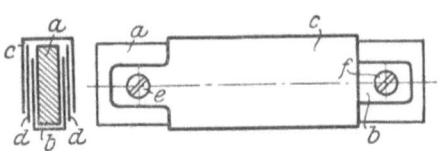

Abb. 278.
Gitterkondensator (Festkondensator).

Abb. 279. Gitterkondensator mit Ausgleichswiderstand von The City Accumulator Co., London.

herumgelegt sind, und zwar so, daß die Glimmerblättchen d genügend weit überkragen, um eine hinreichende Isolation zwischen den Belegen zu gewährleisten. Die Belege sind an je eine Schraube e und f geführt, mittels derer die Verbindungsleitungen zum Empfangskreise ausgeführt werden.

ε) **Kombination von Gitterkondensator und Ausgleichswiderstand.**

Die konstruktive Verbindung eines Gitterkondensators mit einem Ausgleichswiderstand unter Benutzung eines Mullard-Kondensators ist in Abb. 279 wiedergegeben. Der auf dem Kondensator a befestigte Ausgleichswiderstand b hoher Ohmzahl ist gegen Widerstände anderer Größen leicht auswechselbar angeordnet.

ζ) **Kombinierter variabler Gitterkondensator mit Ausgleichswiderstand.**

Eine besonders geschickte konstruktive Lösung der Vereinigung von Gitterkondensator und Ausgleichswiderstand von der Firma Chas. Freshman Co., zeigt Abb. 280. Hierbei ist offenbar der Widerstand von 0 bis 5 Ohm durch den Knopf veränderlich gestaltet. Der jeweilig eingestellte Widerstandswert kann auf der Skala abgelesen werden. Der Kondensator in der Größenordnung von 0,00025 MF ist fest eingebaut.

Abb. 280. Kombinierter veränderlicher Gitterkondensator und Ausgleichswiderstand von Chas. Freshman Co.

G. Telephone.

a) Empfindlichkeit des Telephons. Kennzeichnende Gesichtspunkte für Telephone der drahtlosen Nachrichtenübermittlung.

α) Empfindlichkeit des Fernhörers.

Bei den Telephonen für drahtlose Telegraphie und Telephonie kommt es ganz besonders auf eine hohe Empfindlichkeit an. Ein hochempfindliches Telephon reagiert bei richtiger Einstellung noch gut auf 10^{-10} Watt. Die Eigenschwingung ist im allgemeinen nur schwach ausgeprägt und die Dämpfung ist groß (G. Seibt 1920). Infolgedessen erhalten diese Telephone auch meist eine sehr viel größere Amperewindungszahl als die in der Drahttelephonie üblichen Fernhörer. Es ist keineswegs selten, daß eine Amperewindungszahl, entsprechend mehreren 1000 Ohm, auf die Telephonmagnetspulen aufgewickelt wird. 2000 bis 4000 Ohm sind sogar die Norm. Die Telephontype der Western Company für drahtlose Zwecke besitzt einen Gleichstromwiderstand von 2200 Ohm und einen Wechselstromwiderstand von 22700 Ohm.

β) Einfluß der Audiofrequenzen auf die Empfindlichkeit.

Im gesamten Bereiche des drahtlosen Empfanges kann nicht mit einer sinusförmigen Erregung der Telephonmembran, sondern vielmehr stets nur mit einer ,,periodisch ballistischen" Erregung gerechnet werden. Die Telephonmembran führt Eigenschwingungen aus, die mehr oder weniger rasch abklingen, bis ein neuer Erregungsimpuls erfolgt (M. Vos 1914, L. Kühn 1917). Es ist daher verständlich, daß die Steigerung der Funkenzahl im allgemeinen keine Erhöhung der Telephonempfindlichkeit bewirkt hat, daß vielmehr ganz besondere Umstände zusammentreffen müssen, um wirklich eine größere Lautstärke im Telephon zu erzielen. Der durch die höhere Funkenzahl und hiermit größere ausgestrahlte Energie im Detektor hervorgerufene größere Stromeffekt bleibt hiervon selbstverständlich ganz unberührt, denn es handelt sich bei dieser Betrachtung lediglich um die Empfindlichkeit des Telephons selbst.

Bei der periodisch ballistischen Membranerregung ist nicht mit rein sinusförmigen Schwingungen zu rechnen, es ist vielmehr eine Reihe von Obertönen vorhanden. Infolgedessen hängt die Empfindlichkeit des Telephons wesentlich vom menschlichen Ohr, von der Tonhöhe und der relativen Stärke der einzelnen Obertöne ab.

Die Empfindlichkeit bei einer bestimmten Tonfrequenz wird also durch folgende drei Faktoren bestimmt (siehe auch S. 289):

1. Durch die Größe der Membranamplitude bei einer bestimmten Stromintensität.
2. Durch die relative Stärke der im Tonbereich auftretenden Oberschwingungen.
3. Durch die Empfindlichkeit des menschlichen Ohres auf diese verschiedenen Obertöne.

Hierdurch wird bewirkt, daß die Membranempfindlichkeit für verschiedene Tonzahlen eine ganz verschiedene ist, wobei bei allen tönenden Funkensendern die erzeugten Töne in dem Bereiche liegen, in dem das menschliche Ohr die größte Empfindlichkeit besitzt (ca. 500 bis 2500 Schwingungen pro Sek.). Die Empfindlichkeit der beim drahtlosen Empfang gebräuchlichen Telephone zusammen mit dem menschlichen Ohre wird, wie sich theoretisch ergibt, ein Maximum, wenn die Eigenfrequenz der Membran ein ganzes Vielfaches der Tonfrequenz ist. Soweit man also hiernach die Senderfrequenz wählen kann, erhält man das Optimum, wenn man die Senderfunkenfrequenz oder generell die Audiofrequenz so wählt, daß sie ein ganzer Bruchteil der Eigenfrequenz der Telephonmembran ist.

Unter Berücksichtigung dieses Umstandes ist es klar, daß nur unter diesen bestimmten Voraussetzungen durch Steigerung der Funkenzahl eine größere Lautstärke gewonnen wird, während bei niedrigen Funkenzahlen stets eine hohe Telephonempfindlichkeit erzielt wird, insbesondere auch dadurch, daß die Membran scharfe ruckähnliche Stöße erfährt, die sie kräftig in Bewegung setzen.

γ) **Dämpfungsdekrement und Resonanzfähigkeit des Telephons.**

Das Dämpfungsdekrement der Telephonmembran ist gegeben durch den Ausdruck (G. Seibt, 1920):

$$\mathfrak{d} = \frac{a}{2\,\nu\cdot\mathfrak{M}}.$$

Hierin bedeutet:

a = ein Faktor, der die Schallabgabe an die Luft, die innere Reibung der bewegten Massen, die Luftreibung an den Wänden, Entstehung von Luftwirbeln und die Energieabgabe an die Weichteile des Ohres involviert,
ν = die Frequenz,
$\mathfrak{M}$ = die Masse der bewegten Telephonmembran.

Es ist aus diesem Ausdruck für die Dämpfung ersichtlich, daß man das Dekrement vermindern, also die Resonanzfähigkeit erhöhen kann, da die andern Größen sämtlich gegeben sind, indem man die Masse der Telephonmembran erhöht. Allerdings geht dieses nur bis zu einem gewissen Grade, da von einer gewissen Membranstärke an die Dämpfung wieder wächst.

Eine erhebliche, bisher nicht beachtete Dämpfung der Telephonmembran erfolgt durch den menschlichen Körper, da an denjenigen Stellen, wo Berührung des Fernhörers mit den Weichteilen des Ohrs stattfindet, die sich ausbildende Amplitude erheblich ist. Eine Herabsetzung der Dämpfung kann offenbar nur bewirkt werden, indem man das Mitschwingen des Telephongehäuses möglichst gering macht. Dieses aber führt dazu (H. W. Sullivan 1908, G. Seibt 1920), den Durchmesser der Telephonmembran gering zu halten, und, um die größere Masse herzustellen, diese ev. künstlich durch ein aufgesetztes Gewicht oder dergleichen zu vergrößern.

δ) Berücksichtigung der Eigenschwingungszahl der Membrane.

Ein Umstand, auf den offenbar bisher viel zu wenig geachtet worden ist, liegt in der Berücksichtigung der Eigenschwingungszahl der Membrane. Die bisher üblichen Membranen haben Eigenschwingungen unter 2000 pro Sekunde, meistens von etwa 1200, was für die Buchstaben a, o und u günstig ist, hingegen nicht für solche, die höhere Eigenschwingungszahlen besitzen. Für letztere wären Membranen mit Eigenschwingungszahlen in der Größenordnung von mehreren tausend pro Sekunde erheblich geeigneter.

ε) Erhöhung der Lautstärke durch konstruktive Maßnahmen im Telephon selbst.

Es ist G. Seibt, abgesehen von der Anwendung besonders geeigneten Materials (hochlegierten Eisen für Polschuhe und Membrane), durch Anwendung zweier Kunstgriffe gelungen, die Lautstärke eines gewöhnlichen elektromagnetischen Telephons bis auf etwa den 2,4-fachen Betrag zu erhöhen. Der erste Kunstgriff besteht darin, daß er die Polschuhe aus dünnen geblätterten Eisenblechen und nicht wie bisher aus massiven Eisenstücken herstellt. Hierdurch wurde bereits eine gewisse Erhöhung der Lautstärke erzielt, die an sich jedoch nicht erheblich genug gewesen wäre, um die sehr kostspielige Umstellung in der Fabrikation auf die neue Ausführungsform zu bewirken.

Der zweite neue Konstruktionsgedanke, bestehend in der Anbringung eines magnetischen Nebenschlusses, wurde durch folgende Erwägungen herbeigeführt. Es stellte sich bei Versuchen heraus, daß die permanenten Magnete eines gewöhnlichen Telephons bei schwachen Wechselstrommagnetisierungen nur schwer durchlässig waren. Infolgedessen ist, wie dies Abb. 281 zeigt, ein Teil der Wechselstromkraftlinien am Fuße der Polschuhe gezwungen, sich zum größten Teil durch die Luft hindurch zu schließen. Der sehr große magnetische Widerstand des Telephons, der einerseits verursacht ist durch die dünne Membran, den Luftspalt zwischen Membran und Polschuhen und andererseits durch die geringe Permeabilität des Eisens bei geringer Magnetisierung, erfährt also infolge der großen Luftwege, die der magnetische Kraftfluß zu überwinden hat, eine erhebliche Zunahme. Infolgedessen ging das Bestreben von Seibt dahin, diesen Weg nach Möglichkeit abzukürzen, also einen magnetischen Nebenschluß an der Unterkante der Polschuhe vorzusehen, wie dies schematisch Abb. 282 zeigt. Es stellte sich heraus, daß die besten Resultate erzielt werden, wenn der Luftspalt nur etwa 2 mm beträgt. Bei geringerem Luftspalt würde ein zu starker dauernder Kraftfluß durch den Nebenschluß hindurchgehen, wodurch eine Schwächung in den Polschuhen und in der Membran bewirkt würde.

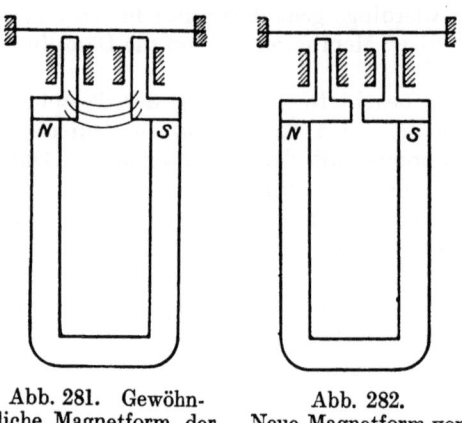

Abb. 281. Gewöhnliche Magnetform der normalen Telephone.

Abb. 282. Neue Magnetform von G. Seibt.

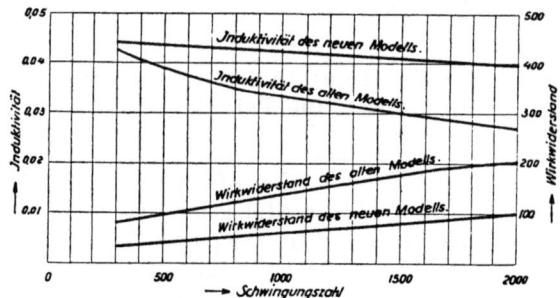

Abb. 283. Vergleich von Widerstand und Selbstinduktion beim alten und neuen Telephon.

In welcher Weise durch Verwendung entspr. hochqualifizierten Materials und die Kombination der beiden angegebenen Kunstgriffe die Eigenschaft des Telephons verbessert wurde, zeigt Abb. 283, und zwar ist hierin ein alter Dosenfernhörer, wie er bei den Handapparaten des ZB-Betriebes benutzt wurde, in Vergleich gezogen mit einem neuen Seibtschen Telephon. Die Selbstinduktion der alten Ausführung betrug etwa 0,04 H, der Gleichstromwiderstand 60 Ohm.

Für die Wicklung war einmal mit Seide besponnener Draht von 0,13 mm benutzt, bei einer Windungszahl von 550. Bei dem neuen Telephon wurde die gleiche Selbstinduktion bereits bei 500 Windungen erzielt, wobei der Drahtdurchmesser von 0,13 auf 0,17 erhöht wurde und der Gleichstromwiderstand von 60 auf 30 Ohm sank. Die charakteristischen Kurven von Abb. 283 lassen den sehr erheblichen Einfluß der Eisenunterteilung deutlich erkennen. Die Lamellen waren aus hochlegiertem Blech mit $4^0/_0$ Si von 0,25 mm Dicke ebenso wie die Membran hergestellt. Die Erhöhung der Lautstärke betrug gegenüber der alten Ausführung das 2,4fache.

ζ) **Physiologische Eigentümlichkeit beim Abhören.**

Auf eine physiologische Eigentümlichkeit beim Abhören mittels des Telephones sei noch kurz hingewiesen. Im allgemeinen sind die übertragenen, bzw. von der Membran wiedergegebenen akustischen Schwingungen verzerrt, da die hohen Töne und die den Konsonanten entsprechenden hohen Schwingungszahlen sehr viel kleinere Amplituden besitzen als die der Vokale und der tiefen Töne. Die letzteren werden infolgedessen erheblich besser und mit größerer Lautstärke wahrgenommen als die ersteren. Um die tiefen Töne und Vokale in ihrer Wirkung auf das Ohr nach Möglichkeit zu eliminieren, genügt im allgemeinen der sehr einfache Kunstgriff, die Telephonmuschel nicht ans Ohr anzudrücken, sondern vielmehr einige Zentimeter vom Ohr entfernt zu halten, da alsdann eine Egalisierung der Amplituden eintritt.

b) Telephone für Radiotelegraphie und -telephonie.

Die Empfindlichkeit eines Hörers hängt weiterhin ab (siehe auch oben unter β, S. 286):
1. Von der Stromstärke, die durch die Magnetwindungen fließt.
2. Von der Amplitude der Membran, die ihrerseits eine Funktion der Frequenz ist und im übrigen auch von den elektrischen Werten der Magnetspulen beeinflußt wird.
3. Von der Kurvenform des durch die Magnetwindungen hindurchfließenden Stromes, wobei die Verhältnisse um so günstiger werden, je sinusförmiger der Strom ist.
4. Von den Eigenschaften der das Telephon erregenden Speisequelle. Dieses ist in besonderm Maße wesentlich, wenn das Telephon durch einen Transformator mit der Apparatur (Empfangskreis) verbunden ist.

Abgesehen von den vorgenannten Punkten ist es grundsätzlich verschieden, ob der Hörer für Radiotelegraphie oder -telephonie benutzt werden soll. Im ersteren Fall werden meist die Morsezeichen mit einem bestimmten Ton gegeben. Um diese Tonwirkung am besten ausnutzen zu können, muß das Telephon tunlichst die Eigenschaft eines Monotelephons besitzen; infolgedessen werden Telephone mit besonders hervortretender Resonanzschwingung vorteilhaft sein.

Ganz anderer Art sind die Anforderungen, die an einen Hörer für Radiotelephonie gestellt werden. Hier wird gerade im Gegensatz ver-

290 Normale Empfängereinzelteile der Radioindustrie.

langt, daß jede Resonanzwirkung nach Möglichkeit vermieden ist, und daß der Hörer im Gesamtgebiet der übertragenen Sprachlaute oder Töne ohne irgendwelche Resonanzwirkung gleichmäßig empfindlich ist. Es kommt hierbei besonders darauf an, daß die Membran ohne jede Verzerrung die Sprechströme im gesamten Bereich wiedergibt.

a) Telephon für Radiotelegraphie von H. W. Sullivan.

In Abb. 284 ist eine derartige, in der drahtlosen Telegraphie gebräuchliche Telephonkonstruktion von H. W. Sullivan in London wiedergegeben. Es ist hier für jedes Ohr ein Telephon vorgesehen, die durch die biegsame Schnur in Reihe geschaltet sind. Um eine leichte Beweglichkeit herbeizuführen, ist jedes Telephon mit einem kugelförmig gestalteten Gelenk ausgerüstet und mit je einem federnden Halteteil verbunden. Jeder dieser Halteteile gabelt sich in zwei mit Hartgummi überzogene Blattfedern, wobei durch eine besondere Schraube eine bequeme Einstellung am Kopf ermöglicht ist.

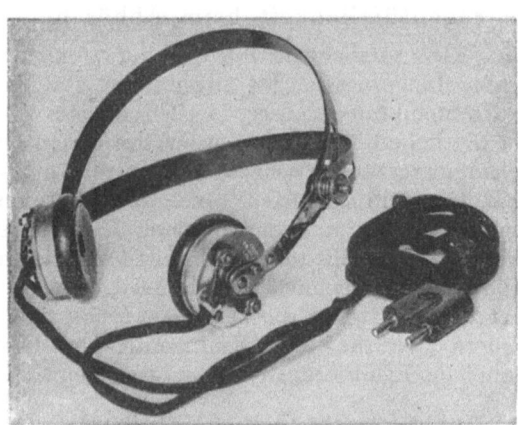

Abb. 284. Telephon mit ausgesprochener Resonanzlage für Radiotelegraphie von H. W. Sullivan.

Obwohl die Telephone bei sehr klein gehaltenen Membranen klein und leicht gehalten sind, kann sich doch der Übelstand herausbilden, daß bei lange währender Bedienung der Bügeldruck auf die Ohren unange-

Abb. 285. Doppelkopffernhörer für Radiotelephonie der W. A. Birgfeld A.-G.

nehm empfunden wird. Bei anderen Konstruktionen ist dieses durch eine geschicktere Formgebung des Bügels oder dadurch vermieden, daß an Stelle des zweiten Bügels ein bequemes, durch einen Schieber einstellbares Band vorgesehen ist.

β) **Doppelkopffernhörer für Radiotelephonie der W. A. Birgfeld A.-G.**

Bei dem Doppelkopffernhörer der W. A. Birgfeld A.-G. sind die Erfahrungen des amerikanischen Radiotelephonwesens ausgenutzt. In elektrischer Beziehung sind dadurch die für Radiotelephonie günstigsten Verhältnisse erzielt worden, daß das Telephon für eine nicht hervortretende Eigenschwingung dimensioniert und konstruiert worden ist. Infolgedessen arbeitet dasselbe im gesamten Sprach- und Tonbereich mit annähernd gleicher Empfindlichkeit. Diese konnte verhältnismäßig hoch dadurch erzielt werden, daß sowohl für die Magnete als auch für die Membran bestes Material (Ferrotypeisen) benutzt wurde. Infolgedessen sind die im Telephon entstehenden Verluste nur gering. Durch eine sorgfältige und stabile Konstruktion und Fabrikation wurde ferner erreicht, daß der ein Minimum betragende Abstand zwischen Polschuhen und Membran an

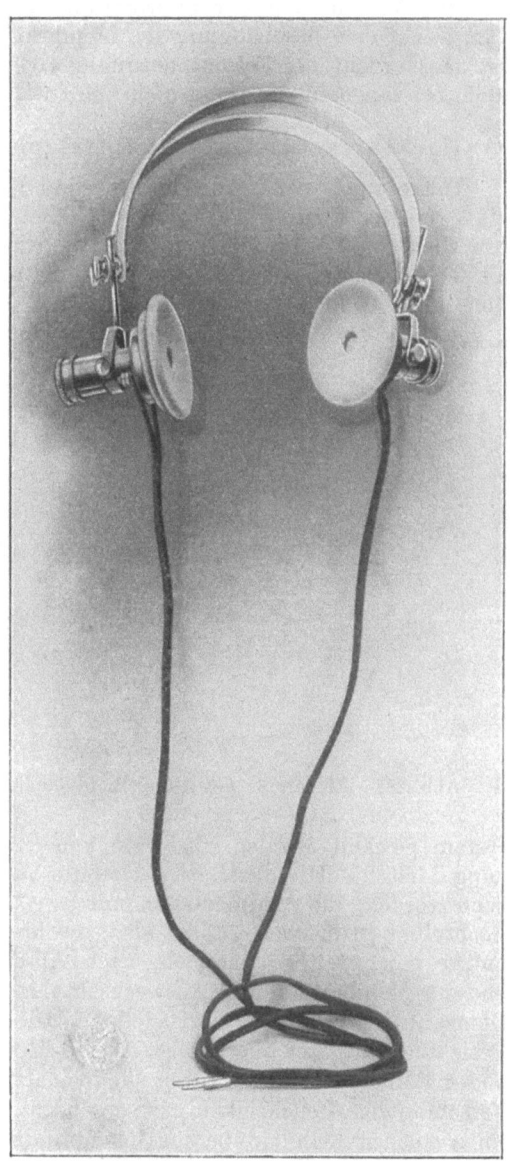

Abb. 286. Doppelkopftelephon von Kramolin & Co. in München.

allen Punkten derselbe ist. Eine Nachstellung durch den Benutzer wurde absichtlich vermieden, da, abgesehen von der hierdurch bedingten Verteuerung der Fabrikation, bei unsachgemäßer Behandlung leicht eine Beschädigung der Membran eintreten kann. Außerdem ist das Gewicht der Gesamtanordnung so gering, daß eine Belästigung auch bei längerem Betriebe nicht eintritt.

γ) **Glockenmagnet-Doppelkopftelephon von Kramolin & Co.**

Vollkommen neue Anordnungs- und Konstruktionsgesichtspunkte sind von der Firma Kramolin & Co. in München in den Telephonhörerbau für Radiozwecke gebracht worden. In erster Linie ist das Bestreben bemerkenswert, die Wirkung des Magnetsystems auf die Membrane tunlichst zentral zu gestalten. Zu diesem Zweck ist entgegen den sonst gebräuchlichen Anordnungen ein Glockenmagnet-

Abb. 287. Einzelteile des Doppelkopftelephons von Kramolin & Co.

system gewählt worden, das eine konzentrische Magnetspulenanordnung darstellt. Hierdurch ist der zweite Vorteil der Anordnung ermöglicht worden, die Magnetspulen mit zwei Steckkontakten leicht auswechselbar zu machen. Es ist also sowohl dem Verkäufer als dem Benutzer ohne weiteres möglich, nach Abschrauben der Hörermuschel und der Membrane durch Auswechseln der Spule rasch die gewünschte Ohmzahl des Telephons herzustellen. Bei den in werkstattechnischer Beziehung ausgezeichnet konstruierten Hörern sind die Hörmuscheln und die Membrane durch einen elfenbeinartigen Zelluloidüberzug gegen Verschmutzen, Feuchtigkeit usw. geschützt. Auch die Bügel sind durch einen solchen Zelluloidüberzug unempfindlich gemacht. Infolgedessen kann man diese Teile durch Abwaschen säubern.

Abb. 286 zeigt ein vollständiges Doppelkopftelephon. Infolge des gewählten Glockenmagnetsystems ist die Konstruktion länger ausgeführt als bei sonst gebräuchlichen Hörmuscheln.

In Abb. 287 sind die Einzelteile des Telephons dargestellt, und zwar ist a die ebenso wie die Membrane b mit Zelluloid überzogene Hörmuschel; *c* ist ein Spulenkörper von 3000 Ohm Widerstand, der nach Lösen zweier Muttern bequem ausgewechselt werden kann; *d* ist die Hörerkapsel, *e* das Glockenmagnetsystem, dessen Mittelpol durch Schraube und Gegenmutter leicht eingestellt, bzw. befestigt werden kann. *f*, *g* und *h* sind Hebel, Befestigungsring und Feststellschraube, womit das Einzeltelephon in leicht verstellbarer Weise am Kopfbügel befestigt ist.

c) Gesichtspunkte für die Konstruktion von Telephonen für drahtlose Nachrichtenübertragung. Anforderungen und konstruktive Gesichtspunkte für die Haltevorrichtung.

Die Telephonmembran wird im allgemeinen etwas schwächer gewählt als bei Drahttelephoniehörern üblich. Indessen ist hier Vorsicht geboten, da bei zu schwachen Membranen leicht die Sättigungsgrenze überschritten ist und hierdurch die Empfindlichkeit und die Lautstärke wieder abnehmen. Nach eingehenden Versuchen von G. Seibt scheint es sich als vorteilhaft herauszustellen, um gut abstimmfähige eintönige Telephone zu erhalten, die Membran klein zu halten und mit Masse zu beschweren (siehe oben).

Um Oxydation der Membranen zu verhindern, werden diese häufig vergoldet.

Da der Abstand der Magnetpole von der Membran wesentlich ist, wird derselbe vielfach durch eine aus der Telephonkapsel herausgeführte Schraubanordnung einstellbar gemacht. Billiger und meist für den Amateur auch zweckmäßiger ist die Ausführung, bei der der Abstand durch verschieden stark bemessene Unterlagsringe am Rande der Telephonkapsel einreguliert wird, wobei allerdings Gefahr der Exzentrizität vorliegen kann.

Da Anrufsvorrichtungen bei den üblichen Detektoren wohl nur selten in der Praxis Anwendung finden und man auch bei Röhrenempfängern mit Anrufseinrichtungen, um Strom und Röhren zu sparen, diese meist nicht betätigen wird, ist es, falls nicht besondere Telegraphierzeiten vereinbart werden, erforderlich, daß der die Telegramme abhörende Beamte mit dem Telephon am Ohr in Empfangsstellung verbleibt. Infolgedessen hat sich die Notwendigkeit einer leichten und guten Bügelkonstruktion der Telephone am Kopf herausgebildet.

Ist der von den Bügeln ausgeübte Druck zu gering, so ist das zwischen Hörmuscheln und der Membran befindliche Luftkissen zu groß, die Kopplung zwischen Membran und Trommelfell des Ohres ist zu lose, und die Lautstärke wird viel geringer als bei entsprechend festem Andrücken. Wird der Druck jedoch zu groß, so tritt, insbesondere bei längerem Gebrauch, ein Schmerzgefühl ein, und die Anordnung kann gesundheitsschädlich wirken. Die Aufgabe ist keineswegs so einfach zu erfüllen, wie es zuerst den Anschein haben könnte, vor allem auch deshalb, weil die Kopfformen sehr abweichen und der Bügel für jeden beliebigen Kopf passen muß.

Man hat sich häufig dadurch zu helfen versucht, daß man die Telephonmuschel mit einem Filzring, Gummiwulst oder einem ähnlichen elastischen Material versehen hat. Diese Anordnungen haben sich jedoch nicht bewährt, da einmal diese Materialien infolge Hartwerdens ihre Elastizität allmählich einbüßen, andererseits aber, namentlich bei längerem Gebrauch in feuchten Räumen, im Freien und dergleichen sich zwischen dem aufgesetzten Ring und dem Ohr Feuchtigkeitsniederschläge bilden, die evtl. zu Ohrenentzündungen Veranlassung geben können.

Abb. 288. Bügelanordnung, Einstellvorrichtung und Halteeinrichtung sowie Herausführung der Zuleitungen bei einem Doppelkopftelephon von I. G. Brown Ltd., London. Das Doppelkopftelephon ist ganz besonders leicht ausgeführt.

Während früher und auch heute noch von manchen Firmen die Bügelanordnung in Form eines einfachen oder doppelten Stahlbandes, die in gewissen Grenzen mit Langlöchern verstellbar war, ausgeführt wurde, ist man heute meist zu belederten dünnen Bändern oder Drähten übergegangen. Abb. 288 gibt ein Beispiel hierfür.

Von den zahlreichen Einstellkonstruktionen, die vorgeschlagen worden sind, scheint sich eine in Amerika übliche Ausführung, von der Abb. 289 den unteren Teil der Haltevorrichtung samt Telephon wiedergibt, bewährt zu haben. Die Bügelvorrichtung besteht hierbei aus

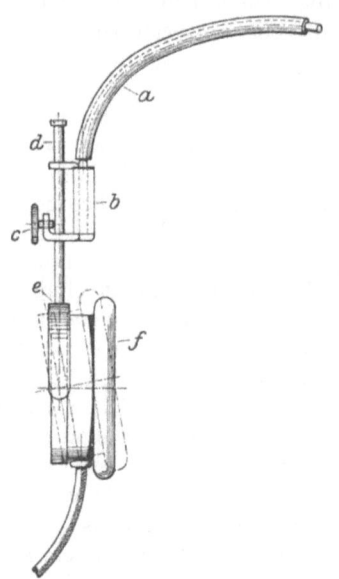

Abb. 289. Amerikanische Haltevorrichtung von Kopfhörern.

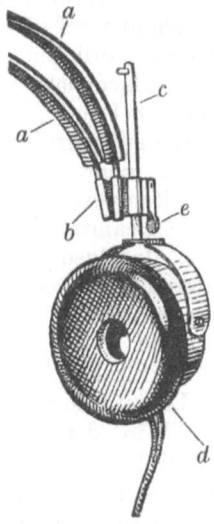

Abb. 290. Einstell- und Haltevorrichtung der W. A. Birgfeld A.-G.

einem zweiteiligen elastischen Draht a, dessen untere Enden auf der Abbildung wiedergegeben sind. Dieser ist mit einem gegabelten Endstück b fest verbunden. In letzterem kann mittels einer Schraube c ein zylindrischer Halteteil d beliebig eingestellt werden. Die Einstellung erfolgt nach der Kopfform, dem Ohrabstand usw. Der zylindrische Halteteil besitzt an seinem unteren Ende eine Gabel e, in der das eigentliche Telephon samt Muschel f nahezu allseitig drehbar ist. Durch die mögliche Drehung des zylindrischen Teils d und des Telephons f kann in einfachster und bequemster Weise das Telephon jeder beliebigen Kopfform angepaßt werden und liegt auch während längerer Gebrauchsperioden so am Ohr an, daß ein unangenehmer Druck nicht auftritt.

Wenn durch diese Konstruktion auch bereits der Vorteil erzielt ist, ein ungleich besseres Anliegen der Hörmuscheln am Kopf zu gewährleisten, so ist doch der Nachteil der verhältnismäßig umständlichen Einstellung der Hörmuscheln noch nicht völlig beseitigt. Zweckmäßiger ist daher die mit einem Klemmbügel versehene Haltevorrichtung der W. A. Birgfeld A.-G., die Abb. 290 wiedergibt. a sind die beiden belederten Kopfbügel, an deren unteren Teilen eine zwingenförmig aus Metallblech gebogene Öse b befestigt ist. In dieser kann der zylindrische Halteteil c des Kopffernhörers d leicht nach oben oder unten geschoben werden, sofern die Zwinge e aufwärts geklappt ist. Die Einstellung ist daher in einfacher Weise und rasch am Kopf möglich.

Sobald die Hörmuscheln die richtige Lage eingenommen haben, wird die Zwinge e heruntergeklappt und die Hörmuscheln sind somit vollständig in ihrer Lage fixiert.

H. Unterbrecher.

a) Allgemeine an Unterbrecher zu stellende Anforderungen.

Nicht nur für die auf Unterbrechungswirkung beruhenden Empfangsschaltungen (Tikkerschaltungen), sondern auch für eine große Anzahl von Meß- und Abstimmzwecken werden Unterbrecher benötigt, auf die im nachfolgenden kurz eingegangen werden soll. Es besteht die Forderung, möglichst regelmäßige Unterbrechungen tunlichst im musikalischen Tonbereiche zu erzeugen, um den entsprechend unterbrochenen Strom, bzw. Hochfrequenzstrom zu erzeugen.

Wenn man für Unterbrecherzwecke im Prinzip auch einen Wagnerschen Hammerunterbrecher benutzen könnte, so wird eine derartige, verhältnismäßig primitive Anordnung im allgemeinen nicht ausreichen, da die Unterbrechungen nicht regelmäßig genug sein werden und die Unterbrechungszahl im allgemeinen zu niedrig ist.

Die Anforderungen, die an einen für Meß- und Abstimmzwecke zu benutzenden Unterbrecher zu stellen sind, sind im wesentlichen folgende:
1. Der Unterbrecher soll stets von selbst anspringen, ohne daß er einer Nachhilfe von Hand bedarf.
2. Die Unterbrechungszahl und die erzeugte Amplitude sollen auch während längerer Benutzungsdauer absolut konstant bleiben, da

sonst bei der ohnehin mißlichen akustischen Vergleichsmethode noch weitere sehr erhebliche Fehlerquellen in die Messung hineinkommen können.

3. Die Tonhöhe des Unterbrechers soll hoch sein und möglichst im akustischen Tonbereich von etwa 400 bis 600 Unterbrechungen pro Sekunde liegen.
4. Der vom Unterbrecher erzeugte Ton soll rein sein und ohne zischende oder kratzende Nebengeräusche konstant bleiben.
5. Der Eigenverbrauch des Unterbrechers an elektrischer Energie — Uhrwerksunterbrecher, die für längere Zeiträume regelmäßige Unterbrechungen liefern, in handlichem Format sind leider bisher noch nicht praktisch ausgebildet worden — soll möglichst gering sein, damit die Spannung der Speisebatterie, für die in der Hauptsache Trockenelemente inbetracht kommen, auch während längerer Benutzungsdauer nicht merklich sinkt.
6. Der Unterbrecher soll möglichst nicht polarisiert sein und sich in einfacher Weise durch Stöpselung oder Betätigung einer Bajonettfassung mit dem betreffenden Apparat verbinden lassen.
7. Das nach außen dringende, vom Unterbrecher erzeugte Geräusch soll möglichst gering sein, um die Beobachtung, bzw. Messung nicht zu stören.

Bei fast keiner der bisher bekannt gewordenen Konstruktionen sind sämtliche der angeführten Bedingungen exakt gewährleistet. Die größte Schwierigkeit besteht in der Erfüllung der Punkte 2 und 4, die allein durch die Schleifenanordnung erreicht werden können, da nur diese bei zweckentsprechender Ausbildung in der Lage sein dürfte, eine hohe Unterbrechungszahl, im musikalischen Tonbereiche liegend, auch während längerer Benutzungsdauer konstant aufrechtzuerhalten und einen absolut reinen Ton ohne jegliches Nebengeräusch hervorzubringen.

Auf die Erfüllung von Punkt 7, die Schalldämpfung des Summers betreffend, sollte unbedingt hingearbeitet werden, da sich diese noch verhältnismäßig am einfachsten durch Vergießen mit einer schalldämpfenden Masse oder Umgeben mit einem Filzmantel oder dergleichen bewirken läßt.

b) Summer mit nahezu geschlossenem Eisenweg von G. Seibt.

Die meisten der obigen Bedingungen werden bei der in Abb. 291 wiedergegebenen Konstruktion von G. Seibt (1915) erfüllt, wobei die Anordnung polarisiert arbeiten muß. Zu diesem Zweck ist nur ein Luftspalt in dem sonst vollkommen geschlossenen magnetischen Kreis vorgesehen, und der auf dem einen Elektromagnetpol befestigte Anker, der über dem anderen Pol frei schwingt, dient auf seiner ganzen Länge als Leiter der magnetischen Kraftlinien.

Der Anker besteht, wie die Abbildung erkennen läßt, aus einer federnden Zunge, die mit einer an einem Galgen einstellbaren Schraube die Unterbrechungen herstellt. Um eine Abbremsung der Schwingungen des Ankers bei der Kontaktgebung zu vermeiden, ist auf den Anker noch ein federndes Zwischenstück aufgesetzt, dessen Eigenschwingungszahl in die Größenordnung der Ankerschwingung fallen soll, wodurch ein besonders klarer, sonorer Ton gewährleistet sein soll. Zwischen Feder und Anker ist, um die hierdurch hervorgerufenen mechanischen Schwingungen abzubremsen und die Tonwirkung regelmäßig zu gestalten, ein Filzstückchen oder dergleichen vorgesehen. Hierdurch wird auch bewirkt, daß der Kontaktdruck nicht so kritisch ist, als dies bei sonstigen Anordnungen der Fall zu sein pflegt.

Unterhalb der vorgenannten Unterbrechungsstelle liegt der Luftspalt. Derselbe wird zweckmäßig einregulierbar gestaltet dadurch, daß die Ankerpolschuhe z. B. durch Schrauben gesenkt werden können. Der Anker, bzw. die als Anker dienende Feder ist, damit das vom Summer erzeugte tönende Geräusch möglichst gering ist, klein hergestellt und besitzt eine Oberfläche, die kleiner als 10 mm² sein soll.

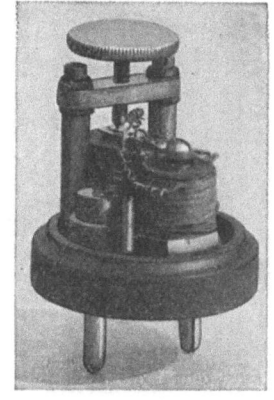

Abb. 291. Summer mit nahezu geschlossenem Eisenweg von G. Seibt.

1. Schalt- und Kontaktorgane.

Die größten Anforderungen bezüglich der Kontaktgüte werden selbstverständlich an alle Schaltorgane, insbesondere auf der Empfangsseite, gestellt. Wesentlich ist es, daß die beiden Kontaktstücke aus einem nicht oxydierenden Material wie z. B. Platin hergestellt werden, um stets und dauernd die Kontaktgüte zu gewährleisten. An Stelle von Platin oder Platinsilber kann in den meisten Fällen zweckmäßig die viel billigere Goldsilberlegierung (10% Gold, 90% Silber) verwendet werden, wobei nur zu beachten ist, daß die Legierung (Draht, Plättchen usw.) nicht allzu weich gewählt sein darf, da sich sonst die Kontakte zu leicht deformieren.

a) Schalter.

α) Einfacher Druckschalter.

Für einfachere Apparate, namentlich für solche, die sich der Amateur selbst herzustellen beabsichtigt, genügt in den meisten Fällen eine Schalterkonstruktion, wie sie Abb. 292 veranschaulicht (Montage eines derartigen Schalters siehe z. B. Abb. 349, S. 336). An einem mit Gegenmutter versehenen Schraubbolzen a, der durch die Montageplatte hindurchgesteckt wird, ist ein Halteteil b angebracht, in dem die mit Handgriff versehene Kontaktfeder c drehbar befestigt ist. Die eigentliche Kontaktgebung wird durch eine Kontaktfeder d bewirkt. Bei sehr einfacher Formgebung kann man den Ein- und Ausschalter, wozu derartige Kontakthebel vorzugsweise gebraucht werden, oder auch die Konstruktion eines Stufenschalters unter Benutzung von Messingschrauben mit halbrundem Kopf gemäß Abb. 293 herstellen.

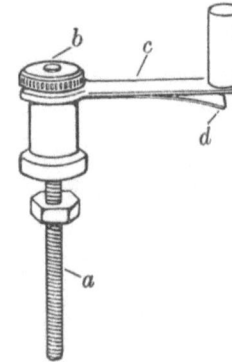

Abb. 292. Einfacher Druckschalter mit Kontaktanschluß, insbesondere für einfache Amateurarbeiten.

β) **Kontakteinrichtung mit Schleiffeder von G. Seibt.**

Wenn man bei einlagigen Zylinderspulen die Selbstinduktion zwar nicht völlig kontinuierlich, aber in sehr kleinen Sprüngen verändern will, so muß man auf einer Mantellinie der Spule den Draht blank machen und mit einer Kontaktfeder, meist einem sog. „Schleifer", den betreffenden jeweilig gewünschten Selbstinduktionsbetrag einschalten. Obwohl verhältnismäßig hochwertige Schleiferkonstruktionen geschaffen worden sind, die im allgemeinen auch meist eine gute Kontaktgebung gewährleisten, so ist doch ein sehr erheblicher Übelstand vorhanden, daß durch die endliche Stärke der Schleiffeder mindestens zwei, meistens sogar noch mehr Windungen kurzgeschlossen werden, und daß in den kurzgeschlossenen Windungen Wirbelstromverluste entstehen. Diese können, wenn man ohne Verstärker empfängt, die Empfangslautstärke außerordentlich herabsetzen.

Es ist daher unter allen Umständen vorzuziehen, die Unterteilung nicht so fein zu gestalten, sondern nur eine Anzahl von Spulenunterteilungen abzuzweigen und diese an einen besonderen Gruppenschalter zu führen, der, sowohl was Isolation als auch was Kontaktgebung anbelangt, allen modernen Anforderungen entsprechend gestaltet sein kann. Derartige Kontakteinrichtungen in der Ausführung der Firma G. Seibt sind in den Abb. 294 und 295 wiedergegeben.

Abb. 293. Messingschraube mit Metallgewinde, halbrundem Kopf und Gegenmutter.

Abb. 294 stellt eine Kontakteinrichtung mit Schleiffeder dar, wobei neun Abzweigungen vorgesehen sind. Die Stromzuführung erfolgt bei a durch die Spirale b über die Mehrfachschaltfeder c hinweg nach den in der Hartgummiplatte d eingelassenen zylindrischen Kontaktstücken e. Diese letzteren sind mit entsprechend ausgebohrten Anschaltungen f fest verbunden, in die die z. B. zur Spule führenden Leitungsdrähte eingelötet werden. Damit nicht der Fall eintritt, daß die Schleiffeder c zwischen zwei Kontakten stehen bleibt und alsdann eine dem oben geschilderten Wirbelstromverlust ähnliche Erscheinung hervorruft, ist die metallische Grundplatte g der Schleiffeder b mit Ausbohrungen versehen, in die ein entsprechendes Rasterorgan eingreift. Hierdurch wird bewirkt, daß jede Kontaktstellung sich bei der Betätigung des Schaltorgans deutlich wahrnehmbar macht.

Ein diese Prinzipien gleichfalls berücksichtigender Kreuzschalter ist in Abb. 295 dargestellt. Mittels eines solchen Kreuzschalters ist

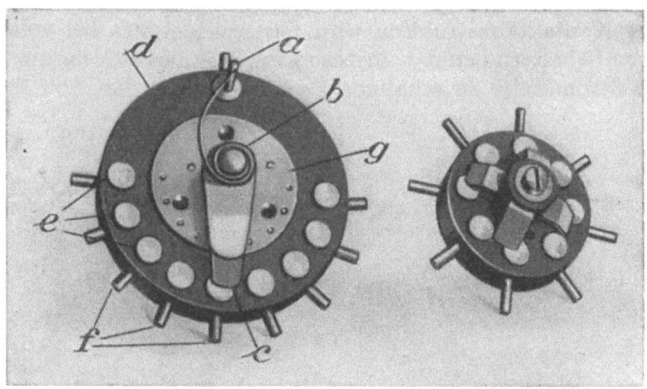

Abb. 294 und 295. Seibt-Schalter.

die doppelpolige An- und Abschaltung von Schaltelementen (Spulen, Kondensatoren usw.) möglich.

γ) Feder- und Messerschalter.

Um die Kontaktgüte eines Schalters zu gewährleisten, kann man auch eine Schalterkonstruktion (W. Scheppmann, 1916) gemäß Abb. 296 anwenden. Hierbei sind die eigentlichen federnden Kontaktbleche a im Lager b drehbar angeordnet, so daß auch bei einem Verziehen der Grundplatte, auf die die miteinander durch den Schalter zu verbindenden Kontaktstücke d und e aufgesetzt sind, ein Nachgeben stattfindet und demgemäß eine sichere widerstandslose Kontaktgebung gewährleistet ist.

Übrigens wird ein sehr guter und wohl für alle Fälle anwendbarer, auch zeitlich sich nicht verschlechternder, ausreichender Kontakt bei dem sogenannten Messerschalter, gemäß Abb. 297 erzielt, der nicht nur für kleine Empfangsenergien, sondern auch bis zu mittleren Stromstärken ausgezeichnet ist.

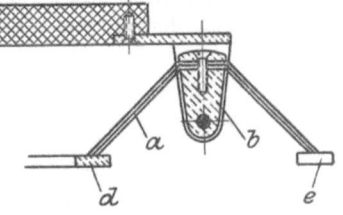

Abb. 296. Federschalter.

Das wesentliche Kennzeichen dieser Anordnung besteht darin, daß Messerkontakte angewendet werden, das heißt Kontakte aus verhältnismäßig dünnem Blech, die vorn schneidenförmig gestaltet sind und mit entspr. Kontaktfedern Berührung machen, die also während der Einschaltungsbewegung die Federn auseinanderbiegt und in diesem Zustand beläßt, solange die Kontaktdauer anhält. Die Berührung zwischen Kontaktschneide und Kontaktfedern ist hierdurch eine besonders innige, so daß auch für Empfangszwecke, bei denen nur sehr geringe Empfangsenergie im System vorhanden ist, derartige Schalterkonstruktionen gut angewendet werden können.

Es werden daher Messerschalter beispielsweise auch zur Schaltung von Variometern und anderen Apparaten verwendet.

Diese Kontaktkonstruktion wird ferner auch gern bei vollkommen drehbaren Schaltern benutzt, insbesondere wenn es sich darum handelt, mehrere Stromkreise zu schalten. Es können, wie dies Abb. 298 zeigt,

Abb. 297. Messerschalter.

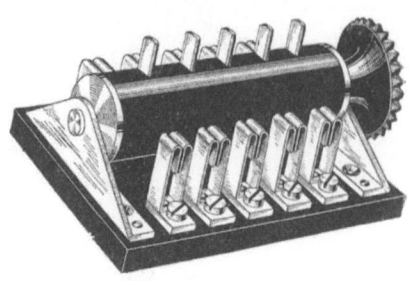

Abb. 298. Allseitig drehbarer Messerschalter.

ohne weiteres auch mehr als nur zwei Schalterstellungen mit einem derartigen drehbaren Schalter beherrscht werden.

δ) Druckknopfkontakteinrichtung.

Bei der Konstruktion der Druckknopfkontakteinrichtung, die Abb. 299 wiedergibt (P. Floch 1915) ist der Gesichtspunkt durchgeführt, daß das den Kontakt bewirkende Organ $a\,b\,d\,c$, das mit dem Hebel e verbunden ist, der seinerseits an einer Achse f befestigt ist, eine Trennung der mechanischen und elektrischen Funktion besitzt. Der mechanische Kontaktdruck wird durch die Teile $b\,d\,c$ erzielt, wohingegen für die elektrische Kontaktgüte die Feder a maßgebend ist. Während bei sonstigen Kontakten oder Schaltern der den Druck herbeiführende Teil in einem entsprechenden Winkel zur Kontaktfläche liegt, so daß stets nur eine Komponente zur Wirksamkeit kommen kann, ist bei der Druckknopfkontakteinrichtung, gemäß Abb. 299, der Druck stets senkrecht zur Kontaktfeder a, die zudem sehr groß bemessen sein kann, so daß stets eine tadellose elektrische Berührung mit dem Gegenkontaktstück h gewährleistet ist, wodurch jedes Ecken, Kanten usw. vermieden wird.

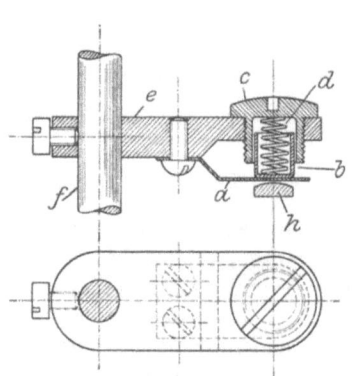

Abb. 299. Druckknopfkontaktvorrichtung.

Nachstellung, Auswechselung und Einregulierung des Druckes sind bei dieser Konstruktion, wie aus Abb. 299 ersichtlich ist, in überaus einfacher Weise ermöglicht und können ohne Spezialwerkzeug mittels einfachen Schraubenziehers oder Taschenmesser bewirkt werden. Außerdem kann die Nachspannung während des Betriebes erfolgen.

ε) Walzenschalter.

Eine prinzipiell andere Möglichkeit, die Kontaktgüte sicher zu gewährleisten, ist durch den nachstehenden Walzenschalter ermöglicht. Dieser beruht darauf, daß nicht eine auf Kontaktstücken schleifende Bewegung von Schaltmessern oder dergleichen stattfindet, sondern daß vielmehr, ähnlich wie bei dem Klöppel des Wagnerschen Hammerunterbrechers einer elektrischen Glocke, zwischen einer unveränderlichen Spitze und einer Platte (Platin, Gold-Silberlegierung oder dergleichen) der Kontakt hergestellt wird, indem eine mit kleinen Nocken versehene Walze gedreht wird.

Abb. 300. Walzenschalter.

Die Nocken werden hierbei so angeordnet, daß wahlweise die eine oder andere oder auch mehrere Federkontakte nacheinander betätigt werden. Die sich für zehn Kontaktgebungen ergebende Konstruktion stellt Abb. 300 dar, und es wird bei der dargestellten Drehung z. B. der vierte Kontakt, von rechts aus betrachtet, betätigt. Dieser Schalter setzt nicht nur ausgezeichnetes Material (Federn), sondern auch eine sehr sorgfältige Herstellung voraus. Aber selbst dann ist bei sehr geringen zu schließenden Energien ein zeitweiliges Versagen der Kontaktstelle beobachtet worden.

ζ) Hebelschalter.

Den Walzenschaltern sehr ähnlich sind die Hebelschalter ausgeführt, die im Drahttelephonbetriebe, als Kellogschlüssel oder ähnlich bezeichnet, verwendet werden. Abb. 301 stellt ein Ausführungsbeispiel in Ruhestellung dar. Wenn der Hebel a in der Pfeilrichtung nach links bewegt wird, drückt die aus Isolationsmaterial bestehende Nockenscheibe b sowohl die Feder c als auch die Feder f gegen die entsprechende Gegenfeder g und h und macht mit dieser innigen Kontakt.

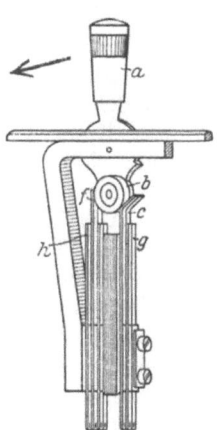

Abb. 301. Hebelschalter (Kellogschlüssel).

Auf diese Weise ist eine doppelpolige An- und Abschaltung beliebig vieler Stromkreise ohne weiteres möglich, da die Nockenscheibe b fast beliebig lang sein kann und infolgedessen auch sehr viele nebeneinander angeordnete Kontaktfedern benutzt werden können. An die unteren Teile der Federn werden die Verbindungsleitungen angelötet.

η) **Schleifkontakte (Slider).**

Ein sehr wesentliches Organ für alle diejenigen Apparate, bei denen ein Draht aufgewickelt ist und längs einer Wicklungsseite stufenweise in sehr kleinen Sprüngen geschaltet werden soll, ist der Schleifer (Slider, Schleifkontakt). Man verlangt von diesem, daß die Kontaktgebung unter allen Umständen zwischen der eigentlichen Schleifstelle und dem einzuregulierenden Apparat eine möglichst innige, und daß die Übertragung vom Schleifkontakt auf die stromführende Leiste eine möglichst punktförmige und gute ist und ferner, daß diese Verhältnisse weder durch längere Benutzung noch durch atmosphärische Einflüsse Schaden leiden. Da es bei den meisten Konstruktionen auf die Ausnutzung von Federkräften ankommt und vielfach die Federwege

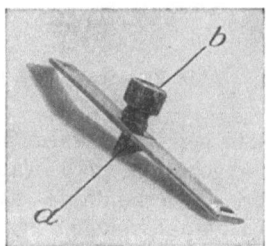

Abb. 302. Schleifkontakt mit Metalleiste für Schiebespulen, Ohmsche Widerstände usw. von G. Seibt.

Abb. 303. Amerikanischer Slider von Gehmann & Weinert, Newark N. J.

viel zu gering bemessen worden sind, krankt eine große Anzahl derartiger Schleifanordnungen an prinzipiellen Übelständen, so daß die mit solchen Einrichtungen versehenen Apparate häufig in Mißkredit gekommen sind.

Die genannten Übelstände werden zu einem erheblichen Teil durch den in Abb. 302 nebst Kontaktleiste wiedergegebenen Schleifkontakt vermieden, da Konstruktion, Formgebung und Wahl des Materials hierbei so getroffen sind, daß eine gute Kontaktgebung auch während eines langen Dauerbetriebes und unter verschiedenen Einflüssen gewährleistet ist. Der Federweg für den eigentlichen Schleifkontakt a ist hierbei infolge der Biegung der Feder ziemlich groß. Besondere Berücksichtigung hat auch noch die Ausbildung des Knopfes b erfahren, die so bemessen ist, daß ein Ecken oder Kanten beim Betrieb nicht auftritt.

Noch günstiger dürfte sich der Slider amerikanischer Konstruktion gemäß Abb. 303 verhalten, da hierbei trotz räumlicher Geringhaltung der Abmessungen der Federweg noch größer ist. (Siehe auch die schematische Schnittzeichnung Abb. 344, S. 332.)

Eine Verstellungsmöglichkeit soll durch das Kontaktorgan nebst Feststellvorrichtung gemäß Abb. 304 ausgeschlossen sein, was hierbei durch eine Riffelung der Metalleiste bewirkt wird. Schließlich ist noch ein in England insbesondere für Schiebespulen sehr gebräuchlicher Schleifkontakt gemäß Abb. 305 erwähnenswert, bei welchem im Innern des Kontaktorgans eine Spiralfeder angeordnet ist.

b) Kontaktanschlußorgane.

α) Federnder Stöpselkontakt.

Besondere Anforderungen werden an diejenigen Stöpselkontakte gestellt, die für Empfangszwecke dienen, da hier jeder, auch der geringste Übergangswiderstand einen wesentlichen Energieverlust bedeutet, der die Reichweite der ganzen Station wesentlich herabsetzen kann. Es sind daher früher vielfach die Stöpsel einfach geschlitzt

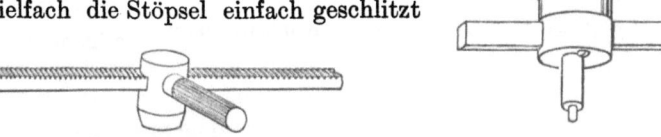

Abb. 304. Kontaktorgan und Feststellvorrichtung für Schleifer (Schleifkontakte) in englischer Ausführung.

Abb. 305. Englischer Schleifkontakt für Schiebespulen.

worden, ähnlich wie dies Abb. 315o bei den Kontaktstücken darstellt.

Eine erheblich bessere, allen Anforderungen gerecht werdende Konstruktion von H. Schnoor (1911) gibt Abb. 306 in Grundriß und Aufriß, und zwar in der Ausführung für ein Telephon oder einen Verbindungsstöpsel wieder. Um die zylindrischen eigentlichen Kontaktstücke a sind nach allen vier Richtungen hin gut federnde Bleche b herumgelegt, die nach oben hin ausweichen können und sich beim Einstecken des Stöpsels in die Buchsen eng an die Zylinder a anlegen, so daß auf diese Weise ein ausgezeichneter Kontakt sicher und stets gewährleistet wird. Hierbei ist es trotzdem möglich, den Kontaktstöpsel leicht aus der Fassung herauszuziehen.

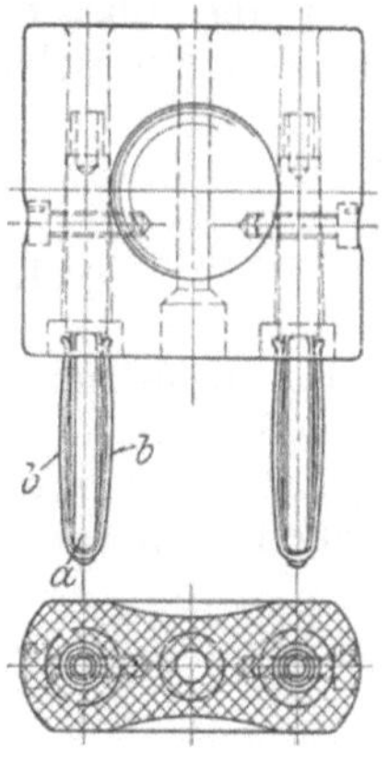

β) Klinkenstecker.

Während in Deutschland bisher nur der Doppelstöpsel (Doppelstecker) bei radiotelegraphischen Apparaten in Anwendung ist, ist man in Amerika und teilweise auch in England auf den koaxialen zweipoligen Einfachstecker (Klinkenstecker) übergegangen. Bei diesem Stecker,

Abb. 306. Federnder Stöpselkontakt.

von dem Abb. 307 eine besondere Ausführungsform wiedergibt, ist der Vorteil vorhanden, daß man, ohne lange die Kontaktstellen zu suchen, mit dem Stöpsel in die betreffende Stöpsel- oder Klinkenverbindung, die z. B. entsprechend Abb. 308 ausgeführt sein kann (C. F. Elwell Ltd., London), hineinstecken kann, und daß, ohne Anwendung besonderer Sorgfalt, eine einwandfreie Kontaktgebung gewährleistet ist. Immerhin kann sich aber bei dieser Konstruktion der verhältnismäßig geringe Isolationsweg c zwischen den beiden Kontaktzylindern a und b als Nachteil bemerkbar machen, der namentlich bei in feuchten Räumen benutzten Apparaten auftreten kann, obwohl diese Stöpsel normal mit etwa 1000 Volt geprüft werden. Ein tatsächlicher Vorteil wird im allgemeinen erst dann vorhanden sein, wenn durch eine und dieselbe Steckerbewegung mehr als zwei Kontakte betätigt werden sollen, da sich naturgemäß eine Klinkenkonstruktion (siehe z. B. Abb. 308) für eine beliebig große Anzahl von Verbindungen betriebssicher herstellen läßt, während der normale Doppelstecker eigentlich bei zwei Kontaktverbindungen seine Grenze hat, kaum aber über fünf Kontaktanschlüsse hinausgehen darf, und dann schon sehr betriebsunsicher ist.

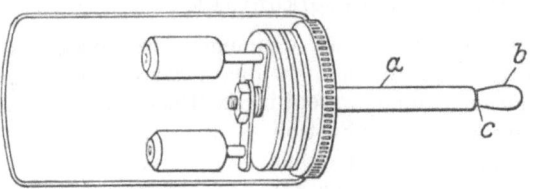

Abb. 307. Zweipoliger Einfachstecker (Klinkenstecker).

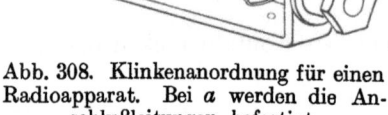

Abb. 308. Klinkenanordnung für einen Radioapparat. Bei a werden die Anschlußleitungen befestigt.

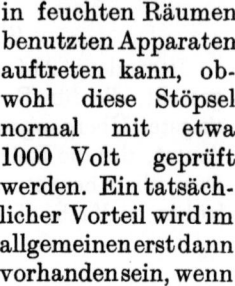

γ) **Kontaktklemmen.**

Ein Konstruktionselement, dem bisher nur geringe Sorgfalt in seiner Ausbildung und Ausführung zugemessen wurde, ist die leicht baubare Kontaktverbindung für zwei oder mehrere Leitungen. Bei ganz

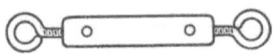

Abb. 309. Drahtverbindungsklemme.

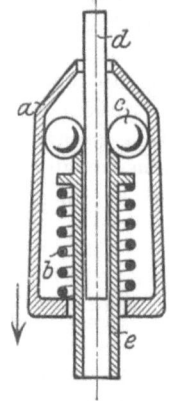

primitiven Verbindungen dreht man die zwei miteinander in Kontakt zu bringenden Drähte zusammen. Die häufige Unsicherheit einer derartigen Verbindung, das leichte Abbrechen der Drähte bei öfterem Zusammendrehen und Wiederlösen und schließlich die Unmöglichkeit, stärkere Drähte auf diese Weise zu verbinden, haben zu Drahtverbin-

Abb. 310. Amerikanischer Verbindungskontakt für Drähte bestimmten Durchmessers ohne Schraubung oder Lötung (stark vergrößert).

dungsklemmen geführt. Abb. 309 stellt eine der landläufigsten dieser Typen dar. Diese Konstruktion entspricht manchen Anforderungen; ihr häuptsächlichster Mangel besteht darin, daß die Befestigungsschrauben leicht herausfallen und verlorengehen können, namentlich bei häufiger Benutzung.

Eine offenbar zuerst in Amerika ausgebildete und in einem vergrößerten Maßstab im Schnitt in Abb. 310 wiedergegebene Drahtverbindung löst diese Mängel und Schwierigkeiten in besonders eleganter Weise und wird vor allen Dingen in allen denjenigen Fällen zur Anwendung kommen, wo die Leitungen an nur schlecht zugänglichen Stellen, an denen die Befestigungsschrauben leicht herausfallen, anzubringen sind. Die Betätigung dieser Anordnung ist gemäß Abb. 310 überaus einfach. Mit der linken Hand wird das Überwurfstück a in der Pfeilrichtung (in der Abbildung nach unten) bewegt, wodurch die Feder

Abb. 311. Drahtverbindungsklemme unter Benutzung von Verbindungskontakten gemäß Abb. 310.

Abb. 312. Kontaktverbindung für Schaltplatten, Panele usw.

b zusammengepreßt wird und die Kugelreihe c in der Richtung gegen die Feder zu rollt und infolge der konstruktiven Gestaltung von a einen etwas größeren Querschnitt in der Mitte frei gibt. Nun wird der Draht d in die Verbindung hineingesteckt, wobei es erforderlich ist, daß der Außendrahtdurchmesser im wesentlichen mit dem Innendurchmesser des Verbindungsmetallstückes e übereinstimmt. Sobald man das Überwurfstück a mit der Hand losläßt, wird es vermöge der Federkraft nach aufwärts gedrückt, und die Kugelreihe stellt zwischen dem Draht d und dem Überwurfstück a einen innigen Kontakt her. Die mannigfaltige Ausführung von Verbindungsstücken, die nach diesem Prinzip von der C. F. Elwell Ltd. in London hergestellt werden, sind in den folgenden beiden Abbildungen wiedergegeben

Das der obigen Schraubverbindung entsprechende Verbindungsorgan unter Benutzung des geschilderten Kontaktelementes hat z. B. das Aussehen von Abb. 311. Ein Lockern oder allmähliches Schlechterwerden der Kontaktverbindung durch Erschütterungen, mechanische Beanspruchungen usw. ist hierbei ausgeschlossen. Dabei hat man, wie schon erwähnt, den Vorteil, die Verbindung leicht und rasch, einfach durch Herausziehen des Drahtes usw. lösen zu können.

Unter Benutzung dieses Konstruktionselementes lassen sich alle möglichen Kontaktverbindungen in eleganter Ausführung herstellen. In Abb. 312 ist eine Panelklemme wiedergegeben, bei der links die leicht auslösbare Klinkenverbindung, rechts die dauernde Anschlußschraubverbindung sichtbar sind.

δ) **Hartgummiklemmleiste für Leitungsanschlüsse.**

Bei solchen Apparaten, die eine Mehrzahl von einzelnen Leitungsverbindungen besitzen, welche nicht mit großen Energiebeträgen beansprucht werden, bei denen aber auf gute Isolation Wert gelegt wird, wie bei Empfängern, wendet man mit Vorteil sog. Klemmleisten an, wie dies z. B. in Abb. 313 wiedergegeben ist. Auf einer aus möglichst gutem Hartgummi hergestellten Klemmleiste a werden nach

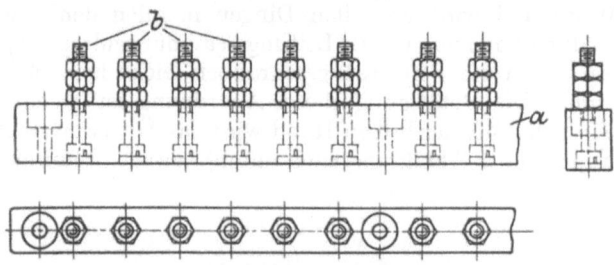

Abb. 313. Klemmleiste.

Lehren versenkte Löcher gebohrt, in die einander völlig gleiche Schrauben b eingeschraubt werden, von denen jede zweckmäßig mit drei Muttern versehen wird. Unter diesen Muttern können eine, eventuell auch mehrere Leitungen betriebssicher unterklemmt werden, ohne daß eine besondere Sicherung, Verlötung oder dergleichen erforderlich wäre.

Die einzelnen Schrauben können mit je einer Nummer versehen werden, so daß die mittels Schablonen vorgebogenen Leitungen, die beispielsweise aus blankem Vierkantkupfer bestehen, auch von weniger geübtem Personal unter die Mutter montiert werden können.

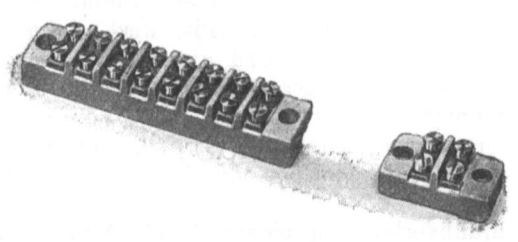

Abb. 314.
Steatitklemmleisten von Siemens & Halske A.-G.

Ein fabrikatorischer Vorteil dieser Klemmleisten besteht darin, daß man sie in beliebigen Längen herstellen und auf Lager halten kann, um die für die jeweilige Benutzung erforderlichen Längen abschneiden zu können.

ε) **Steatitklemmleiste.**

Sehr zweckmäßig ist die Verwendung von Isolierleisten, die im Handel zu haben sind, und auf die die Metallkontaktstücke fertig montiert geliefert werden. Derartige Steatitklemmleisten von Siemens & Halske A.-G. sind in Abb. 314 zum Ausdruck gebracht. Diese

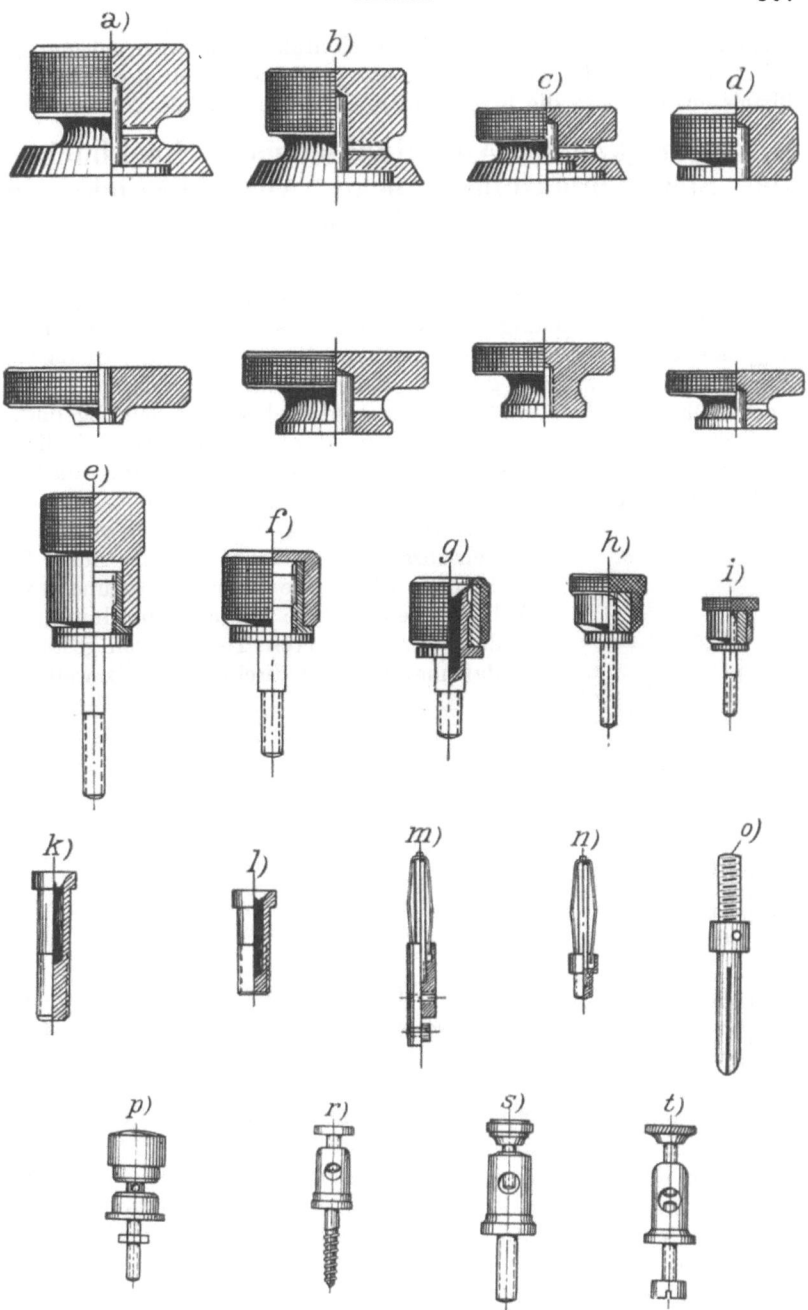

Abb. 315. Apparatknöpfe, Anschlußklemmen, Steckbuchsen und Steckkontakteinzelstücke in normalen Ausführungen für die Verwendung bei Empfängern, Verstärkern usw. (zum Teil Ausführungen von G. Seibt, Berlin-Schöneberg).

Leisten werden mit beliebig vielen Kontaktanschlüssen normal geliefert, so daß sich der Amateur, entsprechend seinen jeweiligen Bedürfnissen, fallweise die betreffenden Leisten aussuchen kann.

K. Apparatknöpfe, Anschlußklemmen, Steckbuchsen und Steckkontakteinzelstücke, Anschlußstücke für Kabel usw.

Der von dem Amateur angefertigte, bzw. zusammengestellte, einen Drehkörper besitzende Einzelapparat ist mit einem Bedienungsknopf auszurüsten. Zweckmäßig wird derselbe so ausgeführt, daß er direkt mit einer Marke versehen wird, um beim Bestreichen einer Skala eine direkte Ablesung zu ermöglichen. Eine Anzahl von Knöpfen ist aus der Ausführungstafel Abb. 315 in den beiden oberen Reihen abgebildet. Die Knöpfe sind entweder innen mit Gewinde ausgeführt, so daß sie direkt auf der Achse des Apparates aufgeschraubt werden, oder aber, da hierbei häufig ein Ausbrechen des Gewindes eintritt, sie besitzen nur eine zylindrische Bohrung, wobei durch eine kleine Madenschraube der Knopf mit der Achse fest verbunden wird. Die Knöpfe a, b und c von Abb. 315 zeigen diese letztere Anordnung; sie sind in ihrem unteren Teil konisch gestaltet, so daß man daselbst direkt eine z. B. weiß ein-

Abb. 316. Skala und Knopf für kontinuierlich variable Apparate aller Art.

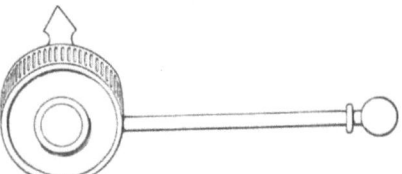

Abb. 317. Knopf mit Zeiger und Einstellhebel zur Feinregulierung.

geriebene Marke anbringen kann. Der Knopf d ist für einen kleineren Apparat gedacht und ist ebenso wie die Knöpfe der zweiten Reihe nur in Verbindung mit einem Spitzen- oder Fensterzeiger zu benutzen, sofern die Einstellung an einer Skala ablesbar sein soll.

Bei älteren Apparaten, bei denen eine Drehung oder Verschiebung gegeneinander einstellbarer Teile bewirkt werden mußte, versah man gewöhnlich den Drehteil mit einem Zeiger, entweder in Form eines Spitzenzeigers oder eines Fensterzeigers. Infolge der hierdurch häufig bewirkten Ungenauigkeiten bei der Ablesung, bzw. der verhältnismäßig teuren Konstruktion und Ausführung ist man neuerdings dazu übergegangen, den den Apparat bedienenden Handgriff mit der Skala zu einem Stück konstruktiv zu vereinen und am feststehenden Teil des Apparates eine Marke anzubringen, gegen die die Skala verdreht wird. In Abb. 316 ist eine Skala nebst Drehknopf, zu einem Stück vereinigt, zum Ausdruck gebracht, wobei auf besonders gute Ablesbarkeit der

Skala ebenso Wert gelegt wird wie auf bequeme Bedienbarkeit und Abstellbarkeit des Knopfes durch eine besonders ausgeführte Riffelung, so daß auch Bruchteile eines Grades noch eingestellt werden können.

In besonderen Fällen, namentlich dann, wenn es auf besondere Feinabstimmung ankommt, wird ein gewöhnlicher Knopf für die Einregulierung des Apparates zuweilen nicht mehr genügen, da das Empfindungsvermögen der Hand nicht mehr ausreicht. Alsdann wird vorteilhaft ein Hebelarm, etwa gemäß Abb. 317, mit dem Bedienungsknopf verbunden, und man ist nunmehr in der Lage, die Einregulierung des Apparates auf Bruchteile eines Grades genau vorzunehmen.

In der dritten Reihe von Abb. 315 sind Kontaktschrauben wiedergegeben. Die Schrauben $e f h$ und i sind nur für Unterklemmen von Leitungen gedacht. Bei der mittleren Kontaktschraube g ist die Achse zylindrisch gebohrt, so daß außerdem noch von oben ein Stöpselanschluß durch Einstöpseln bewirkt werden kann.

Eine Kontaktschraube mit Anschlußmutter, wie sie in Amerika üblich ist, ist in Abb. 315 durch p dargestellt. Auch bei dieser ist auf besonders leicht herzustellende und gute Kontaktgebung Wert gelegt.

Abb. 318. Anschlußkontaktösen und Kabelschuhe für Kabel, Litzen usw.

Ferner sind in der vierten Reihe rechts noch einige andere Kontaktschraubentypen dargestellt, die im Handel üblich und für den Amateur von Wichtigkeit sind. Die Schraube r stellt eine sehr einfache und billige Type mit Holzgewinde dar. Die entsprechende Ausführung mit Metallgewinde zeigt Abb. 315 s. Eine Kontaktschraube mit Gegenschraube kennzeichnet die Ausführung t.

In der untersten Reihe 5 von Abb. 315 sind links zwei Stöpselbuchsen $k l$ zum direkten Einsetzen in eine Schaltplatte wiedergegeben, während die beiden Kontaktstöpsel rechts m und n mit Schnoorscher Federeinrichtung versehen sind, die stets eine ausgezeichnete Kontaktgebung zwischen Stöpsel und Kontaktbuchse gewährleistet und immer dann angebracht ist, wenn keine große mechanische Beanspruchung zwischen Stöpsel und Buchse auftritt.

Für einfachere Anforderungen genügt auch meist der in der Starkstromtechnik bei Lichtsteckern gebräuchliche geschlitzte Stecker gemäß Abb. 315 o. Meist ist jedoch die Federkraft der beiden halbkreisförmigen Teile nur gering und läßt zudem auch noch bei mehrmaligem Herausziehen bzw. Hineinstecken nach, so daß leicht die Kontaktgebung zu wünschen übrig läßt. Man hat jedoch alsdann den Vorteil, durch einfaches Auseinanderbiegen mit einem Taschenmesser die Kontaktgebung wieder gut zu gestalten.

In den meisten Fällen wird man als Zwischenleitungsmaterial zwischen den einzelnen Schaltelementen einer Apparatur hartgezogenen Kupfer- oder Messingdraht, am besten von quadratischem Querschnitt in verschiedenen Stärken benutzen. Alsdann werden die Drahtenden an den Kontaktklemmen der Einzelelemente ösenartig umgebogen und untergeklemmt, eventuell auch festgelötet. Sofern man jedoch als Zwischenleitungsmaterial Litzen oder kabelähnliches Leitungsmaterial verwendet, ist es zweckmäßig, die Enden in Anschlußkontaktstücken zu fassen, einerseits um den montierten Leitungen ein sauberes Aussehen zu verleihen, andererseits, um sicher zu gehen, daß alle Litzen oder Kabeleinzeldrähte angeschlossen sind. Für diese Zwecke vielfach gebräuchlich sind Kabelschuhe und Litzenendstücke gemäß Abb. 318, die den verschiedenartigen Anforderungen gut nachkommen.

X. Universalempfangsapparat und Radio-Experimentierkästen.

Wie sich der Amateur einen Empfänger selbst zusammenbaut.

A. Universalschaltplatte von G. Seibt.

In der drahtlosen Telegraphie früherer Jahre sind meist Apparate benutzt worden, bei denen man entweder mit Primärempfang oder mit Sekundärempfang arbeitete. Im allgemeinen suchte man primär und ging nach Erzielung des Maximums der Lautstärke im Telephon auf Sekundärempfang über. Es sind dann im späteren Verlauf der Entwicklung Apparate bekannt geworden, bei denen eine Verstärkungseinrichtung mit dem Empfänger verbunden war. Alle diese Apparate sind stellenweise schon als Universalschaltempfänger bezeichnet worden, obwohl nur zwei oder drei Schaltungen möglich waren, die im allgemeinen durch Betätigung von Schaltern wahlweise erfolgten.

Mit diesen Apparaten hat die nunmehr auseinanderzusetzende Universalschaltplatte nur verhältnismäßig wenig gemeinsam. Die Grundidee derselben, die E. Nesper bereits Februar 1922 ausgearbeitet hat, die aber damals wegen nicht vorhandenen Interesses der inbetracht kommenden Industrie nicht in die Praxis umgesetzt werden konnte, ist die, daß eine möglichst von beiden Seiten zugängige Empfangsplatte mit einer Anzahl von Bohrungen, Stöpsellöchern, Anschlüssen, Kontaktorganen usw. und auch mit ein bis zwei Drehkondensatoren versehen ist, so daß es möglich ist, nach Anschalten der betreffenden Einzelapparate und nach Anbringung der Verbindungsleitungen eine große Zahl von Empfangs-, Verstärkungs-, Schwebungszusatzschaltungen usw. herzustellen. Da diese Idee bei einer Umsetzung in die Praxis insofern eine

Schwierigkeit ergibt, als einerseits zu viel Anschluß- und Verbindungsmöglichkeiten vorhanden sein müssen, andererseits aber hierdurch leicht eine

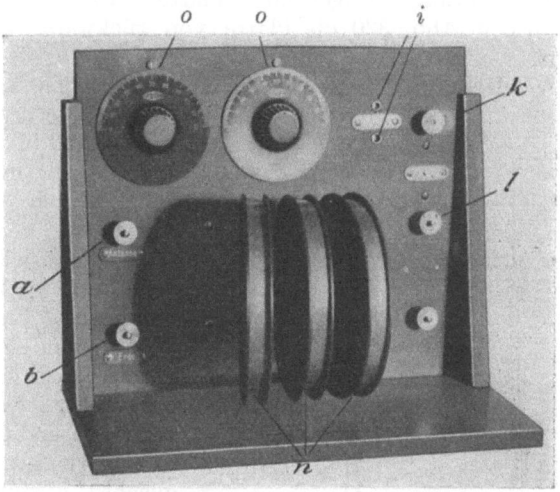

Abb. 319. Vorderansicht der Universalschaltplatte von
G. Seibt. Die Spulen sind leicht auswechselbar.

Irreführung, mindestens eine schwierigere Handhabung für den Amateur gegeben ist, hat man sich im allgemeinen dazu entschlossen, die Universal-

Abb. 320. Rückwärtige Ansicht der Universalschaltplatte von G. Seibt.
Die Drehkondensatoren und Leitungsanschlüsse sind fest montiert.

schaltplatte nur für eine bestimmte Anzahl von Empfangsmöglichkeiten vorzusehen. Eine Ausführungsform einer derartigen Universalschaltplatte von der Firma G. Seibt (G. Seibt, R. Rosenberger) ist ausgearbeitet in Abb. 319 und 320 wiedergegeben, und zwar zeigt die in einer Stützvorrichtung aufgestellte Platte Abb. 319 in Vorderansicht, während Abb. 320 die Platte von rückwärts gesehen veranschaulicht.

Auf der Vorderseite soll an der Klemme a die Antenne, an b die Erde angeschlossen werden. Daneben sind in drei Doppelfederlagern (in der Abbildung durch die Spulenkörper n verdeckt) die leicht herausnehmbaren, in jede beliebige Lage gegeneinander verdrehbaren Flachspulen einfach durch geringes Auseinanderbiegen der Kontaktfedern eingesetzt. Es sind insgesamt 15 Spulen räumlich ungefähr gleicher Ausführung vorgesehen, von denen je drei für einen bestimmten Wellenbereich bestimmt sind, derart, daß zwischen 150 m λ und 15000 m λ jede Welle beliebig herstellbar ist, bzw. empfangen werden kann. Über diesen ragen die Skalen, Griffe und Ablesemarken zweier Spritzgußkondensatoren o von je 1000 cm Kapazität auf der Platte heraus. Daneben sind die Stöpsellöcher i für das Einstöpseln eines Griffeldetektors erkennbar, während ganz rechts drei Schraubenkontakte aus der Platte herausragen, von denen die beiden oberen k und l zum Anschluß eines Telephons dienen. Auf der Rückseite der Platte sind die beiden mit Anschlußkontakten versehenen Spritzgußkondensatoren $o\,o$, die zur besseren Demonstration ohne Schutzgehäuse benutzt werden, montiert. Darunter und daneben sind die Anschlußschraubenkontakte der auf der Vorderseite befindlichen Spulenfederkontakte c und d, e und f, g

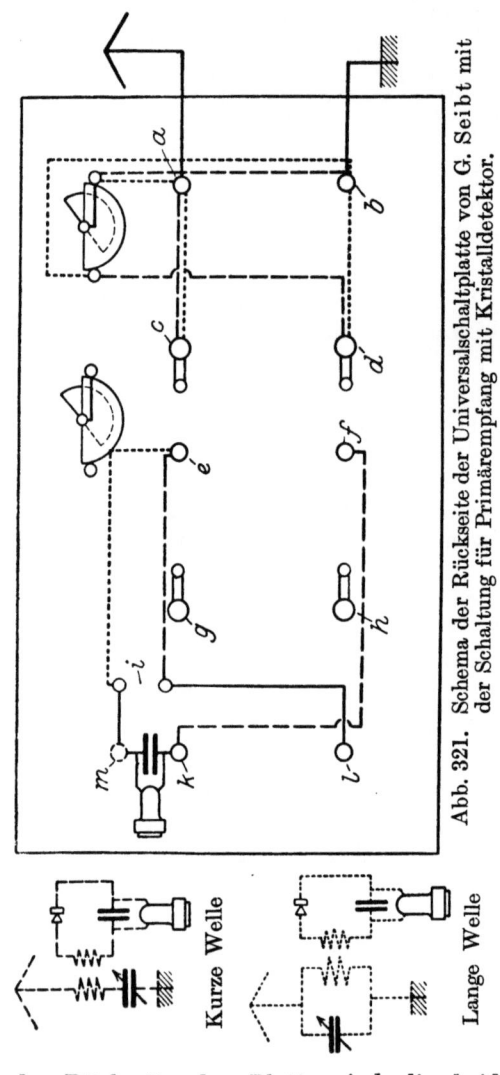

Abb. 321. Schema der Rückseite der Universalschaltplatte von G. Seibt mit der Schaltung für Primärempfang mit Kristalldetektor.

und h, sowie die weiter oben angeführten Anschlußkontakte angebracht. Um eine bequemere Bedienung der Kontakte $c\,d$, $g\,h$ zu erzielen, sind die letzteren mit kleinen Anschlußblechen und Kontaktschrauben versehen und etwas weiter nach rechts, bzw. links herausgerückt. Zwischen den Telephonanschlußkontaktschrauben k und l liegt ständig ein fester Glimmerblockkondensator r.

Gemäß dem oben Beschriebenen, können mit der Universalschaltplatte durch Drahtverbindungen beispielsweise folgende Schaltungen hergestellt werden, die in den Abb. 321 bis 325 links in entsprechender Linienführung dargestellt sind. Dabei ist zu bemerken, daß in diesen Abbildungen die Rückseite der Platte schematisch dargestellt ist, wobei die Schraubenkontakte $a\,b\,c\,d\,e\,f\,g\,h\,m\,k$ und l besonders hervorgehoben wurden. Auch die festmontierten Drehkondensatoren $o\,o$ und der Empfangsglimmerblockkondensator r nebst dessen Verbindungsleitungsteilungen sind angedeutet.

a) Primärempfang mit Kristalldetektor.

Zunächst für kurze Wellen (siehe das Schema in Abb. 321 links oben, Linienführung — — —) Anschluß der Antenne an Klemme a, der Erde an Klemme b, Verbindung von a mit c (das eine Spulenende) und d (das andere Spulenende) mit b.

Abb. 322. Schema der Rückseite der Universalschaltplatte von G. Seibt mit der Schaltung für Sekundärempfang mit Kristalldetektor.

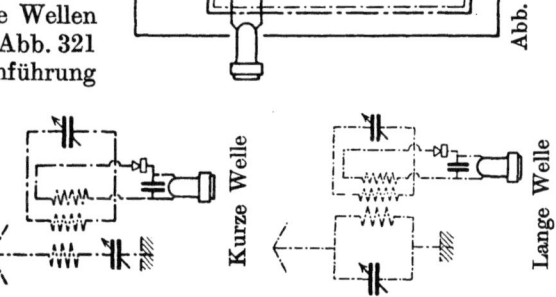

Auf diese Weise Einschaltung einer dem jeweiligen Wellenbereich entsprechenden Spule in die Antenne. Einstöpseln eines Griffeldetektors in die Stöpsellöcher i und Verbindung der Klemme k und f und der unteren Buchse i mit e.

314 Universalempfangsapparat und Radio-Experimentierkästen.

Für lange Wellen (Linienführung in Abb. 321 = - - - - - - - siehe das Schema in Abb. 321 links unten) Anschluß der Antenne an Klemme a, der Erde an b, Verbindung von a mit c (das eine Spulenende) und d (das andere Spulenende) mit der Erdklemme b. Verbindung der Klemmenschrauben $a\,b$ mit den Klemmenschrauben des ersten Drehkondensators o. Darauf Verbindung der Mittelspulenklemme e mit dem oberen Detektorkontakt i und weitere Verbindung des Glimmerkondensatorkontaktes k mit f, wodurch der Empfangskreis geschlossen ist.

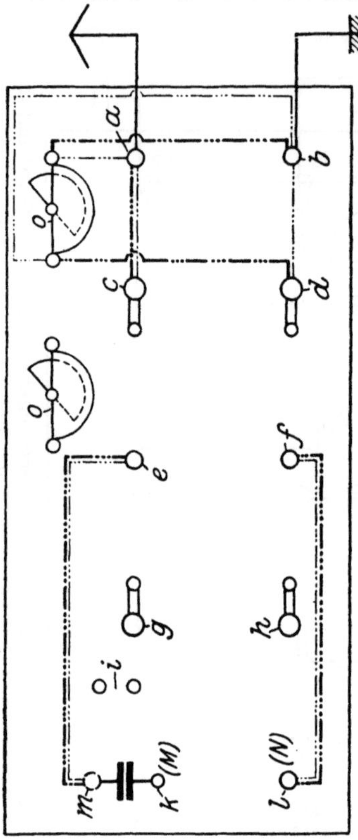

Bei diesen Schaltungen, ebenso wie bei allen folgenden, ist es erforderlich, zunächst durch Wahl der richtigen Spule bzw. Spulen für den betreffenden Wellenbereich eine ungefähre Abstimmungslage herzustellen. Alsdann wird durch Einregulierung des Drehkondensators eine Feinabstimmung bewirkt. Durch Verdrehen der Spulen gegeneinander (siehe Abb. 319, Vorderansicht der Universalschaltplatte) wird die jeweilig günstigste Kopplung eingestellt.

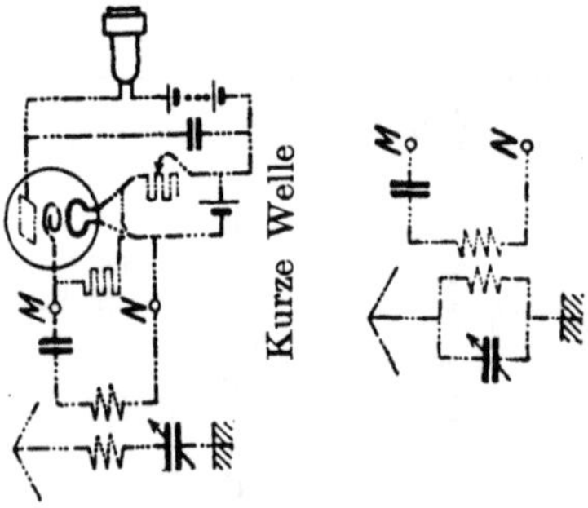

Abb. 323. Schema der Rückseite der Universalschaltplatte von G. Seibt mit der Schaltung für Primärempfang mit Audionröhre, wobei an die Schaltplatte noch ein Röhrenzusatzapparat angeschaltet ist.

b) Sekundärempfang mit Kristalldetektor.

Zunächst für kurze Wellen (siehe das Schema in Abb. 322 links oben, Linienführung —·—·—·—), Anschluß der Antenne an Klemme a, Verbindung von a mit Spulenende Klemme c; anderes Spulenende d mit rechtem Drehkondensator o und Verbindung von o mit der Erdklemme b. Schaltung des Sekundärkreises durch Verbindung der Klemme e mit der einen Schraubklemme des linken Drehkondensators o und Verbindung der anderen Drehkondensatorklemme mit der Schraube f. Auf diese Weise ist aus der jeweilig einzuschaltenden Spule und dem

Drehkondensator der Sekundärkreis gebildet. Der aperiodische Detektorkreis wird wieder wie oben geschaltet, jedoch werden hier die Kontaktschrauben $g\ h$ benutzt, da die dritte Spule zur Verwendung gelangt. Es wird also verbunden g mit dem oberen Stöpselloch i, das untere Stöpselloch i mit k, und m mit der unteren Spulenklemmschraube h.

Für lange Wellen (siehe das Schema in Abb. 322 links unten, Linienführung —·—·—·—·—·—·—), Anschluß der Antenne an Klemme a, Verbindung von a mit c einerseits und andererseits mit der einen Kontaktschraube von o mit der Erdanschlußschraube b und Verbindung von d mit b. Der Sekundärkreis wird ebenso wie der aperiodische Detektorkreis genau so wie oben geschaltet.

c) **Primärempfangsschaltung mit Audionröhre.**

Es ist zu bemerken, daß die Seibtsche Universalschaltplatte allein die Anschaltung einer Röhre zum Audionempfang, zum Schwebungsempfang, zur Verstärkung usw. nicht direkt zuläßt, daß es vielmehr erforderlich ist, mit der Universalschaltplatte eine Röhrenapparatur zu verbinden. Für den einfachen Audionempfang ist das Schema dieser Apparatur in Abb. 323 links oben, rechts von den Punkten MN wiedergegeben. Außer der Röhre nebst dem Gitterableitungswiderstand gehören noch die Heizbatterie nebst Heizregulierwiderstand, bzw. Eisenwasserstoffwiderstand, die Hochspannungsbatterie und ein Telephon, eventuell nebst Parallelkondensator dazu. In der nachfolgenden Abb. 324 sind die Schaltungen und die Schemata meist nur bis zu den Punkten MN wiedergegeben, während die Röhrenapparatur, für den entsprechenden Zweck geschaltet, an diese Punkte M und N angeschlossen zu denken ist.

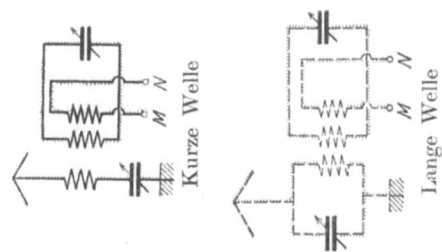

Abb. 324. Schema der Rückseite der Universalschaltplatte von G. Seibt mit der Schaltung für Sekundärempfang mit Audionröhre, wobei an die Schaltplatte noch ein Röhrenzusatzapparat anzuschalten ist.

Zunächst für kurze Wellen (siehe das Schema in Abb. 323 links oben, Linienführung —··—···—··—···—··—···—), Anschluß der Antenne an Klemme a, der Erde an Klemme b, Verbindung von a mit dem einen Spulenende der Klemme c, des andern Spulenendes der Klemme d mit dem rechten Drehkondensator o. Für die Ankopplung der Röhre Verbindung der Klemme e der zweiten Spule über den Blockkondensator mit Klemme k (M) und Verbindung der Spulenklemme f mit der Klemme l (N). An $k\,l$, die also den Punkten M und N des Schaltungsschemas links entsprechen, wird die Röhre in Audionschaltung mit den Batterien und dem Telephon angeschaltet.

Für lange Wellen (siehe das Schema in Abb. 323 links unten, Linienführung —···—···—···—), Anschluß der Antenne an Klemme a, Verbindung zur Herstellung des Schwungradkreises von a mit c und von a mit der einen Kondensatorklemme o, während die andere Kondensatorklemme von o an die Erdklemme b gelegt wird, die außerdem mit der zweiten Spulenklemme d verbunden wird. Die Anschlußschaltung für die Röhre bis zu den Punkten MN ist wieder dieselbe wie oben für kurze Wellen.

d) Sekundärempfangsschaltung mit Röhre.

Bezüglich des Anschlusses eines besondern Röhrenzusatzgerätes gilt das oben Ausgeführte.

Zunächst für kurze Wellen (siehe das Schema in Abb. 324 links oben, Linienführung ▬▬▬▬▬) Anschluß der Antenne an a, der Erde an b, Herstellung der Serienschaltung der zwischen e und f liegenden Spule und des rechten Drehkondensators o wie oben für kurze Wellen auseinandergesetzt. Herstellung des geschlossenen Schwingungskreises durch Verbindung der Spulenklemmen e und f mit den Anschlußklemmen des linken Drehkondensators o zur Ankopplung der Röhre, Verbindung der Spulenklemmen g und h, also der zwischen ihnen liegenden dritten Spule, mit den Klemmen k und l, entsprechend den Punkten MN zwecks Anschluß der Röhrenzusatzapparatur.

Für lange Wellen (siehe das Schema der Abb. 324 links unten, Linienführung ▬▬ ▬▬ ▬▬ ▬▬), Herstellung des Schwungradkreises zwischen den Punkten $a\,b\,c\,d$ wie oben. Schaltung des geschlossenen Schwingungskreises zwischen den Klemmen e und f und dem linken Drehkondensator o. Ankopplung der Röhrenapparatur mittels der zwischen g und h liegenden dritten Spule und Anschlußleitungen an die Klemmen $k\,l$, entsprechend den Punkten MN.

In ähnlicher Weise können mit der Universalschaltplatte in Kombination mit einer entsprechenden Röhrenapparatur auch sekundäre oder primäre Audion- und Niederfrequenzverstärkerschaltungen hergestellt werden (siehe die Schemata Kap. VI, S. 148 ff). Ferner ist es möglich, auch Schwebungsempfang mit oder ohne Niederfrequenzverstärkeranordnung (siehe Kap. VI) herzustellen. Wenn Hochfrequenzverstärkung bewirkt werden soll, werden deren Ausgangsleitungen zweckmäßig an die Klemmen a und b angeschaltet, und von diesen Klemmen aus wird alsdann eine der oben beschriebenen Empfangsschaltungen bewirkt.

Es soll nunmehr nur noch eine der möglichen Empfangsschaltungen mit Rahmenantenne unter Benutzung der Rückkopplung erwähnt werden, obwohl diese ebenso wie die meisten der vorhergehenden Schaltungen von der Firma Dr. G. Seibt nicht angegeben werden.

e) Empfangsschaltung mit Rahmenantenne und Röhrenrückkopplung.

Eine der vielen Schaltungen, die hierbei möglich sind, ist in Abb. 325 links wiedergegeben. Auch hier sind wieder die Punkte MN für die Anschaltung der eigentlichen Röhrenapparatur nebst Rückkopplungsanordnung eingetragen.

An die Klemmen a und b wird die Rahmenantenne angeschlossen. Es wird verbunden a mit dem einen Ende der Kopplungsspule c, deren

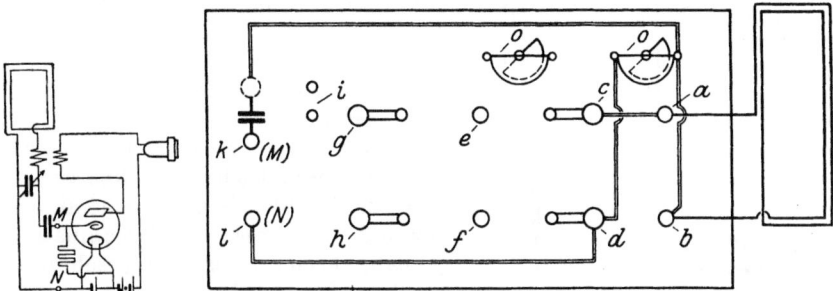

Abb. 325. Röhrenschaltung mit Rahmenantenne.

andere Klemme d mit dem Drehkondensator o verbunden ist. Eine zweite Leitung des Drehkondensators o nach b schließt den Rahmenkreis. Mit der zwischen c und d liegenden Spule wird auf die Rückkopplungsspule Energie übertragen. Zur weiteren Schaltung wird d mit der Klemme l (N) und Klemme b mit k (M) verbunden.

B. Radio-Experimentierkästen von E. Nesper.

a) Der Radiobaukasten.

Es war ein an sich ziemlich naheliegender Gedanke[1]), nach Art der bekannten Bau- oder Experimentierkästen alle für die am meisten gebrauchten Empfangsschaltungen notwendigen Apparate in Form eines sog. ,,Radiobau- oder Experimentierkastens" zu vereinigen. Sofern man jedoch die einzelnen Teile wie Abstimm- und Kopplungsspulen, Drehkondensatoren, Schalter, Sockel und

---

[1]) Es sind bereits mehrere ähnliche Anordnungen, insbesondere in Amerika bekannt geworden, ohne daß diese genau das Wesen des Radiobaukastens betreffen. Erwähnenswert sind die Einrichtungen von M. B. Sleeper, Radio Phone and Telegraph Receivers for Beginners. New York 1922.

Der oben beschriebene Radiobaukasten ebenso wie der unter b) wiedergegebene Radio-Experimentierkasten wird von der Broad-cast A.-G. in Berlin W, Unter den Linden 17/18, geliefert.

Kontaktbahnen nur lose, z. B. auf einer Tischplatte aufstellen, aneinander reihen und mit Leitungsdrähten verbinden würde, wäre hierbei die Möglichkeit einer jederzeitigen Verschiebung der Teile gegeneinander und hierdurch wesentlicher Abstimmungsänderungen und sonstiger Unzuträglichkeiten beim Empfang gegeben. Außerdem wäre die Schwierigkeit des jedesmaligen Wiederaufbaus vorhanden, nachdem die Teile vorher im nicht benutzten Zustand in den Aufbewahrungskasten gelegt waren; ferner käme noch die weitere Schwierigkeit hinzu, wieder genau dieselben Verhältnisse wie beim vorhergehenden Mal zu erzielen.

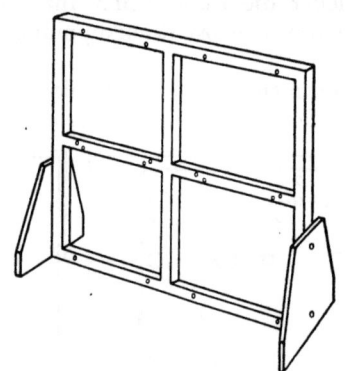

Abb. 326. Gestell für die Panelplatten des Radiobaukastens.

Infolgedessen wurde bei dem Baukasten die sog. „Panelanordnung" gewählt, die in folgendem besteht: Alle für die betreffende Schaltung wesentlichen Apparate und Teile sind auf entsprechend normalisierte Panelplatten aufmontiert, wobei die Panelplatten auf ein hierfür vorgesehenes, auf den Tisch leicht aufstellbares Gestell, z. B. Abb. 326 entsprechend, der jeweilig gewünschten Kombination gemäß, leicht lösbar aufgeschraubt werden. Es wurden, der Größe der Einzelapparate und der zurzeit hauptsächlich inbetracht kommenden Empfangs- und Verstärkerschaltungen entsprechend, drei verschiedene Größen von Panelplatten gewählt:

Panelplatte Nr. I Größe 130 × 130 mm
„   „   II   „   130 × 260 „
„   „   III „   260 × 260 „

Um nach Möglichkeit ein Verziehen zu vermeiden, wodurch Schwierigkeiten in der leichten Befestigungsmöglichkeit auf dem Gestell entstehen, wurden sämtliche Platten aus 10 mm starkem Material hergestellt. Für eine billige Ausführung kann dieses aus paraffiniertem Holz bestehen, das zweckmäßig sowohl vor als auch nach erfolgter Bohrung in Paraffin im Vakuum gekocht wird. Bei teurerer Ausführung werden die Platten aus Pertinax, Bakelit oder einem ähnlichen Isolationsmaterial angefertigt, das weniger leicht arbeitet und sich daher meist nicht so verzieht, wie dies bei Holz der Fall zu sein pflegt.

Das Gestell, auf das die Panelplatten aufgeschraubt werden, besteht aus leichtem Holz oder Winkelmaterial. Diese Anordnung ist in Abb. 326 wiedergegeben. Es sind entsprechende Bohrungen vorgesehen, so daß die Panelplatten auf die Vorderseiten des Winkelgestells aufgesetzt und leicht mittels durchgesteckter Schraubbolzen mit Unterlagscheiben und Muttern befestigt werden können. Auf diese Weise wird ein in sich geschlossenes Ganzes erzielt, das gegenüber einem einfachen Zusammensetzen der Panelplatten mittels kurzer Verbindungsstücke den Vorteil besitzt, eine unveränderliche Apparatur darzustellen. Da im übrigen mehrere verschieden groß bemessene Winkelmaterialstützen in dem Radiobaukasten vorgesehen sind, ist es möglich, auch Apparaturen recht verschiedenartiger Größe zusammenzustellen.

In dem Radiobaukasten sind zwei Arten von Panelplatten vorgesehen. Bei der einen ist mit jeder Platte der betreffende Apparat, bzw. die Apparatteile, wie aus nachstehender Zusammenstellung hervorgeht, fest montiert. Weiterhin sind aber noch eine Anzahl von losen Panelplatten vorgesehen, die in ihren äußeren Dimensionen und Befestigungsbohrlöchern den ersteren Platten genau entsprechen, im übrigen aber eine größere Anzahl verschiedenartiger Bohrlöcher aufweisen, so daß es möglich ist, auf diese normalerweise im Baukasten nicht vorgesehene anderweitige Apparate und Konstruktionsteile, soweit dieselben bestimmte Größenabmessungen nicht überschreiten, zu befestigen. Hierdurch ist dem grundsätzlichen Wunsch jedes Amateurs Rechnung getragen, wodurch auch eine besondere Bereicherung der Technik und eine erhebliche Weiterentwicklung zu erwarten ist, daß nicht nur die von vornherein vorgesehenen Apparate und Schal-

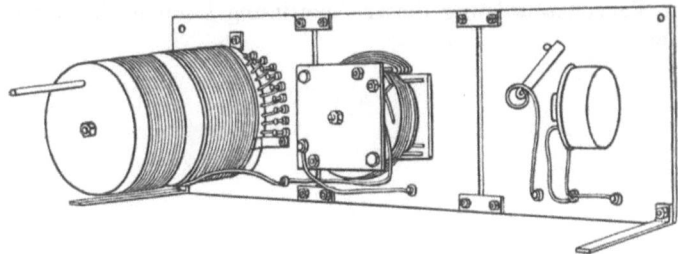

Abb. 327. Panelbrett mit Stufenspule und Kopplungsvorrichtung.

tungsanordnungen mit dem Baukasten ausgeführt werden können, sondern daß darüber weit hinaus der Amateur bei genügender Geschicklichkeit in der Lage ist, sich andere, selbst angefertigte Apparate auf diesen Platten zu befestigen, bzw. noch andere als die normalen Schaltungsmöglichkeiten auszuführen.

Den vorgesehenen Normalien entsprechend, sind in dem Radiobaukasten folgende Panelplatten mit daran befestigten Apparaturen. Diese sämtlichen Teile sind auf der Vorderseite der Platte, dem Amateur bei der Bedienung direkt sichtbar, montiert angeordnet:

Panelplatte Nr. 1.

Auf dieser sind der Empfangsein- und -ausschalter montiert, sowie der Anschluß für die Antenne und Erdung (siehe auch Abb. 327 ganz rechts).

Panelplatte Nr. 2.

Auf dieser ist die Antennenabstimmungs- und Kopplungsspule gemäß Abb. 327 links montiert. Die Anordnung ist hierbei so getroffen, daß sowohl die Abstimm- als auch die Kopplungsspule rückwärts angeordnet und daß auf der Vorderseite lediglich die Kontaktbahn und die Kontakte der Stufenanschlüsse sowie die Gruppenschaltung der Kopplungsspule befestigt sind.

Panelplatte Nr. 3.

Auf dieser ist ein Drehplattenkondensator gemäß Abb. 327 Mitte angebracht, dessen aktive Teile rückwärts heraustehen, während der Drehknopf nebst Zeiger und Skala vorn aus der Platte herausragen.

Panelplatte Nr. 4.

Auf dieser sind rückwärts der Blockkondensator, auf der Vorderseite der einstellbare Kristalldetektor sowie die Anschlußbuchse für das Telephon montiert.

Die Panelplatten 1, 2, 3 und 4 stellen die Elemente eines einfachen Kristalldetektorempfängers dar, der sowohl in Primärschaltung als auch in Sekundärschaltung benutzt werden kann, je nachdem man die auf den Panelplatten 2 und 3 montierten Spulen und den Kondensator schaltet.

Zur Vervollständigung dieser Anordnung kann noch weiter hinzukommen:

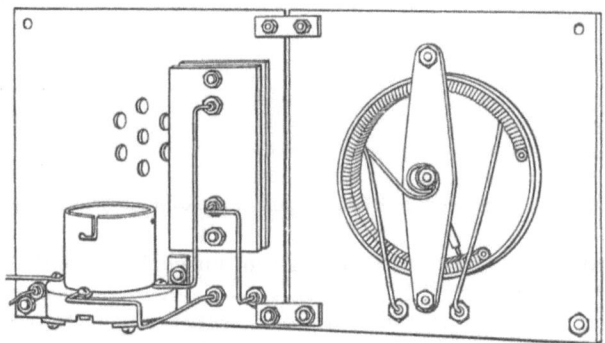

Abb. 328. Röhrenpanel mit Heizwiderstandspanel.

Panelplatte Nr. 5.

Diese Panelplatte ist nicht unbedingt erforderlich. Rückwärts auf ihr ist ein Summer nebst Ausschalter angebracht, der von vorne bedient wird. Das Summerpanel dient nur dazu, den komplett zusammengestellten Empfänger auf eine bestimmte Wellenlänge abzustimmen und zu kontrollieren, ob er empfangsbereit ist.

Panelplatte Nr. 6.

Diese dient für Röhrenempfang. Auf ihrer Rückseite sind der Lampensockel nebst Gitterkondensator, auf der Vorderseite der Anschluß für das Telephon bzw. für den Lautsprechapparat angebracht (siehe Abb. 328 links).

Panelplatte Nr. 7.

Auf dieser Platte ist rückwärts der Heizwiderstand befestigt, dessen Griff von der Vorderseite aus bedient wird (siehe Abb. 329 rechts oben). Abb. 328 gibt die Zusammenschraubung der Panelplatten 6 und 7 wieder.

Man kann vier Panelplatten und zwar die Platten Nr. 2, 3, 6 und 7 zusammensetzen, wie dies Abb. 329 veranschaulicht. Man hat alsdann einen einfachen Röhrenempfänger. Abb. 330 gibt die Vorderseite der auf diese Weise zusammengesetzten vier Platten wieder. Im unteren Teil befinden sich die Kopplungs- und Abstimmungselemente, oben der Sockel nebst Gitterkondensator und Heizwiderstand für den

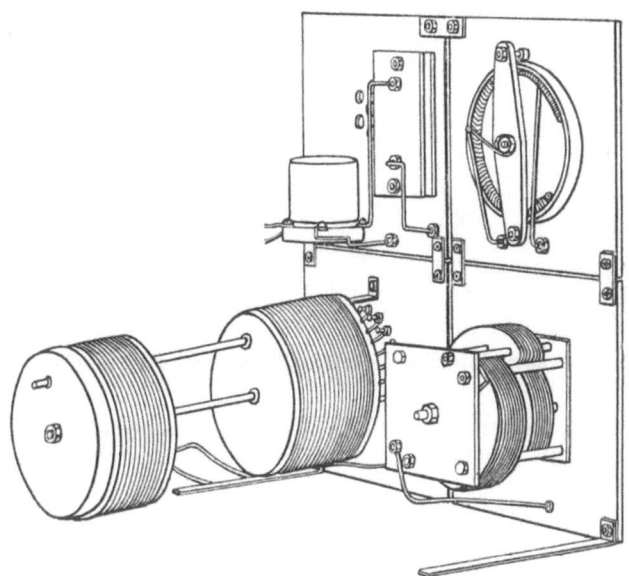

Abb. 329. Zusammengesetzte Panele von rückwärts gesehen.

Röhrenempfang. Diese Apparatur ist noch nicht völlig geschaltet, es ist vielmehr erforderlich, den Schwingungskreis mit dem Röhrenkreis zu verbinden, was durch Leitungen, die auf der Vorderseite der zusammengesetzten Panelanordnung verlaufen, bewirkt wird. Durch entsprechende Schaltungsänderung ist es möglich, mit dieser Anordnung nicht nur Audionempfang, sondern auch Schwebungsempfang usw. auszuführen. Hierfür und auch für andere Zwecke erweist sich die Verwendung von Honigwabenspulen (Honey comb coils) als sehr nützlich.

Die beiden folgenden Abbildungen geben ein Bild dieser Spulen zusammen mit Spulenhalter und Panel.

Panelplatte Nr. 8.

Diese entsprechend größer zu haltende Platte, etwa 130 bis 260 mm, ist in Abb. 331 von rückwärts zu sehen. Alle drei Honigwabenspulen sind, entsprechend der jeweilig gewählten Wellenlänge, auswechselbar.

322 Universalempfangsapparat und Radio-Experimentierkästen.

Die mittelste Spule ist in ihrer Lage unveränderlich, die rechte und linke Spule können hingegen leicht gegen die feststehende gedreht werden,

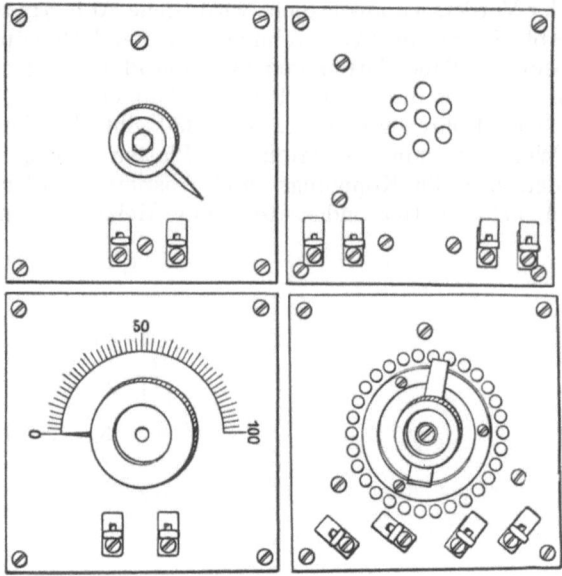

Abb. 330. Zusammengesetzte Panele von vorn gesehen.

was mittels des vorn aus der Panelplatte herausragenden Handgriffes (siehe Abb. 332) geschieht. Die sechs Kontaktanschlußklemmen für

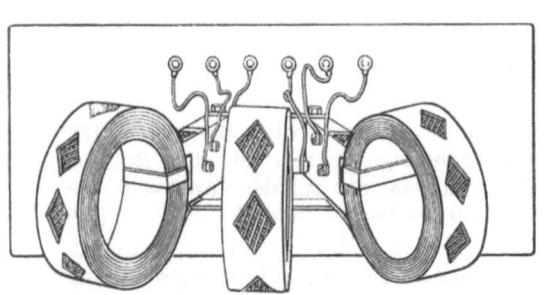

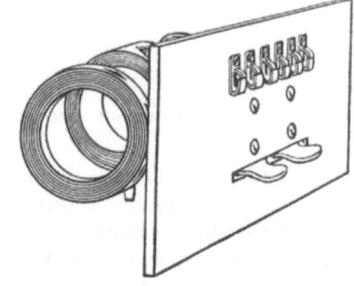

Abb. 331. Panel mit Spulenhalter und drei Honigwabenspulen (Honey comb coils).

Abb. 332. Spulenpanel von vorn gesehen. Mit den herausragenden Griffen werden die rechte und die linke Spule bewegt und wunschgemäß gekoppelt.

die Spulen befinden sich vorn auf der Panelplatte Nr. 8, so daß die Schaltung von hier aus bewirkt wird.

Nachdem sich der Amateur darüber klar geworden ist, welche Empfangs- oder Verstärkerschaltung er auszuführen beabsichtigt, wählt er sich die betreffenden Panelplatten aus dem Kasten aus und befestigt sie auf dem Gestell in derartiger Weise, daß die Leitungen zwischen den miteinander zu verbindenden Apparaten möglichst kurz werden. Während diese Forderung beim Empfang mit Kristalldetektor meist nicht allzu wichtig ist, ist sie für den Röhrenempfang häufig von wesentlicher Bedeutung.

Nachdem die jeweilig inbetracht kommenden Platten auf das Gestell aufgeschraubt sind, müssen mittels des im Radiobaukasten vorgesehenen biegsamen Leitungsmaterials die einzelnen auf den Panelen angebrachten Apparate, dem Schaltungsschema entsprechend, miteinander verbunden werden. Dieses geschieht im wesentlichen auf der Rückseite der zusammengesetzten Panelfelder. Sobald dies geschehen ist, werden bei Röhrenempfang die Heizbatterie und die Anodenfeldbatterie an die Röhre angeschaltet. Alsdann werden an Platte Nr. 1 die Antenne und die Erde, bzw. bei Rahmenempfang der Empfangsrahmen angeschlossen.

b) Der Radio-Experimentierkasten.

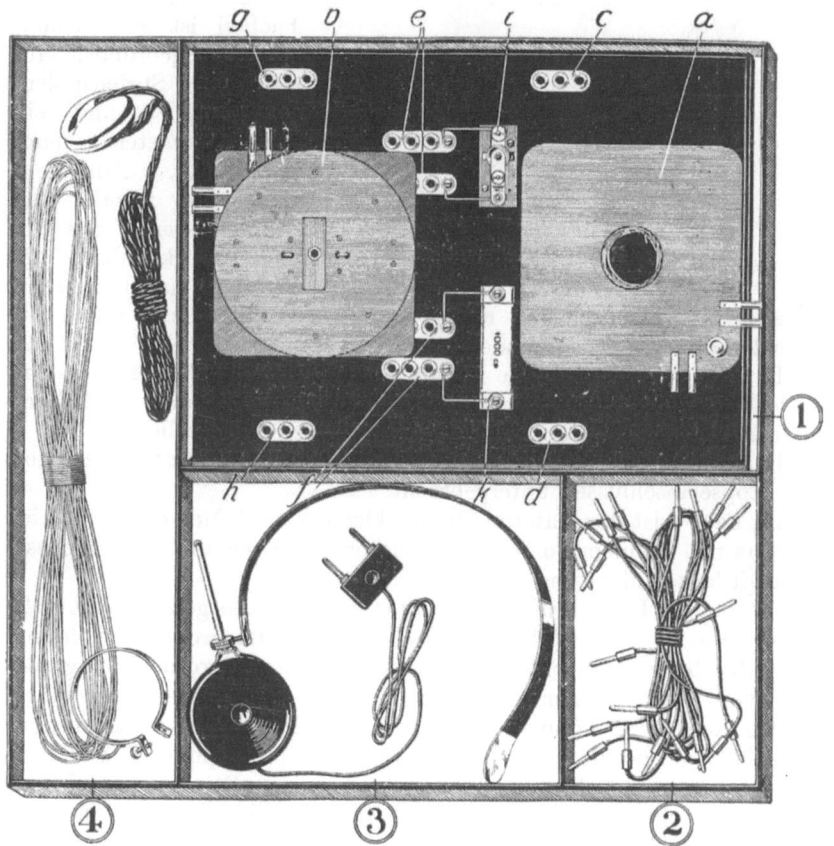

Abb. 333. Radio-Experimentierkasten.

Durch den Radio-Experimentierkasten von E. Nesper wird es den Radioamateuren und Interessenten ermöglicht, mittels eines einfachen, billig zu liefernden Apparates sich über das Wesen der drahtlosen Telegraphie und Telephonie auf der Empfangsseite gut zu informieren und sich gleichzeitig auch eine Apparatur selbst zusammenzubauen, mittels derer innerhalb weiter Grenzen ein Empfang von fernen Sendern möglich ist.

Zu diesem Zweck besteht die Experimentierapparatur aus einem Haupt-Experimentierkasten, zu dem eine Anzahl von Zusatzkästen wahlweise hinzugenommen werden können.

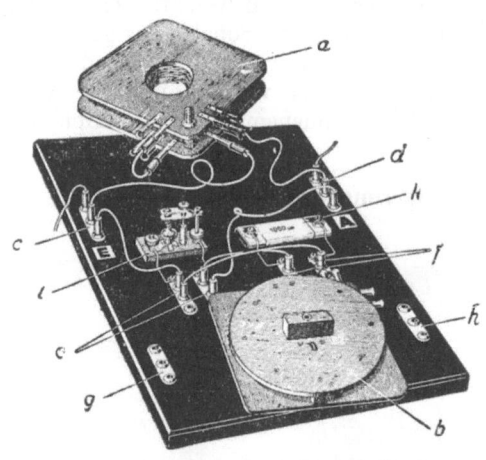

Abb. 334. Radio-Experimentierkasten.

In dem Haupt-Experimentierkasten, gemäß Abb. 333, sind eine Anzahl von Fächern vorgesehen, in denen die verschiedenen wesentlichsten Bestandteile untergebracht sind. In dem Fach 1 ist eine Grundplatte angeordnet, auf der eine Stufenspulenanordnung a und ein Flachvariometer b montiert sind. Außerdem sind eine Anzahl von Stöpselleisten $c\ d\ e\ f\ g$ und h erkennbar, die zu den nachbenannten Schaltungszwecken dienen. Ferner sind ein Kristalldetektor i und ein Blockkondensator k vorhanden.

In dem Fach 2 sind eine Anzahl verschieden lang bemessener, mit an jedem Ende in einen Stöpselkontakt auslaufender Schnüre enthalten, die dazu dienen, die verschiedenen Schaltungen herzustellen.

Im Fach 3 sind ein Einfach-Kopftelephon und ein Festkondensator mit Stöpselanschlüssen untergebracht.

Im Fach 4 ist das Material für eine kleine, etwa 5 Meter lange Hochantenne mit je einem Porzellanendisolator und Anschlußschnüren nebst einer Erdanschlußleitung angeordnet.

Mit der in Fach 1 untergebrachten Grundplatte gemäß Abb. 334, auf der die oben angeführten Einzelapparate zum großen Teil leicht auswechselbar aufgesteckt sind, können nun eine außerordentlich große Zahl von verschiedenen einfachen Empfangsschaltungen ausgeführt werden, und zwar können unter Berücksichtigung der vorgesehenen Stufenspulen und des Variometers viele der in Kapitel VI, S. 139ff. wiedergegebene Schaltungen hergestellt werden. Bei der einfachsten möglichen Schaltung gemäß Abb. 93, EN 1, S. 142 ist der Detektor direkt in die Antenne eingeschaltet. Zu diesem Zweck wird in einem der drei Stöpsellöcher von d die Antennenzuleitung eingestöpselt, die

Klemmleiste c wird durch Einstöpselung an Erde gelegt, e wird durch eine genügend lange Litze mit der einen Klemmleiste von e verbunden, wodurch der Detektor angeschlossen wird. Zur Anschaltung des Blockkondensators k wird die andere Klemmleiste von e mit der einen Klemmleiste von f verbunden und durch Verbindung der anderen Klemmleiste von f mit der bisher nicht verbundenen Leiste von e wird der Detektorkreis geschlossen. In die Klemmleiste von f wird ferner das Kopftelephon eingestöpselt. Auf diese Weise ist die Schaltung gemäß Abb. 93, EN 1 erreicht, bei der eine irgendwie geartete Abstimmung nicht vorhanden ist.

Eine etwas bessere Abstimmung wird durch die Schaltung gemäß Abb. 94, EN 2, S. 143 erzielt, bei der in der Antenne eine Spule liegt, von welcher der Detektor abgezweigt ist. Zu diesem Zweck wird die Klemmleiste d wieder mit der Antenne verbunden; die Klemmleiste c wird durch Einstöpselung an Erde gelegt.

Von der Antennenklemmleiste d geht man durch einen Stöpsel in einen der Stöpselanschlüsse der oberen Spule a und aus dieser Spule durch Anstöpselung entweder direkt zur Erdklemmleiste c oder indem man noch die untere Spule von a in Serie stöpselt. Die Anschaltung des Detektors i erfolgt in der Weise, daß entweder die ganze Spule von a oder Teilbeträge angestöpselt werden.

In einem Zusatzkasten Nr. I zum Experimentierkasten wird ein Drehkondensator von 1000 cm Selbstinduktion auf einer Grundplatte montiert und außerdem eine Grundplatte mit mehreren verschieden groß bemessenen Festkondensatoren geliefert. Hierdurch ist eine ganz außerordentlich größere Variation der Schaltungen möglich, da die meisten Sekundärkreisschaltungen alsdann ausgeführt werden können. Es ist z. B. ohne weiteres möglich, für die Antennenabstimmung die Stufenspulenanordnung a in Kombination mit dem Drehkondensator zu benutzen, sei es in Form der Serienschaltung von Spulen und Kondensatoren, um kleine Wellenlängen zu erzielen, sei es in Form der Parallelschaltung (Schwungradschaltung) zur Erzeugung von größeren Wellenlängen. Hierbei wird das Variometer b aus seiner Lage durch Herausziehen des Stöpsels entfernt und in das Stöpselloch von a eingestöpselt, wobei eine der jeweiligen Drehung entsprechende Kopplung der Stufenspule a auf das Variometer hin stattfindet. Mit dem Variometer ist der Detektor verbunden.

Dadurch, daß ferner bei dieser oder einer ähnlichen Schaltung die Festkondensatoren mit dem Variometer verbunden werden, ist eine abstimmfähige Sekundärkreisschaltung möglich, da Variometer und Kondensator den geschlossenen Sekundärschwingungskreis bilden.

Eine weitere größere Variation von Schaltungsmöglichkeiten ist durch den Zusatzkasten Nr. II gegeben. In dem Zusatzkasten II ist eine Röhrenanordnung enthalten, diese besteht aus einer Grundplatte, auf die ein Sockel angebracht ist, in dem eine normale Audionröhre eingestöpselt wird.

Außerdem ist auf der Grundplatte ein Drehwiderstand befestigt, der als Vorschaltwiderstand für den Heizfaden der Röhre dient. Ferner ist ein kleiner Gitterkondensator nebst Widerstand auf der Platte angeordnet, der zur Ableitung der Ladungen des Gitters dient.

Für die Heizung und das Anodenfeld wird ein normaler Heizakkumulator, sowie eine im Handel übliche Anodenfeldbatterie verwendet. Auf diese Weise kann mit dem Experimentierkasten eine große Anzahl aller üblichen Audionschaltungen für Primär- und Sekundärkreisanordnung durchgeführt werden, wobei im wesentlichen die obigen Anordnungen ohne weiteres zugrunde gelegt werden können.

C. Zusammensetzen eines Empfängers durch den Amateur, wobei fertige, im Handel erhältliche Teile verwendet werden.

Wenn die Handfertigkeit des Amateurs nicht allzu groß ist, oder wenn er nicht in der Lage ist, sich Apparate und Einzelteile selbst anzufertigen, andererseits aber der Wunsch vorhanden ist, die Schaltanordnung einer Apparatur selbst auszuführen, kann man dem Amateur die der jeweiligen Schaltung entsprechende, vollständig gebohrte Schaltplatte sowie die hierfür inbetracht kommenden Schaltelemente,

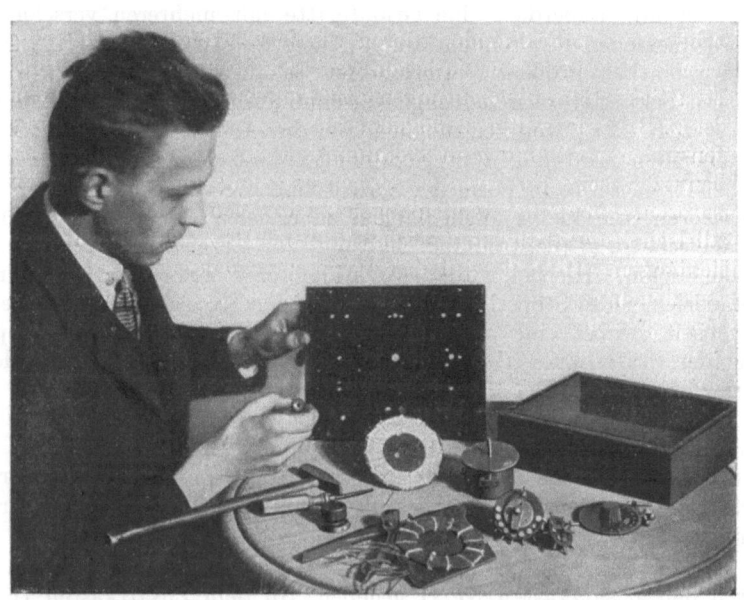

Abb. 335. Zusammensetzen eines Amateurempfängers.
1. Stadium: Der Amateur setzt in die gebohrte Schaltplatte die Buchsen ein. Rechts neben der Schaltplatte der Empfängerkasten, davor die Flachspulen, der Drehkondensator, die Schalter, Skala mit Griff sowie Schrauben, Knöpfe usw.

Abb. 336. 2. Stadium: In die Schaltplatte sind die Anschlußbuchsen, Achslager usw. eingesetzt.

Abb. 337. 3. Stadium: An der Schaltplatte sind von der Rückseite aus die Kontaktbahnen und der Drehkondensator sowie die schon im Stadium 2 erwähnten Kontakt- und Schaltelemente angebracht.

328 Universalempfangsapparat und Radio-Experimentierkästen.

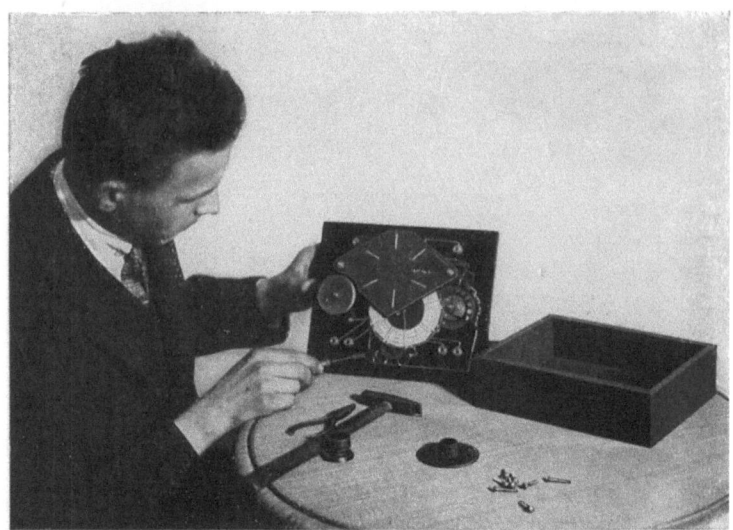

Abb. 338. 4. Stadium: An der Schaltplatte sind die beiden Flachspulen angesetzt; ferner sind die Zuleitungen von den Flachspulen nach den Kontaktbahnen sowie die Zwischenleitungen gezogen.

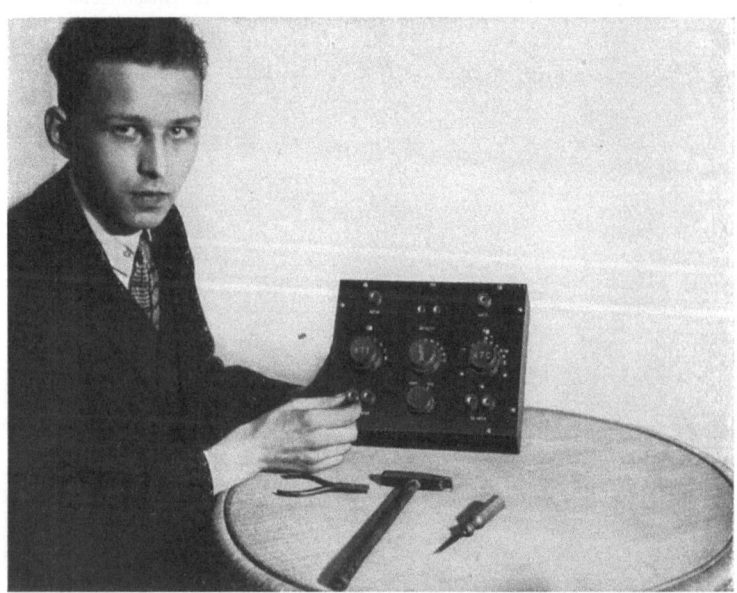

Abb. 339. 5. Stadium: Die Abbildung zeigt den fertig zusammengesetzten Empfänger von vorn gesehen, nachdem auch die Drehknöpfe auf den entsprechenden Achsen befestigt sind. Nach Anschluß von Erde und Gegengewicht (die beiden äußeren Kontakte in der oberen Reihe), Einstöpseln eines Kristalldetektors (in die in der oberen Reihe in der Mitte befindlichen Stöpsellöcher) und Einstöpseln eines Telephons (links unten) ist der Empfänger für den Gebrauch bereit.

Spulen, Kondensatoren, Schalter usw. in die Hand geben. Er muß alsdann diese Elemente auf der Schaltplatte befestigen und die Zwischenleitungen ziehen, die er sich im Falle besonderer Eignung hierfür aus Rund- oder Vierkantkupferdraht selbst herstellen kann, oder die ihm bei geringerer Handfertigkeit als fertig gebogene Leitungen zur Verfügung gestellt werden können.

Unter Annahme des ersten Falls sind in den nachstehenden Abb. 335 bis 339, die einen Apparat der Firma Dr. G. Seibt betreffen, einige der wichtigsten Stadien aus dem Zusammenbau eines Amateurempfängers dargestellt.

Im ersten Stadium (Abb. 335) hat der Amateur alle Schaltungselemente auf dem Tische vor sich liegen, und er setzt in die vollkommen gebohrte Schaltplatte an allen dafür vorgesehenen Stellen Metallbuchsen ein.

Das Bild des zweiten Stadiums (Abb. 336) zeigt die bereits rechts und links, oben und unten in der aufrecht gehaltenen Platte eingesetzten Buchsen und die in der Schaltplatte befestigten Achslager.

Im dritten Stadium (Abb. 337) werden die als fertige Apparate ausgebildeten Kontaktbahnen mit der Schaltplatte verbunden. Der Drehkondensator wurde, wie aus der Abbildung hervorgeht, bereits an der Schaltplatte befestigt.

Im vierten Stadium (Abb. 338) sind die Flachspulen angesetzt und die erforderlichen fertig gebogenen Zwischenleitungen mit den einzelnen Schaltelementen verbunden.

Das fünfte Stadium (Abb. 339) zeigt den fertig zusammengebauten Empfänger von der Vorderseite, wobei als letztes die Drehknöpfe auf die Achse aufgeschraubt wurden. Sobald in diese Empfangsplatte ein Kristalldetektor eingestöpselt und das Telephon angeschlossen ist und der Empfänger an Erde bzw. Antenne angeschaltet wurde, ist er für den Empfang bereit.

XI. Wie baut sich ein amerikanischer Amateur seinen Empfänger selbst?

A. Herstellung von einlagigen Zylinderspulen.

Der Radioamateur fängt am besten mit der Herstellung des einfachsten Empfängers an. Dieses ist die einlagige Zylinderspule, die durch einen oder mehrere Schiebekontakte geschaltet wird.

Die Herstellung derartiger einlagiger Zylinderspulen ist überaus einfach. Obwohl man als Wicklungskörper auch Holz oder ähnliches benutzen könnte, ist es dennoch zweckmäßiger, starke Pappzylinder

330 Wie baut sich ein amerikanischer Amateur seinen Empfänger selbst?

zu verwenden. Für die kleinen Spulen benutzt man Zylinder von etwa 30 bis 40 mm Durchmesser, ca. 120 bis 160 mm Länge, für größere Spulen Zylinder von etwa 70 mm Durchmesser bis 250 mm Länge. Die Wandstärke der Zylinder soll etwa 2 bis 3 mm oder auch etwas mehr betragen.

Damit der Pappzylinder, der mehr oder weniger hygroskopisch ist, bei feuchtem Wetter nicht allzuviel Feuchtigkeit ansaugt, wird er vor dem Bewickeln zweckmäßig entweder mit einer Schellacklösung bestrichen oder paraffiniert. Beides ist etwa gleich gut. Nachdem der Zylinder getrocknet ist, sticht man in das eine Ende desselben, etwas am Rande entfernt, nebeneinander zwei Löcher hinein (siehe Abb. 340), durch die der Draht gezogen wird. Hierdurch wird eine recht feste Verbindung des Drahtanfanges mit dem Zylinder erzielt. Nunmehr bewickelt man den Zylinder entweder von Hand Lage an Lage, was aber insbesondere bei Spulen für größere Wellen und sehr dünnem Draht mühsam ist, oder man schafft sich von vornherein eine Einrichtung, die sehr einfach sein kann, um mittels dieser die Spulenwicklung auszuführen. Eine solche einfache Vorrichtung, die sich jeder aus einigen Brettchen zusammenstellen kann, gibt Abb. 341 wieder. Der eine Wickelkörper ist auf der Achse fest, der andere verschiebbar angeordnet. Beide sind leicht konisch gestaltet, so daß die Pappkörper mit leichtem Druck darauf gepreßt werden können, wodurch eine Mitnahme bei der Drehung erfolgt (siehe Abb. 342). Nun wickelt man am besten so, daß, nachdem der Draht

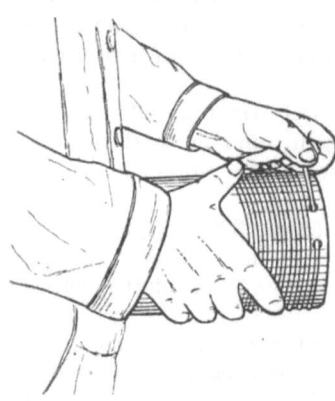

Abb. 340. Wicklung einer Spule von Hand.

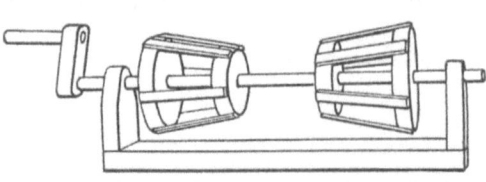

Abb. 341. Einfache kleine Maschine zur Wicklung von Zylinderspulen.

durch die zwei Anfangslöcher hindurchgesteckt ist, mit der linken Hand die Kurbel gedreht wird, während mit der rechten die Aufspulung des Drahtes auf den Pappzylinder bewirkt wird. Um den Draht zu spannen, dient die Streckanordnung gemäß Abb. 343. Der Zylinder wird so weit bewickelt, wie dies, entsprechend dem gewünschten Selbstinduktionswert, erforderlich ist. Durch eine einfache Meßeinrichtung, die mit Summer arbeitet, ist es möglich, laufend die Größe der aufgewickelten Selbstinduktionsspule zu kontrollieren. Hat man eine solche Einrichtung nicht, so kann man auch ungefähr die Spule berechnen (siehe S. 62 ff.). Da mit nun die Spule sich nicht wieder aufwickelt, ist es erforderlich, den Draht am Ende des Pappkörpers mit diesem zu befestigen, was am besten in der gleichen Weise wie am Spulenanfang mittels zweier durch den Pappkörper gestochener Löcher bewirkt wird.

Es ist zweckmäßig, die fertig gewickelten Spulen entweder zu schellackieren oder zu paraffinieren. Hierdurch wird, insbesondere bei

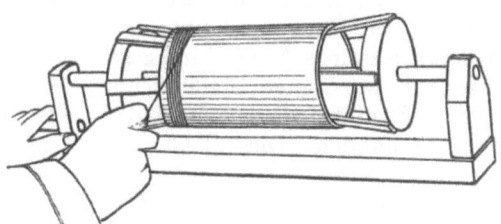

Abb. 342. Bewicklung des Spulenkörpers auf der Maschine (nach Sleeper).

Baumwoll- und Seidenisolation ein guter Schutz gegen Feuchtigkeit und durch diese bedingte Einflüsse gewährleistet. Wickelt man, was recht zweckmäßig ist, die Spule aus Emailledraht, so ist eine derartige Schellackierung oder Paraffinierung der fertigen Spule natürlich überflüssig.

Für viele Zwecke wird es nun vorteilhaft sein, den Spulenkörper mit Endplatten zu versehen. Am besten wird dies dadurch bewirkt, daß in dem Pappzylinder an den beiden Enden je ein Holzstück eingeleimt wird, an dem die Endbrettchen, die etwa quadratische Formgebung haben können, direkt aufgeschraubt werden. Das ist namentlich dann zweckmäßig, wenn man die Spule als Schiebespule ausbildet. Alsdann wird, wie dies Abb. 199 veranschaulicht, mit den beiden

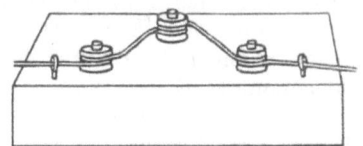

Abb. 343. Drahtstreckanordnung, um den Wicklungsleiter ohne Kinke auf den Spulenkörper aufzubringen.

Endbrettchen eine nicht allzu schwache Messingschiene mit rechteckigem Querschnitt verbunden. Diese Messingschiene soll am besten eine Breite von 12 mm und eine Stärke nicht unter 2 mm besitzen. Auf dieser Messingschiene schleift der Schiebekontakt. Der Radioamateur hat größte Sorgfalt darauf zu legen, daß sowohl die Kontaktgebung des Schiebers auf der Messingschiene als auch des Schiebekontaktes mit den Spulenwindungen eine möglichst gute und verlustlose ist. Einen guten Schieber herzustellen, ist gar nicht so einfach, wie dies die zahllosen zum Teil recht minderwertigen Konstruktionen beweisen, die selbst von angesehenen Radiofirmen auf den Markt gebracht worden sind. Eine ausgezeichnete Konstruktion, die sich auch bei längerem Betriebe kaum nennenswert abnutzt, ist in Abb. 303, S. 302 wiedergegeben. Am zweckmäßigsten ist es, wenn sich der Amateur bei

332 Wie baut sich ein amerikanischer Amateur seinen Empfänger selbst?

der Herstellung des Schiebers, sei es, daß er diesen sich selbst anfertigt, oder von einem Mechaniker machen läßt, falls er es nicht vorzieht, ihn fertig zu beziehen, möglichst genau nach dieser Abbildung richtet. Das Wesen, worauf es ankommt, ist nochmals in dem schematischen Schnitt von Abb. 344 enthalten. a ist eine Messingbuchse von viereckigem Querschnitt mit nicht zu geringer Wandstärke, die vorn und rückwärts offen ist. In der Buchse ist eine Feder b mittels einer Schraube befestigt. Die Dimensionierung ist derartig, daß zwischen a und b die Kontaktmessingschiene durchgesteckt werden kann, daß aber die Buchse auf der Stange zügig gleitet. Mit der Buchse ist ferner eine zweite Kontaktfeder c ebenfalls wieder mit möglichst langem Federweg verbunden. Diese Feder besitzt an ihrem unteren

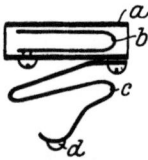

Abb. 344.
Schiebekontakt mit Schleiffeder für die Schiebespule.

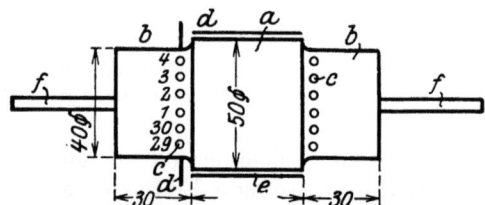

Abb. 345. Walzenkörper zur Herstellung von Honigwabenspulen.

Teil die eigentliche Kontaktstelle d, die auf den Spulenwindungen schleift, also einer gewissen Abnutzung unterworfen ist.

Gegenüber der Kontaktmessingschiene sind nun die Spulenwindungen in einer Mantellinie blank gemacht, und hierauf schleift der Schiebekontakt d.

Eine derartige Spule erlaubt nur eine Wellenvariation mit gleichzeitiger Veränderung der Detektorkopplung, die also nicht auf ein Optimum einstellbar ist.

Um eine einstellbare Detektorkopplung zu bewirken, muß die Spule auf einer zweiten Mantellinie blank gemacht werden und auf dieser muß ein zweiter Schiebekontakt schleifen. Auf diese Weise erhält man bereits eine wesentlich besser durchgebildete und zuverlässiger funktionierende Konstruktion.

B. Die Selbstherstellung von Honigwabenspulen.

Für den Amateurbetrieb ist die Benutzung von Spulen mit fester Selbstinduktion, die etwa nach Art eines Gewichtsatzes dimensioniert sind, um einen großen Wellenbereich zu beherrschen, von besonderer Wichtigkeit. Da derartige Spulen stellenweise im Handel nicht ganz billig zu erhalten sind und andererseits die Möglichkeit besteht, daß sich der Amateur diese Spulen selbst herstellt, soll im nachstehenden eine einfache Methode hierfür beschrieben werden.

Man verschafft sich zunächst einen zylindrisch abgedrehten Holzklotz a, der, entsprechend Abb. 345, mit zwei seitlichen Abdrehungen b versehen ist.

Die in der Abbildung eingetragenen Maße in Millimetern sind nur beispielsweise. In die abgedrehten Teile sind in gleichmäßigem Abstand voneinander eine Anzahl von Löchern c gebohrt von je 2 mm Stärke und etwa 8 mm Tiefe. In diese werden Holz- oder Metallstifte d derart befestigt, daß sie für den Herstellungsvorgang genügend festsitzen, aber nach Fertigstellung der Spule leicht wieder entfernt werden können. Auf dem zylindrischen Teil a wird ein in der Abbildung im Schnitt dargestelltes Kartonblatt leicht abnehmbar aufgeschoben, auf das später der Spulendraht aufgewickelt wird. Um den Holzkörper a drehen zu können, ist er in der Mitte mit einer Bohrung versehen, durch die ein dünnes Hölzchen f hindurchgesteckt wird, um den Holzkörper leicht von Hand aus rotieren lassen zu können. Die Stifte d werden laufend numeriert, beispielsweise von 1. bis 30, wie dies in der Abbildung gleichfalls angedeutet ist.

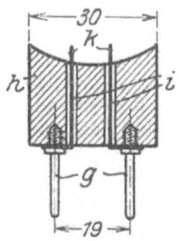

Abb. 346.
Sockel der Honigwabenspule.

Nun beginnt die Drahtaufwicklung, zu der zweckmäßig seiden- oder baumwollisolierter Draht benutzt wird, um das Freitragen der Wicklung besser zu gewährleisten. Man wickelt den Draht erst einige Male um das Hölzchen f und sodann um den Stift 1. Von da geht man mit dem Draht zur andern Seite nach Stift 20, von Stift 20 nach Stift 2, von 2 nach 21, dann zurück nach 3 und darauf nach 22 usw. Mit Aufwicklung der 30. Windung ist die erste Spulenlage aufgebracht, wobei die Drähte netzförmig gekreuzt übereinander liegen, wodurch äußerlich der Eindruck einer Honigwabe erzielt wird und elektrisch eine sehr geringe Eigenkapazität der Spule gewährleistet ist.

Nachdem in dieser Weise die erste Spulenlage aufgebracht ist, wird sie schellackiert. Darauf wird die zweite Lage aufgewickelt und ebenfalls schellackiert. Sofern die Spule die gewünschte Selbstinduktion besitzt, hört man mit dem Wickeln auf und überstreicht die ganze Spule nochmals mit einer Schellackschicht und läßt sie trocknen, was zweckmäßig in der Nähe eines Ofens geschieht, um zuverlässig alle Wasserteile aus dem Spulenkörper zu entfernen. Alsdann wird zusammen mit dem Kartonring e die fertige Spule, nachdem die Stifte d herausgezogen sind, von der Walze a heruntergeschoben. Nunmehr ist die Spule an einer Stelle zu bandagieren und mit einem die Steckerkontakte enthaltenden Befestigungsstück zu versehen. Ein derartiges Sockelstück in einfacher Ausführung ist in Abb. 346 wiedergegeben. Im Gegensatz zu der in Abb. 197 auf S. 219 dargestellten Honigwabenspule sind hier zwei Stück geschlitzte Steckkontakte g vorgesehen, die in das aus Isoliermaterial, z. B. in Paraffin gekochtes Holz, hergestellte Haltestück h hineingeschraubt werden. Die Enden der Spule k werden durch die in das Haltestück gebohrten feinen Kanäle i hindurchgeführt und unter die Steckkontakte *g* montiert und eventuell noch festgelötet. Nunmehr kann die gesamte Spule durch einen Pappstreifen nach außen hin verkleidet werden, der auf dem Haltestück *h* festgeschraubt wird.

Die Zuleitung der Wicklungsenden zu dem Steckkontakt geht im übrigen auch noch aus der Abb. 347 hervor. Es ist wesentlich, wenn man einen Satz entsprechend abgeglichener Honigwabenspulen herstellt, die Verbindungen zu den Steckkontakten alle in derselben Weise zu bewirken, etwa Abb. 347 entsprechend, da sonst leicht der Fall eintreten kann, daß man Spulen mit ihrem Wicklungssinn gegeneinander schaltet, was besonders bei gewissen Röhrenanordnungen oft nachteilig wirkt.

Abb. 347. Schema der vollständigen Honigwabenspule, der Bandagierung und der Anschlußkontakte.

C. Herstellung einer Stufenspule.

Die oben beschriebene Schiebespule besitzt verschiedene Mängel, insbesondere den, daß die nicht benutzten Spulenwindungen stets einpolig eingeschaltet bleiben. Außerdem ist es aber erforderlich, um eine sichere Kontaktgebung zu gewährleisten, und damit durch die Schleiffeder nicht allzu viel Windungen gleichzeitig betätigt werden, mit der Drahtstärke nicht allzu weit herabzugehen. Ein Drahtdurchmesser von 0,8 mm dürfte die unterste Grenze darstellen.

Für viele Zwecke ist es daher günstig, die Spule stufenförmig zu gestalten. Dies kann am einfachsten unter Benutzung einer Stufenkontaktanordnung gemäß Abb. 349 bewirkt werden. Man kann diese Stufenkontaktanordnung zweckmäßig auf einem der Stirnbretter der Spule, die aus beliebig dünnem Draht gewickelt sein kann, herstellen und kann die Spulenabzapfungen durch die in Abb. 349 wiedergegebenen Löcher *i* hindurchführen und an die Kontaktschrauben *c* durch Unterklemmen anschließen.

Für die Fabrikation geht man am besten so vor, daß man an denjenigen Stellen, an denen die Abzweigleitungen nach der Kontaktbahn abgenommen werden, bei der Aufwicklung eine kleine Schleife macht. Diese Schleife wird, nachdem die Spule voll gewickelt ist, blank gemacht und an dieser Stelle wird der nach der Kontaktschraube hinführende Abzweigdraht angelötet. Die Stelle wird alsdann isoliert.

Häufig wird es zweckmäßig sein, die Spule in lauter gleiche Teile zu teilen und die Enden dieser Teile an die Kontaktschrauben der Schaltbahn zu führen. Wenn man jedoch eine in Wellenlängen gleiche Teilung vornehmen will, so muß man die Abzweigungen nach der logarithmischen Teilung anschließen. Die Abzweigung beginnt also mit wenigen Spulenwindungen; allmählich steigen logarithmisch die Spulenwindungen an.

Eine andere beliebte Unterteilung ist die nach dem dekadischen System, wozu jedoch zwei Kontaktbahnen gebraucht werden.

In sehr einfacher Weise kann sich der Amateur kleine freitragende Spulen, die für alle diejenigen Zwecke Anwendung finden können, für die sonst Honigwabenspulen benutzt werden, selbst herstellen. Man nimmt einen möglichst gut erhaltenen Weinflaschenkorken und steckt in diesen zweireihig an die beiden Randflächen Stecknadeln, wie dies für die eine Seite Abb. 348 veranschaulicht. Diese Nadeln seien mit den Buchstaben $a-h$ bezeichnet. Man wickelt die erste Windung des Drahtes, die bei der Nadel a anfangen möge, so wie dies die Abbildung zeigt, daß also der Draht um die Nadel b hinten herum, um c vorne herum, um d hinten herum, um e vorne herum verläuft, bis man die erste Windung fertig hat. Alsdann wickelt man die zweite Windung, wobei man jedoch die Wicklungsfolge umgekehrt vornimmt, so daß der Draht um Nadeln b d f und h vorn herum geführt wird, um die Nadeln c e und g hinten herum. Die dritte Lage wird darauf wieder wie die erste, die vierte wie die zweite gewickelt. Hat man die erste Lage fertig, so wickelt man die neben der ersten befindliche Lage in normaler Weise

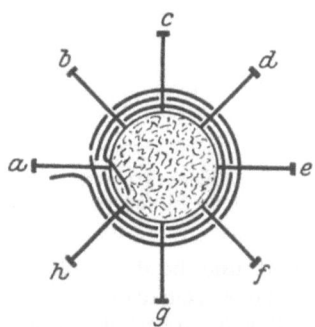

Abb. 348. Schema der Wicklung einer freitragenden Spule für den Amateurbetrieb.

auf den Pfropfen. Am andern Ende des Telephons geht man in gleicher Weise, wie oben beschrieben, vor. Alsdann taucht man die Spule in eine Wachs- oder Paraffinlösung und zieht die Nadeln, eventuell auch den Korken aus der Mitte heraus, da die Spule sich alsdann freitragend hält. Auf diese Weise gewonnene Spulen können ganz bequem auch für kleine Variometer, z. B. zu Rückkopplungszwecken benutzt werden, indem man z. B. als Tragkörper den Boden und den Deckel einer kleinen Zigarettenschachtel benutzt, die aufrecht gestellt wird, und bei der jede beliebige Kopplungsänderung möglich ist.

D. Herstellung einer Stufenkontaktanordnung.

Für sehr viele Schaltzwecke benötigt der Radioamateur eine mit einer Anzahl von Kontakten versehene Schaltanordnung, die er sich für die meisten Zwecke in ausreichender Güte einfach selbst herstellen kann. Der Radioamateur benutzt zu diesem Zweck am besten ein möglichst astfreies Holzstück von etwa 12 bis 15 mm Stärke und 80×120 mm Außenabmessung. Auf diesem Brett, dessen Schema Abb. 349 andeutet, schlägt er einen Halbkreis um den Mittelpunkt b und bohrt so viel Löcher c von je 1,5 bis 2 mm Durchmesser, als er Kontakte zu erhalten wünscht. Darauf wird die Holzplatte a schellackiert oder paraffiniert. Letzteres am besten dadurch, daß in einem alten Topf oder in einer eisernen emaillierten photographischen Entwicklungsschale das Paraffin flüs-

336 Wie baut sich ein amerikanischer Amateur seinen Empfänger selbst?

sig gemacht, die Platte eingetaucht und eine Weile darin belassen wird. Darauf werden in die Löcher c Schrauben mit halbrundem oder Linsenkopf eingeschraubt, derart, daß die obersten Punkte der Köpfe möglichst gleich hoch stehen. Es folgt nunmehr die Herstellung des Kontakthebels d, der mit dem Drehpunkt b versehen ist. Als Kontakthebel muß ein gutleitendes, etwas federndes Material, wie z. B. hartgewalztes Messingblech genommen werden. Die Breite des Hebels soll etwa 7 bis 10 mm, die Stärke 0,8 bis 1,5 mm betragen. Besondere Sorgfalt ist der Herstellung des Drehpunktes b zu widmen, da von der Ausführung desselben die Güte der gesamten Anordnung wesentlich abhängt.

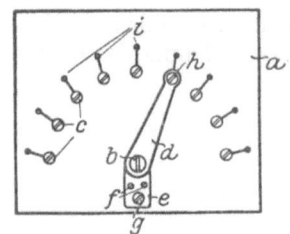

Abb. 349. Kontaktplatte, z. B. für eine Stufenspule.

Am zweckmäßigsten wird zwischen den Kontakthebel d und die Grundplatte e eine kleine Feder oder federnde Unterlagsscheibe gelegt. Die Grundplatte e wird mit zwei Schrauben f auf der Holzplatte a befestigt und besitzt außerdem noch eine besondere Anschlußschraube g für die Einschaltung der Kontaktanordnung in dem betreffenden Kreis.

Der Kontakthebel d wird zweckmäßig nun mit einem Handgriff h versehen, um eine leichte Bewegung nach dem jeweilig gewünschten Kontakt hin zu bewirken.

E. Herstellung eines Selbstinduktionsvariometers.

Das Variometer ist für den Radioamateur insbesondere dann von besonderer Wichtigkeit, wenn er nicht in der Lage ist, sich für Abstimmzwecke einen Drehkondensator, dessen Selbstanfertigung mit besonderen Schwierigkeiten verbunden ist, anzuschaffen. Für sehr primitiven Kristalldetektorempfang kommt man mit einer Schiebespule oder auch mit einer sehr fein unterteilten Stufenspule aus. Will man jedoch die Abstimmung wirklich ausnutzen, was insbesondere bei allen Röhrendetektoren und Verstärkerschaltungen von größter Bedeutung ist, so ist man genötigt, unbedingt ein Abstimmungsglied zu schaffen, das eine kontinuierliche Regelung zuläßt. Dieses ist möglich durch ein Selbstinduktionsvariometer, das sich der Amateur verhältnismäßig leicht und billig selbst herstellen kann. Sehr zweckmäßig ist die in Abb. 350 skizzenhaft wiedergegebene Anordnung, die das Variometer etwa in viertel Größe in Aufriß und Seitenansicht

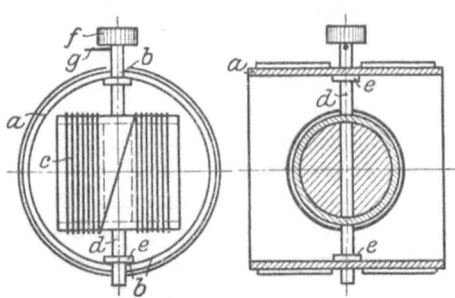

Abb. 350. Selbstinduktionsvariometer bzw. Kopplungsvorrichtung.

darstellt. Benutzt wird ein kurzer Pappzylinder a von etwa 70 bis 80 mm Länge und etwa 75 mm innerem Durchmesser. Die Wandstärke soll etwa 2 mm betragen.

In der Mitte und im Innern dieses Pappzylinders wird durch Bohrungen b, die sich radial gegenüber stehen, ein im Durchmesser erheblich kleinerer zweiter Zylinder c drehbar angeordnet. Die Dimensionen dieses zweiten Zylinders sind etwa 50 mm länger bei 45 mm äußerem Durchmesser. Die Anordnung ist so zu treffen, daß der Zylinder c im Innern von b gut gedreht werden kann, ohne zu ecken. Dies wird durch eine Achse d bewirkt, die mit dem inneren Zylinder c fest verbunden wird, z. B. dadurch, daß in das Innere der Spule c ein Holzstück hineingekeilt ist, durch das die Bohrung der Achse d hindurchgeht. Weiterhin wird durch am besten aufgeschraubte Muttern oder festgelötete Unterlagscheiben e die Achse drehbar in der äußeren Spule a angeordnet. Außerdem wird der obere Teil der Achse mit einem Knopf f und mit einem Zeiger g verbunden, der eine darunter anzubringende Skala bestreicht.

Die Spulenkörper b und c werden außen mit Draht bewickelt, dessen Stärke von der jeweilig gewünschten Selbstinduktion abhängt. Die Wicklung ist schematisch angedeutet. Hierdurch kann auch in gewissen Grenzen die Kopplung variiert werden.

Es kommt nun darauf an, zu welchem Zweck das Variometer benutzt werden soll. Wenn es zur Selbstinduktionsvariation dienen soll, werden die Außen- und die Innenspule in der auf S. 223 angegebenen Weise zusammengeschaltet.

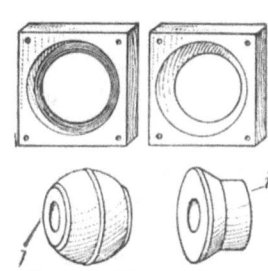

Abb. 351. Einzelteile eines Amateurvariometers zur Selbstanfertigung (Radio Supplies Co. in London).

Wenn hingegen das Variometer zu Kopplungszwecken dienen soll, wofür es sich gleichfalls im allgemeinen sehr gut eignet, so werden die Enden der Außenspulen in den einen Stromkreis, die Enden der inneren Spulen in den anderen Stromkreis eingeschaltet. Am zweckmäßigsten ist es daher, wenn man die Enden der Spule, deren Wicklung im übrigen genau dem geschilderten Verfahren entsprechen kann, aus Litzendraht herstellt, der auch bei starken Biegungsbeanspruchungen nicht so leicht abbrechen kann.

Für die Selbstanfertigung eines Kugelvariometers sollen die in Abb. 351 dargestellten Einzelteile, die die Radio Supplies Co. liefert, dienen. Hierbei sind die festen, in zwei Teile geteilten Isolierkörper oben wiedergegeben. Der linke obere Teil zeigt bereits die in ihn hineingebrachte Wicklung. Dieses wird mittels der Hilfseinrichtung i bewirkt, indem auf den kugelkalottenförmig abgedrehten Teil von i der Draht aufgewickelt, schellackiert und getrocknet wird. Alsdann wird der Innenteil der festen Variometerkörperhälften schellackiert und der Hilfsteil i dagegen gepreßt, derart, daß die Wicklung fest an ihm haften bleibt. An Stelle des Schellacks kann auch Paraffin, Wachskitt oder dergleichen benutzt werden. Auf die gleiche Weise wird die andere Hälfte des Variometeraußenkörpers bewickelt, wobei jedoch darauf zu achten ist, daß nach Verbindung der beiden Außenkörper der Wicklungssinn in beiden Hälften derselbe sein muß. Die Bewicklung des Variometerinnendrehkörpers k mit Draht ist sehr einfach. Auch hier wir der Seiden- oder Baumwolldraht durch Schellack, Paraffin oder Wachskitt auf der Unterlage befestigt.

F. Herstellung eines unveränderlichen Kondensators.

Einen nicht veränderlichen Kondensator, der z. B. für alle Blockierungszwecke (Parallelkondensatoren zum Telephon) vollständig ausreicht, kann sich der Amateur in sehr einfacher Weise selbst herstellen (siehe Abb. 352). Aus möglichst säurefreiem weißem Papier werden tunlichst lange Streifen a von je 20 bis 30 mm Breite ausgeschnitten, sehr zweckmäßig ist dünnes Zeichenpapier. Durch das schon früher erwähnte gut angewärmte Paraffinbad wird der Streifen rasch durchgezogen, so daß er beiderseits mit einer dünnen Paraffinschicht bedeckt ist. Nunmehr wird der Streifen gemäß Abbildung harmonikaartig zusammengefaltet, wobei etwa die gezeichneten Verhältnisse (Verkleinerung auf etwa die Hälfte) gewählt werden. Nunmehr schneidet man aus Stanniolpapier, das keine allzu großen Risse oder Löcher aufweisen darf, die einzelnen Kondensatorbelege b und c derart, daß, wie die Abbildung dies veranschaulicht, diese Belege etwas über den Rand herausstehen.

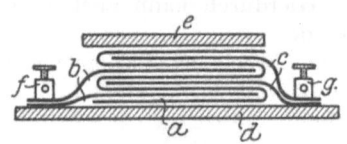

Abb. 352.
Fester Kondensator (Wickelkondensator, Blockkondensator).

Nunmehr wird das gesamte so erhaltene Paket auf einer Grundplatte d aufgebaut, während eine obere Deckplatte e dagegen gedrückt wird. Dies wird entweder durch seitlich herausstehende Schrauben bewirkt, wobei jedoch sorgsam darauf zu achten ist, daß die Schrauben weder das Papier noch das Stanniol verletzen, oder aber in einfacherer Weise dadurch, daß das gesamte Paket mit Isolierband umwickelt wird. Darauf werden die herausstehenden Enden der Kondensatorbelege unter die Klemmschrauben f und g gelegt und der Kondensator ist betriebsbereit. Seine Kapazität richtet sich nach der Stärke des Papiers, zuzüglich der Paraffinierung, nach der Anzahl der Stanniolbelege b und c und nach dem Druck, mit dem die Deckplatte e auf die Grundplatte d aufgepreßt ist. Der Amateur tut gut, sich eine Reihe von derartigen Kondensatoren verschiedener Kapazitätsgrößen hinzulegen, um diese fallweise benutzen zu können.

G. Herstellung eines Kristalldetektors.

Die Herstellung eines einfachen und dabei doch hochempfindlichen Kristalldetektors ist für den Amateur verhältnismäßig sehr einfach.

Auf einem kleinen Holzbrettchen a (Abb. 353) von ca. 45 × 9 × 5 mm wird einerseits eine Kontaktschraube b befestigt, andererseits wird eine aus Messing bestehende Blattfeder c aufgeschraubt. Der Schraubenkopf von b wird ausgebohrt und mittels eines Weichlotes, wie z. B. Woodschen Metalls (als leicht schmelzbare Legierungen — sog. Woodsches Metall — kommen inbetracht: Blei 2, Zinn 1, Wismut 4, Kadmium 1, schmilzt bei 60° C; Blei 8, Zinn 4, Wismut 15, Kadmium 3, schmilzt bei 70° C; Blei 8, Zinn 4, Wismut 15, Kadmium 8, schmilzt bei ca. 79° C), wird ein Stückchen Silicium, Bleiglanz oder dergleichen (siehe S. 235, 236) eingeschmolzen. An der Feder c wird eine Metallspitze d befestigt, die mit dem in b eingeschmolzenen Metallstückchen leicht Kontakt macht. Die Feder c wird an einer Stelle durchbohrt, daselbst wird eine Schraube e hindurchgesteckt, die in das Brettchen a heraus- oder hineingeschraubt werden kann. Eventuell kann man auch auf das Brettchen noch ein kleines Metall-

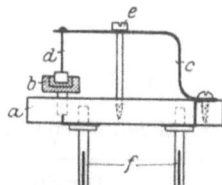

Abb. 353. Vom Radioamateur selbst angefertigter Kristalldetektor.

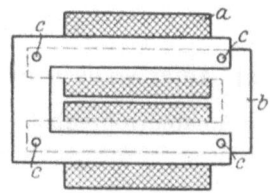

Abb. 354. Verstärkungstransformator.

stückchen aufschrauben, das als Gegenmutter für e dient. Das Brettchen a wird nun am besten mit zwei normalen geschlitzten Steckkontakten f versehen, die in dem normalen Abstande von 19 mm befestigt werden. Diese Steckkontakte f werden durch Kupferdrähtchen einerseits mit der Feder c, andererseits mit der Detektorschraube b gut leitend verbunden. Dieser Detektor, der leicht ein- und ausstöpselbar ist, hat den Vorteil, sehr gut einstellbar zu sein, im übrigen ist mit ihm bei passender Wahl der wirksamen Detektormaterialien sehr gute Empfindlichkeit zu erzielen.

H. Herstellung von Verstärkungstransformatoren.

Die Selbstherstellung von Verstärkungstransformatoren durch den Radioamateur empfiehlt sich an und für sich nicht, da ein exaktes Fabrikat kaum zu erreichen ist und die Zubehör- und Bestandteile verhältnismäßig teuer sind.

Eine relativ zweckmäßige Konstruktion besteht für einen eisengeschlossenen Transformator in folgendem:

Aus möglichst dünnem Eisenblech werden U-förmige Blechstücke a und b, entsprechend Abb. 354, hergestellt, und zwar etwa 25 Stück für einen Transformator. Alsdann werden zwei Spulen gewickelt, jede mit einem Durchmesser derart, daß ein etwa 10 × 10 mm Eisenblechpaket hindurchgesteckt werden kann. Die Länge jeder Spule beträgt etwa 28 mm, der Außendurchmesser 12 mm. Nunmehr werden die Spulen nebeneinander gelegt und die Eisenbleche a und b in der Weise durch die Spule hindurchgesteckt, wie dies die Abbildung andeutet. Dabei wird immer je ein Eisenblech von der linken Seite und eins von der rechten Seite abwechselnd zwischengesteckt, und zwar in dem Maße, als Eisenbleche in die Spulen hineingehen. Um ein besseres Zusammenhalten der Bleche zu gewährleisten, werden Bohrungen c angebracht, durch die dünne Messingschrauben oder dergleichen hindurchgesteckt werden.

XII. Stromquellen. Netzanschlußgerät. Ladevorrichtungen.

A. Stromquellen.

a) Anforderungen für das Heizen und die Anode.

Für den Amateurröhrenbetrieb werden im allgemeinen z. Z. benötigt:

	Spannung:	Stromstärke:	Der Strom wird am besten entnommen aus:
Heizfaden	6 Volt	0,5 bis 0,6 Ampere	einer Akkumulatorbatterie
Anode	45—100 Volt	2 bis 3 MA	einer Primärelementbatterie

b) Heizstromquellen.

α) Bleiakkumulatoren.

Der Bleiakkumulator beruht auf dem Prinzip, daß in verdünnter Schwefelsäure (spezifisches Gewicht von 1,20 bis 1,24) entsprechend zubereitete Bleiplatten (Elektroden) die Eigenschaft haben, elektrischen Gleichstrom aufzuspeichern und diesen aufgespeicherten Strom später nach Bedarf abzugeben.

Abb. 355 stellt ein solches Akkumulatorelement der Akkumulatorenfabrik, System Pfalzgraf, Berlin N 4, im Rippenglasgefäß dar. Das Element besitzt eine Spannung von 2 Volt. Um die erforderliche Heizspannung von 6 Volt zu erreichen, müssen also drei Elemente zu einer Batterie hintereinandergeschaltet werden. Die Spannung eines solchen Elementes während der Stromentnahme bleibt im Gegensatz zu der Spannung der Primärelemente fast konstant und sinkt erst am Schluß der Entladung um etwa

Abb. 355. Akkumulatorelement (System Pfalzgraf).

10 % bis auf 1,8 Volt. Bei dieser Spannung, unter Stromentnahme gemessen, ist das Element entladen und muß erneut aufgeladen werden.

Mit Rücksicht auf die ätzende Eigenschaft der verdünnten Schwefelsäure kommen als Gefäßmaterial für das Element nur Glas, Zelluloid und Hartgummi in Frage.

Den Glasgefäßen haftet die Bruchgefahr an, sonst sind sie dafür am geeignetsten, da die Elektroden von außen beobachtet werden können.

Zelluloidgefäße gestatten die Beobachtung wohl anfangs, werden aber nach kurzer Zeit blind, besitzen auch nur beschränkte Lebensdauer und sind feuergefährlich. Außerdem kriecht an den Wänden außen leicht die Schwefelsäure, wodurch die Isolation verschlechtert wird, was sich beim Verstärkerbetrieb als Rauschen akustisch unangenehm bemerkbar macht.

Bei Hartgummigefäßen besteht keine Bruchgefahr, sie sind auch nicht feuergefährlich. Da sie nicht durchsichtig sind, können die Elektroden indessen nur durch die Füllöffnung beobachtet werden, was bei gutem Fabrikat für den praktischen Betrieb genügt.

Es werden geliefert:
Masseplattenelemente (Typenbezeichnung M) und
Großoberflächenplattenelemente (Typenbezeichnung R).

β) Batterien mit Masseplattenelementen.

Diese (siehe Abb. 355) sollen Verwendung finden:
1. Wo die 10stündige Entladung als Ausnahme gilt, allgemein aber geringere Strommengen als die höchst zulässigen entnommen werden;
2. wenn für die Aufladung mindestens 12 Stunden zur Verfügung stehen, da bei diesen Platten die in den abgedruckten Tabellen (S. 103) angegebenen höchsten Ladestromstärken nicht überschritten werden dürfen. Bei sehr langsamer und weitgehender Entladung der Elemente sollen zur Aufladung kleinere Stromstärken als die in den Tabellen (siehe Kap. III, S. 103) angegebenen zur Anwendung kommen;
3. wo die Zellen bei annähernd gleichbleibender, fortwährender oder unterbrochener Beanspruchung mit einer Auflladung bis zu sechs Monaten im Betrieb sein sollen.

Ein besonderer Vorteil der Masseplattenelemente ist die Erhöhung ihrer Kapazität bei verminderter Stromentnahme. Das Element M II besitzt beispielsweise eine Kapazität von 40 Amperestunden, bei einer Stromentnahme von 4 Ampere. Wird nun ein Achtel dieser Stromentnahme (0,5 Ampere) beansprucht, so erhöht sich die Kapazität des Elementes auf 70 bis 75 Amperestunden, das ist also eine Mehrleistung von 90 bis 95 %.

Nach beendeter Aufladung beträgt bei Masseplattenelementen die richtige Säuredichte 1,24 bis 1,25 spez. Gewicht, gleich 28 bis 29° Bé.

Aus Vorstehendem ist zu ersehen, daß für den sog. Amateurbetrieb Elemente und Batterien mit Masseplattenelementen die geeignetsten sind, kommt dagegen Dauerbetrieb mit scharfer Beanspruchung der Akkumulatorenbatterien in Frage, so zieht man Batterien aus Elementen mit Rapidplatten (Großoberflächen) vor.

γ) **Batterien mit Rapidplatten.**

Dieselben (siehe Abb. 356) unterscheiden sich gegenüber Masseplattenelementen dadurch, daß sie
1. die Entnahme höherer Stromstärken gestatten,
2. in 3 bis 4 Stunden aufgeladen werden können,
3. für Pufferschaltungen und Dauerauflagung mit schwachen Strömen geeignet sind.

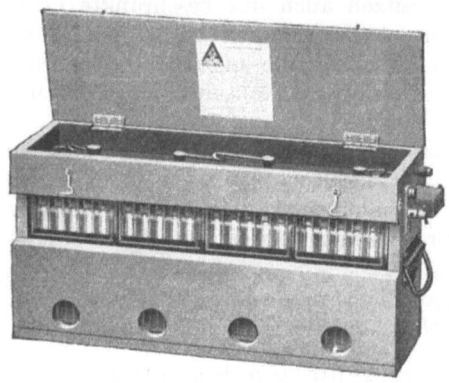

Abb. 356. Vierzellenbatterie mit Rapidplatten von Pfalzgraf.

Sie müssen aber mindestens alle sechs Wochen aufgeladen werden, weil sonst eine Sulfatierung der Elektroden eintritt.

Ferner haben sie im Verhältnis zur Kapazität höheres Gewicht als Masseplatten; bei Entladungen mit schwachen Strömen steigt die Kapazität nur um etwa 40 bis 50%.

Die richtige Säuredichte nach beendeter Aufladung beträgt 1,22 bis 1,23 spez. Gewicht, 26 bis 27° Bé.

c) Anodenfeldspannungsquellen.

α) **Akkumulatorbatterien.**

Für das Anodenfeld von Röhrenempfängern und Verstärkern sind Stromquellen erforderlich, deren Spannung je nach der für Amateure inbetracht kommenden Röhrenausführung zwischen etwa 45 Volt und 100 Volt liegt. Sofern ein Gleichstromlichtanschluß mit Netzanschlußgerät nicht zur Verfügung steht, muß man eine besondere Spannungsquelle vorsehen.

Am geeignetsten hierfür sind natürlich kleine Hochspannungs-Akkumulatorbatterien, da diese, abgesehen von der Zeit kurz nach der Aufladung und kurz vor völliger Entladung, recht konstanten Strom und Spannung abgeben.

Abb. 357 zeigt eine 10-Volt-Akkumulator-Anodenbatterieeinheit der Firma Liman & Oberlaender in Berlin, die, in Gruppen zu mehreren Einheiten zusammengefaßt, Verwendung als Anodenbatterien findet. Sie sind zusammengesetzt aus einzelnen Akkumulatorenzellen zylinderförmiger Ausführung, die in Abb. 358 einzeln dargestellt ist.

Die Höhe jeder Zelle beträgt ungefähr 13 cm. Die fünf Zellen sind von einem Zelluloidkasten umschlossen und auch die einzelnen Zellen sind noch einmal durch Zelluloidwände voneinander getrennt. Hierdurch werden die sonst bei Akkumulatorenbatterien höherer Spannung schwer vermeidbaren Nebenschlüsse, die durch übergelaufene Schwefelsäure verursacht werden, tunlichst erschwert.

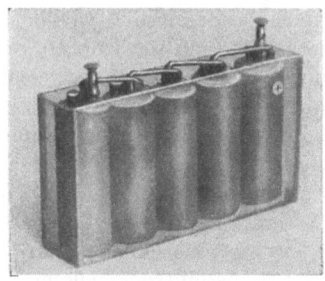 

Abb. 357. Fünfzellige Akkumulator-Anodenbatterieeinheit für 10 Volt bei 0,5 Amperestunden. Von Liman & Oberlaender.

Abb. 358. Einzelzelle der fünfzelligen Anodenbatterieeinheit.

Auch die Unterteilung in 10 Voltbatterien geschah zur Vermeidung von Nebenschlüssen, die sich bekanntlich im Verstärkerbetrieb als störendes Rauschen und Knacken bemerkbar machen. Die Kapazität einer solchen Batterie ist ca. 0,5 Amperestunden, so daß man also bei

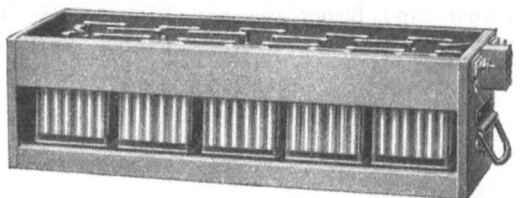

Abb. 359. Anodenbatterie aus Doppelelementen (System Pfalzgraf) zusammengebaut.

den im Verstärkerbetrieb üblichen Strömen von wenigen Milliampere wochenlang ohne Nachladung arbeiten kann.

Eine Anodenbatterie der Firma Pfalzgraf, die für einen schon recht hochwertigen Dauerbetrieb reichlich dimensioniert ist, gibt Abb. 359 wieder.

Der Nachteil dieser Akkumulatorenbatterien ist jedoch hauptsächlich ihre verhältnismäßige Kostspieligkeit und ferner, daß zur Auflading eine passende Stromquelle vorhanden sein muß, oder daß man sie zu einer solchen hinschaffen muß, was recht lästig ist.

β) Primärelementbatterien.

Infolgedessen ist es nach wie vor üblich, für das Anodenfeld sog. Hochspannungsbatterien, bestehend aus Trockenelementen, zu benutzen.

344   Stromquellen. Netzanschlußgerät. Ladevorrichtungen.

Primärelemente sind allgemein bekannt (Braunstein-, Kupfer-, Bunsenelemente und ähnliche mehr). Sie sind im Handel leicht zu haben, z. B. in Form von Trockenbatterien für Taschenlampen.

An die Elemente dieser Batterien sind dieselben Anforderungen zu stellen wie an jedes gute Trockenelement, nämlich vor allem eine ausreichende Depolarisationswirkung, so daß das Element nicht nur im Betriebe einen Strom konstanter Spannung herzugeben gestattet, sondern daß es sich auch nach intensiver Benutzung wieder rasch und ausgiebig erholt. Bei Hochspannungsbatterien für Röhrenzwecke muß im übrigen noch besonderer Wert auf sehr gute Isolierung gelegt werden. Dieses betrifft nicht nur die Isolation der Elektroden im Element selber, sondern vor allem auch beim Zusammenbau von Elementen zu Batterien.

Das Braunsteintrockenelement hat eine Spannung von 1,5 Volt. Es müssen also 60 Elemente oder 20 dreiteilige Taschenlampenbatterien hintereinander geschaltet werden, wenn eine Anodenspannung von 90 Volt erreicht werden soll. Die Braunsteintrockenelemente haben eine Lagerfähigkeit bis zu 9 Monaten. Über diese Zeit hinaus werden sie, auch bei Nichtbenutzung, unbrauchbar (verlagern).

Die Entladespannung der Primärelemente ist nicht konstant, sondern schnell abfallend; jedoch sind diese Braunsteintrockenelemente infolge der sehr geringen Belastung von nur 2 bis 3 Milliampere für die Anodenspannung ausreichend.

Derartige Anodenbatterien in allen Spannungen von 30 bis 100 Volt liefert z. B. die Zeiler A.-G., Berlin SO 16.

Sehr brauchbar sind ferner die von Siemens & Halske hergestellten Hellesen-Trockenelemente, insbesondere diejenigen, die vor

Abb. 360. Hellesen-Trockenelement von Siemens & Halske.

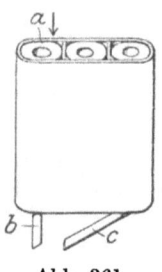

Abb. 361. Auffüllbatterie, insbesondere für Lager- und Exportzwecke.

Abb. 362. Einzelfüllelement (Zink-Braunstein) für Anodenfeldzwecke.

Inbetriebnahme aufgefüllt werden (Abb. 360). Eine Zusammenstellung der wichtigsten Hellesen-Elementtypen und ihrer räumlichen Abmessungen ist in Kap. III auf S. 102 wiedergegeben.

Häufig wird sich der Amateur aber auch mit einfacheren und billigeren Mitteln behelfen können. Eine dieser einfachen, im Handel üblichen Typen ist in Abb. 361 dargestellt. Die Batterie ist in Form einer sog. Auffüllbatterie hergestellt. Die Abbildung zeigt, wie vor Inbetriebsetzung die untere Deckelplatte entfernt ist, und wie das erste der drei, eine Batterie bildenden Elemente a gefüllt wird (Pfeil). Nachdem alle drei Elemente gefüllt sind, wird die Batterie verschlossen und umgedreht. Die Stromableitungen $b\,c$ können wie gewöhnlich bandförmig ausgeführt sein.

Die ziemlich konstante Spannung einer derartigen Batterie beträgt 4,5 Volt, die Größe ist nur $62 \times 65 \times 20$ mm.

Ein anderes für die Speisung des Anodenfeldes geeignetes Element, das zu Batterien zusammengesetzt werden kann, von der Firma Liman & Oberlaender, gibt Abb. 362 wieder. Dieses ist ein kleines Zink-Braunsteinbeutelelement, das von der genannten Firma besonders für den Radioamateurbetrieb fabriziert wird und sich durch folgende Eigenschaften auszeichnet: Das Element ist als Füllelement ausgebildet und wird erst kurz vor Ingebrauchnahme durch Einfüllen einer geringen Wassermenge betriebsfertig gemacht. Es ist daher lange lagerfähig. Ferner sind die Pole des Elementes derartig an Messingstreifen geführt, daß durch einfaches, sinngemäßes Zusammenkneifen und eventuelles Zusammenlöten der Messingstreifenbatterien beliebig hohe Spannungen hergestellt werden können. Auf diese Weise kann sich der Amateur nicht nur selbst seine Batterien zusammenbauen, sondern er ist auch in der Lage, abgenutzte Elemente durch neue zu ersetzen, ohne daß er die gesamte Batterie fortzuwerfen braucht. Der Betrieb wird hierdurch offenbar recht rationell.

B. Netzanschlußgerät. Speiseanordnung für Heizung des Glühfadens und Speisung des Anodenfeldes.

Es hat sich bereits bei den sog. Rundspruchseinrichtungen als störend und unbequem herausgestellt, für das Heizen der Glühfäden ständig einen geladenen Akkumulator und die für die Erzeugung des Anodenfeldes notwendigen Hochspannungsbatterien bereit zu halten. In erhöhtem Maße treten naturgemäß diese Schwierigkeiten für den Amateurbetrieb auf, insbesondere, da häufig die aus Trockenelementen bestehenden Hochspannungsbatterien den Dienst plötzlich versagen, wenn sie entladen, bzw. polarisiert sind. Aber auch das häufige Aufladen der Heizakkumulatoren ist sehr lästig, wenn keine passende Lademöglichkeit in bequemer Nähe ist.

Infolgedessen ist der Wunsch verständlich, mindestens überall dort, wo Gleichstromlichtleitungsanschluß zwischen 65 und 440 Volt vorhanden ist, eine Einrichtung zur Verfügung zu haben, die gleichzeitig und ständig das Heizen der Glühfäden und die Speisung des Anodenfeldes gestattet. Bereits für die Installierung des Rundspruchdienstes

346 Stromquellen. Netzanschlußgerät. Ladevorrichtungen.

sind derartige Zwischenanordnungen konstruiert worden in Form von sog. Netzanschlußgeräten. Die schematische Anordnung eines derartigen Netzanschlußgerätes der deutschen Postverwaltung gibt Abb. 363 wieder. a und b sind die Lichtanschlußklemmen des Gleichstromnetzes, c sind zwei Sicherungen für je 1 Ampere, d ist ein doppelpoliger Ausschalter. Derselbe gestattet einerseits, über eine Eisendrosselspule l an den Minuspol des Gerätes zu führen, andererseits zweigt er über einen Eisenwiderstand e einen nicht regulierbaren Schiebewiderstand f und einen mit zwei einstellbaren Anschlüssen versehenen Widerstand g sowohl nach der einen Plusklemme als auch über eine Selbstinduktionsspule k nach der anderen Plusklemme hin ab. Parallel zu dieser Anordnung ist, wie gezeichnet, einerseits der Kondensator m von 2 MF gelegt, andererseits die Parallelkondensatoranordnung i, von denen jeder Kondensator 8 MF Kapazität besitzt. Durch die Kombination der beiden Drosselspulen mit dem Kondensator soll bewirkt werden, daß die Netzgeräusche (Funken von Kommutatoren usw.) vom Empfänger und Verstärker ferngehalten werden und durch den Kondensator m, der die Anodenspannung überbrückt, soll man erzielen, daß der Stromlauf für die durch den Anodenstrom bewirkte Wechselstromkomponente geschlossen wird. Durch den Eisenwiderstand e soll die Heizstromstärke konstant auf 0,58 Ampere gehalten werden und die im Netz auftretenden Spannungsschwankungen sollen automatisch beseitigt werden. Wird das Netzanschlußgerät bei Spannungen unter 110 Volt benutzt, so wird der Widerstand f durch einen Drahtbügel h geshuntet.

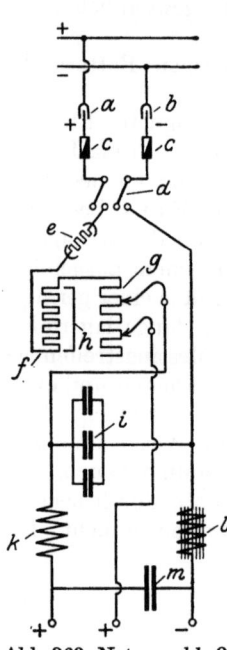

Abb. 363. Netzanschlußgerät der deutschen Postverwaltung für Rundspruchempfänger.

Bei nicht allzu großen Ansprüchen an die Fernhaltung von Netzgeräuschen und anderen Störungen können mit dieser Anordnung zufriedenstellende Resultate erzielt werden.

C. Ladevorrichtungen für Akkumulatoren.

a) Bei Gleichstromanschluß.

Die in elektrischer Beziehung günstigste Heiz- und Anodenfeldspeisung ist die durch Akkumulatoren. Sofern Gleichstromlichtleitungsanschluß vorhanden ist, ist die Ladung der Akkumulatoren sehr einfach. Trotzdem werden dieselben häufig nach einem entlegenen Ladeplatz geschafft, obwohl der Transport von Bleiakkumulatoren in Glasgefäßen, die in erster Linie für die Benutzung inbetracht kommen, aus mancherlei

Gründen sehr mißlich ist. Tatsächlich kann man sich aber in sehr einfacher Weise Einrichtungen schaffen, um die Ladung dieser Akkumulatoren für den Amateurbetrieb an Ort und Stelle vorzunehmen.

a) **Ladung der Heizbatterieakkumulatoren.**

Für etwa drei Röhren werden höchstens 2 bis 3 Ampere, meist nur 1,5 Ampere Stromstärke gebraucht; es genügt also, wenn die Heizakkumulatorbatterien diese Entladestromstärke besitzen. Vielfach weisen diese Batterien eine Amperestundenzahl von 40 auf. Unter Berücksichtigung einer Ladestromstärke von 2 Ampere muß die Batterie etwa 13 bis 20 Stunden aufgeladen werden. Wenn der Lichtleitungsanschluß 220 Volt Spannung aufweist, muß bei 2 Ampere Ladestromstärke der Ladewiderstand betragen $w_L = \dfrac{V}{J} = \dfrac{220}{2} = 110$ Ohm.
Für diesen Betrag ist also der Widerstand zu dimensionieren.

Ladevorrichtung mit Regulierwiderstand. Eine recht zweckmäßige Form erhält man, wenn man einen Widerstandsdraht genügenden Querschnittes (siehe Tabelle f, S. 100) spiralförmig aufwickelt, wobei der Durchmesser der Spiralen etwa 25 mm beträgt und die Spiralen an kleinen Porzellanisolatorrollen befestigt sind, die ihrerseits auf einer aus nicht brennbarem Material bestehenden ebenen Platte nebeneinander montiert sind. Um eine Schornsteinwirkung zu erzielen, wird diese Platte für den Gebrauch senkrecht gestellt. In Abb. 364 sind diese Spiralen schematisch durch den Widerstand a angedeutet. Von gewissen Punkten aus, bei deren Wahl eine möglichst gleiche Teilung anzustreben ist, sind Abzweigleitungen nach einer Kontaktbahn b hingeführt, die von einem Stromabnehmer c bestrichen wird. Auf diese Weise ist es möglich, die der Ladestelle d (der zu ladende Akkumulator) zuzuführende Stromstärke genau abzugleichen, was insofern von Wichtigkeit ist, da gegen Ende der Ladung entsprechend mehr Widerstand zugeschaltet werden kann. Der Widerstand von 0 bis 1 entspricht also etwa dem Betrage von 110 Ohm. Der Widerstand von 1 bis 2 kann

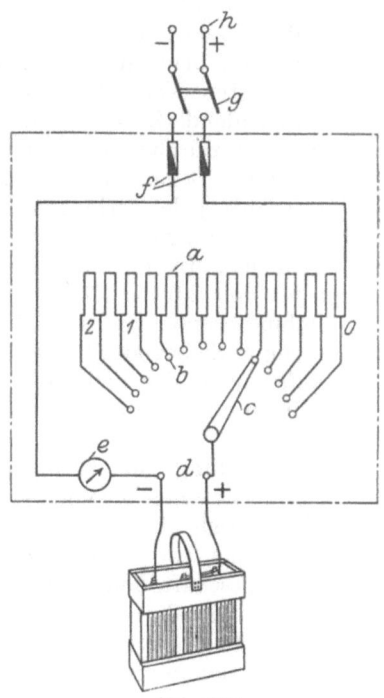

Abb. 364.
Ladungsvorrichtung für eine Dreizellen-Akkumulatorbatterie (E. Nesper).

alsdann sukzessive noch gegen das Ende der Ladung hinzugeschaltet werden. *e* ist ein kleines Amperemeter, um die Ladestromstärke ablesen zu können und um festzustellen, wie weit die Ladung vorgeschritten ist. *f* sind Sicherungen, *g* ist ein Ausschalter und *h* sind die Anschlußklemmen, bzw. die Stöpselkontakte des Lichtnetzes. Der Widerstand mit Kontaktbahn, Sicherungselementen, Anschlußkontakten und Amperemeter wird zweckmäßig auf der gemeinsamen Platte aus unverbrennbarem Material montiert. Für die Ladung ist es gut, den bei *d* anzuschließenden Akkumulator isoliert aufzustellen.

Man ladet, bis die Gasentwicklung einige Zeit im Gange ist und bis die positiven Akkumulatorplatten eine dunkelbraune Farbe angenommen haben.

Im übrigen gilt folgendes:

Zur Aufladung kann nur Gleichstrom (mindestens 3 Volt für jedes aufzuladende Element) verwendet werden. Bei der Aufladung ist genau zu beachten:
1. Der Pluspol der Ladeleitung muß stets mit dem Pluspol des aufzuladenden Elementes verbunden sein;
2. dem aufzuladenden Element ist ein Widerstand (Glühbirne, am besten Kohlenfadenlampe) vorzuschalten, damit durch die aufzuladende Zelle nur eine bestimmte Stromstärke geht. Diese Stromstärke kann indes nur so hoch gewählt werden, als die höchst zulässige Belastung der aufzuladenden Zelle beträgt, dagegen kann mit jeder geringeren Stromstärke aufgeladen werden;
3. die Aufladung darf nur so lange stattfinden, als das Akkumulatorelement aufnahmefähig ist, und es muß bei einer Elementspannung von 2,6 bis 2,7 Volt (unter Ladestrom gemessen) die Aufladung beendet werden (Überladen der Zelle ist schädlich);
4. mehrere Zellen oder Batterien werden in Hintereinanderschaltung aufgeladen; der Ladestrom ist nach dem kleinsten Element zu wählen und dieses, da zuerst voll geladen, rechtzeitig auszuschalten.

Ladevorrichtung für Kleinakkumulatoren bei Gleichstromlichtanschluß. In sehr einfacher und verhältnismäßig billiger Weise kann sich der Radioamateur eine Ladevorrichtung für Kleinakkumulatoren selbst zusammenbauen, wozu er sich die einzelnen Bestandteile in jedem Installationsgeschäft kaufen kann. Diese Einrichtung hat den weiteren Vorteil, daß die Aufladung nur wenig Strom kostet, bzw. kaum ins Gewicht fällt, da man gleichzeitig eine zu Beleuchtungszwecken dienende Glühlampe brennt, die für den Akkumulator als Vorschaltwiderstand dient. Abb. 365 zeigt die Anordnung. *a* ist der Steckanschluß, z. B. für eine Stehlampe, *b* der zweipolige normale Stecker der auf einem Holzbrett *c* montierten Einzelteile, *d* ist ein dreifacher Wechselschalter, der folgende drei Schaltmöglichkeiten gestattet:
1. die Einschaltung,
2. Schaltung auf Licht allein (Schalterstellung *n*),
3. Schaltung auf Licht und Aufladung gleichzeitig (Schalterstellung *m*).

e sind Steckbuchsen zum Anstöpseln einer normalen Stehlampe, f ist ein einfacher kleiner Stromrichtungszeiger (Magnetnadel) in einer Kupferbindung, um jederzeit feststellen zu können, daß der an die Federkontakte g angeschaltete Akkumulator h richtig angepolt ist.

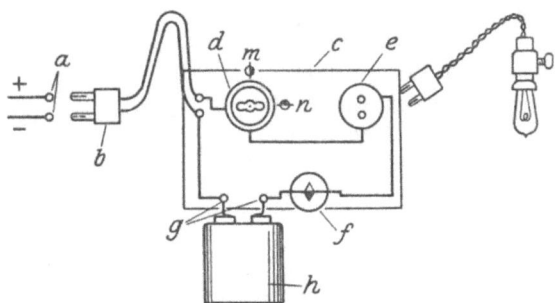

Abb. 365. Einfache Ladevorrichtung bei Gleichstromanschluß für kleine Akkumulatoren, die sich der Radioamateur leicht selbst zusammenbauen kann aus im Handel erhältlichen Zubehörteilen.

β) **Ladung der Hochspannungsbatterie.**

Die Ladung der Anodenbatterie kann in einfachster Weise dadurch bewirkt werden, daß vor dieselbe je nach der Speisespannung eine oder zwei Glühlampen vorgeschaltet werden.

b) Bei Wechselstromanschluß.

Eine große Zahl aller Lichtleitungen, mindestens in Deutschland, besitzt Wechselstromspeisung. Um diese für die Akkumulatorladung ausnutzen zu können, ist ein passender, nicht zu teurer Gleichrichter für den Amateurbetrieb notwendig. Die vor mehreren Jahren vielfach vorgeschlagene Verwendung eines kleinen Maschinenladeaggregates wird wegen des hohen Preises und des verhältnismäßig geringen Wirkungsgrades bei der kleinen Leistung nur selten inbetracht kommen. Auch zur Benutzung mechanischer Gleichrichter kann wenig geraten werden, obwohl die Betriebssicherheit dieser Einrichtungen jetzt eine wesentlich bessere ist als noch vor einigen Jahren.

Die zweckmäßigste Methode zur Ladung von kleinen Akkumulatoren bei Wechselstrom- oder Drehstromanschluß erfolgt mittels Glimmlichtgleichrichtern. Hierunter werden mit Edelgas gefüllte Lampen, die sehr niedrigen Druck besitzen, verstanden (J. Pintsch, Berlin), und die eine große und eine kleine Elektrode besitzen. Bei der Durchführung von Wechselstrom durch eine derartige Edelgaslampe tritt eine Ventilwirkung ein, da der Strom von der kleinen nach der großen Elektrode verhältnismäßig leicht übertritt, während er in ent-

350 Stromquellen. Netzanschlußgerät. Ladevorrichtungen.

gegengesetzter Richtung einen sehr hohen Übergangswiderstand findet. In letzterem Falle wird die Stromstärke etwa Null, so daß resultierend gleichgerichtete Stromstöße erhalten werden, die zur Aufladung von Akkumulatoren benutzt werden können.

Mit Bezug auf die zu wählende Vorschaltlampenzahl kommt es auf die Stromstärke an, die man für die jeweilig zu ladende Zellenzahl aufwenden muß, denn jede Lampe darf nur mit einem Strom von 0,2 Ampere belastet werden. Braucht man also für

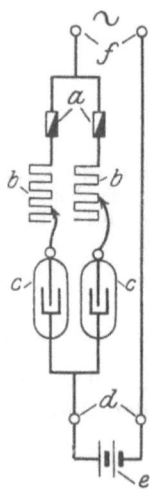

Abb. 366. Glimmlichtgleichrichteranlage für Akkumulatorenaufladung bei Wechselstromspeisung des Hydrawerkes in Berlin-Charlottenburg.

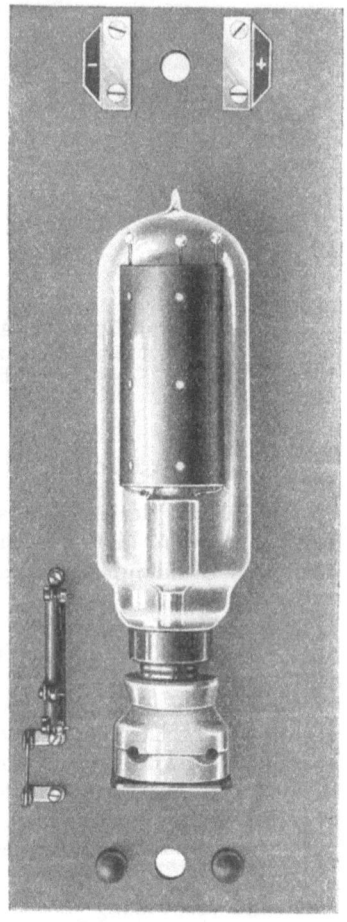

Abb. 367. Glimmlichtgleichrichteranlage mit einer Edelgaslampe des Hydrawerkes.

die Aufladung einen größeren Strom, so muß man eine entsprechende Zahl von Lampen parallel schalten. Abb. 366 zeigt die Anordnung mit zwei Vorschaltedelgaslampen. a sind die Sicherungen für je 0,2 Ampere; b sind die Vorschaltwiderstände, die gleichfalls so gewählt und einreguliert werden, daß nur diese Stromstärke durch jede der Edelgaslampen c hindurchgeht. An die Klemmen d sind die zu ladenden Akkumulatorzellen e angeschlossen. Die Klemmen f sind der Starkstromlichtanschluß.

Eine Ausführung der Ladeeinrichtung nach diesem Schema mit einer Edelgaslampe vom Hydrawerk gibt Abb. 367 wieder.

XIII. Prüf- und Meßinstrumente.

Derjenige Radioamateur, der lediglich mit einem Kristalldetektor zu empfangen wünscht, braucht sich keine Meßinstrumente anzuschaffen, es sei denn, daß er bei der ersten Installation seinen Empfänger, der meist ein Primärkreisempfänger sein wird, eichen will.

Wer jedoch tiefer in das Wesen der Radionachrichtenübermittlung eindringen will, wird auf gewisse Messungen, mindestens solche einfachster Art, nicht verzichten können. Spannungsmessungen sind sogar schon beim Arbeiten mit Röhrenempfängern erforderlich, da alsdann die Voltzahl des Heizakkumulators und der Hochspannungsbatterie festgestellt werden muß; das erstere beim Aufladen, was der Amateur im allgemeinen selbst bewirken wird, die letztere Messung, wenn die Batterie einige Zeit in Gebrauch war und zu befürchten ist, daß die abgegebene Spannung für den anstandslosen Betrieb des Empfängers nicht mehr ausreicht.

Darüber hinaus wird aber der Amateur, der sich selbst vom physikalischen Verhalten der Kristalldetektoren gewisser Hochfrequenzwiderstände, insbesondere aber aller Röhren und Röhrenschaltungen unterrichten will, genötigt sein, meßtechnisch vorzugehen. Es sollen daher im nachstehenden wenigstens einige der am meisten vorkommenden Instrumenttypen, der Eichskalen, sowie sonstige Gesichtspunkte kurz erörtert werden.

A. Meßapparate.

a) Der Prüfsummer.

In vielen Fällen ist es nur erwünscht, festzustellen, ob z. B. die Leitungsführung eines Apparates und die Kontaktstellen in Ordnung sind. Auch tritt vielfach der Wunsch auf, einen Detektor auf seine Empfindlichkeit hin oberflächlich zu untersuchen und annähernd auf maximale Lautstärke einzustellen.

Zu diesem Zweck ist es nicht erforderlich, eine immerhin einen gewissen Raum einnehmende, verhältnismäßig kostspielige und an Starkstrom gebundene Sendeapparatur aufzustellen oder einen gleichfalls für den Amateur häufig nicht ganz leicht zu beschaffenden Wellenmesser zu verwenden. Man gelangt in solchen Fällen weit einfacher zu dem gewünschten Ziel durch eine sog. ,,Prüfsummeranordnung", die in früheren Zeiten auch ,,Lockklingel" genannt wurde. Diese Anordnung besteht in einfachster Weise aus einem kleinen Summer oder Wagnerschen Hammer, der mit einem Element, einer Kontaktstelle und einer Spule in Serie geschaltet ist. Sobald man die Kontaktstelle betätigt, wird der Elementstrom geschlossen, der Summer eingeschaltet, und die Spule ist der Sitz von Schwingungen zwar sehr geringer Energie, die aber immerhin ausreicht, um die vorgenannten Untersuchungen auszuführen.

Eine derartige Apparatur der Birgfeld A.-G. in sehr kleinen räumlichen Abmessungen, die es gestattet, den Prüfsummer auch an nicht ohne weiteres zugänglichen Stellen, also z. B. zwischen die Spulen eines Empfängers zu schalten, gibt Abb. 368 in geöffnetem Zustand wieder.

Die vorbeschriebenen Teile sind aus der Abbildung ohne weiteres ersichtlich; die Spule befindet sich hinter dem Summer und der die leicht auswechselbare Batterie tragenden Platte.

b) Die Parallelohmanordnung.

Zuweilen wird der Radioamateur das Bestreben haben, festzustellen, wie groß etwa die Lautstärke ist, mit der er empfängt, um so mehr, als er in der Literatur häufig Lautstärkeangaben findet. Im allgemeinen und wenn keine besonderen Hilfsapparate zufällig vorhanden sein sollten, wird für den Amateur die sehr einfach zu verwirklichende sog. ,,Parallelohmmethode'' inbetracht kommen.

Abb. 368. Prüfsummeranordnung (geöffnet).

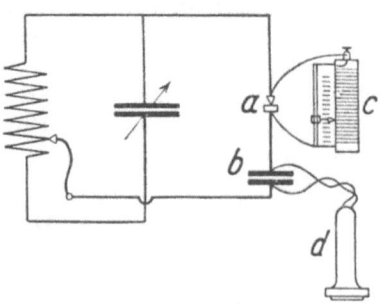

Abb. 369. Parallelohmschaltungsanordnung.

Die hierbei übliche Schaltung bei Benutzung eines Telephons als Indikator ist gemäß Abb. 369 sehr einfach.

Unter Verwendung irgendeiner Empfangsschaltung wird parallel zum Detektor a oder parallel zum Blockierungskondensator b ein fein regulierbarer, möglichst kapazitäts- und selbstinduktionsfreier, geeichter Widerstand c geschaltet. Dieser wird so einreguliert, daß das Geräusch im Telephon d gerade verschwindet. Je kleiner der abgelesene Parallelwiderstand ist, um so größer ist $c\,p$, die Empfangsenergie.

An Stelle des Widerstandes kann man auch eine veränderliche Kopplungsanordnung anwenden, mittels derer der Detektorkreis mit dem empfangenden System gekoppelt wird. Auch hierbei ist die Festigkeit der Kopplung mindestens ein relatives Maß für die Empfangsenergie bzw. Stromstärke.

Man kann auch das Telephon d durch ein hochempfindliches Galvanometer (Empfindlichkeit 10^{-6} bis 10^{-7}) ersetzen, den Parallelwiderstand ganz fortlassen und somit direkt die Empfangsstromstärke bestimmen.

Neuerdings wird häufig nicht mehr, wie dies früher üblich war, der Wert in Parallelohm angegeben, wobei also eine Parallelohmzahl einer geringen Empfangslautstärke entsprach, sondern es wird das reziproke Verhältnis angegeben.
Man bezeichnet also

$$\text{Lautstärke} = 1 + \frac{\text{Telephonwiderstand}}{\text{Parallelohmwiderstand}}.$$

In diesem Ausdruck ist zweckmäßigerweise der Telephonwiderstand mitberücksichtigt.

¦In der Praxis wird fast ausschließlich die Parallelohmmethode mit Hörempfang (Abb. 369) angewandt. Ihre Nachteile sind das subjektive Abhören mit dem Telephon, wodurch sehr erhebliche[1]) Fehler möglich sind und insbesondere die Tatsache, daß die Detektoren weder hinsicht-

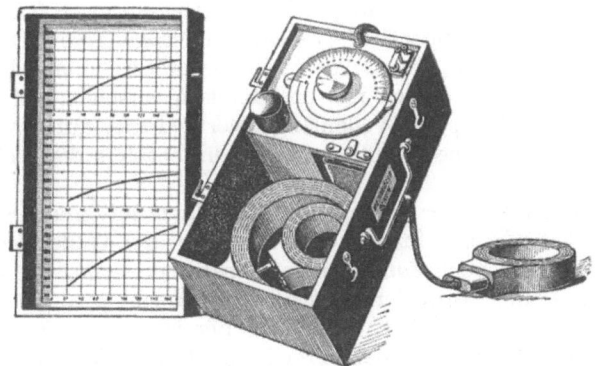

Abb. 370. Amateurwellenmesser der Broadcast A.-G.

lich ihrer Empfindlichkeit gleichartig sind, noch während der Aufnahme oder im Ruhezustand immer konstant bleiben. Wohl der wesentlichste Nachteil ist aber der, daß zwischen Empfangsstromstärke bzw. Empfangsenergie und der Größe des Parallelwiderstandes keine Proportionalität besteht (Klages, Demmler). Infolge dieses und der anderen Nachteile kommt die Parallelohmmethode nur für vergleichende quantitative Messungen inbetracht.

c) Der Radioamateurwellenmesser.

Als wichtigstes Meßinstrument der gesamten Radiotechnik ist der Wellenmesser anzusprechen. Während für die Verkehrstechnik verschiedene Modalitäten geschaffen worden sind, um die Wellenlänge zu messen, in der Hauptsache jedoch ein geeichter Resonanzkreis mit

---

[1]) Infolge der physiologischen Verschiedenheiten bei verschiedenen Experimentatoren können Differenzen bei der Lautstärkenaufnahme bis zu mehreren 100 Prozent auftreten. Es kommt weiterhin beim tönenden Empfang hinzu, daß auch die Tonhöhe noch wesentlich mitspricht, da die tieferen Töne erheblich stärker akustisch gedämpft sind als hohe Töne. Wo hier das Optimum liegt, ist bis jetzt gleichfalls noch nicht genau festgestellt.

Indikationsinstrument benutzt wurde und auch noch wird, kommt für den Radioamateurbetrieb lediglich ein auf die Resonanzlage geeichter Meßkreis inbetracht.

Die einfachste Form eines derartigen Resonanzmeßsystems besteht in einem kontinuierlich variablen Kondensator, einer stufenweise auswechselbaren Selbstinduktionsspule und zur Aufnahme von gedämpften Schwingungen, deren Wellenlängen bestimmt werden sollen, einem Detektor nebst Telephon. Bei der Messung von ungedämpften Schwingungen wird eine Detektor-Summerkombination mit Telephon als Resonanzindikator, zum Senden von Schwingungen bestimmter Wellenlängen schwacher Intensität ein Summer verwendet.

Ein Ausführungsmodell der W. A. Birgfeld A.-G. (Broadcast A.-G.) ist in Abb. 370 wiedergegeben und zeigt den gebrauchsfertigen Wellenmesser. In einem Holzkasten mit leicht abnehmbarem Deckel ist der Kondensator nebst seinen Zuführungsleitungen fest eingebaut. Der Handgriff des Kondensators ist mit einer Skala versehen, die gegen zwei Marken spielt. Auf der einen Seite ist eine Gradeinteilung vorgesehen, auf der anderen Seite ist die Skala lediglich mit drei Kreisen versehen, auf denen die Eichung der wichtigsten Wellenlängenwerte direkt aufgetragen wird, so daß man auch ohne Benutzung von Kurventafeln die Wellenlängen direkt ablesen kann.

An den Kondensator ist eine verdrallte Litze mit einem Stöpsel fest angeschlossen. In den Stöpsel wird eine der drei Wellenlängenspulen eingestöpselt, die nach dem Honigwabensystem hergestellt sind. Mit der ersten Spule wird der Wellenlängenbereich von 200 bis 700 m bestrichen, mit der zweiten Spule der Bereich von 1000 bis 2500 m und mit der dritten Spule der Bereich von 2000 bis 7000 m. Man muß also entweder im voraus ungefähr wissen, welche Wellenlängen eingestellt werden sollen, oder man muß, was ohne erheblichen Zeitverlust möglich ist, die Spulen nacheinander einstöpseln und probieren, bei welcher Spule das Resonanzmaximum liegt. Dieses wird bei der eigentlichen Wellenmesserschaltung, wobei der Detektor als Indikator dient, dadurch festgestellt, daß im Telephon das Maximum des Geräusches eintritt. Wenn der Wellenmesser als geeichter Sender sehr geringer Energie verwendet wird, wird an Stelle des Detektors der Summer eingeschaltet, der durch die kleine, unten im Kasten angebrachte Batterie erregt wird, und es entsteht alsdann in dem auf den Wellenmesser abzustimmenden System das Maximum der Lautstärke, wenn beide in Resonanz sind.

B. Meßinstrumente. Voltmeter, Amperemeter, Galvanometer.

Die Industrie liefert drei äußerlich voneinander verschiedene Typen von Meßinstrumenten von kleinen Abmessungen. Bei der ersten Type ist ein Flansch an das Instrument angesetzt, der mehrere Bohrungen aufweist, um das Instrument auf der Empfangsplatte aufzuschrauben. Der größte Durchmesser dieser Ausführungen beträgt meist ca. 65 mm. Sie wird sowohl mit Stromzuleitungen von vorn als auch von rück-

Meßinstrumente. Voltmeter, Amperemeter, Galvanometer. 355

wärts geliefert. Bei der zweiten Type ist kein Flansch vorhanden; das Instrument hat vielmehr eine gerade zylindrische Form, und die Anschlußklemmen befinden sich auf der Rückseite. Auch dieses Instrument ist für die Befestigung auf der Empfängerplatte gedacht. Die dritte Anordnung ist für tragbare Zwecke bestimmt und wird entweder in Kastenform, besonders bei größeren Abmessungen, geliefert, oder in Form einer großen Taschenuhr ausgeführt in Gestalt von kleinen Volt- und Amperemetern, um die Spannung oder auch die Stromstärke von Akkumulatoren- oder Elementbatterien zu prüfen.

In diesen drei Ausführungsformen werden im allgemeinen die nach verschiedenen Systemen gebauten eigentlichen Meßanordnungen hergestellt. Für alle Gleichstrommessungen kommt in der Hauptsache die Benutzung des Drehspulsystems inbetracht; für Messungen des Hochfrequenzstromes werden nur kleine Hitzdrahtinstrumente verwendet, um tunlichste Unabhängigkeit von der Frequenz des zu messenden Wechselstromes zu erhalten. Für Galvanometerzwecke werden auch noch Magnetnadelanordnungen mit wenigen Windungen benutzt.

Abb. 371. Elektromagnetisches Voltmeter von Dr. S. Guggenheimer A.-G. Type E_1 oder P_1.

Ein häufig gebrauchtes Drehspulvoltmeter der Firma Dr. S. Guggenheimer ist in Abb. 371 wiedergegeben. Diese Instrumente werden für Gleichstrom und Wechselstrom nach dem elektromagnetischen Prinzip und für Gleichstrom allein auch für Präzisionsdrehspulinstrumente mit permanenten Magneten geliefert. Die elektromagnetischen Instrumente der Type E 1 besitzen keine proportionale Skala und sind für Gleich- und Wechselstrom bis zu 500 Perioden hinauf benutzbar. Als Präzisionsinstrumente, nur für Gleichstrom verwendbar, haben sie genau proportionale Skala vom Null- bis zum Endwert bei kleinem Energieverbrauch. Die E 1-Instrumente werden als Voltmeter bis 100 Volt direkt und bis 250 Volt mit separatem Vorschaltwiderstand ausgeführt, während die Amperemeter bis maximal 20 Ampere hergestellt werden können. Die Drehspulinstrumente werden bis 100 Volt direkt und bis 150 Volt mit separatem Vorschaltwiderstand geliefert, während die Amperemeter bis 15 Ampere mit eingebautem Shunt und für größere Stromwerte mit besonderem Shunt ausgeführt werden.

Derartige Instrumente sind für folgende Meßbereiche im Handel zu haben:
0 bis 2 Ampere
0 ,, 5 ,,
0 ,, 6 ,,
0 ,, 10 ,,
0 ,, 15 ,,
0 ,, 25 ,, usw.

In gleicher äußerlicher Ausführung werden Drehspulvoltmeter verkauft für folgende Skaleneinteilung:

0 bis 5 Volt
0 „ 6 „
0 „ 10 „
0 „ 12 „
0 „ 15 „
0 „ 25 „ usw.

Bei den Hitzdrahtinstrumenten, die in England häufig in Form von „Thermoammetern" in den Handel kommen, sind angeblich die diesen Instrumenten häufig anhaftenden Schwierigkeiten überwunden, indem

Abb. 372. Hitzdrahtamperemeter von Dr. S. Guggenheimer A.-G. Type $H_1 1$.

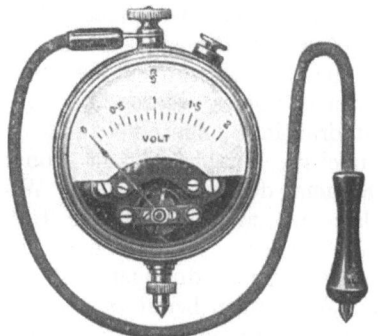

Abb. 373. Taschenvoltmeter von Siemens & Halske A.-G.

die angezeigten Werte nicht durch Temperaturwechsel des Meßraumes beeinflußt werden und auch von Audio- oder Radiofrequenzen unabhängig sein sollen. In englischen Spezialgeschäften werden diese Thermoammeter mit folgenden Eichskalen geliefert:

0 bis 1 Ampere
0 „ 1,5 „
0 „ 2 „
0 „ 2,5 „
0 „ 3 „ usw.

In gleicher Weise sind Thermomilliamperemeter zu haben in Eichungen von:

0 bis 125 Milliampere
0 „ 250 „
0 „ 500 „ usw.

In Deutschland werden verhältnismäßig kleine Hitzdrahtinstrumente von Dr. S. Guggenheimer A. G. geliefert. Die Ausführungsform eines Hitzdrahtamperemeters zeigt Abb. 372. Diese Type wird mit maximal 5 Ampere ausgeführt und zwar für Schalttafelaufbau mit einem Gehäusedurchmesser von 57 mm und einem Grundplattendurchmesser von 74 mm und für versenkten Einbau mit einem Flachring von 74 mm Durchmesser.

Meßinstrumente. Voltmeter, Amperemeter, Galvanometer.

Für die Nachmessung von Akkumulatoren können Taschenvoltmeter, entsprechend der Ausführung von Siemens & Halske gemäß Abb. 373, verwendet werden. Bei dieser Ausführung ist der Eigenver-

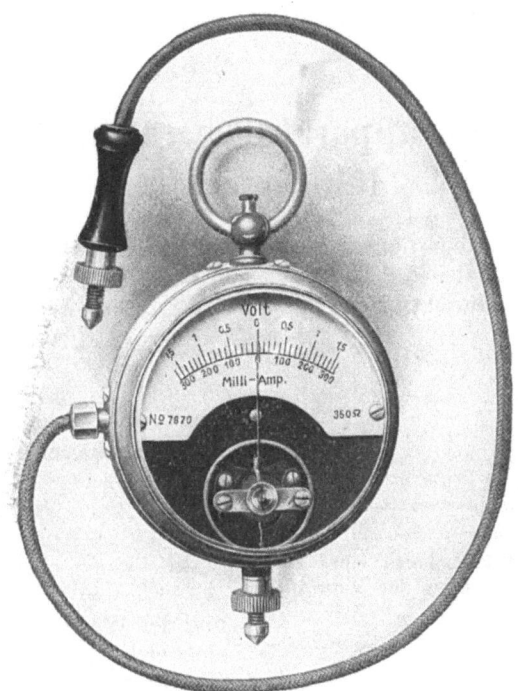

Abb. 374. Taschenvolt- und Milliamperemeter von Dr. S. Guggenheimer A.-G. Type Tp mav.

brauch infolge hohen inneren Widerstandes nur gering. Durch Drücken auf die Taste wird ein bekannter Widerstand parallel zum Instrument geschaltet, wodurch die Möglichkeit gegeben ist, Elemente offen und strombelastet auf ihre Spannung hin zu untersuchen.

Diese Tascheninstrumente werden nach dem elektromagnetischen Prinzip gebaut und zwar bis 100 Volt und 20 Ampere direkt. Eine kombinierte Type gemäß Abb. 374 ist z. B. für 1,5 Volt und 300 Milliampere Meßbereich ausgeführt.

Abb. 375. Galvanoskop von Siemens & Halske A.-G.

Derartige Instrumente werden in Deutschland von Dr. S. Guggenheimer mit zwei Polen geliefert, um mit demselben Instrument sowohl Spannungs- als auch Strommessungen ausführen zu können.

Häufig werden auch Galvanometer verwendet, sei es in der gewöhnlichen astatischen Form, bei der eine Magnetnadel in einer Windung abgelenkt wird, sei es in einer besseren Galvanoskopausführung, entsprechend Abb. 375 (Siemens & Halske A.-G.). Mit einem derartigen Instrument können recht genaue Messungen ausgeführt werden.

XIV. Lehrapparaturen. Morsezeichenlehrapparate.

Da der Amateur häufig, mindestens in Amerika und Holland, in die Lage versetzt wird, Morsezeichen abzuhören, ist es von großer Wichtigkeit, Einrichtungen zu besitzen, die entweder den Selbstunterricht oder den Unterricht durch andere Personen in Morsezeichen gestatten.

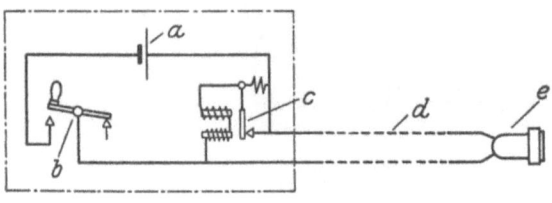

Abb. 376. Schaltschema eines Lehrapparates für Erlernung der Morsezeichen.

Das einfachste Verfahren besteht darin, daß man ein Trockenelement, einen Taster und den Wagnerschen Hammer einer elektrischen Klingel mit abgenommener Glockenschale in Serie schaltet. Eine derartige Anordnung stellt Abb. 376 schematisch dar. a ist das Element, b der Morsetaster und c der Summer, der möglichst so beschaffen sein soll, daß er einen Ton im akustischen Bereich erzeugt. Der Amateur, der sich selbst unterrichten will, gibt mit dem Taster die Morsezeichen und hört dieselben gleichzeitig am Summerton ab.

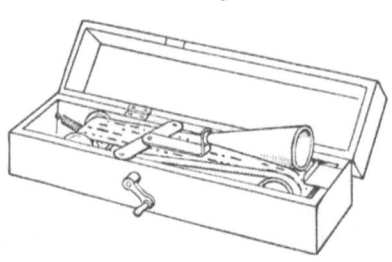

Abb. 377. Lehrapparat mit Handbetrieb für das Senden von Morsezeichen (Boulton Oxley Bank in Wolverhampton).

Wesentlich bessere Resultate erzielt man, wenn eine Person die Morsezeichen mit dem Taster gibt und der Lernende dieselben etwa im Nebenraum mit dem Telephon e empfängt, das durch eine entsprechend lange Doppelleitung mit dem Summer c verbunden ist.

Noch mehr würde man sich den praktischen Anforderungen nähern, wenn man zwei Apparaturen $a\,b\,c$, die in getrennten Räumen aufgestellt sind, durch eine Doppelleitung miteinander verbindet, in die je ein Telephon eingeschaltet ist. Alsdann muß an jedem Apparat nämlich jede der Personen abwechselnd den Taster bedienen und hören. Bei genügender Übung der Beteiligten können alsdann vollständige Morsetelegramme zwischen den beiden Apparaten ausgetauscht werden.

Eine andere Methode zeigt der Lehrapparat der Boulton Oxley Bank, der in Abb. 377 wiedergegeben ist. Bei diesem Apparat wird ein die Morsezeichen enthaltendes Band mit Handantrieb von der Rolle abgewickelt. Hierbei wird eine Lamellenanordnung betätigt, die mit einem Schalltrichter verbunden ist, so daß die auf dem Bande befindlichen Morsezeichen im Raum tönend wiedergegeben werden. Der Vorteil dieser Anordnung besteht darin, daß man mit der Geschwindigkeit der Drehbewegung ziemlich weit herabgehen kann. Infolgedessen kann man es dem Lernenden im Anfang leicht machen und erst allmählich die Geschwindigkeit steigern.

XV. Radioamateurliteratur.

In besonderem Maße hat sich in denjenigen Ländern, in denen seit längerer Zeit schon der Amateurbetrieb staatlich zugelassen ist, eine drahtlose Literatur, und zwar sowohl in Buchform als auch in Gestalt von Zeitschriften, merkwürdigerweise aber noch nicht in Form einer gesprochenen radiotelephonischen Zeitung entwickelt. Vor allem kommen die in englischer Sprache abgefaßten Bücher und Zeitschriften inbetracht, die teils in London, teils in New York erschienen sind. Die wichtigsten derselben sind nachstehend aufgeführt. Daneben sind auch andere ausländische druckschriftliche Veröffentlichungen, sowie einige deutsche Bücher angegeben.

A. Veröffentlichungen in englischer Sprache.

a) Bücher und Zeitschriften aus dem Verlage: „The Wireless Press, Limited, 12—13, Henrietta Street, Strand, London, WC. 2". (Preise in Schilling).

H. E. Penrose: Magnetism and Electricity for Home Study. Enthält 50 vollständige Lektionen. Preis 6/- net. 515 S., 224 Abb.

Philip R. Coursey: The Radio Experimenters' Hand-Book. Preis 3/6 net. 113 S., 99 Abb.

E. Blake: Selected Studies Elementary Physics: A Handbook for Wireless Students and Amateurs. Preis 5/- net. 176 S., 43 Abb.

W. H. Nottage: Calculation and Measurement of Inductance and Capacity. Preis 3/6 net. 144 S., über 50 Abb.

Percy W. Harris: The A.B.C. of Wireless. A simple outline of Wireless written for all to understand. 64 S. Preis 6d. net.

R. D. Bangay: The Elementary Principles of Wireless Telegraphy. Published in two parts or bound in one volume. Preis per part 4/- net. In one vol. 7/6 net.

P. W. Harris: Maintenance of Wireless Telegraph Apparatus. Preis 2/6 net. 127 S., 52 Abb.

S. J. Willis: A Short Course in Elementary Mathematics and their Application to Wireless Telegraphy. Preis 5/-. 182 S., 120 Abb.

A. Shore: Alternating Current Work. An Outline for Students of Wireless Telegraphy. Preis 3/6 net. 163 S., 86 Abb.

R. D. Bangay: The Oscillation Valve. The Elementary Principles of its application to Wireless Telegraphy. Preis 6/- net. 215 S., 110 Abb.

H. E. Penrose: Useful Notes on Wireless Telegraphy. 1/4 each. Book 1: Direct Current. Book 2: Alternating Current. Book 3: High Frequency Current and Wave Production. Book 4: The $1^1/_2$ KW. Ship Set. Book 5: The Oscillation Valve.

Alan L. M. Douglas: The Construction of Amateur Valve Stations. The ideal book for those contemplating the making of a wireless set. Preis 1/6 net. 78 S., 55 Abb.

W. H. Eccles: Continuous Wave Wireless Telegraphy. Part. I. Preis 25/- net. 407 S., 306 Abb.

John Scott-Taggart: Thermionic Tubes in Radio Telegraphy and Telephony. Preis 25/- net. 424 S., 344 Abb.

J. A. Fleming: The Thermionic Valve and its Development in Radio Telegraphy and Telephony. Preis 15/- net. 279 S., 144 Abb.

H. M. Dowsett: Wireless Telegraphy and Telephony. First Principles, Present Practice and Testing. Preis 9/- net. 331 S., 305 Abb.

Philip R. Coursey (Eng.): Telephony Without Wireless. Preis 15/- net. 414 S., 250 Abb.

Bertram Hoyle: Standard Tables and Equations in Radio Telegraphy. Preis 9/- net. 159 S.

J. Andrew White: Practical Amateur Wireless Stations. Preis 5/- net. 136 S., 110 Abb.

J. A. Fleming: The Wireless Telegraphist's Pocket Book of Notes, Formulae and Calculations. Preis 9/- net. 352 S., 39 Abb.

E. E. Bucher: Vacuum Tubes in Wireless Communication. Preis 12/6 net. 178 S., 130 Abb.

A. N. Goldsmith: Radiotelephony. Preis 15/- net. 256 S., 226 Abb.

Ralph R. Batcher: Prepared Radio measurements with Self-Computing Charts. Preis 10/6 net. 132 S.

Elmer E. Buchner: Practical Wireless Telegraphy. Preis 12/6 net. 352 S., 340 Abb.

— Wireless Experimenter's Manual. Preis 12/6 net. 354 S., 273 Abb.

Test Questions and Answers on Wireless Telegraphy. Preis of each Series of Questions 2/6 net. Answers 2/6 net. Invaluable for selfexamination Series I. The Elementary Principles of Wireless Telegraphy. Part. I. — Series 1a. Book of Model Answers. Series 2. Covering the Ground for the Postmaster-General's Examination. Series 2a. Book of Model Answers. Series 3. The Elementary Principles of Wireless Telegraphy. Part. II. — Series 3a. Book of Model Answers.

F. J. Ainsley: Mast and aerial construction for amateurs. Preis 1/6. 88 S., 70 Abb.

P. W. Harris: Cristal Receivers for Broadcast reception. Preis 1/6. 80 S., 70 Abb.

Englische Zeitschriften:

The Wireless World and Radio Review. Verlag von The Wireless Press Ltd. London WC. 2.

Modern Wireless. Verlag von The Wireless Press Ltd. London WC. 2. Herausgeber: J. Scott Taggart.

b) Verlag: The Norman W. Henley Publishing Co., New York U.S.A.
(Preise in Dollar):

A. P. Morgan: Wireless Telegraphy and Telephony simply explained. Preis $ 1,50. 154 S., 156 Abb.

P. E. Edelmann: Experimental Wireless Stations. Preis $ 3,00. 392 S., 167 Abb.

M. B. Sleeper: Construction of Radiophone and Telegraph Receivers for Beginners. $ 0,75.

— Radio Hook-Ups. Preis $ 0,75. 72 S., 86 Abb.

— Design Data for Radio Transmitters and Receivers. Preis $ 0,75. 85 S., 38 Abb.

— Construction of new Type Transatlantic Receiving Sets. Preis $ 0,75. 113 S., 47 Abb.

M. B. Sleeper: How to make commercial Type Radio Apparatus. Preis $ 0,75. 159 S., 56 Abb.
— Ideas for the Radio Experimenters Laboratory. Preis $. 134 S., 60 Abb.
E. H. Lewis: The ABC of Vacuum Tubes used in the Radio Reception. Preis $ 1,—. 132 S., 48 Abb.

c) Verschiedene andere Bücher und Zeitschriften:
Radio News. Verlag: Experimenter Publishing Co. Inc. New York. Herausgeber: H. Gernsback.
The Radio Dealer. The Radio Trade Journal. New York.

B. Holländische Bücher.

Corver, J.: Het Draadloos Amateurstation. Für Empfang von Telegraphie und Telephonie. 2. Aufl. Preis ca. 3 Fl. 233 S., 136 Abb. 's-Gravenhage: N. Veenstra 1922.
Koomans, Jr. N.: „Draadlooze Telegraphie en draadlooze Telephonie". 1920. A. E. Kunver. Deventer.
Electro-Radio, Populair Tijdschrift op het gebied van Electriciteit en Radios Administr. den Haag.

C. Deutsche Veröffentlichungen.

a) Artikel.

Kappelmayer, O.: Klein-Empfänger für drahtlose Telegraphie. Export-Woche Nr. 1, S. 7 v. 6. I. 1923.
Nesper, E.: Drahtlose Amateur- und Lehrapparate. Helios XXVIII., S. 445, 1923.
Nairz, O., Leib, A. u. a.: Telefunkenzeitung Nr. 30, April 1923.

b) Deutsche Radiozeitschriften:

Der Radioamateur. Verlag von Julius Springer und M. Krayn. Berlin W. 9. Herausgeber: E. Nesper. (Bisher einzige deutsche Zeitschrift, welche die wirklichen Radio-Amateurinteressen und der diesbezüglichen Industrien vertritt.)
Radio. Verlag von Rotgießer & Diesing. Berlin S. 42. Herausgeber: W. H. Fitze.

c) Deutsche Lehr- und Nachschlagebücher.

Diese betreffen zwar nicht das Amateurspezialgebiet direkt, können aber jedem Amateur zur Lektüre angelegentlichst empfohlen werden:
Fürst, A.: Im Bannkreis von Nauen. Deutsche Verlagsanstalt, Stuttgart und Berlin 1922. 326 S., 216 Abb. (Meisterhafte populär-wissenschaftliche Darstellung der gesamten Radiotelegraphie unter besonderer Berücksichtigung von Telefunken.)
Lertes, P.: Die drahtlose Telegraphie und Telephonie. Th. Steinkopff, Dresden und Leipzig. 152 S., 45 Abb. (Bester deutscher kurzgefaßter Abriß in rein physikalischer Darstellung.)
— Der Radio-Amateur. Ca. 10 Bg. Th. Steinkopff, Dresden und Leipzig 1923.
Nesper, E.: Handbuch der drahtlosen Telegraphie und Telephonie. 1253 S., 1321 Abb. Julius Springer, Berlin 1921.
— Radio-Schnelltelegraphie. 120 S., 108 Abb. Julius Springer, Berlin 1922. Soll demnächst erscheinen.
Wigge, H.: Die neuere Entwicklung der Funkentelegraphie, ein Siegeszug der Vakuumröhre. Verlag der Ingenieur-Zeitung, Cöthen-Anhalt. 71 S., 59 Abb. (Das Buch gibt in überaus leicht faßlicher Form einen Überblick über die Röhre und ihre Anwendungen.)

Radio, Schweizerische Zeitschrift für drahtlose Telegraphie. Verlag Benteli A.-G. Bern-Bümpliz.

Sachverzeichnis.

Abgeblendete Antenne 155.
Abkürzungen 93. 94.
Abstimmung 20 ff. 24.
Akkumulatoren 340 ff.
— Ladevorrichtungen für 350.
— (Pfalzgraftypen) 103. 104. 105.
Amateurempfänger, Aufstellung verbotener 15. 17.
Amateursenden 14.
Amerikanische Wünsche und Regelung des Amateurbetriebes 10. 11.
Anschlußklemmen 308.
Antenne 69 ff. 162 ff.
— Bau der Außenhochantenne 162 ff.
— Bestandteile der 165. 166.
— Dachboden- 171. 172.
— der Eiffelturmstation 112 ff.
— der Reichspost 164.
— Innen- 170. 171.
— Kondensator- 155.
— Kopplung der 116. 117.
— Länge 163.
— Lichtleitung als 172.
— Regenabflußrohre als 172.
Antennengrundschwingung, Verkürzung der 140. 141.
Antennenlitzen 99. 165.
Antennenschalter 141.
Aperiodische Entladung 34. 54.
Apparatknöpfe 308. 309.
Audionschaltung 149. 150.
Ausstrahlung 23.

Baumwolldrähte 97 ff.
Betonung 1.
Bildkraft 239.
Broadcasting 1 ff.
— als Ersatz von Büchern 6.
— — — — Vorträgen, Reden usw. 6.
— — — — Zeitungen 6.
— die Sprache „an Alle" 9.
— zur Verbreitung von Märchenerzählungen, Gebeten usw. 7.
— — — — Musik aller Art 7. 8.
— — — — spontanen Berichten 9.
— — — — Wetterdienst, Sturmwarnung 7.
— — — — Wirtschaftsnachrichten, Börsen-, Devisenkursen 7.
— — — — Zeitsignalübertragung 7.

Charakteristik der Röhre 176. 177.
Chiffrierung 15.

Dach aus Metall 162.
Dachbodenantenne 171. 172.
Dämpfung 42 ff.
— Begriff der 42. 43.
— Ermittlung der 46 ff.
Dämpfungsdekrement, Dekrement 43.
— Durchgriff 239. 240. 241.
— Elektronenwolke 239.
— Güte 241.
— Raumladung, Raumladungseffekt 239.
— Senderformel (Richardson) 240.
— Steilheit 240. 241.
— Summe der 49. 50.
— Wirkungsgrad 241.
Dämpfungskurve 43.
Dämpfungsmessung eines Oszillators 51.
— eines Resonators 51 ff.
Dämpfungsverluste 44 ff.
De Forest-Dreielektrodenröhre 2.
— Verstärker 2.
Detektor (allgemeines) 24. 25. 31.
— Gebrauchsdetektor 143.
Detektorkopplung, feste und regulierbare 119. 143. 144.
Detektor, Normaldetektor 143.
— Thermodetektor 25.
Detektoren 232 ff.
— Gesichtspunkte für die Herstellung und Anforderungen 232. 233.
— Kristall- 233 ff.
— Kristalldetektoren 235 ff.
— — Charakteristik der Gleichrichterdetektoren 233. 234.
— — Einfache Stellzelle 237.
— — Karborunddetektor 236. 237.
— — Kugelgelenkkristalldetektor 236.
— — Mineralkombinationen 235. 236.
— Theoretische Gesichtspunkte 233 ff.
— — — für die Wirkungsweise der Röhre als Detektor 233.
— — — symmetrische 234.
— — — unsymmetrische 234.
— — — Zusammenhang zwischen der dem Detektor zugeführten Hochfrequenzenergie und der erzeugten Gleichstromenergie 235.
— Röhre 238 ff.
— — Abhängigkeit der Gitterstromstärke 252. 253.
— — Empfang gedämpfter und ungedämpfter Schwingungen 246. 247.
— — Audionschaltung, Empfängerformel 240.

Detektoren Röhre, Bildkraft 239.
— — Verstärkerformel (Langmuir) 240.
— Röhrenempfangskreis. Prinzipielle Schaltmöglichkeiten der Röhre als Detektor 244 ff.
— — Rückkopplungsschaltung 245. 246.
— — Röhre für Empfangszwecke 247. 248.
— — Typische Röhrenform ist das Audion 248.
— — Wirkungsweise der Detektorröhre. Anodenstromcharakteristik. Gitterstromcharakteristik 248. 249.
— — Wirkung des die Röhre erfüllenden Gases 251. 252.
— — Steigerung der Anodenspannung, Progressive Ionisation 253. 254.
— — Konstruktive Gesichtspunkte 454 ff.
— — — Anforderungen an Röhren 254. 255.
— — — Elektrodenausbildung in der Röhre 255. 256.
— — — Evakuierung der Röhre 259.
— — — Verhältnis der Metalloberfläche zur Lochweite 259. 260.
— — — Sockelausbildung der Röhre 260.
— — — Volumen der Röhre 261. [261.
— — — Glasbeschaffenheit der Röhre
— — — Röhren für größere Energien und Ersatzmaterialien 261. 262.
— — -Typen 241. 242.
— — -Senderschaltungen 242 ff. (Telefunken, Huth-Kühn, Armstrong)
— — Oberschwingungen, Ziehen 243. 244.
— — Tasten 244.
— — — Konstanthaltung des Heizstromes. Anschaltung des Anodenfeldes 262. 263.
— — — Empfangs- und Verstärkerröhren 263. 264.
— — — Verstärkerröhre der AEG. 264.
— — — — Empfangsaudionröhre von Telefunken 264.
— — — — Empfangsröhre der Studiengesellschaft 264. 265.
— — — — Empfangsröhre der Huth-Gesellschaft 265.
— — — — Empfangs- und Verstärkerröhre der Edison Swan Electric Co. 265. 266.
— — — Röhre mit mehreren Gitterelektroden und Anoden der AEG. (Langmuir) 266.
— — — — Röhre mit 2 Gitterelektroden von Siemens & Halske (hauptsächlich für Verstärkungszwecke) 266. 267.

Detektoren Röhre Zubehörteile zu 269 ff.
Dielektrika für Kondensatoren 198.
Dielektrizitätskonstante 95.
Draht- und Zuleitungsmaterial 161.
Drahttabellen 96 ff.
Drahttelephonie 25.
Ducon Condenser 171. 172.
Durchgriff 239. 259. 260.

Eiffelturmstation 110 ff.
Eigenschwingungen 33 ff. 40.
Eisenpyrit 235.
Elektronenwolke 239.
Emailledraht 98. 99.
Empfang mit Kristalldetektor 142 ff.
— mit Röhre 148 ff.
Empfänger (allgemein) 23.
— Anforderungen an 116.
— Einteilung der 115. 116.
— -Einzelteile der Radioindustrie 197 ff.
— besondere Anforderungen 117.
— für Stadt- und Landgebrauch 116.
— Gesichtspunkte für den Bau von 116.
— Kristalldetektorempfänger 118 ff.
— Anforderungen an 118. 119.
— Schiebespulenempfänger (Seibt) 119. 120.
— Kristalldetektorempfänger mit geschlossenem Schwingungskreis (Radio Instruments Ltd) 122.
— Primärkristalldetektorempfänger (Radiofrequenz, G. m. b. H.) 123.
— Prüfung der — vor dem Ankauf durch den Amateur 117.
— Rahmenempfängeranlage aus Einzelelementen zusammengesetzt (Lorenz A.-G.) 137.
— Rahmenröhrenempfänger (P. Floch, W. de Colle, E. Nesper) 130 ff.
— Röhrenempfänger 124 ff.
— — Allgemeine Gesichtspunkte 124.
— — Audion-Primär-Sekundärempfänger (Radiofrequenz G. m. b. H.) 124. 125.
— — Hochfrequenzverstärker-Audionempfänger (Kramolin & Co.) 125. 126. 127. 128.
— — Musikempfänger (Medical Supply Association Ltd.) 127.
— — Telefunken B 124.
— — Telefunken D. 128. 129.
— — Vierröhrenempfängerverstärker (Radio Instruments Ltd.) 129.
— Selektivität der 116.
— Strom und Energie im 75. 76.
— Taschenempfänger (Kappelmeyer) 120.
— Variometerempfänger (Huth-Gesellschaft) 121. 122.
— Vierröhren-Rahmenempfänger (So-

ciété Française Radio-Electrique 139.
Empfänger, Zusammensetzen eines 326 ff.
— Wie baut sich ein amerikanischer Amateur seinen — selbst 329 ff.
— Rahmenempfänger, Überlegenheit gegenüber anderen Empfängern 137.
Empfangsluftleiter 23.
Empfangsschaltungen 139 ff.
— Allgemeine Gesichtspunkte 139. 140. 141. 142.
Energieumformung in der F. T. 24.
Erdung 142.
Erzwungene Schwingungen 40.

Feldstärke, elektrische 73 ff.
— magnetische 73 ff.
Finanzielle Unterhaltung von Sendestationen 11.
Fortpflanzungsgeschwindigkeit 72.
Frequenz 36 ff.
Frequenzbereich der Sprache 28.
Funkensender, Prinzip des 21. 22.
Funkenübergang 22.

Gesetzliche Regelung des Radioamateurbetriebes 10 ff.
— — — — in England 11 ff.
Gitterausgleichswiderstand und Gitterkondensator 282 ff.
Amerikanische Schaltungsanordnung 282. 283.
— Kombination von Gitterkondensator und Ausgleichswiderstand 284.
— Kombinierter variabler Gitterkondensator mit Ausgleichswiderstand 285.
— Regulierbarer Gitterausgleichswiderstand 283. 284.
— Unveränderlicher Gitterkondensator 284.
— Widerstandspatronen 283.
Gitterkondensator 244. 249. 250. 251.
Glas 228.
Glimmer 200. 229.
Glimmerersatzstoff 201.
Glimmerkondensatoren, Legen von 200.
Grammophonschalltrichter für Lautsprecherzwecke 191.
Griffelwiderstand 275. 276.

Hartgummi 228.
Heizwiderstand 148. 149. 178. 279 ff.
— Einfacher Heizwiderstand mit schraubenförmigem Kontakt 281.
— Einfacher Regulierdrehwiderstand 281.
— Eisenwasserstoffwiderstand 279.
— Heizwiderstand mit Feinregulierung 281. 282.

Heizwiderstand Ruhstrat-Miniaturschieberwiderstand 279. 288.
Hochantenne 140.
Hochfrequenzverstärker 273.
Hochfrequenzverstärkung siehe Verstärkung.
Höhe (Länge), wirksame der 73 ff.
Holz, paraffiniertes 228. 229.
Homo Mousteriensis 1.
Honigwabenspulen (honeycomb coil), Tabelle der 101. 208 ff. 218 ff.
— Amerikanische 219.
— Selbstherstellung von 332 ff.
— Sockel der 333.
Hysteresis, dielektrische 212.

Induktanzvorrichtungen (Spulen usw.) 208 ff.
— Abmessung der Spulen hinsichtlich Erwärmung 208. 209.
— Erzielung geringer Gesamtverluste 209 ff.
— Metallbandspule 211.
— mit fester Induktanz, Schiebespulen und Variometer. Allgemeine Betrachtungen 208.
— Rohrspule 211.
— Schiebespulen 220. 221.
— Spulenkapazität 214. 215.
— — Eigenkapazität der Spule, Wirkung im aperiodischen Kreise 214.
— — — im abgestimmten Kreise 214.
— — Kapazitive Kopplung infolge der 214.
— Verringerung der Induktionswirkung 215. 216.
— Verringerung der 214. 215.
— Spulen mit fester Induktanz (Honigwabenspule) 218 ff.
— Spulen mit sehr geringer Dämpfung 216 ff.
— Schlitzspule, spiralförmige von W. Scheppmann 219. 220.
— Typische amerikanische Honigwabenspule 219.
— Selbstinduktionsvariometer 221 ff.
— — Kugelvariometer 223.
— — mit verschiebbaren Zylinderspulen 221. 222.
— Typische Grundformen der Spulen für Hochfrequenz 212. 213.
— Unterleitung der Litzenleiter 210.
Isochronismus 47.
Isolation 161.
— bei Röhrenschaltungen 198.
Isolator, Durchführungs- 164. 166.
— Abspann- 164. 166.
— Stützisolator 166.
Isolatoren 226 ff.

Sachverzeichnis.

Isolatoren, Antennen und Abspann- 231.
— — Isolator 231.
— — Sattelisolator 231.
— Durchführungs- 230.
— — für Antennen von Marconi 230.
— Isolationsmaterialien 227 ff.
— Prinzipielle Anforderungen an 226. 227.
— Trag- und Halte- 230.
Isolatorkette, bestehend aus Porzellannußisolatoren 164. 166.
Isolierlack 162.
Johnsen-Rahbek-Prinzip 194 ff.

Kabelschuhe 309. 310.
Kondensator, Herstellung eines unveränderlichen 338.
— (Kapazität) 57 ff.
Kondensatoreinschaltung in die Antenne 140.
Kondensatoren 198 ff.
— Allgemeine Gesichtspunkte für den Aufbau und die Verluste in Kondensatoren 198.
— Feste unveränderliche 199 ff.
— — Empfangszwecke (G. Seibt) 199. 200.
— — Glimmerersatzstoff 201.
— — Glimmerkondensator auch für Senderzwecke 199.
— — Kunstgriff für rationellere Glimmerausnützung 200.
— Kontinuierlich veränderlicher Glimmerkondensator, teilweise veränderlicher 206.
— innerhalb sehr kleiner Bereiche veränderlich 206 ff.
— — Feinregulierkondensator 206. 207
— kontinuierlich veränderliche 201 ff.
— Drehplattenkondensator von A. Koepsel (D. Korda) 201.
— — Gefräster Kondensator von G. Seibt 202.
— — Prinzipkonstruktion der 202.
— — Spritzgußkondensator von G. Seibt 203.
— — variabler Glimmerkondensator der Radiofrequenz G. m. b. H. 204. 205.
— — Wickelkondensator von Kramolin 205. 206.
— Übergangswiderstände an den Halteteilen 198.
— Vereinigung eines normalen Drehplattenkondensators mit einem solchen mit Feineinstellung 208.
Konstante 95 ff.
Kontaktanschlußorgane 303 ff.
— Federnder Stöpselkontakt 303.

Kontaktanschlußorgane Klinkenstecker 303. 304.
— Kontaktklemmen 304.
— Klemmleisten für Leitungsanschlüsse 306. 308.
Kopplung 38 ff.
— elektrische, kapazitive 39.
— feste 39 ff.
— galvanische, konduktive 39.
— lose 39 ff.
— magnetische, induktive 38.
Kopplungsarten 38.
Kopplungsgrad (Kopplungsfestigkeit) 38.
Kopplungsvorrichtungen, Spulenhalter 225 ff.
Kreisfrequenz 36.
Kreiswiderstand 34.
Kristalldetektorempfänger 118 ff.
Kristalldetektor, Herstellung eines 338. 339.
Kristalldetektoren 235 ff.
— Materialien für 235.
Kugelvariometer 223. 224.
Kupferdrähte 96 ff.

Lackschicht bei Drähten 218.
Lautsprecher 149. 190 ff.
— Anschaltung an den Verstärker 197.
— Grammophonschalltrichter 191.
— Lautsprechende Telephone und Hilfseinrichtungen 190. 191. 192.
— nach dem elektromagnetischen System 192 ff.
— nach dem Johnsen-Rahbek-Prinzip 194 ff.
— nach dem Johnsen-Rahbek-Prinzip 194, der Huth-Gesellschaft 195. 196.
— Magnavoxapparat 192. 193.
— Pathé- 193.
— Radiohorn 191. 192.
— Zusammenbau von Lautsprecher mit Verstärker 193.
Lautstärke 353.
Lehrapparaturen 358. 359.
Leitfähigkeit, spezifische 55.
Leitungen, Wirkung der, bei der Drahttelephonie 26.
Literatur, Radioamateur- 359. 360. 361.
Litzen für Spulen 210. 217. 218.
Lizenzzahlung 12 ff.
Lötmittel 161.
Luft als Isolator 227.
Luftleiter und Ausstrahlung 23.

Magnavoxapparat 172.
Marconiempfangsanordnung 146. 147.
Masten nach dem Teleskopprinzip 173.
— tragbare 172. 173.

Materialtabellen 96 ff.
Mechanismus der Radio-Telegraphie und -Telephonie 18 ff.
Megaphone in den Straßen nordamerikanischer Städte 196. 197.
Meßinstrumente 351 ff.
— Voltmeter, Amperemeter usw. 354 ff.
Mikanit usw. 229.
Mikaseide 229.
Monopolstellung des Deutschen Reiches auf dem Radiogebiet 13 ff.
Morsealphabet 23. 106. 107.
Morsezeichen, Erlernen von 107.
Morsezeichenlehrapparat 358. 359.
Multizellelarevoltmeter, Thomsonsches 201.

Nachrichtenübermittlung durch Feuerschein 1.
Nomographische Tafeln 77 ff.
— — Wellenlänge, Periodenzahl, Kreisfrequenz 79.
— — Wellenlänge, Selbstinduktionskoeffizient, Kapazität 80.
Nutzleistung 46.

Ohmscher Widerstand im Stromkreis 54 ff.
Öl als Isolator 227.
Oszillator, aufgewickelt zur Spule 73.
— Feldverteilung 70.
— geradliniger 69 ff.
— wirksame Höhe des 73. 74.
Oszillographenbilder 246. 247.

Panele 318 ff.
Parallelohmmethode bezw. Schaltung 56.
Parallelohmanordnung 352. 353.
Patentrechtliche Vorschriften 9. 10.
Pendelschwingungen 19 ff.
Periodendauer 36.
Periodische Entladung 34.
Pfeifen 162. 185. 189.
Phosphorbronzelitze 99. 164. 165.
Physiologische Eigentümlichkeiten beim Abhören (Telephon) 289.
Porzellan 227. 228.
Potentiometer 56.
Poulsen-Lichtbogen 2.
Primärempfang mit Detektor 312.
— — Audionröhre 3.
Prüfinstrumente siehe Meßinstrumente.
Prüfsummer 351. 352.

Quasistationärer Schwingungskreis 33.

Radio-Amateurbetrieb 1 ff.
— — in Deutschland 13 ff.
— -Amateurvereine 5.

Radio-Experimentierkästen von E. Nesper 317 ff.
— Radiobaukasten 317 ff.
— Radio-Experimentierkasten 323 ff.
Radiofilm 70.
Radiofirmen, alte und neue 116.
Radio News (Zeitschrift) 16.
Radio-Programm von S. Loewe 3. 4.
Radioschnelltelegraphie 15.
Radiotelegraphie, Staatliche, in Deutschland 14.
Radio-Telephone 25 ff. 34 ff.
Rahe der Antenne 165.
Rahmenantenne 154. 155. 167 ff.
— Anordnung der 131. 132.
— Aufhängung der 136.
— der Radiofrequenz G. m. b. H. 170.
— Gesichtspunkte für günstigste Dimensionierung 168. 169.
— Herstellung der 167 ff.
— Type „Radiola" 138.
— Wandrahmen 167. 168.
— Vorteile der 116. 117. 140.
Raumladung, Raumladungseffekt 239.
Raum, Innenausstattung beim Telephoniesender 114.
Reflexschaltung 159.
Reichweite 75. 76.
Resonanz 20 ff.
Resonanzkurve, Reduktion der 47.
— des Stromeffektes 47.
Röhre für Endverstärkung 186.
Röhrenausführungen 263 ff.
— mit mehreren Gitterelektroden und Anoden 266 ff.
Röhrenempfänger und Verstärker 148 ff.
Röhren, französische 110 ff.
Röhrensenderschaltungen 242 ff.
Röhren siehe auch unter Detektoren-Röhre 238 ff.
Röhrentabelle der Süddeutschen Telephon-Apparate etc. 105.
Rotzinkerzdetektor 234. 235.
Rückkopplung 245. 246.
— unerwünschte 185, 186.
Rückkopplungsschaltung 151. 169. 242.
Rückwirkung 242.
Ruhstrat-Widerstände 102.

Schalter 297 ff.
— Druckknopfkontakteinrichtung 300.
— Einfacher Druckschalter 297. 298.
— Feder- und Messerschalter 299. 300.
— Hebelschalter (Empfang-Erde) 166.
— Kontakteinrichtung mit Schleiffeder, Kreuzschalter von G. Seibt 298. 299.
— Schleifkontakte (Slider) 302. 303.
— Walzenschalter 301.
Schiebespule, Herstellung der 331.

Sachverzeichnis.

Schiebespulen 118. 119. 143. 220. 221.
Schlitzspule 219. 220.
Schroteffekt 185.
Schwebungsempfangsschaltungen 153. 154.
Schwellwert 174. 175. 235.
Schwingungen, Grundschw. und Oberschwingungen 70 ff.
— elektrische 21 ff.
— gedämpfte 19.
— mechanische 20. 21.
— ungedämpfte 20.
Schwingungsdauer 22.
Schwingungsenergie 22.
Schwingungserscheinungen 18 ff.
Sekundärempfang mit Kristalldetektor 313. 314.
— mit Röhre 315. 316.
Selbstinduktion, kontinuierlich veränderlich 143.
— (Spule) im Hochfrequenzkreise 62 ff.
— — Berechnung 62 ff.
Selbstinduktionseinschaltung in die Antenne 140.
Selbstinduktionsvariometer 221 ff.
Sender für Broadcasting (Eiffelturmstation) 110 ff.
Sicherheitsfaktor 226.
Silitwiderstand 102. 274. 275.
Skala 308.
Skineffekt 209. 210.
Sockel für Röhren 277 ff.
— Allgemeines. Amerikanische Swan-Fassung 277.
— Englischer Röhrensockel 278.
— Röhrenstecker 278. 279.
Spannungsteiler siehe Potentiometer.
Spezifische Gewichte 95.
Spritzgußmasse für Kondensatoren 203
Spulenkapazität 214.
Steilheit 240. 259. 260.
Steuersender 113.
Strahlungswiderstand 74.
Stromquellen (Elemente, Akkumulatoren) 102 ff.
Stromquellen 340 ff.
— Anforderungen für das Heizen und die Anode 340.
— Bleiakkumulatoren 340. 341. 342. 343.
— — Batterien mit Masseplattenelementen 341. 342.
— — — — Rapidplatten 342.
— Primärelementbatterien 343. 344.
— Netzanschlußgerät 345. 346.
— Ladevorrichtungen für Akkumulatoren 346 ff.
Stromverlauf, quasistationärer 69.
Stufenkontaktanordnung, Herstellung einer 335. 336.

Stufenspule, Herstellung einer 334. 335.
Suggestivkraft der Sprache 1.
Summerkreis 143.
Superregenerativschaltung 159. 161.

Tabelle der Sendezeiten, Rufzeichen usw. 107 ff.
Tabellen 84 ff.
Telegraphengeheimnis 14.
Telephon 149. 191.
— Amperewindungszahl (Ohmzahl) 142.
Telephone 285 ff.
— Empfindlichkeit der 285.
— Berücksichtigung der Eigenschwingungszahl der Membrane 287.
— Bügelkonstruktion 293.
— Dämpfungsdekrement und Resonanzfähigkeit des 286. 287.
— Einfluß der Audiofrequenzen auf die Empfindlichkeit 285. 286.
— Empfindlichkeit des 285.
— Erhöhung der Lautstärke durch konstruktive Maßnahmen im Telephon selbst 287. 288. 289.
— für Radiotelegraphie und Telephonie 289 ff.
— für Radiotelegraphie von Sullivan 290.
— für Radiotelephonie der W. A. Birgfeld A.-G. 291.
— Gesichtspunkte für die Konstruktion von Telephonen 293.
— Glockenmagnet-Doppelkopftelephon von Kramolin & Co. 292. 293.
— Haltevorrichtung 293.
— Physiologische Eigentümlichkeiten beim Abhören 289.
Telephoniesendertisch (Eiffelturmstation) 113 ff.
Tertiärkreisempfangsschaltung 146.
Trockenelemente (Hellesen, S. & H.) 102.

Ultraaudionschaltung 152. 153.
Umrechnungstabelle, Kapazitätsgrößen 59. 94.
— $\lambda, \nu, \omega,$ usw. 79 ff.
— Selbstinduktionsgrößen 68. 94.
Unipolare Leitung 234.
Universalempfangsapparat (Universalschaltplatte von G. Seibt) 310 ff.
Unterbrecher 295 ff.
— Allgemein zu stellende Anforderungen 295. 296.
— Summer mit nahezu geschlossenem Eisenweg von G. Seibt 296. 297.

Variometer 144.
— Herstellung eines 336 ff.
Variometerempfänger der Huth-Gesellschaft 120.

Ventilwirkung 234.
Verstärker 115ff. 117. 174ff.
— Allgemeine Entwicklung der Radiotelegr. und-Telephonie durch den 175.
— Allgemeine Gesichtspunkte und Einteilung 174. 175.
— Anfangs- und Endverstärkung, Energiesteigerung 175. 176.
— Niederfrequenzverstärkung, Grenzen der 176.   [176.
— Vorteile des masselosen Verstärkers
— Wirkungsweise der Röhre als 176ff.
— Hochfrequenzverstärker 177ff.
— Wirkung des Verstärkers 178.
— Mehrfachhochfrequenzverstärker 179
— -Anordnungen 156ff.
— Mehrfachverstärker 156ff.
— Hochfrequenz - Kopplung durch Eisentransformatoren 179.
— — durch eisenlose Kopplungsspulen 179. 180.
— — durch Widerstandsspulen 180.
— — aperiodische Stromübertragung 180.
— — Widerstandsspannungssteigerung 181. 182.
— Hochfrequenz-Kopplung durch Spannungsübertragung 182. 183.
— — Nichtschwingende Spannungsübertragungsschaltung von G. Leithäuser 183.
— Niederfrequenzverstärkung 183ff.
— — Prinzip der 183. 184.
— — Mehrfach- 185.
— — Schroteffekt 185.
— — Pfeiftöne 185.
— Kombination von Hochfrequenz- und Niederfrequenzverstärkung 186.
— Ausführungsformen von Verstärkern 186ff.   [187.
— Dreiröhrenniederfrequenzverstärker
— Niederfrequenzverstärkerausführungen der Radiofirmen 189.
— — Dreifachniederfrequenzverstärker von G. Seibt 189. 190.
— — Zweifachniederfrequenzverstärker von Telefunken 190.
— Zusammenbau mit Lautsprecher 193.
— Schaltung und Verbindung mit dem Lautsprecher 196. 197.
Verstärkungstransformatoren 269ff.
— Allgemeines. Verschiedene Typen (Eingangs-, Durchgangs-, Ausgangs-, Auf- u. Abtransformatoren) 269. 270.
— Übersetzungsverhältnis bei 270.
— Konstruktion und Formgebung von Transformator mit teilweise offenem Eisenweg 271.

Verstärkungs-Transformator mit geschlossenem Eisenweg 271. 272.
— Transformatorersatz. Kopplungsmittel für Hochfrequenzverstärkerröhren 273.
— — eisenlose Kopplungsspulen 273.
— — Widerstandsspulen 273.
— — Hochohmige Widerstände 274.
— — — Silitwiderstände 274. 275.
— — — Griffelwiderstände 275. 276.
— — — Kapazitäts- und selbstinduktionsloser Widerstand von Ruhstrat 276.
— — — Hochohm-Graphitwiderstand 276.
— Herstellung eines 339. 340.
Versuchskarten 5.
Vokale in der Drahttelephonie 26. 27.
— in der Radiotelephonie 27ff.
Vorsatzbezeichnungen 94.
Voltmeter 149.
Vorsichtsmaßregeln bei der Benutzung von Radioempfängern 160ff.

Wachsdraht 168.
Wechselstromwiderstand eines Kondensators 59.
Wechselstromwiderstand einer Selbstinduktionsspule 68.
Wellen für Tanzmusik, klassische Musik usw. 11.
Wellen, stehende 72.
Wellenlänge 20. 36ff. 72.
— Abhängigkeitstabelle von C und L 86ff.
Wellenlängenbestimmungstafel von Eccles 90. 91.
Wellenlängenreservat 15.
Wellenlängenschieber von Belcher-Hickmann 91. 92.
Wellenlängenspektrum 18. 19.
Wellenlängentabelle 37. 84ff.
Wellenmesser 353. 354.
Wirkungsart nach G. Seibt 215.
Widerstände für Verstärkung 133.
Widerstandskombinationen 282.
Widerstandsmaterialien 54ff. 100. 101.
Wirbelstromverluste (Foucaultströme) der Spulen 209.
Wired wireless 3. 4.
Wirkungsgrad der F. T. 76. 77.

Zinnfolie 161.
Zirkularverkehr 2.
Zubehörteile für Röhren und Röhrenschaltungen 269ff.
Zwischenstecker für Röhren 279.
Zylinderspule, einlagige, Herstellung der 329ff.

Nachtrag.

Stundenplan der europäischen Telephoniesender[1]).

Der nachstehende Stundenplan, der eine Übersicht über die drahtlosen Telephoniesender Europas und deren Programme gibt, zeigt, daß der außerdeutsche Broadcastverkehr bereits eine erhebliche Ausdehnung besitzt. Dies ist um so mehr zu verstehen, wenn man bedenkt, daß die meisten Staaten das Amateurwesen schon seit längerer Zeit geregelt haben. Nicht alle Stationen konnten dem Verzeichnis eingegliedert werden, da ihr Telephonieverkehr noch in Form von Versuchen und demgemäß unregelmäßig stattfindet. Folgendes ist zu bemerken: Die Zahlen hinter den Stationsnamen geben die Wellenlängen an, die Bezeichnungen dahinter das Programm, und zwar bedeutet

> K. = Konzert,
> N. = allgemeine Nachrichten,
> W. = Wettervoraussage,
> M.B. = Meteorologischer Bericht,
> Bö. = Börsennachrichten.

Ferner: „Ecole Superieur" ist Abkürzung für „Ecole superieure des Postes et Telegraphes",
„Radio Paul" für Radiolaboratorium Paul in Berlin-Charlottenburg.

Unter „Engl. Broadcast" sind folgende englische Broadcaststationen zu verstehen:

Name	Wellenlänge	Name	Wellenlänge
London	369	Cardiff	353
Manchester	385	Newcastle	400
Birmingham	420	Glasgow	415

Zeit	Montag	Zeit	Montag
6^{40}	Eiffelturm 2600 W. M.B.	12^{00}	Nizza 460 N. K.
7^{00}	Königswusterhausen 4000 Bö.	12^{00}	Brüssel 1100 M.B.
		12^{00}	Prag 1800 M.B.
8^{00} d. ganzen Tag	Königswusterhausen 4000 Bö.	12^{30}—1^{30}	Engl. Broadcast.
		3^{00}—5^{00}	Haag 1050 K.
8^{00}	Prag 1800 M. B.	3^{00}	Prag 1800 K.
10^{00}	Prag 1800 K.	3^{20}	Eiffelturm 2600 Bö.
10^{45}—11^{15}	Lyon 3100 K.	4^{00}	Prag 1800 N.

[1]) Zusammengestellt von H. Est. Aus „Der Radio-Amateur", Zeitschrift für Freunde der drahtlosen Telephonie und Telegraphie. S. 52 (Heft 3.) Oktober 1923. Verlag von Julius Springer und M. Krayn, Berlin. Nachtrag zu S. 109. Wobei allerdings einige wesentliche Abänderungen aufgenommen wurden.

Zeit	Montag
4^{50}	Brüssel 1100 M.B.
5^{00}—6^{00}	Nizza 460 N. K.
5^{05}	Levallois-Perret 1780 Bö.
5^{15}—6^{15}	Levallois-Perret 1780 K.
6^{20}	Eiffelturm 2600 M.B. K.
7^{10}	Eiffelturm 2600 K.
7^{20}	Eiffelturm 2600 M.B.
8^{30}—10^{30}	Engl. Broadcast.
9^{15}	Lausanne 1080 K.
8^{40}—9^{40}	Haag 1050 K.
8^{45}	Levallois-Perret 1780 N.
9^{10}	Nizza 460 N. K.
10^{00}	Prag 1800 K.
10^{00}—11^{30}	Levallois-Perret 1780 K.
10^{10}	Eiffelturm 2600 M.B. W.
11^{15}	Eiffelturm 2600 W.

Zeit	Dienstag
6^{40}	Eiffelturm 2600 W. M.B.
7^{00}	Königswusterhausen 4000 Bö.
8^{00} d. ganzen Tag	Königswusterhausen 4000 Bö.
8^{00}	Prag 1800 M.B.
10^{00}	Prag 1800 K.
10^{45}—11^{15}	Lyon 3100 K.
12^{00}	Nizza 460 N. K.
12^{00}	Brüssel 1100 M.B.
12^{00}	Prag 1800 K.
12^{30}—1^{30}	Engl. Broadcast.
3^{00}	Prag 1800 K.
3^{20}	Eiffelturm 2600 Bö.
4^{00}	Prag 1800 N.
4^{00}	Lausanne 1080 K.
4^{50}	Brüssel 1100 M.B.
5^{00}—6^{00}	Nizza 460 N. K.
5^{05}	Levallois-Perret 1780 Bö.
5^{15}—6^{15}	Levallois-Perret 1780 K.
6^{20}	Eiffelturm 2600 M.B. K.
7^{10}	Eiffelturm 2600 K.
7^{20}	Eiffelturm 2500 M.B.
7^{45}—10^{00}	Haag 1050 K.
8^{30}—10^{30}	Engl. Broadcast.
8^{45}	Levallois-Perret 1780 N.
9^{00}	Brüssel 1100 K.
9^{10}	Nizza 460 N. K.
9^{45}—12^{00}	Ecole Superieure 450 K.
10^{00}—11^{30}	Levallois-Perret 1780 K.
10^{00}	Prag 1800 K.
10^{00}	Eiffelturm 2600 M.B. W.
11^{15}	Eiffelturm 2600 W.

Zeit	Mittwoch
6^{40}	Eiffelturm 2600 W. M.B.
7^{00}	Königswusterhausen 4000 Bö.
8^{00} d. ganzen Tag	Königswusterhausen 4000 Bö.
8^{00}	Prag 1800 M.B.
10^{00}	Prag 1800 K.
10^{45}—11^{15}	Lyon 3100 K.
11^{00}	Nizza 460 N. K.
12^{00}	Brüssel 1100 M.B.
12^{00}	Prag 1800 M.B.
12^{30}—1^{30}	Engl. Broadcast.
3^{00}	Prag 1800 K.
3^{20}	Eiffelturm 2600 Bö.
4^{00}	Prag 1800 N.
4^{50}	Brüssel 1100 M.B.
5^{00}—6^{00}	Nizza 460 N. K.
5^{05}	Levallois-Perret 1780 Bö.
5^{15}—6^{15}	Levallois-Perret 1780 K.
6^{20}	Eiffelturm 2600 K.
7^{10}	Eiffelturm 2600 K.
7^{20}	Eiffelturm 2600 M.B.
8^{10}—9^{10}	Amsterdam 1050 K. N.
8^{15}	Lausanne 1080 K.
8^{30}—10^{30}	Engl. Broadcast.
8^{45}	Levallois-Perret 1780 N.
9^{00}—10^{00}	Radio Paul 440 K.
9^{10}	Nizza 460 N. K.
10^{00}—11^{30}	Levallois-Perret 1780 K.
10^{00}	Prag 1800 K.
10^{10}	Eiffelturm 2600 M.B. W.
11^{15}	Eiffelturm 2600 W.

Zeit	Donnerstag
6^{40}	Eiffelturm 2600 W. M.B.
7^{00}	Königswusterhausen 4000 Bö.
8^{00} d. ganzen Tag	Königswusterhausen 4000 Bö.
8^{00}	Prag 1800 M.B.
10^{10}	Prag 1800 K.
10^{45}—11^{15}	Lyon 3100 K.
12^{00}	Nizza 460 N. K.
12^{00}	Brüssel 1100 M.B.
12^{00}	Prag 1800 M.B.
12^{30}—1^{30}	Engl. Broadcast.
3^{00}	Prag 1800 K.
3^{00}	Eiffelturm 2500 K.
3^{20}	Eiffelturm 2600 Bö.
4^{00}	Lausanne 1080 K.
4^{00}	Prag 1800 N.
4^{50}	Brüssel 1100 M.B.
5^{00}—6^{00}	Nizza 460 N. K.
5^{05}	Levallois-Perret 1780 Bö.
5^{15}—6^{15}	Levallois-Perret 1780 K.
6^{20}	Eiffelturm 2600 M.B. K.
7^{10}	Eiffelturm 2600 K.
7^{20}	Eiffelturm 2600 M.B.
8^{30}—10^{30}	Engl. Broadcast.
8^{40}—9^{40}	Haag 1050 K.

Nachtrag. 371

Zeit	Donnerstag
8^{45}	Levallois-Perret 1780 N.
9^{00}	Brüssel 1100 K.
9^{10}	Nizza 460 N. K.
9^{45}—12^{00}	Ecole Superieure 450 K.
10^{00}—11^{30}	Levallois-Perret 1780 K.
10^{00}	Prag 1800 K.
10^{10}	Eiffelturm 2600 M.B. W.
11^{15}	Eiffelturm 2600 W.

Zeit	Freitag
6^{40}	Eiffelturm 2600 W. M.B.
7^{00}	Königswusterhausen 4000 Bö.
8^{00} d. ganzen Tag	Königswusterhausen 4000 Bö.
8^{00}	Prag 1800 M.B.
10^{10}	Prag 1800 K.
10^{45}—11^{15}	Lyon 3100 K.
12^{00}	Nizza 460 N. K.
12^{00}	Brüssel 1100 M.B.
12^{00}	Prag 1800 M.B.
12^{30}—1^{30}	Engl. Broadcast.
3^{00}	Prag 1800 K.
3^{20}	Eiffelturm 2600 Bö.
4^{00}	Prag 1800 N.
4^{50}	Brüssel 1100 M.B.
5^{00}—6^{00}	Nizza 460 N. K.
5^{05}	Levallois-Perret 1780 Bö.
5^{15}—6^{15}	Levallois-Perret 1780 K.
6^{20}	Eiffelturm 2600 M.B. K.
7^{10}	Eiffelturm 2600 K.
7^{20}	Eiffelturm 2600 M.B.
8^{15}	Lausanne 1080 K.
8^{30}—10^{30}	Engl. Broadcast.
8^{40}—9^{40}	Haag 1050 N. K.
8^{45}	Levallois-Perret 1780 N.
9^{10}	Nizza 460 N. K.
10^{00}—11^{30}	Levallois-Perret 1780 N.
10^{00}	Prag 1800 K.
10^{10}	Eiffelturm 2600 M.B. W.
11^{15}	Eiffelturm 2600 W.

Zeit	Sonnabend
6^{40}	Eiffelturm 2600 W. M.B.
7^{00}	Königswusterhausen 4000 Bö.
8^{00} d. ganzen Tag	Königswusterhausen 4000 Bö.
8^{00}	Prag 1800 M.B.
10^{10}	Prag 1800 K.
10^{45}—11^{15}	Lyon 3100 K.
12^{00}	Nizza 460 N. K.
12^{00}	Brüssel 1100 M.B.
12^{00}	Prag 1800 M.B.
12^{30}—1^{30}	Engl. Broadcast.
2^{30}—7^{30}	Ecole Superieure 450 K.
3^{00}	Prag 1800 N.
3^{20}	Eiffelturm 2600 Bö.
4^{00}	Prag 1800 N.
4^{00}	Lausanne 1080 K.
4^{50}	Brüssel 1100 M.B.
5^{00}—6^{00}	Nizza 460 N. K.
5^{05}	Levallois-Perret 1780 Bö.
5^{15}—6^{15}	Levallois-Perret 1780 K.
6^{20}	Eiffelturm 2600 M.B. K.
7^{10}	Eiffelturm 2600 K.
7^{20}	Eiffelturm 2600 M.B.
8^{30}—10^{30}	Engl. Broadcast.
8^{40}—9^{40}	Ymuiden (Holl.) 1050 K.
8^{45}	Levallois-Perret 1780 N.
9^{00}—10^{00}	Radio Paul 440 K.
9^{10}	Nizza 460 N. K.
10^{00}—11^{30}	Levallois-Perret 1780 K.
10^{00}	Prag 1800 K.
10^{10}	Eiffelturm 2600 M.B. W.
11^{15}	Eiffelturm 2600 W.

Zeit	Sonntag
6^{40}	Eiffelturm 2600 W. M.B.
8^{00}	Prag 1800 M.B.
11^{00}	Königswusterh. 4000 K.
12^{00}	Nizza 460 K.
12^{00}— 1^{00}	Königswusterh. 2700 K.
12^{00}	Prag 1800 K.
12^{30}—1^{30}	Engl. Broadcast.
2^{00}—3^{00}	Levallois-Perret 1780 K.
3^{00}—5^{00}	Haag 1050 K.
5^{00}	Nizza 460 N. K.
6^{00}	Brüssel 1100 K.
6^{20}	Eiffelturm 2600 M.B. K.
7^{20}	Eiffelturm 2600 M.B.
8^{15}	Lausanne 1080 K.
8^{30}—10^{30}	Engl. Broadcast.
9^{10}	Nizza 460 N. K.
9^{40}—10^{40}	Haag 1050 K.
10^{10}	Eiffelturm 2600 M.B. W.
11^{15}	Eiffelturm 2600 W.

24*

Empfangs-Apparate

für den

Deutschen Rundfunk

in verschiedenen Ausführungen

Verstärker
Experimentier-Empfänger
Trichter-Lautsprecher
Trichterlose Lautsprecher
Doppelkopffernhörer
mit verbesserter Lautstärke
Kapazitätsmeßbrücken
Frequenzmesser
Wellenmesser

Einzelteile:
Transformatoren, Kondensatoren, Detektoren,
Heizwiderstände usw.
in der bekannten Präzisions-Ausführung

Eigene Erfindungen und Telefunkenbauerlaubnis

Dr. Georg Seibt, Berlin-Schöneberg
Hauptstraße 9

Die Errichtung und der Betrieb von Funksende- und Funkempfangseinrichtungen in Deutschland sind ohne Genehmigung der Reichstelegraphenverwaltung verboten und strafbar.

II *ANZEIGEN*

Porzellanfabrik zu Kloster Veilsdorf, A.-G.
Veilsdorf (Werra)

Gegründet 1765   Akt.-Ges 1884

Radio-Porzellan

wie

Abspannisolatoren, Abspannpatronen, verstellbare Fensterdurchführungen, Einführungen, Trag- oder Abstandisolatoren, Reiter und Zylinder für Rahmenantennen, Rohre, Rollen, Tüllen sowie alle Porzellane für die Isoliertechnik.

Listenmaterial für Großabnehmer auf Anfrage

✶

Zur Leipziger Messe: „Haus der Elektrotechnik", Gruppe VI, Stand 77

Die Errichtung und der Betrieb von Funksende- und Funkempfangseinrichtungen in Deutschland sind ohne Genehmigung der Reichstelegraphenverwaltung verboten und strafbar.

Friedrich Junker, Lüdenscheid

Telegramm-Adresse: Junkfried / Telefon: Nr. 653

Der Apparat der guten Gesellschaft

Erstklassiges Empfangsgerät für den deutschen Rundfunk und Export, sowie sämtliche Zubehör- und Einzelteile in präziser Ausführung

✶

Vertreter für In- und Ausland werden gesucht!

✶

Besonders leistungsfähig in der Lieferung von Audionröhren

Die Errichtung und der Betrieb von Funksende- und Funkempfangseinrichtungen in Deutschland sind ohne Genehmigung der Reichstelegraphenverwaltung verboten und strafbar.

Dr. Siegfr. Guggenheimer A.-G.
NÜRNBERG

Elektrische Meßinstrumente
in jeder Größe für
drahtlose Telegraphie und Telephonie

Miniatur-Instrumente
mit sehr geringem Eigenverbrauch für
Radio-Empfänger
zur
Messung der Heizstrom- und Anodenspannungen

Hitzdraht - Hochfrequenz - Amperemeter
für Sendeanlagen
Hochempfindliche Hitzdraht-Wattzeiger
Hitzdraht - Pult - Instrumente
Schalttafel- und
tragbare Volt- und Amperemeter für Gleichstrom
ferner für Wechselstrom 500 Perioden
Zungenfrequenzmesser für
höhere Frequenzen

Neue Preisliste für Radio-Meßinstrumente erschienen

Die Errichtung und der Betrieb von Funksende- und Funkempfangseinrichtungen in Deutschland sind ohne Genehmigung der Reichstelegraphenverwaltung verboten und strafbar.

Rundfunk
Geräte

**Empfangs-Apparate
Hoch- und Niederfrequenzverstärker
Laut-Fernsprecher
Anodenbatterien
Antennen-Anlagen**

∗

BAULIZENZ-TELEFUNKEN

∗

Zum Errichten und Inbetriebnehmen einer Funkanlage ist die Genehmigung der zuständigen Reichspostbehörde erforderlich.

Verlangen Sie unsere Druckschriften

SIEMENS & HALSKE A.-G.
WERNERWERK, SIEMENSSTADT BEI BERLIN

Technische Büros in:

Berlin, Breslau, Cassel, Chemnitz, Dresden, Essen, Frankfurt a. M., Gleiwitz O.-S., Hamburg, Hannover, Karlsruhe, Köln, Königsberg Pr., Leipzig, Magdeburg, Mannheim, München, Nürnberg, Saarbrücken, Stettin, Stuttgart

Die Errichtung und der Betrieb von Funksende- und Funkempfangseinrichtungen in Deutschland sind ohne Genehmigung der Reichstelegraphenverwaltung verboten und strafbar.

Audion-Röhren

bester Qualität liefert

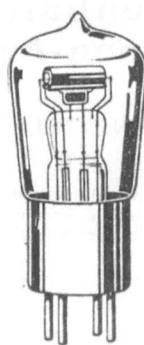

LOEWE-AUDION
G. M. B. H.
Berlin-Friedenau
Niedstraße 5

Telefon: Rheingau 8046, 8047, 8066   Telegrammadresse: Laborloewe

Die Errichtung und der Betrieb von Funksende- und Funkempfangseinrichtungen in Deutschland sind ohne Genehmigung der Reichstelegraphenverwaltung verboten und strafbar.

ANZEIGEN VII

Spezialfabrik für Radio-Apparate

Radiofrequenz G.m.b.H.
Berlin-Friedenau / Niedstr. 5
Telefon: Rheingau Nr. 8046 / 8047 / 8066
Telegramm-Adresse: „Variometer, Berlin"

Detektoren / Dreh-Kondensatoren / Lautsprecher sowie sämtliche Zubehörteile

Die Errichtung und der Betrieb von Funksende- und Funkempfangseinrichtungen in Deutschland sind ohne Genehmigung der Reichstelegraphenverwaltung verboten und strafbar.

VIII ANZEIGEN

Sie benötigen zum

Radio-Apparate-Bau

Emaillekupferdraht
0,05 und 0,06 mm für Kopffernhörerspulen
0,07, 0,10, 0,35 mm für Transformatoren
und Variometerspulen.

Emaille-Widerstandsdraht
0,10, 0,20 mm für Rheostaten.

Isolierschlauch
zum Isolieren aller blanken Leitungen.

Busdraht
als idealster Verbindungsleiter für alle Schaltungen.

Wahnerit *(Hartpapierfabrikat)*
Platten: für Sockel und Deckplatten
Rohre: für Variometer und Honigwabenspulen.

Wir liefern diese Materialien in anerkannter Güte.

Elektro-Isolier-Industrie m. b. H.
Fabrik isolierter Drähte und elektrischer Isolationsmaterialien
Wahn (Rheinland)

Die Errichtung und der Betrieb von Funksende- und Funkempfangseinrichtungen in Deutschland sind ohne Genehmigung der Reichstelegraphenverwaltung verboten und strafbar.

Radio-Apparate für den deutschen Rundfunkverkehr
Radio-Apparate u. Einzelteile für Export
Gleit - Widerstände

Mehrere D. R. P. und D. R. G. M.
Berechtigte Benutzung der Telefunken-Schutzrechte

Zur Herstellung von Rundfunkgerät in Deutschland zugelassen
Eigene Fabrik — eigenes physikal.-techn. Laboratorium

Watt Elektrizitäts-Aktiengesellschaft, **Dresden-N 6**

Drahtanschrift: Wattaktien Dresden / Fernsprecher 10 589, 19 644, 17 100, 10 809
A. B. C. Code 5th Ed. — Rud. Mosse Code

Die Errichtung und der Betrieb von Funksende- und Funkempfangseinrichtungen in Deutschland sind ohne Genehmigung der Reichstelegraphenverwaltung verboten und strafbar.

Meirowsky & Co., A.-G.

PORZ AM RHEIN

Emailledraht
mit und ohne Umspinnung, in allen Stärken

Mikanit „B"
lackreiches Glimmerfabrikat
für allgemeine Isolation

Pertinax
Hartpapier-Isolationen in Platten, Rohren,
Stäben und Formstücken

Excelsior-Isolier-Stoffe
in Bändern aus Seide, Leinen und Papier

Excelsior-Isolierschläuche
in Baumwolle und Seide

Excelsior-Isolierlacke
Verbundmasse

Die Errichtung und der Betrieb von Funksende- und Funkempfangseinrichtungen in Deutschland sind ohne Genehmigung der Reichstelegraphenverwaltung verboten und strafbar.

ANZEIGEN   XI

RUNDFUNK-EMPFÄNGER

✳

RADIO-
APPARATE

✳

ZUBEHÖR

✳

DOPPELKOPF-
FERNHÖRER

ANTENNA AKTIENGESELLSCHAFT FÜR FERNMELDETECHNIK
SCHILLERSTRASSE 10 ✳ BERLIN-CHARLOTTENBURG ✳ SCHILLERSTRASSE 10

*Die Errichtung und der Betrieb von Funksende- und Funkempfangseinrichtungen in Deutschland sind
ohne Genehmigung der Reichstelegraphenverwaltung verboten und strafbar.*

EMPFANGS= APPARATE

UND

SÄMTLICHES ZUBEHÖR

Spezialität:

ELTAX
Anoden=Batterie

in anerkannt erstklassiger Güte

und

ELTAX
Heiz=Batterie

als Ersatz für Akkumulatoren

ELTAX ELEKTRO=AKTIENGESELLSCHAFT
BERLIN SW 68

Die Errichtung und der Betrieb von Funksende- und Funkempfangseinrichtungen in Deutschland sind ohne Genehmigung der Reichstelegraphenverwaltung verboten und strafbar.

Audion-Röhren

beste Qualität

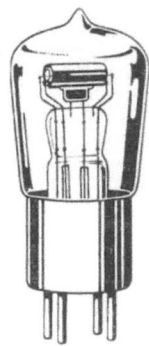

liefert

Radioröhrenfabrik G. m. b. H.
Hamburg 15
Hammerbrookstraße 93

Die Errichtung und der Betrieb von Funksende- und Funkempfangseinrichtungen in Deutschland sind ohne Genehmigung der Reichstelegraphenverwaltung verboten und strafbar.

XIV *ANZEIGEN*

Das **Rundfunkgerät**
der Schuchhardt-Aktiengesellschaft
mit Rückkopplung

Verstärker * Lautsprecher * Kopffernhörer
Radiotelegraphon * Antennenmaterial * Ersatzteile

Zu haben in allen Allradio-Verkaufsstellen

 Zentrale:
Allradio-Gesellschaft für Funk- und Fernmeldeapparate m. b. H.

Tel.: Mpl. 2294, 3564   Berlin SO 16   Köpenickerstraße 55

Techn. Beratungen kostenlos.   Eigene Installation.   Antennenbau.

Die Errichtung und der Betrieb von Funksende- und Funkempfangseinrichtungen in Deutschand sind ohne Genehmigung der Reichstelegraphenverwaltung verboten und strafbar.

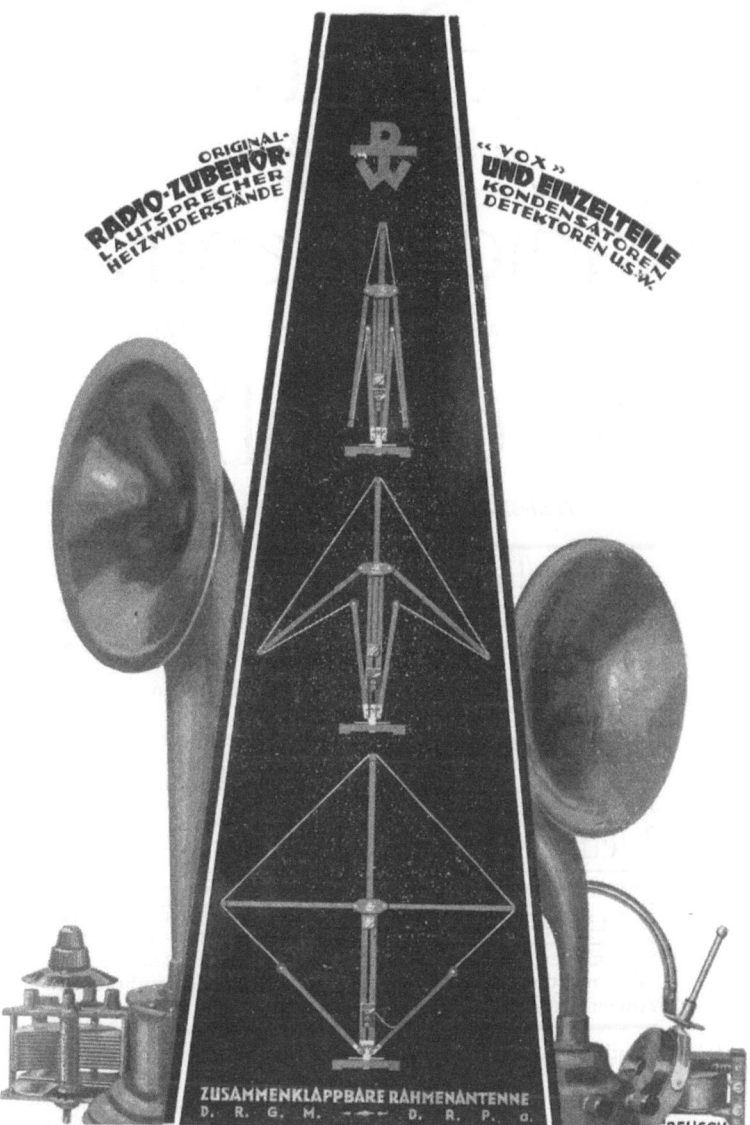

Die Errichtung und der Betrieb von Funksende- und Funkempfangseinrichtungen in Deutschland sind ohne Genehmigung der Reichstelegraphenverwaltung verboten und strafbar.

„Focus"

Gesellschaft für Optik und Feinmechanik m. b. H.

Radio-Zentrale

Berlin SW. 68 · Telefon Dönhoff 200-201 · Telegr.-Adr.: „Focusoptik"

Kochstraße 19

(Haltestelle der Nord-Süd-Untergrundbahn)

Ausstellung verschied. Systeme, z. B. Antenna, Telefon-Werke vorm. J. Berliner, Behm, Birgfeld, Deutsche Telefon- u. Kabelwerke, Huth, Jäger, Junker, Lorenz, Radiofrequenz, Radiosonanz, Dr. Seibt, Telefunken u. a.

Vorführung und Auskunft ohne Kaufzwang

Beste Vergleichsmöglichkeit der verschiedenen Systeme u. Fabrikate, weil alle unter gleichen Bedingungen an derselben Antenne vorgeführt werden.

Neutrale, sachliche Beratung

Lautsprecher, Kopfhörer, Heiz- und Anodenbatterien verschiedener Fabrikate, Voltmeter, Säuremesser, Gleichrichter, Schaltbretter zum Selbstladen von Akkumulatoren, Verbindungsschnüre, Stecker, Klemmschrauben Antennenmaterial usw.

Sämtliche Teile und alle Materialien zum

Selbstbauen

Alle Arten Detektoren, Kristalle, Röhren usw.

Antennenbau durch erfahrene Techniker

Die Errichtung und der Betrieb von Funksende- und Funkempfangseinrichtungen in Deutschland sind ohne Genehmigung der Reichstelegraphenverwaltung verboten und strafbar.

AFRA
Aktiengesellschaft für Radio-Apparatebau
BERLIN NW 40
Köpenickerstr. 124

Telegrammwort
Afraradio

Code
A. B. C. 5th Ed.

leistungsfähige Fabrik für alle Apparate
der drahtlosen Telegraphie liefert

Ein-, Zwei- und Vierröhren-Empfänger

von dem einfachsten System bis zu kompliziertesten,
äußerst weitreichenden Apparaten

Hoch- und Niederfrequenzverstärker
Detektor-Apparate
Kopfhörer, Lautsprecher
Zubehör **Einzelteile**

Ausführliche Kataloge in deutscher, englischer und spanischer Sprache

Telefunken-Bauerlaubnis

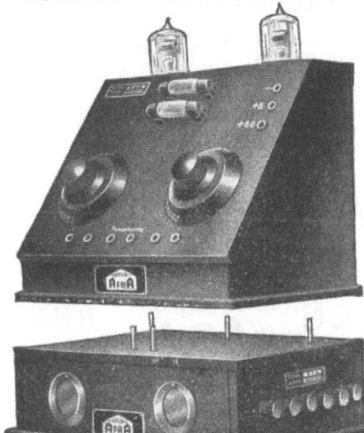

Eigene Schutzrechte

Die Errichtung und der Betrieb von Funksende- und Funkempfangseinrichtungen in Deutschland sind ohne Genehmigung der Reichstelegraphenverwaltung verboten und strafbar.

XVIII　　　　　　　*ANZEIGEN*

DREH-KONDENSATOREN
D. R. P. Auslands-Pat.

DOPPELKOPF-FERNHÖRER
D. R. P. Auslands-Pat. a.

EINHEITS-EMPFANGSGERÄT
für Rundfunk und Export

nach dem geschützten **Kramolin-System**
zu verwenden als: Detektor, Einfach- und
Mehrfach-Röhren-Empfänger mit Hoch- und
Niederfrequenzverstärkung in beliebigen
Empfangsschaltungen, ferner als
Wellenmesser

KRAMOLIN A.-G.

MÜNCHEN 　　　　 BERLIN NW 7
Baierbrunner Straße 8　　　　　　　Dorotheenstraße 77/78
Fernsprecher 72 849　　　　　　　　Fernsprecher 15 052

*Die Errichtung und der Betrieb von Funksende- und Funkempfangseinrichtungen in Deutschland sind
ohne Genehmigung der Reichstelegraphenverwaltung verboten und strafbar.*

Die Errichtung und der Betrieb von Funksende- und Funkempfangseinrichtungen in Deutschland sind ohne Genehmigung der Reichstelegraphenverwaltung verboten und strafbar.

HRs
H. RÖMMLER A.-G.
BERLIN / SPREMBERG
BERLIN W 8, MAUERSTRASSE 33

✷

Zubehörteile
für die
Radio-Telefonie und Telegrafie
aus Isolationsmaterial
„Heliosit"
(in verschiedenen Qualitäten)

✷

**Stecker, Lampensockel
Widerstandssockel
Skalenscheiben für Kondensatoren**

✷

**Drehknöpfe, Anschlußklemmen,
Hörermuscheln für Kopffernhörer,
Griffe usw.**

✷

**Variometerspulen und Röhren
für Kondensatoren aus Haresrohr**
(Hartpapier)
**Grundplatten und Abdeckplatten
aus Haresplattenmaterial**

✷

2- und 3-fach Stecker

Die Errichtung und der Betrieb von Funksende- und Funkempfangseinrichtungen in Deutschland sind ohne Genehmigung der Reichstelegraphenverwaltung verboten und strafbar.

ANZEIGEN XXI

Die Errichtung und der Betrieb von Funksende- und Funkempfangseinrichtungen in Deutschland sind ohne Genehmigung der Reichstelegraphenverwaltung verboten und strafbar.

XXII *ANZEIGEN*

Transformatoren
Drehkondensatoren
Heizwiderstände
Blockkondensatoren
Spulenhalter

fertigt in Präzisionsausführung

Gustav Wenzel, Schmalkalden
Fabrik elektrotechnischer Apparate

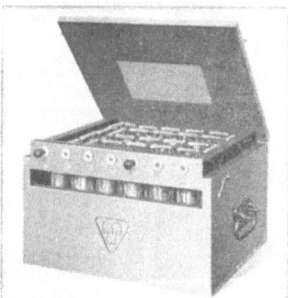

Luftstörungen? Nein,
schlechte Anodenbatterie!

Nehmen Sie

„Luo"-Heizbatterien
„Luo"-Anoden-Akkumulatoren

Störungsfrei, billig, zuverlässig!

Liman & Oberlaender G.m.b.H.
Berlin N 4, Wöhlertstraße 12/13

Die Errichtung und der Betrieb von Funksende- und Funkempfangseinrichtungen in Deutschland sind ohne Genehmigung der Reichstelegraphenverwaltung verboten und strafbar.

Die Errichtung und der Betrieb von Funksende- und Funkempfangseinrichtungen in Deutschland sind ohne Genehmigung der Reichstelegraphenverwaltung verboten und strafbar.

Verlag von Julius Springer in Berlin W 9

Bibliothek des Radio-Amateurs

Herausgegeben von

Dr. Eugen Nesper

Fertig liegen vor:

1. Band: **Meßtechnik für Radio-Amateure.** Von Dr. **Eugen Nesper.** Zweite Auflage. Mit 48 Textabbildungen. (VI u. 50 S.) 1924.
0.90 Goldmark / 0.25 Dollar

2. Band: **Die physikalischen Grundlagen der Radiotechnik** mit besonderer Berücksichtigung der Empfangseinrichtungen. Von Dr. **Wilhelm Spreen.** Zweite Auflage. Mit 111 Textabbildungen. (VI u. 137 S.) 1924.   2.10 Goldmark / 0.50 Dollar

3. Band: **Schaltungsbuch für Radio-Amateure.** Von **Karl Treyse.** Mit 140 Textabbildungen. (IX u. 49 S.) 1924.
1.50 Goldmark / 0.40 Dollar

4. Band: **Die Röhre und ihre Anwendung.** Von **Hellmuth C. Riepka,** Schriftführer des Deutschen Radio-Clubs. Mit 100 Textabbildungen. (VII u. 76 S.) 1924.   1.50 Goldmark / 0.40 Dollar

5. Band: **Der Hochfrequenz-Verstärker.** Ein Leitfaden für Radio-Techniker. Von **Max Baumgart,** Ingenieur. Mit 27 Textabbildungen. (VIII u. 32 S.)   0.75 Goldmark / 0.20 Dollar

Ferner werden folgen:

6. Band: **Stromquellen.** Batterien und Akkumulatoren. Von Studienrat Dr. **Wilhelm Spreen.** Mit etwa 50 Textabbildungen.

Formeln und Tabellen. Von Dr. **Wilhelm Spreen.**

Die Telephoniesender. Von Dr. **P. Lertes.**

Innenantenne (Zimmer- und Rahmenantenne). Von **Hellmuth C. Riepka.**

Unterricht im Morsen. Von **I. Albrecht.**

Die Errichtung und der Betrieb von Funksende- und Funkempfangseinrichtungen in Deutschland sind ohne Genehmigung der Reichstelegraphenverwaltung verboten und strafbar.

Hartmann & Braun A-G
Frankfurt a. M.

Elektrische Meßgeräte für Rundfunk-Einrichtungen

Kleine Weicheisen- und Drehspul-Meßgeräte
für Anoden-Heizkathoden- und Gitter-Spannungs-Messungen
Hitzdraht- und Hitzband-Meßgeräte
für Hochfrequenz
**Zungenfrequenzmesser für Hochfrequenz
Normal-Induktionen und -Kapazitäten
Induktions- und Kapazitäts-Meßbrücken**

Man verlange Preisliste K Ib und 33 Ib

Niedersächsischer Rundfunk G.m.b.H.
OSNABRÜCK

Geschäftsstelle, Lager und Vorführungsraum
Buerschestraße 85
Fernsprecher Nr. 1694

Verkaufsstelle mit eigenem Vorführungsraum:
**Fa. CARL SCHÄFFER
OSNABRÜCK**
Nikolaiort
Fernsprecher Nr. 128

Vertrieb von Radio-Apparaten
für das In- und Ausland
Sämtliche Zubehörteile für Amateure

Die Errichtung und der Betrieb von Funksende- und Funkempfangseinrichtungen in Deutschland sind ohne Genehmigung der Reichstelegraphenverwaltung verboten und strafbar.

XXVI *ANZEIGEN*

Metallschraubenfabrik August Nicol / St. Georgen
Schwarzwald

Gegr. 1883　　　　　　　　　　　　　　　　　　Telefon 24

Für Radio-Industrie

Präzisionsschrauben und Fassonteile
in allen Metallen nach Muster oder Zeichnungen von 2–45 mm Durchmesser

Drehkondensatoren
Luftisolation

Komplette Apparate	Technische Uhrwerke
nach Muster oder Zeichnung	Laufwerke, Zahnräder, Schnecken

JENAER GLASWERK
SCHOTT & GEN., JENA
Telegr.-Adr.: Glaswerk Jena / Fernsprech-Anschluß: Nr. 24, 25, 157

Minos-Plattenverdichter u. Minos-Flaschen
Glas-Kondensatoren
Hochspannungs-Kondensatoren in Platten- und Flaschenform für

Drahtlose Stationen	Elektromed. Apparate
Laboratoriumsgebrauch	Überspannungsschutz

Minos-Blockverdichter
für Empfangszwecke

Hohe elektrische Durchschlagsfestigkeit — Hohe Dielektrizitätskonstante
Hohe chemische und mechanische Widerstandsfähigkeit
Geringe Leitfähigkeit — Praktisch verlustfrei

Liste 1776 gern zu Diensten

Die Errichtung und der Betrieb von Funksende- und Funkempfangseinrichtungen in Deutschland sind ohne Genehmigung der Reichstelegraphenverwaltung verboten und strafbar.

ANZEIGEN XXVII

Die Errichtung und der Betrieb von Funksende- und Funkempfangseinrichtungen in Deutschland sind ohne Genehmigung der Reichstelegraphenverwaltung verboten und strafbar.

Radiowerk E. Schrack
Wien XVIII, Schumanngasse 31
Telephon: 19773 — Telegramm-Adr.: Audionwerk Wien

Wir erzeugen:

Apparate für
drahtlose Telegraphie und drahtlose Telephonie

Insbesonders:

Röhrensender
Antennenempfänger
Rahmenempfänger
Hochfrequenzverstärker
Niederfrequenzverstärker
Wellenmesser
Erregergeräte
Kapazitätsmeßbrücken
Präzisionsdrehkondensatoren usw.

Verstärker-Röhren

HYDRA
RADIO-ZUBEHÖRTEILE

RADIO-ANODENBATTERIEN
RADIO-KONDENSATOREN
RADIO-NIEDERFREQUENZ-
TRANSFORMATOREN
LADEVORRICHTUNGEN FÜR HEIZBATTERIEN
ZUM ANSCHLUSS AN
WECHSEL- UND GLEICHSTROM

E. A. G. HYDRAWERK
CHARLOTTENBURG 5 Ra, WINDSCHEIDSTRASSE 18

1899 ★ 25 Jahre ★ **1924**

Die Errichtung und der Betrieb von Funksende- und Funkempfangseinrichtungen in Deutschland sind ohne Genehmigung der Reichstelegraphenverwaltung verboten und strafbar.

ANZEIGEN   XXIX

Soll der Rundfunk sein Genuß,
Man zum Fachmann gehen muß!
Saran ist der rechte Mann,
Wo man drahtlos kaufen kann.

Rundfunkstationen

sowie sämtliche Einzelteile enthält

Sarans Knabenfreund Nr. 15

Preis 20 Pfg.

Fritz Saran, Berlin W. 57
Potsdamerstr. 66

Radio-Lötkolben Heweca
D. R. P. angem.
Lötspitze verstellbar
absolut zuverlässig

Elektro-Lötkolben in allen Größen

14 jährige Fabrikationserfahrungen,
ausgezeichnete Empfehlungen

Henkels Elektrizitätswerke, Cassel-Wilhelmshöhe
Fabrik elektr. Heizeinrichtungen

Die Errichtung und der Betrieb von Funksende- und Funkempfangseinrichtungen in Deutschland sind ohne Genehmigung der Reichstelegraphenverwaltung verboten und strafbar.

ANZEIGEN

Verlag von Julius Springer und M. Krayn in Berlin

Der Radio-Amateur

Zeitschrift für Freunde der drahtlosen Telephonie und Telegraphie

Organ des deutschen Radio-Clubs

Unter ständiger Mitarbeit von
Dr. Walter Burstyn-Berlin, Dr. Peter Lertes-Frankfurt a. M.,
Dr. Siegmund Loewe-Berlin und Dr. Georg Seibt-Berlin u. a. m.

Herausgegeben von

Dr. E. Nesper-Berlin

Bisher sind erschienen:
I. Jahrgang (1923) Heft 1—5; II. Jahrgang (1924) Heft 1—7

Die Zeitschrift erscheint ab 1. April 1924 vierzehntägig,
und zwar Mittwochs

Jährlich 26 Hefte

Inlandspreis pro Heft: 0.40 Goldmark / Auslandspreis 0.10 Dollar

Inlandspreis pro Monat April 1924: 0.80 Goldmark

Auslandspreis pro Vierteljahr: 0.65 Dollar, zuzüglich 0.25 Dollar Versandauslagen

(Die Auslieferung erfolgt vom Verlag Julius Springer in Berlin W 9)

Der Radio-Amateur ist die erste und immer noch einzige Zeitschrift, die das Gesamtgebiet der drahtlosen Telephonie und Telegraphie für Amateure ernsthaft und belehrend behandelt. Sie ist die Zeitschrift, die sich der Liebhaber, der Student, der höhere Schüler, der Techniker und technisch interessierte Laie halten muß, wenn er in dieses interessante Fachgebiet eindringen will.

Die Errichtung und der Betrieb von Funksende- und Funkempfangseinrichtungen in Deutschland sind ohne Genehmigung der Reichstelegraphenverwaltung verboten und strafbar.

Funkfreunde

Sie kaufen

Variometer, Abstimmspulen, Kondensatoren, Detektoren, Detektor-Kristalle, Summer, Antennenmaterial, Klemmen

überhaupt alle zum
Bau von Empfangsapparaten erforderlichen Teile
schnell und vorteilhaft, da großes Lager, bei

R. P. Heinrich, Radiobau
Berlin W 30, Motzstraße 29

(Wiederverkäufer Rabatt)

Radioapparate!

TELEFUNKENBAUERLAUBNIS

Zubehörteile
ANTENNENBAU

Fachmännische Beratung
✶

Konzern der Mannheimer Elektrizitäts-Gesellschaft
m. b. H.
Mannheim, P 7. 19

Die Errichtung von Anlagen im Inland ist ohne Genehmigung der
R. T. V. verboten und strafbar

Die Errichtung und der Betrieb von Funksende- und Funkempfangseinrichtungen in Deutschland sind ohne Genehmigung der Reichstelegraphenverwaltung verboten und strafbar.

Keine Kristalle mehr!

Der Detektor der Zukunft heißt:

„Oxydon"-Metall

(D. R. P. a. Name gesetzlich geschützt.)

Wir **beweisen** jedem Interessenten, daß „Oxydon" auf **jeder Stelle** erstklassig arbeitet. Kein Suchen und Tasten mehr. Beste Referenzen erster Fachleute.

Alleinige Fabrikanten:

ORIENT EXPORT- UND IMPORT-GES. M. B. H.
TEL: KURFÜRST 1578. **BERLIN SW 48** WILHELMSTR. 133 II.

Radio-Apparate

nach Telefunkenpatenten, mit R.T.V. Stempel
— guter Empfang — prompte Lieferung —

Einzelteile

Doppelkopfhörer, Verteilungsbretter, Lautsprecher-Heizröhren, Antennenlitze, Eierisolatoren, Bambus-distanzstangen für Hochantenne, Teerstricke-Erdschalter, Heiz- und Anodenbatterien, Telefon- und Verbindungsschnüre, Stecker, Klemmen, Kabelschuhe,

sowie

sämtliche blanke und isolierte Kupferdrähte und Schnüre

H. Sellnick, Komm. - Ges., **Cassel**

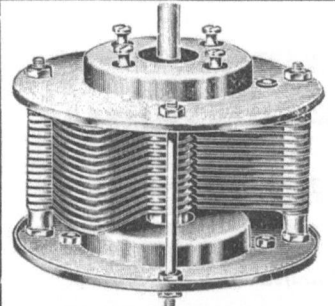

Merz'
Präzisions-
Drehkondensator
„Der Beste im Markte"
MERZ-WERKE
Frankfurt a. M. - R. 50

Die Errichtung und der Betrieb von Funksende- und Funkempfangseinrichtungen in Deutschland sind ohne Genehmigung der Reichstelegraphenverwaltung verboten und strafbar.

ANZEIGEN — XXXIII

W. A. BIRGFELD A.-G.

Telephon- und Telegraphenbau

BERLIN W 8. UNTER d. LINDEN 17/18

Fernruf Zentrum 772 / 3362 / 3364 / 3366 / 3986. Moritzplatz 8785
Telegramm-Adresse: Mikrofarad-Berlin

SIE hören mit unserem Apparat einwandfrei **England**

Diese Schutzmarke  bürgt für Qualität

Verlangen Sie unsere rühmlichst bekannten

Dr. Nesper-Hörer

in allen einschlägigen Geschäften erhältlich

KLEIN-GLEICHRICHTER

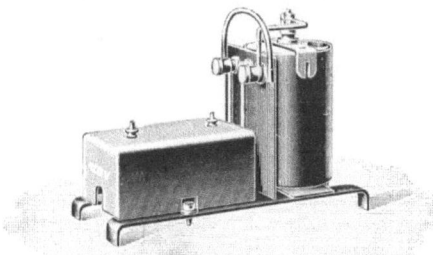

zum leichten und
billigen Aufladen
von
**HEIZ-
BATTERIEN**
mit Wechselstrom
(Liste E 1 B)

GLEITWIDERSTÄNDE (Liste E 1 C)
NICKEL-EISEN-AKKUMULATOREN
(Liste Nife)
SÄMTL. RADIO-EINZELTEILE
(Liste R)

PHYSIKALISCHE WERKSTÄTTEN A.-G., GÖTTINGEN-N.

*Die Errichtung und der Betrieb von Funksende- und Funkempfangseinrichtungen in Deutschland sind
ohne Genehmigung der Reichstelegraphenverwaltung verboten und strafbar.*

Anodenbatterien

für Radioapparate in allen Spannungen und Größen in
erstklassiger Ausführung auf wissenschaftlicher
Grundlage in technischer Vollendung.

Willi Bretthauer, vorm. Ilsenburger Elementefabrik

Gammertingen (Hohenzollern)

Radiozubehörteile	Trolitmaterial
Detektormineralien	Isolierfabrikate wie
Bezeichnungsschilder	Hartgummi, Fibre usw.

Gesellschaft für Elektrotechnik, Wien VI

Fernspr. 44—32   Ing. Köppl, Klug & Co.   Tel.-Adr. „Transform" Wien
Haydngasse Nr. 3

Die Errichtung und der Betrieb von Funksende- und Funkempfangseinrichtungen in Deutschland sind ohne Genehmigung der Reichstelegraphenverwaltung verboten und strafbar.

ANZEIGEN　　　　XXXV

Bayerische Telefonfabrik A.G. München
Äußere Prinzregentenstraße Nr. 15
Telefon Nr. 40639, 41832

Erstklassige Rundfunk-Empfangseinrichtungen
System Lorenz

Ersatzteile für Empfangsapparaturen
Kopfbügelfernhörer, Lautsprecher etc.

Installation
von Hoch- und Zimmerantennen,
sowie vollständiger Empfangseinrichtungen

„Radiosequenz"
GEIDER & GÄTJEN
Gesellschaft für drahtlose Telefonie m. b. H.

Bremen, Zietenstr. 45

fabriziert:

Rundfunkempfänger
Exportempfänger / Verstärker
Vier-Röhren-Empfänger
in Schrankform
mit kompletten eingebauten
Batterien und Lautsprecher für
Rahmenempfang

Eigene D.R.P.a. und Telefunken-Patente

Die Errichtung und der Betrieb von Funksende- und Funkempfangseinrichtungen in Deutschland sind ohne Genehmigung der Reichstelegraphenverwaltung verboten und strafbar.

XXXVI *ANZEIGEN*

Velmag, Leipzig-Stötteritz 45
Vereinigte Fabriken elektr. Meßinstrumente

Meßgeräte für die Hochfrequenztechnik, Kapazitäts-Meßbrücken, Summer, Meßgeräte für Heiz- und Anoden-Batterien. Liste Nr. 180

Elektro-Magnet-Spulen

Honey-Comb- u. Kopfhörerspulen
Niederfrequenz-Transformatoren
Variometer in allen Ausführungen

fertigt als Spezialität

Paul F. Cuno, Jngenieur, *Kiel* 20

Berechnungen aller Spulen des Elektro-Magnetbaues und der Radio-Telephonie und Telegraphie kostenlos

Die Errichtung und der Betrieb von Funksende- und Funkempfangseinrichtungen in Deutschland sind ohne Genehmigung der Reichstelegraphenverwaltung verboten und strafbar.

Apparate und Einzelteile
für die
Drahtlose Telegrafie und Telefonie

DÜRRE & BIERSTEDT, MAGDEBURG
Telegramme: Antenne   *Otto von Guericke-Straße 20*   Fernspr.: 8512 u. 9300

FABRIK ISOLIRTER DRÄHTE ZU ELEKTRISCHEN ZWECKEN VORM.

C. J. VOGEL
TELEGRAPHENDRAHTFABRIK AKTIENGESELLSCHAFT

ADLERSHOF BEI BERLIN

TEL.-ADR.: DRAHTVOGEL / FERNRUF: ADLERSHOF 5

RADIO-ZUBEHÖRTEILE

Hochfrequenz-Emaillelitzen
Antennenlitzen / Batterie-Verbindungslitzen

Emaille-Kupferdrähte / Seidendrähte / Widerstandsdrähte
blank, emailliert und besponnen von 0.03 mm aufwärts.

Doppelkopffernhörer-Schnüre / Batterie-Schnüre
Lautsprecher-Schnüre

Honigwaben-Spulen / Transformatoren-Spulen
Fernhörer-Spulen

Meine neue Preisliste über
Radio-Einzelteile und Zubehör
zum Selbstbau ist erschienen
Walter Wolle / Elektro-Spezial-Geschäft / Leipzig
Steckner-Passage, Schloßg., Ecke Burgstraße

Die Errichtung und der Betrieb von Funksende- und Funkempfangseinrichtungen in Deutschland sind ohne Genehmigung der Reichstelegraphenverwaltung verboten und strafbar.

Schnitte, Stanzen, Bohrlehren
für die Radio-Industrie

kurzfristige Lieferung bei sauberster Ausführung

Daus, Geist & Co., Spezial-Werkzeugfabrik
Berlin C 54, Neue Schönhauser Str. 16
Telephon: Norden 4086

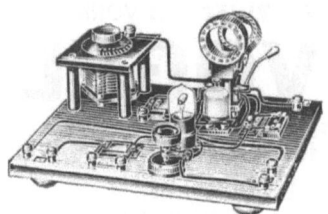

Paul Gebhardt Söhne
Berlin C 54, Neue Schönhauser Straße 6

*

Rundfunk-Apparate
für den Schulunterricht

*

Physikalische Apparate

Antennenlitzen
aus Kupfer-, Bronce- und Phosphorbroncedraht
liefern billigst

J. & W. Vornbäumen, G. m. b. H., Iburg in Hannover
Drahtseilwerk

Radio-Zubehör

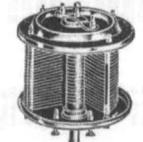

Detektor-Baukasten und Apparat (D. R. G. M.)
Illustr. Preisliste kostenlos. Mitgliedern von Radioklubs Sonderpreise

Elektrum G. m. b. H. Erlangen
Elektrotechnische Spezialfabrik

Die Errichtung und der Betrieb von Funksende- und Funkempfangseinrichtungen in Deutschland sind ohne Genehmigung der Reichstelegraphenverwaltung verboten und strafbar.

Für Bastler und Experimente

liefern wir **alle** Zubehörteile.
Wir führen nur Qualitätsware, die den Amateur
vor Fehlschlägen bewahrt und stets das Neueste.

E. Karl Keilhack & Co., Kommandit-Gesellschaft, **Plauen i. V.**

Fort mit der
Anoden-Batterie

Man verwende **nur** noch
Gleichrichter für Anodenstrom

D. R. P. a.

zum direkten Anschluß an das Wechselstromnetz 110—220 Volt. Völlig frei von Nebengeräuschen. Absolut zuverlässig. Unbegrenzte Lebensdauer. Sparsam im Gebrauch. Nicht zu verwechseln mit gewöhnlichen Netzanschlußgeräten.

Thomsen & Schwarzkopf, Kiel-Wik
Projensdorfer Straße 9

Schnüre für Doppelkopffernhörer

für Radio-Telephonie
Telephonschnüre jeder Art
liefern in nur bester Ausführung

Deutsche Telephonschnur- und Kabelwerke G. m. b. H.
Barmen-Wichl.

Die Errichtung und der Betrieb von Funksende- und Funkempfangseinrichtungen in Deutschland sind ohne Genehmigung der Reichstelegraphenverwaltung verboten und strafbar.

Radio - Apparatebau Richard Jahre

Berlin-Karlshorst, Hentigstraße 14a
Radio-Apparate und Zubehörteile

**Spezialität: Amateur-Bedarf
Wellenmesser**

»KUK«
Doppelkopfhörer

Gesetzlich geschützt

Führende Marke in anerkannter
Präzisions-Ausführung

Alleinige Fabrikanten:

Konski & Krüger
BERLIN NW 6
Schiffbauer-Damm 19

Drahtanschrift: Teleferna Berlin
Fernruf: Norden 3763/64

RADIO-WARENHAUS

Sämtliche Einzelteile am Lager / Ferner am Lager:

Röhren-Verstärker 50.— M.
Detektor-Empfänger 15.— M.
Ein- bis Vierlampen-Empfänger
80.— bis 300.— M.

Röhrensender bis 2 KVA
Yachtstationen
Tragbare Kofferapparate

RADIO-APPARATE-GESELLSCHAFT M. B. H.

Eigne Fabriken   **BERLIN SW 68**   Eigne Patente
Alexandrinenstraße 137

---

*Die Errichtung und der Betrieb von Funksende- und Funkempfangseinrichtungen in Deutschland sind
ohne Genehmigung der Reichstelegraphenverwaltung verboten und strafbar.*

ANZEIGEN XLI

Zimmermann & Sander
Doppelkopfhörer
Variometer
Elektromechanische Fabrik, Berlin N 39
Chausseestraße 73/74

Porzellanfabrik Ph. Rosenthal & Co., A.-G.
Berlin W 9, Bellevuestr. 10

Antennenlitzen
Phosphorbronce und Kupferdrähte
aller Abmessungen und Konstruktionen

prompt und billigst

Karl Isralowitz, Bielefeld
Fernruf 1145

Die Errichtung und der Betrieb von Funksende- und Funkempfangseinrichtungen in Deutschland sind ohne Genehmigung der Reichstelegraphenverwaltung verboten und strafbar.

Verlag von Julius Springer in Berlin W 9

Radio-Schnelltelegraphie

Von

Dr. Eugen Nesper

Mit 108 Abbildungen. (XII u. 120 S.) 1922

4.50 Goldmark / 1.12 Dollar

Inhaltsübersicht:

I. Definition, Notwendigkeit, Voraussetzungen, Schwierigkeiten und Anforderungen an den Schnellverkehr. — II. Hochfrequenzquellen. — III. Tasten des Hochfrequenzgenerators. — IV. Die Schnelltelegraphie-Sender. — V. Der Schnellempfänger. — VI. Gesichtspunkte für die Radioschnellverkehrsanlage. — VII. Literatur. — Sachregister.

Elementares Handbuch über drahtlose Vacuum-Röhren. Von **John Scott-Taggart,** Mitglied des Physikalischen Institutes London. Ins Deutsche übersetzt nach der vierten, durchgesehenen englischen Auflage von Dipl.-Ing. Dr. **Eugen Nesper** und Dr. **Siegmund Loewe.** Mit 136 Abbildungen im Text. In Vorbereitung.

Radiotelegraphisches Praktikum. Von Dr.-Ing. H. **Rein.** Dritte, umgearbeitete und vermehrte Auflage von Prof. Dr. **K. Wirtz,** Darmstadt. Mit 432 Textabbildungen und 7 Tafeln. (XVIII u. 559 S.) Unveränderter Neudruck. 1922.

Gebunden 20 Goldmark / Gebunden 4.80 Dollar

Hochfrequenzmeßtechnik. Ihre wissenschaftlichen und praktischen Grundlagen. Von Dr.-Ing. **August Hund,** beratender Ingenieur. Mit 150 Textabbildungen. XIV u. 326 S.) 1922.

Gebunden 11 Goldmark / Gebunden 2.65 Dollar

Kurzes Lehrbuch der Elektrotechnik. Von Prof. Dr. **Adolf Thomälen,** Karlsruhe. Neunte, verbesserte Auflage. Mit 555 Textbildern. (VIII u. 396 S.) 1922. Gebunden 9 Goldmark / Gebunden 2.15 Dollar

---

Die Errichtung und der Betrieb von Funksende- und Funkempfangseinrichtungen in Deutschland sind ohne Genehmigung der Reichstelegraphenverwaltung verboten und strafbar.

ANZEIGEN XLIII

Radio-Schnüre
Apparate-Schnüre aller Art
liefert:

Kabelwerk Barmen Aktiengesellschaft, Barmen-R.

Drahtet: Kabag. Rudolf Mosse Code. Fernsprecher 6157, 6228

Gans & Goldschmidt
Elektrizitäts-Ges. m. b. H.

Berlin N 39, Müllerstraße 10
Gegründet 1897

★

Spezialfabrik
elektrischer Meßgeräte
Schalttafeln und
Widerstände

★

Einrichtung kompl. Laboratorien
Normalkondensatoren
Selbstinduktionsnormalien
Widerstandsnormalien

Erich Költzow, Hamburg
Lübeckerstraße 41 A / Fernsprecher Nordsee 2958

Für Norddeutschland:

Generalvertreter d. Ratag Radio Telephon A.-G., Berlin
Vertreter der Firma Berthold Jetter, Berlin

Röhrenapparate, Detektoren, sämtliche Zubehörteile
zu staunend billigen Preisen / Unverbindliche Offerte einholen

---

Die Errichtung und der Betrieb von Funksende- und Funkempfangseinrichtungen in Deutschland sind ohne Genehmigung der Reichstelegraphenverwaltung verboten und strafbar.

XLIV *ANZEIGEN*

Anoden-Batterien

hergestellt aus bestem Rohmaterial
daher größte

Dauerhaftigkeit

gewährleistet
liefert von 15–100 Volt Spannung
mit und ohne Unterteilung

Batterien- und Elementefabrik System Zeiler

Aktiengesellschaft

Berlin SO 16

Rungestraße 20

Telegramm-Adresse: Zeilersystem Berlin - Rudolf Mosse-Code

Die Errichtung und der Betrieb von Funksende- und Funkempfangseinrichtungen in Deutschland sind ohne Genehmigung der Reichstelegraphenverwaltung verboten und strafbar.

MIX
Papier aus verantwortungsvollen Quellen
Paper from responsible sources
FSC® C105338

If you have any concerns about our products,
you can contact us on
ProductSafety@springernature.com

In case Publisher is established outside the EU,
the EU authorized representative is:
**Springer Nature Customer Service Center GmbH
Europaplatz 3, 69115 Heidelberg, Germany**

Printed by Libri Plureos GmbH
in Hamburg, Germany